Mikroelektronik 89

Berichte der Informationstagung ME 89

SPRINGER-VERLAG WIEN GMBH

Ursprünglich erschienen bei Springer-Verlag Wien New York 1989

Mit 222 Abbildungen

ISBN 978-3-211-82171-8 ISBN 978-3-7091-9073-9 (eBook)
DOI 10.1007/978-3-7091-9073-9

Den Ehrenschutz der Tagung haben übernommen:

Dr. Erhard BUSEK,
Bundesminister für Wissenschaft und Forschung

Prof. Dr. Hilde HAWLICEK,
Bundesminister für Unterricht, Kunst und Sport

Dipl. Ing. Dr. Rudolf STREICHER,
Bundesminister für öffentliche Wirtschaft und Verkehr

Prof. Dr. Helmut ZILK,
Bürgermeister der Stadt Wien

V O R W O R T

Die Informationstagung MIKROELEKTRONIK 1989 im Rahmen der "ie 89" versucht neue Wege zu gehen:

- Die Tagung wird auf zwei Tage beschränkt
- Pro Halbtag wird nur ein Themenkreis behandelt
- Jedem Themenkreis werden zwei eingeladene Vorträge zugeordnet
- Kurzvorträge und Posters werden durch Einzelbeiträge ersetzt, die sowohl als Poster als auch bei einer Präsentation durch einen Rapporteur vorgestellt werden.

Warum diese Änderungen? Hohe Personalkosten führten zwangsläufig dazu, daß Firmen und Institutionen die Zeit ihrer Mitarbeiter für Besuche von Messen, verbunden mit Tagungen, beschränken mußten. Mit dem neuen Weg versuchen die Veranstalter, dem Wunsch nach einer sehr kompakten Präsentation von wenigen Themenkreisen weitgehend entgegenzukommen.

Das wissenschaftliche Redaktionskomitee und das Tagungssekretariat haben die Aufgabe der Vorbereitung der Tagung sehr ernst genommen und eingehende Befragungen bei der Industrie, den Fachverbänden und Institutionen durchgeführt. Nicht ohne Widersprüche hat das wissenschaftliche Redaktionskomitee den oben angeführten Änderungen zugestimmt, wobei versucht wurde, einen Teil der Ergebnisse der Umfragen einzubinden. Selbstverständlich kam auch von potentiellen Autoren Kritik.

Wie in den Jahren 1985 und 1987 werden die Einzelbeiträge in einem Tagungsband veröffentlicht. Die Kurzfassungen der eingeladenen Vortragenden für die Hauptvorträge werden in der Ausgabe der Zeitschrift e & i, die zur Tagung erscheint, vorgestellt; den ungekürzten Hauptvorträgen ist nach der Tagung voraussichtlich ein Sonderheft der oben erwähnten Zeitschrift gewidmet bzw. werden die Hauptvorträge in einer der folgenden Monatsausgaben gedruckt.

Das Heft mit der Veröffentlichung der Hauptvorträge wird allen Tagungsteilnehmern kostenlos zugesandt.

Die am 26. und 27. September 1989 stattfindende Informationstagung "MIKROELEKTRONIK 1989" ist die achte Veranstaltung dieser Art.

Aufgabe der Tagung war und ist es, in Hauptvorträgen einen Überblick über den Stand der Technik auf dem Gebiet der Mikroelektronik - beschränkt auf die Themenkreise -, deren Anwendung und der damit verbundenen Technologien zu geben. Durch Einzelbeiträge soll in- und ausländischen Wissenschaftlern und Technikern die Möglichkeit geboten werden, ihre Arbeiten einem größeren Kreis vorzustellen. Persön-

liches Kennenlernen, Pflege von Kontakten und Diskussionen sollen dazu beitragen, Entwicklungen gegenseitig positiv zu befruchten, Erfahrungen auszutauschen und thematische Überschneidungen von Arbeiten zu vermeiden.
Diese Fachtagung ist die einzige österreichische Plattform, auf der in regelmäßigen Abständen Mitarbeitern von Universitäten, Industrieunternehmen und öffentlichen Stellen die Möglichkeit der oben erwähnten Kommunikation geboten wird.

Für den Leser, der an der Tagung nicht teilgenommen und keinen direkten Zugriff zu der Zeitschrift e & i hat, werden die Inhaltsangaben zu den Hauptvorträgen festgehalten.

Themenkreis: **SCHNITTSTELLE MENSCH - MASCHINE**

"Zwischen Vereinheitlichung und Eigensinn"
I. WAGNER, Institut für Praktische Informatik,
Technische Universität Wien

Widersprüche elektronisch vermittelter Kommunikation. Diese Widersprüche - zwischen der erhöhten Zugänglichkeit von Informationen und dem Verlust an Realitätsbezug, zwischen Optionserweiterung und einer "unaufdringlichen Kontrolle" des Denkens - werden anhand von Beispielen analysiert und Möglichkeiten ihrer individuellen und organisatorischen Verarbeitung diskutiert.

"Herausforderung der Informatik an die Institution Schule"
F. ANZBÖCK, Stadtschulrat für Wien

Stand der Technik - Anregungen für Schnittstellen - teamworkgerechte Schnittstellen - Technik für alle: nicht alle sind für diese Technik.

14 Einzelbeiträge zu diesem Themenkreis.
Seite: 3 bis 108.

Themenkreis: **MOBILKOMMUNIKATION**

"Operating Mobile Telephone Systems in Sweden"
Ö. MÄKITALO, Swedish Telecom Radio, Farsta/Stockholm

Microelectronics were instrumental for success of NMT - enormous interest of subscribers - handportables - fast handover procedures.

"Evolution des Schnurlosen Telefons"
G. KLEINDL, Siemens AG Österreich, Wien

Heutiger Stand der Entwicklung - Anforderungen an die Gerätegeneration der 90er Jahre - Konzepte für ein "Digitales schnurloses Telefon" - Stand bei der Normung des digitalen Systems - Ausblick auf zukünftige Weiterentwicklungen.

9 Einzelbeiträge zu diesem Themenkreis.
Seite: 111 bis 171.

Themenkreis: **FLEXIBLE AUTOMATION UND ZUVERLÄSSIGKEIT**

"Technologische Fortschritte durch Mikroelektronik am Beispiel einer Getriebefertigung"
R. HUNDSEDER, Zahnradfabrik Friedrichshafen AG

Durch Einsatz völlig neuer Automatisierungsmethoden in der Prozeßebene und in der Informationsvernetzung konnten Leistungs- und Kostenziele in einer Großseriengetriebefertigung verwirklicht werden, die bisher als unerreichbar galten. Die wichtigsten Komponenten der Automatisierung basieren auf maßgeschneiderter Verwendung neuer elektronischer Meß- und Informationstechniken. Es sind dies u.a. prozeßrechnergesteuerte Prüfstände unmittelbar im Fertigungsprozeß, integrierte Diagnosesysteme, automatisierte BDE/MDE/DNC-Konzepte.

"Methoden zur Sicherung der Zuverlässigkeit bei automatisierten Prozessen"
A. BIROLINI, Eidgenössische Technische Hochschule Zürich

Bedeutung der vorbeugenden Qualitätskontrolle für die Sicherheit automatischer Prozesse - Möglichkeiten der "in process"-Kontrolle und Regelung - Qualitätsorganisation und CAQ (computer aided quality assurance).

21 Einzelbeiträge zu diesem Themenkreis.
Seite: 175 bis 313.

Themenkreis: **SENSOREN UND INTERFACES**

"Dünnschicht-Sensoren"
E. LÜDER und T. KALLFASS, Institut für Netzwerk- und Systemtheorie, Universität Stuttgart

Herstellungsmethoden der Dünn- und Dickschichttechnik - Beispiele für Druckmeßdosen - dielektrische Sensoren für relative Luftfeuchte und Taupunkt - Gassensoren - optische Sensoren zur Erkennung von Schattenbildern - Sensoren mit Oberflächenwellenfilter für Druck und Dichte von Gasen.

"Analoginterface für kapazitive Aufnehmer"
W. S. GUTNIKOV, Lehrstuhl für Informationstechnik, Leningrader Polytechnisches Institut

Kapazitive Halbbrücke - Ladungskompensation - Ladungsverstärker - diskreter Integrator.

24 Einzelbeiträge zu diesem Themenkreis.
Seite: 317 bis 457.

Die Vorbereitung der Tagung war nicht sehr einfach. Gründe dafür sind unter anderem:

- Semester- und Osterferien lagen sehr nahe aneinander. Die Anmeldungen für Einzelbeiträge kamen mit großer Verspätung.

- Der Monat Mai wurde von vielen für Ferien genutzt. Die Kurzfassungen der Einzelbeiträge wurden aus Termingründen gerade noch rechtzeitig vor Redaktionsschluß per Telefax übermittelt.

- Der Abgabetermin für den Text der Einzelbeiträge fiel in die Ferienzeit - bedingt durch die Vorverlegung der ie 89, die sich an den Terminen von internationalen Messen im Ausland orientieren mußte. Das Tagungssekretariat bedrängte die Autoren, da der Springer-Verlag urgierte.

Als Veranstalter der Tagung sind das Bundesministerium für Wissenschaft und Forschung, das Bundesministerium für Unterricht, Kunst und Sport, das Bundesministerium für öffentliche Wirtschaft und Verkehr, das Außeninstitut der Technischen Universität Wien, das Außeninstitut der Technischen Universität Graz, die Bundesversuchs- und Forschungsanstalt Arsenal und die Österreichische Forschungszentrum Seibersdorf Ges.m.b.H. zu nennen.

Bedeutende finanzielle und sachliche Unterstützung wird der Tagung durch die Stadt Wien, die Arbeitsgemeinschaft für Fachausstellungen, die AT & S Austria Technologie & Systemtechnik Ges.m.b.H., die Ascom Autophon Ges.m.b.H., den Fachverband der Elektroindustrie (Bundeskammer der Gewerblichen Wirtschaft), den Erb-Verlag, die Österreichische Philips Bauelemente Industrie Ges.m.b.H., den Österreichischen Verband für Elektrotechnik, Sektion ENT, die Rank Xerox Austria Ges.m.b.H., die Siemens AG Österreich, den Springer-Verlag Wien-New York, die VTR Verlag Technik-Report Ges.m.b.H. und die Wiener Messen- und Congreß Ges.m.b.H. gewährt.

Ein Vorwort ohne Dank würde seinen Zweck verfehlen. Darf ich daher im Namen des wissenschaftlichen Redaktionskomitees und in meinem eigenen Namen allen Institutionen und Firmen, die die Tagung finanziell oder materiell unterstützen, sowie den Firmen, die durch Aufgabe eines Inserates zur Finanzierung dieser Veröffentlichung beitragen, herzlichst für ihr Interesse an der Tagung danken. Ein weiterer Dank gilt sowohl allen Autoren, den Mitgliedern des wissenschaftlichen Redaktionskomitees als auch den Mitarbeitern der veranstaltenden Institutionen. Sie haben mit sehr viel Initiative und Engagement, oftmals in ihrer Freizeit und ehrenamtlich, die vielen notwendigen, meist unsichtbaren, zum Erfolg einer derartigen Veranstaltung jedoch unentbehrlichen Arbeiten geleistet. Mein besonderer Dank gilt jedoch, aufgrund des neuen eingeschlagenen Weges zur Abhaltung der Mikroelektroniktagung, den Autoren der Einzelbeiträge, die in zweifacher Weise Arbeit haben - nämlich mit der Erstellung des Beitrages und der Anfertigung des Posters -, sowie den Rapporteuren, die für die Zusammenfassung besonders mühsame Vorbereitungen leisten müssen.

Als Tagungssekretär erlaube ich mir zum Abschluß drei persönliche Bemerkungen zu machen:

1974 wurde mir von der Geschäftsführung der Österreichischen Forschungszentrum Seibersdorf Ges.m.b.H. der Auftrag erteilt, eine Fachtagung Mikroelektronik in Kooperation mit technisch-wissenschaftlichen Institutionen zu organisieren. Als Rahmen bot sich damals die noch sehr junge Fachmesse ie 75 an. Beim ersten Gespräch mit dem damaligen Direktor der ARGE für Fachausstellungen - zuständig für die Organisation der ie - Gerd Hoffmann, heute Direktor der Wiener Messen- und Congreß Ges.m.b.H., sprang sofort der Funke zur Bereitschaft zur Zusammenarbeit über. Aus dieser Zusammenarbeit wurde eine fünfzehnjährige Freundschaft. Wäre dieser Funke damals nicht übergesprungen, hätte es wahrscheinlich nur eine einzige Mikroelektroniktagung gegeben.

Bei der World Tech Vienna - Internationale Wissenschaftsmesse 1989 - wurde bei mir hinterlegt, für die Informationstagung MIKROELEKTRONIK 1991 einen Schwerpunkt "Weltraum- und Satellitentechnik" vorzusehen. Der Grund liegt auf der Hand, denn 1991 soll der erste österreichische Kosmonaut zur russischen Raumstation MIR fliegen. Wenn es eine Informationstagung MIKROELEKTRONIK 1991 geben wird - der geäußerte Wunsch ist hiemit dokumentiert.

Die Kritiker des neuen Weges der Informationstagung MIKROELEKTRONIK 1989, falls sie an der Tagung teilnehmen, bitte ich, den Verlauf der Tagung wohlwollend zu verfolgen - vielen von ihnen liegt diese Veranstaltung seit Jahren am Herzen. Einige von ihnen werden wahrscheinlich die Entscheidung für die Abhaltung einer Informationstagung MIKROELEKTRONIK 1991 wesentlich beeinflussen.

Ein herzliches Willkommen allen Tagungsteilnehmern und neue Erkenntnisse allen Lesern!

Wien, im August 1989

Dipl.Ing. Dr. W. Attwenger
Tagungssekretär

WISSENSCHAFTLICHES REDAKTIONSKOMITEE

Prof. Dipl.Ing. Dr. P. PFUNDNER,
Institut für Allgemeine Elektrotechnik und Elektronik,
Technische Universität Wien

Prof. Dipl.Ing. Dr. H. PÖTZL,
Institut für Allgemeine Elektrotechnik und Elektronik,
Technische Universität Wien

R Dr. A. REITER,
Bundesministerium für Wissenschaft und Forschung, Wien

Prof. Dipl.Ing. DDr. W. RIEDLER,
Institut für Nachrichtentechnik und Wellenausbreitung,
Technische Universität Graz

OR Dipl.Ing. J. SANDERA,
Components Testhouse, Bundesversuchs- und
Forschungsanstalt Arsenal, Wien

Prof. Ing.(grad) Dipl.Ing. Dr.-Ing. G.H. SCHILDT,
Institut für Technische Informatik, Technische Universität
Wien

Prof. Dipl.Ing. Dr. F. SEIFERT,
Institut für Allgemeine Elektrotechnik und Elektronik,
Technische Universität Wien

HR Dipl.Ing. Dr. A. SETHY,
Fachbereich Informationstechnik, Bundesversuchs- und
Forschungsanstalt Arsenal, Wien

Prof. Dipl.Ing. Dr. H. THIM,
Institut für Mikroelektronik, Universität Linz

Prof. Dipl.Ing. Dr. J. WEINRICHTER,
Institut für Nachrichtentechnik, Technische Universität Wien

Prof. Dr.-Ing. R. WEISS,
Institut für Technische Informatik, Technische Universität
Graz

Dipl.Ing. Dr. G. WIESSPEINER,
Institut für Elektro- und Biomedizinische Technik,
Technische Universität Graz

Prof. Dipl.Ing. Dr. G. ZEICHEN,
Institut für Feinwerktechnik, Technische Universität Wien

TAGUNGSSEKRETÄR

Dipl.Ing. Dr. W. ATTWENGER,
Österreichisches Forschungszentrum Seibersdorf Ges.m.b.H.,
Seibersdorf, A-2444 Seibersdorf

INHALTSVERZEICHNIS

Themenkreis 1: **SCHNITTSTELLE MENSCH-MASCHINE**

Themenkreis 2 : **MOBILKOMMUNIKATION**

Themenkreis 4: **SENSOREN UND INTERFACES**

Themenkreis 1

SCHNITTSTELLE MENSCH - MASCHINE

Sitzungsleitung und Rapporteure:

Univ. Prof. Dr. R. Patzelt

R Dr. A. Reiter

Einzelbeiträge No 1 bis 14

DIE COMPUTERWELT ÖSTERREICHISCHER KINDER UND JUGENDLICHER - ALTERSSPEZIFISCHE ANWENDUNGSPROBLEME UND NUTZUNG DES COMPUTERS

1

W. Gáspár-Ruppert

Institut für Soziologie, SoWi-Fakultät, Universität Wien

ZUSAMMENFASSUNG:

Es werden Teilergebnisse einer vom FFW finanzierten Studie diskutiert, die die Nutzung des Computers durch österreichische Schüler(innen) untersucht. Schwerpunkte sind dabei:
Allgemeines Technisierungsniveau, technische Sozialisation und die Beziehung: Mensch - Maschine

1. Empirische Basis

Die erste Phase des Projekts[1], die bereits abgeschlossen ist, erfaßte Schüler(innen) zwischen 11 und 18 (und mehr) Jahren aus fünf Bundesländern, und zwar aus Hauptschulen sowie AHS- und BHS-Schulen verschiedener Typen; ausgenommen blieben Lehrlinge bzw. jugendliche Arbeitslose.
Alle Befragten haben EDV-Unterricht: als Pflichtfach, als Freigegenstand oder als unverbindliche Übung. Damit sollte sichergestellt werden, daß bestimmte grundlegende Erfahrungen im Umgang mit dem Computer vorhanden sind, die nicht auf Hörensagen oder dem Besuch von Spielhallen (Videogames) beruhen. Ausgewertet wurden insgesamt 1.286 standardisierte Fragebögen.

---

1 Siehe dazu: W.Gáspár-Ruppert, Sozialisationsprozesse und Computer. Ein seit Herbst 1988 laufendes Forschungsprojekt, das in vier Phasen konzipert ist: 1. einer explorativen mit Tiefeninterviews von Experten und Kindern, 2. einer repräsentativen und standardisierten schriftlichen Schülerbefragung, 3. einer standardisierten schriftlichen Befragung hochmotivierter Kinder, und 4. individuellen Tiefeninterview mit Extremfällen.

2. Technisierungsniveau

Der Diffusionsprozeß für Computer ist weiter fortgeschritten, als dies zu erwarten war[2]. 36% der Kinder haben im elterlichen Haushalt Zugang zu einem Computer, insgesamt ein Viertel gibt an, selbst ein Gerät zu besitzen. Zudem gibt es keinerlei Stadt-Land-Gefälle, denn nur ein Drittel der Kinder kommt aus großen Städten (Wien, Graz, Linz). Es haben aber weit häufiger jene Kinder zuhause ein Gerät, deren Eltern beruflich selbst mit Computern zu tun haben. Schichtspezifische Merkmale spielen für den Besitz selbst keine Rolle, eindeutig benachteiligt sind hier ausschließlich die Mädchen[3].

Es handelt sich zumeist (2/3) um sogenannte Homecomputer geringer Speicherkapazität (64 bzw. 128 K), die dann durch entsprechende Zusätze (besonders externe Laufwerke) aufgerüstet werden. Wie die Tiefeninterviewa[4] und der Pretest gezeigt haben, wird die Gerätewahl primär durch die im Freundeskreis bereits vorhandenen Computer bestimmt; und zwar mit dem subjektiv durchaus logischen Argument, das Gerät bereits zu kennen. Der ursprünglich überaus günstige Preis erleichtert sicherlich eine Anschaffung, anderseits sind die Folgekosten z.T. recht erheblich; diese entstehen dadurch, daß die Geräte sehr rasch der wachsenden Erfahrung und den sich damit verändernden Bedürfnissen angepaßt werden müssen. Dies bezieht sich besonders auf Flexibilisierung und Erweiterung der Speicherkapazität durch externe Floppies etc.

Die Nutzungsdauer ist - verglichen mit 1987[5] erhobenen Daten aus Deutschland - gestiegen: Schalteten damals nur 2% täglich das Gerät ein, sind es jetzt fast 20%; mindestens einmal wöchentlich sitzen 45% der österreichischen Kinder vor dem Computer (verglichen mit 10% aus 1987).

---

2 vgl. z.B. IMAS/OVA 88: 7% der erfaßten österr. Haushalte haben einen Heimcomputer

3 Nur 3% aller Mädchen gaben an, selbst einen Computer zu besitzen, hingegen 43% der Burschen; vgl.. dazu W.Gáspár-Ruppert, Die Ohnmacht der Computer - Mädchen und Computer, ÖZS, Heft 2, 1989

4 In der 1.Phase wurden 10 ca. einstündige Interviews mit Kindern zwischen 10 und 15 Jahren gemacht, die alle einen Computer zuhause hatten.

5 siehe K.Frey, Auswirkungen der Computernutzung im Bildungswesen - Eine generalisierende Auswertung internationaler Studien, Neue Zürcher Zeitung vom 31.1.1989
Es sollte aber bedacht werden, daß Angaben in diesem Zusammenhang sehr stark vom Kontext abhängen. Sofern nicht durch teilnehmende Beobachtung die real vor dem Computer verbrachte Zeit festgehalten wird, sind alle Angaben mit allergrößter Vorsicht zu betrachten. Gerade bei Kindern ist die subjektive Wahrnehmung des eigenen Zeitbudgets häufig von Faktoren wie Lust- oder Unlustgefühlen stark verzerrt.

3. Technische Sozialisation

Da alle Befragten in irgendeiner Form EDV-Unterricht erhalten, ergeben sich zwar Unterschiede im jeweiligen Lehrangebot (je nach Schultyp und -stufe), allgemein ist aber das Interesse am EDV-Unterricht, verglichen mit anderen Unterrichtsgegenständen, erstaunlich groß. Über 30% der Computerbesitzer (gegenüber 14% der Nicht-Besitzer) nannten Informatik an erster Stelle ihrer Lieblingsfächer. Es ist zu vermuten, daß dieses starke Interesse auch Grund dafür ist, daß sich so viele Jugendliche: ein Viertel aller Mädchen, 20% der Burschen, einen eigenen Computer wünschen.
Wie die bisherigen Ergebnisse zeigen, sind zur Erklärung von Verhaltensunterschieden zwar besonders die unabhängigen Variablen des Alters und des Geschlechtes heranzuziehen, eine wichtige Rolle spielt aber auch - als intervenierende Variable - der Computerbesitz (zusätzlich ausdifferenziert nach Homecomputern und Personal Computern).
Bereits jeder vierte Bursche und immerhin 11% der Mädchen (bei den Computerbesitzern sogar jede(r) dritte) glauben, daß Informatik für ihren zukünftigen Beruf von Wichtigkeit sein wird, und zwar unabhängig davon, welche Berufswünsche geäußert werden.

Ein ganz wesentliches Ergebnis, dessen Konsequenzen noch nicht abzusehen sind, dürften die Umstrukturierungsprozesse sein, die sich in den Lernprozessen selbst abzeichnen. M.Mead beschrieb diesen Zusammenhang mit dem Begriff des präfigurativen kulturellen Stils[6]: In Zeiten schnellen kulturellen und technischen Wandels wird die Dominanz der Erwachsenen als der Wissenden und Lehrenden gebrochen, das Verhältnis kehrt sich teilweise sogar um, indem Erwachsene von Kindern lernen.
Für den EDV-Unterricht sind die Eltern als Informations- und Hilfsquelle praktisch bedeutungslos, selbst wenn im Haushalt ein Computer zur Verfügung steht. Aber auch die Kompetenz der Lehrer zeigt signifikante Einbrüche verglichen mit anderen Fächern; zwar sind sie für die 11- bis 14jährigen noch primäre Auskunftspersonen, die älteren wenden sich in diesem Bereich aber zunehmend an Freunde, wenn es Probleme mit dem Stoff gibt.
Zudem unterscheidet sich der "Lernstil" beim EDV-Unterricht von anderen Unterrichtsfächern: alle anderen (traditionellen) Lernhilfen treten gegenüber dem trial-and-error-Verfahren in den Hintergrund, besonders auffällig (sign. .0000) bei den jungen Computerbesitzern. Spielerisches Ausprobieren und Erfahrung-Sammeln, zumeist im Freundeskreis, dürfte die wichtigste Form des Wissenserwerbs in diesem Zusammenhang sein. Die Gruppe der Gleich-

6 vgl. M.Mead, Der Konflikt der Generationen, Olten, 1971

altrigen, der Freunde spielt also in diesem spezifischen Sozialisationsprozeß eine ganz zentrale Rolle.

Für Kinder, die einen Computer zur Verfügung haben, ist das Programmieren die beliebteste Form, sich mit dem Computer zu beschäftigen. Das Gerät selbsttätig und kreativ zu nutzen, ist jedoch nicht das, was - der Selbsteinschätzung der Jugendlichen nach - auch ihren tatsächlichen Fähigkeiten entspricht. Hier dominiert eindeutig das Spielen. Einen auffälligen Unterschied (sign. .0007) machen hier die Kinder mit den Personal Computern; diese schätzen ihre Leistungen beim Programmieren, aber auch beim Nutzen von Software-Paketen deutlich besser ein, als dies die Kinder mit den Homecomputern tun. Der Unterschied dürfte - wie auch in den Interviews deutlich wurde - sowohl im Hard- als auch im Software-Bereich liegen. Hochwertige Programmiersprachen und leistungsfähige Software wie Datenbankverwaltungen, Textverarbeitung etc. benötigen inzwischen zunehmend mehr Speicherplatz. Selbst Laufwerke mit relativ großer Kapazität stoßen hier bereits an ihre Grenzen. Anderseits ist die bei den Homecomputern mitgelieferte Software - nach Aussagen der Kinder - häufig mangelhaft bzw. unverständlich dokumentiert, z.T. deshalb, weil es sich um äußerst schlampige Übersetzungen handelt; Dummheiten, wie z.B. "schlappe Platte" für floppy disk, machen wenigstens noch Spaß!
Es gibt zwar einen wirklich umfangreichen "grauen" Tauschmarkt im Bereich der Spiele für diesen Gerätetyp, elaborierte Sprachen z.B. sind aber zumeist aus Kompatibilitätsgründen für die Kinder innerhalb dieses "Marktes" nicht zugänglich.

4. Beziehung: Mensch - Maschine

Die Verschmelzung von Mensch und Maschine, die neurotische Umdeutung des Gerätes in einen Partner mit gleichsam menschlichen Qualitäten und/oder die Aufgabe sozialer Fähigkeiten zugunsten instrumenteller Kompetenz am Computer sind Themen, die immer wieder als Spezifikum der Computer-Mensch-Beziehung beschworen werden[7]. Ähnliche Befunde sind derzeit aber weder bei der Gesamtpopulation noch bei den Kindern und Jugendlichen, die einen Computer besitzen, erhebbar. Zwar gestaltet sich die Beziehung zum Gerät nicht emotionslos; ein Drittel der Kinder hat einen Spitznamen für den Computer, man ärgert sich durchaus über das Gerät, auch geben besonders die Burschen mit 40% (die unabhängige Variable Geschlecht erklärt varianzanalytisch immerhin 17,2% der Gesamtvarianz) Wutanfälle gegenüber dem Com-

7 vgl. hiezu besonders: A.Krafft, G.Ortmann, Hrsg., Computer und Psyche. Angstlust am Computer, Frankfurt/m., 1988

puter zu, darüberhinaus dürfte aber die "Bindung" an das Gerät nicht sehr eng sein. Denn die Hälfte aller Computerbesitzer würde das Gerät gegen etwas anderes tauschen, und zwar nicht einen besseren Computer. Nur die jüngste Gruppe reagiert hier wieder anders: nur 16% würden einem Tausch zustimmen, und dann zumeist gegen ein besseres Gerät.

Die Eigenschaften, die dem Computer im Polaritätsprofil zugeschrieben werden, sind - im Gegensatz zu derartigen Zuschreibungen von Erwachsenen - vorwiegend positiv-rational[8].

Nun ist - und dies gilt für alle Kinder - das Spielen die wichtigste Art der Beschäftigung mit dem Computer. Spiel heißt aber nicht, wie dies häufig (und schaurig) dargestellt wird, als isolierter "Einzelkämpfer" zwanghaft mit dem Bildschirm zu verwachsen, sondern Spiel in der Gruppe. Gefördert wird dieses Verhalten sicher dadurch, daß praktisch alle gängigen und beliebten Spiele für zwei und mehr Personen konzipiert sind.

Das wohl wichtigste Ergebnis dieser ersten Auswertung läßt sich folgendermaßen zusammenfassen: Die vorhandenen sozialen Beziehungen werden durch den Computer in keiner Weise negativ beeinflußt. Gute Freunde zu haben und die Freizeit mit diesen zu verbringen, wird äußerst hoch bewertet und an erster Stelle aller (18) Lieblingsbeschäftigungen genannt.
Trotz der relativ hohen Nutzungsfrequenz (siehe oben) stellt der Computer keine Konkurrenz für diese Beziehungen dar. Selbst für die Gruppe der 11- bis 13jährigen, die ja eine signifikant größere Begeisterung für alles, was mit dem Computer zu tun hat, zeigen, verdrängt das Gerät nicht die Freunde. Vielmehr dürfte umgekehrt, in der Erfahrung der Jugendlichen, der Computer als willkommene Möglichkeit wahrgenommen werden, neue Sozialkontakte zu schließen. Hier verhalten sich zwar die Burschen weit extrovertierter als die Mädchen, immerhin geben aber auch 16% der Mädchen an, durch den Computer neue Freundschaften geschlossen zu haben.
Konsequent wählten dann auch ca. 90% - vor die Alternative gestellt: am Computer zu sitzen oder mit Freunden ins Kino zu gehen - letztere.

5. Zusammenfassung

Das Verhältnis der österreichischen Kinder und Jugendlichen zum Computer dürfte derzeit tatsächlich weit weniger "neurotisch" sein, als dies (publikumswirksam) unterstellt wird. Da aber gerade die jüngeren Burschen eher zu extremen Verhaltensformen zu neigen scheinen, muß dieser Gruppe

8 vgl. J.Pflüger, R.Schurz, Der maschinelle Charakter, Opladen, 1987

besondere Aufmerksamkeit gewidmet werden, damit eventuell defizitäre Entwicklungstendenzen im Bereich sozialer und emotionaler Kompetenz aufgezeigt werden können.

Es ist aber anzunehmen, daß mögliche Fehlentwicklungen nicht primär im Werkzeug selbst, sondern in den vorgängigen und umfassenderen Sozialisationsprozessen zu suchen sind. Hier hat der Computer eventuell die Funktion eines Katalysators. Sind bereits psychische oder/und soziale Störungen latent vorhanden, können diese möglicherweise manifest werden und dann sekundär zu den bereits erwähnten Phänomenen führen.

Derzeit sind jedoch Defizite sowohl im Hard- als auch im Software-Bereich für diese Benutzergruppe festzustellen. Da nicht anzunehmen ist, daß die weitere Förderung der instrumentellen Kompetenz dieser jugendlichen Anwender durch bessere Angebote Folgen für deren (gesellschaftlich ja weit relevanteren) soziale Kompetenz haben wird, sollten auch adäquatere Möglichkeiten angeboten werden:

- Es sollte das Preis-Leistungs-Verhältnis bei der Hardware überdacht werden, d.h. die Kosten für Geräte, die auf diese Gruppe zugeschnitten sein sollten, wenigstens auf das internationale Preisniveau gesenkt werden.
- Es sollte ganz besonders das Problem inhaltlich, formal und preislich angemessener Software - außerhalb des "grauen Spielmarktes" - von seiten der Entwickler und Hersteller nicht in dem Maß vernachlässigt werden, wie dies derzeit noch der Fall ist.

GRUNDLAGEN UND METHODEN INGENIEURPSYCHOLOGISCHER SCHNITTSTELLEN- UND SOFTWAREGESTALTUNG

2

C. Blind, H. Kamper

HFE-Institut - Fachbereich Soziotechnische Systemanalyse
Itzlinger Hauptstraße 41, A-5020 Salzburg

ZUSAMMENFASSUNG:

Dieser Beitrag will Ursachen und Schritte zur Entstehung einer Psychologie der Technik aufzeigen, namentlich der Ingenieurpsychologie, wobei konkret Forschungsgrundlagen und Methoden zur Optimierung rechnergestützter Mensch-Maschine-Systeme behandelt werden sollen.

1. Einleitung

Will man von seiten der Humanwissenschaften konkrete Leistungsangebote an die Computerwissenschaften richten, so genügt es nicht, nur einseitig-fachspezifische Begleituntersuchungen anbieten zu können, sondern es müssen gerade interdisziplinäre Überschneidungen zwischen den Fachgebieten besonders herausgearbeitet werden, um darauf aufbauend problemangemessene Methodenpakete entwickeln zu können.

Dies gilt auch für die Ingenieurpsychologie, die sich als Teilgebiet der Arbeitspsychologie "mit der Analyse und Gestaltung der Arbeitstätigkeit und ihrer Bedingungen im Mensch-Maschine-System befaßt". (1)

2. Automatisierungstechnik und Arbeitswissenschaft

Um die Verbindung Automatisierung/Rechentechnik mit der Ingenieurpsychologie zu konkretisieren, ist es notwendig - ausgehend von Entwicklungen in der technischen Sphäre -, die

Herausbildung von Denkzeugen und die dadurch initiierte Veränderung der Mensch-Maschine-Kommunikation aufzuzeigen.

Denkzeuge wurden - analog zu Werkzeugen und Automaten - zur Rationalisierung von Arbeitsprozessen entwickelt, angefangen von Entwicklungen der Mathematik und Logik (Algorithmen, Programme etc.) bis hin zu AI-Tools, und haben den Zweck, menschliches Denken und Handeln wirkungsvoll zu unterstützen oder zu ersetzen. Dadurch wurden auch wesentliche Veränderungen in der Mensch-Maschine-Kommunikation bewirkt, was nun anhand der Schnittstellenproblematik näher beleuchtet werden soll.

Die "Klassische" Maschinerie des 19. und angehenden 20. Jahrhunderts bestand im wesentlichen aus Antrieb, Transmission und Werkzeugmaschine. Die Steuerung und Regelung der Werkstückbearbeitung wurde vom Bediener manuell-kraftaufwendig durchgeführt, es kam zu einer permanenten Anbindung des Bedieners an die Schnittstelle. Dies ändert sich mit der Einführung der Mikroelektronik in Form rechnergestützter Maschinerie (z.B. CNC-Technik) gründlich. Der Maschinenbediener arbeitet nunmehr an rechnergestützten Schnittstellen, an denen Tätigkeiten wie Programmeingabe oder -modifizierung, überwachung des Bearbeitungsvorganges usw. vollzogen werden. Es ist keine permanente Anbindung an die Maschine mehr erforderlich, die Anforderungen an den Bediener verschieben sich von der manuell-kraftaufwendigen auf eine eher feinmotorisch-kognitive Ebene (Arbeit mit Tastatur, Maus, Umgang mit Software etc.). Dies führt bis zu "hoch automatisierten Systemen ..., in denen der Mensch nur noch überwachungsfunktionen hat, Regelungen und Steuerungen aber von Automaten geleistet werden".(2)

Somit läßt sich festhalten, daß mit dem massenhaften Einzug von Automatisierungstechnik in die Betriebe neue Anforderungen und Qualifikationsprofile auf die Arbeitnehmer zukommen; die kognitiv-feinmotorische Tätigkeit an rechnergestützen Schnittstellen wird nunmehr zum charakteristischen Arbeitsinhalt. Dies stellt auch erhöhte Anforderungen an die Arbeitswissenschaften, die einen tendenziellen Bruch mit dem Taylorismus konstatieren müssen und zudem vor der Aufgabe stehen, anwendungsorientierte und menschengerechte Mensch-Maschine-Systeme zu entwickeln (Qualitätszirkel, Prototyping bei der Softwareentwicklung, ergonomische Softwaregestaltung etc.).

3. Notwendigkeit einer Psychologie der Technik

Dies erfordert konkrete Schritte hin zu einer "Psychologie der Technik" mit objektiven, standardisierten Methoden, die auch in der Lage sein muß, Grundlagen und konkrete Verfahren zur Analyse, Gestaltung und Bewertung von Mensch-Maschine-Schnittstellen zu entwickeln, "um optimale Mensch-Maschine-Systeme zu schaffen".(3)

Betrachtet man nun die Auseinandersetzung der Disziplin Psychologie mit der Thematik Arbeit, so lassen sich prinzipiell zwei Herangehensweisen feststellen. GIESE klassifizierte 1927 - nachdem der Begriff "Psychotechnik" schon 1914 von MÜNSTERBERG geprägt worden war - die "Wirtschaftspsychologie" in die Teilbereiche "Subjektpsychotechnik" und "Objektpsychotechnik", wobei mit ersterer der "Mensch als Betriebsfaktor", mit letzterer "die Materie, der Gegenstand, die Umwelt oder das Gerät" als zu optimierende Komponente gemeint ist.(4)

Diese - nach wie vor gültige - Klassifizierung bringen die Begriffe "am Subjekt ansetzen" und "am technisch-organisatorischen System ansetzen" auf den einfachsten Nenner, wobei festzuhalten ist, daß die Anforderungen an die Arbeitswissenschaft mit der breiten Einführung von Automatisierungstechnik stark gestiegen sind.

4. Ingenieurpsychologie

Dies führte dann auch Mitte der 60er Jahre zur Entwicklung der Ingenieurpsychologie als speziellem Zweig der Arbeitspsychologie (LOMOV 1964), mit besonderer Betonung der "Gestaltung der Systemunterlagen und Programme von rechnergestützten automatisierten Geräten, Maschinen und Anlagen", wobei sich kybernetische Herangehensweisen ("Mensch-Maschine-System", "Soziotechnische Systemanalyse", "Systemergonomie") als besonders fruchtbringend bzw. ordnungsstiftend erwiesen haben. (5)

Für unsere Zwecke ist es nun sinnvoll, drei Bereiche der Ingenieurpsychologie in bezug auf die Schnittstellen- und Softwaregestaltung näher zu untersuchen.

4.1. Zum Verhältnis von Ingenieurpsychologie und Allgemeiner Psychologie

"Die Unerläßlichkeit wahrhafter Wechselbeziehungen zwischen der Allgemeinen Psychologie, insbesonders der Kognitiven Psychologie des Wahrnehmens, des Gedächtnisses und des Denkens sowie der Persönlichkeits- bzw. Differentiellen Psychologie und der Arbeitspsychologie hat sich zugunsten beider Seiten bestätigt, wurde selbstverständlich und organisierte sich in gemeinsamen Projekten beispielsweise zur Mensch-Rechner-Interaktion, zu Expertensystemen oder dem Knowledge-Engineering. Damit verschmolzen auch die Anliegen der auf Einbringen kybernetischen Rüstzeugs orientierten Ingenieurpsychologie mit denen der Psychologie der Arbeitsprozesse insgesamt", schreibt HACKER bereits 1986. (5) Wie also klar erkennbar ist, existiert in dem Wechselverhältnis Allgemeine Psychologie-Ingenieurpsychologie ein enormes Potential in bezug auf die Grundlagenforschung zur Optimierung rechnergestützter Mensch-Maschine-Systeme bzw. deren Komponenten (Dialoggeräte, Software, Manuals etc.).

4.2. Anwendungsmöglichkeiten der Experimentellen Psychologie

Hier geht es im wesentlichen um die Heranziehung experimentalpsychologischer Erkenntnisse aus nahezu sämtlichen Gebieten der Psychologie zu Hypothesenprüfung bzw. -generierung auf dem Gebiet der Optimierung von Informationstechnologie sowie zur Evaluierung der praktischen Relevanz etwa von Softwareprodukten. Beispiele hierfür wären u.a. die Überprüfung von

Kommandosprachen in Hinsicht auf die semantische Verständlichkeit, der Vergleich konkreter Eingabemedien wie Maus, Tastatur, Lichtgriffel auf ihre Effektivität, die Bewertung der visuellen Qualität von Benutzeroberflächen und die Analyse der Effizienz von Benutzerschulungen bezogen auf Lernstile. Wie die Forschungspraxis gezeigt hat, ist dies ein Sektor, der derzeit - bezogen auf die Zahl der Veröffentlichungen - richtiggehend "boomt".

4.3. Methoden und Verfahren zur Analyse, Bewertung und Gestaltung rechnergestützter Mensch-Maschine-Systeme

Mittlerweile wurden in diesem Bereich schon zahlreiche Verfahren entwickelt, die zur Objektivierung der Bewertung rechnergestützter Mensch-Maschine-Systeme einiges beigetragen haben. Geht man davon aus, daß nach neueren Angaben im Durchschnitt maximal 50% der möglichen Leistung eines Systems wirklich ausgenutzt werden, so wird deutlich, daß hier noch ein enormes Rationalisierungspotential brachliegt. Hier tritt besonders der Bereich der Softwareergonomie in den Vordergrund.

4.3.1. Die DIN-Norm 66234 zur ergonomischen Softwaregestaltung

Will man nun die bisher angeführten Forschungsgebiete konkret auf ihre Leistungsfähigkeit bezüglich der Gestaltung von Schnittstellen und Benutzeroberflächen hin überprüfen, so eignet sich der modifizierte DIN-Norm-Entwurf (DIN 66234) als gutes Beispiel hierfür. Doch vorerst soll der Begriff Softwareergonomie expliziert werden. Diese interdisziplinäre Wissenschaft befaßt "sich mit allen direkten oder indirekten Auswirkungen von Softwareprodukten in einem Mensch-Maschine-Arbeitssystem. ... Sie umfaßt die biologischen, psychologischen und sozialen Aspekte, die bei der Anpassung der Maschine seitens der Software an die Bedürfnisse des Menschen zu berücksichtigen sind, sowie die Gestaltung aller Benutzeroberflächen."(6)

Ziel ist dabei die aufgabenangemessene und benutzerfreundliche Gestaltung der angeführten Arbeitsmittel, wobei ein diese Normkriterien erfüllendes Arbeitssystem als hinreichend ergonomisch gestaltet gelten kann. Konkret umfaßt der modifizierte DIN-Norm-Entwurf folgende Ebenen bzw. Kriterien, deren Wechselverhältnis untereinander die folgende Graphik verdeutlichen soll.

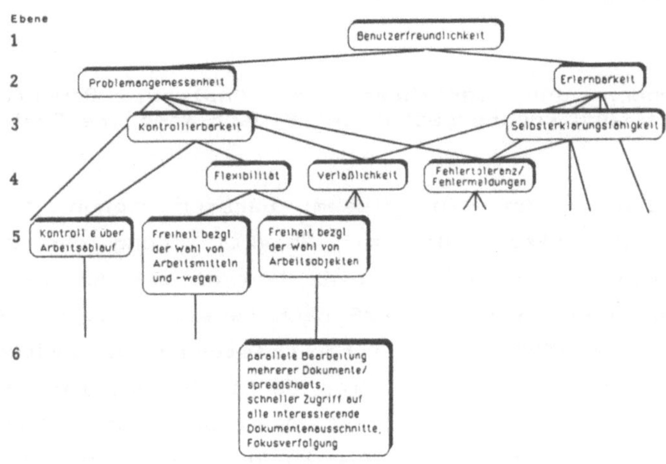

Bild 1. Zielkriterien zur Benutzerfreundlichkeit

4.3.2. Das Verfahren TBS-GA

Nach unserer Ansicht sollte bei einer Inanspruchnahme dieser Kriterien - zumindest im heuristischen Sinne - ein merkbarer Optimierungserfolg bei der Schnittstellengestaltung zutage treten. Ein weiteres objektives Verfahren ist der an der TU Dresden entwickelte TBS-GA (Tätigkeitsbewertungssystem - Geistige Arbeit) von HACKER, IWANOWA und RICHTER. Dieses standardisierte Verfahren untersucht die Qualität rechnergestützer Arbeitstätigkeiten - somit also auch die Qualität der Schnittstelle - und erlaubt dadurch u.a. den Vergleich verschiedener Varianten desselben Softwareprodukts bzw. derselben Schnittstelle. Wie Untersuchungen gezeigt haben, wurde es dadurch ermöglicht, Arbeitsleistung, Streßresistenz und Motivation bei gleicher Qualifikation, aber modifizierter

Software- bzw. Schnittstellengestaltung signifikant anzuheben.

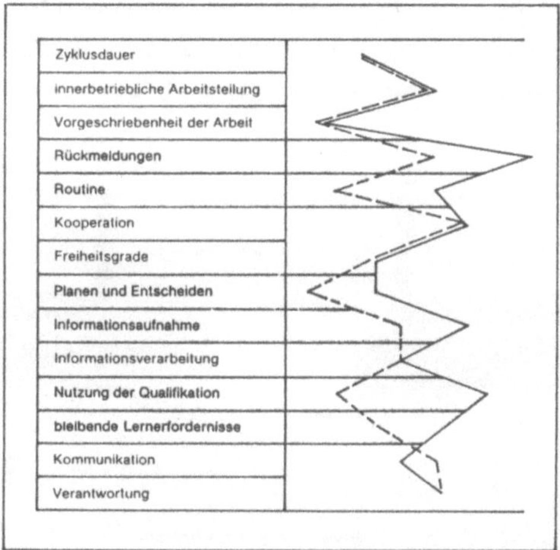

Bild 2. Die hier gezeigte Anwendung des TBS-GA zeigt anhand des Ratings von zwei unterschiedlichen Tätigkeitsprofilen derselben - nur jeweils modifizierten - Mensch-Roboter-Schnittstelle die Existenz breiter Gestaltungsspielräume.

4.3.3. Das Verfahren COGIN

COGIN (Cognitiver Aufwand in der Mensch-Computer-Interaktion) hat die Beanspruchungsmessung bei mentalen Arbeitstätigkeiten zum Ziel, um derart Schwachstellen in der Bedienerführung aufzuspüren. Somit soll also die Benutzerfreundlichkeit objektiviert werden können. Ausgangsbasis ist die Tatsache, daß eine inadäquate Schnittstellen- und Programmgestaltung Probleme beim Einlernen, bei der Benutzerführung und beim praktischen Arbeiten mit sich bringen kann. Damit gehen Leistungsabfall, Streßymptome und Motivationsminderung einher; letztendlich besteht sogar die Gefahr psychosomatischer Beschwerden.

Hier einzugreifen, ermöglicht ein psychologisches bzw. psychophysiologisches Verfahren, das in der Lage ist, definierte Handlungssequenzen (z.B. Tastaturfolgen, Menüabfragen) über definierte Zeiträume vermittelt durch einen psychophysiologischen Indikatorwert (Herz- und Pulsfrequenz) auf das

Auftreten mentaler Belastung bzw. überbelastung hin zu untersuchen. Insgesamt besteht das Verfahren aus der Software zur übertragung der Biosignale (herkömmlicher Pulsabnehmer am Ohrläppchen) auf einen Indikatorwert, einem Programm zur Analyse der Belastung und einem Manual zur Anleitung.

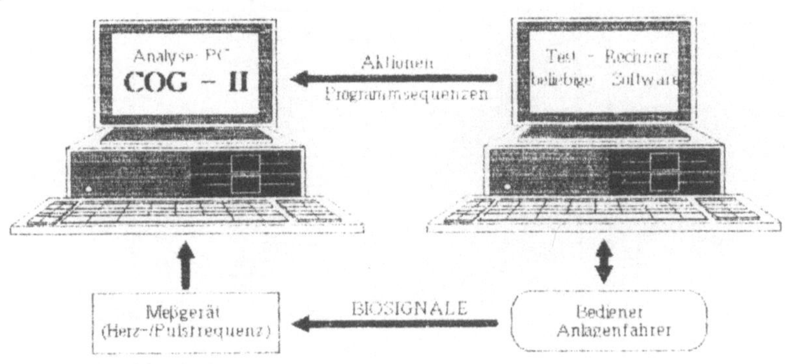

Bild 3. Struktur des COGIN-Verfahrens

Unseres Erachtens dürfte die wesentliche Qualität diese Verfahrens in der Tatsache bestehen, daß mentale Tätigkeitsstrukturen differenziert und objektiv auf ihre ergonomische Qualität untersucht werden können; dies ist sicherlich ein wichtiger Schritt in Richtung Humanisierung und Effektivierung rechnergestützter Tätigkeiten.

Literatur

(1) KLIX, F.: Ingenieurpsychologie, in: CLAUSS, G. et.al.: Wörterbuch Psychologie, Köln 1983, S. 282

(2) HOYOS, C.G.: Anmerkungen zur ergonomischen Gestaltung von Mensch-Maschine-Systemen, in: DIRLICH, G. et.al.: Kognitive Aspekte der Mensch-Computer-Interaktion, Berlin/Heidelberg 1986, S. 13-22, hier: S. 18

(3) TIMPE, K.-P.: Zwischen Psychologie und Technik, Berlin 1988, S. 129

(4) GIESE, F.: Methoden der Wirtschaftspsychologie, in: ABDERHALDEN, E.: Handbuch der biologischen Arbeitsmethoden, Berlin/Wien 1927

(5) HACKER, W.: Arbeitspsychologie, Berlin 1986, S. 13

(6) HEEG, F.-J./SCHREUDER, S.: Software-Ergonomie - Grundlagen und Anwendung, in: HACKSTEIN, R. et.al.: Arbeitsorganisation und Neue Technologien, Berlin 1986, S. 367-398, hier: S. 372

Welche Benutzerschnittstelle für welche Benutzergruppe? 3

T. Grechenig, Ch. Heinze, P.Purgathofer

Institut für prakt. Informatik
Abteilung f. kommerzielle DV
Resselg. 3
1040 Wien

ZUSAMMENFASSUNG:

Analyse, Klassifikation und Zuordnung zwischen den beobachtbaren Benutzergruppen des professionellen Bereiches und den Benutzerschnittstellen, die den kommerziellen Entwicklern zur Verfügung stehen, sind notwendige Vorraussetzungen für softwareergonomische Designentscheidungen. Zu diesem Zweck werden gängige Klassifikationschemata für Benuzergruppen und -schnittstellen diskutiert sowie ein von uns entwickeltes dreidimensionales Modell zur BenutzerInnenbeschreibung vorgestellt. Die Verwendung dieses Modells ermöglicht es EntwicklerInnen von interaktiven EDV-Systemen, schon in frühen Phasen des Designs fundierte Entscheidungen über die zum Einsatz kommende Interaktionsformen zu treffen.

1. Einleitung

Die laufende Verbreitung leistungsfähigerer Hardware, sowie mächtigere Entwicklungswerkzeuge würden es heute rein technisch möglich machen, Erkenntnisse der Softwareergonomie konsequent in das Design von Büro- und Businessapplikationen einfließen zu lassen. Bis dato waren es meist glückliche Umstände, die die Beachtung Softwareergonomischer Kriterien verursacht haben: „Verspieltheit" von ProgrammiererInnen, zufälliges Engagement des Projektleiters[1] oder aufgabenspezifische Anforderungen des Auftraggebers[1].

Aufgrund des inzwischen gewachsenen empirischen und theoretischen Erkenntnisstandes, sowie besserer geräte- und softwaretechnischer Voraussetzungen könnte das Design von Benutzerschnittstellen als systematische Komponente in den Software-Entwicklungsprozess eingebaut werden (vgl. [Ande 85], [Norm 83], [Shne 87], [Wass 86]).

Dabei mangelt es weniger am Interesse der EntwicklerInnen selbst als an konkreten Leitfäden und Designmaximen, die auf der Basis empirischer Fakten entworfen wurden[2]. Die unter Termin- und

1. Zugunsten der Lesbarkeit wurde hier auf die gleichberechtigte Schreibweise verzichtet.

2. Die wenigen empirischen Untersuchungsergebnisse sind im wesentlichen nicht systematisch im vorgeschlagenen Sinne interpretierbar, schon deshalb nicht, weil sie nicht in Hinblick eines nachfolgenden Entwurfes einer konkreten Anleitung für die industrielle Verwertung durchgeführt wurden. Existierende Vorschläge zur Formalisierung von Benutzschnittstellen sind derzeit noch unzureichend und schlichtweg nicht repräsentativ.

Kostendruck stehenden kommerziellen EntwicklerInnen können selbst kaum Zeit und Geld in solche Grundlagenforschung investieren. Dies gilt umsomehr, als nach wie vor von den AuftraggeberInnen primär bloße technische und wirtschaftliche Funktionalität gefordert wird.

Daß sich softwareergonomische Ergebnisse trotzdem kommerziell durchsetzen können, kann man am Beispiel der graphischen Maus/Fenster-Interaktion historisch nachweisen [Baec 87]. Von den professionellen EntwicklerInnen anfangs mißachtet ja sogar angefeindet[3], ist die direkte Manipulation heute Standard. Waren in diesem Beispiel neue Entwicklungen der Hardware (Maus, hochauflösende Grafikbildschirme) ausschlaggebend, so erwarten wir uns für die Zukunft einen ähnlich starken Einfluß vom Einsatz neuer SW-Tools für die Gestaltung der Mensch-Maschine Schnittstelle.

Es erscheint uns wesentlich, festzuhalten, daß der Fragenbereich der Auswahl einer Benutzerschnittstelle als Teilaufgabe einer allgemeinen sozialverträglichen (benutzerbeteiligten) Software-Gestaltung zu verstehen ist, wie sie etwa von [Falc 89] und [Floy 86] vorgeschlagen wird. Wir begreifen Fragen der Schnittstellenergonomie als Teilaspekte, die aus allgemeinen arbeits- und organisationsergonomischen Prinzipien abzuleiten sind, .

Der erste notwendige Schritt in Richtung einer wissenschaftlich fundierten Problemlösung besteht in der Analyse und Klassifikation von beobachtbaren Benutzergruppen (des professionellen Bereichs) sowie der Benutzerschnittstellen, die den kommerziellen Entwicklern zur Verfügung stehen. Dieser Kategorisierung ist das Hauptaugenmerk des vorliegenden Artikels gewidmet (Punkt 2. und 3.). Darauf aufbauend werden in Punkt 4 einige Thesen zur Zuordnung von Benutzergruppen zu Schnittstellen formuliert, deren systematische Untersuchung mit dem Ziel eines Schnittstellenkataloges in Punkt 5 motiviert und konzipiert wird.

2. Klassifizierung von BenutzerInnen

Die Zusammenfassung von BenutzerInnen zu charakteristischen Gruppen ist aus folgenden Gründen eine heikle Angelegenheit: Bei Klassifikationen geht man von der Idee aus, daß BenutzerInnen in Bezug auf einige Merkmale gleiches Verhalten (d.h., daß sie in gleicher Art an den Computer herangehen bzw. mit ihm Arbeiten) zeigen. Ein Problem dabei ist die Festlegung der typischen, charakterisierenden Merkmale einer Benutzergruppe. Da wir in der Praxis bei 100 BenutzerInnen jedoch mindestens 100 verschiedene Herangehensweisen finden werden, müssen diese Merkmale und deren Wertebereiche so festgelegt werden, daß nicht jede/r BenutzerIn „eine Gruppe“ darstellt, oder alle BenutzerInnen einer Gruppe zuzuordnen sind, sondern sich einige wenige Gruppen ergeben, die systematisch untersucht werden können. Außerdem ist es von einem wissenschaftlichen Standpunkt aus notwendig, Klassifikationen von BenutzerInnen vorzunehmen, auch auf das Risiko hinaus, dadurch hoffentlich keine signifikanten Unterschiede zu vernachlässigen.

Im folgenden beschreiben wir einen der wenigen Ansätze aus der Literatur zur Klassifikation von BenutzerInnen, der von der Art und dem Umfang des (Vor-)wissen der BenutzerInnen ausgeht.

---

3. „Zu verspielt für kommerzielle Anwendungen und für Dauerbenutzung".

Das Syntax/Semantik-Modell nach Shneiderman [Shne 87]

Shneiderman setzt seine Beobachtungen von AnwenderInnen in die Beschreibung von Benutzergruppen um. Er teilt BenutzerInnen in drei grob unterscheidbare Gruppen: NovizInnen, GelegenheitsanwenderInnen und ExpertInnen. Er ordnet diese Gruppen in einem Modell der Computerbenutzung ein, das drei wesentliche Wissenskategorien berücksichtigt: aufgabenbezogenes, semantisches computerbezogenes und syntaktisches computerbezogenes Wissen.

Unter aufgabenbezogenem Wissen versteht er dabei das Wissen, das notwendig ist, um ein Problem zu lösen, etwa die Kenntnis der Form eines Geschäftsbriefs. Semantisches computerbezogenes Wissen ist das Wissen um die Konzepte des Programms, welches zur Lösung des Problems verwendet wird, also etwa, daß der Geschäftsbrief als Datei gespeichert wird. Syntaktisches computerbezogenes Wissen ist typischerweise das Wissen um die Bedienung des Programmes, also etwa die genaue Form des Kommandos zum Abspeichern des Briefs als Datei.

Mit Hilfe dieser drei Wissenskategorien definiert Shneiderman die folgenden drei Benutzergrundtypen:

- **NovizInnen** haben keine syntaktischen, vielleicht ein wenig semantische Computerkenntnisse und eventuell sogar nur wenig Aufgabenwissen.
- **GelegenheitsanwenderInnen** haben die wesentlichen semantischen Computer- und Aufgabenkonzepte im Kopf, vergessen aber oft die Syntax der Interaktionssprache.
- **ExpertInnen** kennen sowohl Syntax als auch Semantik der Intaraktionssprache bis ins Detail und verfügen meist über hohes Aufgabenwissen.

Diese Einteilung führt zu verschiedenen Problemen bei softwareergonomischen Untersuchungen interaktiver EDV-Systeme: Die Verwendung unscharf definierter Begriffe wie etwa „gelegentliche/r BenutzerIn" erschwert ein gemeinsames Verständnis. Für vergleichende Untersuchungen verschiedener Systeme müssen Benutzergruppen klar definierbar sein. Daher ist bei Verwendung der Klassifikation nach Shneiderman die Generalisierbarkeit von Ergebnissen aus Studien eingeschränkt. Es ergibt sich daher die Notwendigkeit für eine wesentlich konzisere, greifbarere Methodik zur Klassifikation.

Wir schlagen eine Erweiterung des Modells von Shneiderman um die Dimension der Benutzungshäufigkeit vor. Gleichzeitig fassen wir syntaktische und semantische Computerkenntnisse zu einer Achse zusammen, da unserer Erfahrung nach die Weiterentwicklung des Wissens zu diesen beiden Bereichen Hand in Hand voranschreitet[4]. Durch die Einführung geeigneter Metriken ergibt sich so das folgende Klassifikationsschema (Fig. 1)

- Frequenz der Benutzung (selten...oft)
- Wissen über den Computer (niedrig...hoch)
- Wissen bezüglich des Problems (niedrig...hoch)

4. In [Norm 82] findet man starke Hinweise darauf, daß zwischen syntaktischen und semantischen Wissen bezüglich Computern starke Dependenzen bestehen.

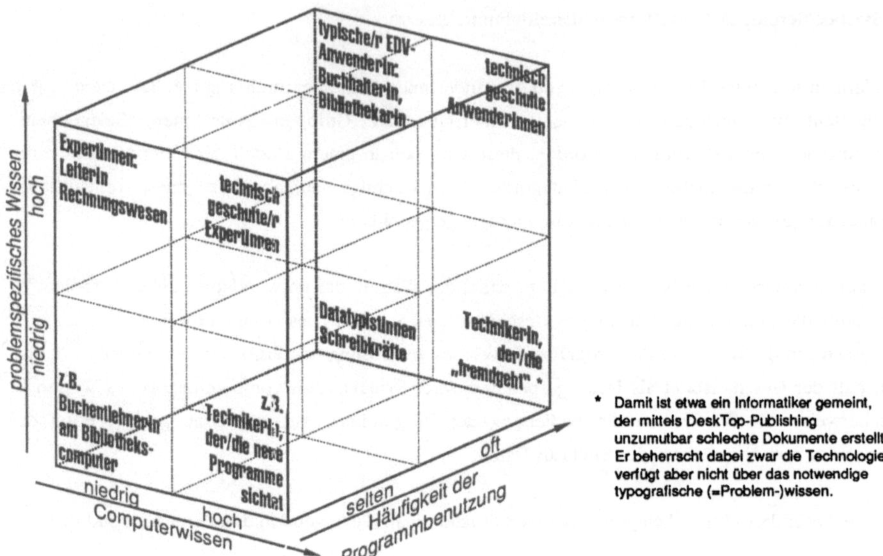

Fig. 1
Dreidimensionales Modell zur BenutzerInnenklassifikation. Die acht Eckpunkte stellen extreme Ausprägungen dar und sind exemplarisch verdeutlicht.

Beispiele

- Ungelernte DatatypistInnen benützen den Computer häufig, jedoch meist ohne Problemwissen und mit nur wenig Computerwissen
- Der/die typische AnwenderIn der Computertechnologie im Büro verfügt meist über einen hohen Wissensstand bezüglich des zu bearbeitenden Problems, hat aber noch keine Ahnung vom Computer und muß ihn (neuerdings) ziemlich oft benützen.

Das vorliegende Modell definiert sich auch durch die ihm inneliegende Dynamik. Aufgrund der Benutzung eines Systems geschehen laufend Veränderungen bezüglich einer der drei Achsen. So bewirkt etwa:

- Schulung: Der Aufstieg auf der Achse des Computerwissens
- Einarbeitung: Der Aufstieg auf der Achse der Benutzungshäufigkeit (und meist auch des Computerwissens)
- Neudefinition des Arbeitsbereichs: Abfall auf der Achse des Problemwissens
- Umstellung auf neue Software: Abfall auf der Achse des Computerwissens
- Amnesie: der Sprung in den Ursprung des Koordinatensystems: kein Wissen, keine Benutzung.

Doch auch systemimmanente Dynamik liegt vor. Häufige Benutzung führt meist zu Veränderungen der Position auf den beiden anderen Achsen, ebenso wie seltene Benutzung. Eine Erhöhung des Computerwissens führt andererseits manchmal dazu, daß der/die AnwenderIn dazu tendiert, den Computer nun öfters einzusetzten.

Dieses Modell ist einerseits allgemein genug, um auf jedes interaktive EDV-System angewandt zu werden, und kann andererseits durch geeignete Definition der Wertebereiche der drei Achsen den Untersuchungsraum für jedes EDV-System genau beschreiben.

3. Klassifizierung von Mensch-Maschine-Schnittstellen

Zur wissenschaftlichen Betrachtung von Benutzerschnittstellen ist es unerläßlich, Werkzeuge zur Klassifizierung gewisser Grundeigenschaften bzw. in weiterer Folge Grundtypen zu schaffen. Seit [Mart 73] und seiner Unterteilung nach benutzer- und computerinitiierten Techniken sind verschiedene Versuche gemacht worden, die Vielfalt unterschiedlicher Interaktionstechniken zu erfassen, zu beschreiben und zu strukturieren. Dies geschah meist unter Verwendung verschiedenster Merkmale, wie etwa Typ des Eingabegerätes, Art der Initiierung von Dialogschritten, synchrone oder asynchrone Interaktion und ähnliche. Dabei spielen die Ansätze von Shneiderman bzw. Ziegler eine besondere Rolle.

Derzeit realisierte Interaktionsformen [Shne 87], [Balz 88]

Shneiderman zählt die seiner Meinung nach relevanten Interaktionstechniken auf und beschreibt deren typische Eigenschaften.

- Menüauswahltechnik (BenutzerInnen wählen aus einer Aufzählung von Möglichkeiten eine aus)
- Formulartechnik (Formulare am Bildschirm mit Feldbezeichnungen und überschreibbaren Feldern)
- Kommandosprachen (Befehle werden mittels einer syntetischen Sprache formuliert)
- (pseudo)natürliche Sprache (Befehle werden mittels „natürlicher" Sprache formuliert)
- direkte Manipulation (Am Bildschirm graphisch dargestellte Objekte können direkt bearbeitet und verändert werden, z.B. mit der Maus)

Shneiderman geht also vom industriellen Angebot aus, er orientiert sich an bereits vorhandenen Systemen. Er beschreibt an solchen Systemen beobachtete Grundformen der Interaktion, die sehr wohl (meist) in Mischformen anzutreffen sind. Wir können diese Aufzählung als Palette der Möglichkeiten sehen, aus der EntwicklerInnen wählen, indem sie Designentscheidungen treffen.

Grunddimensionen von Interaktionsformen [Zieg 87]

Ziegler leitet aus einem allgemeinen Modell der Mensch-Maschine-Interaktion ein dreidimensionales Klassifikationsschema ab. Die dabei verwendeten Dimensionen sind:

- **Repräsentation**: Art der Abbildung der internen Objekte auf die Darstellung (z.B. ist der Bildschirminhalt aktuell oder zeigt er einen historischen Zustand?)
- **Referenzierung**: Art des Ansprechens der internen Objekte (durch Name, durch Beschreibung, durch Hinzeigen)
- **Interpunktion**: Komplexitätsgrad der Eingaben (Funktionen mit/ohne Parameter, implizite Angabe mehrerer Funktionen)

So zeichnet sich direkte Manipulation nach Ziegler z.B. durch parallele Repräsentation, deiktische Referenzierung (Hinzeigen) und Funktionseingabe ohne Parameter (komplexere Arbeitsgänge werden in elementare Aktionen zerlegt) aus. Ein kommandosprachliches Betriebssystem (z.B. UNIX) kann man nach Ziegler durch serielle Repräsentation, Referenzierung durch Name oder Beschreibung (Wildcards) und Funktionseingabe mit mehreren Funktionen und Parametern charakterisieren.

Der formal-theoretische Ansatz Zieglers wird der weiter oben geforderten Wissenschaftlichkeit gerecht und schafft objektivierbare Verständnisgrundlagen. Gleichzeitig ergibt sich durch die Löslösung des Klassifikationsschemas von vorhandenen Systemen Perspektiven bei der Entwicklung neuer Systeme, d.h. nicht alle Gitterpositionen des Ziegler´schen Modells sind mit bereits existierenden Systemen „besetzt".

Shneiderman hingegen orientiert sich an vorhandenen Systemen und ermöglicht dadurch bei Untersuchungen praxisbezogene Aussagen. Fast die gesamte Software wird mit auf dem Markt verfügbaren Geräten und unter Zuhilfenahme verfügbarer Tools entwickelt. Soll also das Ergebnis einer Untersuchung in der Entwicklung konkret verwendbar sein, so erscheint es sinnvoller, Shneidermans Ansatz zu wählen.

4. Thesen über die Zuordenbarkeit

Vermutungen über Präferenzen bestimmter Benutzer hat wohl jeder. Sie leiten sich aus dem täglichen Umgang mit dem Computer und mit anderen BenutzerInnen ab. Aber auch Fallstudien, Einzeluntersuchungen und der Erfolg oder Mißerfolg einzelner Systeme am Markt läßt auf Vor- und Nachteile verschiedener Interaktionsformen für BenutzerInnen schließen. So lassen sich exemplarisch zum Beispiel folgende Thesen formulieren:

- (pseudo)natürlichsprachliche Kommunikation eignet sich besonders für AnfängerInnen und gelegentliche BenutzerInnen mit hohem Problemwissen und geringem Wissen über den Aufbau der Anwendung, sofern er/sie keine Schwierigkeiten beim Tippen hat. Allerdings zeigten z.B. [Smal 83], daß entgegen dem weithin verbreiteten Glauben Kommunikation in natürlicher Sprache nicht notwendigerweise die ideale Benutzerschnittstelle darstellt. Bei Datenbankabfragen erwies sich die formale relationale Abfragesprache SEQUEL als effizentere Interaktionssprache[5].

- mit direkter Manipulation wird ein/e BenutzerIn mit hohem Problemwissen und einigem Wissen über den Aufbau der Anwendung gute Resultate erzielen, sofern die reale Problemstellung und das Computermodell (Implementierung) gut zur Deckung gebracht wurden (was bei direkter Manipulation oft der Fall ist[6]).

- adaptierbare Kommandosprachen werden im allgemeinen von BenutzerInnen mit hohem Problemwissen und besonderen Computerkenntnissen bevorzugt.

5. Das kann hauptsächlich durch den hohen Formalisierungsgrad der Aufgabe erklärt werden. Formale Aufgaben lassen sich wahrscheinlich besser mit formalen Methoden lösen. Siehe dazu auch [Zoep 86].

6. Das ist deshalb der Fall, da zwischen realen Objekten und deren Repräsentationen nur eine geringe „Distanz" besteht.

- Menüauswahltechnik ist gut geeignet für AnwenderInnen ohne klares Problemwissen, da die Entscheidungsstruktur duch das System vorgegeben wird.

5. Schlußfolgerungen

Die in Punkt 4 aufgezählten Thesen sind sehr heterogen in Bezug auf ihre Allgemeinheit. Jedoch sind eine hohe Wahrscheinlichkeit des Zutreffens und eine gewisse Generalisierbarkeit notwendige Vorraussetzungen für die Zuordnung von Benutzergruppen und Schnittstellen, um als Leitfaden für den kommerziellen Entwickler dienen zu können.

Es stellt sich somit die Frage, welche Vorgehensweise gewählt werden kann, um einen systematischen Katalog zu erhalten:

Eine Quelle sind verschiedene bereits durchgeführte empirische Untersuchungen (z.B.[Robe 83], [Smal 83], [Raut 89]). Deren Aussagekraft ist allerding im allgemeinen beschränkt, da spezifische Eigenschaften der jeweiligen Domäne in hohem Ausmaß Verhalten und Einschätzung der Versuchspersonen beeinflußt haben Generelle Aussagen könnten aus diesen Quellen somit nur dann gewonnen werden, wenn die aufgabenspezifisch verursachte Einflußfaktoren aus den Untersuchungsergebnisse eliminiert werden. Dies ist zumeist schlichtweg unmöglich. Empirie an der im industriellen Einsatz befindlichen Applikation ist somit zwar realitätsnah, in ihrer Aussagekraft aber im wesentlichen beschränkt auf Wirkungsforschung.

Als ergänzendes, erfolgversprechendes Verfahren kann die Laboruntersuchung eingesetzt werden: Eine Modell-Applikation wird in verschiedenen reinen und kombinierten Formen von Benutzerschnittstellen (vgl. 2.) realisiert. Verhalten und Performance von Versuchspersonen verschiedener Klassen (vgl. 3.) bei der Benutzung der Applikation wird mittels quantitativer (Logfile-recording, Fragebogen) und qualitativer (Interview, Videokonfrontation) Methoden ausgewertet. Derart ermittelte, signifikante Resultate werden die Grundlage eines Entwicklerleitfadens sein. Eine solche Untersuchung ist an der TU Wien als Gemeinschaftsprojekt mehrerer Informatikabteilungen unter der Projektbezeichnung BENEVAL geplant.

Ande 85 Anderson, Nancy S. & Reitman Olson, Judith (Eds.) (1985): Methods for Designing Software to Fit Human Needs and Capabilities. In: Proceedings of the Workshop on Software and Human Factors, Comittee on Human Factors, Commission on Behavioural and Social Sciences and Education, National Research Council, Washington, DC.:National Academy Press, pp 1-34 .

Baec 87 Baecker, Ronald N.& Buxton, William A.S. (1987):Readings in Human-Computer Interaction: A Multidisciplinary Approach. Morgan Kaufmann Publishers Inc., Los Altos, California, 1987, pp 649-667

Balz 88 Balzert, H.,et al (1988): Einführung in die Software-Ergonomie. Mensch-Computer Kommunikation, Grundwissen 1, Berlin, New York, Walter de Gruyter & Co.

Falc 89 Falck, Margit (1989): Nutzerbezogene Systemgestaltung in sozialen Organisationen - Ein integrierter Methodenansatz für Arbeits-, Organisations- und Technikgestaltung. Vortrag am 14.6.1989 an der TU Wien/Institut für praktische Informatik.

Floy 86 Floyd, Ch. (1986): STEPS - Eine Orientierung der Softwaretechnik auf sozialverträgliche Technikgestaltung. In: Informatik Forum 2, Juli 1987.

Maaß 89 Maaß, S. & Oberquelle, H. (Hrsg, 1989): Software-Ergonomie ´89, Berichte 32 German Chapter of the ACM, Teubner Stuttgart

Mart 73 Martin, J. (1973): Design of Man-Computer Dialogues, Prentice-Hall, Englewood Cliffs N.J.

Norm 82 Norman, Donald A. (1984): Stages and Levels in Human-Machine Interaction. In: Int. J. Man-Machine Studies 21, pp 365-375.

Norm 83 Norman, D. (1983): Design Principles for Human-Computer Interaction. In: Proceedings of CHI´ 83, 1-10.

Raut 89 Rauterberg, M. (1989): MAUS versus Funktionstaste: Ein empirischer Vergleich einer desktop- mit einer ASCII-orientierten Benutzeroberfläche. In:[Maaß 89].

Robe 83 Roberts, Theresa L. & Moran, Thomas P. (1983): The Evaluation of Computer Text Editors: Methodology and Empirical Results. In: Communications of the ACM 26(4), pp 265-283.

Schö 87 Schönpflug, W. & Wittstock, M. (Hrsg, 1987): Software-Ergonomie ´87, Berichte 21 German Chapter of the ACM, Teubner Stuttgart

Shne 87 Shneiderman, Ben (1987): Designing the user interface: Strategies for Effective Human Computer Interaction. Addison.Wesley, Reading MA.

Smal 83 Small, Duane W. & Weldon, Linda J. (1983): An experimental comparison of natural and structured query languages. In: Human factors, Jun 83 Vol 25(3) pp 253-263.

Wass 86 Wasserman, A.I., Pircher, P.A., Shewmake, D.T., & Kersten, M.L. (1986): Developing Interactive Information Systems with the User Software Engineering Methodology. In: IEEE Transaction on Software Engineering SE-12(2), February 1986, 326-245.

Zieg 87 Ziegler, Jürgen E. (1987): Grunddimensionen von Interaktionsformen. In: [Schönpflug87].

Zoep 86 Zoepritz, M.. (1986): Investigating Human Factors in Natural Language Database Query. In: Mey, J.L. (Ed.): Language and Discourse: Test and Protest, A Festschrift for Petr Sgall. (Linguistic and Literary Studies in Eastern Europe 19). Amsterdam, Philadelphia, Benjamins. pp585-605

DER AKTUELLE STAND DES MIKROELEKTRONIKEINSATZES IN ÖSTERREICH

4

W. Tritremmel

Vereinigung Österreichischer Industrieller, Wien

ZUSAMMENFASSUNG

Die Befragungsergebnisse über den Mikroelektronikeinsatz in Produktion und Produkten in österreichischen Industrieunternehmen vom Juni 1989 zeigen, daß die Technikanwendung zügig voranschreitet. Der technische Wandel führt in den Unternehmen zu positiven Begleiterscheinungen für die Mitarbeiter. Die Arbeitsplatzsicherheit steigt ebenso wie die Arbeitszufriedenheit und das Qualifikationsniveau der Mitarbeiter. Bis 1995 erwarten die Unternehmen eine Intensivierung der Mikroelektronikanwendungen.

Noch immer kursiert die Meinung, daß der technische Wandel zu außerordentlichen Arbeitskräfteeinsparungen sowie zu negativen Effekten auf die Arbeitskräfte, insbesondere bei den Arbeitsbedingungen führen wird. Die Vereinigung Österreichischer Industrieller untersucht seit 1983 durch Unternehmensbefragungen den Stand des Technikeinsatzes und die Erfahrungen, die die Unternehmen im Zusammenhang mit mitarbeiterbezogenen Fragestellungen bei dem technischen Strukturwandel machen. Eine Vorauswertung der Befragungsergebnisse zeigt, daß in allen Anwendungsarten der Mikroelektronik in der Fertigung im Abstand von drei Jahren zur letzten Untersuchung Zunahmen zu verzeichnen sind. Die befragten Unternehmen rechnen jedoch nicht mit einer Verlangsamung dieser Entwicklung, sondern erwarten im Gegenteil innerhalb der nächsten 5 Jahre weitere starke (rd. 49%) bzw. geringe (48 %) Zunahmen sowohl im Produktionsbereich als auch bei den Produktanwendungen. Diese Einschätzung wird offenkundig durch die vorhandenen positiven Erfahrungen mit der Techniknutzung in Form höherer Produktqualität, verringerter Rüstzeiten, steigender Produktionsflexibilität oder der verbesserten Einhaltung von Lieferterminen unterstützt. Die Unternehmen rechnen überwiegend mit Amortisationszeiten bei Mikroelektronik-Investitionen zwischen 3 und 5 Jahren. Der Schwerpunkt des Mikroelektronikeinsatzes in Produkten liegt bei den Investitionsgütern (86 %), wobei es sich jeweils etwa zur Hälfte um Produkt- und Verbesserungsinnovationen handelt. Insgesamt zeigt sich, daß der Mikroelektronikeinsatz als wichtiger Beitrag zur Verbesserung bzw. zur Erhaltung der Wettbewerbsfähigkeit noch deutlicher gesehen wird als vor drei Jahren. Im Zusammenhang damit bestätigen die befragten Unternehmen, daß einerseits neue inländische und ausländische Märkte erschlossen werden konnten und andererseits, daß die langfristige Arbeitsplatzsicherheit mit dem technischen Wandel eng verknüpft ist. Vor drei Jahren war jedes achte Unternehmen der Meinung, daß die langfristige Arbeitsplatzsicherheit durch die Mikroelektronik im Unternehmen steigt. 1989 sind es bereits neun von zehn Unternehmen, die diese Auffassung teilen.

Von Interesse ist aber nicht nur die Kenntnis des Anwendungsstandes moderner Technik und der damit im Zusammenhang stehenden positiven Erfahrungen, sondern auch, ob aus der Sicht der Unternehmen bestimmte Hindernisse und Probleme feststellbar sind. Nach der vorläufigen Auswertung eines Teiles der Fragebögen zeigt sich bereits, daß jeweils nur eine Minderheit der Befragten Barrieren feststellt. Am vordringlichsten ist jedenfalls für mehr als die Hälfte der Unternehmen das Problem der Verfügbarkeit von entsprechend qualifizierten Mitarbeitern. Als zwei weitere Problembereiche, die aber mit Abstand nicht jene Bedeutung wie die Qualifikation haben, werden zu hohe Finanzierungskosten (ca. 22 % der Betriebe) und zu rascher technischer Wandel (ca. 14 %) festgestellt. Erstmalig liegen durch diese Umfrage Informationen über Barrieren, die für ein optimales Technologie- und Innovationsmanagement eliminiert werden sollen, vor. Neben dem an der Spitze der Barrieren liegenden Mangel an Technikspezialisten sind für jeweils knapp ein Drittel der Antwortenden Zugriffsprobleme bei externem

Fachwissen und Wissensdefizite zu neuen Technologien im TOP-Management spezifische Problembereiche, die auch bei ähnlichen ausländischen Untersuchungen zu Tage getreten sind. Für jeweils ein Viertel der Befragten stellen die unzureichende Integration der Technologieentwicklung und -anwendung in die strategische Unternehmensplanung und die zu lange dauernden Entwicklungszeiträume Problemfelder dar. Ein Fünftel der betrieblichen Experten sieht Barrieren in der zu kurzfristigen Ergebnisorientierung und in den für den technischen Wandel ungeeigneten Organisationsstrukturen im Unternehmen.

Vor diesem Hintergrund der Technikanwendung in Produktion und Produkten in österreichischen Industrieunternehmen sollen die mitarbeiterbezogenen Aspekte, die einen besonderen Schwerpunkt der Befragung darstellen, überblicksweise beschrieben werden. Zunächst hat sich auch diesmal wieder bestätigt, daß sich die Arbeitskräfte-Einsparungseffekte der Mikroelektronik in engen Grenzen halten und ausschließlich bei der produktionsbezogenen Anwendung feststellbar sind. Abermals stellt die überwiegende Mehrheit der Unternehmen fest, daß sich aus dem Titel des technischen Wandels keine personellen Veränderungen (Produktionsbereich: 68 % der Unternehmen) ergeben. Bei den Unternehmen die Einsparungen festgestellt haben, überwiegen jene, die die Mitarbeiter auf anderen Arbeitsplätzen innerhalb des Unternehmens einsetzen (87 %). Bei den Produktanwendern zeigt sich im Vergleich zur Umfrage 1986 in noch viel stärkerem Ausmaß der arbeitsplatzschaffende Effekt der Mikroelektronik (44 % der Betriebe: Zahl der Arbeitsplätze ist gestiegen, 37 % unverändert, 19 % gesunken). Dies deckt sich auch mit den von der OECD durchgeführten einschlägigen Untersuchungen. Für die Arbeitsplatz-Nettoeffekte in der österreichischen Wirtschaft und insbesondere in der Industrie wird es daher von entscheidender Bedeutung sein, wie intensiv und rasch es gelingt, moderne Technik in Produkten anzuwenden.

Als eher allgemeine Erfahrungsfrage nach den qualitativen Auswirkungen ist die Frage nach beobachteten Umstellungsschwierigkeiten bei den Mitarbeitern zu sehen. Aus der Sicht der befragten Unternehmensleitungen überwiegen wie schon bei den ersten beiden Befragungen die "kleinen Umstellungsprobleme" (67 %). Nur in ca. 7% der Unternehmen werden große Umstellungsprobleme festgestellt. Die Auswirkungen auf Organisation und Arbeitsstruktur sind weiter erheblich. Von ca. 95 % der Befragten werden Veränderungen festgestellt (61 % kleine Veränderungen; 34 % große Veränderungen). Der Trend zur Verflachung der Aufbauorganisation spielt beim technischen Wandel in den Unternehmen ebenso eine wichtige Rolle wie die Dezentralisierung von Aufgaben, Verantwortung und Kompetenzen. Rund ein Fünftel der Unternehmen bestätigt, weniger hierarchische Ebenen als bisher zu haben. Bei mehr als einem Drittel der befragten Unternehmen ist es zu verstärkter Dezentralisierung von Aufgaben und Verantwortung gekommen. Eine Vermehrung der Arbeitsinhalte am Arbeitsplatz wird ebenso konstatiert (68 %), wie festgestellt wird, daß sich bei der zwischenmenschlichen Kommunikation und den sozialen Kontakten infolge des technischen Wandels keine Verschlechterungen ergeben. Vielmehr stellen fast 70 % der Unternehmen keine Veränderung zum bisherigen Zustand fest, mehr als ein Fünftel beobachtet aber eine zunehmende Kommunikation bzw. soziale Kontakte. Von mehr als der Hälfte der Unternehmen werden Änderungen bei dem Führungsstil gemeldet. Besonders auffällig ist die Feststellung von 55 % der Unternehmen, daß sich die Löhne bedingt durch den Einzug der Mikroelektronik erhöhen. Diese Beobachtung steht zweifellos in einem Zusammenhang mit der praktisch generellen Erfahrung der befragten Unternehmen, daß es zu höheren Qualifikationen bei den Mitarbeitern kommt. Bei 44 % der Unternehmen wird dieser qualifikatorischen Entwicklung bereits dadurch Rechnung getragen, daß bei diesen die Qualifikation bereits Teil der Investitionsplanung zur Technikanwendung ist. Die Summe aus diesen Erfahrungen führt nach Ansicht von fast zwei Drittel der Unternehmen zu einer steigenden Arbeitszufriedenheit bei den Mitarbeitern. Immer mehr Mitarbeiter im Produktionsbereich arbeiten ständig mit modernen, mit Mikroelektronik ausgerüsteten Arbeitsmitteln und machen dabei offenkundig überwiegend positive Erfahrungen. Zur Vorbereitung der Mitarbeiter auf die neue Technik, die in praktisch allen Unternehmen zu höheren

Qualifikationen führt (nur rd. 8 % unverändertes Qualifikationsniveau) investieren die Betriebe erheblich mehr in technikorientierte Aus- und Weiterbildungsprogramme als vor ca. 5 Jahren. In jedem zweiten Unternehmen wird bis zu 25 % mehr für Qualifikationsprogramme ausgegeben. In fast einem Viertel der Unternehmen stiegen die Aufwendungen bis zu 50 %. Die Qualifikationen werden zunehmend in Spezialausbildungen im Unternehmen und in überbetrieblichen Aus- und Weiterbildungsinstitutionen vermittelt. Von mehr als einem Viertel der Unternehmen wird festgestellt, daß die Betriebsräte Mitwirkungswünsche bekanntgegeben haben. Bei der Hälfte dieser Unternehmen ist es in der Folge zu konkreten Vereinbarungen gekommen.

Die ersten Schlußfolgerungen, die aus der Vorauswertung der zum Zeitpunkt der Verfassung dieses Beitrages noch laufenden Umfrage sind insbesondere:

1) Die Anwendungen der Mikroelektronik in Produktion und Produkten hat sich in den letzten 3 Jahren nicht nur beschleunigt, die Unternehmen rechnen auch bis zum Jahr 1995 mit einer weiteren Intensivierung der Anwendungen.

2) Das arbeitskraftsparende Element ist ausschließlich im Fertigungsbereich, und da nur in begrenztem Ausmaß feststellbar, während die Mikroelektronik in Produktanwendungen eindeutig arbeitsplatzschaffende Wirkung hat. Es wird nun maßgeblich davon abhängen, wie umfassend es gelingt, diesen innovatorischen Vorteil der Mikroelektronik im Produkt durch Steigerung der Wettbewerbsfähigkeit auch für die Zahl der Arbeitsplätze zu nutzen.

3) Die hervorragende Bedeutung der adäquaten Qualifikation wird mit diesen Untersuchungsergebnissen abermals untermauert. Es gilt daher kurzfristig alles daranzusetzen, daß die Qualifikation nicht zu einem drückenden Engpaßfaktor wird.

4) Die Mensch-Maschine-Schnittstellenprobleme halten sich offenkundig in den österreichischen Unternehmen in bewältigba-

ren Größenordnungen. Die Tendenz im Rahmen des Technologiemanagements neben der Qualifikation auch die Bereiche Arbeitsorganisation, Mitarbeiterführung, Organisationsentwicklung und Entlohnungsfragen zu behandeln, steigt mit zunehmenden Erfahrungen, die beim Technikeinsatz gewonnen werden. Besonders erfreulich ist dabei die Feststellung der Unternehmensleitungen, daß die Arbeitszufriedenheit der Mitarbeiter im Zuge der verstärkten Anwendung moderner Technologien steigt.

5) Für jene Unternehmen, die erst begonnen haben, den technologischen Entwicklungspfad zu beschreiten, können diese Erfahrungen eine Ermunterung zur Forcierung der Technikanwendung und gleichzeitig ein wichtiger Hinweis sein, daß mit der Planung der Technikanwendung verbunden, die gleichzeitige Maßnahmenentwicklung für Qualifikation, Organisation und Mitarbeiterführung ein wesentlicher Beitrag zur Vermeidung von Mensch-Maschine-Schnittstellenprobleme ist.

6) Für die Wissenschaft bietet sich heute nicht nur ein breites Beobachtungsfeld zur Weiterentwicklung der Forschung zur Optimierung von Arbeitssystemen in einem ausgeprägten technischen Umfeld. Die Wissenschaft sollte auch möglichst rasch weitere, gerade für mittelständische Unternehmen nutzbare Erkenntnisse anbieten, die für die unternehmerischen Entscheidungen zur Anwendung der Mikroelektronik in Produktion und Produkten und für die dabei zu berücksichtigenden mitarbeiterbezogenen und organisatorischen Themenkreise als Entscheidungsgrundlage herangezogen werden können.

EIN DIGITALES BILDINFORMATIONSSYSTEM FÜR DIE MEDIZIN **5**

RK Pucher[+], M Becker[+], M Mokry[§], K Leber[&], F Bartelt[+]

§ Univ. Klinik für Neurochirurgie, LKH Graz
& Neurologische Univ.Klinik, LKH Graz
+ Kurt Bartelt GmbH, Neufeldweg 42, 8010 Graz

ZUSAMMENFASSUNG

Bildgebende Diagnoseverfahren haben in den letzten Jahren ständig an Bedeutung gewonnen. Bildverarbeitung im medizinischen Umfeld stellt besondere Anforderungen an die Hardware. Die große Datenmenge fordert neue Speichertechnologien. Unser Bildverarbeitungssystem (PACS) wurde besonders in Hinblick auf das Benutzerinterface optimiert. Die gewohnten organisatorischen Abläufe können beibehalten werden, die Einarbeitungszeiten des Personals konnten dadurch stark reduziert werden.

1. Einleitung

Die Zunahme der Bedeutung komplexer bildgebender Verfahren für die radiologische Diagnostik (Computertomografie, Kernspinresonanztomografie, digitale Subtraktionsangiografie, etc.) beeinflußt die Struktur zukünftiger Krankenhausinformationssysteme (KIS) wesentlich. Viele der Patientenbilder mit diagnostischen Informationen liegen nach der Generierung bereits digital vor, werden aber weiterhin zur Befundung durch den Arzt auf Film ausgegeben. Um diese Bildflut zu bewältigen, werden heute mehr und mehr PAC-Systeme (Picture Archiving and Communicating Systems) eingesetzt. Bei solchen Systemen werden diagnostisch relevante Bilder in ein digitales Kommunikationsnetz eingespeist, meist auf optischen Plattensystemen archiviert und an digitalen Bildarbeitsplätzen (PACS-Konsolen) zur Befundung dargestellt. PAC-Systeme erleichtern in vielfältiger Weise die medizinische Routinearbeit.

1. Patientenbilder von bereits früher untersuchten Patienten können direkt aufgerufen werden. Umständliches Suchen in Archiven entfällt.
2. Moderne bildgebende Verfahren (Computer Tomografie) liefern Bilder mit 12 BIT Grauwertinformation je Pixel. Das menschliche Auge kann nur etwa 100 Grauwerte gleichzeitig unterscheiden. Durch eine geeignete Grauwerttransformation kann der diagnostische Wert der Bilder gesteigert werden.

Ein Problem bei der Entwicklung von PAC-Systemen stellt das Benutzerinterface dar. Die vielfältigen Möglichkeiten müssen in einer einfachen Art und Weise aufrufbar sein. Auch ungeübte Benutzer sollen vom System möglichst von Anfang an profitieren und nicht erst umständlich eingeschult werden müssen.

2. Aufbau von PAC-Systemen

Generierung

Die Generierung von digitalen Bildern erfolgt meist im bildgebenden System selbst (Computertomografie (CT), Kernspintomografie (MR), Digitale Subtraktions Angiografie (DSA), etc) Die Einschleusung solcher Bilder erfolgt meist über eine am Gerät bereits vorhandene Ethernetschnittstelle. In anderen Fällen erfolgt die Erfassung von Bildern über ein Videointerface (Endoskopie, Ultraschall (US) oder über einen Flachbettscanner (konventionelle Röntgenbilder). Die Datenmenge je Bild ist sehr verschieden und reicht von 64 KByte (MR-Bild) bis zu etwa 40 MByte (digitalisiertes konventionelles Thorax-Röntgen)

TABELLE 1: Datenmenge verschiedener Bildformate digitaler Bildquellen

BILDQUELLE	PIXELMATRIX	BIT/PIXEL	DATENMENGE ÄkByteÜ
MR	256x256	8-24	64-192
CT	256x256 512x512 1024x1024	12 12 12	96 384 1536
DSA	512x512 1024x1024	8 8	256 1024

TABELLE 2: Datenmenge verschiedener Bildformate analoger Bildquellen

BILDQUELLE	PIXELMATRIX	BIT/PIXEL	DATENMENGE ÄkByteÜ
Videoquellen	512x512 1024x1024	6-8 6-8	192-256 768-1024
gescannte Bilder	260x360 6400x6400	8 8	91 /1/ 40000 /1/

Aus den Tabellen 1 und 2 ist ersichtlich, daß mit den heute verfügbaren Computern praktisch alle digital vorliegenden Bilder bearbeitet werden können. Problematisch bleibt auf Grund der gewaltigen Datenmenge je Bild die Einbindung von gescannten großformatigen Röntgenbildern. Datenreduzierende

Bildkompressionsverfahren /2/ sind auf Grund der Möglichkeit des Verlustes von medizinisch relevanter Information eher abzulehnen.

Archivierung

Ein besonderes Problem stellt die langzeitige Archivierung von Bildmaterial dar. Möglichst viele diagnostisch relevanten Bilder sollen im direkten Zugriff gehalten werden. Heute sind magnetische Plattenspeichersysteme mit mehreren Gigabyte Kapazität verfügbar. Selbst bei kleinen PAC-Systemen sind die wirtschaftlich vertretbaren Archivkosten bald überschritten. Magnetbänder ("GigaTape") scheiden wegen der langen mittleren Zugriffszeit ebenfalls aus.
Die derzeit gängigsten Speichermedien für Bilddaten sind einmal beschreibbare optische Plattensysteme VMS und UNIX mit Kapazitäten von 400 MByte bis 6.5 Gigabyte je Platte erhältlich. Diese Kapazitätist für kleine PAC-Systeme ausreichend Bei größeren Systemen können automatische Plattenwechsler für bis zu etwa 100 (1000) Platten eingesetzt werden. Damit wird eine Datenmenge von bis zu 600 (6000) GByte im quasi direkten Zugriff gehalten. Praktische Erfahrungen mit solchen mechanisch aufwendigen Systemen im routinemäßigen Einsatz liegen jedoch kaum vor /3/.

Es gibt heute Ansätze medizinischer Bilder in einem standardisierten Format abzuspeichern /4/. Die geringe Verbreitung und die ungewisse Zukunft dieser Standards erschweren eher die Entwicklung von Archivsystemen.

Bilddarstellung

Die Darstellung von Bildern erfolgt heute fast ausschließlich mittels Röntgenfilm und Schaukästen. Auch die bereits digital vorliegenden Bilder werden analog ausgegeben. Da das menschliche Auge nur etwa 64 Graustufen simultan unterscheiden kann, wird ein interessierender Grauwertbereich am

Film dargestellt. Der damit verbundene Informationsverlust ist irreversibel.
Bei hochauflösenden Grafikdisplays kann dieses Grauwertfenster nachträglich den jeweiligen Anforderungen angepaßt werden. Heute finden Displays mit einer Auflösung von bis zu 1600x1200x8 Bit Verwendung. Allerdings stellt das Benutzerinterface bei den Bildconsolen ein nicht zu unterschätzendes Problem dar.

3. Abteilung PACS / Personal PACS

Das von uns entwickelte PAC-System ist besonders geeignet, das Anforderungsprofil von Abteilungen in größeren Krankenhäusern, von ärztlichen Praxen (Abteilungs-PACS, Abb.1) und auch von einzelnen wissenschaftlich arbeitenden Ärzten (Personal PACS, Abb.2) zu decken /6,7/.

Abb.1: ABTEILUNGS - PACS

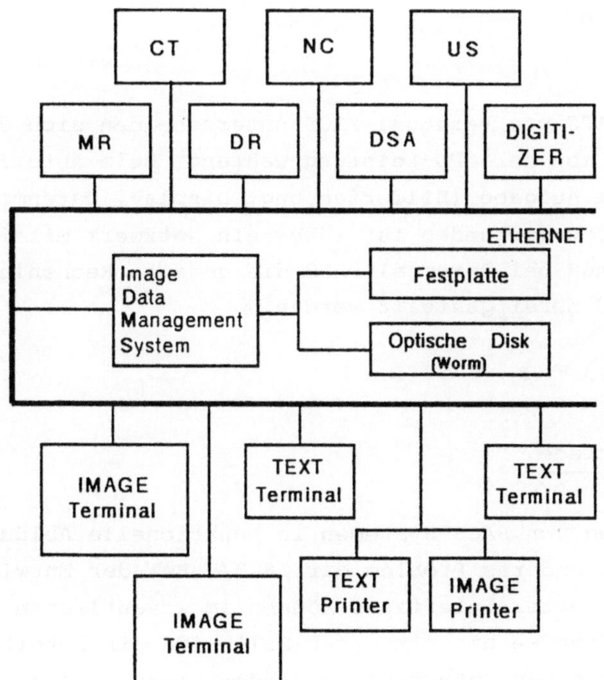

BARTELT
Personal PACS

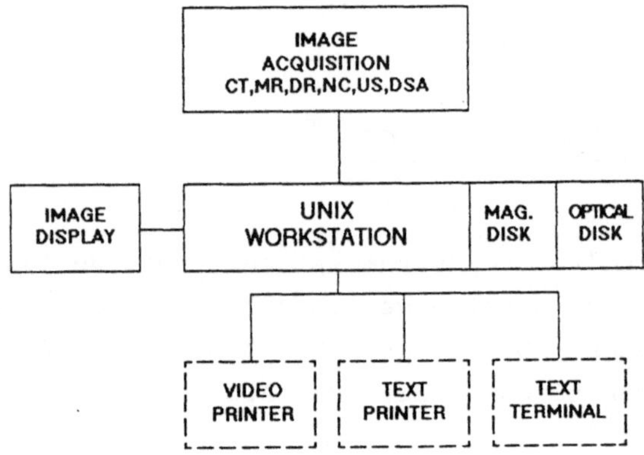

Abb. 2: Personal-PACS

Abteilungs-PACS und Personal PACS unterscheiden sich durch die Lokalisation der CPU-Leistung während beim Abteilungs PACS für jede Aufgabe (Bilderfassung, Display, Datenmanagement) eine eigene CPU vorhanden ist (über ein Netzwerk miteinander verbunden), muß bei Personal-PACS die gesamte Rechenleistung von einer CPU bereitgestellt werden.

Benutzerinterface

Die Einbindung von PACS-Systemen in funktionelle Abläufe stellt ein besonderes Problem dar /8,9/. Bei der Entwicklung des Mensch-Computer-Interfaces können im wesentlichen zwei Wege beschritten werden. Im einen Fall wird ein bereits vorhandenes grafisches Interface verwendet,im anderen Fall wird versucht, das Interface den jeweils aktuellen Gegebenheiten der betrachteten Abteilung so anzupassen, daß die gewohnten Abläufe beibehalten werden können und sich der Einschulungsaufwand des Personals auf ein Minimum beschränkt. Dies sei am Beispiel einer radiologischen Praxis näher erläutert. In diesem Fallwurden alle organisatorischen Abläufe nach Einsatz des PAC-Systemes beibehalten. Alle Patientenbilder sind in "Folder" zusammengefaßt und der Patientennummer zugeordnet. Bei der Annahme des Patienten wird von einer entsprechenden optischen Disk der"Patientenfolder" auf die Harddisk des Fileserves übertragen. Jedes während der Untersuchunggemachte Bild in den Folder aufgenommen. Bei der abschließenden Befundung durch den Arzt können alle (alte und neue) Bilder des Patienten betrachtet werden.

Bei der Darstellung der Bilder an den Pacs-Consolen wurden folgende Funktionen implementiert:

- Lupe: verschiedene Vergrößerungen für diagnostisch relevante Details
- Grauwertfenster: sowohl Kontrast als auch Helligkeit können mittels Maus einfach den Bedürfnissen angepaßt werden.
- Blättern: Vor- und Zurückblättern zwischen einzelnen Bildern. Diese Funktion ermöglicht den einfachen Vergleich von älteren und neueren Bildern.
- Übersichtsbilder: gleichzeitige Darstellung von bis zu 16 Bildern und die Möglichkeit jedes dieser Bilder mittels Maus formatfüllend darzustellen.
- Markieren: Bilder können für verschiedene Operationen (löschen, verschieben,...) markiert werden.
- Untersuchungsfenster: gleichzeitig mit den Bildern kann ein Untersuchungstext dargestellt werden.

Die Organisation des Ablaufes und die Einfachheit der Bedienung der Console ermöglichen es auch dem ungeübten Benutzer vom System zu profitieren.

Literatur:

/1/ W. Bautz, B. Steidle, H. Kolbe: Bilddatenvolumen für Radiologie der Universität Tübingen. Proceedings der Konferenz "Digitale bildgebende Verfahren" 3.-5. Oktober 1985, Graz

/8/ G.Gell, H. Schneider, M. Wiltgen: PACS-RIS Interfacing, Experiences and Problems, Proceedings of the International Sysmposium CAR`89, Springer Verlag Berlin Heidelberg, New York, 1989

/9/ M. Becker, G.Gell, M. wiltgen, G.H. Scheinder and C.F.C Greinacher: The PACS project in the radiology department of the LKH-Graz. Med.Inform. (1988), Vol.13, No.4, 249-253.

/2/ K.Riedel: Datenreduzierende Bildcodierung. Francis-Verlag München 1986

/5/ P. Haberäcker: Digitale Bildverarbeitung. Carl Hanser Verlag München Wien 1985

/6/ C.F.C. Greinacher, B. Luetke: Aufbau von PACS-Systemen unter wirtschaftlichen Gesichtspunkten. Siemens AG, Best. Nr. 1910-M202o-C209-01, Erlangen 1988

/7/ S.Ploem: "Personal PACS: its Effects on Imaging People and Machinery" or "PACS is worthwle, but what if you haven`t got it?" Proceedings of the International Symposium CAR`89, Springer Verlag Berlin Heidelberg, New York, 1989

/4/ M. Herforth, K. Müller, C.F.C. Greinacher: What are the ACR/NEMA Standard and the SPI Specification?. Proceedings of the International Symposium CAR`89, Springer Verlag Berlin, Heidelberg, New York, 1989

/3/ M.W. Hedgcock, Jr. T.S. Levitt, S. Smith, L. Humphrey: Developing an Effective Optical Archive for Medical Images Proceedings of the International Symposium CAR`89, Springer Verlag Berlin, Heidelberg, New York, 1989

SERVICEVERBESSERUNG DURCH COMPUTERUNTERSTÜTZUNG BEI MEDIZINISCHEN LABORGERÄTEN

6

W. Nedetzky

AVL LIST Ges.m.b.H., Graz

ZUSAMMENFASSUNG

Nach einer kurzen Problemdarstellung werden im folgenden einige Möglichkeiten aufgezeigt, wie die Servicebetreuung von komplexen medizinischen Laborautomaten durch den Einsatz von Softwarehilfsmitteln und durch Ferndiagnose bzw. durch Expertensystemprogramme effizienter gestaltet und objektiviert werden kann.

Unter dem Thema Schnittstelle Mensch-Maschine assoziiert man vorerst einmal mit dem Menschen den eigentlichen Benutzer, für den die Maschine gedacht ist.

Wenn Funktionsstörungen auftreten und dem Benutzer dann keine Bedienungsanleitung oder ein integriertes Testprogramm den Fehler beheben hilft, muß der Servicetechniker gerufen werden. Ich möchte hier auf jene Schnittstelle Mensch-Maschine zu sprechen kommen, die sich auf den Servicetechniker bezieht. Wir waren gezwungen, über teilweise neue, andere Wege zur Lösung des Serviceproblems nachzudenken, weil bei unseren elektromedizinischen Meßgeräten durch das Zusammentreffen von Problemkreisen aus mehreren Fachgebieten die Bestimmung der Fehlerursache sehr schwierig ist.

Zuvor sollen in wenigen Worten diese Meßgeräte, ihr Verwendungszweck und Benutzerkreis, beschrieben werden. AVL Graz stellt u.a. auch elektromed. Laboranalysengeräte her, wobei wir uns auf die Blutanalyse spezialisiert haben. Eine Gerätefamilie mißt die Blutgasparameter, daß sind der Sauerstoffpartialdruck, der CO_2-Partialdruck, den pH-Wert sowie den Hämoglobinwert. Diese Parameter dienen zur Beurteilung der Lungenfunktion und des Säurebasenhaushaltes im Körper und sind in der klinischen Routine (Verwendung im Labor) und auch in der Notfallsmedizin (Einsatz in der Intensivstation, Ambulanz und Operationssaal) von großer Bedeutung. Der normale Benutzer ist Laborant, aber auch Krankenschwester und Arzt müssen das Gerät, z.B. im Nachtdienst bedienen können. Die benötigten Blutproben müssen möglichst klein sein (40 μl = 1 Tropfen) und es ist bei diesen kleinen Probenmengen leicht vorstellbar, daß bei Schlauchdurchmessern von 0,5 mm sehr leicht Verstopfungen auftreten können, aber auch durch Verschmutzungen oder Probenverschleppungen Meßwertabweichungen bei der Prüfung mit Qualitätskontrollflüssigkeiten auftreten, die genauso gut durch eine defekte oder schlecht justierte Elektronik verursacht werden könnten.

Das Kernproblem ist also, daß die Servicetechniker große Schwierigkeiten haben, die eigentliche Fehlerursache richtig zu erkennen. Liegt es an den Sensoren (unsere elektrochemischen Sensoren haben Innenwiderstände von MOhm bei einigen mV Ausgangsspannung), liegt es an der Verschlauchung, liegt ein mechanisches oder ein elektronisches Problem vor? Dazu kommen noch menschliche Gesichtspunkte: wie gut ist der Servicetechniker geschult, wieviel Erfahrung hat er etc.
Weiters sind regionale Unterschiede vorhanden, besonders in den USA wird man nur angelerntes, stark fluktuierendes Servicepersonal finden. Und viele dieser Servicetechniker betreiben Modultausch bis zum Erfolg. Gerade diese Vorgangsweise hat uns gezwungen, folgende Lösungswege zu beschreiten, weil wir eine Unzahl von sogenannten "defekten" Modulen zur Reparatur eingeschickt bekommen haben, von denen dann maximal 10 % wirklich defekt waren.

Bis vor etwa 3 Jahren haben wir nur mit integrierten Testprogrammen gearbeitet, unterstützt von diversen Alarmmeldungen, die an der Anzeige des Gerätes vermerkt wurden und deren Ab-

hilfe in der Serviceanleitung beschrieben war. Solche Testprogramme etc. sind auch heute noch notwendig und sinnvoll, haben aber nicht geholfen, den Prozentsatz der "defekten" Reparaturbaugruppen wesentlich zu vermindern. Daher lag der Gedanke nahe, das Wissen von besonders gut eingeschulten Servicetechnikern auch besonders effizient einzusetzen und in weiterer Hinsicht Computerunterstützung anzuwenden.
Dazu bietet sich der Anschluß der Geräte über Modem und Telefonnetz in eine Servicezentrale an, sodaß es einem Experten von dort aus möglich ist, spezielle Informationen über den Zustand des Gerätes abzufragen. Natürlich wird das Problem für die Ferndiagnose dort sehr schwierig, wenn man auch auf die optische Funktionskontrolle von Ventilen, Motoren etc. angewiesen ist. Eine 100%-ige Ferndiagnose wäre nur dann möglich, wenn zusätzliche Sensoren für die Überwachung solcher Bauelemente vorgesehen sind. Es mußte also eine Softwarelösung angestrebt werden. Eine Schwierigkeit ergab sich aus der Tatsache, daß wir diese Modemsoftware in eine bestehende Geräte-Software integrieren mußten. Daher wurde diese Fernbedienungssoftware in folgender Weise realisiert.

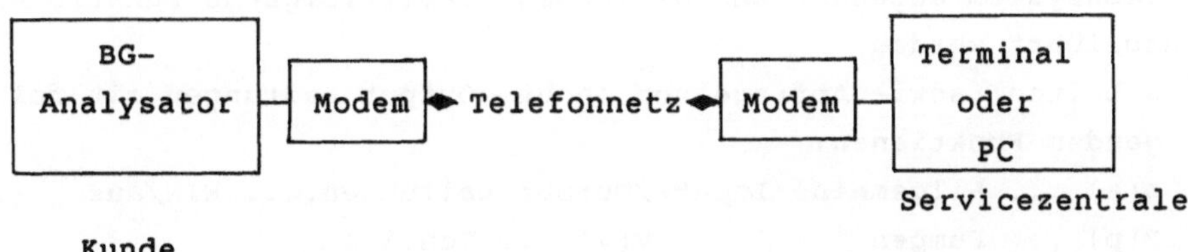

Nach der telefonischen Störungsmeldung durch den Kunden ruft der Service quasi das Gerät an.
Die Umschaltung auf die Fernbedienung über Modem und Terminal/PC in der Servicezentrale erfolgt nun mit einer bestimmten Zeichensequenz, die an die Modem-Schnittstelle des Gerätes übergeben wird. Daraufhin werden alle Anzeigen des Blutgasanalysators auf das Terminal umgeleitet. Außerdem wird die interne Tastatur des Analysators deaktiviert. Nunmehr besteht die Eingabemöglichkeit nur mehr über die Modemschnittstelle. Alle Tastenfunktionen werden über die Terminaltastatur mit Hilfe von Kontrollzeichen simuliert. Darüberhinaus können

mit bestimmten Befehlscodes Texte, z.B. Anweisungen an den Benutzer auf das Gerätedisplay oder den Drucker ausgegeben werden. Wesentlich ist, daß nun auch alle im Gerät aufrufbaren Testprogramme mit einer weiteren Sequenz von extern aufgerufen werden können. Weil aber einige von diesen eine optische Überprüfung am Apparat selbst erforderlich machen, wurde mit Hilfe einer zusätzlichen im Gerät integrierten Software, einem Befehlscode-Interpreter die Möglichkeit geschaffen, eigene Prüffolgen ablaufen zu lassen. Die Erstellung von eigenen Testablauffolgen wird durch einen eigenen ebenso in der Gerätesoftware integrierten Editor, der ähnlich wie bei einer programmierbaren Steuerung funktioniert, ermöglicht. Vom Service wurden daraufhin Routinen für die Diagnose von häufig vorkommenden Fehlerfällen am PC erstellt.
Der Editor ist im Prinzip ein Zeileneditor, es können mehrere Einzelfiles erstellt werden, sodaß die Funktionen Directory und Delete erforderlich wurden. Mit Hilfe von Kontrollzeichen gelangt man in einen sogenannten Command-Modus, der die Funktionen Print, Exit, Help und Run erlaubt.

Der Befehlscode-Interpreter wurde an das geräteinterne Betriebssystem angepaßt und es können damit folgende Funktionen ausgeführt werden:

1. Schalten sowie Abfrage von Input-/Output Leitungen mit folgenden Funktionen:
   A(a) ... Allgemeine Input-/Output Leitungen.... EIN/aus
   P(p) ... Pumpen V(v) ... Ventile
   K ... Kontakt S ... Schalterstellungen
2. Realisierung von Timer-Befehlen durch die Codes:
   S ... Setzen eines Timers C ... Löschen eines Timers
   T ... Zeitverzögerung R... Return aus timeout
3. Weitere Befehlscodes ermöglichen die Label-Kennung, die GO TO Funktion, das Setzen, inkrementieren und dekrementieren von Flags sowie die bedingte Abfrage auf ein Flag, spezielle Stepper-Motor-Routinen etc:
   L ... Label mit Nummerierung
   S ... Setzen eines Flags
   G ... GO TO Label
   Z ... + oder - in bzw. dekrementierte Flag

O ... Abfrage auf Kontakt oder Flag
D ... Drehen des Stepper-Motors in Pos. X
E ... Exit
U ... User Routine

Im weitesten Sinne handelt es sich hier um eine freiprogrammierbare Steuerung, die zum Zwecke der Fehlerdiagnose in ein Gerät mit fest vorgegebenem User-Programm integriert wurde. Demnach sieht auch ein auf diese Weise programmiertes Einsaugen einer Kalibrierlösung mit Kontaktabfragen und Timeout-Prüfungen wie auf einer programmierten Steuerung realisiert aus:

D4	Steppermotor in Pos.4
L1A2A3a5	Kontaktabfrage aktivieren
S1,300L15	Timeout 30 sec
V2P1P3T10	Pumpen, Ventile ein
OK2L16	Error 'Liquid in m.c.', usw.

Wie wird nun diese Fernbedienung in der Praxis angewandt. Hierzu einige Beispiele:

1. Es wurde eine Autotestroutine geschaffen, die eine generelle Statusüberprüfung des Gesamtgerätes ermöglicht.
2. Ein Beispiel zur Fehlervorbeugung:
   Die Steilheit (= Empfindlichkeit) der Sensoren wird durch deren Kalibrierwerte erfaßt und ist gespeichert. Diese Werte werden jeweils in der Nacht von der Servicezentrale aus abgefragt, dokumentiert und analysiert. Im Falle eines kritischen Abfalles wird dem Kunden auf dem geräteinternen Drucker ausgegeben: "BITTE ELEKTRODEN WECHSELN ODER REINIGEN".
3. Es gibt für öfter auftretende Problemkreise eine kleine Programmbibliothek, die den Servicestellen zur Verfügung steht. Im vorhin erläuterten Beispiel tritt ein Timeout-Fehler auf; nun wird eine zweite Routine empfohlen, die die Überprüfung einer Flüssigkeitskontaktstrecke ermöglicht. Daraus kann auf eine Verstopfung oder Undichtheit oder einen elektronischen Fehler geschlossen werden.

Dieses Beispiel drängt zum Einsatz von computerunterstützten Expertensystemen. Denn wenn ein Fehler mehrere Ursachen haben kann, dann lassen sich auch Regeln aufstellen, weitere Überprüfungen anstellen und auf diese Weise die Fehlerursache eingrenzen. Daher wurde mit einem Expertensystem - Shell eine Fehlersuchanweisung auf PC als Run time-Version realisiert. Nach dem Einsteigen in das Programm werden dem Benutzer (der Servicetechniker oder Kunde sein kann) Fragen gestellt, die er nach dem Prinzip des Ankreuzens mit der Maus oder mit den Cursortasten beantwortet. Um die Übersichtlichkeit zu wahren, sind Hilfestellungen zu den Fragen zwar erhältlich, aber nur über eine Funktionstaste abrufbar. Eine Frage "Ist das Kabel von J15- Mainboard und dem Display in Ordnung?" sagt einem Elektroniker genug. Der Unkundige findet dann nicht nur über eine Hilfszeichnung die Anschlußstellen des Kabels, sondern auch den Hinweis, daß das Kabel nicht angescheuert, kein Draht herausstehen darf etc.. Solche Fragen mögen trivial erscheinen, sie werden dann sinnvoll, wenn man bedenkt, daß ein Servicetechniker eine größere Anzahl von verschiedenen Apparaten betreuen muß.

Die Wirtschaftlichkeit einer solchen Entwicklung und Integration einer solchen Servicunterstützung ist durch folgende Faktoren gegeben: Die Trefferwahrscheinlichkeit beim Modultausch, den wirklich defekten Modul zu finden wird erhöht. Dadurch werden die Ersatzteilhaltungskosten aber auch die Überprüfungskosten reduziert. Die Zahl der Serviceeinsätze wird reduziert.Die Stehzeit beim Kunden wird verkürzt.

Für zukünftige Entwicklungen stelle ich mir die Integration einer Expertensystem-Software in das Meßsystem vor. Dabei geht es vor allem darum, jene Informationen die heute mühsam vom Benutzer beantwortet werden müssen, aber automatisch erfaßt werden könnten, dem Expertenprogramm über entsprechende Schnittstellen zur Verfügung zu stellen. Das bedeutet die Bereitstellung von zusätzlichen Hardware-Kontrolleitungen für die direkte Beurteilung von Baugruppen und einer Software-Schnittstelle, die es ermöglicht, Kalibrierwerte und Alarmmeldungen zu übernehmen. Auch eine Fehlervorbeugung durch Trendanalyse bei der Auswertung von Sensorsignalen ist denkbar.

Die Sprache als Maschinen-Interface 7

Ing. Dr. Johann Günther
ALCATEL AUSTRIA AG

Hinter dem Schlagwort "Kommunikations-Ergonomie" versteckt sich ein neuer Trend, in dessen Zusammenhang auch Wörter wie "menschengerecht", "benutzerfreundlich" oder "ergonomisch" verwendet werden.Gegenüber den 60er- und 70er-Jahren hat sich in der Endgeräteentwicklung aber doch einiges geändert. Anthro-pro-technische, ergonomische und organisatorische Fragestellungen sind hinzugekommen. Seit Beginn der 80er-Jahre sind auch sozialergonomische Gestaltungsaufgaben in die Entwicklung mit aufgenommen worden.

"Humanisierung des Arbeitslebens" und "menschengerechte Arbeitsgestaltungen" sind zu fixen Forderungen in der Arbeitswelt geworden und haben sich in den letzten Jahren auch in Gesetzen niedergeschlagen. Etwas verspätet sind diese Forderungen auch in die Sprachkommunikation aufgenommen worden.

Das "Sprachtelefon" - ein vernachlässigtes Kommunikationsmittel

Die Liste der auf einen Telefonanschluß Wartenden wird täglich kleiner. Die Zahl der Fernsprechteilnehmer strebt der Sättigungsgrenze zu. Mit etwa über 600 Millionen Fernsprechhauptanschlüssenn ist das Telefon sicherlich die größte "Maschine" der Welt. Das Telefon ist, wie wohl kaum ein anderes Medium, ein fixer Bestand der Alltagskommunikation geworden. War es zwar ursprünglich primär in professionellen Bereichen eingesetzt, so hat der Telefonboom im privaten Haushalt erst Ende der 60er-Jahre begonnen. Zwischen 1968 und 1974 verdoppelte sich die Anzahl der Telefonteilnehmer und von 1974 bis 1986 hat sie sich in Österreich erneut von 1,4 auf 28 Millionen Teilnehmer vermehrt. In der Bundesrepublik Deutschland führte jeder Bundesbürger im Jahre 1986 durchschnittlich 475 Gespräche, während im Vergleich der Amerikaner etwa 1700 mal telefonierte. In Österreich hat jeder 35. Einwohner einen Telefonanschluß. Im internationalen Durchschnitt kommen auf 100 Einwohner 9 Telefonanschlüsse. Die Entwicklungsländer sind auch in bezug auf Telekommunikation unterentwickelt. Die 36 ärmsten Länder der Welt repräsentieren zwar 7 % der Weltbevölkerung und 9 % der Weltoberfläche, haben aber nur 0,15 % des Welttelefonbestandes.

Daß sich also mit dem Telefon eine Vielzahl von unterschiedlichsten ökonomischen, psychologischen und soziologischen Phänomenen verbindet, liegt mit diesen Fakten klar auf der Hand. Wissenschaftliche Untersuchungen sind aber noch nicht im ausreichenden Maße vorhanden. Es wurde zwar genau untersucht, wieviele Bakterien einen Telefonhörer besiedeln, über die Telekommunikation als solche weiß aber die Wissenschaft wesentlich weniger zu berichten.

Erste Untersuchungen

Sehr oft sind wir mit Vorurteilen ausgestattet, die sich nach genauerer Untersuchung und durch Untermauerung mit empirischen Fakten anders darstellen. So war man immer der Meinung, daß das Telefon ein Telekommunikationsmittel sei, das vor allem zur Überbrückung großer Distanzen diene. Nach entsprechenden Untersuchungen in Städten wurde aber festgestellt, daß 70 % aller Telefonanrufe in einem Umkreis von 5 Meilen geführt werden, 40-50 % sogar nur in einem Radius von 2 Meilen. Von den rund 20 Milliarden Telefongesprächen, die 1986 in der Bundesrepublik Deutschland geführt wurden, waren über 62 % Ortsgespräche. Dazu kommt noch, daß nach einer Untersuchung von Jean Gottmanns die Anzahl und Häufigkeit von ausgetauschten Botschaften in den Städten deutlich höher als auf dem Lande sind. Die Intensität des Telefonverkehrs nimmt mit der größeren Entfernung zwischen den Kommunikationspartnern und einer sinkenden Besiedlungsdichte ab.
In Städten ist wiederum zu unterscheiden, ob es sich um Industrie- oder Dienstleistungszentren handelt. Sind in Städten Verwaltungs-, Forschungs-, Handels- oder Dienstleistungsbetriebe beheimatet, so ist deren Telefonaufkommen deutlich höher als in Industrieorten.

Primär werden am Telefon Beziehungen zu bereits bekannten Personen gepflogen. Die Chance neue Menschen kennenzulernen ist beim Telefonieren deutlich niedriger als beim persönlichen Gespräch. Eine Studie zeigt hier, daß in der Geschäftskommunikation 11 % der Telefonteilnehmer zum ersten Mal mit ihrem Gesprächspartner Kontakt aufgenommen haben, während dies in persönlichen Gesprächen 25 % mal der Fall war. Man kann daraus schließen, daß das Telefon in erster Linie zur Kontaktnahme mit bereits bekannten Gesprächspartnern verwendet wird. Ein Fünftel aller privaten Anrufe richtet sich an eine bestimmte Telefonnummer, und zirka die Hälfte aller Telefonate wird mit den fünf meistgewählten Telefonnummern geführt. Durchschnittlich verwendet ein Telefonteilnehmer im Monat nur 25 Telefonnummern.

Die Gespräche am Telefon sind kürzer als persönliche Gespräche. 30 % aller Telefongespräche werden nach 30 Sekunden abgebrochen und die Hälfte aller Telefonate nach weniger als einer Minute. 99 % aller Telefongespräche werden in einer Zeit unter 30 Minuten geführt, während 52 % der persönlichen Gespräche länger als 30 Minuten dauern. Durchschnittlich werden im persönlichen Gespräch 43 Minuten kommuniziert, während am Telefon durchschnittlich nur 13 Minuten gesprochen wird. Auch die Sätze am Telefon sind kürzer. Eine Auswertung von Tonbändern des ehemaligen amerikanischen Präsidenten R. Nixon zeigen, daß am Telefon ein schnellerer Dialog mit kürzerem Wortwechsel stattfand. Der einzelne Gesprächspartner wurde am Telefon schon nach 15 Worten unterbrochen, während dies im persönlichen Gespräch erst nach 24 Worten passierte.

Der soziale Aspekt

Ein wichtiger Indikator des Telefons ist die soziale Integration. Eine Untersuchung von C. Binaud hat gezeigt, daß die Erfolgreichen und Wohlhabenden häufiger telefonieren. Die gesamte Anzahl der Anrufe im Haushalt liegt bei Singles erstaunlich höher als bei Paaren. Haushalte, deren Haushaltsvorstand älter als 55 Jahre ist, telefonieren weniger als "jüngere" Haushalte. Im Umgang mit dem Telefon ist auch ein wesentlicher Unterschied zwischen Männern und Frauen. Zwei Gründe sind es, daß Frauen mehr telefonieren:

* Aufgrund ihrer traditionellen Hausfrauen- und Mutterrolle sind sie enger an die Wohnung gebunden und daher häufiger gesellschaftlich isoliert. Hiebei eröffnet ihnen das Telefon neben einer Arbeitserleichterung im Alltag die Überwindung der psychologischen und sozialen Isolierung.

* Daneben kommt noch zum Tragen, daß man am Telefon vieles leichter sagt als in einem persönlichen Gespräch. Visuelle Einschüchterungen durch Gestik und Mimik entfallen. Die Kommunikation kann am Telefon anonymer geführt werden. Wird diese "Anonymität" freigelegt, so wird oft das "Seelenleben" einer Nation zugänglich. Die "Kummernummer" des ORF zeigt dies. Wenn etwa ein Schüler Ende Juli nach Freizeittips anfragt, weil ihm nach einem Monat Ferien bereits "fad" ist, dann stimmt im sozialen Gefüge einiges nicht.

Ein Experiment, bei dem den Gesprächspartnern der Kommunikationspartner beschrieben wurde, zeigte, daß bei Angaben "der Partner sei schön", dieser am Telefon stets besser behandelt wurde.

Kinder lernen heute wesentlich früher zu telefonieren. Sie kennen Telefonnummern von Verwandten, Freunden und Bekannten besser als deren Namen.

Ältere fassen sich am Telefon kurz; Jüngere hingegen neigen eher zu langen Plaudereien. Das Läuten des Telefons wird von älteren Menschen sehr oft mit "schlechter Nachricht" assoziiert.

Geschichte und Zukunft

Die natürliche Sprachkommunikation bezog sich auf einige Meter. Durch die codierte Informationsübertragung konnte außerhalb der Sicht- und Hörweite kommuniziert werden.
Dies wurde durch die Geburtsstunde des Telefons ermöglicht. Bekannterweise wurde 1861 von Philipp Reis der erste fernsprechtechnische Apparat und 1876 von Graham Bell das Telefonzeitalter begründet. Die erste Nebenstellenanlage wurde 1879 in der Bundesrepublik Deutschland in Betrieb genommen und seit 1910 sind automatische Wählämter in Betrieb. 1950 wurde der Komfort für den Benutzer durch Tastwahlapparate und Freisprechtelefonapparate verbessert und seit 1970 werden die Telefonnetze digitalisiert. Für Teleconferencing sind heute noch eigene Studios notwendig, doch rechnet man mit einer stärkeren Verbreitung in den nächsten Jahren, speziell durch die Einführung von digitalen Netzen. Heute beginnt auch die Integration mit anderen Dien-

sten, wie z.B. Text-, Daten- und Bildübertragung. Kombinierte Bild- und Sprachübertragung bzw. Bildfernsprecher sind etwas was wir in der Zukunft zu erwarten haben.

Natürliches Sprachverhalten

Trotz aller technischen Einrichtungen sollte nicht übersehen werden, daß das Fernsprechen in uncodierter Form unserer natürlichen Kommunikation entsprechen sollte. Mit unserem derzeit in Verwendung befindlichen "Single Line Telephone" können zwar Punkt-zu-Punkt-Verbindungen hergestellt werden, sie stellen aber einen Rückschritt dar. Das Telefonat ermöglicht nur ein Partner-zu-Partner-Gespräch. Mehrere Gesprächspartner gleichzeitig - wie im natürlichen Gespräch - sind nicht möglich. Auch ist der Gesprächspartner nicht jederzeit ansprechbar. Spricht er bereits mit einem Partner, erhält man nur ein Besetztzeichen. Die Identität des Gesprächspartners wäre ebenfalls wichtig, da man ja nicht zu jedem Zeitpunkt zu jedem Kontakt aufnehmen möchte. In manchen Situationen ist die Kommunikation durchaus unerwünscht. Eine soziologische Untersuchung von Prof. Schwarz zeigte auch, daß wir uns vom Telefon treiben lassen. Wir sind so weit von dieser Technik diszipliniert, daß wir nach einem Läuten auch in der unangenehmsten Situation zum Hörer eilen, um uns zu melden. Dies haben wir der Automatisierung der Telefonämter zu verdanken. Im ursprünglich handvermittelten Netz wurde ein Gespräch vom Telefonfräulein angekündigt und wollte man mit dem Partner nicht sprechen, so sagte man "ich bin nicht hier". Ähnliche Situationen erreichen wir heute noch für Chefs, die mit einer Vorzimmerdame ausgestattet sind. Diese Funktion sollte aber durch bessere Technik allen zugänglich werden, indem die Adresse des Absenders mitgeschickt wird und dieser dann entscheidan kann, ob er das angekündigte Gespräch übernehmen möchte oder nicht. Die Identität des Gesprächspartners ist eine wichtige Entscheidungshilfe für die einzuleitende Kommunikation.

Die Technik sollte es auch erlauben, daß der Gesprächspartner jederzeit ansprechbar ist (kein Besetztzeichen). Jeder war bereits in der Situation, daß er vielleicht länger nicht im Büro war und nach seiner Rückkehr eine längere Liste von Telefonnummern vorfand, die er rückrufen solle. Gleichzeitig erwartet er aber einen wichtigen Anruf. Was nun tun ? Auf den wichtigen Anruf warten und selber nicht telefonieren um die eigene Nummer frei zu halten oder die wichtigen Telefonate führen? Die Technik könnte hier unterstützen, indem sie auf ein und derselben Nummer sowohl ankommende als auch abgehende Gespräche durchführen läßt. Eine Funktion, die "Multiline Telephone" heißt kann dies. Ein ankommender Anruf wird auch dann signalisiert, wenn man selber ein Gespräch führt und man kann durch Rückfrage entscheiden, mit welchem Gesprächspartner man das Gespräch weiterführen möchte.

Automatisiertes Telefon

Die Schnittstelle zwischen dem Menschen und dem Telefon ist grundsätzlich drei Einflüssen ausgesetzt:

- Einflüssen des Menschen (human factors)
- Einflüssen der technischen Einrichtung (technische Faktoren)
- Einflüssen der Umwelt (Umweltfaktoren)

Technische Faktoren, die bei dem Mensch-Maschine-System zu berücksichtigen sind, zeigen sich in der Bedienbarkeit des Systems. Dabei ist die Gefahr, daß die zunehmende Automation in verschiedenen Lebensbereichen auch eine Änderung der Benutzergewohnheiten veranlaßt, die zu komplexerer und automatengerechterer Handhabungen führt, so daß viele Dinge für nicht trainierte Personen nicht mehr zumutbar sind.

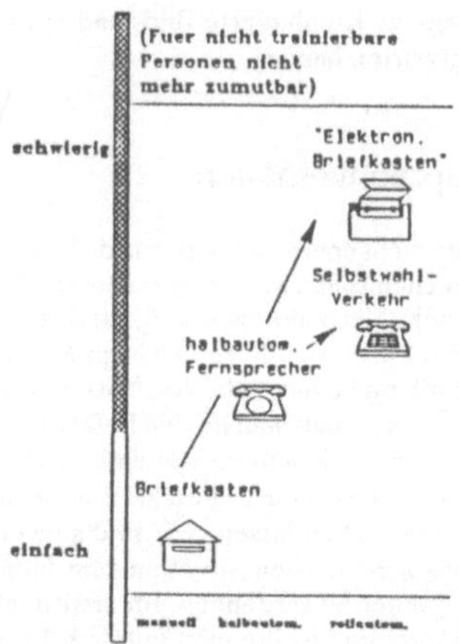

Abbildung: zunehmende Automation bringt Änderungen der Benutzergewohnheiten.

Derzeit werden vor allem im geschäftlichen Bereich Telefone mit mehr Komfort angeboten.

* Vereinfachte Wahl: codierte Wahl oder Wahlwiederholung kann automatisch durchgeführt werden.

* Automatische Wahl: durch Integration des Telefons mit einem Personal Computer oder Bildschirm kann die Steuerung der Wahl vom Bildschirmterminal durchgeführt werden. Es stehen nicht zwei Arbeitsgeräte (Werkzeuge) am Arbeitstisch, sondern nur eines und nach Anwahl des gewünschten Kommunikationspartners wird auch die in der Datenbank gespeicherte Information am Bildschirm mit angezeigt.

* Computerwahl (programmgesteuerte Wahl): das integrierte Computer-Telefon-Gerät kann auch eine vorprogrammierte Anwahl durchführen. So kann der Computer eine Vorselektion von überfälligen Zahlungen durchführen und diese dann automatisch anwählen. Ist der Gesprächspartner "besetzt", so kann er in eine Warteschlange gelegt und ein neuer angewählt werden. Dem Sachbearbeiter wird die dazugehörige Datenbankinformation am Bildschirm mit angeboten.

* Sprachgesteuerte Wahl: Ein ebenfalls die Benutzeroberfläche wesentlich vereinfachende technische Einrichtung

Sprachein- und -ausgabe

Sprecherkennung und Spracheingabe sind mittlerweile vertraute Begriffe geworden, die aber häufig verwechselt werden.

- Sprechererkennung: Das Gerät erkennt den Sprecher. Ein typisches Beispiel dafür ist ein Türöffner, der die Tür nur für bestimmte Personen öffnet. Wird das Gerät mit dem Befehl "öffnen" angesprochen, so verlangt es vom Einlaß begehrenden eine Identifikation und verlangt unter Umständen, daß bestimmte Worte nachgesprochen werden. Auf Stimmerkennung spezialisierte Firmen müssen, ähnlich wie bei Fingerabdrücken, individuelle Kopf- und

Rachenbeschaffenheiten, Höhen und Vokaltöne der Stimmuster unterscheiden können.

•Spracherkennung: Das Gerät erkennt die Sprache, die gesprochen wird. Viele Sprachen können wir erkennen. Deutsch, Indisch, Italienisch oder Französisch wird uns in den meisten Fällen zur reinen Sprachidentifikation keine Probleme machen. Spricht jemand allerdings "Telugu", so wird er Probleme haben, obwohl es sich dabei um die an 18. Stelle der Weltsprachenrangliste stehende Sprache handelt. Sie wird uns spanisch oder chinesisch vorkommen.

Sprache	Sprecher
1. Chinesisch	900,000.000
2. Englisch	470,000.000
3. Spanisch	220,000.000
4. Hindi	245,000.000
5. Französisch	280,000.000
6. Russisch	270,000.000
7. Javanisch	160,000.000
8. Arabisch	151,000.000
9. Portugiesisch	148,000.000
10. Bengali	147,000.000
11. Deutsch	119,000.000
12. Japanisch	118,000.000
13. Sudan-Guinea-Spr.	100,000.000
14. Türkisch	100,000.000

•Spracheingabe: Das Gerät erlaubt verbale Eingaben und erkennt den Sinn des gesprochenen Wortes. Die Spracheingabe kann bereits im kleinen Bereich, etwa mit einem Home Computer, einige nette Anwendungen erzeugen. Commodore 64 Anwender können mit ihrem Computer sprechen. Dabei versteht der C64 nicht sehr viele Worte. Wenn er mehr als einen Sprecher verstehen soll, wird sich auch sein Wortschatz verringern. Wesentlich umfangreicher sind professionelle Systeme. Sie erlauben bereits einen Wortschatz von über 100.000 Wörtern. Die Arbeit der Spracheingabe wurde speziell von den Liguisten erleichtert, die die Sprache in kleinere Einheiten als Worte zerlegen können: in Phoneme. Unsere Sprache besteht aus Lauten, die, grob gesagt, auch mit Phonemen gleichgesetzt werden können. Linguisten unterscheiden, je nach Sprache, 30-50 Phoneme, aus denen jede Sprache zusammengesetzt ist. Sprachanalysegeräte arbeiten mit diesen einfachen Grundstrukturen. Phoneme werden also als Grundeinheit bei der Sprachanalyse eingesetzt. Aufgrund von Phonemen eines Sprechers ist es sogar möglich vorauszusagen, wie diese Person ein anderes, neues Wort sagen wird und es damit auch für das System erkenn- und verstehbar wird.

•Sprachausgabe: Gerät kann gespeicherte Texte verbal ausgeben.

Es sollte nicht zu viel Optimismus in die Sprachanalyse gelegt werden bei den heute vorliegenden Ergebnisse ist aber auch Pessimismus fehl am Platz.

Benutzeroberfläche

Die Benutzeroberfläche der Vergangenheit war oft nicht sehr komfortabel. Auch Normungsinstitute haben da wenig Rücksicht genommen. So ist etwa die Tastatur des Telefonapparates genau spiegelbildlich zu der des Taschenrechners. Buchhalter vertippen sich oft beim Wählen einer Telefonnummer. Vieles hat sich in den letzten Jahren verbessert und die Benutzeroberfläche wird immer stärker in die Geräteentwicklung mit einbezogen.

Software wird dabei auch immer wichtiger.

Wie das Beispiel eines Sprachspeichers zeigt, werden sieben Schichten des ISO-Referenzmodells mittels Software abgedeckt. Hardware-Einrichtungen sind nur mehr von untergeordneter Bedeutung.

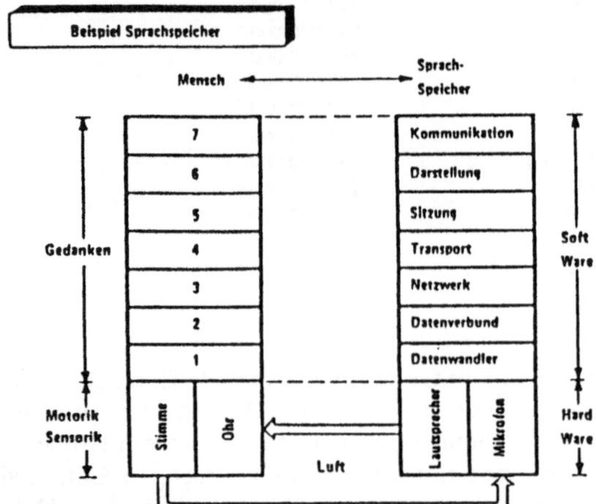

Abbildung: Das ISO-Referenzmodell am Beispiel eines Sprachspeichers

Moderne Technologie erlaubt nicht nur kompliziertere Geräte und neue Dienste, sondern kann auch neue Voraussetzungen für ihre Handhabung schaffen:

* Hörer und Apparat getrennt: Das Telefonieren kann zur untergeordneten Arbeit werden und beide Hände sind frei. Durch Spracheingabe wird auch die Anwahl auf diese Art und Weise möglich.

* Tastwahl mit Sondertasten: Es muß nicht die Rufnummer des Partners gewählt werden, sondern über eine Namenstaste, ohne die Teilnehmernummer zu kennen, wird dieser vermittelt.

* Display Anzeige: Für die Anzeige der Nummer des Gerufenen und des Anrufers, um zu bestimmen, ob das Gespräch angenommen werden soll oder nicht.

* Bedienerführung durch einen Bildschirm oder Display

* Telefonverzeichnis: über ein Telefonverzeichnis kann der Name des Gesprächspartners abgerufen und die automatische Anwahl eingeleitet werden.

* Messaging: reine Spracheingabe zu Zeiten, in denen der gewünschte Kommunikationspartner nicht erreichbar ist bzw. ein kombiniertes "Voice Text Messaging" - bei dem auch Dokumente mit mündlichen Erklärungen mit übermittelt werden können.

* Bildschirm-Fernsprecher: sehr oft wird im Bildschirm-Fernsprecher die Zukunft gesehen, gleichzeitig werden dabei aber auch die damit eingeleiteten zusätzlichen Problematiken wie etwa die Kostensituation; die Gestaltung des Bildtelefons; der Bildausschnitt des Kommunikationspartners; der Blickkontakt des Kommunikationspartners und, ganz abgesehen davon, der eigentliche Wunsch, beim Kommunizieren gesehen zu werden übersehen. Eine Untersuchung hat gezeigt, daß ein Großteil der Kommunikationspartner beim Telefonieren anonym bleiben möchte, also nicht gesehen werden will.

Mobile Kommunikation

Durch die drahtlose Kommunikation wird unsere Zukunft sehr wesentlich verändert. Rechnet man im Jahr 2000 in Österreich mit 4.5 Millionen Telefonteilnehmern, so sollen davon fast 1 Million mit drahtlosen Geräten ausgestattet sein. Drahtlose Nebenstellenanlagen werden die Mobilität im Unternehmen unterstützen. Der Telefonapparat kann mitgenommen werden. Dieser Telefonapparat kann aber auch gleichzeitig außer Haus verwendet werden und so werden unsere heutigen "Schnurlostelefone" und "Autotelefone" in einem Gerät verschmelzen: Im Mobiltelefon.
Vorläufer ist etwa der in Großbritannien eingeführte"Telepoint", bei dem schnurlose Heimtelefongeräte an bestimmten, gekennzeichneten Punkten (= Telepoint) als Mobiltelefon verwendet werden können.

Ausblick

Speziell Rationalisierungsgründe bieten keine andere Wahl wie eine Verbesserung des Mensch-Maschine-Interfaces. Komplexere Handhabungen müssen vom System besser unterstützt werden und die immer teurer werdenden Dienstleistungen werden es immer seltener erlauben, Einschulungen von so einfachen Geräten wie Telefonapparaten durchzuführen. Sie müssen sich selber erklären. Aber auch die Hersteller werden eine verstärkte Bildung zur Orientierungsentwickelung ihrer Geräte durchführen, um nicht in die Problematik der Ablehnung, wie bei Bildschirmtext, zu laufen.

In der Telekommunikation werden von einer benutzergerechteren Gestaltung der Geräte sowohl die Hersteller, die Betreiber, als auch die Benutzer Vorteile ziehen.

- Der Betreiber erspart sich Kosten, die bei einer besseren Systemausnutzung zu weniger Beschwerden führen;
- der Benutzer hat eine Zeitersparnis mit weniger Ärger und weniger Rückfragen, und
- der Hersteller hat durch bessere Produkte einen höheren Absatz.

Diese Erkenntnis zeigt sich bereits und benutzerorientiertes Entwickeln und ergonomische Gestaltung von Geräten sind am Weg dazu, wichtige Verkaufsargumente zu werden.

THE LIMITS IN THE MAN-MACHINE INTERFACE WITH RESPECT TO THE VISUAL SYSTEM 8

H.Pichler, F. Pavuza, G. Beszedics
Techn. University/Vienna; Institut fuer Allgemeine Elektrotechnik und Elektronik

1.Summary

In modern medical instrumentation a state of the art man-machine interface mostly includes a cathode ray tube (CRT). Alphanumerical displays combined with graphic representation offer a powerful information system to the user and are commonly applied to biomedical measurement systems, system operation and state control.

The visual part of the cognitive system (including the human eye) offers a measurable modulation transfer function (MTF). The MTF of the CRT's screen depends on the type of screen (monochrome or colour, the latter one characterized by the type of the shadow-mask). Both functions must be combined to either obtain an optimized MTF for the system or to adapt the screen properties to the characteristics of the human eye.

The paper describes the MTF of a typical human eye, its approximation, and the MTF of the different CRTs. In addition, the recommended attributes for displays working with commonly used TV-systems are given.

2. The human eye

2.1. The Modulation Transfer Function (MTF)

The modulation transfer function is a very powerful means of evaluating the properties of any image-forming system. These systems usually transform an object plane with a specific intensity distribution to a corresponding image-plane. A sine wave grating on the object plane will create a sinusoidal pattern on the image plane. The contrast of the structure on the object plane is reduced by the modulation transfer factor and depends on the spacing of adjacent bright and dark structures. With a sinusoidal pattern, the variation (or modulation) between bright and dark lines will be smaller on the image plane. The closer the dark and bright lines, the smaller the contrast.

The sequence of bright and dark lines (e.g. the number of grating lines per inch) defines the "spatial frequency". The variation of the modulation transfer factor with the spatial frequency is called the Modulation Transfer Function (MTF).

The MTF is a useful tool to check the performance of optical systems, e.g. of a photographic lens or the human eye. It can be measured in practice but also calculated from the design data of optical systems. Sometimes an approximating function can be found that is in good accordance with the results of practical tests.

2.2. The MTF of a human eye

The MTF and other important parameters of the human eye have been measured quite often and are well understood /2,3,6,9,10,11/. The results usually refer to the complete visual system including the brain. A good approximation for a range between 0,3 to 40 Hz per degree of viewing angle is described in /1/.

Equ.(1) shows the result.

$$O(f) = \frac{(f/f_o)}{1+3{,}436.(f/f_o)-4{,}123.(f/f_o)^2+2{,}562.(f/f_o)^3} \cdot \frac{0.6367}{O(f_{max})} \qquad (1)$$

The function O(f) has been normalized to a spatial frequency f_o. At this frequency (about 8 Hz per degree of viewing angle) the sensitivity of the human eye for spatial modulations shows a maximum /4/.

Fig.1 gives a plot of the function O(f).

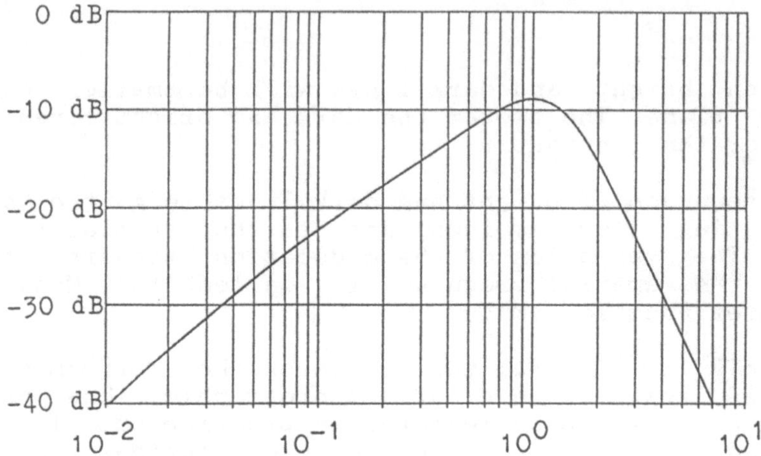

Fig.1: MTF of the human eye (approximation, normalized to f_o)

It should be mentioned that the MTF as shown in fig.1 actually represents the envelope of a series of small frequency bands set by the complete visual system.

It is well known that the resolution of the human eye depends on the direction of the elements of a pattern to be distinguished. Some works /10,16,17/ have shown that the resolution in the vertical or horizontal direction is slightly better (10-15%) than the one in diagonal direction. The reason for this behaviour probably can be found in a postretinal mechanism in the cortex rather than in purely optical properties or in the density distribution of the cells on the retina.

3. The CRT

3.1. Types of CRT

The output device of a man-machine interface between the computer and the user normally consists of a display. Among the different types of displays the CRT is undoubtedly the most widely used device for presenting numerical and graphical data /7/. Information can be displayed by two different methods: vector scan and raster scan.

3.1.1. Vector scan displays

To draw a vector (i.e. a line) on a display, only the

coordinates of the endpoints have to be stored. Display memory requirements are held to a minimum. Depending on the type of the display module (with or without internal memory) and the decay time, the vector scan must be refreshed. If a random-scan storage tube is used, this task can be omitted. The most commonly used display type - the cathode ray tube - must be refreshed.

The properties of vector scan displays are not discussed in this paper.

3.1.2. Raster scan displays

A raster scan data display is closely related to a common television set. A rectangular CRT screen with the aspect ratio of 4:3 (TV standard), 5:4 (standard TV picture tube) or 5:3 (high definition TV picture tube) can be used. A full raster of lines is written on the screen. The control circuit brightens only selected picture elements ("pixels"). The picture information must be updated repetitively, the refresh cycle depends on the decay time of the screen (type of phosphorus). Each pixel on the screen requires a memory cell in the video refresh memory.

The raster line orientation is conventionally horizontal. The lines could also be written with vertical orientation. This, on the other hand, would result in a larger number of shorter lines if the screen's aspect ratio of 5:4 is to be maintained (which corresponds roughly to the view field of the human eye). This results in a significant increase of the amount of time "wasted" by the return movement of the electron beam to the starting point on the side of the screen. Therefore the horizontal configuration minimizes the number of retrace strokes, providing a higher percentage of time within the refresh intervall to scan the active lines containing information. The retrace time intervall uses about 20% of the horizontal line and 5% of the vertical field. Furthermore, when using horizontal orientation, the electron beam may scan at a slower rate, increasing the luminance of the display, because more power is delivered per unit area of the screen. The instantaneous data rate is lower, too, reducing the required bandwidth of the interface and monitor circuits and the readout rate of the display memory.

3.2. Display resolution

The resolution of a screen is a parameter of the display only /8/. The resolution is normally defined as the density of different addressable pixels per line. The pixels themselves may be defined as dots, lines, image background transitions (with a transition between each dot or line), or hypothetical grid intersections.

A square raster with 512 raster lines and 512 pixels per line contains a total of 262 144 pixels. In the ideal case each pixel is of rectangular shape with a side ratio equal to the ratio of the dimensions of the active part of the screen. The actual size depends on the screen size. However, the actual shape of a pixel as it appears on the screen is different. Pixels are formed by an electron beam (for colour displays in combination with a shadow-mask). The beam is of circular or slightly oval shape, depending on the position of the scanning spot on the screen.

3.3. Sampling characteristics of a CRT

The resolution of a CRT is limited by the size of the scanning spot and the line structure, eventually by the flare in the faceplate. Another limiting factor is the grain size of the screen's coating, especially on a monochrome screen where it is the dominating effect for the determination of the maximum attainable resolution /12,13/.

The colour display of a CRT imposes limitations on resolution not only by the limited number of apertures of the shadow mask but also by another effect resulting from the interaction of the shadow mask and the raster /15/.

The most commonly used picture tubes are either of the delta (fig.2) or the inline (fig.3) arrangement, depending on the configuration of the electron guns for the three basic colours. The latter one represents todays widely used type of CRT due to its colour purity, excellent convergence-behaviour without excessive dynamic convergence correction, and its brightness.

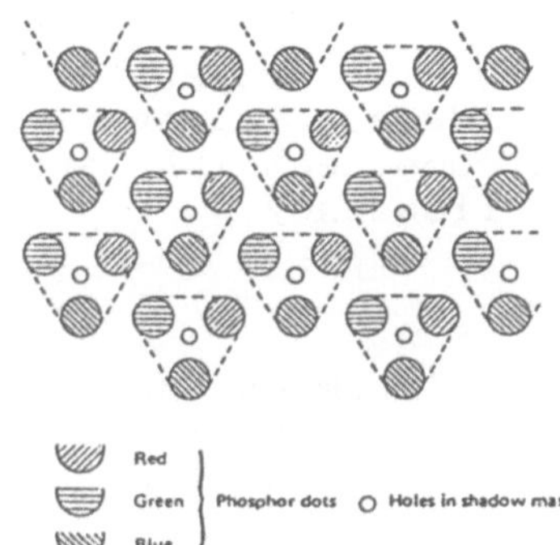

Fig.2: Delta mask

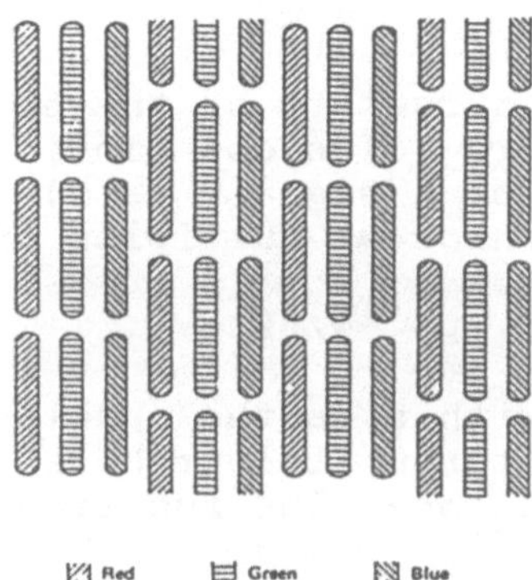

Fig.3:In-line mask

The slotted mask of the inline tube has small bridges across the slots just wide enough to give rigidity. Thus sampling effects in the vertical direction caused by the mask itself can be neglected (only the scanning raster contributes to the vertical sampling process).

A repetitive pattern of vertical bars is best suited to show one-dimensional sampling effects (in the line direction only). The bars represent an electric signal with a frequency of

$$f = w/52.d \text{ (MHz)} \qquad (1)$$

w....width of the active part of the screen
d....distance between two adjacent bars.

The factor of 1/52 refers to the 52usec of the active line (home TV set; standard data display).

The variation of the luminance of the bar-signal can be mathematically described by a function v(x). Because of its periodicity the signal consists of a mean component a_0 and a set of sinusoidal components at frequencies equal to f and its harmonics:

$$v(x) = a_0 + a_1.\cos(2\pi fx) + a_2.\cos(4\pi fx) + \ldots$$

$$+ a_n.\cos(2\pi nfx) + \ldots\ldots$$
$$+ b_1.\sin(2\pi fx) + b_2.\sin(4\pi fx) + \ldots.$$
$$+ b_n.\sin(2\pi nfx) + \ldots. \quad (2)$$

The structure of the shadow mask, with its repetitive pattern of slots (inline tube) and bridges, represents another "signal" s(x) with the mean component b_0 and harmonics as multiples of the spatial frequency p

$$p = w/52.s \quad (3)$$

and with s as the spacing of the pixels (from one set of the three colour bars to the next one in horizontal direction). The function s(x) has a structure analog to v(x).

The resulting luminance i(x) is the product of both functions

$$i(x) = s(x).v(x) \quad (4)$$

The resulting spectrum consists of two types of components:

a) The components of v(x) multiplied by b_0, i.e. the original unsampled display attenuated by the mean transmission of the shadow-mask.

b) The components of v(x) multiplied by the sinusoidal components of the sampling pattern. The resulting spectrum consists of the sinusoidal components of s(x), each multiplied by a_0 and with upper and lower sidebands proportional to the components of v(x).

Therefore the components of the spectrum have frequencies $f_m = (m.p + n.f)$ where m and n are integers.

Provided the spectrum of v(x) is bandlimited and the highest frequency components are lower than p/2, the spectrum looks like shown in fig.4. If the highest components of v(x) are above p/2 then the sidebands overlap. Thus the recovering of the original signal by a low pass filter is no more possible, unwanted "aliasing" components remain in the baseband. Since there is no optical equivalent for the low pass filter of an electrical network, it is replaced in the optical domain by the properties of the human eye.

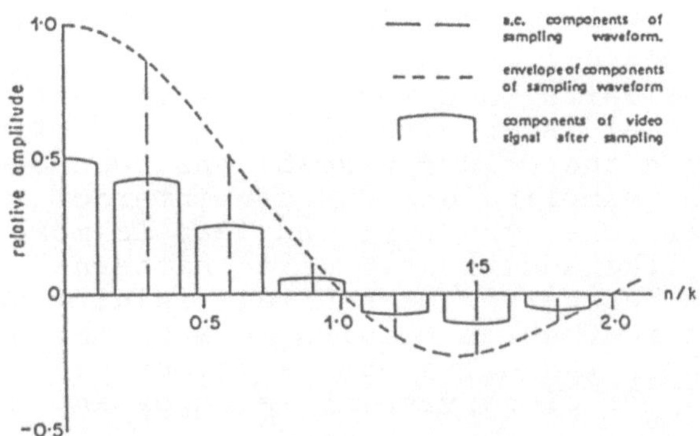

Fig.4.: Display spectrum after sampling

These aliased components are disturbing especially if v(x) contains frequency components close to p or its harmonics (moiré pattern).

For the more general case of two-dimensional sampling, (5) gives the typical spectral component of the unsampled display. (6) is the equivalent form for the spectral component of the sampling pattern.

$$c_n \cos [2\pi n (f_x x + f_y y) - \phi_n] \tag{5}$$

$$d_m \cos [2\pi m (p_x x + p_y y) - \psi_m] \tag{6}$$

After sampling, the spectral components of the display can be calculated through the product of signal and pattern components. When multiplied, this results in the new components (7) and (8).

$$\tfrac{1}{2} c_n d_m \cos [2\pi (m p_x + n f_x) x + (m p_y + n f_y) y - (\psi_m + \phi_n)] \tag{7}$$

$$\tfrac{1}{2} c_n d_m \cos [2\pi (m p_x - n f_x) x + (m p_y - n f_y) y - (\psi_m - \phi_n)] \tag{8}$$

Again, these components represent repetitive patterns. The spatial frequency for the two-dimensional case is best described by a vector. These vectors are formed as the sum and difference of the vectors of the components producing them.

Especially the delta tube shows a significant sampling action in the field scan direction (because of the wider bridges between the colour pixels) that cannot be neglected. These sampling actions can interact with the inherent raster line structure and lead to more disturbing effects like additional moiré patterns. However, the delta tube has better mechanical rigidity and allows finer construction, which results in a better horizontal resolution. Thus, the delta gun is favourably used when high resolution or close viewing is important.

3.4. The MTF of a CRT

The MTF of the screen itself is of importance especially on the vector scan screens where the electron beam frequently changes direction and speed of its movement over the screen. The constant scanning rate enables the beam to maintain constant brightness of the scanning spot when switched on. Fig.5 contains typical MTFs of a high resolution screen for two grades of brightness (the MTF is a function of the beam current). It also shows a typical MTF of a high resolution pickup-tube.

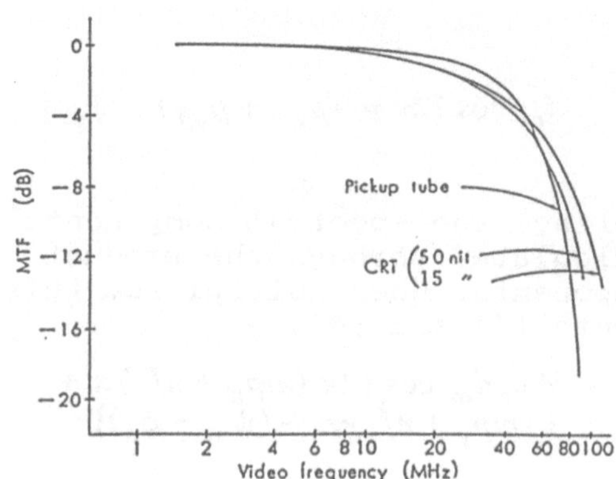

Fig.5.: Typical MTF of pick-up tube and screen

The MTF of the visual system closely corresponds to the number of lines Z over the picture (screen-) height V, related to the viewing distance E. The required minimum viewing angle for the observer is given by equ.(9).

$$\tan(\Phi) = V/(Z.E) \tag{9}$$

Inducing the lower limit of the viewing angle of about 4.10^{-4}rad or 1.4 minutes (which enables a normal human eye to distinguish 1 cycle of the spatial frequency) a simple equation sets the relation between relative viewing distance E/V and the number of lines per picture height:

$$Z = 2500.V/E \tag{10}$$

Equ.(10) holds for angles <<1 rad, which proves right in our case.

The nearer the screen to the observer, the higher the required line number per frame (fig.6).

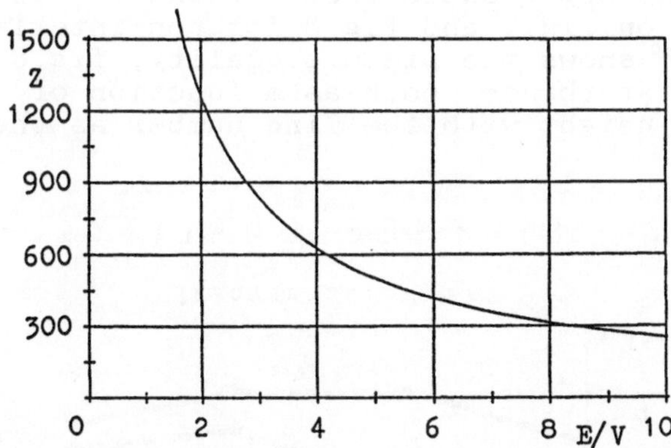

Fig.6: Required line numbers as a function of relative viewing distance

The normally used relative viewing distance for home TV sets (E/V between 4 and 6) is too small for professional applications, where the distance between the screen and the observer is found to be about 2 ft. or arm-length distance. Therefore a higher line number is required (up to 1200 lines - comparable to the upcoming high definition TV systems).

This is well in accordance of some tests done at research laboratories /14/. These tests have shown that there is a well defined lower limit for the proper line number per frame, depending on the picture quality and line structure disturbance. In addition, a most favorable viewing distance has been found, where no line structure disturbance can be recognized and no information of the picture is lost (because of a viewing distance too large to resolve fine details).

The test set consisted of a high performance pickup tube with very high resolution in combination with a specially constructed black-and white CRT, fig.5. This system was able to generate raster scan pictures between 262 and 2125 lines with 9 to 420 Hz frame frequency and 1:1 to 7:1 interlace ratio. (Interlacing is a commonly used method to reduce eye strain caused by flickering, effective especially when moving structures are to be examined).

Several test pictures had to undergo a subjective assessment by experienced test personnel. The results can be seen on fig.7 and fig.8 for non-interlaced pictures. Fig.7 shows the picture quality, fig.8 the line structure disturbance, both as a function of the relative picture height with the line number as the function parameter.

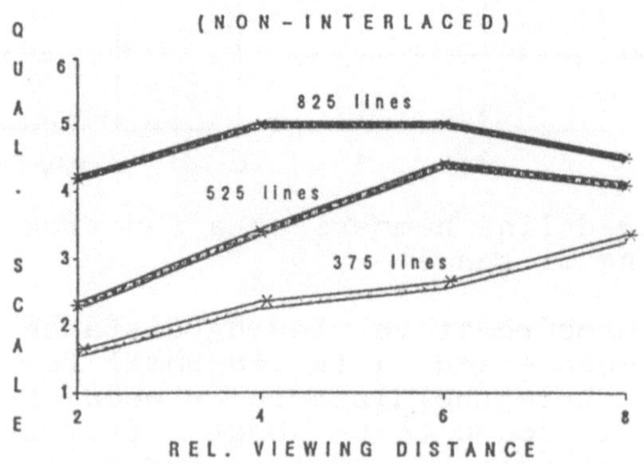

Fig.7: Picture quality versus rel. viewing distance

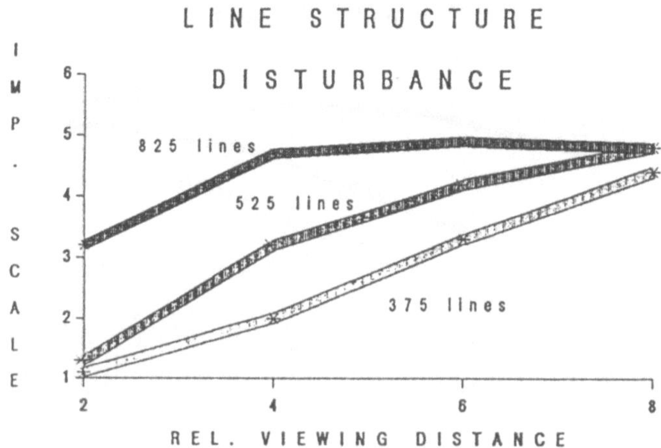

Fig.8: Line structure disturbance versus rel. viewing distance

Interlaced pictures proved to require about 50% more lines per frame to offer equal subjective picture quality, therefore the use of interlacing systems seems to be justified only when animation sequences or other moving picture elements are an essential part of the program, and frame frequencies below 70 Hertz have to be used (flicker-free screen).

Examining fig.7 one might assume that a relative viewing distance of less than 2 simply requires the relevant number of lines to result in an adequate picture quality. In practice, there are two principal reasons for setting an lower limit of 2 to the relative viewing distance (i.e. to provide a minimum distance to the screen depending on the size of the screen): First, the observer should be able to see the entire picture without moving the head too much. In addition, the viewer is subjected to a certain psychological pressure when examining oversized displays.

Fig.9 gives the assessment of sharpness as a function of the relative viewing distance for different line numbers. The range of applicability for a high resolution display is larger and starts at relative distances of about 2 up to 8, whereas a large distance increases the (subjective) sharpness of an image on a low resolution screen.

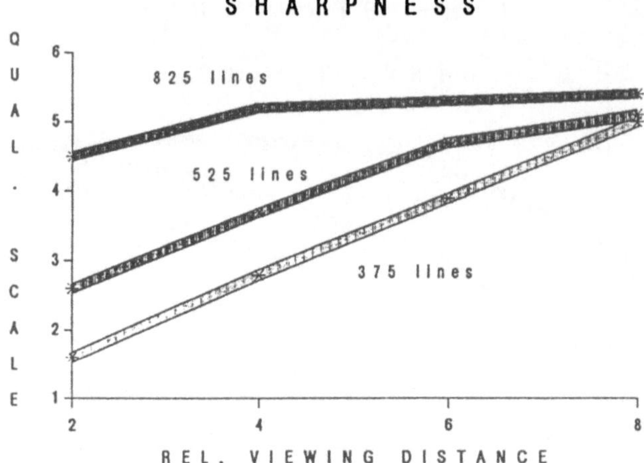

Fig.9: Subjective Sharpness as a function of viewing distance

3.5. Field flicker of a CRT

A minimum field frequency is required for reproduction of a sequence of pictures to consider it flicker-free. This frequency is a function of size and brightness of the different sections of a picture /5/. Fig.10 shows the minimum field frequency required for flicker-free reproduction as a function of the brightness directly on the human eye, with the percentage of the dark picture area on the screen as the parameter (the bright area is one single continuous spot on the screen).

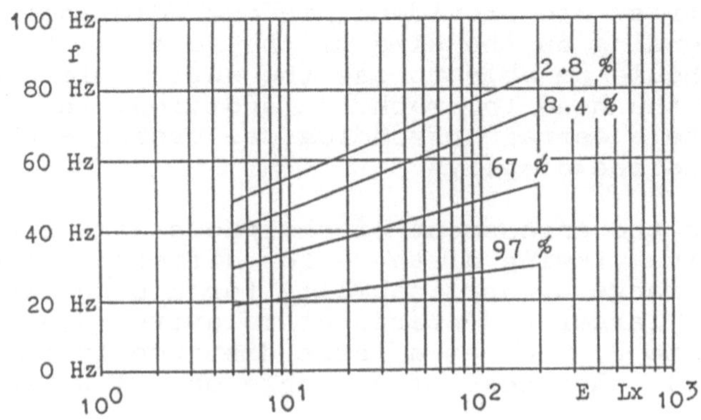

Fig.10: Field frequency for flicker-free reproduction

A simple data display (e.g. green on black) that contains mainly numerical data can be driven by a relatively slow vertical field frequency because of the percentage and the distribution of the bright spots (data) on the screen, whereas a graphical display with large bright areas (e.g. pie-chart) requires a field frequency up to three times higher than the data display. As mentioned before, deçay time is a function of the type of screen, too. With slowly changing data, a screen coating resulting in long decay times (special phosphorus) can be chosen, reducing flicker considerably.

References:

/1/ Cohen R.W., Gorog I.: Visual Capacity - an Image Quality Descriptor for Display Evaluation. RCA Engineer Vol.20 No.3, Oct/Nov 1974, p 72-79

/2/ Adelson E.H., Carlson C.R., Pica A.P.: Modelling the Human Visual System. RCA Engineer Vol 27 No.6, Nov/Dec 1982, p 56-64

/3/ Yasuda M.: A Model of Retinal Photorecetors. NHK Laboratories Note No. 202, Oct 1976

/4/ Watanabe A., Sakata H., Isono H.: Chromatic Spatial Sinewave Response of the Human Visual System. NHK Laboratories Note No.198, March 1976

/5/ Fukuda T.: The Apparent Rate of Flicker. NHK Laboratories Note No.219, Nov. 1977

/6/ Sakate H.: Experiments on Television Picture Sharpness in Relation to Modulation Transfer Function of the Visual System. NHK Laboratories Note No.165, June 1973

/7/ Barbin R.L., Simpson T.F., Marks B.G.: A Colour Data Display CRT: A Product whose Time has come. RCA Engineer Vol.27 No.4, July/Aug. 1982, p 23-32

/8/ Holbach H.: Messen von Farbe und Auflösung an Displays. Feinwerktechnik & Meßtechnik Vol.92(1984) Heft 8, S. 405-407

/9/ Davidson M.: Perturbation Approach to Spatial Brightness Interaction in Human Vision. J. Opt. Soc. Am. Vol.58(1968), p 1300

/10/ Campbell F.W., Green D.G.: Optical and Retinal Factors Affecting Resolution. J. Physiology Vol.181(1965), p 576

/11/ Schober H.: Das Sehen, Fachbuchverlag Leipzig 1958,

S. 108-113
/12/Mertz P., Gray f.: A Theory of Scanning and its Relation to the Characteristics of the Transmitted Signal in Telephotography and Television. Bell System Techn. Journal 13 (1934), p 464-515
/13/ Schoenfelder H.: Zur These von Mertz und Gray. Frequenz 10 (1956), Heft 5, p 142-147
/14/ Mitsuhashi T.: A Study of the Relationship between Scanning Specifications and Picture Quality. NHK Laboratories Note No.256, Oct. 1980
/15/ N.N.: The Limitation of Resolution of a Colour Television Display by the Sampling Characteristics of the Shadow Mask. BBC Research Dept. Report 1979/11. June 1979
/16/ Holoch G.: Das Auflösungsvermögen des Auges in diagonaler Richtung. Rundfunktechn. Mitteilungen, Vol.31 (1987), Heft 5, p 229-230
/17/ Appele S.: Perception and Discrimination as a Function of Stimulus Orientation: The "Oblique Effect" in Man and Animals. Psychological Bulletin Vol.78 (1972). p 266-278

ENTSTÖRUNG VON SPRACHSIGNALEN 9

G. Doblinger, W. Wokurek

Institut für Nachrichtentechnik und Hochfrequenztechnik
Technische Universität Wien, Gußhausstraße 25, 1040 Wien
Tel. 58801 3530, FAX 5870583

ZUSAMMENFASSUNG:

Im ersten Teil dieses Beitrags wird ein Verfahren zur Unterdrückung massiver Störgeräusche in Sprachsignalen vorgestellt. Das Ziel ist dabei eine Qualitätsverbesserung des Sprachsignals, so daß ein Zuhören angenehmer ist und weniger Konzentration erfordert. Für die Echtzeitimplementierung werden digitale Signalprozessoren verwendet. Die Funktionsgrenze des entwickelten Sprachentstörungssystems liegt bei etwa 3dB Eingangssignalgeräuschabstand, wenn das Sprachsignal durch weißes Rauschen gestört wird. Zur Demonstration der Sprachentstörung ist eine Tonbandaufzeichnung angefertigt worden.

Im zweiten Teil wird die Verständlichkeit der beiden Signale untersucht, die jeweils nur dem Amplitudenspektrum bzw. dem Phasenspektrum des ursprünglichen Sprachsignals zugeordnet sind. Diese Fragen sind eng mit der "Spectral Subtraction" - Methode der Sprachentstörung verknüpft. Der Untersuchung ist eine blockweise Verarbeitung der Sprachsignale zugrundegelegt, deren Blocklänge in einem weiten Bereich variiert wird (1ms - 10s). Das Resultat, daß bei kurzer Zeitbasis das Amplitudenspektrum und bei langer Zeitbasis das Phasenspektrum für die Sprachverständlichkeit maßgeblich ist, wird mit einer Tonbandaufzeichnung von Sprachproben vorgeführt.

1. Einleitung

In einer Vielzahl von Anwendungen müssen Sprachsignale verarbeitet werden, die durch überlagerte Nebengeräusche massiv gestört sind. Beispiele einfacher Störsignale sind rauschartige Signale (Funkverkehr), konstanter Maschinenlärm, Fahr- und Motorgeräusche beim Autotelefon, bzw. Cockpit Noise beim Flugfunkverkehr. In den meisten Fällen wird dabei eine Qualitätsverbesserung des gestörten Sprachsignals angestrebt, um ein Zuhören angenehmer und weniger ermüdend zu machen. Durch den Einsatz von Sprachentstörungssystemen wird das menschliche Gehör entlastet, so daß eine geringere Konzentration auf die Sprache erforderlich ist. Das Ohr selbst leistet ja bereits in Verbindung mit dem Gehirn eine gewisse Störsignalunterdrückung (z.B. durch Maskierungseffekte), bzw. ermöglicht ein selektives Hören in dem Sinne, daß zum Beispiel eine bekannte Stimme aus einem Stimmengewirr wahrgenommen werden kann.

Ein weiteres besonders wichtiges Anwendungsgebiet von Sprachentstörungssystemen liegt in der Vorverarbeitung bei der automatischen Spracherkennung, da derzeit alle Spracherkennungsverfahren sehr empfindlich bezüglich Nebengeräusche sind.

Die Verfahren zur Sprachsignalentstörung können grob in zwei Gruppen, nämlich *Entstörung im Zeitbereich* und *Entstörung im Frequenzbereich*, eingeteilt werden. Zur ersten Gruppe wird *Adaptive Noise Cancelling* gezählt. Bei dieser Methode wird ein, mit einem adaptiven Filter geschätztes Störsignal vom gestörten Sprachsignal subtrahiert. Zur zweiten Gruppe zählen die *Spectral Subtraction - Verfahren*, bei denen grob gesprochen das geschätzte Störsignalspektrum vom Kurzzeitspektrum des gestörten Sprachsignals subtrahiert wird. Beide Methoden sind in [1, 2] ausführlich dargestellt.

Das am Institut für Nachrichtentechnik und Hochfrequenztechnik entwickelte Sprachentstörungsverfahren basiert auf der *Spectral Subtraction - Methode*, verwendet aber eine Reihe von experimentell optimierten Modifikationen. Dadurch können die Eigenheiten der Struktur von Sprachsignalen und der Sprachwahrnehmung (hörpsychologische Effekte) besser als bisher berücksichtigt werden.

Im Abschnitt 2. wird zunächst das Funktionsprinzip des Sprachentstörungssystems näher erläutert. Danach werden jene Modifikationen des nach einem mathematischen Kriterium abgeleiteten Algorithmus besprochen, die für eine wirkungsvolle Sprachentstörung entwickelt worden sind. Der 3. Abschnitt umfaßt Untersuchungen zur Verständlichkeit des Amplituden- und Phasensignals von Sprachsignalen, die in Hinblick auf ein besseres Verständnis, bzw. auf mögliche Verbesserungen von Sprachentstörungssystemen durchgeführt worden sind.

2. Adaptive Filterbank zur Sprachentstörung

Der Hauptgrund für die Auswahl einer adaptiven Filterbank als Grundstruktur des Sprachentstörungssystems liegt in der Robustheit des Algorithmus, d.h. mäßige Abweichungen von den vorgesehenen Betriebsbedingungen führen nicht zu einem eklatanten Fehlverhalten des Systems. Außerdem können bei dieser Struktur sehr leicht die wichtigsten hörpsychologischen Phänomene berücksichtigt werden. Schließlich ermöglicht das gewählte Verfahren auch eine effiziente Implementierung mit Hilfe von Signalprozessoren.

2.1 Funktionsprinzip

Das Blockschaltbild des digitalen Signalverarbeitungsalgorithmus zur Sprachentstörung ist in Bild 1 angegebenen. Mit Hilfe der Filterbank in Bild 1 wird das gestörte Sprachsignal in N Bandpaßsignale aufgeteilt. Diese Teilsignale werden mit einem adaptiven Algorithmus so gewichtet, daß ihre Summe ein möglichst guter Schätzwert des Sprachsignals ist. Anschaulich läßt sich die Funktion der Anordnung so erklären, daß in jenen Bändern, wo die Sprache stark gestört ist, auch eine starke Abschwächung der Bandpaßsignale vorgenommen wird. Hingegen werden in

Bändern mit starker Dominanz des Sprachsignals die Bandpaßsignale nicht verändert. Die Einstellung der Koeffizienten muß adaptiv sein, da das Sprachsignal und in der Regel auch das Störsignal instationäre Prozesse sind.

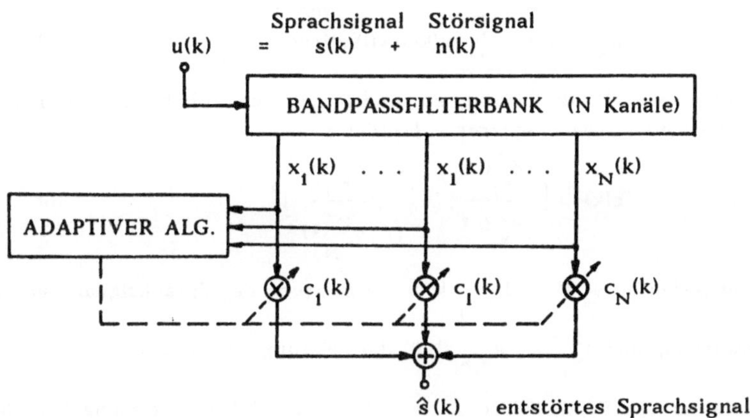

Bild 1: Blockschaltbild des adaptiven Sprachentstörungsalgorithmus (adaptives Optimalfilter zur Schätzung des Sprachsignals s(k))

Mathematisch kann der adaptive Algorithmus für die Koeffizienten $c_l(k)$ ($l = 1 \ldots N$) ausgehend von einem Fehlerkriterium abgeleitet werden. Dabei wird als Fehler das Differenzsignal zwischen dem gewünschten Sprachsignal $d(k) = s(k)$ und dessen Schätzwert $\hat{s}(k)$ verwendet. Als Fehlerkriterium bietet sich ein *Least Squares - Kriterium* an, bei dem durch geeignete Wahl der Gewichtungsfunktion $w(k)$ ein Nachführen der Instationaritäten des Sprachsignals in gewissen Grenzen möglich ist:

$$\varepsilon(k) = \sum_{i=-\infty}^{\infty} w(k-i)\Big[d(i) - \sum_{l=1}^{N} c_l(k)\,x_l(i)\Big]^2 \qquad (1).$$

(Zu beachten ist, daß die Koeffizienten $c_l(k)$ bzgl. der linken Summe konstant sind.)

Den optimalen Koeffizientenvektor $\mathbf{c(k)} = (c_1(k), \ldots, c_l(k), \ldots c_N(k))^T$ erhält man durch Nullsetzen der 1. Ableitungen von $\varepsilon(k)$ nach den Koeffizienten, als Lösung des folgenden linearen Gleichungssystems *(Deterministic Normal Equations)*:

$$\mathbf{D(k)\,c(k)} = \mathbf{\Phi(k)} \qquad (2).$$

Im Falle orthogonaler Bandpaßsignale (bei geringfügig überlappenden Bandpaßfiltern hinreichend erfüllt) und keiner Korrelation zwischen Sprach- und Störsignal ergibt sich für die N x N Matrix **D(k)** eine Diagonalmatrix

$$\mathbf{D}(k) = \mathrm{diag}(R_{x_l x_l}(k,0)) \qquad (l=1,\ldots,N) \qquad (3),$$

bzw.

$$\mathbf{\Phi}(k) = \left[R_{s_1 s_1}(k,0), \ldots, R_{s_N s_N}(k,0)\right]^T \qquad (4),$$

mit der Autokorrelationsfunktion (Schätzwert)

$$R_{xx}(k,m) = \sum_{i=-\infty}^{\infty} w(k-i)\, x(i)\, x(i+m) \qquad (5).$$

Kombiniert man Gl. (2) bis (5), so erhält man schließlich für den Lösungsvektor dieses speziellen *Least Squares - Problems*

$$\mathbf{c}(k) = \left[\frac{\sigma^2_{s_1}(k)}{\sigma^2_{x_1}(k)}, \ldots, \frac{\sigma^2_{s_N}(k)}{\sigma^2_{x_N}(k)} \right]^T \qquad (6).$$

In Gl.(6) bedeuten $\sigma^2_{s_1}(k) = R_{s_1 s_1}(k,0)$ die Leistung des Sprachsignals am ersten Bandpaßfilterausgang und $\sigma^2_{x_1}(k) = R_{x_1 x_1}(k,0)$ die Leistung von Sprach- plus Störsignal am Ausgang des ersten Bandpaßfilters. Nach Gl.(5) erfolgt die Leistungsberechnung mit der mitlaufenden Fensterfunktion w(k). Dadurch wird ein Nachführen des zeitvarianten Sprachsignalspektrums durch die adaptive Filterbank ermöglicht. Die Bestimmung von $\sigma^2_s(k)$ erfolgt durch Subtraktion eines Schätzwertes der jeweiligen Störsignalleistung $\sigma^2_n(k)$ von $\sigma^2_x(k)$. Die Störsignalleistung in den einzelnen Bandpaßkanälen wird dabei in den Sprachpausen gemessen. Da bei den Leistungsmessungen Schätzwerte bestimmt werden, kann die Differenz $\sigma^2_x(k) - \sigma^2_n(k)$ auch negativ werden, was jedoch durch Nullsetzen der Differenz unterhalb eines Schwellwertes verhindert wird. Die Schwellwerte sind für jeden Bandpaßkanal verschieden und sind experimentell optimiert worden.

2.2 Schätzung der Störsignalleistung

Im Idealfall ist die (mittlere) Leistung des Störsignals $\sigma^2_{nl}(k)$ konstant und während langer Zeitspannen ohne Sprachsignal beobachtbar. Die Bildung eines verläßlichen Schätzwertes $\hat{\sigma}^2_{nl}(k)$ für die Adaption der Kanal-Abschwächungsfaktoren **c**(k) kann dann durch einfache Mittelung der momentanen Signalleistung jedes Kanals über eine möglichst lange Zeit (z.B. 10 Sekunden) erfolgen.

$$\hat{\sigma}^2_{nl} = \frac{k_w}{L} \sum_{i=1}^{L} w(i)\, x_l^2(i) \Big|_{x_l = n_l} \qquad (7)$$

Mit wachsender Mittelungsdauer $L.T_s$ sinkt die Varianz, also der Fehler, des Schätzers $\hat{\sigma}^2_{nl}$. Die Fensterfunktion w(i) ist als eine Verallgemeinerung des Schätzers auf gewichtete Mittelwerte aufgenommen. Sie verursacht einen systematischen Schätzfehler (bias), der durch die fensterabhängige Konstante k_w ausgeglichen wird.

Instationäre Störsignale erfordern eine adaptive Schätzung von σ^2_{nl}. Wird das Konzept der Bestimmung von $\hat{\sigma}^2_{nl}$ in Sprachpausen beibehalten, so muß die Mittelungsdauer $L.T_s$ an die Dauer von Sprachpausen angepaßt (verkürzt) werden (z.B. 100 ms), wodurch der Schätzfehler (Varianz) wächst. Eine weitere Fehlerquelle ist die Änderung der mittleren Störsignalleistung aufgrund der Instationarität des Störsignals während der Sprachsignalintervalle, in denen die Schätzung der Störsignalleistung entfällt.

Die effiziente Implementierung von (7) erfolgt durch rekursive Tiefpaßfilterung der Momentanleistungssignale $x^2_l(n)$ der Filterbankausgänge. Die Kriterien für die Auswahl des Filtertyps sind neben der verfügbaren Rechenleistung (i) ein geringes "Unterschwingen" der Impulsantwort und (ii) eine konstante Gruppenlaufzeit im Durchlaßbereich. Unterschwingen, d.h. negative Anteile der Impulsantwort ($w(i) < 0$) führen gemäß (7) zu einem systematischen Fehler in der Leistungsschätzung - für bestimmte Signale liefert der Schätzer sogar negative (!) Schätzwerte für die Störleistung. Die konstante Gruppenlaufzeit ist hinsichtlich einer gleichartigen Verzögerung langsamer und rasch veränderlicher Störleistungsanteile wünschenswert. Den geringsten Aufwand bedeutet sicher ein Tiefpaß 1. Ordnung mit einer exponentiell abklingenden Impulsantwort. Dieses Filter zeigt *kein* Unterschwingen, jedoch eine deutlich kleinere Gruppenlaufzeit bei der Grenzfrequenz, verglichen mit niedrigen Frequenzen. Eine Verbesserung des Gruppenlaufzeitverhaltens gewährleisten Besselfilter höherer Ordnung, die jedoch ein geringes Unterschwingen aufweisen.

Steht ausreichend Rechenleistung zur Verfügung, wird die Störsignalleistungsschätzung mit Hilfe eines adaptiven, laufend ausgewerteten Histogramms der Momentanleistungen wesentlich verbessert [3,4]. Diese Methode ist bei genügend langem Beobachtungsfenster der Momentanleistung nicht auf Sprachpausen beschränkt. Der Algorithmus besteht aus zwei Teilen, dem adaptiven Festlegen des Suchbereichs für die Störleistung, und dem eigentlichen Schätzvorgang. Es wird angenommen, das Störsignal sei schwächer als das Sprachsignal, weshalb zunächst die unterste Klasse (MIN) des Amplitudenhistogramms festgelegt wird (Bild 2).

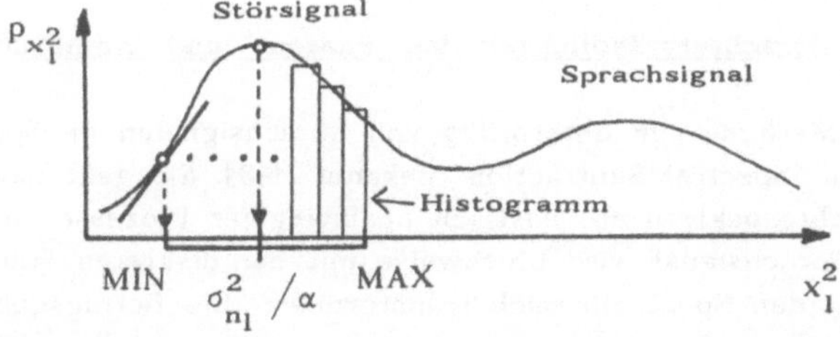

Bild 2: Verteilungsfunktion der Momentanleistung eines Filterbankkanals. Im Leistungsintevall [MIN, MAX] (Suchintervall) wird laufend ein Histogramm gebildet.

Dies geschieht durch die Suche einer festgelegten Steigung in der Verteilungsfunktion der Leistung im l-ten Kanal. Der entsprechende Leistungswert MIN bildet die untere, der Wert MAX = MIN + DYN (z.B.: DYN = 15dB) die obere Grenze des

Suchbereichs. Innerhalb dieses Suchbereichs wird der *häufigste* Leistungswert bestimmt, der multipliziert mit einem festgelegten Parameter α den Schätzwert der Störsignalleistung bildet.

Da der Suchbereich immer ausgehend von kleinen Amplituden festgelegt wird (MIN), kann der Schätzer auch während starker stimmhafter Sprachsegmente den Instationaritäten des Störsignals (z.B.: Verschiebungen der Amplitudenverteilungen) folgen.

Eine Sprachpausenerkennung erfolgt durch den Vergleich der Gesamtleistung mit der Störleistung [5]. Sinkt die Gesamtleistung unter eine von der Störleistung festgelegte Schwelle, wird eine Sprachpause angenommen.

2.3 Musical Tone Unterdrückung

Bei dem hier beschriebenen Sprachentstörungsverfahren hat das Restsignal die Struktur von sogenannten "Musical Tones", die dann entsteht, wenn zeitweise einzelne Kanäle Störsignale durchlassen. Die Ursache für die "Musiacal Tones" liegt in der Behandlung *kleiner* Kanal-Abschwächungsfaktoren c_l. Unterschreitet der Faktor c_l nämlich den Schwellwert $\hat{c}_l$ dieses Kanals, so wird er durch Null ersetzt. Kanäle, die hauptsächlich Störsignale enthalten, werden also völlig eliminiert. Ist ein Abschwächungsfaktor nahe dem Schwellwert, so führen statistische Schwankungen von c_l dazu, daß dieser Kanal abwechselnd durchgelassen oder unterdrückt wird.

Für die Vermeidung der "Musical Tones" werden zwei Verfahren erfolgreich eingesetzt. Ist ein ständig vorhandenes, gleichmäßiges Restgeräusch akzeptabel, so vermeidet ein Festhalten kleiner Faktoren am Schwellenwert die "Musical Tone" Struktur. Beim Beibehalten des Nullsetzens kleiner Faktoren führt ein zusätzliches Abschalten aller jener Kanäle zum Ziel, deren beide Nachbarkanäle unterdrückt sind [3,4]. Diese Erweiterung des Entstöralgorithmus führt jedoch zu starken Sprachverzerrungen, wenn die Harmonischen der Sprachgrundfrequenz in jedem zweiten Kanal zu liegen kommen.

3 Untersuchung der Sprachverständlichkeit des "Phasen-" und "Amplitudensignals"

Eine weitere Methode zur Entstörung von Sprachsignalen im Spektralbereich ist unter dem Namen "Spectral Subtraction" bekannt [6,8]. Sie geht davon aus, daß sich die Leistungsdichtespektren stochastisch unabhängiger Prozesse additiv überlagern. Das gestörte Sprachsignal wird blockweise mit der diskreten Fouriertransformation (bzw. FFT) in den Spektralbereich transformiert. Die Betragsquadrate dieser Spektren sind Schätzwerte für die spektrale Leistungsdichte des Gesamtprozesses, aus denen nach der Subtraktion des geschätzten Störspektrums Schätzwerte für die spektrale Leistungsdichte des Sprachprozesses werden. Das entstörte Sprachsignal entsteht durch Rücktransformation einer Kombination aus entstörtem Betragsspektrum mit gestörtem Phasenspektrum.

Die Untersuchung, wie sehr die Verwendung des Phasenspektrums einer weniger gestörten Version desselben Sprachsignals zu einem besseren Entstörungsergebnis beiträgt, führte zu der Veröffentlichung "The Unimportance of Phase in

Speech Enhancement" [6]. Zu einem ähnlichen Ergebnis führt die Frage, wie sich gezielte rauschartige Störungen des Phasenverlaufs auf die Qualität des Sprachsignals auswirken [8]. Beide Untersuchungen beziehen sich auf blockweise Verarbeitungen mit Blocklängen von weniger als 500ms.

Dazu scheinbar im Gegensatz steht die Aussage, daß ganze Wörter und Sätze aus dem Phasenspektrum durch inverse Fouriertransformation verständlich rekonstruierbar sind [7]. Die hier präsentierte Untersuchung erläutert diesen offensichtlichen Übergang von der Bedeutung des Amplitudenspektrums bei kleiner Blocklänge, zu der Bedeutung des Phasenspektrums bei großer Blocklänge für die Sprachverständlichkeit.

3.1 Phasensignal und Amplitudensignal

Bild 3 zeigt ein Blockdiagramm der Verarbeitung, die ein Signal in sein Amplitudensignal und Phasensignal umformt. Das Signal wird in aufeinanderfolgende Segmente gleicher Dauer zerlegt. Diese "Blocklänge" ist jener Parameter der Verarbeitung, der in dieser Untersuchung variiert wird. Jedes Signalsegment $x_k(n)$ wird mit der diskreten Fouriertransformation in den Spektralbereich transfomiert $X_k(m)$ und dort in das Betragsspektrum $|X_k(m)|$ und Phasenspektrum $e^{j \arg X_k(m)}$ zerlegt. Betragsspektrum und Phasenspektrum werden getrennt in den Zeitbereich zurücktransformiert und zum Amplitudensignal und Phasensignal verkettet.

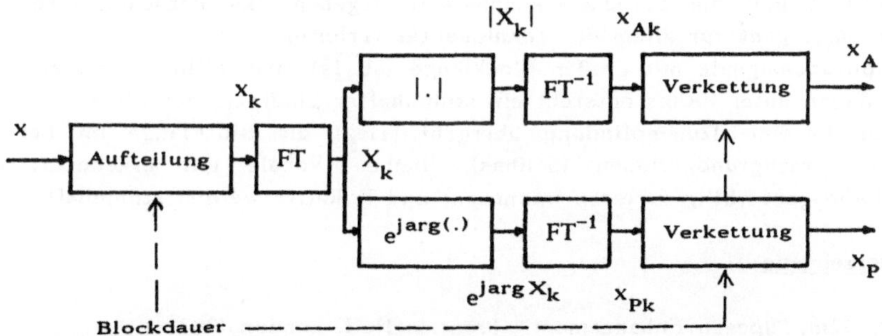

Bild 3: Berechnung des Phasensignals und des Amplitudensignals durch Umformung im Spektralbereich nach der Zerlegung in aufeinanderfolgende "Blöcke".

Diese Verarbeitung ist *nichtlinear* wegen der Nichtlinearität der Zerlegung in Betrags- und Phasenspektrum. Durch diese nichtlineare Zerlegung des Spektrums wird aus dem zunächst streng zeitbegrenzten Signal jedes Segments ein zeitlich unbegrenztes Signal. Die Verkettung erfolgt daher hier durch Addition der überlappenden Bereiche.

Das Amplitudensignal jedes Segments ist eine symmetrische (gerade) Funktion, da es ein reelles Spektrum (Betragsspektrum) hat. Hingegen weist das Phasensignal jedes Segments i.a. keine Symmetrie auf, da diese nur bei bestimmten, linearen Phasenverläufen eintritt.

Eine qualitative Vorstellung vom Phasen- und Amplitudensignal liefert die

Betrachtung einer periodischen Impulsfolge als Eingangssignal (Bild 4). Fällt in ein Segment genau ein Impuls, so wird, wegen der Symmetriebedingung, in der Mitte des entsprechenden Segments im Amplitudensignal genau ein Impuls entstehen. Im Phasensignal hingegen bleibt der Impuls beim richtigen Zeitpunkt, da sich eine Zeitverschiebung nur auf das Phasenspektrum auswirkt. Fallen mehrere Impulse in ein Segment, so entstehen im Amplituden- und Phasensignal mehrere zusätzliche Impulse.

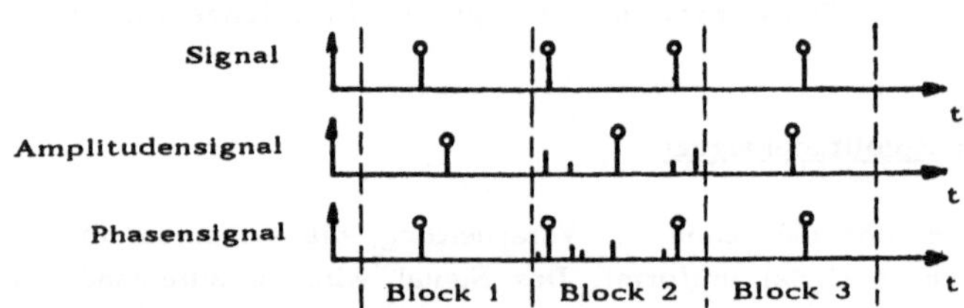

Bild 4: Betragssignal und Phasensignal einer Impulsfolge.

3.2 Sprachverständlichkeit

Amplituden- und Phasensignal sind für alle getesteten Blocklängen stark verzerrt. Dennoch ist bei Phasensignalen mit langer Zeitbasis (ab 1s) die Sprachverständlichkeit und die Sprechererkennbarkeit gegeben. Bei Phasensignalen mit kurzer Zeitbasis geht vor allem die Vokalqualität verloren.

Amplitudensignale mit großer Blocklänge (ab 1s) sind völlig unverständlich. Bei Blocklängen unter 100ms entsteht ein stimmhafter Eindruck, der für sehr kurze Blocklängen in eine Tonempfindung übergeht. Liegt die Blocklänge im Bereich natürlicher Sprachgrundperioden (5-10ms), bleiben Vokale gut erkennbar, die Sprachmelodie geht völlig verloren (monoton) und Frikative werden stimmhaft.

Literaturverzeichnis

[1] J. S. Lim, "Speech Enhancement", Prentice Hall, London 1983

[2] J. S. Lim, A. V. Oppenheim, "Enhancement and Bandwidth Compression of Noisy Speech", Proceeding of the IEEE Vol. 67 (12) 1979, pp. 1586

[3] M. M. Sondhi, C. E. Schmidt, L. R. Rabiner, "Improving the Quality of a Noisy Speech Signal", Bell System Technical Journal Vol. 60 (8) 1981, pp. 1847

[4] G. Klas, "Adaptives Filter zur Sprachentstörung", Diplomarbeit, Wien 1987

[5] R. Bobich, "Entstörung von Sprache", Diplomarbeit, Wien 1987

[6] D. L. Wang, J. S. Lim, "The Unimportance of Phase in Speech Enhancement", IEEE Transactions on Acoustics, Speech and Signal Processing Vol. 30 (4) 1982, pp. 679

[7] A. V. Oppenheim, J. S: Lim, "The Importance of Phase in Signals", Proceedings of the IEEE Vol. 69 (5) 1981, pp. 529

[8] P. Vary, "Noise Suppression by Spectral Magnitude Estimation - Mechanism and Theoretical Limits", Signal Processing 1985, pp. 387 - 400

EIN SIGNALPROZESSORSYSTEM MIT HOCHSPRACHENUNTERSTÜTZUNG 10

A. Lechner; M. Schrödl

Institut für elektrische Maschinen und Antriebe
Technische Universität Wien

ZUSAMMENFASSUNG

Es wird ein Signalprozessorsystem mit Hochsprachenunterstützung vorgestellt, das sich durch große Leistungsfähigkeit und hohe Flexibilität aufgrund eines effizienten Hardwarekonzeptes mit dazupassender, einfach zu bedienender Software auszeichnet.

1. Einleitung

Ein Signalprozessorsystem ermöglicht es, die Vorteile von analoger und digitaler Technik in Regelungs-, Steuerungs- und Simulationsanwendungen zu verbinden. Einerseits entsteht durch die sehr hohe Verarbeitungsgeschwindigkeit des Signalprozessors eine quasi-kontinuierliche Signalverarbeitung wie bei der Analogtechnik, andererseits ist dieser, mit geeigneter Software-Unterstützung, in der Lage, auch mathematisch aufwendige Strukturen mit hoher Genauigkeit und großer Flexibilität in kurzer Zeit zu realisieren.

2. Hardwarekonzept

Grundgedanke ist, das Signalprozessorsystem als intelligentes, schnelles Subsystem zu einem XT- bzw. AT-kompatiblen Personalcomputer zu gestalten. Das System soll zwar im Betrieb autonom arbeiten können, aber möglichst eng mit dem PC gekoppelt sein, um eine einfache Kommunikation und hohe Datenaustauschraten zu erzielen.
Das Grundsystem, welches als PC-Einschubkarte realisiert ist, besteht im wesentlichen aus folgenden Komponenten:

- Signalprozessor TMS 32010
- Externer Dual-Port-Programmspeicher
- Funktionen-EPROM
- Interfaces zu PC und zu externer Hardware
- Ablaufsteuerung

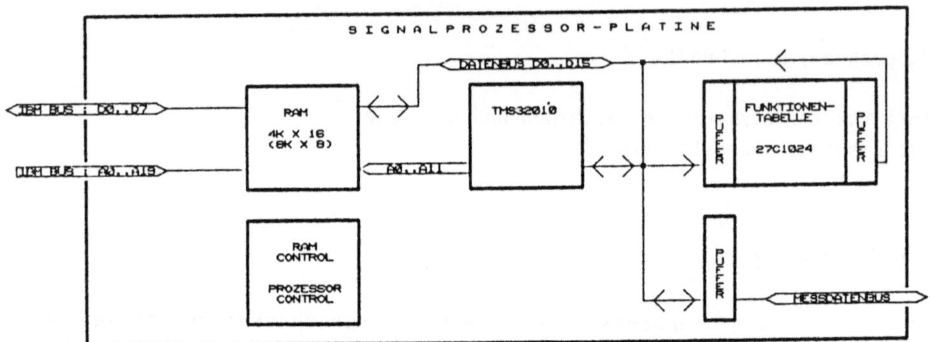

Abb. 1: Hardware-Struktur des Signalprozessorsystems

2.1. Der Signalprozessor TMS 32010

Der digitale Signalprozessor TMS 32010 (im folgenden DSP genannt) weist gegenüber den konventionellen Prozessoren einige gravierende Unterschiede auf:

- Durch seine "HARVARD-Architektur" (getrennter Daten- und Programmspeicher mit jeweils einem Adreß- und Datenbus) wird der Aufwand für die Adressierung parallelisiert, was eine erhebliche Erhöhung der Befehlsfolgefrequenz bedeutet.

- Der DSP weist einen relativ geringen Befehlsumfang auf, kann aber seine Instruktionen meist in einem einzigen Zyklus ausführen.

- Zusätzlich zum 32 bit-Addierwerk ist ein 16*16 bit Hardwaremultiplizierer vorgesehen. Dadurch werden auch die häufig anfallenden Multiplikationen in einem Zyklus realisiert.

Im Vergleich zu anderen Signalprozessoren besticht der TMS 32010 vorwiegend durch seine unkritische Handhabung und Programmierung und durch das günstige Preis-Leistungs-Verhältnis.

2.2. Der DSP-Programmspeicher

Der DSP-Programmspeicher ist als Dual-Port organisiert. Das Management des Zugriffs betreut eine Ablaufsteuerung, die in den Zugriffspausen des DSPs den PC im Bedarfsfall die Kontrolle über den Programmspeicher erteilt. Aus der Sicht des PCs ist der Programmspeicher ebenfalls als Speicher ansprechbar, wodurch einfachste Kommunikation zwischen PC und DSP gewährleistet wird.

2.3. Die Reset-Logik

Im normalen Betrieb laufen PC und DSP unabhängig voneinander. Für die Testphase und zum Start des DSPs is es notwendig, dem PC die Kontrolle über den DSP erlangen zu lassen. Dies geschieht über den Reset-Eingang des DSPs, der direkt vom PC ansprechbar ist.

2.4. Das Funktionen-EPROM

Als Erweiterung der DSP-Struktur für mathematische Operationen, die normalerweise in zeitaufwendigen Reihenentwicklungen berechnet werden, ist eine tabellarische Entwicklung ausgewählter Funktionen in einem 1 Mbit-EPROM (16 Adreßeingänge und 16 Datenausgänge entsprechend der 16 bit-Struktur des DSP) implementiert.

Folgende Funktionen stehen zur Verfügung: Sinus, Quadratwurzel, Kehrwert, Arcustangens, Logarithmus zur Basis 2 und Exponent zur Basis 2.

2.5. Die Peripherie-Schnittstelle

Das System entfaltet seine volle Leistungsfähigkeit erst im Zusammenspiel mit einem geeigneten externen Peripheriesystem /1/, welches die Schnittstelle zum Prozeß darstellt. Die Verbindung ist durch einen I/O-Bus realisiert, der die I/O-Adreß-, Daten- und Steuerleitungen enthält. Von den Steuerleitungen seien besonders die BIO- und die INT-Leitung erwähnt.

BIO ist an den gleichnamigen DSP-Eingang angeschlossen. Der logische Zustand dieses Eingangs kann softwaremäßig abgefragt und als Verzweigungsentscheidung benützt werden. BIO wird im System zur Anzeige einer abgeschlossenen Analog-Digital-Konversion verwendet.

INT (Interrupt) bewirkt eine (vorübergehende) Unterbrechung des Programmablaufes und einen Sprung an die dafür definierte Programmadresse. Dieser Eingang ist an eine externe Überwachungsschaltung angeschlossen, welche bei Störfällen im Signalprozessorsystem anspricht.

3. Software zum Signalprozessorsystem

Die besprochene Hardware bietet die Grundlage für eine leistungsfähige Prozeßdatenverarbeitung oder Simulation. Für den Benutzer ist jedoch eine komfortable Software-Entwicklung von größter Wichtigkeit. Es kann nicht erwartet werden, daß sich jeder Anwender in die Maschinensprache des besprochenen Signalprozessors sowie die detaillierten Funktionsabläufe der Systemhardware einarbeitet. Aus diesem Grunde wurde zum vorgestellten DSP-

System eine komfortable Hochsprache ("HANSL") entwickelt, die eine blockorientierte Programmierung der Simulations-, Meß-, Steuerungs-, Regelungs- oder Überwachungsaufgabe ermöglicht.

3.1. Die Echtzeit-Hochsprache HANSL

HANSL ("Hochsprache für anspruchsvolle numerische System-Lösungen") ist eine speziell auf das vorgestellte DSP-Systemkonzept zugeschnittene, blockorientierte Echtzeit-Hochsprache, die die Peripherie nach /1/ unterstützt. Sie ist auf XT- und AT-kompatiblen PCs lauffähig und generiert Assemblercode für den TMS 32010 - Crossassembler.

Neben der Programmentwicklung bietet sie während des Betriebs des DSPs die Möglichkeit der Kommunikation des Systems mit dem Benutzer.

3.2. Die grundsätzliche Struktur von HANSL

Da HANSL für Echtzeitanwendungen konzipiert ist, muß die Sprache eine Programmlaufzeitberechnung ermöglichen. Dies wird durch Zerlegung der zu programmierenden Aufgabenstellung in definierte Funktionsblöcke erreicht.

Die an sich lineare Struktur eines Programmablaufes in HANSL wurde auf Anwenderwunsch um bedingte Verzweigungen erweitert. Beim Übersetzen eines Anwenderprogrammes ermittelt HANSL auch den worst-case-Zeitbedarf für einen Programmdurchlauf für die Einstellung des Systemtimers und die Parameter der zeitabhängigen Funktionsblöcke.

3.3 Aufbau eines HANSL-Funktionsblocks

Ein Funktionsblock ist, wie in Blockschaltbildern üblich, eine Struktur, die aus einer oder mehr Eingangsgrößen aufgrund einer Vorschrift eine Ausgangsgröße hervorruft. Es steht eine Reihe solcher Blöcke in der HANSL-Bibliothek zur Verfügung, die bei der Programmerstellung durch HANSL als Makro in das TMS 32010-Assemblerfile eingefügt werden.

Als HANSL- Programmzeile wird ein Block in folgender Form angegeben:

AUSGANG = FUNKTION (EIN 1,.. EIN n, PARAM 1,.. PARAM m)

PARAMETER treten bei einigen Funktionsblöcken auf (z.B. Maxima, Minima,Zeitkonstante,..) und werden als Zahlenwerte angegeben.

AUSGANGS- und EINGANGSvariable können innerhalb der HANSL-Konvention beliebig gewählte Variablennamen sein. Für jede Variable wird ein eigener Datenspeicher reserviert.

3.4. Übersicht über HANSL-Funktionsblöcke

Peripherieblöcke:
Sie dienen zur Kommunikation mit der Prozeß-Umgebung über digitale und analoge Schnittstellen und dem Datenaustausch mit dem PC.

Arithmetische und logische Verknüpfungsblöcke:
Sie verknüpfen mehrere Eingangsvariable entsprechend ihrer Vorschrift (Addition, Multiplikation, Division, OR, AND,..)

Arithmetische Funktionsblöcke:
Sie bilden die Ausgangsgröße aufgrund eines funktionalen Zusammenhanges aus der Eingangsgröße (Sinus, Cosinus, Wurzel, Begrenzung,..)

Zeitabhängige Funktionsblöcke:
Sie erzeugen die Ausgangsgröße aus dem Zeitverlauf der Eingangsgröße (Integral, Differential, Verzögerung, Totzeit)

Komparatorblöcke:
Die Ausgangsgröße wird, abhängig vom Eingang, auf einen von 2 definierten Werten geschalten.

Bedingte Verzweigung:
Je nach Zustand der Eingangsvariable wird einer von zwei Programmteilen ausgeführt. Bedingte Verzweigungen dürfen auch verschachtelt sein.

3.5. Die Benutzeroberfläche von HANSL

Im Hinblick auf eine komfortable und effiziente Anwendung bietet die Benutzeroberfläche von HANSL eine Palette von Werkzeugen, die vor allem in der Entwicklungsphase voll zum Tragen kommen.

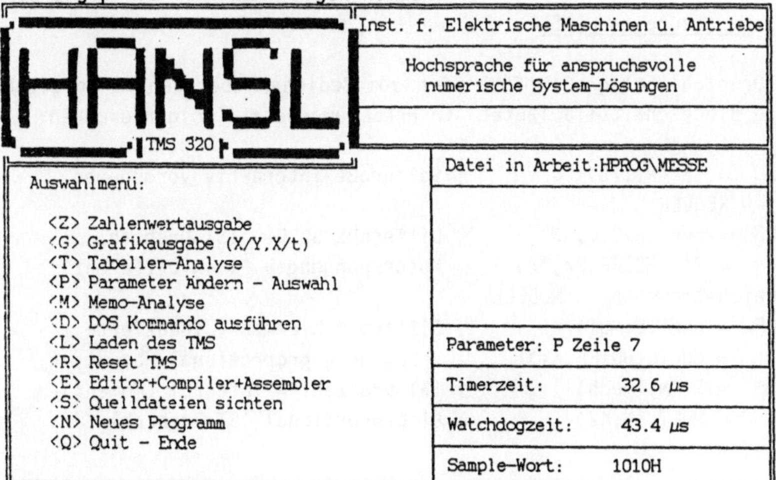

Abb. 2: HANSL - Hauptmenue

Die Benutzeroberfläche unterstützt die Grafikausgabe aller HANSL-Variablen entweder im Zeitverlauf, als Ortskurve oder als quasi-analoges Balken-Zeigermeßgerät. Es können während der Grafikausgabe Parameter der HANSL-Blöcke und HANSL-Eingänge vom PC variiert und durch die unmittelbare grafische Rückkopplung das Optimum z.B. einer Reglerverstärkung gefunden werden.

4. Anwendungsbeispiel

Zur Veranschaulichung der vielfältigen Möglichkeiten des Signalprozessorsystems mit HANSL dient ein einfaches Beispiel:
Simulation eines drehzahlgeregelten Gleichstrommotors mit PI-Regler.

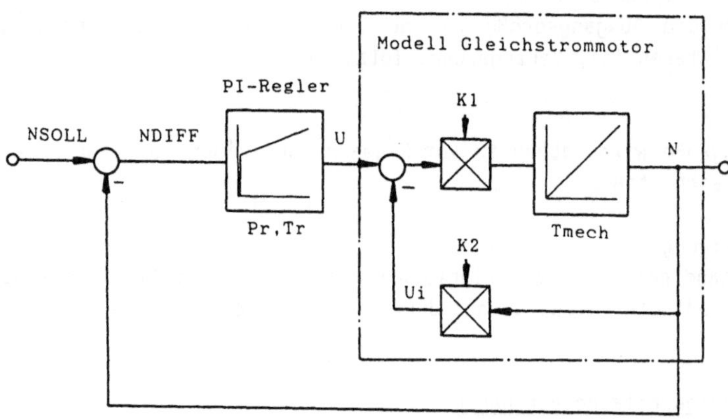

Abb. 3: Blockschaltbild Gleichstrommotor mit Regler

4.1. Umsetzung in HANSL

Die Drehzahl-Sollgröße NSOLL wird vom Bediener über den PC vorgegeben, das obige Blockschaltbild lautet, in HANSL umgesetzt, folgendermaßen:

```
NSOLL  = IN (P,128)           ; Sollgröße interaktiv vorgegeben
; PI - REGLER
NDIFF  = SUM (NSOLL,-N)       ; Differenz SOLL-, IST-Drehzahl
U      = PI (NDIFF,Pr,Tr)     ; Motorspannung = PI (N-Differenz)
; Gleichstrommotor - MODELL
UDIFF  = SUM (U,-Ui)          ; Differenz Klemmen-, induzierte
M      = MULT (UDIFF,K1)      ;   Spannung proprotional Moment
N      = I (M,Tmech)          ; IST-Drehzahl = Integral (Moment)
Ui     = MULT (N,K2)          ; Ui proportional IST-Drehzahl
```

4.2. Grafikauswertung des Anwendungsbeispieles

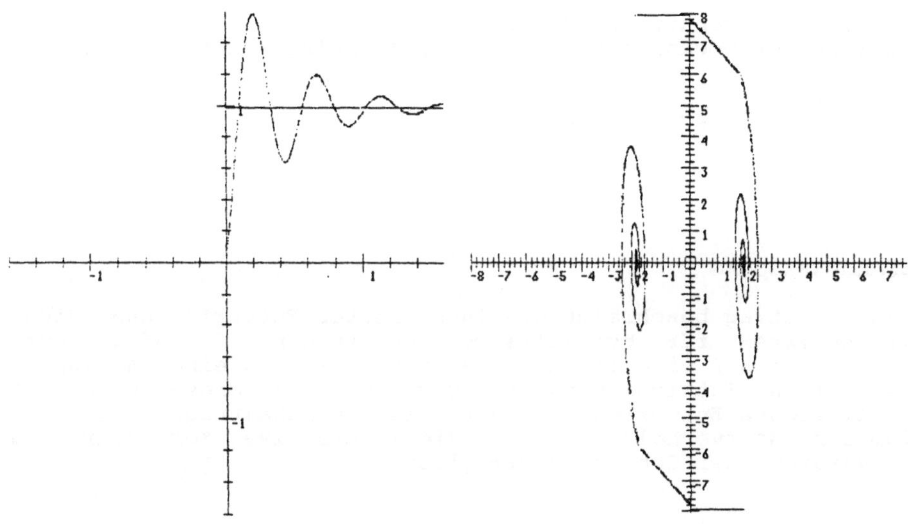

Abb. 4: Sprungantwort der Drehzahl N über der Zeit (linkes Bild)
Ortskurve Moment M über Drehzahl N bei NSOLL = +/-2 (rechtes Bild)

5. Erfahrungen aus der Praxis

Im täglichen Einsatz des Signalprozessorsystems hat sich gezeigt, daß sowohl die Bedienbarkeit wie auch die Störsicherheit hervorragend sind. Auch in Betrieb mit starken elektromagnetischen Feldern kann das System ohne aufwendige Schirmung betrieben werden. Die Entwicklungszeiten für intelligente Regelungen und Steuerungen sind typisch auf 50 Prozent gesunken.

LITERATUR:

/1/ SCHRÖDL M.; LECHNER A.: Ein neues Signalprozessor-Peripheriesystem verbindet Komfort und hohe Leistungsfähigkeit bei der Steuerung technischer Prozesse. Tagungsband zur Informationstagung Mikroelektronik 89 im Rahmen der IE 89.

EDSIM: EIN INTEGRIERTES GRAPHISCHES ENTWURFSSYSTEM FÜR HYDRAULIKANWENDUNGEN

11

R. Weiß, E. Brenner, P. Seifter
Institut für Technische Informatik, Technische Universität Graz

W. Kostka
Festo Didactic KG, Denkendorf

ZUSAMMENFASSUNG

Dieser Beitrag beschreibt ein integriertes Entwurfs- und Simulationssystem für hydraulische Schaltungen. Besonderer Wert wurde dabei auf eine leichte Bedienbarkeit und eine anwenderfreundliche Entwicklungsumgebung gelegt. Auf diese Weise wird ein einfaches Entwerfen von hydraulischen Schaltungen, das Studium des Zeitverhaltens sowie die interaktive Korrektur und Verbesserung der Schaltung ermöglicht.

1. Einführung

Der Einsatz der Automatisierungstechnik zur Überwachung und Steuerung von technischen Prozessen nimmt seit Jahren ständig zu. In besonderem Maß gilt dies auch für Hydraulikelemente, die seit Jahren speziell für Bereiche mit hoher Anforderung auf Kraft oder Zuverlässigkeit eingesetzt werden. Parallel dazu steigt die Notwendigkeit, ein Verständnis für den hydraulischen Prozeß zu gewinnen. Tests an der Anlage sind in vielen Fällen schwierig oder nicht möglich, weil sie entweder zu teuer oder zu gefährlich sind. Änderungen im Entwurf können zu diesem Zeitpunkt überhaupt nicht mehr, oder nur mit hohem Aufwand durchgeführt werden. Als Abhilfe besteht hier die Möglichkeit einer Simulation. Dies erfordert entweder eine umfangreiche mathematische Modellbildung und ein Ausprogrammieren der Gleichungen oder die Verwendung eines General-Purpose-Simulators mit einer entsprechend komplexen Simulationssprache. Die Idee war nun, ein Werkzeug zu schaffen, das über eine graphische Benutzeroberfläche den Entwurf von hydraulischen Schaltungen und deren Simulation ermöglicht.

2. EDSIM - ein graphischer Editor-Simulator

EDSIM ist ein graphischer Editor-Simulator, der sich zum Aufbau und zur Analyse von hydraulischen Schaltungen eignet. Der Name EDSIM entstand aus der Abkürzung der Begriffe EDitor und SIMulator. Ziel dieses Programmes ist es, hydraulische Schaltungen wie mit einem Baukasten (z.B.:[1]) aufzubauen. Dieser Baukasten umfaßt Elemente wie: Pumpen/Antriebseinheit, Druck- oder Wegeventile, Zylinder, Schlauchverbindungen. Jedes Element besteht dabei nicht nur aus seiner graphischen Darstellung, sondern im Sinne der objektorientierten Programmierung auch aus den zugehörigen Methoden und Beschreibungen. Insbesondere sind hier das mathematische Modell und die Rechenmethoden hervorzuheben. In einem Übergangsschritt wird aus der graphischen Darstellung mit Hilfe dieser Beschreibungen das Gleichungssystem für die Schaltung abgeleitet. Die Parameterwerte für die Berechnung werden im Sinne des oben angeführten Baukastens mit Startwerten belegt. Diese Werte sind vom Benutzer frei änderbar, so kann die in der Realität gewünschte Schaltung exakt nachgebildet werden. Die Simulation erlaubt nun das Eingreifen in den Zeitablauf. So können Schalthandlungen gesetzt werden, beispielsweise Ventile betätigt oder Sollwerte von Druckbegrenzungen verändert werden. Wie mit einem Oszilloskop können an jeder beliebigen Stelle der Schaltung Druck-, Durchfluß- bzw. Wegmessungen vorgenommen werden, Zylinder- bzw. Ventilpositionen werden zusätzlich in der Graphik animiert, d.h. in ihrer jeweils richtigen Position dargestellt. Der Benutzer kann dadurch sehr schnell einen Überblick über das Zeitverhalten des Systems gewinnen. Entspricht das Verhalten nicht den Erwartungen, wird die Schaltung verändert und neuerlich simuliert. Zeitverläufe (d.h. Schalthandlungen und deren Zeitpunkt) können ebenso wie eingestellte Parametersätze zusammen mit der Schaltung abgespeichert werden und sind damit reproduzierbar.

3. Komponenten des Systems

EDSIM besteht aus 4 wesentlichen Komponenten:

- Userinterface
- Editor
- Simulator
- Datenbasis

EDSIM wurde in der Programmiersprache C nach objektorientierten Grundsätzen implementiert. So bestehen alle Elemente, die der Benutzer am Bildschirm manipulieren kann, aus einem oder mehreren Objekten. Zu jedem Objekt gehören Daten, Vorschriften, Eigenschaften und Methoden wie graphische Darstellungsvorschrift, mathematische Beschreibung, Parameterwerte, Klassenzugehörigkeit usw. So "weiß" also jedes Objekt, wie und wo es zu zeichnen ist, mit welchem Objekt es verbunden ist und wie es zu berechnen ist.

3.1 Die Benutzeroberfläche

EDSIM wurde aufbauend auf der graphischen Benutzeroberfläche GEM auf einem MS-DOS-System implementiert. GEM, ein Produkt der Digital-Research-Corporation [5] bietet Unterstützung bei Funktionen wie:

- Pull-down-Menüs
- Window-Funktionen
- Dialogboxen
- Zeichenfunktionen
- File-I/O-Funktion

Funktionell wurde das Programm in ein Hauptmenü und zwei Untermenüs gegliedert, in denen die Bereiche Konstruktion und Simulation zusammengefaßt sind. Das Hauptmenü erlaubt den Zugang zu File-Funktionen wie Speichern und Laden von Schaltungen, Druckerausgaben und Übersichtsfunktionen sowie den Zugang zu den oben erwähnten Untermenüs.

Abbildung 1: das Hauptmenü

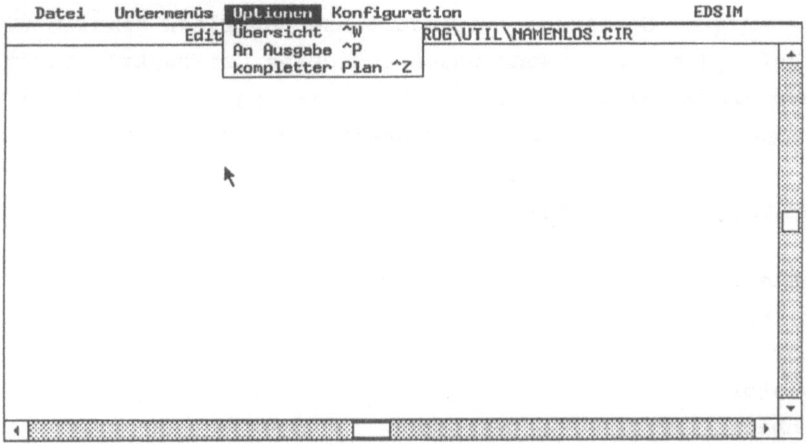

Es wurde Wert darauf gelegt, den Benutzer so wenig wie möglich einzuschränken. Die Zeichenfläche umfaßt einen Bereich von 20 x 20 DIN-A4 Seiten, um auch ausgedehnte Schaltungen realisieren zu können. Damit die Übersicht gewahrt bleibt, kann der Anwender über eine Auswahlfunktion einen Hinweis auf belegte Seiten erhalten und über eine verkleinerte Darstellung der Gesamtschaltung verfügen. Eine Seitenauswahl erfolgt entweder aus der Übersichtsdarstellung direkt oder über Rollbalken im Hauptfenster.

3.2 Das Konstruktionsmenü

Mit dem Übergang in das Konstruktionsmenü wird ein einfaches CAD-System zur Verfügung gestellt. Eine Schaltung wird aus ihren Komponenten erstellt, die verwendeten Symbole entsprechen dabei der DIN-Norm. Der Anwender wählt aus einem Katalog ein Bauteil aus und plaziert es an beliebiger Stelle auf dem Bildschirm. Zur Verfügung stehen beispielsweise: Pumpen, Motoren, Zylinder, verschiedene Wegeventile, Druck- und Stromventile, Behälter, Verbindungsleitungen sowie diverse Meßsonden (Druck, Durchfluß etc.). Die Symbole können dabei in verschiedenen Größen und Richtungen dargestellt werden, Hilfsmittel wie Gitterlinien und automatische Zentrierung erleichtern die Konstruktion.

Abbildung 2: das Konstruktionsmenü

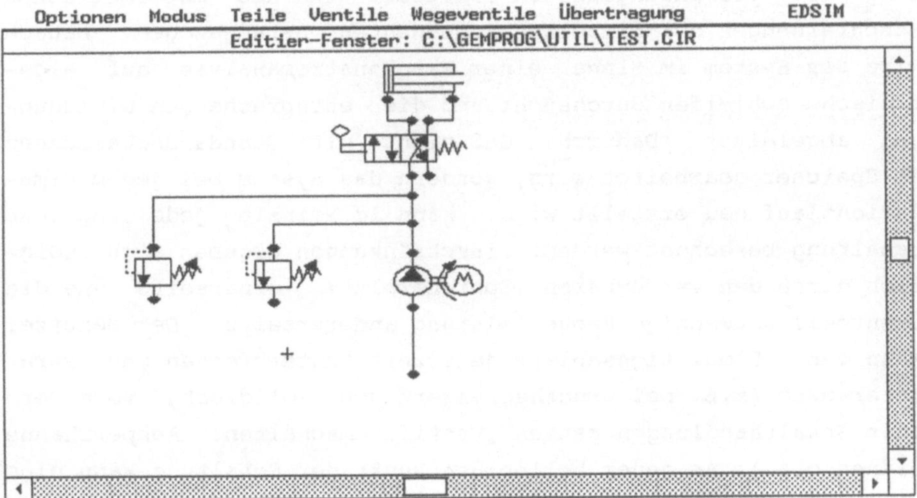

Nach dem Plazieren können die Elemente miteinander verbunden werden. Erweiterte Funktionen erlauben das Verschieben, Löschen und Hinzufügen von Elementen. Fertig erstellte Schaltungen können über Filefunktionen auf der Festplatte gespeichert werden, sind jederzeit wieder ladbar und können ebenfalls modifiziert werden. [3]

3.3 Das Simulationsmenü

In einem Übergangsschritt wird aus der graphischen Darstellung die mathematische Beschreibung des Modells abgeleitet. Dabei wird zunächst die Überprüfung vorgenommen, ob alle Bauteile miteinander verbunden wurden und alle Anschlüsse der Bauteile belegt sind. Freie Anschlüsse würden ja in der Praxis zu einem Ausfließen des Öls führen und damit eine korrekte Funktion der Schaltung nicht zulassen. Im nächsten Schritt werden die Parameterwerte der Bauteile mit Startwerten belegt. Als Basis für die Parameterwerte dienen zur Zeit Werte, die aufgrund von Messungen an Industriekomponenten der Nenngröße 6 sowie aufgrund von theoretischen Überlegungen [2], [3] ermittelt wurden. Dem Anwender steht es nun frei, die Parameterwerte für jedes einzelne Element zu ändern. Die Eingabe erfolgt durch Anklicken der Elemente mit der Maus und Eingabe über Dialogboxen.

Mit dem Start des Simulationsablaufs werden die Gleichungen des Systems erstellt. Dabei werden aus der graphischen Darstellung die Verbindungslisten ermittelt und die mathematischen Beschreibungen der einzelnen Komponenten herangezogen. Danach wird das System im Sinne einer Maschenstromanalyse auf algebraische Schleifen durchsucht und die entsprechenden Gleichungen abgeleitet. Dadurch, daß nicht mit Standardschaltungen im Speicher gearbeitet wird, sondern das System bei jedem Simulationslauf neu erstellt wird, kann im Prinzip jede mögliche Schaltung berechnet werden. Einschränkungen ergeben sich lediglich durch den verfügbaren Speicherplatz einerseits und die eventuell notwendige Rechenleistung andererseits. Der Benutzer kann den Simulationsablauf jederzeit unterbrechen und Parameterwerte (z.B. bei Druckbegrenzern den Solldruck) verändern oder Schalthandlungen setzen (Ventile umschalten, Absperrhähne öffnen o.ä.). An jedem beliebigen Punkt der Schaltung kann eine charakteristische Größe gemessen werden. Jedem Element ist dabei ein Wert zugeordnet: eine Pumpe wird beispielsweise durch den Durchfluß charakterisiert, eine Verteilerplatte durch den Druck des Öls an dieser Stelle. Die Werte an den angewählten Punkten werden aufgezeichnet und jeweils in einem Fenster dargestellt.

Abbildung 3: der Simulationsablauf

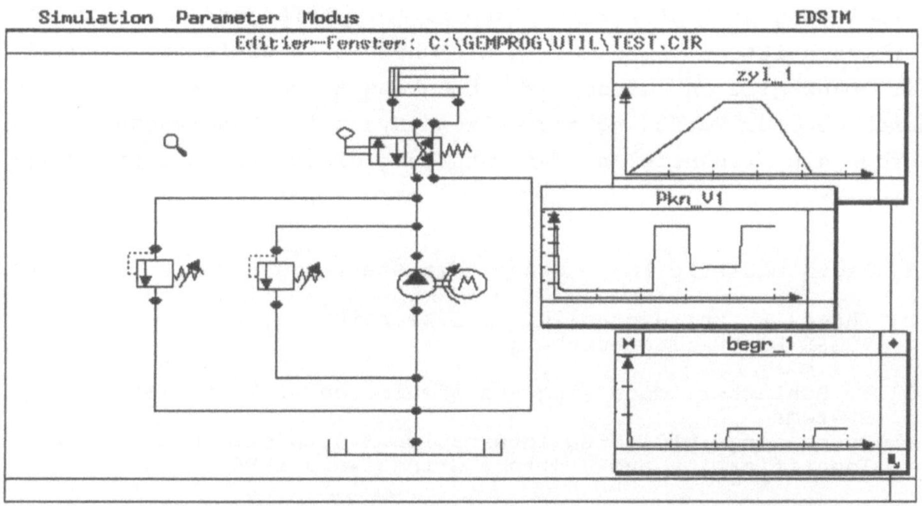

Damit kann sehr schnell ein Überblick über die Vorgänge in der Schaltung gewonnen werden. Ist der Anwender mit den Ergebnissen nicht zufrieden, so kann die Schaltung im Konstruktionsmenü geändert werden und sofort das Ergebnis der Änderung beobachtet werden. Um reproduzierbare Ergebnisse zu erhalten, besteht die Möglichkeit, veränderte Parameterwerte ebenso wie Schalthandlungen und deren Zeitpunkt auf einem File abzuspeichern, der nun natürlich einer abgespeicherten Schaltung zugeordnet sein muß. Dieses "Programm" kann nun automatisch abgearbeitet werden; damit sind auch komplexere Vorgänge in einer Anlage realisierbar.

4. Schlußbemerkungen

EDSIM wurde entworfen, um einem Anwender auf einfache Weise zu ermöglichen, einen Überblick über das Verhalten von hydraulischen Schaltungen zu gewinnen. Die Parameterwerte wurden über Messungen an einem realen Modell verifiziert und abgeglichen, wodurch die Ergebnisse der Simulation im Bereich der üblichen Meßgenauigkeit mit den realen Messungen übereinstimmen. Das Programm kann in dieser Form nicht nur zur Beurteilung von geplanten Anlagen herangezogen werden, sondern eignet sich auch zur Unterstützung der Ausbildung, beispielsweise zur Ergänzung eines Laborkurses, bei dem auch mit realen Komponenten gearbeitet wird. Das System ist durch die einfache Bedienung und die Vorbelegung der Startwerte sowohl für Anfänger als auch für fortgeschrittene Benutzer in gleicher Weise geeignet. Besonderer Dank gilt in diesem Zusammenhang Herrn Dr. Klinger, der durch den zur Verfügung gestellten Hydraulik-Laborwagen sowie durch die finanzielle Unterstützung diese Arbeit erst ermöglicht hat.

[1] Festo Didactic KG: Lernsysteme Steuerungstechnik Hydraulik

[2] Thomas Krist: Hydraulik, Fluidtechnik
VOGEL Buchverlag Würzburg

[3] K. Schlacher: Modelling and Simulation of Heat Distribution Systems
Proceedings of IASTED International Symposium Modelling, Identification and Control, Grindelwald 1988

[4] P. Seifter, Interaktives Grafiksystem zur Erstellung und Simulation hydraulischer Schaltungen, Diplomarbeit Institut für Technische Informatik, TU Graz

[5] GEM Programmer's Toolkit, Digital Research Europe, Oxford House, Oxford Street, Newbury, Berks RG13 1JB

SICHERHEIT ELEKTRONISCHER ZAHLUNGSMITTEL AM BEISPIEL TELEFONWERTKARTE 12

G. Raimann

LANDIS & GYR GmbH, Wien

ZUSAMMENFASSUNG:

In der Beziehungskette Kartenhersteller - Kartenverteiler - Benützer - Automat - Serviceanbieter gibt es vielfältige Schnittstellen zwischen Menschen, Maschinen und Organisationen, die Angriffspunkte für Sicherheitskriterien darstellen. Am Beispiel Telefonwertkarte wird die Sicherheit der Bezahlung mit Münzen, vorbezahlten Wertkarten und Kreditkarten verglichen und die unterschiedliche Verletzbarkeit der Angriffspunkte bei Anwendung der unterschiedlichen Technologien - magnetische, optische- und elektronische Chipkarte - aufgezeigt.

Sicherheit ist sowohl eine der wichtigsten Eigenschaften jedes Zahlungsmittels. Sicherheit aber für wen und wogegen?

Dazu lassen Sie mich damit beginnen, die Beziehungsnetze vom Hersteller eines Zahlungsmittels über den Benutzer bis zum Serviceanbieter darzustellen.

A. Beziehungsnetze

1. Münzfernsprecher

Das Beziehungsnetz ist leicht überschaubar, es fliesst nur Geld und die Risiken sind leicht zu überblicken: (Abb. 1)

- Diebstahl von Geld aus Münzfernsprechern oder beim Transport zum Servicebetreiber

- Beschädigung des Münzers bei erfolglosen Einbruchsversuchen
- Falsch- und Fremdmünzenannahme

Das maximale Risiko des Benützers ist: keine Gegenleistung für Einwurf einer gültigen Münze.

2. Vorbezahlte Wertkarten

Das Beziehungsnetz ist für den Serviceanbieter wesentlich einfacher geworden, insbesondere ist zwischen Kartenfernsprecher und Servicebetrieber keinerlei Geld- oder Datentransport notwendig. (Abb.2)

Welche Risiken birgt dieses System?

- Für den Serviceanbieter:
  .Transport der Wertkarten vom Hersteller bis Ausgeber (Diebstahl, Beschädigung)
  .Fälschen und Wiederaufladen von Karten
  .Benutzerreklamationen
- Für den Benutzer:
  .Verlust des Kartenwertes, max. einer ganzen Karte

3. Kreditkarten

Zur Feststellung des Geldwertes kommt noch die Notwendigkeit der Identifizierung des Karteninhabers, der ja später bezahlen soll und Transport dieser Daten durch das System. (Abb. 3)

Die wesentlichen Risiken in diesem System sind:

- Für den Benutzer:
  .Missbrauch seiner (z.B. gestohlenen) Karte oder Kartendaten (z.B. kopierte Karte). Mögliche Schadenshöhe ist theoretisch unbegrenzt.
  .Zerstörung seiner Karte
- Für den Servicebetreiber:
- an Schnittstelle Mensch - Maschine
  . Annahme einer falschen, verfälschten oder gestohlenen Karte
  . erschlichene Authorisation

Beziehungsnetz Münzer

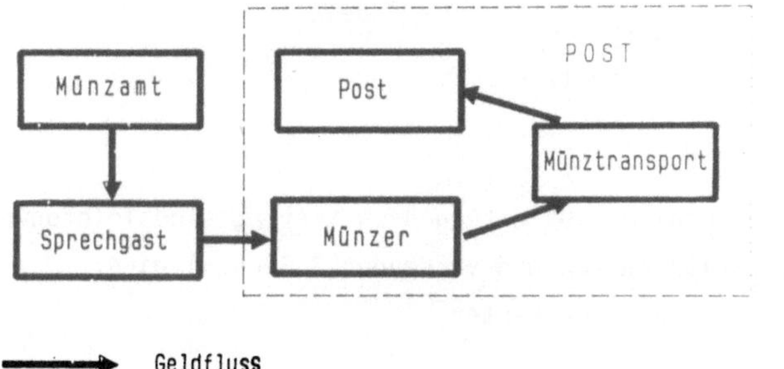

Abb. 1

Beziehungsnetz vorbezahlte Karten

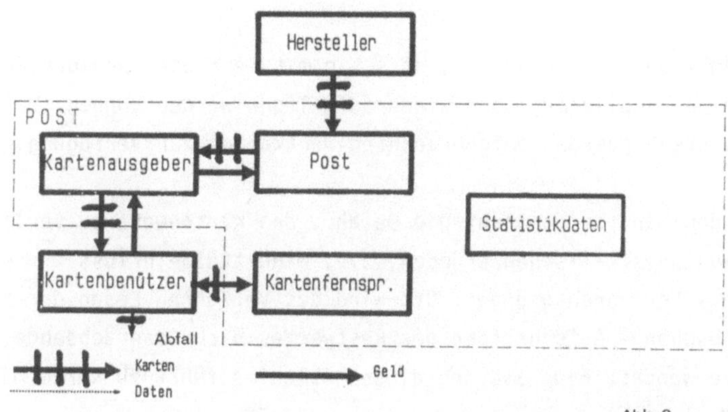

Abb. 2

Beziehungsnetz Kreditkarten

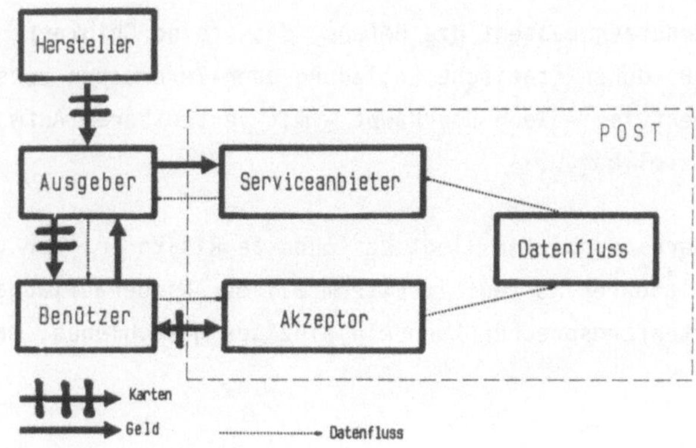

Abb. 3

- im System zwischen Kartenfernsprecher und Servicebetreiber
  . fehlende oder verfälschte Datenübermittlung
- zwischen Serviceanbieter und Kreditkartenorganisation
  . Nichtbezahlung für gesperrte Karten
- Für Kreditkartenorganisation:
  .Anfechtungen seitens Benutzer
  .Zahlungsrisiko

Um Risiken mehr oder weniger gut entgegen zu treten, sind Telefonwertkarten meist vorbezahlte Karten und verwenden 3 Technologien: Magnetische, Chip- und optische Karten.

B. Vorbezahlte Karten

1. Magnetische Karten

Allen Typen gemeinsam ist, dass sie mit mehr oder weniger Aufwand gelesen, dupliziert oder wiederaufgeladen werden können. Material dazu steht aus den aufgebrauchten Wertkarten zur Verfügung.

Für den Benutzer besteht die Gefahr, den Kartenwert zu verlieren,
a) aus physikalischen Gründen, z.b. Magnetfeldeinfluss
b) aus Verfahrensgründen. Oft wird das Verfahren Lesen der Karte Löschen - Aufschreiben des Restwertes nach Gesprächsende, ververwendet. Eine Störung dieses Ablaufes führt zu Karte mit Wert Null.

2. Chipkarten

Für den Benutzer besteht die Gefahr, dass seine Chipkarte physikalisch, z.B. durch statische Entladung oder Zerbrechen zerstört wird. Der Restwert ist - wenn überhaupt - mit vertretbarem Aufwand nicht mehr feststellbar.

Für den Serviceanbieter liegt das grösste Risiko bei der Verwendung wiederaufladbarer Karten. Im Extremfall der Wiederaufladbarkeit in jedem Kartenfernsprecher kann ein einziges gestohlenes, manipuliertes

Gerät zumindest zu einem florierenden Schwarzmarkt mit wiederaufgeladenen Karten führen.

3. Optisch kodierte Telefonwertkarten

Wo liegen die sicherheitstechnischen Vorteile, die eine Mehrheit der Telefonwertkarten verwendeten Verwaltungen bewogen hat, optisch kodierte Karten zu wählen?

Durch Beschränkung auf die Verwendung als vorbezahlte Karte und Optimierung lassen sich die Angriffspunkte absichern.

Für den Benutzer:
Die optische Karte ist völlig unempfindlich gegen elektrische und magnetische Felder, statische Entladungen und ionisierende Strahlung. Selbst bei einer Zerstörung - z.B. mechanisch - ist der Restwert meist noch feststellbar.

Für den Serviceanbieter:
Zur Fälschung selbst einer geringen Anzahl Wertkarten ist der Aufbau einer Fabrik mit allen Einrichtungen von der Rohstoffherstellung bis zur optischen Kodierung wie im Herstellerwerk nötig.
Bei der Löschung wird Bit für Bit in der Karte irreversibel gelöscht. Ein Wiederaufladen ist unmöglich.

C. Kreditkarten

Bisher laufen in einigen europäischen Ländern Versuche mit Kartenfernsprechern, die kommerzielle Kreditkarten der Banken bzw. Kreditkartenorganisationen akzeptieren und
- magnetische bzw.
- Chipkarten (in Frankreich) verwenden.

Ihnen allen gemeinsam ist die Suche nach einem Kompromiss der Kosten für die Sicherheit, z.B. On line Authentifikation, PIN-Prüfung etc. - den Risiken und dem vergleichsweise niedrigen transferierten Geldwert pro Gespräch.

D. Zusammenfassung

Die heutige Telefonwertkarte ist eine vorbezahlte Wertkarte.

Magnetische Telefonwertkarten sind relativ billig, bergen aber hohe Fälschungs- bzw. Wiederaufladegefahren.

Chipkarten sind heute noch so teuer, dass eine Verwendung als vorbezahlte Karte alleine unwirtschaftlich scheint. Die kryptografischen Möglichkeiten der uP-Chipkarte versprechen für die Zukunft aber weitgehende Anwendungen.

Optische Karten sind auf die Anwendungen optimiert, praktisch unfälschbar und deshalb die meistverbreiteten Telefonwertkarten weltweit.

E. Literatur

Glass/Massey:
Plastikkarten - wie intelligent ist sicher
Landis & Gyr-Mitteilungen 2-85, p.22 ff

VARIOTALK - SPRACHAUSGABE FÜR SEGELFLIEGER

M.FURTNER

Österreichisches Forschungszentrum Seibersdorf Ges.m.b.H.
Institut für Elektronik

ZUSAMMENFASSUNG:

VARIOTALK, Zusatzinstrument für Segelflieger, ist eine Sprachausgabe, die die Werte des Variometers, das sind die Steig- bzw. Sink-werte, in sprachlicher Form dem Piloten zur Verfügung stellt. VARIOTALK leistet einen wichtigen Beitrag zur Erhöhung der Flugsicherheit, da der Pilot die volle Information des Variometers bekommt und sich ausschließlich dem Fliegen an sich widmen kann.

1.) Stand der Technik

In so gut wie allen Segelflugzeugen wird die Steig-, bzw. Sink-geschwindigkeit mittels eines Variometers gemessen. Da Segelflieger auf einen natürlichen Antrieb durch Hangaufwind oder Thermik angewiesen sind, kann das Variometer als das wichtigste Instrument des engagierten Piloten angesehen werden.

Bei Variometern sind zwei Hauptbauarten zu unterscheiden. Ältere Variometer besitzen eine rein mechanische Arbeitsweise. Der Messwert wird sowohl mechanisch-pneumatisch gemessen als auch angezeigt. Derartige Variometer befinden sich vor allem in den heutigen Schulungsflugzeugen, die ebenfalls meist älteren Baujahres sind.

In neueren Variometern gelangt ein elektrisch-elektronisches Verfahren zur Anwendung. Diese sogenannten E-Varios werden bevorzugterweise auch in den moderneren Hochleistungs-Kunststofflugzeugen eingebaut. Der vom E-Vario ermittelte Messwert wird dem Piloten mittels eines analogen Zeiger- instruments, oder auch einem Digitaldisplay angezeigt. Zusätzlich wird der Messwert auch in akustischer Form, durch einen Summton, dem Piloten zur Verfügung gestellt. Steigt das Flugzeug, so ist der Summton unterbrochen. Je höher die Steiggeschwindigkeit des Flugzeuges, umso größer ist auch die Frequenz des unterbrochenen Summtons. Sinkt das Flugzeug, so ist der Summton ununterbrochen zu hören, wobei die Frequenz des Summtons mit zunehmender Sinkgeschwindigkeit fällt. Durch Interpretation dieses Summtons ist es nicht mehr notwendig, dauernd auf die Anzeige zu blicken.

2.) Entwurfsvorgaben

Nach Rückfrage bei einigen Segelflugpiloten weist die Ausgabe durch diesen Summton in vieler Hinsicht Mängel auf. So wurden denn auch eine Reihe von Verbesserungsvorschlägen herausgearbeitet, die einen Anhaltspunkt bei der Entwicklung einer neuen Ausgabeeinheit bieten sollten.

Diese waren:

- Die Ausgabeeinheit soll ein Zusatzinstrument zum bestehenden Variometer sein. Die Einheit soll also nicht Variometer und Ausgabeeinheit zugleich enthalten, da sonst die schon bestehenden Variometersysteme nicht mit der neuen Ausgabeeinheit nachrüstbar wären, sondern als Gesamtsystem ersetzt werden müßten, was in den meisten Fällen sicherlich zu teuer käme.

- Abkehr vom Summton, da dieser vor allem bei längeren Flügen unangenehm wird

- Ausgabe der absoluten Variometerwerte (Der Summton liefert ja ausschließlich Information über die Relativwerte.)

- einfache Anschlußmöglichkeit an die bestehenden Variometersysteme, so daß dies von den Piloten selbst vorgenommen werden kann

- temperaturstabile Ausgabe der Variometerwerte mit einprozentiger Genauigkeit im Bereich von minus 30 bis plus 70 Grad Celsius.

Durch Zufall erlangten wir von folgender 'Methode' Kenntnis: Ein Pilot behalf sich dadurch, indem er einen zweiten Piloten auf den Flug mitnahm, der die Variometerwerte vom Zeigerinstrument ablas und sie dem Piloten ansagte. Laut Aussage des Piloten waren damit alle obigen Anforderungen an die 'Ausgabeeinheit' erfüllt.

Diese Vorgangsweise hatte nur einen Nachteil: man mußte immer einen Copiloten an Bord haben. Das Flugzeug mußte ein Zweisitzer sein.

Von dem Vorschlag, den gewichtigen Copiloten durch platzsparende, leichte Elektronik zu ersetzen, zeigte sich der Pilot begeistert. Auch bei anderen Piloten fand die Idee, die Variometerwerte durch eine Elektronik sprachlich auszugeben, großen Anklang.

Damit waren aber folgende weitere Sollvorgaben für die Entwicklung vorhanden:

- **möglichst wenig Platzbedarf**
- **möglichst leicht**
- **möglichst wenig Stromverbrauch, da Segelflugzeuge mit einer Bordbatterie versorgt werden**

Nach eingehenden Gesprächen mit Piloten wurde beschlossen das Gerät mit folgenden Bedienungselementen auszustatten:

- **Ein- /Aus-Schalter**
- **Lautstärkeregler**
- **Frequenzregler**

Dieser Regler bestimmt die Zeitabstände zwischen den einzelnen Ansagen der Variometerwerte

- **Umschalter NORM/INT**

Befindet sich der Schalter in Stellung NORM, so soll der unmittelbar aktuelle Variometerwert angesagt werden.

Befindet sich der Schalter in Stellung INT, so soll der Durchschnittswert(integrierter Wert) der letzten Minute angesagt werden.

3.) Überlegungen zur Sprachausgabe

An die sprachliche Ausgabe der Variometerwerte werden folgende Anforderungen gestellt:

- möglichst umfassende Information für den Piloten

- der Pilot soll möglichst wenig abgelenkt werden

Das Variometer mißt die Steig-, bzw. Sink- Geschwindigkeit. Diese wird in Meter/Sekunde angegeben. Weder analoge noch digitale Anzeigeinstrumente zeigen die Variometerwerte mit höherer Auflösung als 0,1 m/s an. Der Anzeigebereich bewgt sich zwischen -9,9 m/s (Sinken) und +9,9 m/s (Steigen).

Demnach sollte auch VARIOTALK die Werte in diesem Bereich ansagen. Die Auflösung von 0,1m/s dürfte mit Sicherheit ausreichen, zumal die Meßgenauigkeit der Variometersysteme keinesfalls größer ist. Ebenso würde die Auflösung von 0,01m/s eine zusätzliche Belastung für den Piloten darstellen, da eine Sprachausgabe auf drei Stellen Genauigkeit ohne Zweifel mehr Zeit zur Ausgabe, und damit auch mehr Konzentration, erfordert als eine Ausgabe mit zwei Stellen. Mit der Auflösung von 0,1m/s wird dem Piloten ausreichende Information geboten.

Da ausschließlich die Variometerwerte in sprachlicher Form ausgegeben werden sollten, ist auch die Aussprache der Meßeinheit, die ja ebenfalls konstant ist, nämlich 'm/s', nicht erforderlich. Legt man weiters durch eine Konvention fest, daß sich das Komma, das in der Ausgabe enthalten ist, immer zwischen den beiden Ziffern befindet, so ist auch die Ansage des Kommas überflüssig.

Ja selbst die Ansage der Polarität, nämlich 'plus' oder 'minus', für positive oder negative Werte läßt sich bei unverminderter Information vermeiden, indem man für die Ausgabe der positiven Werte eine weibliche Stimme und für die negativen Werte eine männliche Stimme verwendet.

Bei gleichbleibendem Informationsgehalt kann durch diese Maßnahmen eine wesentliche Reduktion der Ausgabe erfolgen.

Nachfolgend einige Beispiele, die diese Reduktion veranschaulichen sollen.

Messwert	Stimme	Aussprache
+ 4,7 m/s	weibl.	'VIER SIEBEN'
- 0,3 m/s	männl.	'NULL DREI'
+ 2,0 m/s	weibl.	'ZWEI NULL'

Diese Reduktion bewirkt einerseits eine enorme Entlastung des Piloten, der nicht durch sich stets wiederholende Ansagebestandteile ermüdet wird. Andererseits ensteht dadurch eine wesentliche Vereinfachung in der Logik des Gerätes, was sich wiederum durch weniger Bauteile und geringeren Entwicklungsaufwand bemerkbar macht.

4.) Realisierung der Sprachausgabe

Um derartige Probleme der Sprachausgabe zu lösen, sind hochintegrierte Sprachprozessoren am Markt erhältlich. Derzeit sind prinzipiell zwei Arten von Sprachprozessoren bekannt.

i.) Prozessoren, die die Laute einer natürlichen Sprache, sogenannte Phoneme, in digitaler Form gespeichert haben. Möchte man ein bestimmtes Wort durch diesen Prozessor ausgesprochen haben, so zerlegt man das Wort in seine Laute und steuert so den Prozessor, der seinerseits die entsprechenden Phoneme hintereinander ausgibt, die in Folge wieder das gewünschte Wort am Lautsprecher ergeben. Vorteile dieser Art von Prozessoren sind der unbegrenzte Wortschatz. Nachteilig machen sich die hohe Komplexität ihrer Ansteuerung, als auch die Begrenztheit auf eine bestimmte natürliche Sprache bemerkbar (gegeben durch den Akzent der fix eingespeicherten Phoneme).

ii.) Prozessoren, die eine begrenzte Anzahl von ganzen Wörtern speichern können. Die gewünschten Wörter werden in ein Mikrofon gesprochen, digitalisiert und in einem Speicher abgelegt. Durch Ansteuerung des Prozessors können die

Wörter einzeln selektiert werden, und mittels digital-analog-Wandler und einem Lautsprecher ausgegeben werden. Die Vorteile dieser Prozessorfamilie, nämlich einfache Ansteuerung und absolute Sprach- und Sprecherunabhängigkeit stehen dem Nachteil eines auf die gespeicherten Wörter begrenzenten Wortschatzes gegenüber.

Wie sich aus den obigen Beispielen aus Punkt 3.) leicht ableiten lässt, genügt die Speicherung der Ziffer von 'NULL' bis 'NEUN', jeweils in männlicher als auch in weiblicher Form.

Damit ist der notwendige Wortschatz eindeutig begrenzt. Diese Begrenztheit des notwendigen Wortschatzes erlaubt die Verwendung eines Sprachprozessors aus der zweiten, oben beschriebenen Prozessorfamilie.

5.) Realisierung der Umfeldelektronik

Die Spannungsversorgung für VARIOTALK wird direkt vom Bordakku abgenommen.

Nachdem bei allen E-Varios die Meßwerte in spannungsanaloger Form am Drehspulinstrument, oder auch am Ausgang zur Digitalanzeige zur Verfügung stehen, werden die Meßwerte an dieser Stelle von VARIOTALK abgenommen. Der Meßwert gelangt über einen Präzisionsverstärker, dessen Verstärkung über ein Trimmpotentiometer an der Frontplatte des Gehäuses einstellbar ist, an einen A/D-Wandler. Durch die einstellbare Verstärkung kann VARIOTALK an jedes E-Vario angepaßt werden.

Der A/D-Wandler liefert einen zweistelligen Meßwert, der zur Ansteuerung des Sprachprozessors dient. Eine Logik steuert die Häufigkeit der Ansage, sowie die serielle Ausgabe der beiden einzelnen Ziffern einer Ansage. Das Ausgangssignal des Sprachprozessors gelangt über einen lautstärkegeregelten Endverstärker an den Lautsprecher. (siehe dazu nachfolgendes Blockschaltbild)

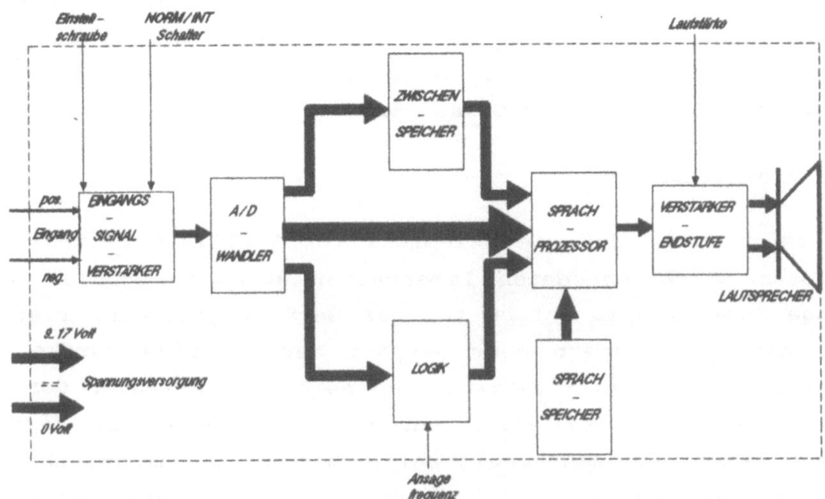

Durch kosequenter Anwendung hochintegrierter Bausteine, sowie SMD-Technik findet die gesamte Elektronik in einem Gehäuse Platz, dessen Grösse das Format einer Zigarettenschachtel nicht übersteigt. Auch die Vorgabe des geringen Stromverbrauchs konnte erfüllt werden. Durch Einsatz von CMOS-Technologie beträgt der Stromverbrauch zwischen den einzelnen Ansagen nicht mehr als 3,5 Milliampere. Während der Dauer der Ansage steigt der Stromverbrauch in Abhängigkeit der eingestellten Lautstärke (Im Durchschnitt ca 30 mA). Dieser Verbrauch ist jedoch in der vom Gerät abgestrahlten Schalleistung zu sehen und kann naturgemäß nicht verringert werden. Auch die geforderte Temperaturstabilität konnte durch den gezielten Einsatz von Präzisionselementen erreicht werden, ohne dabei den Preis in die Höhe schnalzen zu lassen.

6.) Realisierung der Mechanik

Die Bedienungselemente sitzen zwangsläufig an der Frontfläche des Gerätes. Sie sollen übersichtlich angeordnet und weiters leicht und schnell bedienbar sein, um den Piloten nicht abzulenken. Um andererseits die Frontfläche des Gerätes möglichst klein zu halten, wurden Bedienungselemente, Regler und Schalter, in Miniaturausführung konzipiert. So ist die Frontfläche nicht größer als die Stirnfläche einer Zigarettenschachtel, womit das Gerät selbst in den Normaussparungen des Instrumentenpilzes im Cockpit der Segelflugzeuge Platz findet. Weiters ermöglicht die Anordnung der Bedienelemente sowohl liegende als auch stehende Montage. Alle Anschlüße werden über einen einzigen Stecker in das Gerät geführt.

7.) Praxiserfahrungen

Es zeigt sich, daß die Akzeptanz von VARIOTALK seitens der Piloten stark von deren Lebensalter abhängt. Konnten sich junge Segelflieger sofort für das Gerät begeistern, rief es bei älteren Fliegern eher Skepsis hervor. Dies dürfte auf zweierlei Ursachen zurückzuführen sein. Die Anfänger der Segelflieger sind vor allem unter jungen Leuten zu finden. Diese haben noch sehr wenig Zeit, um die Instrumente abzulesen, sondern sind vielmehr mit dem Beherrschen des Flugzeuges an sich beschäftigt. Hier kommt der Sicherheitsaspekt des VARIOTALK zum Tragen, da der junge Pilot sich ausschließlich dem Beherrschen des Flugzeuges widmen kann, und dennoch die volle Information über die Thermiksituation zur Verfügung gestellt bekommt. Die zweite Ursache könnte darin liegen, daß junge Menschen bereits in einer sehr hochtechnisierten Umgebung aufgewachsen und so den Umgang mit technischen Geräten gewohnt sind. Den älteren Fliegern, die bisher ohne VARIOTALK auskommen mußten, und denen die Ausgabe des Summtones in Fleisch und Blut übergegangen ist, fällt es deutlich schwerer umzulernen. Dieses Phänomen ist zum Beispiel auch am Heimcomputermarkt deutlich vorhanden.

8.) Zukunftsperspektiven

Sollte sich VARIOTALK weiterhin bewähren, so wurde bereits die Idee geboren, es auch Drachenfliegern und Gleitschirmfliegern zur Verfügung zu stellen. Die gesamte Einheit könnte in diesem Fall im Helm des Piloten Platz finden, der dann über integrierte Kopfhörer die Information bekommt. Dieser Schritt stellt eine weitere Herausforderung an die Fertigung des Gerätes dar, zumal bei einer solchen Realisierung ein flexibler Print zur Anwendung gelangen müßte, wie er zum Beispiel bereits seit vielen Jahren erfolgreich im Kamerabau eingesetzt wird.

GENAUE ZEIT FÜR RECHNER ÜBER TELEPHONMODEMS

D. Kirchner

Institut für Nachrichtentechnik und Wellenausbreitung
Technische Universität Graz

ZUSAMMENFASSUNG:

Es wird ein am Institut für Nachrichtentechnik und Wellenausbreitung der Technischen Universität Graz entwickeltes, auf dem Telephonwählnetz basierendes Zeitverteilungssystem, das der Synchronisation von Rechnern und automatischen Datenerfassungssystemen dient, vorgestellt. Nach der Beschreibung des verwendeten Zeitcodes werden dessen Generation, Aussendung und Empfang besprochen, Meßresultate angegeben und die Aussendung des Zeitcodes über das Telephonnetz diskutiert.

Einleitung

Es besteht ein wachsender Bedarf an Einrichtungen, die es ermöglichen, über automatischen Zugriff Rechner und Datenerfassungsanlagen mit genauer Zeit zu versorgen. Neben der Möglichkeit der Zeitcodeaussendung über Radiosignale bietet sich die Aussendung über das Telephonwählnetz an, wobei die bei Radioaussendungen bei schlechter Empfangslage auftretenden Probleme vermieden werden können.

Für diesen Zweck wurde am Institut für Nachrichtentechnik und Wellenausbreitung der Technischen Universität Graz ein auf dem Telephonwählnetz basierendes Zeitverteilungssystem zur direkten Synchronisation von Rechnern bzw. über Rechner setzbaren Uhren entwickelt, wobei der Zugriff über Telephonwählmodems erfolgt. Das System befindet sich seit Mitte 1988 im Probebetrieb und erregte in einigen Ländern des europäischen Auslands, die einen ähnlichen Dienst einrichten wollen, Interesse. In Kanada und in den Vereinigten Staaten von Amerika wird ebenfalls vom Telephonnetz zur Aussendung von Zeitcodes Verwendung gemacht /1/.

Zeitcode

Der ausgesendete Zeitcode besteht aus einer Folge von ASCII-Zeichen in einem festen Format und wird pro Sekunde einmal übertragen (siehe Abb. 1). In der Sekunde n werden die Daten der Sekunde n+1 gesendet, und zum Sekundenwechsel wird eine Folge von Carriage-Return/Linefeed gesendet, wobei der Beginn des Start-Bits des Carriage-Returns mit dem Sekundenwechsel synchronisiert ist. Neben der Zeitinformation kann auch eine Nachricht von maximal 20 Zeichen übertragen werden (zwei verschiedene Nachrichten, die sich im Sekundenrhythmus abwechseln, sind möglich).

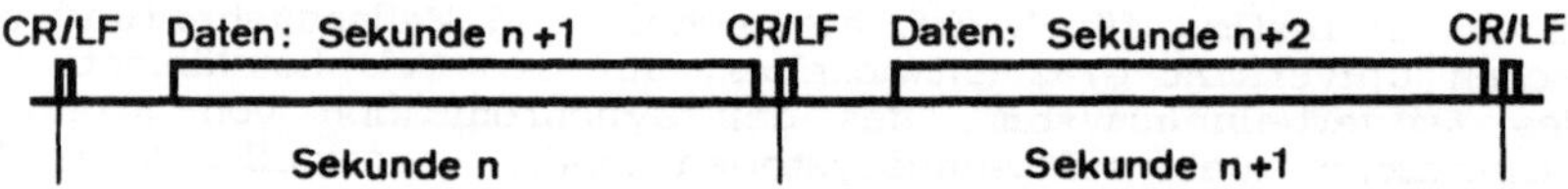


```
@0      $   ACCURATE TIME   @0#1218150477310124071989301704773101240719890000008200000009240330
@0      $   VIA TELEPHONE   @0#1318150477310124071989301704773101240719890000008200000009240330
```

Abb. 1. Schema und Beispiel der Zeitcodeaussendung

Nachrichten (z.B. Ankündigung der Umschaltung auf Sommerzeit) werden vom System automatisch generiert bzw. können vom Betreiber eingegeben und die Aussendungszeit kann vorprogrammiert werden. Zuerst erfolgt die Aussendung der Nachricht und dann die der Zeitinformation. Beide Aussendungen beginnen mit einem "Commercial At". Für die Nachricht können auf den nächsten acht Plätzen Adressen (Anwendung siehe das Kap. Generation und Aussendung) eingegeben werden. Die Nachricht beginnt mit einem Dollarzeichen und kann die folgenden zwanzig Plätze einnehmen. Bei der Zeitaussendung folgt auf das "Commercial At" die Adresse 0 und nach dem Nummernzeichen die eigentliche Zeitinformation, die aus insgesamt 64 Zeichen besteht. Von Interesse ist, daß neben der Lokalzeit (LT), d.h. der Mitteleuropäischen Zeit (MEZ) bzw. der Mitteleuropäischen Sommerzeit (MESZ), auch die Koordinierte Weltzeit (UTC) und die volle Datumsinformation in beiden Zeitskalen und zusätzlich noch das Modifizierte Julianische Datum (eine für viele Anwendungen interessante fortlaufende Tageszählung) übertragen werden. Weiters werden Informationen über die zur Zeit gültige Lokalzeit und die Umschaltung von MEZ auf MESZ und umgekehrt und das Wirksamwerden von Schaltsekunden übertragen.

In der Folge sind die Zeitdaten (die jeweils benötigte Anzahl von Zeichen ist in Klammer vermerkt) in der Reihenfolge ihrer Aussendung angegeben:

Sekunde (2), Minute (2), UTC-Stunde (2), UTC-MJD (6), UTC-Wochentag (2), UTC-Tag (2), UTC-Monat (2), UTC-Jahr (4), UTC-Kalenderwoche (2), LT-Stunde (2), LT-MJD (6), LT-Wochentag (2), LT-Tag (2), LT-Monat (2), LT-Jahr (4), Status-Schaltsekunde (2), Monat-Schaltsekunde (2), Tag-Schaltsekunde (2), Status-LT (2), Monat-MESZ (2), Tag-MESZ (2), Stunde-MESZ (2), Monat-MEZ (2), Tag-MEZ (2), Stunde-MEZ (2) und LT-Kalenderwoche (2).

Abb. 1 zeigt als Beispiel die Aussendung in Sekunde 11 und 12 der Minute 18 der Stunde 17 MESZ am 24. Juli 1989. Schaltsekunde ist keine vorprogrammiert, aber der Übergang von MESZ auf MEZ ist für den 24. September für die Stunde 3 MEZ vorprogrammiert. Weiters sind die beiden abwechselnd an Adresse 0 gesendeten Nachrichten "ACCURATE TIME" und "VIA TELEPHONE" zu sehen.

Generation und Aussendung

Am Observatorium Lustbühel befindet sich eine vom Institut für Nachrichtentechnik und Wellenausbreitung der Technischen Universität Graz (TUG) betriebene Zeitstation, welche die Koordinierte Weltzeitskala UTC(TUG) generiert und mit ihren Cäsiumatomfrequenznormalen zur Definition der Internationalen Atomzeit beiträgt und daher bestens geeignet ist, die für die Generation des Zeitcodes benötigte genaue Zeit zu liefern /2/. Der Stand der Zeitskala UTC(TUG) zur Koordinierten Weltzeit UTC wird regelmäßig im

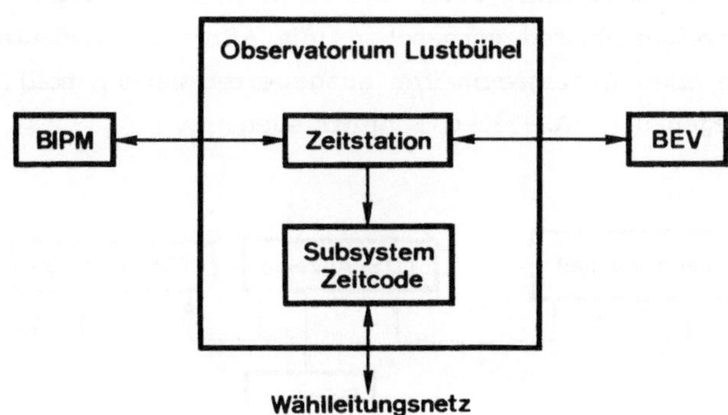

Abb. 2. Generation und Aussendung des Zeitcodes

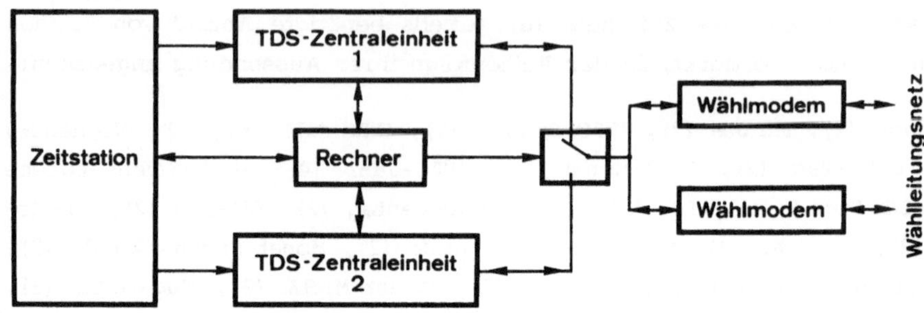

Abb. 3. Subsystem-Zeitcode

"Circular T" des Bureau International des Poids et Mesures mitgeteilt und UTC(TUG) wird auch mit der Zeitskala UTC(BEV) des Bundesamts für Eich- und Vermessungswesen (BEV) in Wien verglichen. Für die Generation, Aussendung und Kontrolle des Zeitcodes wurde in der Zeitstation ein Subsystem installiert (siehe Abb. 2), das im Endausbau (siehe Abb. 3), wie die Zeitstation selbst, den zuverlässigen Dauerbetrieb ohne Unterbrechung ermöglichen soll. Der Zeitcode wird mittels mikroprozessorgesteuerter Zentraleinheiten (TDS-Zentraleinheit), die mit Sekundensignalen von der Zeitstation versorgt werden, generiert und über Telephonmodems ausgesendet. Wegen ihrer weiten Verbreitung und anderer Vorteile (siehe das Kap. Messungen) werden Modems verwendet, die nach dem CCITT-Standard V.23 arbeiten.

Wie Abb. 4 zeigt, kann die TDS-Zentraleinheit in Verbindung mit für diesen Zweck entwickelten intelligenten Anzeigeeinheiten (TDS-Anzeige) als Nebenuhrenanlage verwendet werden, wobei an jede Anzeigeeinheit weitere Anzeigeeinheiten bzw. zu synchronisierende Rechner angeschlossen werden können. Für diese Betriebsart wurde die Möglichkeit der selektiven Adressierung von Anzeigeeinheiten vorgesehen (die Adresse 0 bedeutet, daß die Information von allen Anzeigeeinheiten ausgewertet werden soll). Alle Verbindungen erfolgen über RS-232-C Schnittstellen.

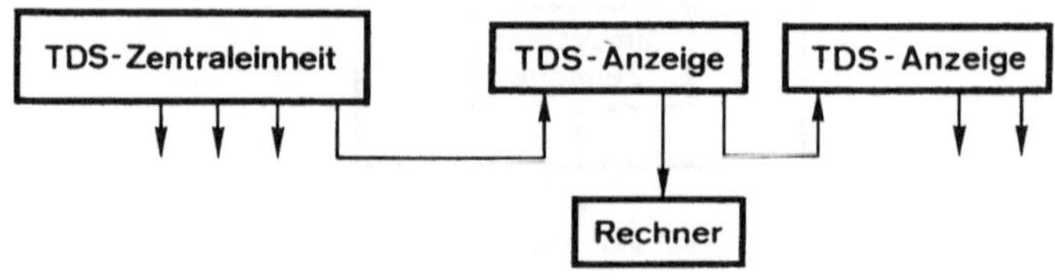

Abb. 4. TDS-Zentraleinheit mit abgesetzten TDS-Anzeigeeinheiten

Empfang

Abb. 5 zeigt eine typische Anwendereinrichtung. Der Empfang des Signals erfolgt über ein Wählleitungsmodem, wobei dieses vorzugsweise ein Selbstwählmodem ist, um den automatischen Zugriff auf den über das Wählleitungsnetz zur Verfügung stehenden Zeitcode zu ermöglichen.

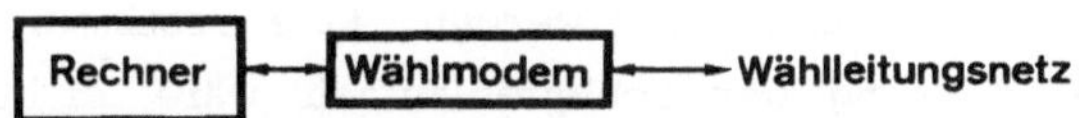

Abb. 5. Typische Anwendereinrichtung

Außer dem Modem ist eine rechnerspezifische Software mit der Aufgabe der Verbindungsherstellung, der Aufbereitung des Zeitcodes (Auswahl der relevanten Information aus dem Gesamtangebot) und der Synchronisation der Rechneruhr bzw. jeder anderen über den Rechner setzbaren Uhr erforderlich. Die Häufigkeit der Synchronisation ist von der Genauigkeit des Taktgenerators der Uhr und der geforderten Genauigkeit (für die maximal mögliche Genauigkeit siehe das Kap. Messungen) abhängig.

Messungen

Die Unsicherheit der Aussendung des von der TDS-Zentraleinheit generierten Zeitcodes ist bei der minimal möglichen Baudrate von 1200 Baud (die vom Gerät her maximal mögliche Baudrate beträgt 19200 Baud) am größten und beträgt unter ungestörten Betriebsbedingungen ca. 10 µs. Die Signallaufzeit und die Unsicherheit hängt wesentlich vom Betriebsmodus der verwendeten Modems ab. Bei Modems, die nach dem CCITT-Standard V.23 arbeiten, beträgt die Laufzeit der Modemstrecke (Sende- und Empfangsmodem) ca. 5 ms, und die Unsicherheit ist kleiner als 100 µs. Für Modems nach dem CCITT-Standard V.22 ergeben sich Laufzeiten von ca. 60 ms und Unsicherheiten von ca. 3 ms. Die durch die Modems verursachten Signallaufzeiten können vom Anwenderprogramm berücksichtigt werden.

Diskussion

Die Zeitcodeaussendung über das Telephonwählnetz erlaubt den direkten Zugriff von Rechnern über Telephonmodems und vermeidet daher die bei

Radiosignalen in schwierigen Empfangslagen auftretenden Probleme. Die auf der Anwenderseite notwendigen Einrichtungen bestehen aus einem Telephonmodem und einem nur minimalen Aufwand an Software.

Die Laufzeit des Signals und dessen Unsicherheit wird wesentlich durch den Arbeitsmodus des verwendeten Modems bestimmt. Die Unsicherheit des empfangenen Zeitcodes ist aber in den meisten Fällen geringer als die Auflösung bzw. Setzbarkeit der Rechneruhr, und die Signallaufzeit kann über die Anwendersoftware berücksichtigt werden. Eine Bestimmung der Signallaufzeit über eine Messung der Schleifenlaufzeit wäre leicht möglich, ist aber, wegen der kurzen Entfernungen in Österreich, derzeit nicht vorgesehen.

Das vorgestellte System ist seit ca. einem Jahr in Betrieb, hat sich während dieser Zeit bestens bewährt und hat im Ausland, wo man ähnliche Dienste einrichten will, Interesse erregt. Es entspricht den Empfehlungen des International Radio Consultative Committee (CCIR), bestehende Dienste - in diesem Fall das Telephonwählleitungsnetz - für die Verteilung genauer Zeit, für die ein stetig wachsender Bedarf besteht, zu verwenden.

Danksagung

Der Verfasser dankt Herrn Dipl.-Ing. R. Okorn für den Bau der Geräte und Herrn S. Fassl für die Durchführung von zahlreichen Messungen und die Erstellung von Demonstrationssoftware.

Die Arbeit wurde ermöglicht durch Mittel des Fonds zur Förderung der wissenschaftlichen Forschung, der Österreichischen Akademie der Wissenschaften und des Jubiläumsfonds der Österreichischen Nationalbank.

Literatur

1. Jackson, D., Douglas, R.J.: A Telephone-Based Time Dissemination System. Proc. 18th Precise Time and Time Interval Applications and Planning Meeting, Washington, pp. 541-552, 1986
2. Kirchner, D.: Precision Timekeeping at the Observatory Lustbühel, Graz, Austria. Proc. 37th Annual Symposium on Frequency Control, Philadelphia, pp. 67-77, 1983

Themenkreis 2

MOBILKOMMUNIKATION

Sitzungsleitung und Rapporteure:

Univ. Prof. Dipl. Ing. Dr. E. Bonek

Univ. Prof. Dipl. Ing. Dr. F. Seifert

Einzelbeiträge No 31 bis 39

FELDSTÄRKEVORHERSAGE MIT HILFE EINER TOPOGRAPHISCHEN DATENBANK FÜR MOBILFUNKNETZE

H. Bühler, B. Nemsic

Institut für Nachrichtentechnik und Hochfrequenztechnik,
Technische Universität Wien

ZUSAMMENFASSUNG:

Zur Errichtung zellulärer, interferenzbegrenzter Mobilfunknetze ist die Berechnung von Empfangsfeldstärken ein grundlegendes Werkzeug. Es wurde ein Programmpaket mit folgenden Eigenschaften entwickelt: Verwendung topographischer Daten (Geländehöhe, Flächennutzung), flexible Kombination von Vorhersageverfahren und Korrekturfaktoren, Vergleich mit Meßwerten, Testen von Verfahren, C/I-Berechnungen, graphische Ausgabe (2D/3D, 2D-maßstäblich) oder als ASCII-Datei.

1. Einleitung

Die stark zunehmende Nachfrage nach Mobilfunkdiensten führt zur Einführung von **zellulären, interferenzbegrenzten Netzen** mit immer kleineren Zellen. Für die Planung und Berechnung solcher Netze ist eine schnelle, verläßliche Empfangsfeldstärkevorhersage eine der Grundvoraussetzungen. Die Benützung von **topographischen Datenbanken** in **rechnergestützten Vorhersageverfahren** ermöglicht effizientere und genauere Berechnungen.

Diese Arbeiten wurden in Rahmen eines Forschungsprojektes des Institutes für Nachrichtentechnik und Hochfrequenztechnik in **Zusammenarbeit mit der Österreichischen Post** durchgeführt.

2. Topographische Datenbank

2.1 Datenmaterial

Beim Bundesamt für Eich- und Vermessungswesen besteht eine aus Meßpunkten interpolierte **Höhendatenbank für Österreich**, basierend auf der **Gauß-Krüger-Projektion**. Die Genauigkeit der Höhendaten liegt je nach Geländesteilheit im Meterbereich. Die durch die Projektion bedingte relative Vergrößerung der Längen am Rande eines Meridianstreifens ist in Österreich kleiner als $2*10^{-4}$ /1/, also für unsere Anwendungen vernachlässigbar.

Uns stand ein Ausschnitt von Wien (10x30 km) der von der Österreichischen Post bezogenen Höhendatenbank im 40x40m Raster (im MS-DOS-Format) zur Verfügung.

Die Rohdaten wurden mittels eines von uns entwickelten Umsetzprogrammes in ein **neues, komprimierteres Datenbankformat** konvertiert. Die Eintragung von **Flächennutzungsdaten** wurde hinzugefügt. Der Platzbedarf ist gegenüber dem ursprünglichen Datenbankformat um ca. 75% kleiner, die Abfrage um ca. 50% schneller, obwohl die Möglichkeit der Flächennutzungsklassen hinzugenommen wurde. Pro Punkt werden 16 Bit zur Verfügung gestellt. Dies ermöglicht einen Höhenbereich von 0 bis 4095 m sowie bis zu 16 Flächennutzungsklassen in der Datenbank abzulegen, womit das Auslangen gefunden werden kann. Der Platzbedarf beträgt bei einem 40x40 Meter Raster ca. 1.46 kByte/km², das ergibt **für ganz Österreich ca. 123 MByte**, was auch für einen PC eine akzeptable Größenordnung darstellt.

Angaben über Flächennutzung sind in Österreich noch nicht generell erfaßt. Die **Entnahme der Oberflächennutzung aus Karten** mit nachfolgender **Eintragung in die Datenbank** ist möglich und vorgesehen. Für das Stadtgebiet von Wien liegen dem Stadtplan entnommene Flächennutzungsdaten vor.

Verwendete Flächennutzungsklassen:

1. Wald, Park.
2. Stadtgebiet ohne Gärten.
3. aufgelockertes Stadtgebiet.
4. stark aufgelockertes Stadtgebiet.
5. Vorstadt, nicht mehr als 2 Stockwerke.
6. Vorstadt - Gleisanlagen.
7. Quasi offen.
8. Offen.
9. Gewässer (See, Fluß).

2.2 Abfrage

Die von uns konsequent verwendete Bezeichnung geographischer Punkte durch die Koordinaten des **Österreichischen Bundesmeldenetzes** (BMN) ermöglicht es, in einfacher Weise den unmittelbaren Bezug zwischen Gelände (z.B. **Österreichische Karte 1:50000**) und Berechnungen herzustellen.

Dies bot sich durch Vorliegen der Höhendatenbank in der Gauß-Krüger-Projektion sowie die generelle Verwendung des Bundesmeldenetz-Rasters in den österreichischen Kartenwerken an. Für den **Suchraster** eines **Wiener Stadtplanes** ließ sich eine einfache Umrechnung finden. Beim Übergang zwischen den Meridianstreifen sind die BMN-Koordinaten unstetig. In diesem Fall müssen alle Koordinaten einer Berechnung auf einen Meridianstreifen bezogen werden.

Ein **Programmodul** ermöglicht die einfache **problemstellungsgerechte Abfrage der Datenbank** aus Anwenderprogrammen: Daten eines Punktes (Höhe, Flächennutzung), Geländeprofile.

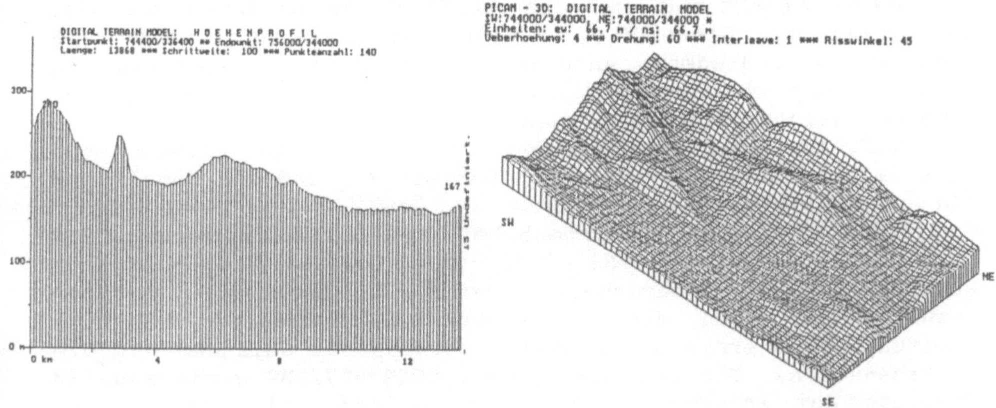

<u>Abb 1a:</u> Profil: Wien: vom Lainzer Tiergarten/Lainzer Tor zum Donaupark/UNO-City.

<u>Abb 1b:</u> Gelände: Wien: Hadersdorf/Weidlingau/Mariabrunn.

3. Vorhersageprogramm

Das Programm zur Feldstärkevorhersage soll mehrere - zum Teil widersprüchliche - **Eigenschaften** erfüllen:

Modularer Aufbau für leichte Wart- und Veränderbarkeit.
Einfache Bedienung für die praktische Anwendung.
Realisierung auf Personal Computer.
Vergleich mit Meßergebnissen.
Testen und Verbessern von Vorhersageverfahren.
Testen und Verbessern von Korrekturfaktoren.

Folgende **Berechnungen** können durchgeführt werden:

Punkt-Punkt Berechnungen.
Flächenberechnungen für bis zu 100x100 Punkten pro Geländeausschnitt.
Meßwertpunkte (Routen) in den Flächenraster einlesen und berechnen.
Meßwerte in den Flächenraster einlesen und Differenz zur Vorhersage berechnen.
Meßwertfiles (ASCII-Dateien) Meßpunkt für Meßpunkt nachrechnen (einschließlich Fehler, mittlerer Fehler, Streuung) und als ASCII-Datei ausgeben.
Verhältnis von Signal- zu Störfeldstärke berechnen.

4. Vorhersageverfahren

Das Vorhersageverfahren gestattet eine **variable Kombination** der implementierten **Berechnungsgrundverfahren** und der **Korrekturfaktoren** für den Einfluß des **Geländes** und der **Geländenutzung**. Diese Vorgangsweise gestattet einerseits die Einflüsse verschiedener Anteile der Vorhersage transparent zu machen. Andererseits kann der Aufwand der Berechnung der Problemstellung angepaßt werden.

Als Grundverfahren wurden bis jetzt die Formeln von Hata /2/ für die Nomogramme von Okumura /3/ und das Modell von Lee /4/ realisiert.

Die **effektive Antennenhöhe** kann sowohl nach CCIR Rec. 370 /5/, CCIR Rep. 567-3 /6/ bzw. Löw/DBP /7/ sowie nach Beck/Philips /8/ berechnet werden. Letztere Methode berücksichtigt den mit Hilfe des Geländeprofils des Ausbreitungsweges ermittelten Einflußbereich des Geländes auf die 1. Fresnelzone. Die Bestimmung nach CCIR-567/DBP wurde auch in Hinblick auf internationale Zusammenarbeit und Vergleichbarkeit berücksichtigt.

Für **Abschattung durch das Gelände** wurde der von Lee /4/ vorgeschlagene Dämpfungskorrekturfaktor implementiert. Er basiert auf einer Kantenbeugung an einer Kante.

Die **Geländenutzung** wurde bis jetzt durch die von Hata angegebenen Korrekturformeln berücksichtigt.

Aus bis zu zehn **verschiedenen Antennendiagrammen** der Basisstation kann gewählt werden. Die Ausrichtung der Antenne kann frei eingestellt werden.

5. Meßergebnisse

Zum Vergleich mit den Berechnungen stehen uns bis jetzt **Messungen** der ÖPT **bei 460 MHz** aus dem Bereich der Stadt Wien zur Verfügung. Messungen im **900 MHz Bereich** sind zugesagt.

Aus den Meßdaten und den aus der topographischen Karte digitalisierten Wegkoordinaten wurden Meßdatentabellen als ASCII-Dateien erstellt, die mit Bundesmeldenetzkoordinaten bezeichneten Punkten ein Meßergebnis in dB V/m zuordnen.

Die vergleichenden Berechnungen können entweder wieder als ASCII-Dateien ausgegeben werden oder in den Flächenraster eingelesen und dort berechnet, graphisch dargestellt und ausgegeben werden.

6. Darstellung der Ergebnisse

Zur Ausgabe von **Flächenberechnungen** (Matrix von Punkten) wurde ein Modul zur **zweidimensionalen und dreidimensionalen Darstellung** erstellt. Die 3D-Darstellung ist am Schirm drehbar, Überhöhung, Rasterlinien, etc. können eingestellt werden. **Berechnungsergebnisse** können durch **unterschiedliche Schraffur** (SW-Monitor, Ausdruck) der Rasterflächen oder in **Farbe** dargestellt werden. Die Skalierung der Berechnungsergebnisse kann wahlweise manuell oder automatisch erfolgen.

Das Druck-Unterprogramm kann die Darstellungen derzeit auf 9-Nadeldrucker, **24-Nadeldrucker** und **Laserdrucker** ausgeben. Bei geeigneter Wahl des Berechnungsausschnitts kann einfach ein jedem **beliebigem Kartenmaßstab entsprechender Ausdruck** z.B. auf **Klarsichtfolie** erfolgen.

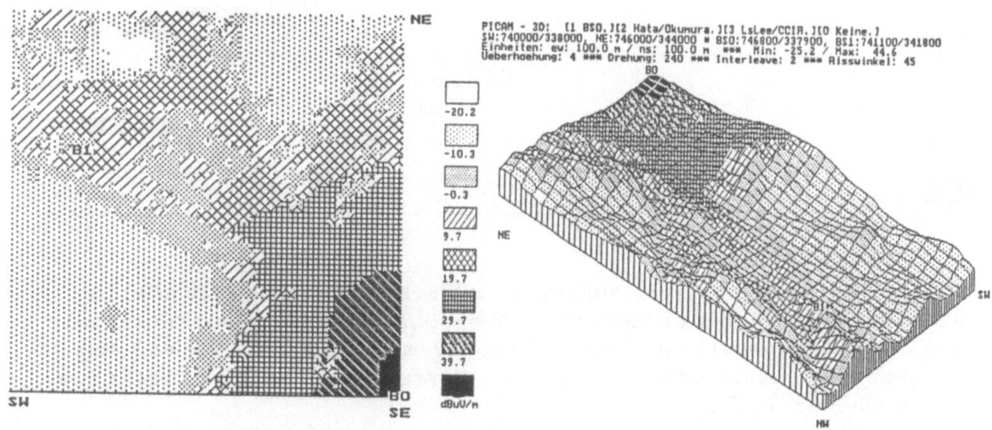

Abb 2a: Basisstation 0: Wien/ Küniglberg, Antennenhöhe: 40 m, Isotr. Strahler, 30 dBm EIRP, 930 MHz. Antennenhöhe Mobilgerät: 1.5 m. Verfahren: Hata, Abschattung: Lee, Eff. Antennenhöhe: Philips.

Abb 2b: Dreidimensionale Darstellung von Abb 2a.

7. Vergleich mit Meßergebnissen

Es wurden eingehende Vergleiche mit Messungen begonnen. Leider liegen erst einige wenige vergleichende Berechnungen vor, die nicht als repräsentativ für alle Ausbreitungsfälle angesehen werden können. Unter den ersten Vergleichen finden sich **einige** sehr **gute Übereinstimmungen**. Die **in manchen Meßrouten auftretenden Fehler** lassen annehmen, daß mit den bis jetzt implementierten **gängigen Standardverfahren nicht das Auslangen gefunden werden kann**. Wir werden weiterentwickelte Verfahren suchen müssen, die auf die einzelnen Ausbreitungssituationen spezifischer eingehen.

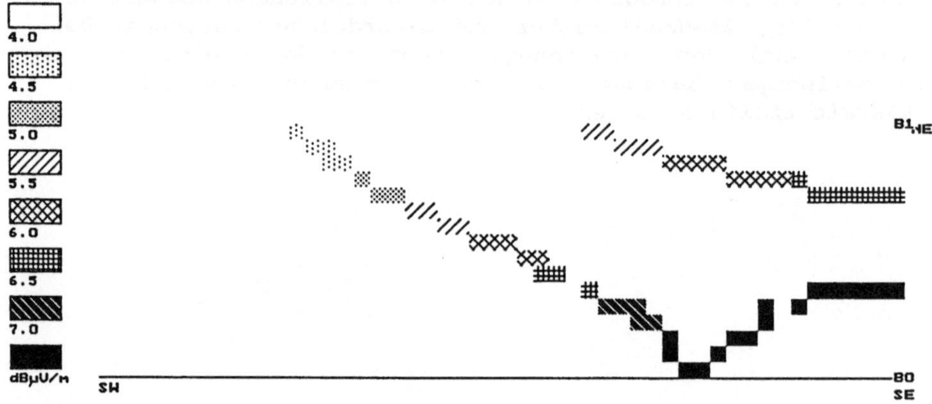

Abb 3a: Berechnung der Meßroute r006.rut. Wien: Oberdöbling/ Neustift/Pötzleinsdorf/Gersthof/Oberdöbling. Basisstation: Wien Stollberggasse. Antennenhöhe: 40 m. 22 dBm EIRP. 460 MHz. Antennenhöhe Mobilgerät: 1,5 m. Verfahren: Hata, Effektive Antennenhöhe: Philips.

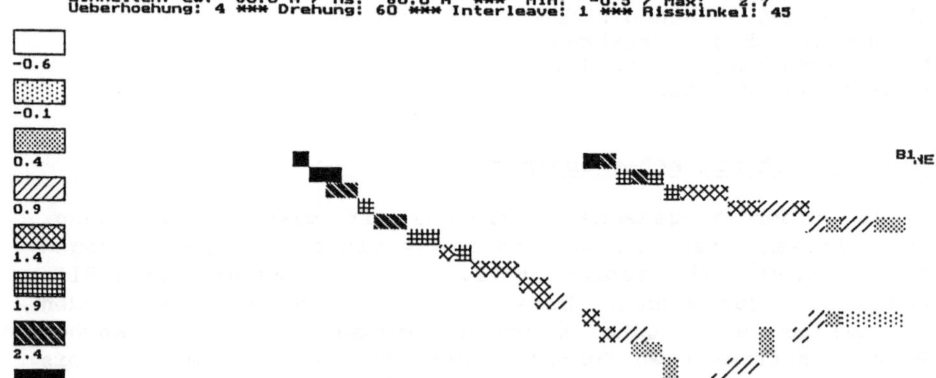

Abb 3b: Berechnungsfehler zu gemessenen Werten der Meßroute r006.rut. (Streuung σ=1.038 dB)

8. Ausblick

Im Zusammenhang mit der Verifizierung der Berechnungen anhand von Meßergebnissen (auch im 900 MHz-Bereich) ist die Adaptierung der vorhandenen Verfahren, sowie das Einrichten und Testen weiterer Verfahren in Arbeit.

Derzeit ist die Berechnung des Gleichkanal-Signal- zu Störabstandes (C/I) für zwei Sender implementiert. In der Programmstruktur ist aber die leichte Erweiterbarkeit auf Nachbarkanal- und Intersystemstörungen sowie auf mehrere Störer bereits vorbereitet.

Nach der Testphase soll das Programmpaket ein verläßliches Werkzeug zur Planung von Versorgungsgüte und Handoffs in zellulären Netzen sein.

Literatur

/1/ Bundesamt für Eich- und Vermessungswesen: Die Österreichischen Meridianstreifen, Dienstvorschrift Nr. 8, Wien, 1975[5].

/2/ Hata, M.: Empirical Formula for Propagation Loss in Land Mobile Radio Services. IEEE Vol. VT-29, No. 3, August 1980.

/3/ Okumura, Y. et.al.: Field Strength and Its Variability in VHF and UHF Land-Mobile Radio Service. Review of the Electrical Communication Laboratories Vol. 16, Nos. 9-10, 1968.

/4/ Lee, W.C.Y.; Mobile Cellular Telecommunications Systems. McGraw-Hill, 1989. S. 100ff.

/5/ CCIR Recommendation 370-5. 1986. S. 247.

/6/ CCIR Report 567-3. 1986. S. 305.

/7/ Löw, K.: UHF-Feldstärkemessungen für den Mobilfunk zur Bestimmung des Einflusses von Bebauung und Bewuchs. NTG-Fachberichte "Bewegliche Funkdienste", Berlin, 1985. S. 109ff.

/8/ Beck, R.: Wellenausbreitung für 900 MHz-Mobilfunksysteme, Vorhersage und Messung. NTG-Fachberichte "Bewegliche Funkdienste", Berlin, 1985. S. 96ff.

BREITBANDIGE VERMESSUNG DES MOBILFUNKKANALS MITTELS OFW-CONVOLVER

32

W. Jerono

Universität Kassel - Gesamthochschule
Fachgebiet Hochfrequenztechnik I

ZUSAMMENFASSUNG

Nach kurzer Beschreibung des breitbandigen Mobilfunkkanals als ein Kanal mit linearen zeitvarianten Übertragungseigenschaften wird ein Meßsystem vorgestellt, bei dem ein OFW-Convolver als Korrelator zum Einsatz kommt. Die bei der Meßkampagne im Stadtgebiet Kassels gewonnenen Ergebnisse werden anschaulich interpretiert und die Parameter des GWSSUS-Ausbreitungsmodells und ihre statistischen Eigenschaften ermittelt.

1 Einleitung

Die Übertragung von digitalen Signalen im Mobilfunk gewinnt zunehmend an Bedeutung. Durch die Einführung eines europäischen Mobilfunksystems wird erstmals ein digitales Übertragungsverfahren eingesetzt, um den enormen Bedarf an mobiler Kommunikation zu decken. Die Besonderheiten des zeitvarianten Mobilfunkkanals stellen jedoch an derartige Systeme hohe Anforderungen. Die Übertragungsqualität digitaler Signale wird durch die Mehrwegeausbreitung stark beeinträchtigt, was zum Auftreten von zeit- und frequenzselektivem Fading führt. Dieser Aufsatz berichtet von einer in der Stadt Kassel durchgeführten Breitbandmessung mittels Spread-Spectrum-Technik und soll einen Beitrag dazu liefern, die Zusammenhänge des Mobilfunkkanals besser zu verstehen. Die vorliegende Arbeit soll als Einstieg für mögliche weitere Meßkampagnen bei anderen Geländestrukturen und Frequenzbereichen dienen.

2 Kanalmodell

Das GWSSUS (Gaussian-wide-sense stationary uncorrelated scattering)- Kanal-Modell wird in der Literatur [1] als verständliches Modell zur Beschreibung des Mobilfunkkanals angegeben. Ausgangspunkt dieser Überlegung ist die Theorie von linearen zeitvarianten Systemen (LZS). Da sich die Übertragungseigenschaft, im wesentlichen bedingt durch die Bewegung des Fahrzeuges, ständig ändert, läßt sich der Mobilfunkkanal durch ein LZS charakterisieren. Das Blockschaltbild für ein LZS und der Zusammenhang der vier Systemfunktionen ist in Bild 1 dargestellt. Derartige Systeme lassen sich durch ihre zweidimensionale zeitvariable Impulsantwort $h(\tau,t)$ oder die zeitvariante Übertragungsfunktion $H(f,t)$ beschreiben, d.h. die Impulsantwort hängt von den beiden Parametern Verzögerungszeit τ und Zustandszeit t ab. Zur Zustandszeit t gehört im Frequenzbereich die Dopplerfrequenz f_D.

Somit läßt sich der zeitvariante Kanal durch vier Systemfunktionen charakterisieren. Es sei an dieser Stelle bemerkt, daß alle Größen im äquivalenten Tiefpaßbereich zu verstehen sind. Real- und Imaginärteil von $H(f,t)$ seien dabei statistisch unabhängige Prozesse in den Variablen f und t. Wenn man diese Prozesse als stationär und ergodisch voraussetzt, beinhaltet bereits jede Musterfunktion alle Informationen über den Prozeß. Die mögliche Impulsantwort bzw. Übertragungsfunktion kann als eine von vielen möglichen Musterfunktionen angesehen werden. Stochastische Prozesse werden vollständig durch ihre Korrelationsfunktion beschrieben. Die Eingrenzung WSSUS (Wide-sense stationary uncorrelated scatter) bedeutet, daß die zu $H(f,t)$ gehörende Korrelationsfunktion nur von einer Zeit- und Frequenzdifferenz abhängt. Infolgedessen muß anstelle einer vierdimensionalen Korrelationsfunktion [2] lediglich eine zweidimensionale Korrelationsfunktion analysiert werden, um den Kanal zu beschreiben:

$$R(f,t) = \frac{1}{2} \cdot E\left\{H(\tilde{f},\tilde{t}) \cdot H^*(\tilde{f}+f,\tilde{t}+t)\right\} \tag{1}$$

$$r(\tau,t) = \frac{1}{2} \cdot E\left\{h(\tau,t') \cdot h^*(\tau,t'+t)\right\} \tag{2}$$

Der Zusammenhang zwischen den Korrelationsfunktionen ist in Bild 2 dargestellt. In der Literatur[3] wird oft angenommen, der Kanal sei zusätzlich langsam, d.h. die Übertragung kann während einer Dauer der Impulsantwort als konstant angesehen werden. Physikalisch wird beim Übergang vom stochastischen Prozeß $h(\tau,t)$ zur Zufallsfunktion $h(\tau)$ der Einfluß der Dopplerverschiebung der Signalfrequenz vernachlässigt. Die nunmehr auftretenden Randbedingungen ermöglichen einen Ansatz, mittels dessen sich sehr einfach das Verzögerungs-Leistungsspektrum (VLS) berechnen läßt.

$$\begin{aligned} r(\tau,0) &= \frac{1}{2} \cdot E\left\{h^*(\tau,t) \cdot h(\tau,t)\right\} \\ &= \frac{1}{2} \cdot E\left\{\mid h(\tau,t) \mid^2\right\} \quad = \quad P(\tau) \end{aligned} \tag{3}$$

Das bezeichnete VLS stellt die Essenz der durchgeführten Messungen dar. Das Doppler-Leistungsspektrum (DLS) ergibt sich aus der Fouriertransformation von N aufeinanderfolgenden komplexen Impulsantworten für ein jeweils konstantes τ. Der räumliche Abstand der aufeinanderfolgenden komplexen Impulsantworten soll kleiner $\lambda/4$ sein. Dieses DLS wurde bei der Meßkampagne nicht ermittelt.

Wichtige Parameter zur Beschreibung des Verzögerungs-Leistungsspektrums sind die mittlere Verzögerungszeit T_m und der Delay-Spread S. Zur Berechnung dieser Momente des VLS muß auf die mittlere übertragene Leistung normiert werden. Demzufolge errechnet sich die mittlere Verzögerungszeit zu:

$$T_m = \frac{\int_0^\infty \tau \cdot P(\tau) d\tau}{\int_0^\infty P(\tau) d\tau} \tag{4}$$

$$S = \left(\frac{\int_0^\infty (\tau - T_m)^2 \cdot P(\tau) d\tau}{\int_0^\infty P(\tau) d\tau} \right)^{\frac{1}{2}} \tag{5}$$

Bei dem in der Meßkampagne verwendeten AM-Demodulator mit quadratischer Kennlinie wurde $P(\tau)$ direkt gemessen. Die COST 207 hat eine weitere Charakterisierung der Impulsanwort definiert [4], daß Verzögerungsintervall W_p. Es definiert das Zeitfenster, innerhalb dessen ein vorgegebener Bruchteil der Gesamtenergie der gemessenen Impulsantwort liegt. Auch diese Kenngröße wurde ermittelt.

3 Der Convolver als Matched Filter

Die Spread-Spectrum-Technik ist bereits vielfach zur Messung der Impulsantwort benutzt worden [5]. Ein von einem Sender ausgestrahltes codemoduliertes Signal regt dabei ein entsprechendes Matched-Filter im Empfänger zu all jenen Zeiten an, zu denen ein Codewort auf einem der Pfade des Mehrwegeprofils angeliefert wird. Jede Reflexion im Funkkanal führt, soweit sie mit der zur Verfügung stehenden Bandbreite auflösbar ist, zu einer Spitze am Ausgang des Korrelators. Die Amplitude einer solchen Korrelationsspitze ist proportional zur Pfadamplitude, so daß sich am Ausgang des Korrelators ein Mehrwegeprofil abzeichnet, das bei entsprechend großer Bandbreite die Kanalimpulsantwort approximiert. Sind lediglich die Pfadamplituden von Interesse, so genügt es, dem Ausgang des Korrelators einen AM-Demodulator nachzuschalten.

Bei dem OFW-Convolver handelt es sich um ein programmierbares Matched Filter. Das Ausgangssignal des Convolvers wird durch die mathematische Funktion [6]

$$c(t) = \int_{-L/2}^{+L/2} s(2t - \tau) \cdot r(\tau) d\tau \tag{6}$$

beschrieben. Sieht man von der Zeitkompression um den Faktor 2 ab, welche durch die Relativgeschwindigkeit der gegenläufigen Wellenpakete hervorgerufen wird, so entspricht dies dem Faltungsintegral. Sei $r(\tau) = s(T_u - \tau)$, so resultiert am Ausgang des

Convolvers die Autokorrelationsfunktion des Sendesignals $s(t)$. Somit ist der Convolver ein mit einem Analogsignal programmierbares Matched Filter bei der Summenfrequenz von Signal und Referenz. Jedoch tritt die volle Korrelationsspitze nur dann auf, wenn die von $s(t)$ und der Referenz $r(t)$ angeregten Wellenpakete in ihrer räumlichen Ausdehnung in jedem Zeitpunkt vollständig innerhalb der Integrationselektrode liegen. Infolgedessen wird die zeitliche Länge der Signalform bzw. der Pseudozufallssequenz begrenzt. Ein besonderer Vorteil bei der Verwendung des Convolvers als Matched Filter ist in der Möglichkeit der asynchronen Signaldetektion und der analogen Programmierbarkeit zu sehen. Wird die zeitliche Länge der Signalform so gewählt, daß sie 50 Prozent der Integrationslänge des Convolvers beträgt, so ermöglicht diese Randbedingung, daß immer eine volle Korrelation stattfindet. Nachteilig macht sich jedoch die hohe Einfügungsdämpfung (Faltungseffizienz) von $-67dB$ bemerkbar. Die Bandbreite des Convolvers, bezogen auf die Eingangssignale bei 300 MHz Mittenfrequenz, beträgt ca. 100 MHz. Der Convolver kann Signale mit bis zu $17\mu sec$ Länge verarbeiten. Das maximale Bandbreitezeitprodukt beträgt 32 dB. In Bild 3 ist schematisch die Beschaltung des Convolvers als Matched Filter dargestellt. Die Auswertung des Ausgangssignals, auch die Dehnung um den Faktor 2, geschieht im Rechner.

4 Beschreibung der Meßkampagne

Das Empfangssystem war auf dem Dach der Gesamthochschule Kassel installiert. Als Senderichtung wurde Mobilstation zu Feststation gewählt. Die jeweiligen Baugruppen von Sender und Empfänger sind in Bild 4 und Bild 5 dargestellt.

Eine Pseudo-Noise-Sequenz (PN) der Länge $L = 255Bit$ wird bei einer Bitrate von $32MBit/sec$ einer Zwischenfrequenz von $f_0 = 300MHz$ mittels PSK aufmoduliert. Diese Frequenz entspricht der Mittenfrequenz des Convolvers. Die Pulsfolge konnte im Abstand von $8\mu sec...0.5sec$ gesendet werden. Zwischen zwei aufeinanderfolgenden Sequenzen wurde der Codegenerator und der HF-Träger ausgetastet. Nach Aufwärtsmischung wurde ein Frequenzband von 850...950 MHz belegt. Die Sendeleistung betrug $27dBm$. Die Meßeinrichtung im Empfangssystem verwendete einen Korrelationsempfänger. Als Korrelator kam ein OFW-Convolver zum Einsatz. Die Verwendung eines AM-Demodulators mit quadratischer Kennlinie ermöglichte direkt die Bestimmung des VLS. Da die Abstrahlung der Zufallssequenzen nicht periodisch erfolgte, traten infolge dieser Nichtperiodizität erhöhte Nebenzipfel der Korrelationsfunktion auf. Das Peak-to-Peak-Verhältnis[4] betrug bei den Messungen $22dB$. Die Nebenzipfel ließen sich aufgrund einer dynamischen Schwelle unterdrücken. Der Empfänger enthielt einen regelbaren Verstärker, dessen Verstärkung vor jeder Messung so eingestellt wurde, daß am Convolvereingang eine Leistung von $10dBm$ anlag. Bei dieser Einstellung arbeitete der Convolver mit dem nachgeschalteten Demodulator optimal. Die hierfür notwendige Regelspannung dokumentierte ein parallelgeschalteter Schreiber. Da lediglich temperaturstabilsierte Quarzoszillatoren und kein Rhubidiumfrequenznormal als Referenz Verwendung fanden, wurde auf die Messung der Inphasen- und Quadraturphasenkomponente verzichtet. Die Grenzempfindlichkeit des Empfängers betrug ca. $-110dBm$. Als Antenne für Sender und Empfänger kam eine breitbandige Rundstrahlantenne , die für diesen Zweck im HF-Labor der Gesamthochschule Kassel entwickelt wurde, zum Einsatz. Die Meßkampagne erstreckte sich über das Stadtgebiet von Kassel, wodurch sich eine Anzahl von ca. 1500 gemessenen Impulsantworten ergab. Die Auswertung der Meßergebnisse sowie die Dokumentation der Impulsantworten geschah mit einem speziell für dieses Problem geschriebenen Softwarepaket. Tabelle 1 zeigt eine Zusammenstellung der relevanten Daten der Meßeinrichtung.

Tabelle 1: Daten der Meßeinrichtung

Testsignal	PN-Sequenz $L = 255Bit$
Detektion	Korrelationsempfänger (Convolver)
Bandbreite-Auflösung	$64MHz$ $30nsec$
Frequenzband	$850 \cdots 950MHz$
Max. Ausgangsleistung	$27dBm$
Max. meßb. VLS	$0.5sec$ (wird dynamisch begrenzt)
Wiederholrate	$8\mu sec \cdots 0.5sec$
Antenne	$\lambda/4$ Breitband
Senderichtung	MS $\rightarrow$ BS

5 Meßergebnisse

Für die Berechnung der charakteristischen Daten, wie beispielsweise der Delayspread, wurde für einen Standort über mehrere VLS gemittelt. Eine dynamische Schwelle zur Unterdrückung der Nebenzipfel der Korrelationfunktion des Codes wurde bei der Auswertung der einzelnen VLS berücksichtigt.

Der minimale Delayspread beträgt $0.02\mu sec$, der gemittelte $0.41\mu sec$ und der maximale $1.01\mu sec$. Die minimale Verzögerungszeit T_m errechnet sich zu $0.2\mu sec$, die gemittelte zu $0.47\mu sec$ und die maximale zu $0.976\mu sec$. Dies sind bei dieser Frequenz typische Werte für ein Stadtgebiet [7]. Die kumulative Häufigkeit für den Delayspread S und die mittlere Verzögerungszeit T_m ist in Bild 6a dargestellt. Als maximale Echolaufzeit τ_K konnten $3.4\mu sec$ nachgewießen werden. Die Frequenzkorrelationsfunktion die sich aus Fouriertransformierten von den jeweiligen VLS berechnet, ist in Bild 6b dargestellt. Die Kohärenzbandbreite beträgt ca.$275kHz$. Es wird deutlich, daß weder die Frequenzkorrelationsfunktion noch die Kohärenzbandbreite geeignete Parameter zur Charakterisierung des frequenzselektiven Mobilfunkkanals sind. Diese Auswertung bestätigt auch Simulationsergebnisse von [8]. Also gehen bei der Fouriertransformation des VLS wichtige Informationen, welche den Mobilfunkkanal beschreiben, verloren. Bild 7 zeigt die kumulative Häufigkeitsverteilung (KHV) der empfangenen einhüllenden Signalamplituden. Sie wurde aus 437 Meßpunkten entlang eines Straßenzuges in Kassel ermittelt. Mit Hilfe des Hypothesentestes von Kolomogoroff und Smirnow [9], wurde errechnet, daß mit einer Wahrscheinlichkeit von 96 Prozent eine Nakagami-Verteilung mit dem Fadingfaktor $\mu = 1.33$ angenähert werden kann. Bild 8 veranschaulicht, wie für ein typisches VLS die Echos erklärt werden können. Mehrwegepfade werden durch Reflexionen und daraus resultierende Laufzeitdifferenzen gegenüber dem direkten Weg hervorgerufen. Nach [10] liegen definitionsgemäß alle Punkte mit gleicher Laufzeitdifferenz auf einer Ellipse. Bild 9 zeigt die Änderung des VLS über den Fahrtweg in einem Straßenzug von Kassel. Man erkennt in der dreidimensionalen Darstellung die Abweichung der einzelnen VLS. Jedoch weisen alle die gleichen typischen Verläufe auf, was eine Folge der Bebauungsstruktur von Städten ist.

6 Ausblick

Der Beitrag zeigt eine Meßtechnik, die es ermöglicht, sehr einfach das Verzögerungsleistungsspektrum des zeitvarianten Mobilfunkkanals zu bestimmen. Die modulare Auslegung des Systems ermöglicht es, auch Impulsantworten in anderen Frequenzbereichen oder anderen Geländerstrukturen zu bestimmen. In nächster Zukunft soll das System dahingehend modifiziert werden, daß auch die Phase der komplexen Impulsantwort bestimmt werden kann, um auch die Dopplerspektren ermitteln zu können.

Mit Hilfe dieser Meßkampagne wurden die typischen Parameter zur Charakterisierung der Impulsantwort im urbanen Gelände am Beispiel Kassels ermittelt. Die im Rahmen dieser Meßkampagne erarbeiteten Ergebnisse könnten eventuell als Anregung dafür dienen, daß bei dem kommenden Autotelefon im typisch urbanen Gelände die Entzerrer gegebenenfalls abgeschaltet werden können.

7 Graphische Darstellungen

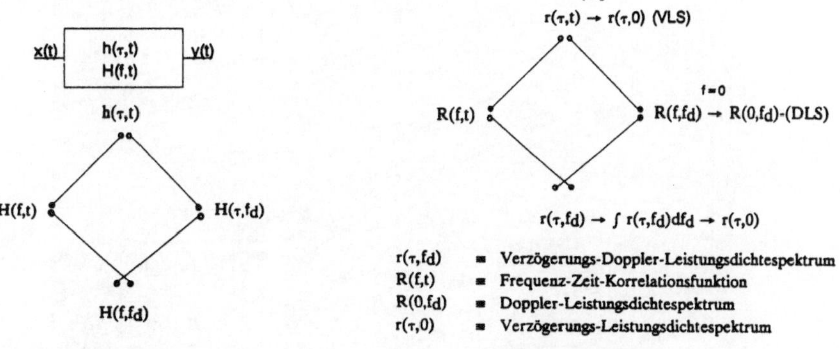

Bild 1: Zusammenhänge der Systemfunktionen eines LZS

Bild 2: Zusammenhänge zwischen den Korrelationsfunktionen

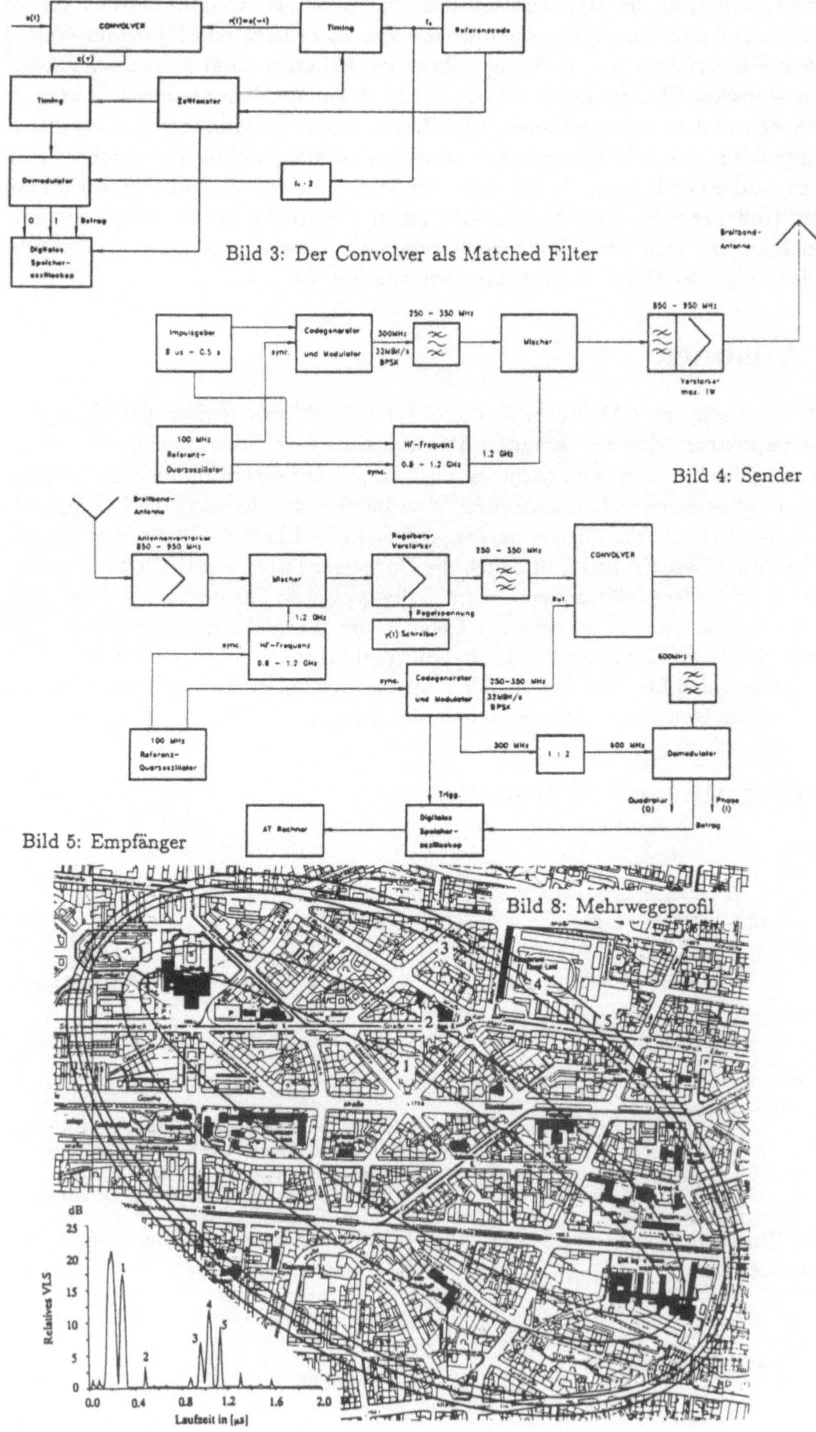

Bild 3: Der Convolver als Matched Filter

Bild 4: Sender

Bild 5: Empfänger

Bild 8: Mehrwegeprofil

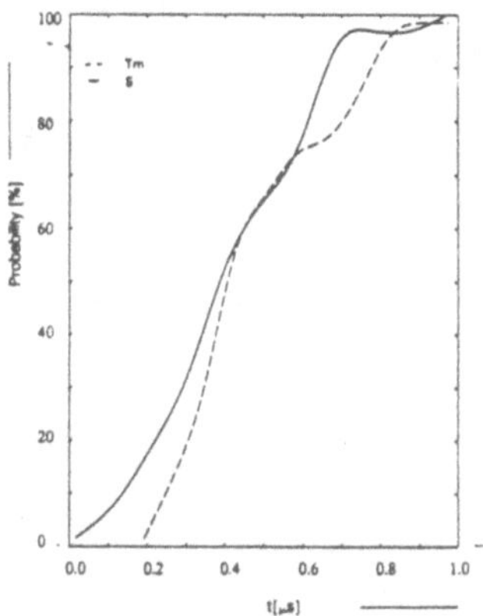

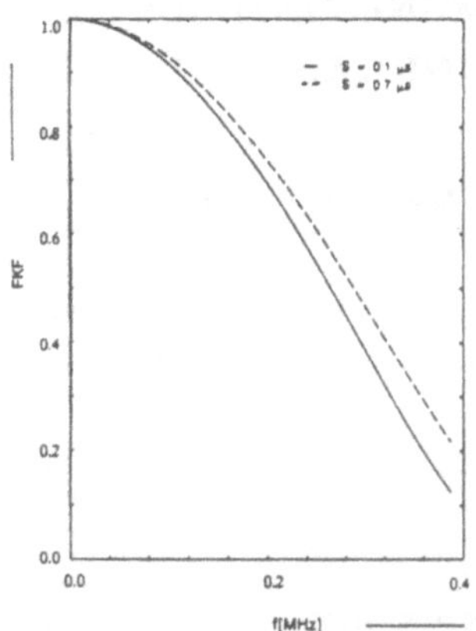

Bild 6: (a) KHV des Delayspreads und T_m (b) Frequenzkorrelationsfunktion

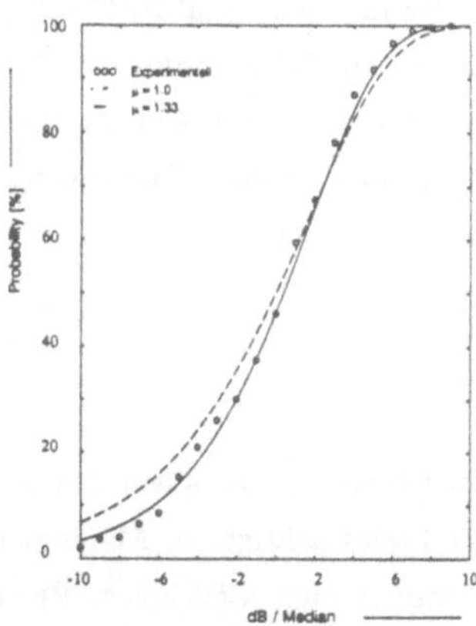

Bild 7: KHV der Einhüllenden

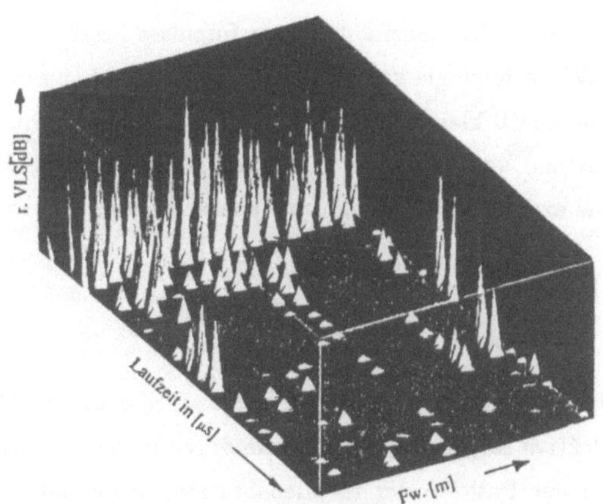

Bild 9: VLS in Abhängigkeit des Fahrweges

8 Literaturverzeichnis

[1] Bello, P.A.
Characterization of random variant linear channels
IEEE Trans. Comm. Systems CS-11/1963, S.360-393

[2] Bitzer, E., Schotterbeck, W.
Digitale Übertragung auf Troposcatter-Verbindungen
wiss. Ber. AEG-Telefunken 51(1978) 4/5

[3] Döles, N.
Messungen zur breitbandigen Beschreibung des Landmobilfunkkanals

[4] de Weck, J.P.
Stochastische Auswertung breitbandiger Messungen von Mobilfunkknälen im Gebirge

[5] Langewellpott, U.
Anwendung der Spread-Spectrum-Technik im Mobilfunkkanal
Frequenz 40 (1986), S.249

[6] Graß, H.P.
SAW-convolvers for the matched filtering
Siemens AG München, Microwave Journal 1985

[7] Cox, P.C.
Correlation Bandwidth and Delayspread M. Propagation Statistics for 910 MHz Urban Mobil Radio Channels
IEEE Trans. on Comm., Vol COM-23, No.11 1975

[8] Lorenz, R.W.
Modelling of the Time and Frequency Varriation of the Mobil Radio Channel
Digital Land Mobil Radio Communication Works
Pontechio Marconi 19. Sept. 1985

[9] Fisz, M.
Wahrscheinlichkeitsrechnung und mathem. Statistik
Deutscher Verlag der Wissenschaften, Berlin 1978

[10] Lorenz, R.W.
Zeit- und Frequenzabhängigkeit der Übertragungsfunktion eines Funkkanals bei Mehrwegeausbreitung
Der Fernmeldeingenieur 39(1985)4

BESTIMMUNG UND AUSWERTUNG DER IMPULSANTWORT DES MOBILFUNKKANALS DURCH CHIRPKOMPRESSION

G. Horak, R. Messaros, F. Seifert

Inst. f. Allgemeine Elektrotechnik und Elektronik, Abteilung f. Angewandte Elektronik
Technische Universität Wien, Gußhausstrasse 27-29, A-1040 Wien

ZUSAMMENFASSUNG

Die Impulsantwort eines Mobilfunkkanals mit der Bandbreite B kann mittels eines breitbandigen, linear frequenzmodulierten Impulses bestimmt werden, der in einem "matched" Filter in SAW-Technologie komprimiert wird. Die Nebenimpulse sind für ein TB-Produkt von 150 um etwa 40 dB kleiner als der Hauptimpuls des komprimierten Chirps. Echos mit einem zeitlichen Abstand, der größer als $2.5/B$ ist, können somit eindeutig aufgelöst werden. Dies ermöglicht eine exakte Bestimmung des Kanalverhaltens und somit eine Entzerrung.

1. Einleitung

Mobilfunkkanäle sind wegen der unvermeidlichen Mehrwegausbreitung vor allem durch das selektive Rayleigh-Fading, sowie durch andere Fading-Effekte beeinträchtigt. In Abhängigkeit von der Position der mobilen Station, insbesondere im gebirgigen oder städtischen Bereich, kann das Signal des direkten Ausbreitungsweges sogar schwächer sein als einige Echos [1]. Für Mobilfunk- (mobile radio, MR) und Schnurlos-Telephon-Anwendungen (cordless telephon, CT) muß somit ein stark verzerrter, zeitabhängiger Kanal berücksichtigt werden.

Bei der schmalen Übertragungsbandbreite analoger MRs und CTs, verursacht ein verzerrter Kanal kurze Unterbrechungen, die bei Sprachverbindungen meist tolerierbar sind. Weitaus schwerwiegender sind die durch einen verzerrten Kanal hervorgerufenen Störungen in den zukünftigen digitalen Breitband-MRs und -CTs. Um die durch den verzerrten Kanal hervorgerufenen Intersymbol-Interferenzen zu beseitigen, sind zur Kompensation Messungen des augenblicklichen Zustandes des Übertragungskanals notwendig [2],[3]. Zu diesem Zweck sieht etwa der GSM-Standard (Groupe Spécial Mobile) eine Midambel-Trainingssequenz von 26 bit vor [4], mit der ein 16-Zustände-Viterbi-Decoder gesteuert wird, der die Reduktion von Echos innerhalb von 4 bits ermöglicht. Diese Midambel-Sequenz ermöglicht jedoch keine genaue Vermessung der Impulsantwort, sondern nur eine Kanalschätzung.

Um die Impulsantwort des Kanals genauer festzustellen, wird die Übertragung eines linear frequenzmodulierten Signals (LFM, Chirp) und Pulskompression im Empfänger mittels eines gewichteten "matched" Filters (MF) in Oberfächenwellen-Technologie (SAW, surface acoustic wave) vorgeschlagen. Die Anwendbarkeit dieses Verfahrens auf den verzerrten Kanal wurde durch Computer-Simulation von überlappenden Chirps überprüft. Messungen mit einem ähnlichen Verfahren wurden bereits gemeinsam von Forschungsgruppen der Deutschen und Schweizerischen Post durchgeführt [5]. Dabei wurde ein durch eine "Pseudo-Noise-Sequence" (PN) phasenmodulierter (BPSK) Hochfrequenz-Träger und ein SAW-MF verwendet.

2. Pulskompression von Chirps

Ein linear frequenzmodulierter Impuls mit rechteckförmiger Einhüllenden, der Mittenfrequenz f_0, der Bandbreite B und der Dauer T ist in komplexer Schreibweise mit normierter Amplitude gegeben durch

$$s(t) = \exp\left[j2\pi \cdot \left(f_0 t + \frac{B}{2T} \cdot t^2\right)\right] . \qquad |t| \leq 0.5T \qquad (1)$$

Wird der rechteckförmige FM-Impuls durch Cosinus-Schwänze der Länge αT (Tukey-Fensterfunktion) fortgesetzt, um die Rippel im Spektrum zu reduzieren [7], so muß das gesendete Signal $s(t)$ durch $s_T(t)$ ersetzt werden (Abb. 1).

$$s_T(t) = f_T(t) \cdot s(t) \qquad |t| \leq (0.5 + \alpha)T \qquad (2)$$

$$f_T(t) = \begin{cases} 1 & |t| \leq 0.5 \cdot T \\ 0.5 \cdot \left[1 + \cos\left(\pi \cdot \frac{|t| - \frac{T}{2}}{\alpha T}\right)\right] & 0.5 \cdot T \leq |t| \leq (0.5 + \alpha) \cdot T \\ 0 & |t| > (0.5 + \alpha) \cdot T \end{cases} \qquad (3)$$

Das Signal am Ausgang des MF, das auch als Kompressionsfilter bezeichnet wird, ist ein Impuls mit einer $(\sin x/x)$-förmigen Einhüllenden und Nebenimpulsen, die nur 13dB unter dem Hauptimpuls liegen. Die Breite des Hauptimpulses von Nullstelle zu Nullstelle ist $2/B$. Der Kompressions- oder Korrelationsgewinn beträgt $G = 10\log(TB)$, da die Amplitude des komprimierten Impulses wesentlich größer ist als jene des ursprünglichen LFM Signals.

Um die Amplituden der Nebenimpulse zu reduzieren, kann mit einer Wichtung entweder im Zeitbereich oder im Frequenzbereich vorgegangen werden, die jedoch den Nachteil hat, daß es wegen des nicht mehr signalangepaßten Kompressionsfilters zu einer Verbreiterung und einem Amplitudenverlust des Hauptimpulses kommt. Die Designmöglichkeiten eines SAW-Filters bieten die interne Wichtung der dispersiven Verzögerungsleitung an. Dabei hat sich die Hamming-Wichtung als günstig erwiesen [6],[7]. Theoretisch kann damit für TB=150 ein Nebenimpulsabstand von 42.7dB erreicht werden. Dabei wird der Hauptimpuls um den Faktor 1.55 breiter und der Kompressionsgewinn um 1.66dB geringer.

Für den Fall einer intern (im Zeitbereich) gewichteten SAW Verzögerungsleitung mit zeitlich begrenzter Impulsantwort, kann das Ausgangssignal des Kompressionsfilters $g_{int}(t)$ aus

$$g_{int}(t) = \mathcal{F}^{-1}\{S(j\omega)\cdot H(j\omega)\}$$
$$H(j\omega) = \mathcal{F}\{s(t)\cdot w_H(t)\}^* \qquad (4)$$
$$w_H(t) = 0.08 + 0.92\cos^2(\pi\frac{t}{T}) \qquad |t| \leq T/2\ .$$

berechnet werden, mit $\omega = 2\pi f$ und $\mathcal{F}$ und $\mathcal{F}^{-1}$ als Fourier-Transformation bzw. als inverse Fourier-Transformation. Der Stern kennzeichnet die komplex konjugierte Funktion und $w_H(t)$ ist die Hamming-Wichtungsfunktion [7].

Zur Messung der Impulsantwort eines verzerrten Kanals ist ein minimales Verhältnis zwischen Haupt- und Nebenimpulsen (POP, peak to of peak) des komprimierten Impulses notwendig, das aus der von COST [1] für Kanaltests vorgeschlagenen Impulsantwort ermittelt werden kann. Echos sind dabei bis 16dB unter der Maximalamplitude zu berücksichtigen. Um Echos eindeutig auflösen zu können und keinen Amplitudenfehler zu machen, sollte das POP des komprimierten Impulses größer als 30dB sein.

3. Auswertung überlappender Chirps

Zur Simulation der Echos in einem verzerrten Kanal wurden Hamming-gewichtete Chirps mit $B = 20\text{MHz}, T = 7.5\mu s$ und $\alpha = 0.1$ ($G = 21.76\text{dB}$) verwendet, die sich zeitlich um T_D verschoben überlagern. Wie aus Abb. 3 zu erkennen ist, kann ein um $T_D = 2/B$ (100ns) verschobener Chirp gleicher Amplitude kaum aufgelöst werden. Der Amplitudenfehler der Hauptimpulse, der durch die Überlappung entsteht, ist vernachlässigbar klein. Die Grenze zur Auflösung zweier Impulse wird dann bemerkbar, wenn beide unterschiedliche Amplituden aufweisen, z.B ist ein um 10dB kleinerer Impuls mit $T_D = 2/B$ nicht mehr erkennbar. Bei einem zeitlichen Unterschied von $T_D = 4/B$ sind die beiden Hauptimpulse auch bei 10dB Amplitudenunterschied (Abb. 4) bis zu einem Pegel von -40dB getrennt. Der Abstand zu den Seitenimpulsen steigt dabei um etwa 3 – 4dB, sodaß ein POP von 39dB erreicht wird. Die Grenzen der Auflösung unseres Modells sind in der Simulation des Mehrweg-Kanalmodells nach COST 207 [1],[8] "typical urban" mit vier eng benachbarten Echos am Beginn der Impulsantwort zu sehen (Abb. 5).

4. Kanalentzerrung

Eine weitere Verbesserung der zeitlichen Auflösung kann aus der genauen Kenntnis der Reaktion auf einen idealen Kanal (mit Dirac-förmiger Impulsantwort) gewonnen werden. Sendet man nämlich einen einzelnen Chirp über einen idealen Kanal, so weist die Einhüllende einen Verlauf $i(t)$ nach Abb. 2 auf. Bei jedem anderen Kanalverhalten tritt eine Verbreiterung des Hüllkurvenverlaufes $r(t)$ auf, der dem Faltungsprodukt von $i(t)$ mit der Antwort des unbekannten Kanals $ch(t)$ entspricht.

$$i(t) * ch(t) = r(t) \quad \circ\!\!-\!\!\bullet \quad I(\omega)\cdot CH(\omega) = R(\omega) \qquad (5)$$

Daraus kann durch inverse Faltung ("deconvolution") die Impulsantwort des unbekannten Kanals ermittelt werden:

$$ch(t) = r(t) *^{-1} i(t)) \quad \circ\!\!-\!\!\bullet \quad CH(\omega) = \frac{R(\omega)}{I(\omega)} \tag{6}$$

Diese ist in Abb. 6 für den Kanal "rural area" nach COST 207 und in Abb. 7 für das Kanalverhalten nach Abb. 5 (COST 207 "typical urban") dargestellt. Mit der Kenntnis der Impulsantwort des zunächst unbekannten Kanals läßt sich nun eine Entzerrungsvorschrift ($equ(t)$; $EQU(\omega)$) für ein Filter angeben, das dem Kanal nachgeschaltet, eine über alles (näherungsweise) Dirac-förmige Impulsantwort bewirkt. Näherungsweise deshalb, da aus der Bedingung für die Entzerrung (ohne Berücksichtigung einer für kausale Systeme nötigen Zeitverzögerung):

$$EQU(\omega) = \frac{1}{CH(\omega)} \; ; \qquad equ(t) = \mathcal{F}^{-1}\left\{\frac{I(\omega)}{R(\omega)}\right\} \tag{7}$$

ersichtlich ist, daß eine ideale Entzerrung nur unter speziellen Bedingungen möglich ist ($CH(\omega)$ darf keine Nullstellen aufweisen). Abb. 8 zeigt die Impulsantwort einer solcherart entzerrten Übertragungsstrecke. Ihre zeitliche Dauer liegt dabei deutlich unter 100ns, was lediglich einem Bruchteil einer Bitdauer in MR- bzw. CT-Systemen entspricht.

Danksagung

Die Autoren danken M. Sust für zahlreiche Anregungen. Diese Arbeit wurde von der "Hochschuljubiläumsstiftung der Stadt Wien" unterstützt.

Literatur

[1] COST 207 Technical Document (86) 51 Rev. 3 : Proposal on channel transfer functions to be used in the GSM tests late in 1986.

[2] Lorenz, R.W. : Modell und Simulation des Mobilfunkkanals zur Analyse von Signalverzerrungen durch frequenzselektiven Schwund. Frequenz, vol. 40, pp. 241–248, 1986.

[3] Baier, A.; Heinrich, G.; Schöffel, P.; Stahl, W.: Simulation and Hardware Implementation of a Viterbi Equalizer for the GSM TDMA Digital Mobile Radio System. Proc. 3rd Nordic Seminar on Digital Land Mobile Radio Commun., Copenhagen, Denmark, pp. 13.7.1–13.7.5, Sept. 1988.

[4] Wellens, U.; Baier, A. : Empfängertechniken bei digitaler Funkübertragung über Mobilfunkkanäle unterschiedlicher Bandbreite. Elektrotechnik und Informationstechnik, no.4, pp. 150–157, 1989.

[5] De Weck, J.-P.; Merki, P.; Lorenz, R.W. : Power Delay Profiles Measured in Mountainous Terrain. 38th IEEE Conference on Vehicular Technology, Philadelphia, pp. 105–112, 1988.

[6] Kowatsch, M.; Lafferl, J.; Seifert, F. : Analog Encoded Signal Transmission Using Position Modulated Linear Chirps. IEEE Ultrasonics Symp. Proc., pp. 18–21, 1980.

[7] C.E. Cook and M. Bernfeld, "Radar Signals", New York: Academic Press, 1967.

[8] Horak, G.H., Seifert, F.J. : Determination of Channel Impuls Response by Means of Chirp Compression. Submitted for Publ. to IEEE Workshop – Mobile and Cordless Telephones, London, Sept. 1989.

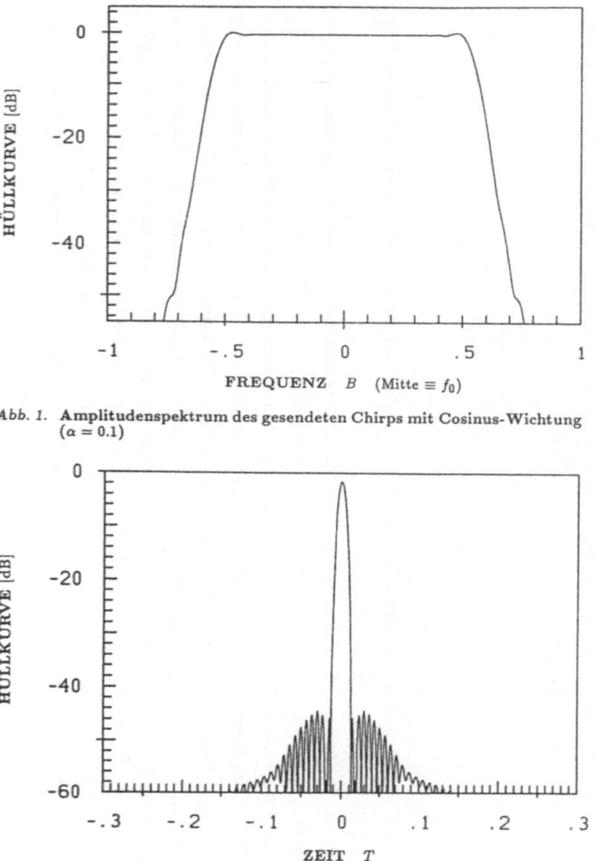

Abb. 1. **Amplitudenspektrum des gesendeten Chirps mit Cosinus-Wichtung ($\alpha = 0.1$)**

Abb. 2. **Pulskompression des Chirps in einem Hamming-gewichteten MF**

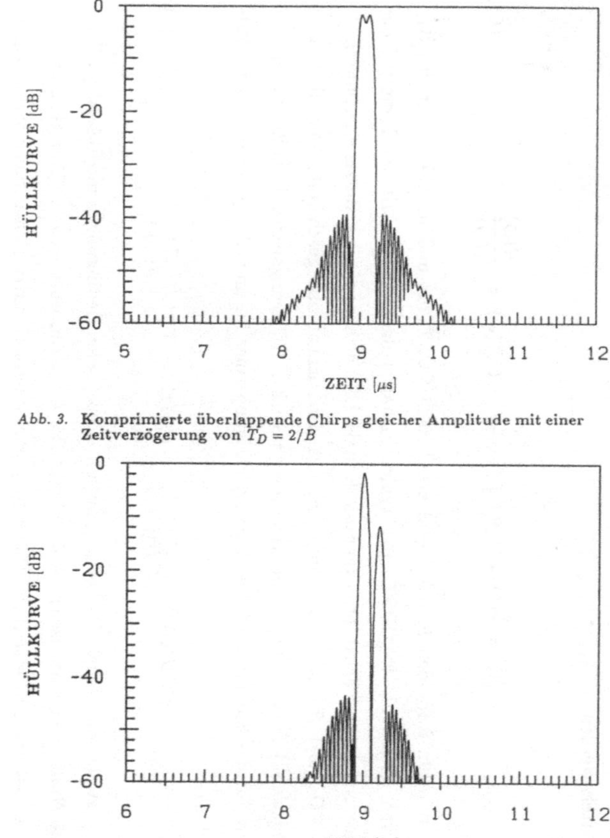

Abb. 3. **Komprimierte überlappende Chirps gleicher Amplitude mit einer Zeitverzögerung von $T_D = 2/B$**

Abb. 4. **Komprimierte überlappende Chirps mit 10dB Amplitudendifferenz und einer Zeitverzögerung von $T_D = 2/B$**

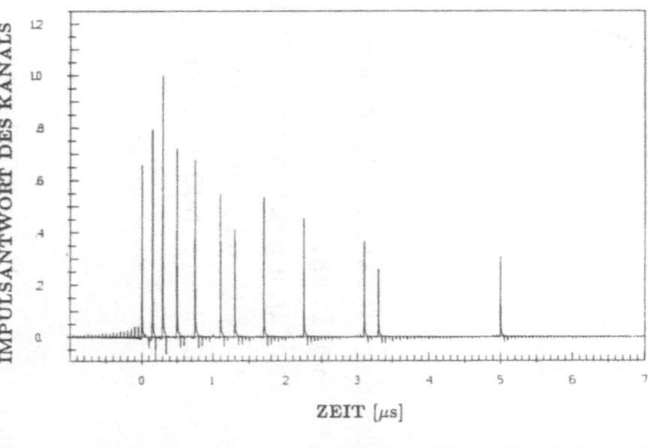

Abb. 5. **Auswertung komprimierter Chirps für das COST 207 Kanalmodell "typical urban"**

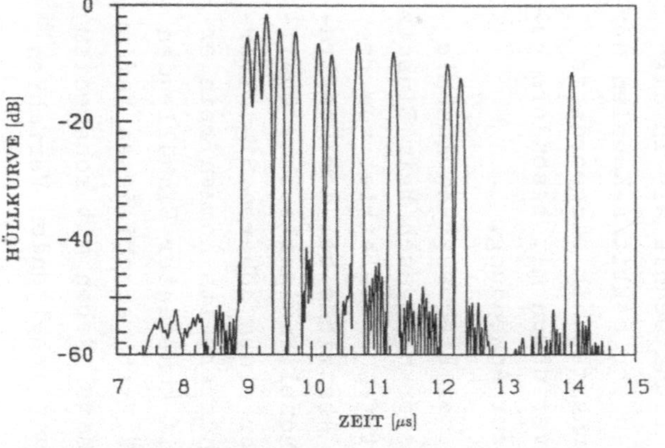

Abb. 6. **Ermittelte Impulsantwort des COST 207 Kanals "rural area"**

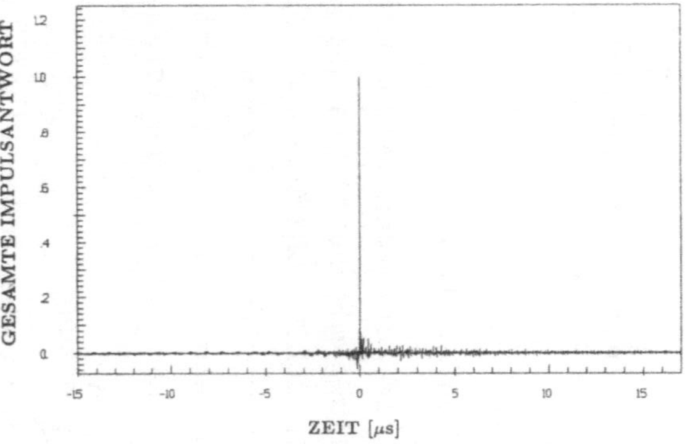

Abb. 7. **Ermittelte Impulsantwort des COST 207 Kanals "typical urban"**

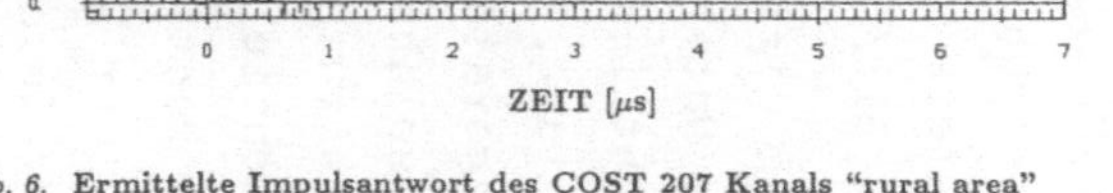

Abb. 8. **Gesamte Impulsantwort nach der Kanalentzerrung**

SIGNALVERARBEITUNG IN DIGITALEN MOBILFUNKSYSTEMEN

P. Fey

Sektion Informationstechnik
Technische Universität Karl-Marx-Stadt DDR

ZUSAMMENFASSUNG:

Digitale Mobilfunksysteme werden durch digitale Signalverarbeitung mit leistungsfähigen DSP's möglich.
Die im CODEC, CRYPDEC und MODEM zur Verfügung stehenden Verfahren werden beschrieben und bewertet. Für die Sprachverschlüsselung und die Realisierung der CPM mit NCO werden Lösungen mit DSP's vorgestellt.

1. Einleitung

Nach der umfassenden Digitalisierung der kabelgebundenen Nachrichtentechnik im ISDN ermöglicht die VLSI-Technologie und die digitale Signalverarbeitung auch die Digitalisierung der Funktechnik. Die in der Funktechnik geforderte Frequenzbandökonomie muß beim Übergang zu digitalen Quellensignalen gewährleistet bleiben. Für die Richtfunktechnik als in die PCM-MULDEX-Hierarchie mit Vielfachen von 64kbit/s-Kanälen der kabelgebundenen digitalen Übertragungstechnik eingeordnete Systeme kommen deshalb Modulationsverfahren mit besonders hohen Bit/s/Hertz-Werten, wie 64QAM zur Anwendung.

Beim digitalen Mobilfunk ist neben der Frequenzbandökonomie die Unterdrückung von Nachbarkanalstörungen auch beim Einsatz nichtlinearer Leistungsverstärkerstufen im C-Betrieb von Bedeutung. Deshalb müssen einerseits Abstriche bei der Übertragungsrate für digitalisierte Sprachquellensignale ohne Qualitätseinbuße gemacht werden, was aber einen höheren Signalverarbeitungsaufwand zur Folge hat. Andererseits kommen rein exponentielle Modulationsverfahren mit konstanter Einhüllenden und kontinuierlicher Phase, die CPM, mit verschiedenen Varianten der Signalaufbereitung zum Einsatz. Neben mit kohärentem oder inkohärentem Korrelationsempfang arbeitenden Verfahren

ist insbesondere die gegenüber dem MSK eine bessere Nachbarkanaldämpfung aufweisende TFM, bei allerdings gegenläufigem Verhalten bezüglich der Bitfehlerwahrscheinlichkeit, von Interesse.
Ein digitales Mobilfunksystem läßt sich in folgende Signalverarbeitungsblöcke aufteilen (s. Abb.).

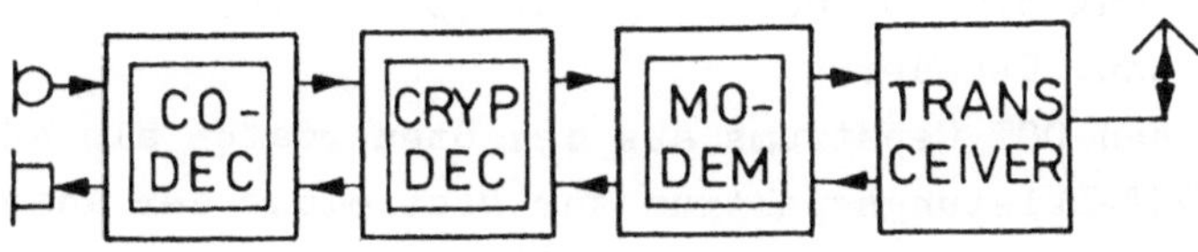

2. Sprachcodierung

Die Suche nach Sprachcodierungsverfahren mit gegenüber der Standard-PCM reduzierter Datenrate und guten Noten auf der MOS-Skala hat zu einer Fülle erfolgreicher Lösungen geführt /2.1/. Für den vorliegenden Anwendungsfall sind nur Verfahren von Interesse, die eine Datenrate von 16kbit/s und darunter ergeben und für eine Implementierung auf einem DSP geeignet sind.
Aus der Gruppe der Signalformcodierungsverfahren im Spektralbereich sind dies die SB-ADPCM und die ATC.
Bei ersterem wird das Telefoniesprachband mit einem digitalen Quadraturspiegelfilterbaum in 4 /2.2/ bzw. 7 /2.3/ Teilbänder aufgeteilt und die Teilbandsignale einzeln mit ADPCM zu insgesamt 16kbit/s quantisiert und codiert. Bei /2.3/ wurde der CODEC mit 2 DSP's vom Typ NEC µPD7720 mit 12ms Gesamtverzögerung realisiert.
Mit einer kontinuierlichen Aufteilung des Spektralbereiches arbeitet die adaptive Transformationscodierung mit der auch in der Bildcodierung erfolgreich /2.4/ angewendeten diskreten Cosinus-Transformation. Dazu wird eine gepufferte Sprachprobe von 32ms, repräsentiert durch N=256 digitalisierte Abtastwerte, mit der DCT in 256 Spektralkoeffizienten transformiert, die unterschiedlich quantisiert und codiert übertragen werden. Für eine DCT beträgt die Zahl der mit einem schnellen Algorithmus (allerdings mit erhöhtem Organisationsaufwand) erforderlichen, auf einem DSP verfügbaren akkumulierenden Multipli-

kationsbefehle NldN=2048 entsprechend 64KIPS. Die DCT bzw. inverse DCT wird bei einem ATC-CODEC insgesamt 5mal zur Berechnung

- des DCT-Spektrums der Sprachprobe (Spektralkoeffizienten)
- des DCT-Cepstrums (DCT-Spektrum des quadrierten und logarithmierten DCT-Spektrums der Sprachprobe) zur Ableitung von Steuerdaten im Coder für die adaptive Quantisierung und Codierung bzw. Decodierung der Spektralkoeffizienten im Coder bzw. Decoder
- des inversen DCT-Cepstrums aus den Steuerdaten als Näherung für das DCT-Leistungsspektrum zur Bestimmung der adaptiven Bitzuordnung zu den Spektralkoeffizienten im Coder
- desgleichen im Decoder
- des inversen DCT-Spektrums als rücktransformiertes Probenabbild aus den quantisiert übertragenen Spektralkoeffizienten im Decoder

angewendet und ist von einem DSP mit >1MIPS bewältigbar, ohne Anwendung des schnellen Algorithmus jedoch nicht.
Dieses Verfahren wurde in /2.5/ bis herab zu einer Gesamtdatenrate von 9,6kbit/s mit der prinzipbedingten hohen Pufferverzögerungszeit von 2x32ms (für eine Übertragungsrichtung) optimiert. Die durch die Übertragung von Bereichen der DCT-Cepstralkoeffizienten erforderliche Steuerungsinformationsdatenrate betrug dabei ca. 2kbit/s.
Neuere Verfahren mit Datenraten bis herab zu 2,4kbit/s /2.6/, /2.7/ beruhen auf den zwischen vollsynthetischer Sprache und Signalformcodierung liegenden hybriden Verfahren vom Residual Excited Linear Prediction-S-Typ. Zu diesen gehören Multi Pulse Linear Predictive Coding und Code-Excited Linear Prediction, die sich in der Art der Anregungsfolge unterscheiden. Insbesondere letzteres Verfahren, das mit einem aus jeweils 40 gaußverteilten Zufallszahlen gebildeten Ensemble von 1024 Anregungsfolgen arbeitet, wobei zur codierten Übertragung der "passendsten" Folgen 2kbit/s und für die Übertragung der aktuellen vom Sprachsignal gesteuerten adaptierten Prädiktionsfilterparameter 2,8kbit/s benötigt werden, ergibt eine gute Sprachqualität und gute Übereinstimmung der Signalform. Eine Implementierung dieses Verfahrens auf DSP's wird für möglich erachtet.

3. Verschlüsselung

Die Anforderungen an ein Crypto-System für vermittelte digitale Sprachübertragung:

1) Automatische Schlüsselgenerierung und Verteilung
2) Datenrate 16-64kbit/s, keine Verschlüsselungsverzögerung
3) Keine Fehlerfortpflanzung über einen bit-Takt hinaus

werden von keinem der bekannten Verfahren /3.1/ gleichzeitig erfüllt.

Der RSA-Algorithmus mit öffentlichem, von der Zentrale abrufbarem Schlüssel K_E erfüllt zwar 1) ideal, erreicht aber nicht die in 2) geforderten Datenraten /3.2/ und setzt als Blockverschlüsselungsverfahren zur Erfüllung von 3) zusätzliche Maßnahmen zur Blocksicherung durch Pufferung und Wiederholung fehlerhaft übertragener Blöcke voraus.

Der DES-Algorithmus, ebenfalls als Blockverschlüsselung konzipiert, erfüllt 2) in hardware-Realisierungen leicht, aber auch software-Implementierungen mit DSP mit barrel-shifter und ROM-Adreßtabellen für die Permutationen erfüllen 2) bei getrennter, vorheriger Teilschlüsselaufbereitung.

Kontinuierliche Verschlüsselung (stream cipher) durch eine antivalent mit dem Datenstrom verknüpfte Pseudozufallsfolge mit den statistischen Eigenschaften einer gleichverteilten Bernoulli-Folge erfüllt 3) und ist kommutativ bezüglich zweier Verschlüsselungsoperationen. Eine verbliebene Restbitfehlerrate bewirkt ähnlich der PCM-Sprachübertragung nur Knackgeräusche. Mit nichtlinear rückgekoppelten Schieberegistern läßt sich 2) in hardware, aber auch mit DSP in software erfüllen, aber 1) bereitet Probleme.

Eine brauchbare, alle 3 Forderungen erfüllende Lösung besteht in der Anwendung des DES-Algorithmus als programmierbarer Zufallsfolgengenerator zur kontinuierlichen Verschlüsselung und der Anwendung des Drei-Passagen-Prinzips zur Schlüsselverteilung unter Ausnutzung der Kommutativität /3.3/.

Dazu wird für jede aufgebaute Verbindung individuell ein von einem Zufallsgenerator auf der Ruferseite erzeugtes DES-Schlüsselwort zu Beginn der Übertragungsphase als Block verschlüsselt zum Gerufenen übertragen. Es erfolgt automatisch durch den Gerufenen eine nochmalige Verschlüsselung mit einem zweiten, zufällig erzeugten, temporären Schlüsselwort und die Rückübertragung zum Rufenden, der unter Ausnutzung der Kommutativität seine Verschlüsselung rückgängig macht. Das Problem der Authentisierung des Gerufenen ist bei der Sprachübertragung untergeordnet. Das nun nur noch mit dem Schlüsselwort des Gerufenen verschlüsselte Schlüsselwort des Rufenden wird erneut zum Gerufenen übertragen, dort entschlüsselt, paritätsgeprüft und das temporäre Schlüsselwort des Gerufenen durch das des Rufenden ersetzt.

Beide Teilnehmer verfügen jetzt automatisch für die Dauer der Verbindung über den gleichen Schlüssel zur kontinuierlichen Verschlüsselung mit einer DES-generierten Zufallsfolge.

Die Aufgaben des enCRYPtion-DECryption-Blockes sind damit für beide Teile

- Zufällige Schlüsselgenerierung des 56+8bit-DES-Schlüsselwortes
- Aufbereitung der 16 Teilschlüssel des DES zu je 48 bit
- Schlüsselübertragung nach dem Drei-Passagen-Protokoll
- Erzeugung des synchronisierten Pseudo-Zufallsfolgenstroms mit Nutzdatenrate durch rückgekoppelten DES-Algorithmus mit einem fest vereinbarten Synchronwort als Startwort.

4. Modulation

Für die zwischenfrequente Modulation mit digitalen Signalen im MODEM kommt bei digitalen Mobilfunksystemen die exponentielle Modulation mit konstanter Einhüllender und stetiger Phase (CPM) in verschiedenen Varianten und Realisierungsformen zur Anwendung. Unter diesen nehmen die mit synchroner Quadratur-Demodulation und Abtastung nach /4.1/ demodulierbaren Verfahren vom MSK-Typ mit einem Modulationsindex m=0,5 und differentieller Vorcodierung eine Sonderstellung ein.

Die gegenüber MSK bezüglich der spektralen Eigenschaften (Bandbreite bzw. ACI) günstigste CPM-Verfahrensvariante mit partial response signalling und korrelativer Vorcodierung bzw. entsprechend veränderter Elementarimpulsform ist die TFM /4.2/.

Die erforderliche möglichst genaue Echtzeitsignalaufbereitung hat frühzeitig zu digitalen Realisierungen in Form von Tabellenausleseverfahren mit Quadraturmodulation geführt.

Die neueste Form ist die direkte digitale Erzeugung des modulierten Signals mit einem numerisch gesteuerten Oscillator (NCO) /4.3/ /4.4/ /4.5/

Das CPM-Signal am Ausgang des Modulators lautet allgemein

$$s(t)= A\sin\left[\int_{-\infty}^{t}(\Omega+\omega(\tau))d\tau\right] \qquad \text{FM mit CO} \qquad (1)$$

mit

$$\phi(t,\underline{a})=\int_{-\infty}^{t}\omega(\tau)d\tau= \pi m\int_{-\infty}^{t}\sum_i a_i g(\tau-iT)d\tau \qquad (2)$$

$g(t)$: Elementarimpuls der Momentanfrequenz mit

$$\int_{-\infty}^{+\infty}g(t)dt=G(\omega=0)=1 \quad ; \quad a_i\in\{-1,+1\} ;$$

$m=0,5$ Modulationsindex für MSK-Varianten ($\Delta\phi=\pi m$)

Für die partial response-CPM-Verfahren vom MSK-Typ ist Intersymbolinterferenz-(ISI)-Freiheit gegeben, wenn der Elementarimpuls dem III. Nyquist-Kriterium genügt:

$$\int_{t=(2k-1)\frac{T}{2}}^{(2k+1)\frac{T}{2}}g(\tau)d\tau= \frac{T}{2\pi}\int_{-\infty}^{+\infty}G(\omega)\,\mathrm{si}\left(\frac{\omega T}{2}\right)e^{j\omega kT}d\omega \qquad (3)$$

$$= \frac{T}{2\pi}\int_{-\infty}^{+\infty}N_I(\omega)e^{j\omega kT}d\omega = T\cdot n_I(kT)= \begin{cases}1 & k=0\\ 0 & k\neq 0,\text{ganz}\end{cases}$$

Letzteres ist gleichbedeutend damit, daß $n_I(kT)$ dem I.Nyquist-Kriterium genügt. Mit

$$n_I(t)= \frac{1}{T}\,\mathrm{si}\left(\pi\frac{t}{T}\right) \quad ; \quad N_I(\omega)= \begin{cases}1 & |\omega|\leq\frac{\pi}{T}\\ 0 & \text{sonst}\end{cases} \qquad \text{wird}$$

$$G(\omega)= \begin{cases}\mathrm{si}^{-1}\left(\frac{\omega T}{2}\right) & |\omega|\leq\frac{\pi}{T}\\ 0 & \text{sonst}\end{cases} \quad ; \quad g(t)=\frac{1}{2\pi}\int_{-\frac{\pi}{T}}^{+\frac{\pi}{T}}\mathrm{si}^{-1}\left(\frac{\omega T}{2}\right)e^{j\omega t}d\omega. \qquad (4)$$

Der $\mathrm{si}(\pi\frac{t}{T})$-ähnliche Elementarimpuls $g(t)$ erfüllt (3), besitzt ein scharf frequenzbeschränktes Spektrum und ist damit zeitlich unbeschränkt. Für die TFM wird daraus ein breiterer Impuls

$$g_{TFM}(t) = \frac{1}{4}g(t-T)+ \frac{1}{2}g(t)+ \frac{1}{4}g(t+T) \qquad \text{mit} \qquad (5)$$

$$G_{TFM}(\omega) = G(\omega)\left(\frac{e^{-j\omega\frac{T}{2}} + e^{+j\omega\frac{T}{2}}}{2}\right)^2=\mathrm{si}^{-1}\left(\frac{\omega T}{2}\right)\cos^2\left(\frac{\omega T}{2}\right) \quad |\omega|\leq\frac{\pi}{T}$$

d.h. mit einem schmäleren Spektrum gebildet, der durch Beschneiden (truncation) auf eine endliche Impulsdauer LT schließlich auf ein nicht mehr beschränktes, aber rasch abfallendes Spektrum

$$\underset{\substack{TFM\\ trunc}}{G(\omega)} = \int_{-\frac{LT}{2}}^{+\frac{LT}{2}} \underset{TFM}{g(t)} e^{-j\omega t}dt = \int_{-\frac{LT}{2}}^{+\frac{LT}{2}} \Big(\frac{1}{2\pi}\int_{-\frac{\pi}{T}}^{+\frac{\pi}{T}} \underset{TFM}{G(\omega)} e^{j\omega t}d\omega\Big) e^{-j\omega t}dt$$

führt. Für den auf L=5 beschnittenen TFM-Elementarimpuls nach (5) gilt

$$\int^{t} \underset{\substack{TFM\\ L=5}}{g(\tau)}d\tau = \begin{cases} 1 & -\infty,\ -\frac{5T}{2},\ -\frac{3T}{2}<t<+\frac{3T}{2},\ +\frac{5T}{2},\ +\infty \\ \frac{1}{2} & -\frac{T}{2}<t<+\frac{T}{2} \\ \frac{1}{4} & -\frac{3T}{2}<t<-\frac{T}{2};\ +\frac{T}{2}<t<+\frac{3T}{2} \\ 0 & -\frac{5T}{2}<t<-\frac{3T}{2};\ +\frac{3T}{2}<t<+\frac{5T}{2} \end{cases} \tag{6}$$

Die digitale Erzeugung des frequenzmodulierten zwischenträgerfrequenten Signals im NCO erfolgt durch adressengesteuertes Auslesen aus einem sin-ROM mit anschließender Digital-Analog-Umsetzung und Filterung.

Die zeitdiskrete Form von (1) und (2) lautet

$$s(mT_A,\underline{a}) = A\sin\Big[\sum_m\Big[2\pi f_z T_A + \frac{\pi}{2}T_A \sum_i a_i g(mT_A - iT)\Big]\Big] \tag{7}$$

$$= A\sin\frac{2\pi}{K}\Big[\sum_m\Big[N + \frac{KT_A}{4}\sum_i a_i g(mT_A - iT)\Big]\Big]_{\text{mod } K}$$

wobei $f_A = \frac{1}{T_A}$ Abtastfrequenz; $f_z = \frac{N}{K}f_A$ Zwischenfrequenz

Bei einer Impulslänge L=5 gibt es 2^5 verschiedene Datenvektoren $\underline{a}$, die zu unterschiedlichen Momentanfrequenz- bzw. Phasenänderungs-Abtastwertverläufen über ein Datenintervall T führen,

$$\Delta N(mT_A,\underline{a}) = \frac{KT_A}{4}\sum_{i=-2}^{i=+2} a_i \underset{\substack{TFM\\ L=5}}{g}\big(mT_A - (i+\tfrac{1}{2})T\big) = \frac{KT_A}{4T}a_i \,\Big|_{MSK} \tag{8}$$

die in ROM-Tabellen näherungsweise ganzzahlig abgespeichert werden, wobei gilt:

$$\sum_{m=0}^{m=\frac{T}{T_A}} \Delta N(mT_A,\underline{a}) = \frac{K}{16}(a_{i-1}+2a_i+a_{i+1}) = \frac{K}{4}a_i \,\Big|_{MSK}$$

$$\hat{=}\quad \Delta\phi = \frac{\pi}{2}\Big(\frac{a_{i-1}+2a_i+a_{i+1}}{4}\Big) = \frac{\pi}{2}\,a_i \,\Big|_{MSK}$$

Typische Wertepaarungen sind:

f_A/MHz	$1/f_A$	f_z	f_T	K	N	ΔN_{MSK}	T/T_A	sin-ROM	TFM-ROM
1)6,4	156ns	450kHz	100kb/s	1024	72	±4	64	1Kx12	32x 64=2K
2)3,072	325ns	450kHz	96kb/s	1024	150	±8	32	1Kx12	32x 32=1K
3)2,048	488ns	200kHz	16kb/s	4096	400	±4	128	4Kx12	32x128=4K

Der Aufbau des Modulators kann in hardware mit Schieberegister, Zählern und einem 12bit-Adder-Akkumulator zur Adressenerzeugung erfolgen; die Adressen für 3) können aber auch in software von einem DSP in einer Schleife modulo 128 von 4 Befehlszyklen bereitgestellt werden, der mit der 4-fachen Abtastfrequenz getaktet wird (s. Abb.).

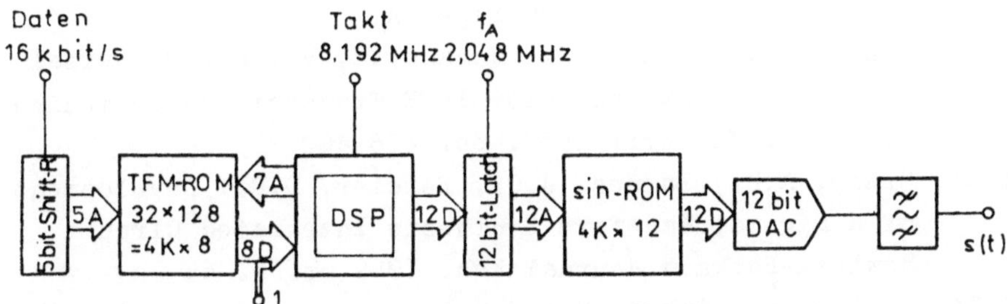

Literatur

/2.1/ Wolf, D.: Speech Coding Proc. IZS '84 Paper A1

/2.2/ Chrochiere, R.E., Cox, R.V., Johnston, J.D.: Real Time Speech Coding IEEE Transact. on Communications COM-30 April 1982 pp. 621-634

/2.3/ Westall, F.A., Hanes, R.B.: Efficient Realizations of Digital Speech Coders for Telecommunications Proc. IZS '84 Paper A2

/2.4/ Fey, P., Mehnert, S.: Bildsignalcodierung im 64kbit/s-ISDN Nachrichtentechnik Elektronik 38(1988), H.5, S. 163-166

/2.5/ Zelinski, R.: Ein System zur adaptiven Transformationscodierung mit cepstraler Steuerung und Entropiecodierung Frequenz 36(1982), H.7-8, S. 193-198

/2.6/ Pietroiustu, R.: Speech Coding at 16kbit/s and below Telecommunications Journal 55(1988), XI, pp. 765-769

/2.7/ Wolf, D.: Sprachcodierung bei mittleren und niedrigen Datenraten Nachrichtentechnik Elektronik 39(1989)H.2

/3.1/ Furrer, F.J.: Fehlerkorrigierende Block-Codierung für die Datenübertragung Birkhäuser, Basel 1981

/3.2/ Beth, Th., Gollmann, D.: Aspekte der technischen Realisierung von Public-Key-Verfahren e&i 1988, H.1, S. 12-18

/3.3/ Wah, P.H.S., Wang, M.Z.: Realization and Application of the Massey-Omura-lock Proc. IZS '84 Paper J2

/4.1/ Buda, R. de: Coherent Demodulation of Frequency Shift Keying with low Deviation Ratio IEEE Transact. on Communications COM-20, June 1972, pp. 429-435

/4.2/ Dekker, C.B.: On the Application of Tamed Frequency Modulation to Various Fields of Digital Transmission via Radio Proc. IZS '80 Paper A1

/4.3/ Kopta, A., Budisin, S., Jovanovic, V.: New Universal All-Digital CPM Modulator IEEE Transact. on Communications COM-35 April 1987, pp. 458-462

/4.4/ Craig, A.H., Barnes, J.O., Beucler, D.R.: Development of a Digital Waveform Synthesis Integrated Circuit Hewlett-Packard Journal Feb. 1989 pp. 62-65

/4.5/ Hiller, H., Wobus, C.: Präzisionswinkelmodulation für CPM-Verfahren Nachrichtentechnik Elektronik 39(1989), H.4, S. 137-140

ANALOG-DIGITAL-UMSETZER IM MOBILFUNK

A. Goßlau [1)], A. Gottwald

Institut für Nachrichtentechnik,
Universität der Bundeswehr München; D-8014 Neubiberg

ZUSAMMENFASSUNG

Ein grob auflösender Analog-Digital-Umsetzer (ADU) und zusätzliche Komponenten zur Rückkopplung und zur digitalen Filterung können einen hochauflösenden ADU bilden; Überabtastung ist notwendig beziehungsweise vorteilhaft. In der Rückkopplung strebt man Prädiktion (Vorhersage des folgenden Abtastwertes) und/oder spektrale Verformung des Quantisierungsgeräusches an. Einem Überblick der Dimensionierungsprinzipien folgen Ausführungen zur Optimierung des sogenannten Sigma-Delta-Modulators.

1. Einleitung

Ab 1991 wird in Europa ein rein digitales Mobilfunknetz, genannt D-Netz, eingeführt. In den Endgeräten stellen Analog-Digital-Umsetzer (ADU) die Schnittstelle dar zwischen dem analogen Sprachsignal einerseits und einem entsprechenden Digitalsignal andererseits. Man will das Gewicht vom analogen Schaltungsteil auf den toleranzunempfindlichen, abgleichfreien und hochintegrierbaren digitalen Schaltungsteil verlagern.

2. Anforderungen an den ADU

Im Mobilfunk soll der ADU besonderen Anforderungen genügen:

- Er soll einerseits eine hohe Auflösung bieten. Bei PCM werden bei einer Abtastfrequenz von 8kHz 12bit gefordert. Zwar ist in der Sprachübertragung und -verarbeitung die Fehleram-

---

[1)] Jetzt: Siemens AG, D-8000 München 70

plitude von geringer Bedeutung; doch soll die mittlere Leistung des Quantisierungsgeräusches gering sein, ein großes Signal-zu-Rauschen-Verhältnis S/N (signal-to-noise) ist zu realisieren.
- Er soll andererseits leicht zu integrieren sein. Dazu soll er einen groben Quantisierer enthalten; mit nur wenigen Q-Intervallen (Mehrbit-Quantisierer), am besten nur einem (Einbit-Quantisierer).

Hoher Auflösung entspricht bei herkömmlichen ADU eine große Anzahl von Q-Intervallen, deren Entscheidungsschwellen genau zu realisieren sind. Beides ist in integrierter Technik nur schwer zu erreichen. Dagegen kann man in rückgekoppelten ADU beide Anforderungen zugleich erfüllen.

3. Rückgekoppelte ADU (RK-ADU)

Bei RK-ADU wird die gewünschte Amplitudenauflösung in zwei Stufen erreicht (Bild 1): In der ersten Stufe liegt in einer Rückkoppelschleife ein grob auflösender, somit einfach realisierbarer ADU. Er wird häufig mit "Oversampling" betrieben: Die Abtastfrequenz ist groß gegenüber dem Doppelten der maximalen Signalfrequenz. In der zweiten Stufe, die rein digital arbeitet, wird sodann im Wege digitaler Filterung die feine Amplitudenauflösung erreicht; zugleich kann die Wortrate reduziert werden (Dezimierung). Bei RK-ADU verschiebt sich der Schaltungsaufwand von der analogen auf die digitale Seite.

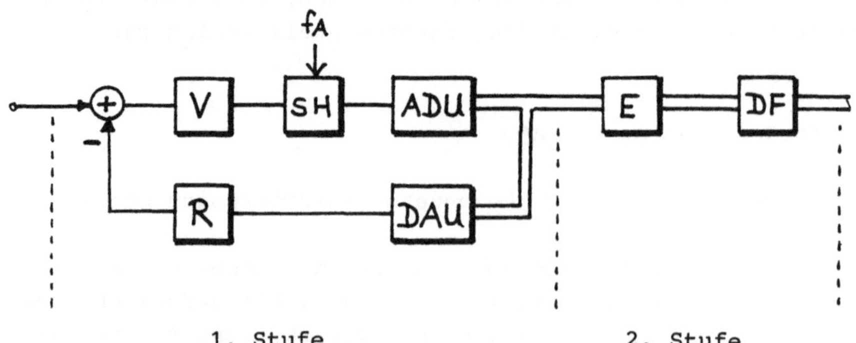

Bild 1: Rückgekoppelter Analog-Digital-Umsetzer
V = Vorwirkung, SH = Abtast-Halteglied,
f_A = Abtastfrequenz, ADU = Analog-Digital-Umsetzer
R = Rückwirkung, DAU = Digital-Analog-Umsetzer,
E = digitaler Entzerrer, DF = Digitalfilter

Mit dem Ziel, die Anzahl der Q-Intervalle zu minimieren und zugleich die geforderte hohe Auflösung (entsprechend hohes S/N) zu realisieren, bestimmen folgende Prinzipien die Dimensionierung von RK-ADU [1, 2]:

- Vorhersage des abzutastenden Signalwerts (prediction) (Somit kann der Aussteuerbereich des ADU verringert werden.)
- Spektrale Formung des Q-Geräusches (noise shaping) in Kombination mit Überabtastung (oversampling). (Somit kann die Höhe der Q-Intervalle vergrößert werden.)

3.1 Prediction

Aufgrund vorangegangender quantisierter Abtastwerte wird für den folgenden, aktuellen Abtastwert ein Schätzwert vorhergesagt; quantisiert wird nur die Differenz zwischen dem tatsächlichen und dem geschätzten Abtastwert (Bild 2). Diese Differenz - und somit der notwendige Aussteuerbereich des ADU - ist um so kleiner, je genauer die Vorhersage ist. Der Prädiktor ist in der Regel ein Tiefpaß. Man kann ihn nur optimieren, wenn man die statistischen Eigenschaften des Nutzsignals kennt. Prediction führt jedenfalls zu einer linearen Verzerrung des Nutzsignals. Diese wird in der zweiten Stufe durch einen digitalen Entzerrer wieder kompensiert. Die Differenz-Puls-Code-Modulation (DPCM) und die Delta-Modulation (DM) sind prädiktive Verfahren. Prediction kann mit Oversampling kombiniert werden.

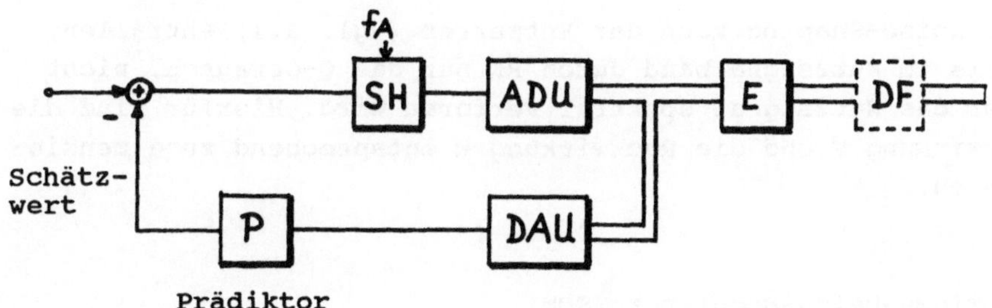

Bild 2: Prinzip der Prediction

3.2 Oversampling und Noise-Shaping

Das Q-Geräusch kann durch ein Rauschen beschrieben werden, das im Frequenzbereich zwischen 0 und der halben Abtastfrequenz gleichverteilt ist. Durch Oversampling wird es über einen größeren Frequenzbereich verteilt; also fällt nur noch ein Teil davon in das Frequenzband des Nutzsignals. Oberhalb des Nutzsignalbereichs kann es durch - digitale - Filterung unterdrückt werden. Am Ausgang des Digitalfilters entsteht ein Digitalsignal mit erhöhtem S/N, entsprechend erhöhter Auflösung. Daher kann man bei Oversampling die Höhe der Q-Intervalle vergrößern. (Die Leistung des Q-Geräusches ist proportional zum Quadrat der Höhe eines Q-Intervalls; durch Verdoppelung der Höhe - entsprechend der Verringerung der Auflösung des ADU um 1bit - wird sie vervierfacht. Dies kann durch Vervierfachung der Abtastfrequenz kompensiert werden.) Durch Überabtastung und nachfolgende digitale Tiefpaßfilterung lassen sich also - allerdings innerhalb gewisser Grenzen - Anzahl der Q-Intervalle und Höhe der Abtastfrequenz gegeneinander austauschen.

Bei Oversampling kann S/N weiter verbessert werden, wenn das Q-Geräusch durch frequenzabhängige Rückkopplung (RK) des ADU im Nutzfrequenzband reduziert wird. Zwar erscheint es oberhalb dieses Bereiches sodann vergrößert; doch kann es dort durch - digitale - Filterung unterdrückt werden. S/N wird um so höher, je größer im Nutzfrequenzband die Kreisverstärkung des Rückkoppelkreises ist. Allerdings kann der Kreis instabil werden.

Bei Noise-Shaping kann der Entzerrer (vgl. 3.1) entfallen, falls im Nutzsignalband durch RK nur das Q-Geräusch, nicht aber das Nutzsignal spektral verformt wird. Hierfür sind die Vorwirkung V und die Rückwirkung R entsprechend zu dimensionieren.

4. Sigma-Delta-Modulator (SDM)

Man realisiere die Vorwirkung V eines RK-ADU z.B. durch einen Integrator hoher Verstärkung und mache die Rückwirkung R=1, siehe Bild 3; so entsteht der SDM. Dann wird im Nutzfrequenzband die Übertragungsfunktion für das Nutzsignal ≈ 1, die für das Q-Geräusch dagegen sehr klein. Dieser RK-ADU arbeitet also einerseits mit Noise-Shaping, ist (wegen R=1) andererseits durch Prediction gekennzeichnet. SDM sind einfach aufgebaut, somit gut integrierbar. Man findet sie bereits in Endgeräten des ISDN, wird sie künftig wohl auch im Mobilfunk finden. Der SDM mit einem Integrator heißt "first-order SDM"; S/N am Ausgang des digitalen Tiefpaßfilters steigt pro Verdopplung der Abtastfrequenz um 9dB. Beim "second-order SDM" (Kreisverstärkung K vom Grad 2) verbessert sich S/N pro Verdopplung der Abtastfrequenz um 15dB. Jedoch steigt die Gefahr der Instabilität mit dem Grad von K. Daher ist es besser, die Vorteile eines höheren Grades in Kombinationen mehrerer First-order-SDM zu erzielen. Obwohl er hierdurch an Bedeutung gewinnt, ist seine Dimensionierung bislang nur fragmentarisch dargestellt worden. Aufgrund eigener Untersuchungen zur Nichtlinearität der Quantisierung und zum Einfluß der Schleifenverzögerungszeit T_{dl} (die im ADU und im DAU des RK-Kreises begründet ist) kann der First-order-SDM nunmehr optimiert werden [3, 4, 5].

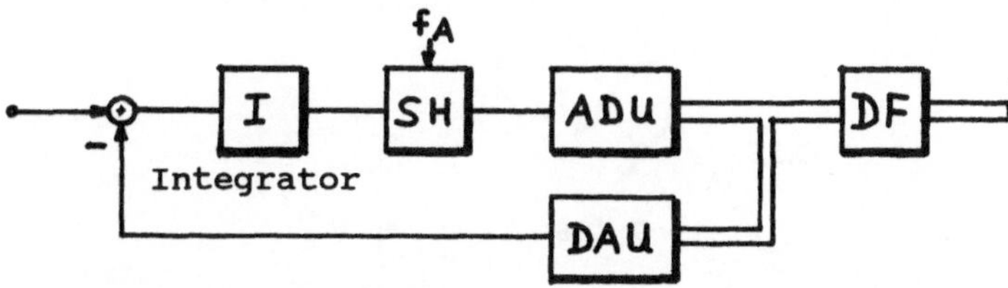

Bild 3: Sigma-Delta-Modulator

4.1 First-order-SDM mit einem Mehrbit-Quantisierer (MQ)

Beim MQ kann in einem linearen Modell die Quantisierung durch Addition eines Q-Rauschens beschrieben werden. Dieses wird durch RK um so stärker unterdrückt, je größer K, je größer also die Verstärkung g des Integrators ist. Zugleich steigt die Gefahr der Instabilität. g kann maximiert werden, nämlich auf gT=4, wenn T_{dl} ein Viertel einer Abtastperiode T beträgt. Die frühere Empfehlung, T_{dl} solle möglichst klein gemacht werden ($T_{dl} \approx 0$), erlaubte gT=2. Aufgrund der Optimierung kann S/N nunmehr um 6dB erhöht oder die Anzahl der Q-Intervalle des ADU halbiert werden.

4.2 First-order-SDM mit einem Einbit-Quantisierer (EQ)

Das Verhalten eines SDM mit einem MQ ist aussteuerungsabhängig: Wenn das Eingangssignal so klein ist, daß nur noch das innerste Q-Intervall ausgenutzt wird, verhält er sich wie ein SDM mit einem EQ.

Beim EQ, der als Schwellenwertentscheider (Komparator) arbeitet, darf die Nichtlinearität der Q-Kennlinie nicht vernachlässigt werden. Von Bedeutung ist nur das Vorzeichen, nicht der Betrag des Eingangssignals. Somit ist sein Verhalten unabhängig von g. Dagegen ist T_{dl} eine wichtige Dimensionierungsgröße: Durch Variation von T_{dl} wird das Spektrum des Q-Geräusches verformt. Eine besonders günstige spektrale Verteilung mit geringen Anteilen im Nutzfrequenzband ergibt sich für $T_{dl}/T=0.25$. Dieser Optimalwert führt (gegenüber $T_{dl}=0$) zu einer Erweiterung des Dynamikbereiches um 6dB und zugleich zu einer Verbesserung des S/N um mehr als 6dB (Bild 4).

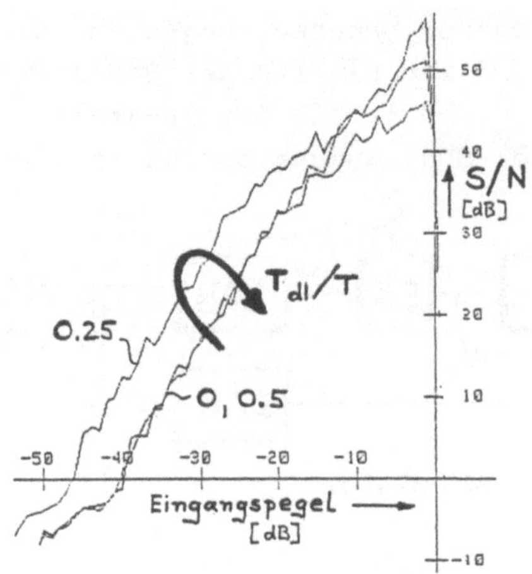

Bild 4: Signal-zu-Geräusch-Abstand (S/N) eines SDM mit EQ bei Variation der Schleifenverzögerungszeit T_{dl}. T = Abtastperiode. Das Verhältnis der Abtastfrequenz f_A zur Filterbandbreite B des Digitalfilters DF beträgt 128.

Literatur

[1] Heute, U.: Improving a/d conversion by digital signal processing - novel solutions for known problems and new problems. FREQUENZ 42 (1988) 2/3, 93-101.

[2] Jayant, N.S.; Noll, P.: Digital coding of waveforms. Englewood Cliffs, NJ: Prentice-Hall, 1984.

[3] Gosslau, A.; Gottwald, A.: The influence of a loop delay on the dynamic behaviour of a first-order SDM. Proc. 1987 European Conf. on Circuit Theory and Design, 121-126.

[4] Gosslau, A.; Gottwald, A.: Consideration of the loop delay for the dimensioning of analog feedback coders. FREQUENZ 41 (1987) 11/12, 329-333.

[5] Gosslau, A.; Gottwald, A.: Optimization of a sigma-delta modulator by the use of a slow adc. Proc. 1988 IEEE Int. Symp. Circuits and Systems, vol. 3, 2317-2320.

GROSSIGNALEIGENSCHAFTEN VON TRANSISTORSCHALTUNGEN IN MOBILEN KOMMUNIKATIONSSYSTEMEN

36

P. Kreuzgruber, A.L. Scholtz

Institut für Nachrichtentechnik und Hochfrequenztechnik, Technische Universität Wien

ZUSAMMENFASSUNG

In dieser Arbeit wird gezeigt, wie die nichtlinearen Modellparameter eines Bipolartransistors bestimmt werden können. Als Ausgangsdaten dienen dafür ausschließlich die Streuparameter des Transistors bei verschiedenen Arbeitspunkten.

1. Einleitung

Die dichte Besetzung der für mobile Funkdienste vorgesehenen Frequenzbänder, so wie stark unterschiedliche Empfangsfeldstärken bedingen einen sehr großen Dynamikbereich der mobilen und stationären Empfänger. Die Berücksichtigung der linearen Eigenschaften von Empfängerschaltungen alleine ist für Baugruppen, die in mobilen Funksystemen eingesetzt werden, aus diesen Gründen nicht ausreichend. Der Schlüssel für die Berechnung der Eigenschaften einer Hochfrequenzschaltung liegt in der Modellierung der aktiven Bauelemente. Zwar sind Ersatzschaltbilder für Transistoren sowohl für die lineare, als auch die nichtlineare Modellierung bekannt, diese liefern aber für die Ermittlung der Modellparameter meist keinerlei Hinweise. Im folgenden Beitrag wird ein Verfahren beschrieben, mit dem die Modellparameter eines Bipolartransistors auf einfache Weise bestimmt werden können. Es wird gezeigt, daß die ermittelten Transistorparameter die Eigenschaften des Bipolartransistors bis über 1GHz befriedigend beschreiben.

Die Transistorparameter werden aus einem dreistufigen Prozeß gewonnen: Zunächst werden die Streuparameter des Transistors gemessen. Aus diesen Basisdaten werden mit Hilfe einfacher analytischer Zusammenhänge einige der linearen Transistorparamter für ein gebräuchliches Transistorersatzschaltbild /1/ ermittelt. Für die restlichen linearen Parameter wird ein Iterationsalgorithmus angegeben, mit dem eine optimale Übereinstimmung der mit dem Ersatzschaltbild berechneten und der gemessenen Streuparameter erzielt werden kann. Im dritten Schritt wird die Abhängigkeit der linearen Parameter vom Arbeitspunkt des Transistors bestimmt, und daraus werden durch Kurvenanpassung an die nichtlinearen Modellgleichungen die nichtlinearen Modellparameter bestimmt.

Im folgenden werden die nichtlinearen Gleichungen des Bipolartransistors angegeben. Diese Gleichungen /2/ stellen eine modifizierte Version der Transistorgleichungen nach Ebers-Moll /3/ dar. Aus dieser Beschreibung des nichtlinearen Verhaltens des Bipolartransistors wird ein Ersatzschalbild für den Kleinsignalbetrieb abgeleitet. Die Ersatzgrößen des Kleinsignalersatzschaltbildes werden aus den Streuparametern bestimmt und aus diesen schließlich die nichtlinearen Modellparameter.

2. Nichtlineares Transistormodell

In Abb. 1 ist das Großsignalersatzschaltbild eines Bipolartransistors nach Ebers-Moll dargestellt, in dem zusätzlich die nichtlinearen Kapazitäten und die Bahnwiderstände, sowie die Zuleitungsinduktivitäten eingetragen sind. Bei bekannten Sperrschichtspannungen am inneren Transistor U'_{BE} und U'_{BC} sowie bekannter Temperaturspannung U_T kann der Transportstrom I_{CT} aus

$$I_{CT} = I_{CC} - I_{EC} = I_s[\exp(U'_{BE}/U_T) - \exp(U'_{BC}/U_T)] \tag{1}$$

berechnet werden, worin I_s den Sperrstrom des Transistors angibt. Die Modulation des Transportstromes durch die Kollektor-Basis-Spannung bzw. im inversen Betrieb durch die Emitter-Basis Spannung (Earlyeffekt /2/) ist dabei, ebenso wie die Hochstromeffekte nach Webster /4/, berücksichtigt. Der Basisstrom I'_B wird durch die Rekombinationsströme I_{BEB} der Basis-Emitter-Zone und I_{BCB} der Basis-Kollektor-Zone sowie die Oberflächenströme I_{BES} und I_{BCS} in den entsprechenden Sperrschichten nach

$$I'_B = I_{BEB} + I_{BES} + I_{BCB} + I_{BCS} \tag{2}$$

zusammengesetzt. Die einzelnen Anteile des Basisstroms erhält man dabei aus

$$\begin{aligned} I_{BEB} &= (I_s/\beta_F)[\exp(U'_{BE}/U_T) - 1] \\ I_{BES} &= C_2 I_s[\exp(U'_{BE}/n_{el}.U_T) - 1] \\ I_{BCB} &= (I_s/\beta_R)[\exp(U'_{BC}/U_T) - 1] \\ I_{BCS} &= C_4 I_s[\exp(U'_{BC}/n_{cl}.U_T) - 1] \end{aligned} \tag{3}$$

worin die Faktoren C_2 und C_4 durch

$$\begin{aligned} C_2 &= \sqrt{I_s I_K/\beta_F} \\ C_4 &= \sqrt{I_s I_{KR}/\beta_R} \end{aligned} \tag{4}$$

gegeben sind. Die Größen β_F und β_R geben die Stromverstärkung des Transistors im vorwärts bzw. inversen Betrieb an. Die Größen n_{el} und n_{cl} charakterisieren die Oberflächenströme und werden im weiteren mit 2 angenommen /2/. Die Knickströme I_K und I_{KR} geben an, ab welchen Werten für den Basisstrom die Oberflächenströme bedeutsam werden /5/. Mit diesen Beziehungen kann man den Emitterstrom I'_E und den Kollektorstrom I'_C nach

$$I'_E = I_{CT} + I_{BEB} + I_{BES} \tag{5}$$

und

$$I'_C = I_{CT} - I_B \tag{6}$$

angeben. Mit den Beziehungen (1) bis (6) sind die statischen Nichtlinearitäten des Bipolartransistors vollständig beschrieben. Für eine Beschreibung des Transistors für höhere Frequenzen müssen aber auch die nichtlinearen Kapazitäten einbezogen werden. Die beiden Kapazitäten C_E zwischen Basis und Emitter und C_C zwischen Basis und Kollektor setzen sich dabei aus den Sperrschichtkapazitäten C_{jE} und C_{jC} nach

$$C_{jE} = \frac{C_{jEo}}{\left[1 + \frac{U'_{BE}}{\Phi_E}\right]^{m_E}} \tag{7}$$

und

$$C_{jC} = \frac{C_{jCo}}{\left[1 + \frac{U'_{BC}}{\Phi_C}\right]^{m_C}} \tag{8}$$

und den Diffusionskapazitäten C_{DE} und C_{DC} nach

$$C_{DE} = \frac{dQ_{DE}}{dU'_{BE}}\Big|_{U'_{BC}=0} = g_{mF} \cdot \tau_F \qquad (9)$$

und

$$C_{DC} = \frac{dQ_{DC}}{dU'_{BC}}\Big|_{U'_{BE}=0} = g_{mR} \cdot \tau_R \qquad (10)$$

zusammen. In diesen Gleichungen werden die Grenzschichtpotentiale Φ_E und Φ_C mit 0,7V, und die Exponenten $m_E = m_C = 0{,}4$ angenommen /2/. Die Größen C_{jEo} und C_{jCo} charakterisieren die Sperrschichtkapazitäten bei einer Spannung von OV. Die Diffusionskapazitäten nach (9) und (10) sind durch die Steilheiten g_{mF} und g_{mR} und Speicherzeiten τ_F und τ_R bestimmt. Die Steilheiten g_{mF} und g_{mR} erhält man aus

$$g_{mF} = \frac{dI_{CC}}{dU'_{BE}}\Big|_{U'_{BC}=0} = \frac{I_{CC}}{U_T} \qquad (11)$$

$$g_{mR} = \frac{dI_{EC}}{dU'_{BC}}\Big|_{U'_{BE}=0} = \frac{I_{EC}}{U_T}. \qquad (12)$$

Mit diesen Beziehungen ist nun der innere Transistor vollständig beschrieben. Um die Einflüsse der Zuleitungen durch Bahnwiderstände am Chip bzw. Kontaktwiderstände und der Zuleitungsinduktivitäten, sowie der Gehäusekapazität C_c zu berücksichtigen, wird das Ersatzschaltbild des inneren Transistors entsprechend ergänzt (Abb. 1). Da insbesondere der Basisbahnwiderstand einen verteilten Charakter aufweist, ist es in Hinblick auf eine geeignete Beschreibung der Eigenschaften des Transistors bei hohen Frequenzen vorteilhaft, die Kollektorkapazität und den Basisbahnwiderstand entsprechend zu unterteilen. Die Aufteilung der Kollektorkapazität wird durch den Modellparameter r beschrieben.

3. Linearisiertes Transistormodell

Da für die Berechnung der Intermodulationseigenschaften einer Transistorstufe die Beschreibung des Transistors durch schwache Nichtlinearitäten adäquat erscheint, werden die folgenden Ableitungen auf den aktiven Vorwärtsbetrieb eingeschränkt. Das lineare Ersatzschaltbild für den Vorwärtsbetrieb läßt sich in der Form von Abb. 2 angeben. In diesem Ersatzschaltbild wird die gesteuerte Stromquelle durch den Leitwert g_m beschrieben, der für einen bestimmten Kollektorstrom I_{CT} mit der Vorwärtssteilheit g_{mF} nach (11) identisch ist. Der Basisstrom des Transistors entsteht nach Abb. 2 im wesentlichen aus dem Strom durch den Widerstand R_π bei einer gegebenen Basis-Emitterspannung, wobei diese Größen als differentielle Werte aufzufassen sind, da Abb. 2 ja ein Kleinsignalersatzschaltbild darstellt. Den Widerstandswert R_π kann man aus

$$R_\pi = \beta / g_m \qquad (13)$$

berechnen, worin β die Vorwärtsstromverstärkung des Transistors angibt. In der selben Weise wie R_π kann auch R_μ als Quotient der Rückwärtsstromverstärkung durch die Rückwärtssteilheit g_{mR} nach (12) berechnet werden. Da im Vorwärtsbetrieb der Stromanteil I_{EC} sehr klein wird (in der Größenordnung von I_s) ist in diesem Fall auch die Steilheit g_{mR} sehr gering und damit R_μ sehr groß. In vielen Fällen kann R_μ aus diesem Grund vernachlässigt werden. Die Emitterkapazität C_π erhält man aus der Kapazität C_E für den Arbeitspunkt des Transistors, für den auch die anderen linearisierten Ersatzgrößen gelten. Die selbe Aussage gilt auch für die Kapazitätswerte C_μ und C_{sc} in bezug auf die Kollektor Kapazität C_C, worin $C_\mu = r.C_C$, und $C_{sc} = (1-r)C_C$ für den betrachteten Arbeitspunkt gelten. Der Modellparameter r kann aus den Kapazitätswerten C_μ und C_{sc} mit

$$r = \frac{C_{sc}}{C_\mu + C_{sc}} \qquad (14)$$

berechnet werden. Die Bahnwiderstände und Zuleitungsinduktivitäten, sowie die Gehäusekapazität werden unverändert in das lineare Transistorersatzschaltbild übernommen.

4. Bestimmung der linearisierten Transistorparameter

In der Literatur /1/, /2/, /6/ findet man ein reichhaltiges Angebot an Methoden zur Messung der linearen und nichtlinearen Transistorparameter. Unter diesen Meßverfahren spielen insbesondere jene zur Messung der Bahnwiderstände eine bedeutende Rolle, da die Bahnwiderstände das nichtlineare Verhalten des Transistors in hohem Maß beeinflussen. Zum Beispiel bewirkt der Emitterbahnwiderstand eine Stromgegenkopplung, wodurch die exponentielle Kennlinie geschert, d.h. linearisiert wird. Diese in der Literatur angegebenen Meßverfahren haben aber zwei entscheidende Nachteile: Erstens sind sie sehr aufwendig und störempfindlich, und zweitens werden die Ersatzgrößen nicht alle im selben Arbeitspunkt gemessen, wodurch auch für die Berechnung des Intermodulationsverhaltens von Transistorstufen untergeordnete Effekte berücksichtigt werden müssen. So sind etwa die Bahnwiderstände nicht unabhängig vom Transportstrom. Weiters muß die Temperaturabhängigkeit aller Modellgrößen berücksichtigt werden, die aber zumindest für den schwach nichtlinearen Fall nicht berücksichtigt werden müßte.

Im folgenden wird eine Methode beschrieben /7/, nach der die Ersatzgrößen für das lineare Ersatzschaltbild für einen gegebenen Arbeitspunkt aus den Streuparametern berechnet werden. Es werden zunächst einige Größen des linearisierten Ersatzschaltbildes aus den Streuparametern analytisch berechnet. Die restlichen, nicht analytisch ermittelbaren Modellgrößen werden durch Optimierung mit einem Netzwerkanalyseprogramm erhalten. Auf diese Weise ist sichergestellt, daß die erhaltenen Modellparameter physikalisch erklärbare Werte annehmen. Bei dem Versuch, alle Modellparameter durch Optimierung aus den Streuparametern zu gewinnen, können keine physikalisch sinnvollen Ergebnisse erwartet werden.

Die gemessenen Streuparameter für einen bestimmten Arbeitspunkt stellen die Basisdaten für die Ermittlung der Modellparameter dar. Alle übrigen linearen Vierpolmatrizen können aus der Streumatrix berechnet werden. So erhält man etwa die Stromverstärkung aus den Hybridparametern $\beta = h_{21}$. Die Steilheit g_m kann aus (11) berechnet werden, da im Vorwärtsbetrieb $I_{CC} = I_{CT}$ gilt. Aus diesen beiden Größen erhält man R_π nach (13). Basis- und Emitterbahnwiderstände erhält man aus einer modifizierten Impedanzkreismethode /6/. Die Eingangsimpedanz Z_{in} des Transistors erhält man aus

$$Z_{in} = Z_o \frac{S_{11} - 1}{S_{11} + 1} \tag{15}$$

worin Z_o den Bezugswiderstand für die Streuparameter angibt. Mit dem Eingangswiderstand für sehr niedere Frequenzen R_{indc}, der ebenfalls aus S_{11} nach (15) berechnet wird, erhält man für Frequenzen bei denen

$$|\omega C_\pi R_E - R_B C_{sc} Z_o g_m| \ll 1 \tag{16}$$

erfüllt ist, die Summe aus Basis- und Emitterbahnwiderstand $R_B + R_E$ aus

$$R_B + R_E = \mathrm{Re}\{Z_{in}\} + \frac{(\mathrm{Im}\{Z_{in}\})^2}{\mathrm{Re}\{Z_{in}\} - R_{indc}}. \tag{17}$$

Mit dem Gleichstromeingangswiderstand R_{indc}, der auch mit

$$R_{indc} = R_B + R_E + \beta_F (R_E + 1/g_m) \tag{18}$$

angeschrieben werden kann, erhält man den Emitterbahnwiderstand

$$R_E = \frac{R_{indc} - (R_B + R_E)}{\beta_F} - \frac{1}{g_m} \tag{19}$$

und mit (17) auch den Basisbahnwiderstand

$$R_B = (R_B + R_E) - R_E \tag{20}$$

Der Basisbahnwiderstand R_B stellt dabei die Summe der in Abb. 1 und Abb. 2 verwendeten Größen R_{Bx} und R_{Bi} nach

$$R_B = R_{Bi} + R_{Bx} \tag{21}$$

dar.

Um Startwerte für die Optimierung der reaktiven Bauelemente zu erhalten, müssen zunächst die Zuleitungsinduktivitäten gemessen oder abgeschätzt werden. Einen guten Schätzwert stellt bei bekannter Länge der Zuleitungen zum Chip des Transistors die Annahme von 1nH Induktivität je 1mm Drahtlänge dar. Mit den auf diese Weise ermittelten Zuleitungsinduktivitäten können die Streuparameter des Transistors auf die Streuparameter ohne Zuleitungsinduktivitäten umgerechnet werden. Mit Hilfe dieser modifizierten Streuparameter kann die Summe der beiden Kapazitäten C_μ und C_{sc} aus dem Blindanteil der Verstärkung durch

$$C_\mu + C_{sc} = -\frac{1}{\omega} \mathrm{Im}\{\frac{1}{Z_{21}}\} \tag{22}$$

berechnet werden. Die Kapazität C_π erhält man aus

$$C_\pi = \frac{g_m}{\omega\beta} \mathrm{Im}\{\frac{1}{Z_{in} - (R_B + R_E)}\}[R_{indc} - (R_B + R_E)] - (C_\mu + C_{sc})(Z_o + \frac{1}{g_m} + R_E + R_C). \tag{23}$$

Der Kollektorbahnwiderstand R_C kann zunächst mit $Z_o/2$ abgeschätzt werden. Die noch verbleibenden Größen des linearen Ersatzschaltbildes erhält man durch Optimierung der aus dem Ersatzschaltbild berechneten Streuparameter auf die gemessenen Streuparameter.

In Abb. 3 sind die aus dem linearen Ersatzschaltbild berechneten und die gemessenen Streuparameter für den Transistor LT1001A von TRW dargestellt. Der Arbeitspunkt dieses Transistors ist durch den Kollektorstrom von 50mA und die Kollektor-Emitterspannung von 15V definiert. Tabelle 1 gibt die linearen Modellgrößen für diesen Transistor für den gewählten Arbeitspunkt an.

5. Bestimmung der nichtlinearen Transistorparameter

Aus den linearen Parametern können die Parameter der nichtlinearen Transistorbeschreibung berechnet werden. Da die Kollektorspannung bekannt ist, kann aus (8) die Größe C_{jCo} berechnet werden, da in der Kollektorsperrschicht keine Diffusionsladungen gespeichert sind. Die Sperrschichtkapazität C_{jEo} wird mit dem doppelten Wert der Kollektorsperrschichtkapazität C_{jCo} abgeschätzt, da die Dotierung der Emitterzone höher als jene der Kollektorzone ist. Die Größe C_{jEo} kann, wenn diese Annahme zu ungenau ist, aus den Streuparametern des inversen Transistors direkt ermittelt werden. Die Diffusionskapazität C_{DE} erhält man als Differenz der linearen Kapazität C_π mit der Kapazität C_{jE}. Aus (9) folgt weiter die Speicherzeit. Da die Basis-Emitterspannung des Transistors und die Bahnwiderstände bekannt sind, kann die Basis-Emitterspannung am inneren Transistor U'_{BE} berechnet werden. Aus dieser Spannung erhält man mit (1) die Größe des Sperrstroms I_s.

Die Genauigkeit der Modellierung kann weiter verbessert werden, wenn die Koeffizienten I_K, n_{cl}, m_C und Φ_C durch Kurvenanpassung erhalten werden. In diesem Fall werden dann C_{jE} und β für verschiedene Kollektor-Basis Spannungen und Kollektorströme gemessen, und daraus die genannten Koeffizienten bestimmt. In Tabelle 2 sind die nichtlinearen Modellparameter für den Transistor LT1001A angegeben.

Tabelle 1: Lineare Modellparameter des Bipolartransistors LT1001A

g_m	R_π	R_μ	C_π	C_μ	C_{sc}	R_{Bi}	R_{Bx}	R_E	R_C	C_c	L_B	L_E	L_C
1,77S	68Ω	300kΩ	52pF	0,16pF	1,15pF	25Ω	5Ω	1,45Ω	30Ω	5,4pF	2,5nH	2,5nH	1nH

Tabelle 2: Nichtlineare Modellparameter des Bipolartransistors LT1001A

T	I_s	β_F	β_R	C_2	C_4	n_{el}	n_{cl}	I_K	I_{KR}	Φ_E	Φ_C	m_E	m_C	C_{jEo}	C_{jCo}	τ_F	τ_R
63°C	$2{,}9.10^{-12}$A	123	0	0	0	2	2	0	0	0,7V	0,7V	0,4	0,4	7,6pF	3,8pF	25.10^{-12}s	0

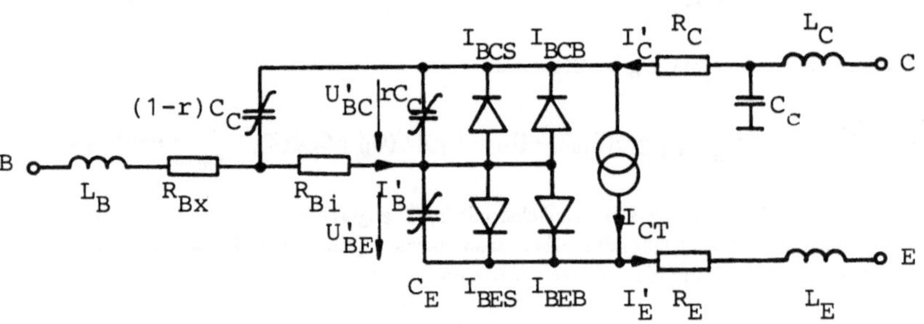

Abb. 1: Nichtlineares Ersatzschaltbild für den Bipolartransistor

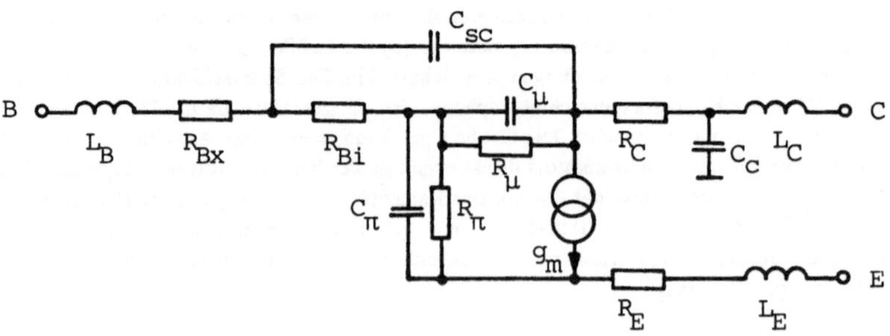

Abb. 2: Lineares Ersatzschaltbild für den Bipolartransistor

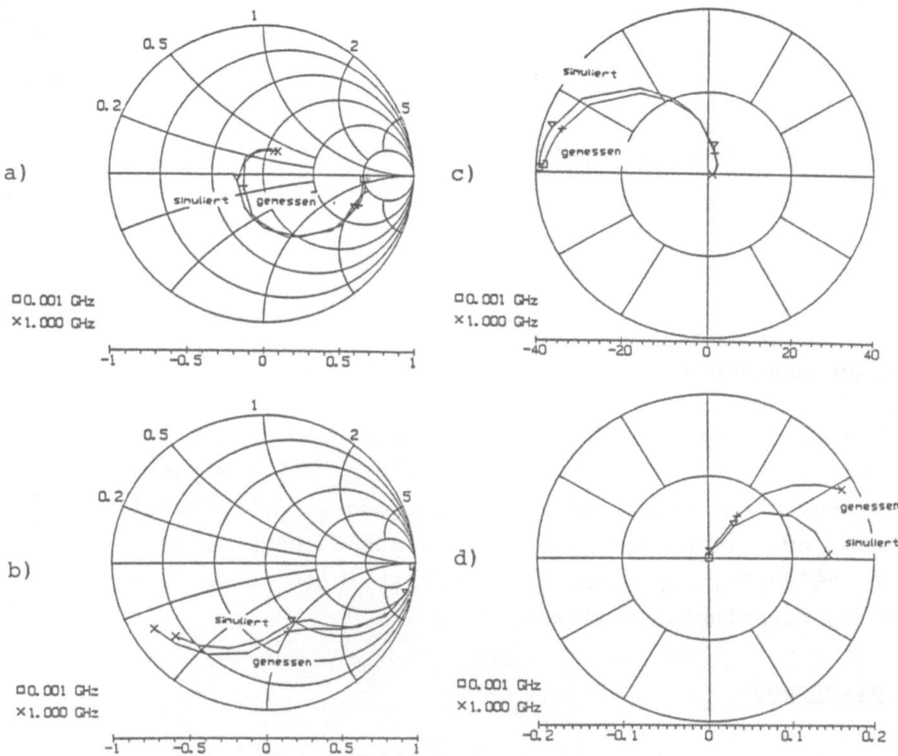

Abb. 3: Gemessene und simulierte Parameter des Transistors LT 1001A

a) Eingangsreflexionsfaktor
b) Ausgangsreflexionsfaktor
c) Verstärkung
d) Rückwirkung

Literatur

/1/ NEUGROSCHEL, A.: Measurement of the Low-Current Base and Emitter Resistances of Bipolar Transistors, IEEE Trans. Electron Devices, vol. ED-34, pp.817-822, April 1987.

/2/ GETREU, J.: Modeling the Bipolar Transistor, Elsevier, Amsterdam,1978.

/3/ EBERS, J., MOLL, J.:Large Signal Behavior of Junction Transistors, Proc. IRE, pp. 1761-1772, Dec. 1954.

/4/ WEBSTER, W.: On the Variation of Junction Transistor Current-Amplification Factor with Emitter Current, Proc. IRE, vol. 42, pp 914-920, June 1954.

/5/ BARANYI, A., FÜRJES, L.: Frequency Domain Analysis of Nonlinear Circuits Carrying Modulated Signals, 7-th Microcoll, Budapest, 1982.

/6/ SANSEN, W., MEYER, R.: Characterization and Measurement of the Base and Emitter Resistances of Bipolar Transistors, IEEE Journal Solid State Circuits, pp.492-498, 1972.

/7/ KREUZGRUBER, P.: Empfangsumsetzer für ein drahtloses Mikrophonsystem, Dissertation, Technische Universität Wien, 1989.

DATENFUNK ÜBER KONVENTIONELLE FUNKTECHNIK

W. Smutny

Siemens Aktiengesellschaft Österreich
Programm- und Systementwicklung; Graz

ZUSAMMENFASSUNG:

In vielen Anwendungsfällen aus Gewerbe und Industrie ist es erforderlich oder zumindest zweckmäßig, daß Dialoge mit einem zentralen Rechner an nicht stationären Arbeitsplätzen, von denen aus eine feste Verbindung zum Rechner nicht möglich ist, geführt werden. Für diese Einsatzfälle wurden die mobilen Funkterminals entwickelt.

Zielsetzung

Beim Einsatz von Rechnern in Automatisierungsprojekten kommt es immer wieder zu dem Wunsch, mobile Arbeitsplätze permanent mit dem stationären Rechner zu verbinden. Der mobile Arbeitsplatz soll in jedem Fall die Möglichkeit eines Dialoges Mensch - Rechner bieten, in vielen Fällen ist auch eine Schnittstelle zu vor Ort befindlichen Anlagenteilen, wie zum Beispiel zu einer Steuerung oder zu einem Meßplatz, gewünscht. Der Umfang der dezentral durchzuführenden Datenverarbeitung ist eher gering. Er beschränkt sich in vielen Fällen auf eine Benutzerführung und einer Plausibilitätskontrolle. Die Intensität des Datenaustausches mit dem Rechner ist nicht sehr hoch (zum Beispiel 1000 Telegramme à 10 Byte je 8-Stunden-Schicht). Es werden keine hohen Anforderungen an Echtzeitfähigkeit des Systems gestellt, die Reaktionszeit des gesamten Systems soll jedoch so sein, daß ein Dialog nicht behindert wird. Die Forderungen an ein derartiges System sind also eher bescheiden. Dagegen sind die Forderungen hinsichtlich Datensicherheit im Normalbetrieb und besonders auch in Ausnahmesituationen sehr hoch.

Ein typischer Anwender ist z. B. ein Gabelstaplerfahrer, der an seinem mobilen Terminal eingibt, welches Packstück er gerade von einem LKW ablädt, und vom Rechner als Antwort die Nummer des Regals, in dem es abgestellt werden soll, erhält.

Globale Beschreibung der Lösung

Unter Verwendung von handelsüblichen Sprechfunkgeräten und von am Markt leicht erhältlichen Einzelbauteilen wurde ein Datenfunksystem für maximal 254 Teilnehmer entwickelt. In Datenflußrichtung Rechner ⟶ mobiles Terminal gesehen, besteht es aus folgenden Elementen:

- Datenfunkkonzentrator (DFK), anschließbar über eine serielle Schnittstelle an den Rechner
- Datenfunkmodem (FMD) zur Umsetzung von Daten des Rechners in Funksignale
- handelsübliche ortsfeste Sprechfunkstation (OFS)
- handelsübliches mobiles Sprechfunkgerät (MFG)
- mobiles Terminal (MFT) mit integriertem Modem

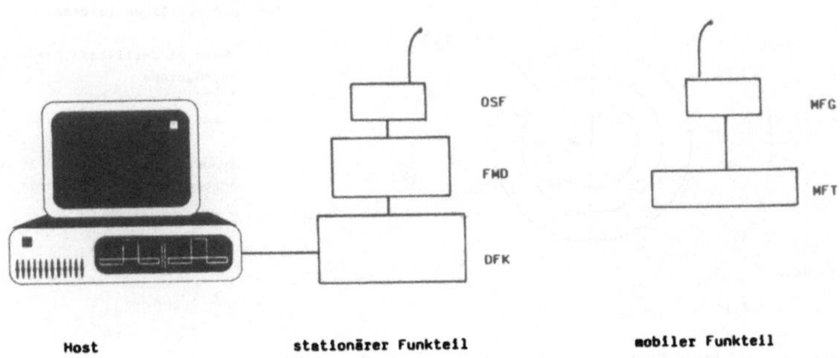

Funktionen der einzelnen Komponenten

Datenfunkkonzentrator

Grundsätzlich wird jeder Dialog von der Zentrale aus initialisiert. Die OFS ruft die mobilen Terminals der Reihe nach auf und fragt deren Zustand (empfangsbereit, sendewillig ..) ab. So eine Abfrage dauert ca. 300 ms.

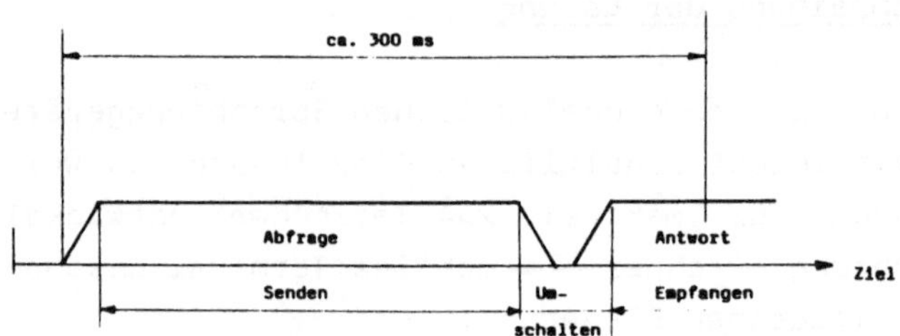

Bei vielen Teilnehmern und schwacher Auslastung des Netzes ist das Verfahren in dieser Form natürlich sehr uneffektiv. Es werden deshalb nicht einzelne Terminals, sondern ganze Terminalgruppen abgefragt. Im Konfliktfall, d. h. wenn sich mehr als ein Terminal meldet, wird diese Gruppe so lange weiter unterteilt, bis man die sendewilligen Terminals eindeutig identifiziert hat.

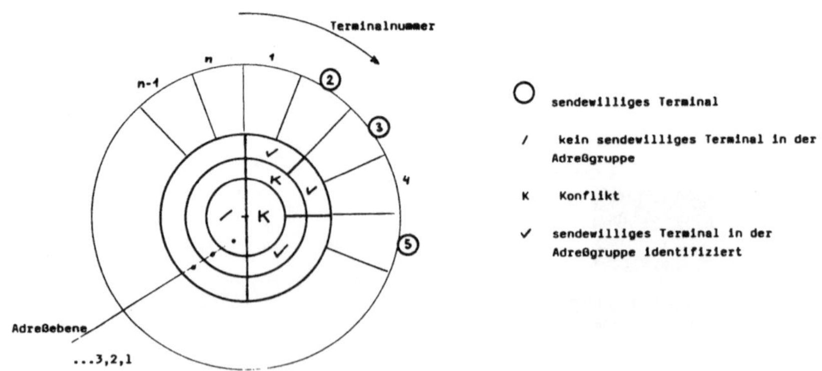

Bei diesem Verfahren der begrenzten Konkurrenz wird die Gruppenbildung zunächst durch starre Parameter vorgegeben. Im Betrieb wird jedoch die Gruppenbildung der Belastung des Netzes angepaßt. Bei schwacher Belastung werden wenig große Gruppen gebildet, bei hoher Last werden viele kleine Gruppen gebildet.

Folgende Tabelle soll das noch einmal veranschaulichen.

Anzahl Gruppen	Terminals/Gruppe (maximal)	
(1	254)	entspräche dem Aloha-Prinzip
2	127	
4	64	
8	32	
16	16	
32	8	
64	4	
128	2	
254	1	entspricht dem Token-Prinzip

Alle Nachrichten, die der DFK zur Übermittlung an die mobilen Terminals erhält, werden durchnumeriert. Sie werden im DFK solange gespeichert, bis die Übertragung zum Terminal stattgefunden hat. Die diesbezügliche Überprüfung erfolgt entweder in Form einer Quittierung durch das Terminal (das ist die Regel) oder auch durch Abfrage eines Empfangszählers des Terminals durch den Funkkonzentrator. Durch diese Maßnahme wird sichergestellt, daß auch Nachrichten an abgeschaltete Funkterminals oder an Terminals,die sich gerade irgendwo in einem Funkschatten befinden, nicht verlorengehen.

Soll die Datenübertragung über einen räumlich sehr großen Bereich erfolgen, ist unter Umständen der Einsatz mehrerer ortsfester Funkstationen erforderlich, die alle an einen Funkkonzentrator angeschlossen sind. Antworttelegramme von den Terminals an den Konzentrator können damit mehrfach empfangen werden. Bei der Auswertung prüft deshalb der Konzentrator, ob unter der möglichen Vielzahl von Antworten zumindest eine unverstümmelt empfangen wurde, und verarbeitet dann diese eine.

Der Funkkonzentrator ist nicht programmierbar,lediglich einige Parameter (z. B. Zeitüberwachung, Gruppeneinteilung) sind einstellbar. Er stellt also den Benutzer vor keinerlei Probleme und ist als reines Stück Hardware in der Übertragungsstrecke anzusehen.

An den Host wird der Datenfunkkonzentrator über eine V.24 - Schnittstelle angeschlossen (Übertragungsrate bis 9600 Baud), an das Funkmodem über eine 20mA-Schnittstelle mit einer Übertragungsrate von 1200 Baud.

Funkmodem

Das Modem wandelt digitale Informationen in NF-Signale für den Funkverkehr um.

Ortsfeste Funkstation / mobiles Funkgerät

Für den reinen Funk werden handelsübliche Sprechfunkgeräte in 2 Ausführungen (70cm-Band,2m-Band) mit der Betriebsart Simplex /Semi-duplex verwendet.Die Sendeleistung der von uns vorrangig eingesetzten Geräte beträgt max. 1 W, in der Regel wird aber nur mit 0,2 W gearbeitet.Geringfügige Modifikationen (z.B. Abdichten der Öffnungen beim Mikrophon zum Erreichen der Schutzart IP 54) werden nach unseren Wünschen von den Lieferanten der Funkgeräte bereits in deren Werk durchgeführt.

Mobiles Terminal

Trotz ihrer Kompaktheit enthalten die Terminals einen frei programmierbaren Rechner,Tastatur,Display, serielle Schnittstellen für externe Geräte sowie das vollständige Funkmodem. Die Stromversorgung erfolgt über das Funkgerät, der RAM-Speicher hat eine Pufferbatterie für 30 Tage.

Wenn man die Möglichkeiten des Geräts voll ausschöpfen möchte, ist es in PLM zu programmieren.Sollen in dem Terminal nur einfache Dialoge ablaufen, gibt es einen leicht zu bedienenden Maskengenerator am Host.

Das Terminal wird in einer tragbaren Version (450g, 21 Tasten, Display 2x16 Zeichen) und in einer etwas größeren Version für den Einbau in Staplern etc. (900g, 36 Tasten, Display 4 x 20 Zeichen) angeboten.

Einsatzgebiete

Zunächst sind vom System her keine besonderen Einschränkungen gegeben. Die Geräte sind wetterfest, robust und leicht zu bedienen. Es kommen auch Interessenten aus allen möglichen Zweigen der Industrie, von Versorgungsunternehmen usw. Dennoch zeichnet sich ein Schwerpunkt ab. Es sind dies Anwendungen, die in Zusammenhang mit Materialtransporten stehen, also z. B. Lagerverwaltungen, Paketversand, Materialannahme.

SATELLITEN-VERKEHRSFUNK - SYSTEM UND ANTENNENKONZEPT

38

P. Koschnick, W. Schulz, R. Schwarze

Fachgebiet Nachrichtentechnik, Universität - GH - Paderborn, D-4790 Paderborn

ZUSAMMENFASSUNG:

Das Konzept des "Mobilen Satelliten-Verkehrsinformations-Systems (MOSIS)", das den Empfang von digitalen, codierten Verkehrsmeldungen im bewegten Fahrzeug ermöglicht, wird erläutert. Angesprochen wird das Gesamtkonzept sowie die verwendete steuerbare, elektronische Streifenleitungsantenne in planarer Struktur und der eingesetzte Steueralgorithmus, der auf einem Signalprozessor implementiert ist.

1. Einleitung

Der Umfang der zu übermittelnden Daten - seien sie nun geschäftlicher oder privater Art - hat in der Vergangenheit stark zugenommen. Dies gilt nicht nur für kabelgebundene, sondern auch für drahtlose terrestrische und satellitengestützte Datenübertragung. Die Art der Übermittlung von Meldungen, welche die Situation im Straßenverkehr beschreiben, ist jedoch derzeit weit hinter dem technisch Machbaren [1] zurück. Gegenüber dem heute verwendeten analogen Autofahrer-Rundfunk-Informationssystem (ARI) stellt der mögliche Einsatz des digitalen Radio-Daten-Systems des UKW-Rundfunks [2] eine Verbesserung dar. Dieses System läßt jedoch wegen der übrigen Nutzung, z.B. für Programminformationen und andere Dienste, nur eine Übertragung von ca. einer Meldung pro Sekunde zu und ist weiterhin mit dem Problem belastet, nur im Ausbreitungsgebiet der jeweiligen Sendeanstalt empfangbar zu sein. Diese Nachteile können überwunden werden durch die Verwendung eines Satelliten, da hier eine weiträumige Empfangbarkeit möglich ist und eine höhere Übertragungskapazität erreicht werden kann. Das im folgenden vorgestellte Konzept des "Mobilen Satelliten-Verkehrsinformations-Systems (MOSIS)" basiert im ersten Schritt auf dem deutschen Rundfunksatelliten TV-SAT. Die wichtigsten Komponenten des Gesamtsystems sollen im folgenden näher erläutert werden. Wegen ihrer zentralen Bedeutung soll der elektronisch steuerbaren Antenne ein breiter Raum eingeräumt werden.

2. Gesamtübertragungssystem

Nach der straßenseitigen Erfassung der Verkehrsstörungen werden daraus standardisierte Verkehrsmeldungen erzeugt und in einem speziell entwickelten Meldungscoder zu einem für die Übertragung geeigneten Datenpaket zusammengefaßt, das dauernd und zyklisch wiederholt ausgegeben wird. Nach ersten Abschätzungen wird für die Übermittlung sämtlicher Verkehrsmeldungen aus der Bundesrepublik Deutschland eine Datenrate von R = 20 kbit/s benötigt.

Die zu übermittelnden digitalisierten Meldungen sollen nun mit Hilfe eines Unterträgerverfahrens [3] zusammen mit den Sendesignalen des digitalen Hörrundfunks [4] über den geostationären Rundfunksatelliten TV-SAT übertragen werden. Dazu werden die vom Coder gelieferten Daten mit Hilfe der kohärenten DQPSK (Difference Encoded Quadrature Phase Shift Keying)-Modulation in ein für die Übertragung geeignetes Sendesignal umgesetzt, anschließend in der 70 MHz-Zwischenfrequenzlage dem Sendesignal des digitalen Hörrundfunks zugesetzt und als Gesamtsignal von der Erdefunkstelle Usingen zum TV-SAT übertragen. Die vom Satelliten im 12-GHz-Bereich abgestrahlten Sendesignale werden mit Hilfe der unten erläuterten Antenne empfangen, in das Basisband heruntergemischt und demoduliert. Danach können die digitalisierten Verkehrsmeldungen mit Hilfe einer Sprachausgabeeinheit ausgegeben werden.

Empfangsprobleme treten im fahrenden Kraftfahrzeug vorwiegend im Innenstadtbereich auf, wo aufgrund der Bebauung den Empfänger keine direkte Komponente des unter einem Elevationswinkel von ca. 22° bis 30° einfallenden Sendesignals erreicht. Das Empfangssignal ist in diesem Fall im wesentlichen durch Reflexionen und Beugungserscheinungen beeinflußt und setzt sich daher aus der Überlagerung sämtlicher gestreuter und gebeugter Signalanteile zusammen, so daß die resultierende Amplitude des empfangenen

Signals großen Schwankungen unterliegt. Außerdem haben die Reflexions- und Beugungserscheinungen auch eine Phasenänderung zur Folge [5]. Um bei diesen Ausbreitungsverhältnissen überhaupt noch einen fehlerfreien Empfang zu ermöglichen, sind folgende Bedingungen einzuhalten. Die für diese Übertragung zugeteilte Sendeleistung des Satelliten muß so hoch sein, daß ein ausreichender Signal-Rausch-Abstand am Empfängereingang erreicht wird. Außerdem ist neben dem Einsatz eines leistungsstarken Kanalcodierungsverfahrens das Datenpaket - wie oben angedeutet - zyklisch zu wiederholen, damit nach fehlerhaftem Empfang eine Aktualisierung des Empfängers möglich wird.

3. Das Antennenkonzept

Einen wichtigen Beitrag zum Empfang unter diesen Ausbreitungsbedingungen muß die elektronisch steuerbare Antenne liefern, die sich aus vielen Einzelelementen in Streifenleitungstechnik zusammensetzt. Als Einzelelement wurde ein quadratisches Antennenelement mit einem diagonalen Schlitz ausgewählt, das zum Empfang zirkular polarisierter Wellen geeignet ist. Um am Empfängereingang einen hinreichenden Signal-Rausch-Abstand zu erhalten, sind 16 Antennenelemente in quadratischer Anordnung, wie Bild 1 zeigt, erforderlich.

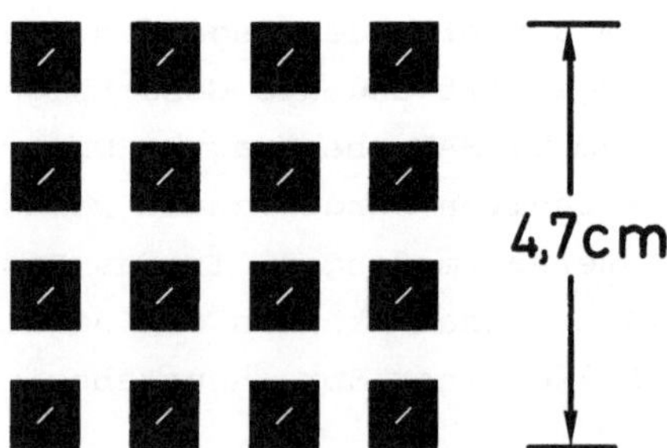

Bild 1 Quadratische Planarantenne bestehend aus 16 Einzelelementen

Das elektronische Nachführen des Hauptmaximums der Antennenrichtcharakteristik läßt sich durch eine gezielte komplexe Gewichtung der Einzelelementsignale x(t) vor der Summation realisieren. Dieser Vorgang ist in Bild 2 dargestellt. Der Signalvektor x(t) der Antennenelemente setzt sich aus den Nutz-, Rausch- und Störsignalvektoren s(t), n(t) und i(t) zusammen. Der Einsatz von geeigneten Rechenalgorithmen ermöglicht dabei eine adaptive Anpassung der Antennenrichtcharakteristik an die momentane Signalsituation. Einfallende Störsender werden durch geeignete Nullstellenbildung in der Antennenrichtcharakteristik ausgeblendet. Reflexionen des Nutzsignals können den Empfangspegel der Antenne erhöhen, indem in der Antennenrichtcharakteristik mehrere Maxima ausgebildet werden.

Aufgrund des niedrigen Einfallswinkels des Nutzsignals muß die Hauptkeule der Antennenrichtcharakteristik in einem großen Winkelbereich formbar sein, da die Planarantenne in das Kraftfahrzeugdach zu integrieren ist. Simulationen [6] haben ergeben, daß ausschließlich eine Gewichtung der Phase der Einzelelementsignale für eine Adaption ausreichend und daß der Einsatz kontinuierlich einstellbarer Phasenschieber nicht notwendig ist, da eine Phasengewichtung mit einer Auflösung von 4 bit (22,5°) zu einer ausreichenden Einschwing-, Nachführ- und Ausblendeigenschaft führt. Da es zur Zeit noch keine kostengünstigen Phasenschieber im Empfangsbereich um 12 GHz gibt, wird die Phasengewichtung im ZF-Bereich (1 GHz) durchgeführt.

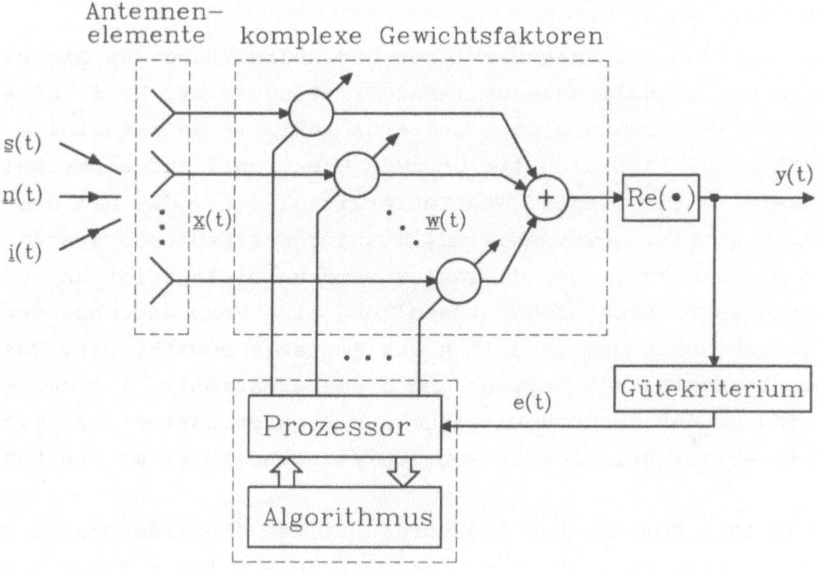

Bild 2 Prinzip einer adaptiven Antenne

Der Algorithmus zur adaptiven Einstellung der Phasenschieber arbeitet in zwei Schritten. Im ersten Schritt wird der gesamte formbare Bereich der Antenne in groben Winkelstufen abgesucht, um das Nutzsignal s(t) zu detektieren. Ein empfangenes Synchronwort im Demodulator ermöglicht es dem System, unter mehreren Signalen das gewünschte Nutzsignal zu erkennen. Im zweiten Schritt wird der eigentliche Algorithmus gestartet, der sich nur auf jeweils einen der insgesamt 16 Phasenschieber auswirkt, um die Phasensprünge im Summensignal möglichst niedrig zu halten:

Startbedingung: $\phi(k)=\phi_o+\mu\cdot\Delta\phi_{i=1}$, mit $\mu=1$

Verbesserung: $\phi(k+1)=\phi(k)+\mu\cdot\Delta\phi_{i+1}$ mit $i=1$ und $\mu := -\mu$, falls $i>4$

Verschlechterung: $\phi(k+1)=\phi(k)+\mu\cdot\Delta\phi_{i=1}$, mit $\mu := -\mu$

$\phi(k)$ = aktuelle Phaseneinstellung

k = Iterationsschritt

ϕ_o = Startwinkel nach dem Suchvorgang (erster Schritt)

$\Delta\phi_i$ = Winkelstufung $\Delta\phi\in\{22,5^o;45^o;90^o;180^o\}$

μ = Zahl, welche die Suchrichtung des Algorithmus angibt.

Die Adaption beginnt mit der kleinsten Winkelstufung $\Delta\phi_1=22,5^o$, die sich bei einer Verbesserung des Signalpegels jeweils verdoppelt. Falls der Empfang sich verschlechtert, wird die Suchrichtung geändert ($\mu := -\mu$) und die Schrittweite zurückgesetzt ($\Delta\phi_i=\Delta\phi_1$).

Zur Ansteuerung der Phasenschieber und Abarbeitung des Algorithmus wird der Signalprozessor TMS320E17 eingesetzt. Da in diesem Bereich der Programmspeicher und eine serielle Schnittstelle integriert sind, läßt sich die gesamte Elektronik auf einer halben Europakarte unterbringen. Das Fehlersignal e(t), das aus dem Summensignal y(t) gewonnen wird, muß für das Prozessorsystem in eine 1-bit-Eingangsgröße umgesetzt werden. Diese zeigt an, ob die aktuelle Phasenschiebereinstellung eine Verbesserung oder eine Verschlechterung bezüglich des Empfangs bewirkt hat. Das System, bestehend aus Antenne und Steuerelektronik, ist so leistungsfähig, daß das Hauptmaximum der Richtcharakteristik mit einer Winkelgeschwindigkeit von $100^o/s$ nachgeführt werden kann.

Die einzelnen Komponenten des vorgestellten Übertragungssystems sind mit mikroelektronischen Bauelementen - unter anderem Signalprozessoren - aufgebaut, da nur so die Anforderungen nach hoher Verarbeitungsgeschwindigkeit und geringer Baugröße erfüllt werden können.

Literatur

1. Derse, K. H., Schulz, W., Schwarze, R.: Zur verkehrstechnischen Bedeutung regionaler und streckenbezogener Verkehrsinformationen, Mitteilung Nr. 21, Lehrstuhl und Institut für Straßenwesen, Erd- und Tunnelbau der RWTH Aachen, 1987.
2. Duckeck, R., Vollmer, R.: TMC(Traffic Message Channel) - Das Verkehrsfunksystem von morgen", ITG-Fachberichte 106, Offenbach: VDE-Verlag, 1988.
3. Schulz, W., Schwarze, R.: Übermittlung von Verkehrsmeldungen mit Hilfe eines Unterträgerverfahrens im Frequenzband von Rundfunksatelliten, 8. ITG-Fachtagung Hörrundfunk, Mainz, 1988.
4. Treytl, P. (Redaktion): Digitaler Hörfunk über Rundfunksatelliten, Deutsche Forschungs- und Versuchsanstalt für Luft- und Raumfahrt (DFVLR), Herausgeber: BMFT, ohne Erscheinungsjahr.
5. Clarke, R.H.: A Statistical Theory of Mobile-Radio Reception, The Bell System Technical Journal, Juli-August, 1974.
6. Grabow, W., Kumm, W.: Experimente zur Funktionsfähigkeit planarer adaptiver Antennenarrays für den mobilen Satellitenempfang, ITG-Fachberichte 106, Mainz, 1988.

EIN NETZWERK ZUR OPTIMIERUNG DES POLARISATIONSABHÄNGIGEN ANTENNENGEWINNS

Peter W. Fröhling
Robert Casari

Technische Universität Wien
Institut für Nachrichtentechnik und Hochfrequenztechnik
Gußhausstraße 25
A-1040 Wien

ZUSAMMENFASSUNG:

Es sollen zwei gleichfrequente, in ihrer Phase und Amplitude aber unterschiedliche Hochfrequenzsignale mit dem zu untersuchenden Polarisations-Anpassungs-Netzwerk (PAN) so überlagert werden, daß am Ausgang des PAN die Summe der beiden Leistungen und damit das größtmögliche Signal auftritt.

Aufgabenstellung:

Für die Datenübertragung zwischen einer ortsfesten Bodenstation und einem Raumschiff werden im S-Band zirkular polarisierte Wellen verwendet. Am Empfänger wird die bei der Gegenstation zirkular polarisierte Welle im allgemeinen nicht mehr zirkular polarisiert, sondern elliptisch - und im Extremfall linear polarisiert sein. Zum Empfang des Signals soll ein Kreuzdipol verwendet werden, der in seinen beiden orthogonalen Hauptachsen linear polarisierte Wellen in leitungsgeführte Signale umgesetzt. Diese beiden gleichfrequenten, in ihrer Phase und Amplitude aber unterschiedlichen Signale sind mit der zu untersuchenden Anordnung - dem PAN - so zu überlagern, daß am Ausgang des PAN die Summe und damit das größtmögliche Signal überhaupt auftritt.

P.W. Fröhling ist seit 1. Juli 1989 Mitarbeiter der Schrack Aerospace Luft- und Raumfahrt Projekte GmbH, Breitenfurterstraße 106-108, A-1121 Wien

Lösung der Aufgabe /1/:

Diese Aufgabe kann mit Hilfe der in Bild 1 angegebenen Schaltung gelöst werden.

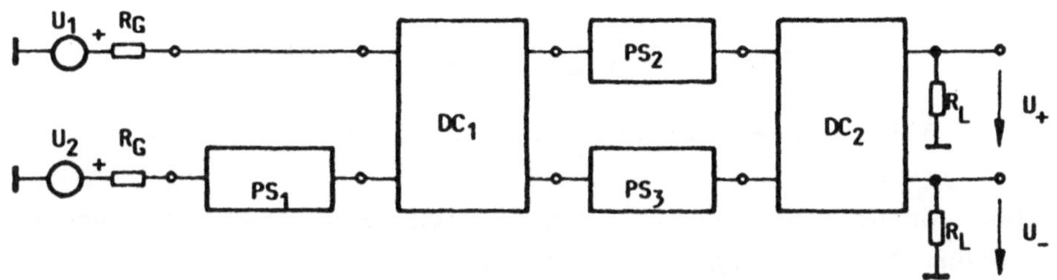

Bild 1: Blockschaltbild des PAN

Die beiden Signalquellen U_1 und U_2 symbolisieren die beiden linear polarisierten Antennen. Mit dem Phasenschieber (PS_1) wird die Phasendifferenz der beiden Signale an den Eingängen des Richtkopplers (DC_1) auf 0° eingestellt. Dann können mit den beiden Phasenschiebern (PS_2) und (PS_3) die Spannungen an den beiden Ausgängen des Richtkopplers (DC_2) beliebig eingestellt werden. Das bedeutet natürlich auch, daß am Summenausgang (U_+) die durch die Addition der beiden Eingangsleistungen maximale Ausgangsleistung zur Verfügung steht, während am Differenzausgang (U_-) keine Leistung detektiert werden kann.

Dieses Verfahren bietet grundsätzlich die Möglichkeit, den gewünschten Zustand des Netzwerkes automatisch durch Nullabgleich des Differenzausganges herzustellen. Zusätzlich wird vom Netzwerk möglichst geringe Einfügungsdämpfung gefordert, sodaß das Signal-Rausch-Verhältnis nicht wesentlich verschlechtert wird. Bei der praktischen Realisierung stellen die beiden Richtkoppler elektrisch und technologisch keine Probleme dar, wohl aber die Phasenschieber.

Realisierung der Richtkoppler /2, 3/:

Die günstigste Methode zur Realisierung der 3dB-Koppler ist der Aufbau eines 90°-3dB-Branchline-Couplers, wie er in Bild 2 dargestellt ist.

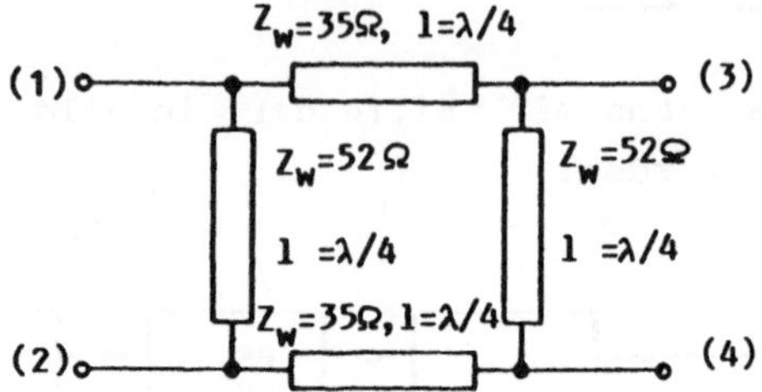

Bild 2: Branchline-Coupler in einem 50 Ω-System

Der Branchline-Coupler setzt sich aus vier Leitungen zusammen. Die Leitungslängen und die einzelnen Impedanzen der Leitungen sind so zu dimensionieren, daß im gewünschten Frequenzbereich die Tore (1) und (2) entkoppelt sind. Die Kopplung zwischen den Toren (1) und (3) sowie zwischen den Toren (1) und (4) beträgt -3dB. Auf Grund des symmetrischen Aufbaus ist die S-Matrix symmetrisch.

$$[S] = \frac{1}{\sqrt{2}} \cdot \begin{bmatrix} 0 & 0 & 1 & j \\ 0 & 0 & j & 1 \\ 1 & j & 0 & 0 \\ j & 1 & 0 & 0 \end{bmatrix}$$

Diese theoretischen Werte können in der Praxis nicht erreicht werden, da das Netzwerk nicht bei genau einer Frequenz betrieben wird, sondern in einem etwa 300 MHz breiten Frequenzband.

Realisierung der variablen Phasenschieber /2, 3/:

Der variable Phasenschieber wird durch eine veränderbare Stichleitung unter Einsatz eines Richtkopplers realisiert.

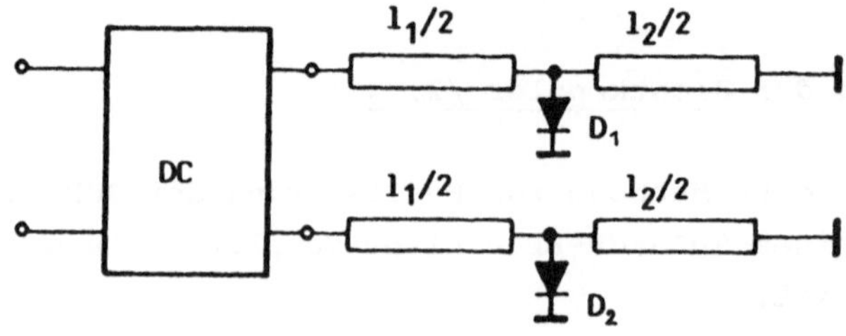

Bild 3: Phasenschieber mit Richtkoppler

Durch das Ein- und Ausschalten der beiden PIN-Dioden D_1 und D_2 kann der Kurzschluß um die Länge $l_2/2$ verschoben werden, sodaß zwischen den entkoppelten Toren (1) und (2) des Richtkopplers eine variable Leitungslänge l_1, bzw. $l_1 + l_2$ erscheint. Als Richtkoppler wird der schon beschriebene Branchline-Coupler verwendet.

Gesamter Schaltungsaufbau:

Der gesamte Schaltungsaufbau kann auf Grund der verwendeten einzelnen Bauelemente in Mikrostreifenleitertechnik einseitig auf einem qualitativ hochwertigen Substratmaterial erfolgen. Da die Richtkoppler als Branchline-Coupler selbst angefertigt werden, kann die komplette Schaltung direkt auf einem Substrat aufgebaut werden, wodurch die Einfügungsdämpfungen durch etwaige Verbindungsleitungen zwischen den Bauelementen entfallen. Diverse Koppelkondensatoren und Widerstände müssen in Chipform eingebaut werden, da nur diese Bauform die Funktion im S-Band gewährleistet.

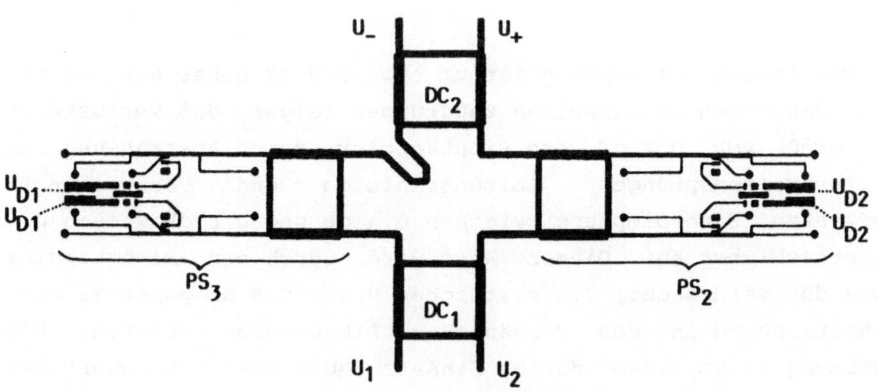

Bild 4: Layout der Gesamtschaltung

Durch Anlegen entsprechender Spannungen U_{D1} und U_{D2} können Phasenverschiebungen von + 90°, 0° und - 90° zwischen den Phasenschiebern (PS_2) und (PS_3) erreicht werden. Der in Bild 1 vorgesehene Phasenschieber (PS_1) wurde in diesem Layout nicht berücksichtigt, da in der geplanten Anwendung die Phase zwischen den beiden Eingangssignalen konstant 0° ist.

Meßergebnisse:

Bei der Anwendung des PANs interessiert hauptsächlich die Leistungsübertragung von den beiden Eingängen zum Summenport.

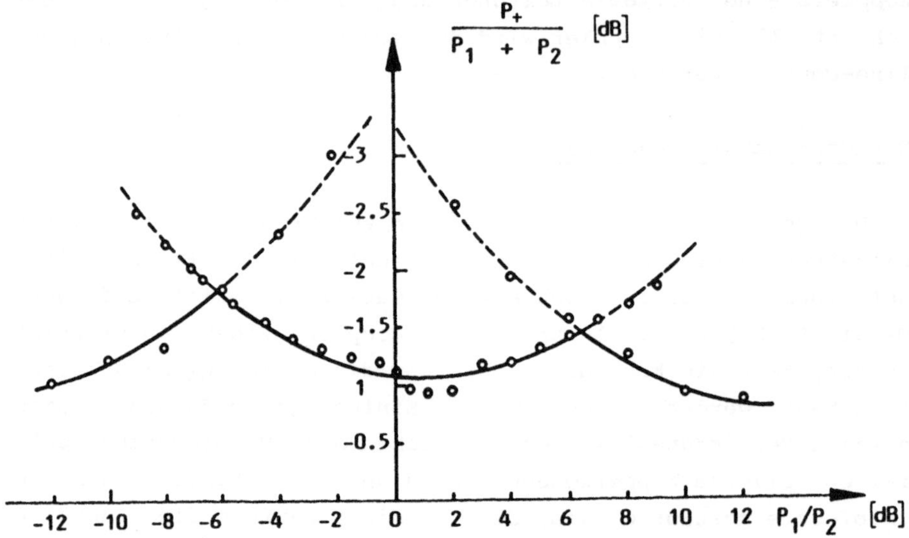

Bild 5: Einfügungsdämpfung in Abhängigkeit des Verhältnisses der beiden Eingangsleistungen

Die Einfügungsdämpfung ist um etwa 0.9 dB höher als erwartet. Messungen an einzelnen Baugruppen zeigen, daß Verluste in der Größe von 0.2 dB pro Richtkoppler durch Abstrahlung an Leiterbreitensprüngen, Leitungsknicken und Verzweigungen auftreten. Eine Dämpfung zwischen 0.4 dB und 0.8 dB weisen die Phasenschieber auf. Dieser Wert wird durch den Richtkoppler (0.2 dB) verursacht, die restlichen 0.2 - 0.6 dB gehen je nach Schaltzustand in den verwendeten PIN-Dioden verloren. Die Rechnung zeigt, daß durch Einsatz qualitativ hochwertiger Dioden dieser Verlust auf etwa 0.2 dB abgesenkt werden kann.

Damit besteht die Möglichkeit, mit niedrigen Bauteilekosten ein verlustarmes PAN zu bauen. Da die Methode der Leistungsaddition mit dem PAN nicht nur auf das S-Band beschränkt ist, ergibt sich ein großes Anwendungsgebiet für das PAN. Überall dort, wo zwei gleichfrequente Signale mit unterschiedlicher Phase und Amplitude konstruktiv überlagert werden sollen, kann das PAN mit Vorteil eingesetzt werden. Dazu zählen vor allem mobile Sende- und Empfangsanlagen.

Literatur:

/1/ Régis Lenormand, et. al. "Dispositif autoadaptif de rattrapage des degradations de la purette de polarisation dans une liaison hyperfrequence"; Patentschrift 87.09560; Alcatel Espace

/2/ Robert Casari: "Phasenschieber in Streifenleitertechnik"; Diplomarbeit, ausgeführt am Institut für Nachrichtentechnik und Hochfrequenztechnik der Technischen Universität Wien

/3/ Werner Pritzl: "Mikrowellennetzwerk - Analyse und Optimierung" ; Diplomarbeit, ausgeführt am Institut für Nachrichtentechnik und Hochfrequenztechnik der Technischen Universität Wien

Themenkreis 3

FLEXIBLE AUTOMATION UND ZUVERLÄSSIGKEIT

Sitzungsleitung und Rapporteure:

HR. Dipl. Ing. Dr. A. Sethy

Univ. Prof. Dipl. Ing. G. Zeichen

Einzelbeiträge No 61 bis 81

REALISIERUNG EINER HOCHFLEXIBLEN MONTAGEZELLE MIT DYNAMISCH OPTIMIERENDER STEUERUNG

61

E. Fugger, P. Spinadel

Österreichisches Forschungszentrum Seibersdorf Ges.m.b.H. (**ÖFZS**)
Technische Universität Wien (**TU-WIEN**)
Universidad de Buenos Aires (**FI-UBA**)

ZUSAMMENFASSUNG:

In diesem Beitrag wird eine neue Methode der flexibel automatisierten Montage vorgestellt. Deren besondere Kennzeichen sind (1) die Konfiguration von Montagezellen nach technologischen Kriterien und (2) deren Steuerung mit Hilfe dynamischer Optimierung. Die Anwendung dieser Methode erlaubt es, vor allem bei kleinen Losgrößen und großer Typenvielfalt, die Produktmontage wirtschaftlich zu automatisieren.

1. Einleitung

Das Seibersdorfer Pilotprojekt "Realisierung einer hochflexiblen Montagezelle" steht in engem Zusammenhang mit dem **EUREKA**-Projekt EU 72 "**FAMOS**" (Flexibel Automatisierte Montagesysteme); wesentliche Teile davon werden, gemeinsam mit Partnern aus Industrie und Forschung, im Rahmen von FAMOS durchgeführt. Ziel des Vorhabens ist es, neue, zukunftsweisende Montagetechnologien zu entwickeln, die vom industriellen Anwender direkt in die Praxis umgesetzt werden können (industry-led-projects).

Für die österreichische Industrie hat dieses Projekt insofern besondere Bedeutung, als die **Flexibilität** für viele Produktionseinrichtungen, aufgrund der heimischen Industriestrukturen und Produktionsbedingungen, ein entscheidendes Wettbewerbskriterium darstellt. Davon ausgehend können für den Bereich der Montageautomatisierung bestimmte technische und wirtschaftliche Anforderungen abgeleitet werden. Bei der Formulierung dieser

Anforderungen kann davon ausgegangen werden, daß einer der wichtigsten Parameter für die Wirtschaftlichkeit einer Anlage deren Einsatzzeit innerhalb des gesamten Jahres ist. Unter den **Randbedingungen** - geringe Jahresstückzahlen und gleichzeitig Produktion in kleinen Losgrößen - kann volle Auslastung jedoch nur dann erreicht werden, wenn die Anlagenflexibilität genügend hoch ist, um unterschiedliche bzw. bei der Planung noch nicht berücksichtigte Produkte assemblieren zu können. Die Gesamt-Einsatzzeit ergibt sich dann als Summe aus Stückzahlen und Montagezeiten der einzelnen Produkte.

2. Die Funktion 'Technologie-Orientierter Stationen' in Montagezellen

Um unter den erwähnten Randbedingungen eine flexibel automatisierte Montageanlage (Zelle oder System) wirtschaftlich betreiben zu können, sind bei deren Planung und Auslegung folgende Kriterien zu berücksichtigen:

- Montagekomponenten (z.B. Roboter, Pressen, Schrauber etc.) sind in der Weise anzuordnen, daß der Montageablauf möglichst unabhängig von deren Aufstellungsort in der Zelle erfolgen kann;
- das Layout der Zelle soll die Konzentration bestimmter Montagetechnologien bzw.-techniken in einzelnen Stationen zulassen, unter der Bedingung, daß diese Technologien hochflexibel eingesetzt werden können;
- die einzelnen Stationen der Zelle sind so zu konzipieren, daß sie unabhängig arbeiten können (mit eigener Rechnerkapazität pro Station), jedoch über ein flexibles Transportsystem miteinander verbunden sind.

Diese Kriterien bildeten die Grundlage für die Entwicklung der **TOS-** **(Technologie-Orientierte** Stationen) Methode. Die Voraussetzung für deren volle Funktionsfähigkeit wird durch die Entwicklung einer dynamisch optimierenden Steuerung geschaffen, (Kapitel 3). Mit Hilfe der Gegenüberstellung einer "starr" automatisierten Montagelinie und einer Zelle, die auf obigen Kriterien basiert, wird im folgenden die prinzipielle Funktionsweise der TOS-Methode dargestellt:

In vereinfachter Form zeigt **Bild 1** die Anordnung von Montagestationen in einer **Montagelinie**. Einzelne Arbeitsschritte werden in einer bestimmten Reihenfolge, im gleichen Takt ausgeführt. Auf Grund der Anordnung in einer Linie müssen einzelne Montagekomponenten mehrfach angeordnet werden (z.B. drei Schraubstationen oder vier Klebestationen). Darüberhinaus sind die Stationen so zu planen, daß deren taktzeitmäßige Abstimmung ermöglicht wird. Auch kleine Änderungen am Produkt oder am Prozeß bedingen umfangreiche Umstell- und Änderungsarbeiten an der Montagelinie.

Die vereinfachte Darstellung einer Zelle mit **Technologie-Orientierten Stationen** in **Bild** 2, soll die prinzipielle Funktionsweise der, im ÖFZS entwickelten Montagemethode verdeutlichen. Mehrere Stationen oder Subzellen werden durch ein flexibles Umlaufsystem verbunden. Entscheidend sind dabei die **ringförmige Anordnung** des Systems und die eingebauten **Parallelstrecken.** Die einzelnen Stationen werden an das Umlaufsystem quasi angedockt. Als Ergebnis erhält man eine Zelle, deren Stationen unabhängig voneinander, unterschiedliche Montageschritte ausführen können, wobei mit Hilfe von Werkstückträgern die Bauteilzuführung erfolgt.

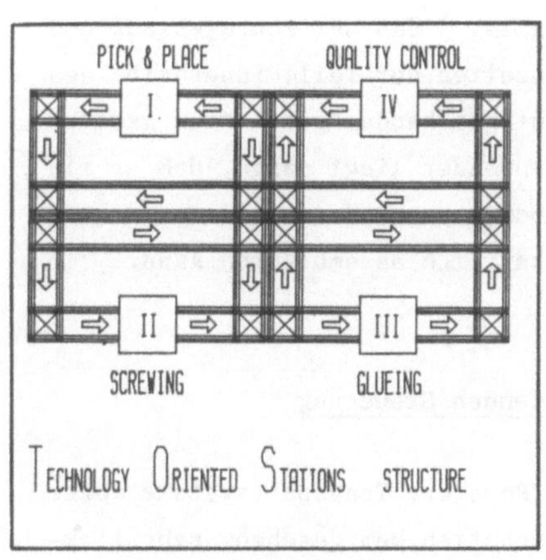

Bild 1

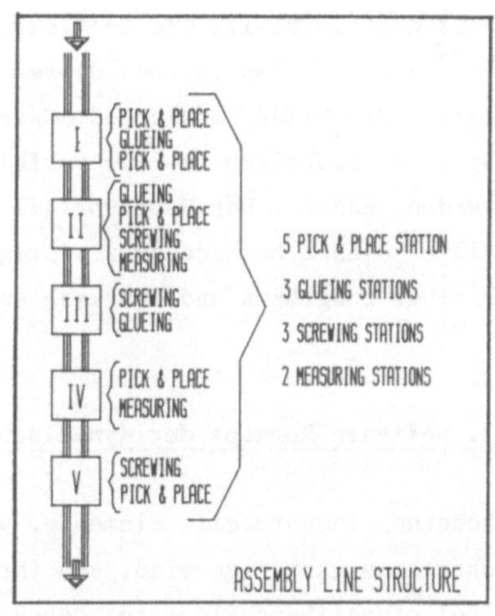

Bild 2

In jeder dieser Subzellen oder Stationen sind ganz bestimmte Montagetechnologien bzw.-techniken konzentriert. Beispielsweise Schrauben (nur in Station 2) oder Kleben (nur in Station 3). Entscheidend ist dabei deren hochflexible Einsatzmöglichkeit beim Assemblieren unterschiedlicher Produkte. Jede Zelle wird von den Werkstückträgern so oft angefahren, als die jeweilige spezielle Montagetechnik benötigt wird um das Produkt fertigzustellen. Der dabei zu wählende Weg innerhalb des flexiblen Umlaufsystems ist nicht vorbestimmt und hängt von Faktoren wie Produkttyp, Produktbelegung, Belegungszeit einzelner Stationen oder Prioritätensetzung ab. Wesentlich für die Funktion des Systems ist die Ausrüstung der Werkstückträger mit Informationsspeichern. Jeder Bauteil führt seine spezifischen Informationen mit sich, z.B. Typ, Variante, Montagefortschritt oder Prüfdaten.

Eine Zelle, die nach diesen (TOS-) Kriterien konfiguriert wurde, erlaubt es dem Anwender, gleichzeitig unterschiedliche Produkte zu assemblieren. Die Teile brauchen auch nicht in einer bestimmten Reihenfolge eingeschleust zu werden; es ist sogar vorteilhaft, Produkte zu assemblieren, welche die einzelnen Stationen unterschiedlich auslasten. Die Montageplanung hat daher die Aufgabe, beispielsweise für eine Schicht, jenen Produktmix zu ermitteln der die Zelle (unter den gegebenen Nebenbedingungen) optimal auslastet.

Eine wesentliche Voraussetzung für die Realisierung der hochflexiblen Montagezelle stellt die Entwicklung einer dynamisch optimierenden Steuerung dar. Das Kennzeichen dieser Steuerung ist, daß der Montageblauf und damit die Pfade, Ziele und Gesamtmontagezeiten der Teile innerhalb des Systems praktisch on-line verfolgt und entsprechende Prioritäten gesetzt werden können. Der Hauptvorteil für den Anwender liegt darin, daß er mit Hilfe dieser Methode kurzfristig neue Produkttypen oder-varianten, trotz kleiner Losgrößen und Stückzahlen, wirtschaftlich assemblieren kann.

3. Software-Konzept der dynamisch optimierenden Steuerung

Moderne industrielle Elemente, wie z.B. Roboter, Transportsysteme oder Überwachungssysteme sind, von ihren Eigenschaften her gesehen, sehr flexibel einsetzbare Elemente. Deren Flexibilität wird jedoch beeinträchtigt, sobald sie in einem Produktionssystem "zusammenarbeiten" sollen. Die Konzentration auf diese "Kooperation" sollte daher einen Schwerpunkt für Entwicklungsarbeiten auf diesem Gebiet bilden. Eine bessere "Kooperation" zwischen den einzelnen Elementen kann im wesentlichen erreicht werden durch: (1) Änderung der physischen Verteilung (System-Konfiguration, Layout) und (2) Änderung der zeitlichen Verteilung (Planungsreihenfolge, Arbeitsfluß und Steuerung). Die erste Möglichkeit wird durch **TOS** - Technologie-Orientierte Stationen - die zweite durch **DYCO** - **DY**namic Control Optimization - realisiert.

Flexibilität wird häufig als "Kapazität eines Systems, sich schnell und gut an neue Anforderungen anzupassen" verstanden. Je mehr Alternativen in einem System zur Verfügung stehen, desto leichter kann eine ökonomische Lösung für neue Produkte erreicht werden. In diesem Sinn kann man Flexibilität als eine "Messung der verschiedenen, koexistierenden Varianten" definieren. Aus der Kontrolltheorie ist bekannt, daß die Komplexität eines Systems und damit die benötigte Zeit, eine neue Lösung zu finden, exponentiell mit der Variablenanzahl steigt, das heißt, die Komplexität einer Softwarestruktur, die zu einer dynamisch optimalen Lösung führt, nimmt exponentiell mit der Flexibilität zu.

3.1 DYCO

Im **Bild 3** wird das System aus der Sicht eines Benützers dargestellt, um eine bessere Vorstellung der DYCO-Anforderungen zu vermitteln. Die DYCO-Umgebung wird dabei in zwei "Welten" geteilt: Die "reale" und die "mögliche Welt". Die "reale Welt" beinhaltet sogenante Statusinformationen, die den Ist-Zustand des Systems beschreiben. In der "möglichen Welt" hingegen erfolgt die Bearbeitung der Änderungen (z.B. die "Produzierbarkeit" neuer Produkte, das Einschleusen neuer Aufträge, usw.) sowie die Unterstützung

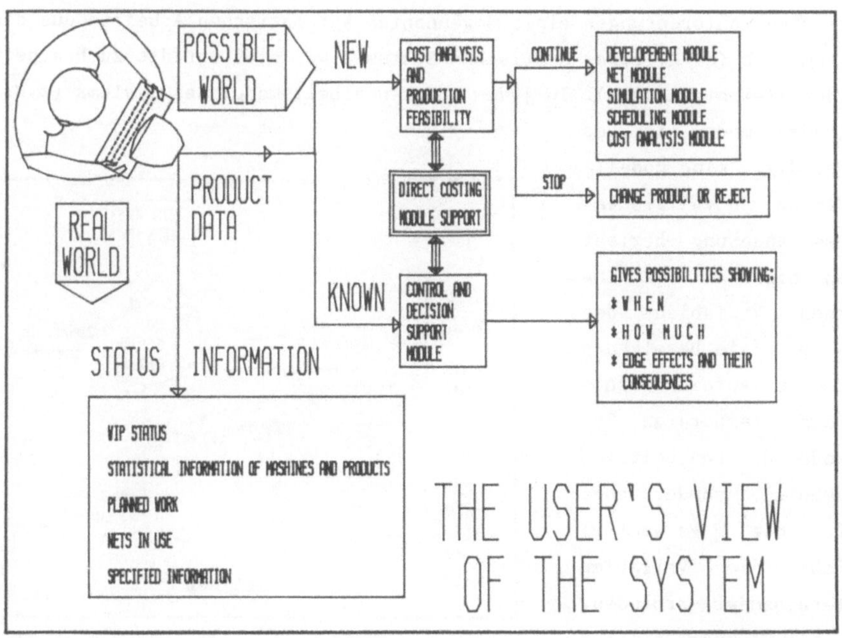

Bild 3

von Entscheidungen, die zu einer (zukünftigen) optimalen Lösung führen. Neben der kurzfristigen Planung, erfolgt in diesem Teil auch die **mittelfristige Planung** durch günstigere Produktgruppierung mit Hilfe einer modifizierten Deckungsbeitragsrechnung.

In der flexiblen Montage ist nicht nur eine mögliche Lösung erforderlich, sondern vielmehr die "zeitlich optimale". So besteht die Hauptaufgabe darin, Einzelzeiten (für Montage, Transport, Handling etc.) in der Weise zu verändern bzw. zu reduzieren, daß eine optimale Lösung für den gesamten Prozeß (in dynamischer Form) erreicht wird. Zur Erfüllung dieser Aufgabe bieten sich zwei Möglichkeiten an: (1) Die Komplexität des analytischen Modelles zu reduzieren und (2) nicht traditionelle Methoden zu benützen, um die Analysezeit zu verkürzen.

3.2 Reduzierung der Modellkomplexität

Die Aufgabe eines mathematischen Modelles besteht darin, mit gegebenen Variablen und deren Relationen, eine Gruppe von Werten zu ermitteln, die man als Lösungen oder Antworten beschreiben kann. Mit diesen Werten (und dadurch bedingten Systemänderungen), kann man eine neue Gruppe von Variablen errechnen, die wieder zur Ermittlung einer neuen Lösung dienen, um so einen neuen Zyklus zu beginnen. Ein derartiges Grundmodell deckt alle möglichen Anforderungen eines sogenannten automatischen Arbeitsmodus des Systems ab (d. h. eines statischen Systems, wo sich nur die zu bearbeitenden Elemente ändern). In jedem anderen Arbeitsmodus des Systems (z.B. degraded mode), ist es notwendig, eine Modelländerung zu vollziehen. Diese Änderung bezieht sich nicht auf die internen Variablen des Systems (sie bezeichnen nur die aufeianderfolgenden, temporären Zustände der bearbeiteten Elemente), sondern eher auf die Parameter, welche die Variablen untereinander verbinden. Um die Wirkung solcher Modelländerungen auf die

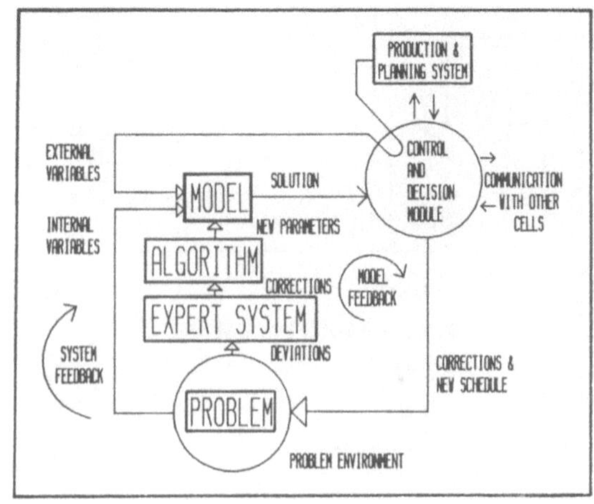

Bild 4

einzelnen Parameter zu untersuchen (und auch deren zeitliche Änderungen, um eine optimale 'Rückkehr' in den automatischen Arbeitsmodus zu erlauben), sind nicht nur spezielle Algorithmen zur Übersetzung des Systemzustandes in den dazugehörigen Modellzustand erforderlich, sondern auch heuristische Kenntnisse und Datenstrukturen, die das System auf den 'besten Rückweg' steuern. Diese neue Rückkopplung (**Bild 4**) kann als eine **Modellrückkopplung** zur Unterscheidung der **Systemrückkopplung** angesehen werden. Mit Hilfe dieser neuen Struktur kann ein einfacheres und kleineres Modell der Zelle definiert werden, indem die Änderungen durch Variationen der flexiblen Parameter, mittels der Modellrückkopplung erfolgen. Dieser Aufbau erlaubt es, auf die Netztheorie zurückzugreifen, ohne dabei Komplexitätsniveaus zu erreichen, deren Analyse nicht mehr realisierbar ist.

3.3 Reduzierung der Bearbeitungszeit

Das Planungsproblem kann durch eine Untersuchung des möglichen Lösungsgebietes (solution space) gelöst werden. Wenn dieses Gebiet zu umfangreich wird, ist es erforderlich, ein 'Entscheidungs-Unterstützungs System' zu benützen. In den letzten Jahren wurde in vielen Arbeiten über Modellierung und Vorstellung von Produktionssystemen die Netztheorie benützt. Diese Theorie wird vor allem eingesetzt, wegen ihrer Mächtigkeit und wegen ihrer guten Anpassung an das Vermögen des Menschen, bildliche Strukturen und Vorgänge zu erfassen und zu verarbeiten. Insbesondere bietet sie Vorteile bei der Darstellung gleichläufiger Handlungen und Funktionseinheiten und deren Strukturierung durch Vergröberung über mehrere Abstraktionsschichten hinweg. Die meisten Applikationen basieren auf **Petri-Netzen** (gennant nach C.A. Petri), die definiert werden können als ein Tripel **N=(P,T,F)**, bestehend aus einer Menge P von Plätzen, einer dazu disjunkten, nichtleeren Menge T von Transitionen und einer Flußrelation F so das $F \subset (S \times T) \cup (T \times S)$.

Mit Hilfe einer speziellen Art von erweiterten Petri-Netzen (**EPN**) kann ein Modell einer flexiblen Montagezelle erstellt werden. **Bild 5** zeigt (stark vereinfacht), ein solches Modell. Wenn man sich nur auf einen Teil dieser Struktur konzentriert, erkennt man eine intelligente Transition, deren Aufgabe es ist, die **Element-in-Work Tokens**, die auf Platz **WE** warten, mit den **Resource-Tokens**, die auf Platz **R** warten, zu verbinden. Die Form, in der dieses 'matching' der beiden **Token-Queues** erfolgt, ist der Schlüssel zu einer erfolgreichen Systemoptimierung. Um eine Lösung in Echtzeit zu finden, wird eine dynamische Prioritätsgleichung und hochdirektionale Evolutionstrategien zur Lösung des **Queue-matching** Problems benützt. In manchen Fällen liefert jedoch diese Vorgehensweise keine zufriedenstellende Lösung, weil die genannte Prioritätsgleichung, die in manchen Fällen mehr als 50 Terme haben kann, einen enormen Rechenaufwand erfordert.

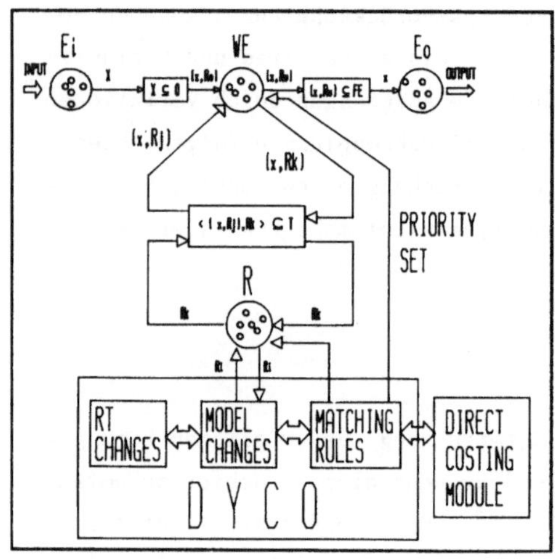

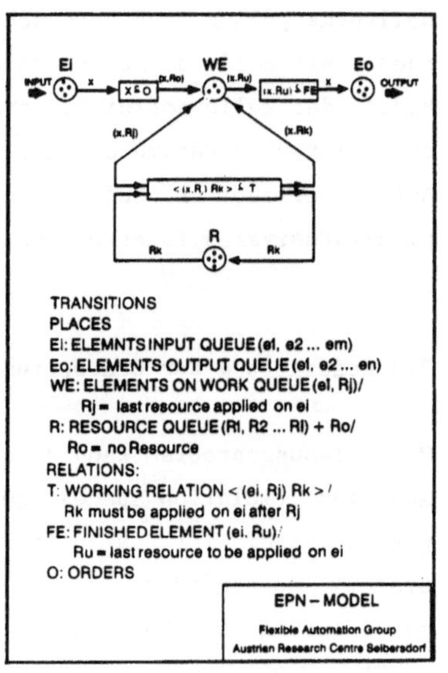

Bild 5

In der Gruppe 'Flexible Automation' im Forschungszentrum Seibersdorf wird derzeit diese Prioritätsgleichung für mehrere praktische Anwendungsfälle untersucht. Spezielle Aufmerksamkeit erhält dabei die Frage, ob alle Parameter dieser Prioritätsgleichung bei jeder Systemänderung optimiert werden müssen. Vorerst wird angenommen, daß nur eine kleine Gruppe von Termen in dynamischer Form geändert werden muß. Wenn diese Hypothese verifiziert werden kann, dann müßte eine komplette Analyse der Prioritätsgleichung nur am Beginn eines Prozesses, in einer statischen Form stattfinden und nur eine wesentlich kleinere, dynamische Ergänzung einiger Termen in Echtzeit erfolgen. Zur Zeit werden auch die möglichen Datenstrukturen von Montageprodukten untersucht, weil diese großen Einfluß auf die Rechenzeit und die Wiederverwendbarkeit der Kenntnisse haben.

4. Pilot-Montagezelle auf der Grundlage von TOS-DYCO

Die Pilot-Montagezelle (Layout **Bild 6**), welche im Robotik-Labor des Forschungszentrums Seibersdorf installiert ist, wird für die praktische Erprobung, Optimierung und Demonstration von Entwicklungsarbeiten auf dem Gebiet der Montageautomatisierung eingesetzt. Die Konfiguration dieser Zelle basiert auf den, in Kapitel 2 dargestellten TOS-Kriterien und erlaubt den Einsatz der dynamisch optimierenden Steuerungsmechanismen, dargestellt im Kapitel 3. Folgende Haupt-Komponenten wurden in dieser Zelle installiert (Bild 7 u. 8): [(*) Installation 1990]

- Industrieroboter (ASEA IRB60, BOSCH SR800, BERGER LAHR Kartesischer R.)
- sensorgesteuerter Greifer u. Greiferwechseleinrichtungen *);
- Bilderkennung, Prüfgeräte (Farberkennung, Meßtaster etc.);
- Barcode-Leser *), Identifikations- u. Datenspeichersystem;
- sensorgesteuerte Presse, flexible Umlauf-u. Zuführsysteme;
- automatisiertes Zwischenlager u. fahrerlose Transportsysteme *);
- Personal Computer und speicherprogrammierbare Steuerungen.

Die Montagezelle besteht aus vier Stationen, welche mit Hilfe peripherer Zuführsysteme, bestimmte Montageoperationen autonom ausführen können. Der Transport von Standardpaletten mit Einzelteilen (z.B. vom Zwischenlager zur Zelle) soll in einer späteren Projektphase mittels fahrerloser Transportsysteme durchgeführt werden. In einzelnen Stationen werden beispielsweise folgende Arbeitsschritte ausgeführt:

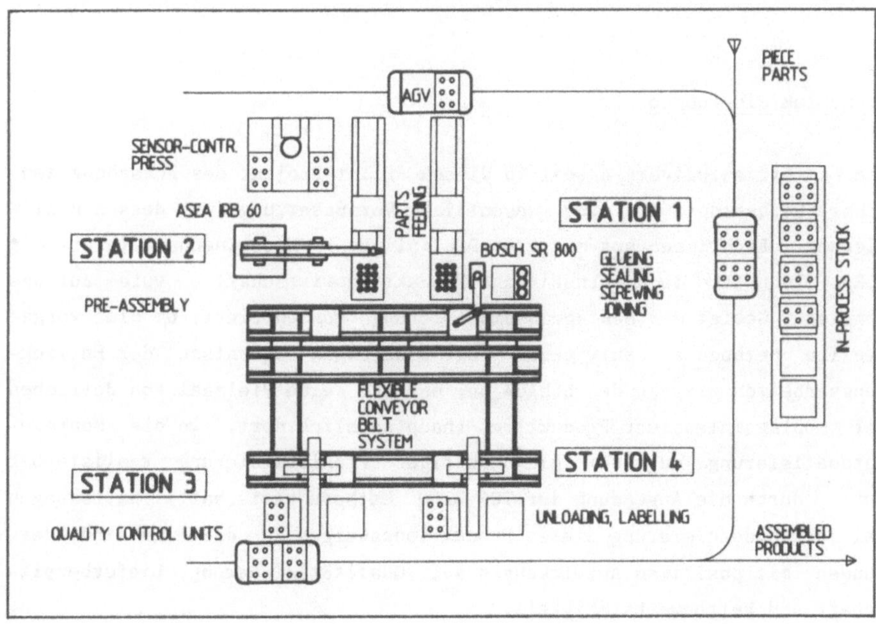

Bild 6

Station 1: Kleben, Beschichten, Schrauben, 'pick & place';
Station 2: Vormontage (sensorgesteuerte Presse);
Station 3: Qualitätsprüfung

Bei dem Produkt, welches in der Montagezelle assembliert wird, handelt es sich um ein **Kleingetriebe** (Pilot-Produkt), wobei nicht dieses Produkt im Mittelpunkt steht, sondern die praktische Anwendung der Montage-Methode. Getriebe wurden deshalb ausgewählt, weil sie für Tests und Demonstration von Ergebnissen besonders geeignet sind. Von diesem Kleingetriebe können mit der Seibersdorfer Anlage insgesamt 18 Varianten hergestellt werden; die folgende Liste liefert einen Überblick der Struktur dieser Varianten:

- Zahnräder 3 Übersetzungsverhältnisse
- Wellen 3 Durchmesser/Enden
- Buchsen 2 Materialien
- Flansche 2 Formen
- Elektromotore 2 Typen

Aus diesen unterschiedlichen Komponenten sowie aus Norm-Teilen (Schrauben, Zylinderstifte, Kugellager etc.) sind die 18 Varianten vollautomatisch, unabhängig von Losgrößen und Reihenfolge, unter Anwendung der vorgestellten Montagemethode, assemblierbar.

5. Schlußfolgerungen

Die **interdisziplinäre Arbeit** in diesem Pilot-Projekt des Forschungszentrums Seibersdorf ist eine wesentliche Voraussetzung für dessen Realisierung. Fachwissen aus mehreren Disziplinen - Maschinenbau, Informatik (OR), Industrielle Kybernetik und Produktionswirtschaft - wurde auf das komplexe Gebiet der Montageautomatisierung konzentriert, um die vorgestellte Methode zu entwickeln. Die bisherigen Ergebnisse der Entwicklungsarbeiten lassen den Schluß zu, daß für eine Vielzahl von Betrieben mit montageintensiver Produktion (hauptsächlich dort, wo die Montageautomatisierung nur bei gleichzeitiger Flexibilisierung realisierbar ist), durch die Anwendung der **TOS-DYCO Methode** wirtschaftliche Lösungen bei der Modernisierung dieses Produktionszweiges zu erzielen sind, verbunden mit positiven Auswirkungen auf Qualitätssicherung, Lieferbereitschaft und Wettbewerbsfähigkeit.

Bild 7

Bild 8

6. Literatur

[1] **BRAUER, W.**, Net Theory and Aplications. Springer Verlag 1979.

[2] **FUGGER, E., SPINADEL, P.**, High Flexible Assembly Cell with Dynamic Control Optimization. 19th International Symposium on Automotive Technology & Automation (ISATA). Monte Carlo, 24th-28th Oct. 1988.

[3] **FUGGER, E.**, Flexible Assembly System and Commun. Network for the Manufacturing of Precision Gearboxes. FAMOS Project Proposal 1988.

[4] **JESSEN, E., VALK, R.**, Rechensysteme. Springer-Verlag 1989.

[5] **KAMATH, M., VISVANADHAM, M.**, Application of PETRI-Nets Based Models in the Modelling and Analysis of FMS. IEEE Robotic & Automation 1986

[6] **KÖNIG/QUÄCK**, Petri Netze in der Steuerungs-und Digitaltechnik. R.Oldenburg Verlag.

[7] **KUSIAK, A.**, FMS: Methods and Studies. North Holland 1986.

[8] **KUSIAK, A.**, AI, Implications for CIM. Springer Verlag 1988.

[9] **TZAFESTAS, S.G.** (Ed), Optimization and Control of Dynamic Operational Research Models. North Holland 1982.

[10] **REISIG, W.**, Petrinetze. Eine Einfürung. Springer-Verlag 1986.

[11] **SCHWEFEL, H.P.**, Numerische Optimierung von Computer-Modellen mittels der Evolutionsstrategie. Birkhäuser Verlag 1977.

[12] **SPINADEL, P.**, Dynamic and Static Flexibility. ÖFZS Work.Pap. 010288.

[13] **SPINADEL, P.**, Towards Dynamic Control Optimization of FMS. University of Rhode Island. Jun 1-4, 1988. USA.

[13] **STEPAN, A., FISCHER, E.O.**, Betriebswirtschaftliche Optimierung. R.Oldenburg Verlag 1988.

RECHNERGESTEUERTE PRESS- UND PRÜFZELLE 62

E. Fugger, J. Niwinski, P. Spinadel
L. Prager, E. Schauer

Österreichisches Forschungszentrum Seibersdorf Ges.m.b.H.

ZUSAMMENFASSUNG:

Im folgenden Beitrag wird der Prototyp einer rechnergesteuerten Presse vorgestellt. Sie bildet einen zentralen Bestandteil der hochflexiblen Montageanlage im Robotik-Labor des Forschungszentrums Seibersdorf und kann, programmgesteuert, für die unterschiedlichsten Preß- und Prüfaufgaben eingesetzt werden; sämtliche Funktionen der Presse werden über einen Rechner aktiviert, der auch die Prüfdaten verwaltet und mit dem Systemrechner kommuniziert.

1. Einleitung

Der Einsatz automatisierter Produktionsanlagen, insbesondere im Bereich der flexiblen Montage, stellt eine Reihe spezifischer Anforderungen an die zum Einsatz kommenden Geräte und Maschinen, wobei grundsätzlich gilt: Eine Anlage ist nur so flexibel wie ihre Einzelkomponenten es erlauben; wenn diese nicht flexibel genug sind, wird die Gesamtanlage einen Teil ihrer Flexibilität (i.S.v. Anwendungs-od. Anpassungsflexibilität) einbüßen und damit in ihrer Produktivität deutlich absinken.

Bei der Montage von Produkten stellt das kraftschlüssige Fügen von Einzelteilen einen wichtigen Sektor des Prozesses dar. Die Anforderungen an die Komponenten (Pressen) hängen dabei von der Art der Montage ab. Während beim manuellen Assemblieren das Bedienungspersonal Art und Weise des Einsatzes bestimmt und bei Großserien die Komponenten auf einige wenige Produkte abgestimmt und in großen Intervallen umgestellt werden, müssen demgegenüber in der flexiblen Montage die Funktionen einer Presse, in Abhängigkeit von den unterschiedlichen Erfordernissen beim kraftschlüssigen Fügen von Bauteilen abrufbar und überprüfbar sein. Sowohl die materialflußseitige Kopplung als auch der Rechnerverbund sind entscheidend für die Integration in das Gesamtsystem. Da manuelle Kontrollmöglichkeiten fehlen, ist das Prüfen und Dokumentieren bestimmter Parameter fixer Bestandteil der Pressenfunktionen. Das Einsatzgebiet der Preß- und Prüfzelle beschränkt sich jedoch nicht nur auf das kraftschlüssige Fügen sondern kann, auf Grund ihrer hohen Flexibilität, auch auf andere Gebiete ausgedehnt werden, wie z.B. das automatisierte Richten von Werkzeugen nach der Wärmebehandlung.

Das im folgenden beschriebenen Verfahren wurde zum Patent angemeldet.

2. Funktionsweise der Zelle

In der Preß- und Prüfzelle (Bild 1) wird ein pneumohydraulischer Zylinder über ein elektronisches Regelsystem von einem Rechner angesteuert. Unterstützt durch ein Wegmeßsystem wird mit Hilfe eines speziell entwickelten Programmes erreicht, daß variable, vom Rechner abrufbare Preßdrücke und -positionen realisiert werden können. Die Information dafür wird z.B. aus dem Code-Speicher eines Werkstückträgers an den Rechner übertragen; in der Folge wird das, für das Werkstück spezifische Programm abgerufen und ausgeführt. Im **Prüfmodus** wird festgestellt, ob die Endposition innerhalb der vorgewählten Toleranzen liegt; die erforderliche Preßhub-Endposition kann aber auch durch vorhergehendes Antippen mit einem Sensor ermittelt werden. Ein **Teach-in Modus** soll die Entwicklung von Programmen für neue Montageteile unterstützen. Sämtliche Funktionen sind automatisiert und können mit Hilfe des Rechners abgerufen bzw. angesteuert werden:

- variable Preßkräfte (Typ I: 200 N - 10 KN),
- variable Eil- und Krafthübe,
- Kraft-Weg Kombination nach Erfordernis,
- Überwachung von Preßpositionen mit Wegmeßsystem (Toleranzfeldvorgabe),
- Automatische Ermittlung von Montagemaßen oder von zu erreichenden Preßpositionen,
- Teach-in-Betrieb für die Programmerstellung, sensorgestützte Generierung von Positionen.

2.1. Ansteuerung der Einzelkomponenten

Zur Erzeugung der Preßkraft wird ein Pneumatikzylinder mit integriertem Ölsystem, ein sogenannter pneumo-hydraulischer Zylinder, eingesetzt. Der Arbeitsweg des Zylinders ist in drei Hübe geteilt: einen luftbetriebenen Eilhub, einen pneumo-hydraulischen Krafthub und einen luftbetriebenen Rückhub. Mittels elektrisch betätigter Magnetventile werden die einzelnen Hübe angesteuert. Durch Variation des Luftdruckes mit Hilfe eines elektronisch regelbaren Proportionalventiles in der Zuluftleitung, können die Hübe mit variablem Druck betrieben werden. Das Proportionalventil wird über einen elektronischen Verstärker angesteuert, wobei ein, in die Zuluftleitung eingebauter Druckaufnehmer (bzw. ein Kraftaufnehmer im Preßstempel) mit dem Ventil und dem Verstärker einen Regelkreis bildet. Durch Anlegen einer bestimmten Spannung (1 - 10 V) am Ventil, kann ein entsprechender Ausgangsdruck (1 - 10 bar) und damit eine bestimmte Kraft am Preßstempel aktiviert werden. Der Regelkreis gewährleistet das Konstanthalten des gewählten Druckes.

2.2. Wegmeßsystem und Tastsensor

Die Meßeinheit des Systems ist so angeordnet, daß jede Bewegung des Arbeitskolbens übertragen wird. Die Meßsignale werden von der Meßeinheit an den Zähler übertragen, der diese anzeigt und über eine serielle Schnittstelle an den Rechner liefert. Dort werden die Meßwerte, abhängig vom Anwendungsfall, gespeichert und/oder mit Sollwerten verglichen, sodaß die einzelnen Hübe programmgesteuert, an beliebigen Stellen innerhalb des Gesamthubes ausgelöst und gestoppt werden werden können. Beispielsweise kann wegabhängig, an einer bestimmten Position unmittelbar vor Auftreffen des Stempels am Werkstück, der Krafthub ausgelöst werden (= wegabhängiges Umschalten von Eilhub auf Krafthub). Eine andere Funktion des Wegmeßsystemes besteht darin, das Erreichen bestimmter Preßpositionen (Einpreßtiefen) zu überwachen. Dabei kann ein vorwählbares Toleranzfeld vorgegeben werden. Entscheidend für das Funktionieren dieser Meßfunktionen ist die Verwendung eines Ist- und eines Sollwertspeichers im Rechner. Erst durch den permanenten Vergleich der vorgewählten Werte mit den tatsächlich gemessenen, wird es ermöglicht, bestimmte Schaltvorgänge zum richtigen Zeitpunkt durchzuführen.

Der **Tastsensor**, der in die Werkzeugaufnahme des Stempels eingebaut ist, wird aktiviert, sobald dem Stempel bei der Ausführung des Hubes ein Widerstand entgegengesetzt wird (Auffahren auf ein Werkstück). Umgekehrt kann mit Hilfe des Sensors erkannt werden, ob das Werkstück bis zum Erreichen einer bestimmten Hub-Position mit dem Stempel in Berührung steht. Dadurch kann festgestellt werden, ob z.B. Preßteile während des Einpressens gebrochen sind oder überhaupt fehlen.

2.3. Rechner und Elektronik

Der Rechner (Personal Computer) ist mit einer Erweiterungsplatine ausgerüstet. Diese besteht im wesentlichen aus einem analog-digital Konverter, und einer dig. Input/Output Karte. Der Elektronikteil, der bei der Presse installiert ist, besteht aus Netzteil, dig. Input/Output Optokoppler und dem Leistungs-Output Teil, über den die Magnetventile angesteuert werden. Mit einer Rechenroutine zum Vergleich von Speicherwerten werden z.B. Meßwerte des Wegmeßstystems oder Signale vom Tast-Sensor verglichen. Abhängig von diesem Istwert-Sollwert-Vergleich können dann die Magnetventile angesteuert werden (z.B. Stoppen von Hüben bei Erreichen bestimmter Soll-Positionen), wobei ein zulässiges Toleranzfeld vorgegeben werden kann.

3. Automatische Ermittlung von Montagemaßen

Montagemaße bzw. -positionen können in der Weise ermittelt werden, daß mit Hilfe des pneumo-hydraulischen Zylinders der Stempel in Richtung Werkstück bewegt wird. Diese Bewegung, als Eilhub mit minimaler Geschwindigkeit ausgeführt, wird von einer bestimmten Position des Zylinders gestartet. Der Eilhub wird dann solange aktiviert, bis der Tast-Sensor das Werkstück berührt, d.h. antippt. Ausgelöst durch das Signal, das der Tast-Sensor beim Auftreffen abgibt, wird über den Rechner der Eilhub gestoppt. Unter Berücksichtigung einer Konstante wird dann die erreichte Position vom Wegmeßsystem erfaßt, an den Rechner übertragen und im Sollwertspeicher abgelegt. Durch Auslösung des Rückhubes wird der Kolben wieder in seine Ausgangslage zurückbewegt.

Durch dieses Verfahren ist es z.B. möglich, unmittelbar vor dem Einpressen das Istmaß eines Werkstückes zu ermitteln, um den einzupressenden Teil dann (nach Durchführung einer Rechenoperation mit Speicherwerten) auf das erforderliche Maß einzupressen, einschließlich Prüfung und Protokollierung dieses Wertes.

4. Software

Für die Preß- und Prüfzelle wird auch ein Software-Paket entwickelt, mit dessen Hilfe nicht nur die unmittelbare Steuerung sondern auch das Erstellen und Testen von Arbeitsabläufen realisiert werden kann (Bild 2).

Die Benutzeroberfläche wird in "Fenstertechnik" realisiert, so daß auch für Anwender, die keine EDV-Erfahrung haben, die selbständige Bedienung der Presse ermöglicht wird. Abhängig von der Arbeitsumgebung des jeweiligen Arbeitsplatzes können alle Menüelemente des Software-Paketes entweder mit der Maus, den Tabulatortasten oder der Pfeiltaste ausgewählt werden.

Das Paket besteht aus folgenden Elementen, die aus einem gemeinsamen Menü zugänglich sind:

- Editor: Entwicklung von Textfiles der Steuerungsprogramme;

- Tester: Überprüfung der semantischen Richtigkeit von Reihenfolge und Parametergrößen der Arbeitsschritte;

- Simulator: Visualisierung der Arbeitsabläufe entweder im Zeitmaßstab oder "Step by Step";

- Compiler: Übersetzen der Steuerungs-Textfiles in I/O-kartenspezifsche Anweisungen;

- Run-System: Übernahme der bereits übersetzten Steuerungsprogramme und unmittelbare Steuerung und Überwachung der Pressenfunktionen;

- Set-up- und Help-Paket: Werkzeuge die der Benutzer für die reibungslose Entwicklung des Steuerungsablaufes anwenden kann.

Die, für die Entwicklung des Software-Paketes angewendeten MS-Windows-Techniken und -Strukturen erlauben, abhängig vom Typ des verwendeten PC's, entweder echte oder quasi Multitasking-Verfahren, d.h. die Möglichkeit der gleichzeitigen, parallelen Arbeit mit allen Elementen des Paketes.

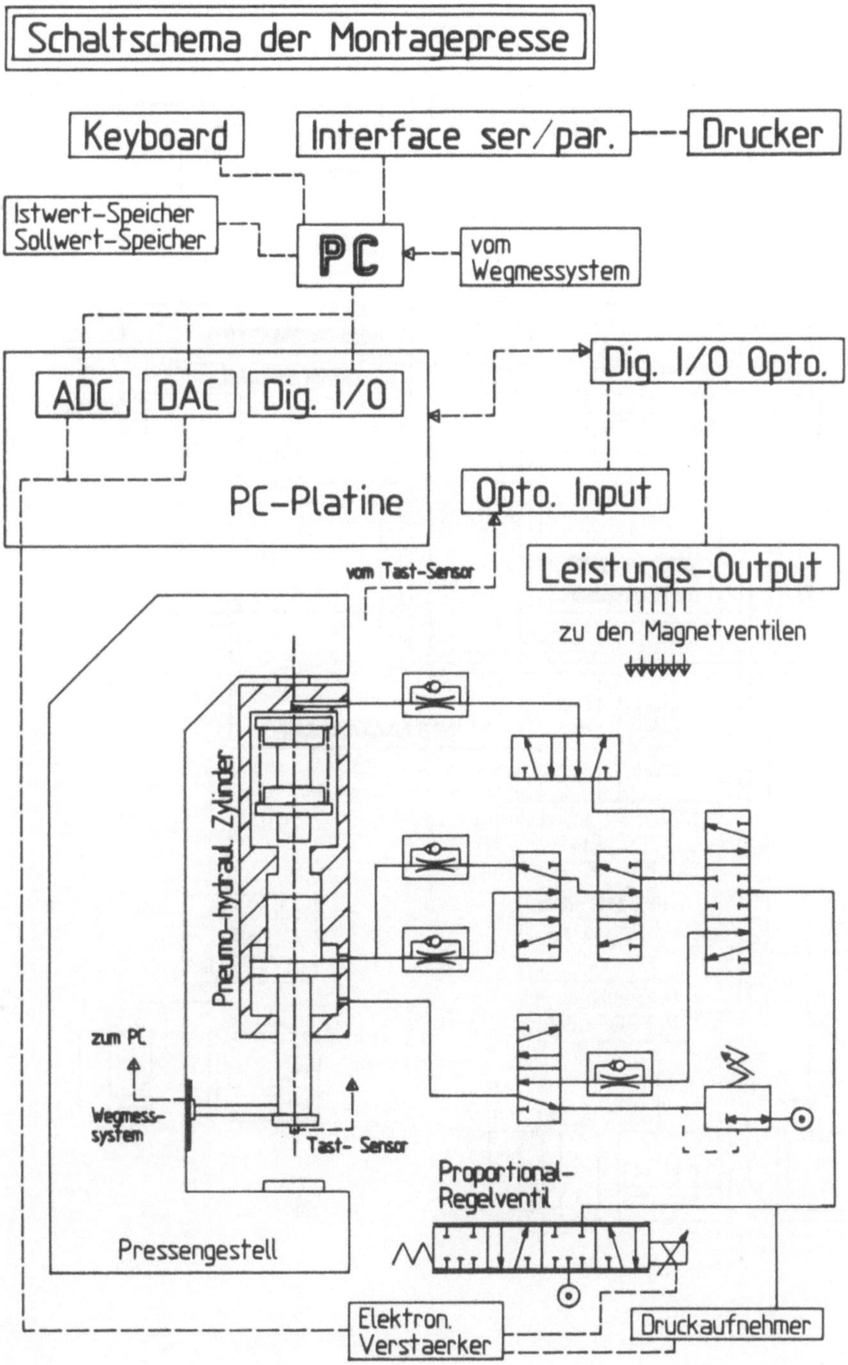

Schaltschema der Montagepresse

Keyboard
Interface ser/par.
Drucker
Istwert-Speicher
Sollwert-Speicher
PC
vom Wegmessystem
ADC
DAC
Dig. I/O
PC-Platine
Dig. I/O Opto.
Opto. Input
Leistungs-Output
zu den Magnetventilen
vom Tast-Sensor
Pneumo-hydraul. Zylinder
zum PC
Wegmess-system
Tast- Sensor
Proportional-Regelventil
Pressengestell
Elektron. Verstaerker
Druckaufnehmer

Bild 1

EDIT-MODUL
EDITOR
TEST
SOURCE-FILE
SIMULATOR
SAVE
LOAD
SOURCE FILE DATA BASE
RUN (PARAMETERS)
COMPILER
CONTROL-MODUL
ERROR SIGNALS
EXECUTABLE FILE
SIMULATION
CONTROL
STEP BY STEP OR CONTINUOUS
RUN FILE DATA BASE
PROCESS CONTROL
FILE LOAD/UNLOAD
MANUFACTURING SYSTEM
PPS FMS HIFAC
STAND ALONE CONTROL
MACHINE INTERFACE

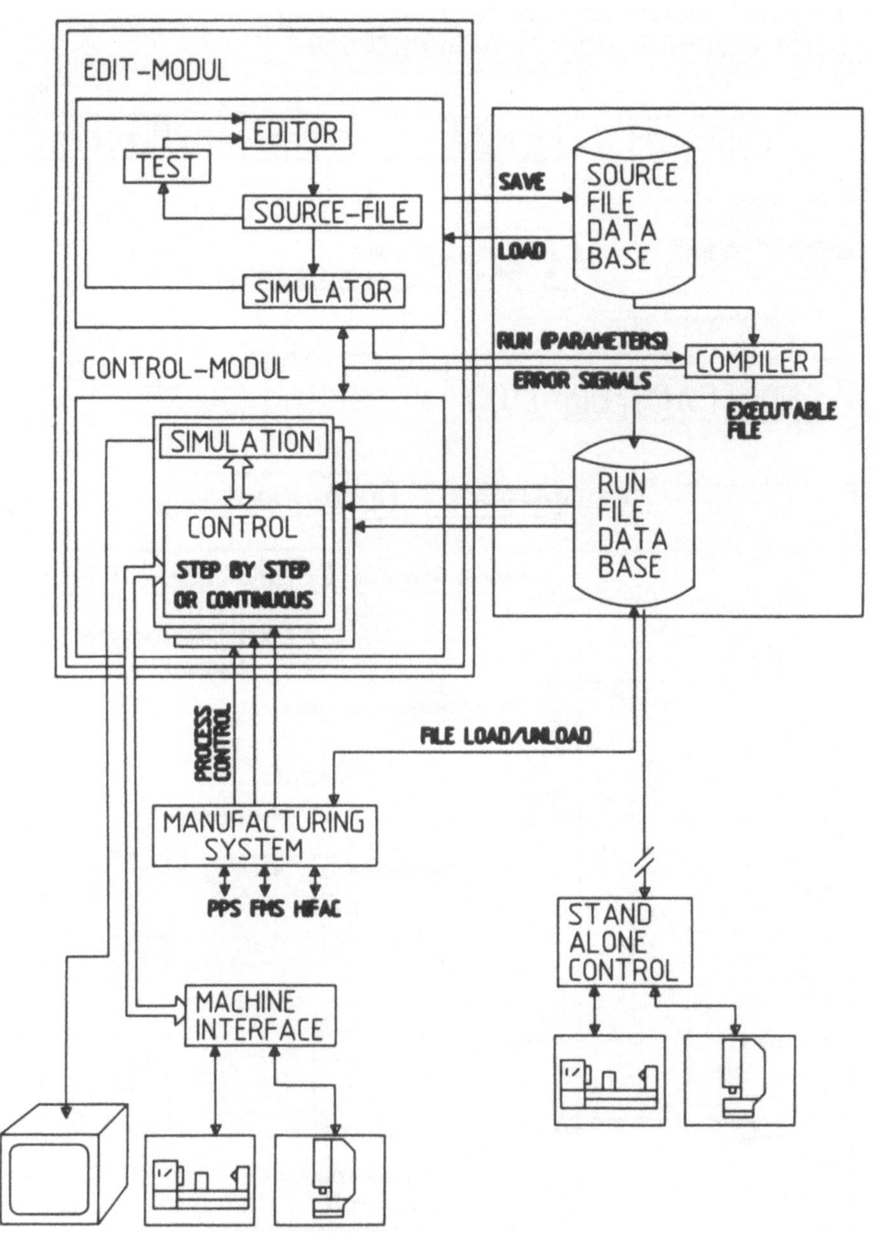

Bild 2

DIE BEDIEN- UND ÜBERWACHUNGSEBENE (MMC) DES AUTOMATIONSSYSTEMS DES MEHRLINIENWALZWERKES BÖHLER/KAPFENBERG

63

G. Rigler, K. Moshammer

VOEST-ALPINE Industrieanlagenbau Ges.m.b.H., Linz

ZUSAMMENFASSUNG:

Vielfältige Fertigungswege und höchste Produktqualität zeichnen das Mehrlinienwalzwerk Böhler/Kapfenberg aus. Die daraus abgeleiteten Anforderungen an die Mensch-Maschine-Schnittstelle und die realisierten Lösungen werden beschrieben.
Der Beitrag gliedert sich in die Teile:
- Automationsziele
- Hardwarekonfiguration
- Bedienfunktionen

1. Automationsziele

Die Aufgabenstellung bei der Verwirklichung des Automationssystems des Mehrlinienwalzwerkes Böhler/Kapfenberg war sehr komplex und die hohen Anforderungen an die Fertigungsabläufe und an die Qualität der Produkte setzten umfassende Automatisierungssysteme voraus. Wegen des breiten Fertigungsprogramms und der daraus resultierenden vielfältigen Fertigungswege (Abb. 1) mußte das Bedienungspersonal so optimal als möglich durch die Automatisierungsmittel unterstützt werden.

Folgende Ziele mußten erreicht werden:

- Echtzeitinformation über Produktionsstand und Ergebnisse
- Anbindung an die übergeordnete Produktionsplanung zur raschen und gesicherten Übertragung der Vorgaben an die Produktion und Rückmeldung der Auftragserfüllung
- Qualitätssicherung durch reproduzierbare Walzbedingungen, welche über in Datenbanken abgelegte Walzprogramme vorgegeben werden

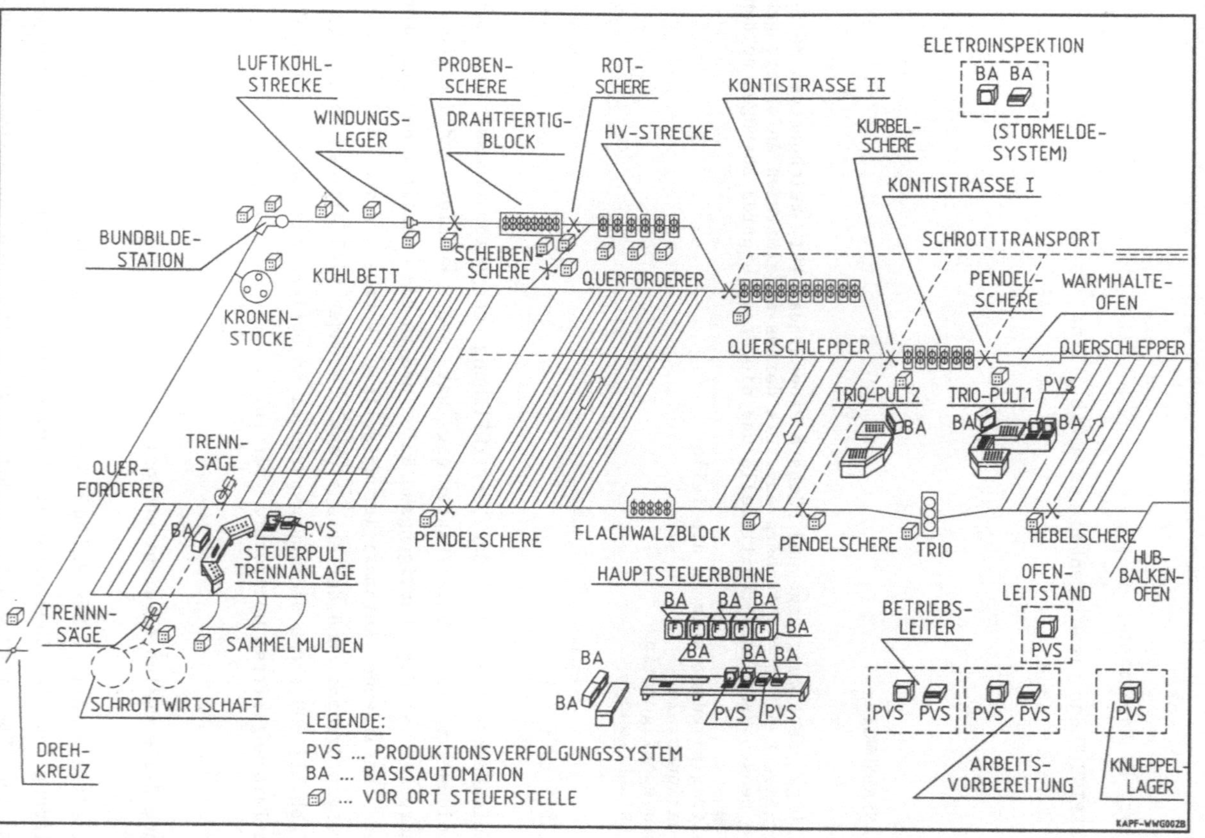

Abb. 1 Anlagenübersicht mit eingetragenen Bedienplätzen

- Hohe Flexibilität und kurze Durchlaufzeiten für kleinste Losgrößen in Verbindung mit der rechnerunterstützten Materialverfolgung
- Minimierung des Bedienungspersonals durch hohen Automatisierungsgrad
- Unterstützung der Wartungs- und Instandhaltungstätigkeit durch zentrales Störmeldesystem
- Schwachstellenanalyse durch Zurückverfolgungsmöglichkeit der Produktion hinsichtlich Erzeugungsparameter

2. Hardwarekonfiguration

Die Struktur des Automationssystems wurde streng hierarchisch gegliedert, um eindeutige Funktionsebenen zu erhalten (Abb.2). In der Steuer- und Regelebene erhalten die Antriebe die entsprechenden Sollwerte und Schaltbefehle über parallele Verbindungen. Die Bedien- und Überwachungsebene stellt die Verbindung mit dem Bedienungspersonal her.

Zur Unterstützung des Bedienungspersonals wurde größter Wert auf einheitliche und funktionelle Bedienbarkeit gelegt. Alle jene Bedienfunktionen, die über keinen Sichtkontakt mit dem zu steuernden Anlagenteil verfügen und nicht zeitkritisch sind, werden über Terminals gesteuert.

Erfordern jedoch Bewegungsabläufe rasche Eingriffe, dann sind diese über konventionelle Befehlseinrichtungen realisiert.

Zwischen der Steuer- und Regelebene und dem Bedien- und Überwachungssystem sorgen serielle Busse für einen raschen Informationsaustausch. Durch dezentrale Anordnung der Verarbeitungsstationen, Datenübertragung nach dem Token-Verfahren, teilweise redundante Bus-Ausführung wird eine hohe Ausfallssicherheit für das Gesamtsystem erreicht. Bei einem über 20 Tage durchgeführten Verfügbarkeitstest kam es zu keinem einzigen Ausfall des Automationssystems.

Der Bedien- und Überwachungsebene ist das Produktionsverfolgungssystem (PVS) überlagert. Der Wirkungsbereich erstreckt sich über das gesamte Mehrlinienwalzwerk und im Zusammenwirken mit dem überlagerten Produktionsplanungssystem (PPS) werden Verwaltungsaufgaben (Lager, Bearbeitungspläne, Walzen), Materialflußsteuerungen, Sollwertvorgaben, Optimierungen und Protokollierungen durchgeführt.

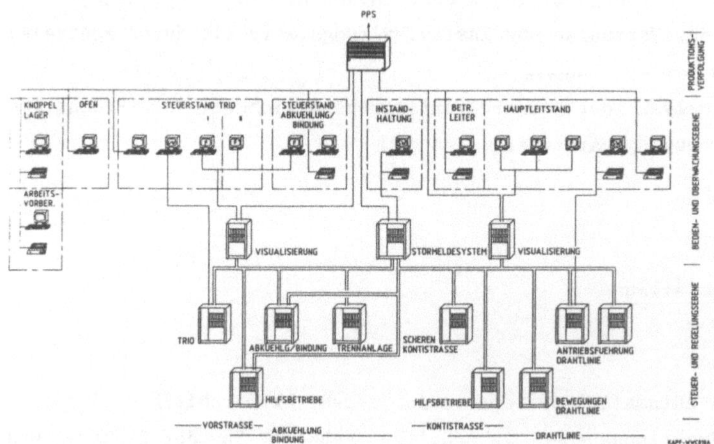

Abb. 2 Struktur des Automationssystems

3. Bedienkonzept

Die Anlage gliedert sich im wesentlichen in die Bedienabschnitte

- Vorstrecke
- Flachwalzlinie/Kontistraße/Kühlbett/Drahtlinie
- Heißtrennanlage,

wobei jedem dieser Bereiche eine Steuerbühne zugeordnet ist. In jeder dieser Steuerbühnen sind unter Berücksichtigung der weiter oben definierten Forderungen folgende grundsätzliche Bedienfunktionen realisiert.

Einschalten und Hochfahren der Anlage

Zunächst müssen alle benötigten Hilfsbetriebe zugeschaltet werden. Dies erfolgt über Prozeßbedientastatur (Folientastatur) und Bildschirme, und zwar entweder einzeln, wie als Beispiel in Abb. 3 dargestellt oder automatisiert. Dazu sind alle möglichen Walzwege durch einen Code definiert und im System abgelegt. Nachdem der Code für den gewünschten Walzweg gesetzt und das automatische Einschalten per Tastendruck eingeleitet wurde, werden der Reihe nach die für diesen Walzweg erforderlichen Hilfsbetriebe, wie Ölanlagen, Motorlüfter etc. zugeschaltet. Am Ende dieses Vorganges wird die Anfahrbereitschaft der Anlage gemeldet. Die Vorgabe des Walzwegcodes erfolgt ausschließlich am Hauptsteuerstand.

Mittels einer weiteren Funktionstaste wird der zugeordnete Bedienabschnitt nach einer kurzen akustischen Warnung angefahren.

Bereitstellen der Sollwerte

Vor, während oder auch nach dem Anfahren sind die Sollwerte bereitzustellen. Dies geschieht über:
- einen Stichplan für die Vorstrecke
- einen Stichplan und ein Kühlprogramm für die Drahtlinie
- Setzen von Einzelwerten und/oder Abruf im System gespeicherter Standardwerte

Stichpläne und Kühlprogramme werden im Produktionsverfolgungsrechner gespeichert und zeitrichtig an die Basisautomatisierung vorgegeben. Letztere erlaubt das Zwischenspeichern von je 5 Stichplänen bzw. Kühlprogrammen.

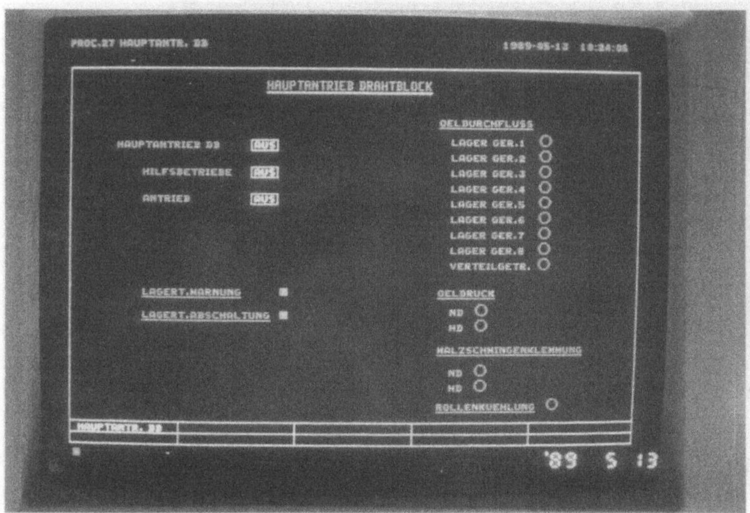

Abb.3 Prozeßbild zum einzelnen Einschalten eines Antriebes

Fahren der Anlage

Dazu werden die für den gewählten Walzweg relevanten Prozeßübersichtsbilder angewählt. Sie enthalten alle für den Walzbetrieb unmittelbar erforderlichen Informationen, wie Betriebszustand der Aggregate, Soll- u. Istwerte. Ein Beispiel zeigt Abb. 4.

Warnungen und wichtige Ereignisse werden über die Alarmzeile der Prozeßbildschirme ausgegeben.

Soweit die mechanischen Voraussetzungen dies erfordern, sind für einzelne Aggregate oder Aggregatgruppen die Betriebsarten Hand und Automatik bzw. ein oder mehrere Teilautomatikstufen vorgesehen (Vorstrecke, Heißtrennanlage). Die Handsteuerung erfolgt in jedem Fall über konventionelle Bediengeräte.

Auf dem Terminal des Produktionsverfolgungssystems wird das aktuelle Materialabbild der Anlage dargestellt.

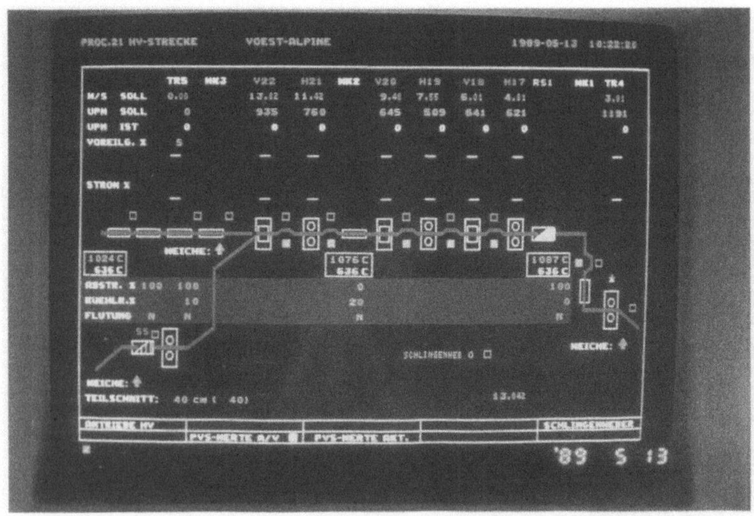

Abb. 4 Prozeßübersichtsbild HV-Staffel

UNIVERSELL EINSETZBARES SAB80C537-MIKROCONTROLLER-MODUL IN SMD-TECHNIK

64

H. ARNOLD, W. PRIBYL, R. RÖHRER[*)]

Institut für elektronische Systementwicklung
Forschungsgesellschaft Joanneum Ges.m.b.H., Graz

[*)] Institut für Elektronik, Techn. Universität Graz

ZUSAMMENFASSUNG:

Aufbauend auf die bemerkenswerten Leistungsmerkmale des neu eingeführten Mikrocontrollers SAB80C537 wird ein Controllermodul vorgestellt, das Kompaktheit und weitreichende Flexibilität in der Anwendung auf einer Leiterplatte in Scheckkartengröße vereinigt. Diesem Entwicklungsziel wurde durch konsequenten Einsatz von SMD- und Multilayer-Technik entsprochen.

I. Einleitung

Die Weiterentwicklung der modernen CMOS-Technologien führte im Bereich der Mikrocontroller zu einer beachtlichen Steigerung der Leistungsfähigkeit. Dies betrifft nicht nur die Rechenleistung, sondern insbesondere auch die Vielzahl der bereits auf dem Chip mitintegrierten Peripheriefunktionen wie z.B. A/D-Umsetzer, digitale I/O, serielle Schnittstellen, Timer u.ä.

Das hier vorgestellte MC-Modul konnte durch die Entwicklung einer 4-Lagen-Leiterplatte äußerst kompakt gestaltet werden. Das Modul ist etwas kleiner als eine Scheckkarte, umfaßt den Prozessor selbst, die Logik für die Speicherkonfigurationen und die Speicherbausteine (wahlweise 8/64 KByte EPROM, 32/64 KByte RAM, 8/32 KByte EEPROM). Das Modul wird durch hochzuverlässige Steckverbinder mit der Grundplatine verschaltet. Das System kann entweder als "Stand-alone-System" mit festem Programm eingesetzt oder mit einem ROM-Urlader über eine der beiden seriellen Schnittstellen dynamisch mit Programmen versorgt werden, die im EEPROM abgelegt werden können. Die RAM- und ROM-Bereiche liegen wahlweise in getrennten Adreßbereichen oder werden in einen gemeinsamen Bereich zusammengeführt. Das Modul ist sowohl für den Standard-Temperaturbereich (0 bis 70°) als auch für den erweiterten Bereich (-40 bis +80°) herstellbar. Mögliche Einsatzgebiete umfassen Anwendungen im Bereich Messen-Steuern-Regeln, in der Medizintechnik, sowie Aufgaben bei der Betriebsdatenerfassung und verschiedenen Kleingeräten mit lokaler Intelligenz.

DieVerfügbarkeit von "high-speed-Ausgängen von bis zu 3 MHz zu, die beispielsweise bei dreiphasigen Motorsteuerungen vorteilhaft genützt werden können.
Das Herzstück der Schaltung bildet der Controller SAB80C537, das "high-end-Produkt" der 8051-Mikrocontrollerfamilie.

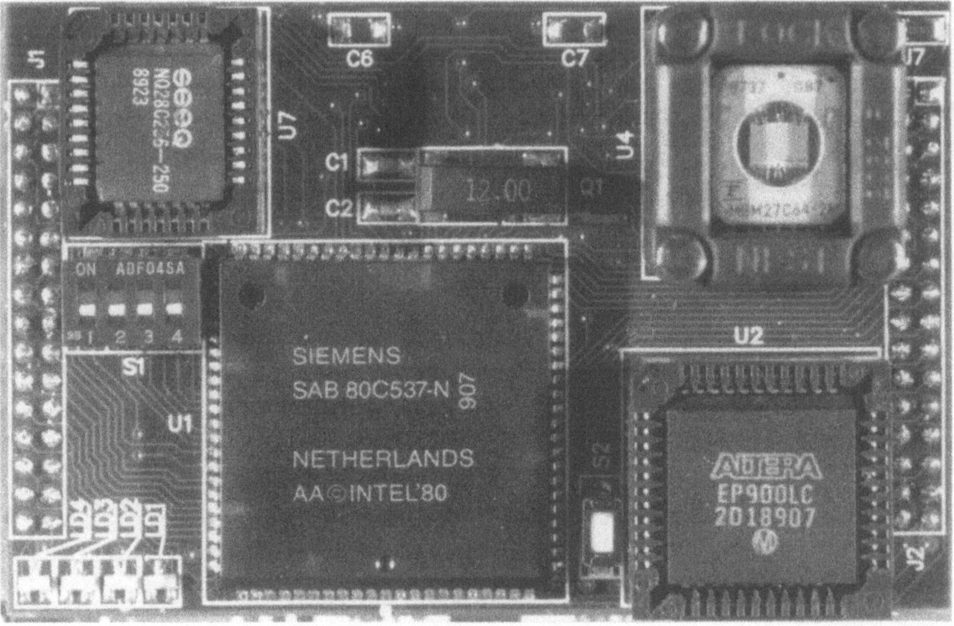

Abb 1: Vergrösserte Ansicht der Leiterplatte

Er wurde in Hinblick auf hohe Echtzeitfanforderungen konzipiert, wie sie bei industriellen Regelungs- und Steuerungsaufgaben auftreten. Neben den grundlegenden 8051-Leistungsmerkmalen besticht der 80C537 durch reichhaltige On-Chip-Peripherie. Nachfolgend seine Charakteristika in Schlagwortform:

- interner Datenspeicher: 256 Byte RAM und 128 Byte Spezialfunktionsregister
- jeweils 64 KByte-Adreßraum für externen Programm- und Datenspeiche
- 4 16-Bit Timer, leistungsfähige Compare/Capture-Einheit
- schnelle 32-Bit-Division und 16-Bit-Multiplikation
- 14 Interruptvektoren mit 4 Prioritätsstufen
- programmierbarer Watchdog-Timer und Oszillator-Watchdog
- 2 serielle Schnittstellen, voll duplex, mit eigenen Baudratengeneratoren

- Boolescher Generator
- 9 Ports: 56 Ein-/Ausgänge, 12 Eingänge
- 8-Bit A/D-Umsetzer mit 12 Multiplexeingängen (Wandlungszeit 15us)

Der Entwicklung des vorliegenden Controllermoduls liegt die Idee zugrunde, auf einer Leiterplatte möglichst kleiner Fläche die Möglichkeiten des SAB80C537 verfügbar zu machen, ohne auf ein hohes Maß an Flexibilität verzichten zu müssen. Dieser Zielsetzung wurde durch die Entwicklung einer Multilayerplatine entsprochen, die neben dem Vorteil der Flächeneinsparung auch höhere Störsicherheit gewährleistet. Dem Modul, das als "großer Chip" in die Anwenderschaltung eingesetzt wird, muß von außen nur noch die Versorgungsspannung zugeführt werden, um einsatzfähig zu sein.

II. Die Schaltung

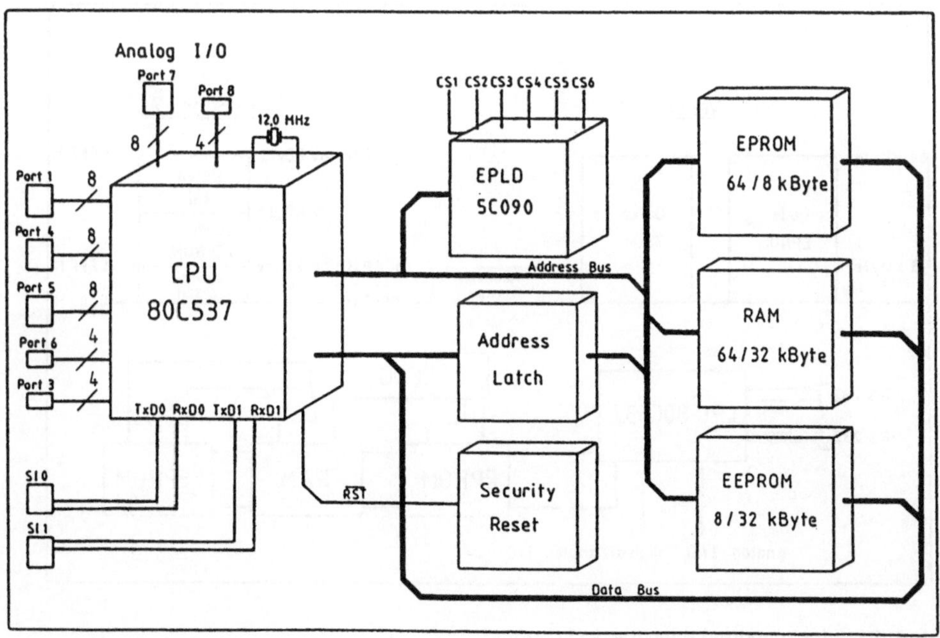

Abb. 2: Blockschaltbild des MC-Moduls

Das Blockschaltbild zeigt die Baugruppe, die im wesentlichen aus dem Mikrocontroller SAB80C537, den Speicherbausteinen, dem programmierbaren Logikbaustein 5C090, dem Adreß/Datenbus-Zwischenspeicher 74HC573 und dem Resetbaustein DS1232 besteht.

Auf die Störsicherheit wurde besonderes Augenmerk gelegt. Der DS1232 überwacht die Versorgungsspannung. Das Reset-Ausgangssignal wird aktiv, wenn Vcc unter 4,37 +/-0,12V fällt.

Es bleibt aktiv, bis Vcc wieder über diesen Spannungswert gestiegen ist und weitere 25ms danach.

Hf-Störungen des Systems werden durch den 4-lagigen Aufbau der Leiterplatte unterdrückt. Die beiden innenliegenden Versorgungslagen wurden weitgehend von Signalllagen freigehalten, sodaß die Abschirmwirkung dieser Maßnahme gewährleistet bleibt. Zusätzlich wurden 100nF-Blockkondensatoren in unmittelbarer Nähe jedes IC vorgesehen. Schließlich komplettieren 15uF-Elektrolytkondensatoren den hohen Aufwand für die Störsicherheit der Schaltung.

III. Das Speicherkonzept

Ein universell einsetzbares Controllermodul soll natürlich auch in verschiedene Speichervariationen betrieben werden können. Im vorliegenden Fall wurden folgende Speicherkonfigurationen realisiert:

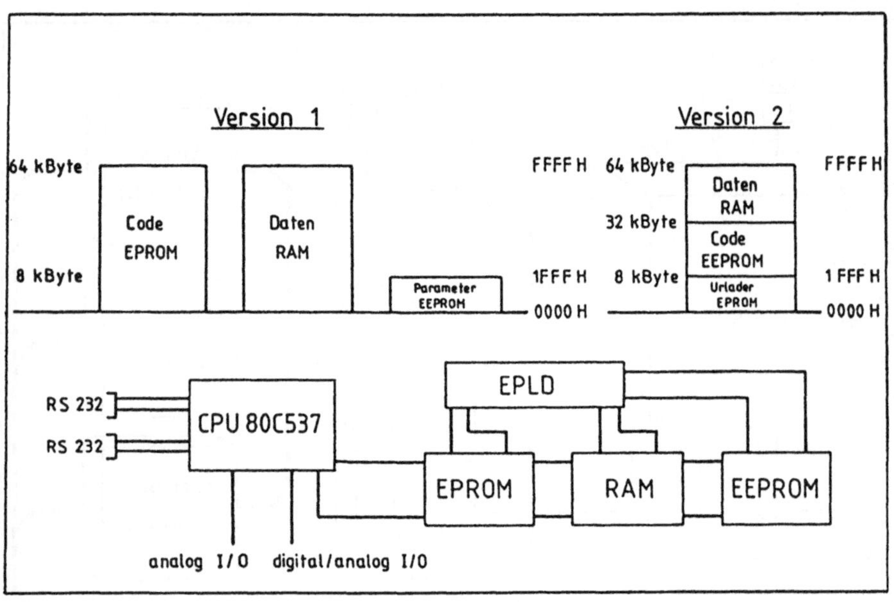

Abb. 3: Speicherkonfigurationen des MC-Moduls

VERSION 1:

Die Adreßräume von Programm- und Datenspeicher werden voll ausgenützt, sodaß jeweils 64 KByte zur Verfügung stehen. Zusätzlich wird ein Portpin (P6.3) verwendet, um ein 8-KByte-EEPROM anzusprechen, in dem wichtige Parameter nichtflüchtig abgelegt werden können.

VERSION 2:

In Version 2 wird das Prinzip der von-Neumann - Maschine eines gemeinsamen Adreßraumes von Programm- und Datenspeicher verwirklicht. Durch Verknüpfung der Signale RD# und PSEN# wird der gesamte Speicherraum auf 64 KByte verringert. Diese Lösung kommt mit einem kleinen EPROM (8 KByte) aus, in das ein Urladerprogramm geschrieben wird. Mit diesem Urlader können über die serielle Schnittstelle dynamisch Programme geladen, und in einem 32-KByte-EEPROM gespeichert werden. Für diesen Speicherbaustein stehen aufgrund des gemeinsamen Adreßraumes allerdings nur 24 KByte zur Verfügung. Die verbleibenden 32 KByte werden von einem RAM-Datenspeicher voll ausgenützt.

III.a) Einstellung der Version 1:

Für die große Speicherversion werden das 64KByte-EPROM 27C512 (250ns), zwei 32KByte-RAMs 62256 (150ns) und das 8KByte-EEPROM 28C64 (250ns) benötigt. Die PROM-Bausteine werden in die vorgesehenen Sockel gesetzt und ebenso das auf Version 1 programmierte EPLD. Die Jumper bleiben in ihren ursprünglichen Stellungen.

III.b) Einstellung der Version 2:

Auch hier können die Jumper in ihren ursprünglichen Stellungen verbleiben, wenn ein auf Version 2 programmiertes EPLD verwendet wird. Will man mit einem programmierbaren Logikbaustein auskommen, bzw. ist die zum Umprogrammieren nötige Software nicht greifbar, so kann Version 2 auch mit EPLD 1 einfach durch Umsetzen der Jumper eingestellt werden. In diesem Programm werden nämlich an den entsprechenden Anschlüssen die Chip-Select-Signale für Version 2 generiert. Darüberhinaus werden für die Installierung der Version 2 nur das EPROM gegen ein 8KByte 27C64 (250ns) und das EEPROM gegen ein 28C256 (250ns) getauscht. RAM 2, das in Version 2 nicht benötigt wird, kann in der Schaltung verbleiben, es wird durch das Chip-Select 5 gesperrt.

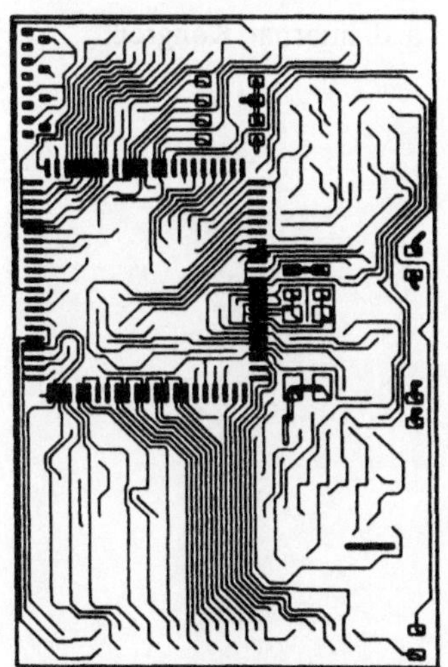

Abb. 4: Eine Signallage der Multilayerplatine in Originalgröße

Ideal für Testprogramme, aber auch für Konfigurationen im Betrieb, sind die an den oberen 4 Bits des Ports 6 angeschlossenen DIP-Schalter. Es besteht die Möglichkeit, mit dem Einlesen der Schalterstellungen einige Voreinstellungen durchzuführen, wie z.B. Konfigurationen der seriellen Schnittstellen. Werden die Schalter nicht verwendet, können die an dieselben Pins angeschlossenen Leuchtdioden als Anzeigeelemente benützt werden. Um eine regionale Überlastung der Portausgänge zu vermeiden, werden die LEDs durch das EPLD getrieben.

IV. LITERATUR

VALVO

Die 8-Bit-Mikrocontroller-Familie 8051

Verlag Boysen & Maasch, 1984

FEGER, Otmar

Die 8051-Mikrocontrollerfamilie

Markt- u. Technik-Verlag, 1987

SIEMENS

SAB80C517/537

High Performance 8-Bit CMOS Single-Chip Mikrocontroller

Draft Data Sheet 9.88

Surface Mount Technologies: SMT; Vorträge, gehalten a. d. internat. Kongreß

in Sindelfingen, BRD, 29. Juni bis 1. Juli 1987

Hrsg.: R.-D. Schraft und M. Bleicher

Heidelberg: Hüthig, 1987

EIN-CHIP-IMPLEMENTATION VON PROZESSBEOBACHTERN

W. A. Halang

Reichsuniversität zu Groningen, Groningen, Niederlande

ZUSAMMENFASSUNG:
Zur Führung kontinuierlicher technischer Prozesse sind häufig Prozessmodelle in Echtzeit zu berechnen. Da solche Prozessbeobachteralgorithmen auf den eigentlichen Prozessführungssystemen einen zu grossen Rechenaufwand verursachen, wird zur Auslagerung dieser Funktion eine dezidierte Ein-Chip-RISC-Architektur mit nur 6 Befehlen entworfen. Diese umfasst auch die Peripherieeinheiten: einen integrierenden Spannungsfrequenzwandler zur Analogwerteingabe und ein UART zur Rechnerkommunikation.

Introduction and Application Area

Control and supervision of processes requires detailed information about the current states of the processes. Despite recent advances in sensor technology, important indicators of process states such as the chemical composition of a reaction mixture often cannot be measured directly and, hence, are not available for control purposes. Even if a variable can be measured on-line, the sensor dynamics may be too slow in comparison with the process dynamics resulting in poor control. With the observer concept, modern control theory provides a method for reconstructing unmeasurable variables. The missing information is obtained with the help of a mathematical process model simulated on-line and in parallel to the process. Measurable variables are used to update the model. As a result, the model follows the process as closely as possible. Thus, estimates of unknown quantities can be derived or sensor delays can be compensated. Furthermore, estimation provides more insight into the process and is a valuable tool for the early detection of faults and hazardous process states. Although still not the standard methodology, the new methods provided by modern control theory are increasingly used in difficult and complex processes for improving their operation, to meet tight product specifications, or to meet other requirements. One aim of applying advanced control methods is the improvement of product quality or to keep the product quality at a constant high standard. By increasing stability, however, these methods also make it possible to operate technical processes closer to the limits of stability or product specification and, hence, they provide more freedom in selecting and designing an apparatus.

The most important part of a process observer is the mathematical process model, with which the variations of the process states are simulated on-line and in parallel to the actual process. The mathematical model also includes a description of the sensor. As input information, the model obtains values of all input variables and measurable disturbances and then predicts values for the internal states. Since there are errors in the initial states, the non-measurable disturbances of the process, and the measurements as well as there are modelling inaccuracies, the predicted and the measured values of the output variable differ. The states of the model are corrected by a suitable feedback of the latters' difference, which is also called innovation. Thus, the estimated states closely follow the actual process states.

Unfortunately, for a number of reasons, modern control methods are not widely used, yet. It is, for example, desirable to implement control algorithms on the existing process control system and as close to the process as possible. At low hierarchical levels, however, most of the presently available process control systems mainly provide discretised versions of classic PID controllers with a few other modules. These can be used to realise small fixed-parameter controllers, but it is not possible to implement complex control algorithms. Implemented at a higher hierarchical level, a control function has to share the resources and the execution time with other tasks.

With regard to the implementation of an observer, the process model should be as simple as possible. For the on-line simulation and estimation, the equations of a mathematical model have to be solved in real time, which often requires considerable computing power. Full process models can be too large to be solved on-line and have to be reduced. Even then, the required computing power imposes too heavy a burden on, or often exceeds the capacities of, contemporary process control systems. Moreover, the implementation of a continuous estimation process on a process control system does not appear to be feasible, because it would decrease the latter's service rate to process events considerably. Therefore, it seems appropriate to dedicate a separate and specific autonomous processor to the implementation of process observers.

After summarising the algorithm employed to build a large class of process models in the next but one section, its implementation on a dedicated processor is described. This includes an outline of the software and of the data to be processed. Then, it is investigated how the concept can be moved to a single chip computer solely dedicated to the on-line estimation process. Owing to the restricted requirements of the application, the instruction set of such a processor can be rather limited. Therefore, an appropriate RISC architectures is devised and the corresponding programming model is detailed. The architecture features a very small instruction set especially tailored for the considered application. It provides just the minimum capabilities to realise the considered type of process observers. The peripherals are integrated on the chip. The communication with supervisory systems is carried out in serial form via a UART. On the analogue input side, the chip contains an integrating voltage-to-frequency converter, whose novel design eliminates the shortcoming of presently available ones, viz. the inherent linearity error of their transfer functions due to the discharge time of their integration capacitors. For more details about this converter the reader is referred to [1].

Advantages Achieved with the Single Chip Realisation of Process Observers

By dedicating a special purpose chip for a process observer, the following advantages can be achieved:

1. The state estimation process is carried out faster than on a process control system, where it would be realised as a software task.
2. Process observers can be more widely utilised than in the case of pure software implementation, since process control systems have to guarantee certain reaction times to process events and, thus, very often cannot comply with high computational load.
3. New estimates are generated at a constant rate.
4. The overall system reliability is enhanced by migrating the observer functions into a separate component within a distributed system. The observer output can be utilised for safety purposes as a source of diversely generated information.
5. Since an observer chip can be integrated into every sensor,
   - converters to norm signals and analogue signal transmissions can be eliminated,
   - sensor characteristics can be linearised,
   - the sensor response times can be improved by compensation of sensor delay times.
6. Process observers can be standardised as functional components separate from different functions and independent from process control system vendors.
7. The software implemented in an observer chip can be protected by a patent, since it is stored in a ROM. Thus, it is possible to protect process know-how contained in an observer algorithm.
8. Realisation of observer chips in Galliumarsenide technology yields some additional advantages:
   - very high processing speed,
   - fibre optic interfaces can be integrated on the chips,
   - the chips can reliably operate within a very large temperature range (80 K ... 500 K),
   - the chips are radiation hard.

Observer Algorithm for a Simple Linear Process Model

A class of linear models for the estimation process describing delayed signals and being the basis for compensating time lags in sensors is considered here. The desired variable is modeled as a disturbance acting on the sensor. Five variables can be used to describe the dynamics of the observer, the dynamics of the disturbance, and the integrating behaviour of the analogue-to-digital converter. The model structure is such that a variable with index n may only depend the variables with equal or higher indices.

As an example the following model is considered. A simple second order model is used for describing the dynamics of the disturbance, which can be modeled as a step change, a ramp, or a time lag. A second order model is assumed for the time delay in the sensor. Furthermore, a fifth state variable was introduced to describe the integration process of the analogue-to-digital converter. This gives rise to the following model structure:

$$\begin{aligned} x1' &= ax2 \\ x2' &= b(x3 - x2) \\ x3' &= c(x4 - x3) \\ x4' &= dx5 - ex4 \\ x5' &= 0 \end{aligned}$$

where x1 corresponds to the output of the converter and x4 yields an estimate of the desired variable. The quantities a, b, c, d, and e are constants. The structure of this model class also allows the approximation of dead times, e.g. by a third order time delay. Using again one variable for the description of the converter and assuming a step change of the disturbance, x5 will now provide the estimation.

The models are assumed to be given in the equivalent discrete form:

$$x(k+1) = Tx(k)$$

where k denotes the time step and T the transition matrix, whose elements below the main diagonal vanish. The user has to supply the transition matrix, the initial values of all state variables x together with lower and upper bounds for these variables, the gain matrix K for updating the state variables, and a confidence interval for the measurements.

Special care must be taken to describe the converter. It is reset to zero after each measurement, which can be described by setting t11=0.

The estimation method we are considering here is a disturbance observer with a linear constant update of the model. Including the check of the measurements as well as the process variables, the estimation algorithm has the following general form:

1. Initialisation of the observer.
2. Calculation of the prediction of x for the time k+1.
3. Measurement, check whether the measured value lies within a certain confidence interval, and comparison of the measured value to the predicted one of x1.
4. Update of all variables and check whether the state variables lie within predetermined ranges.
5. Continuation at step (1).

The detailed realisation of the above discussed simple linear modeling algorithm is based on the following data structure. The transition matrix T has 15 non-zero entries on and above the main diagonal, of which t55 is equal to 1 in any case. There is the vector of the internal states x1,..., x5, whose components may only vary within the given boundaries xil<xi<xih, i=1,...,5. The observer feedback is contained in the vector k. In each calculation cycle, an external temperature reading Tm is acquired, compared with two limits, viz. Tml<Tm<Tmh, and an update dT is determined. The purpose of the vector y is to store an intermediate result, i.e. the predicted new internal states obtained by the model integration but before applying the observer feedback. With these data, the observer algorithm finally reads as:

1. Input of all constants and of the initial values of the state vector x.
2. Model integration over a time step which is equal to the length of one calculation cycle, i.e. matrix multiplication y=T·x.
3. Measurement of Tm.
4. dT=y1-Tm; if Tm<Tml or Tm>Tmh then dT=0.
5. Update of the state vector taking the observer feedback into account: x=y+dT·k.
6. Scaling of x to its permissible range: if xi<xil then xi=xil; if xi>xih then xi=xih for i=1,..., 5.
7. Output of the result, viz. x1.
8. Continuation at step (1).

A Minimum RISC Architecture for Implementing Process Observers

It is obvious from the above discussion of the observer algorithm that, except of floating point capability, a very simple architecture is sufficient when the model building process is to be implemented in a single chip processor. This is because, in terms of a high-level language, the software only consists of rather simple arithmetic expressions and simple if-statements. It is not feasible to program the matrix multiplication contained in the algorithm with loop control structures, since the corresponding coefficient matrix is sparse. Programming the matrix multiplication as a linear code sequence eliminates all superfluous multiplications by zero and additions of zero terms. Hence, there remains only one loop structure in the program. Since this loop is only executed five times, it appears to be advantageous to formulate it as a linear sequence, too. The cost for the additional amount of necessary program storage space is more than compensated by savings with respect to addressing modes and the size of the instruction set. Furthermore, the linear code sequence allows for an optimisation of data storage usage. Finally, subroutine linkage mechanisms do not need to be provided, since the above outlined software is rather short and can thus easily be programmed as one module. The memory is subdivided in an instruction ROM and a data RAM, which have different word lengths. Only floating point numbers are stored in the data RAM. According to the nature of the application, the amount of data to be exchanged with the supervisory process control system is quite modest. Therefore, and in order to eliminate the need for an elaborate communication protocol, we utilise asynchronous serial data transmission and equip the processor with an integrated UART.

Programming Model

From the programmer's point of view, the architecture provides an accumulator for 32 bits wide floating point operations and two different memories, viz. a program ROM and a RAM for the data type real. The word length of the former is 9 bits, whereas floating point numbers have 32 bits. The program ROM is 116 words long and, hence, needs to be addressed with 7 bits. It contains the routine stated in the last section. The data storage is addressed with 6 bits. In this address space 43 RAM locations are provided as well as three memory mapped input/output registers of the UART and the analogue-to-digital converter, respectively. The concept of memory mapping was applied in order to simplify the instruction set. The integrating analogue-to-digital converter is realised as a counter of the impulses generated by a voltage-to-frequency converter incorporated into the chip. A complete survey of the data memory arrangement is given in Table 1.

Table 1. Data Memory Allocation

Addresses	Usage
0-42	Floating point RAM
43-60	Hard-wired floating point constant zero
61	Output register of integrated A/D-converter
62	Input register of integrated UART
63	Output register of integrated UART

Table 2. Instruction Format

Bit field	Usage
8-6	Instruction code
5-0	Operand address field

Instruction Set and Format

As already pointed out earlier, the instruction set required to implement the model building procedure can be very compact. The set uses a fixed instruction length of one word and a fixed format as specified in Table 2. The instruction set consists of only 6 instructions: load and store operations, two floating point arithmetic operations, and two comparison operations with implied conditional branching. The operands of these instructions are always the accumulator and a directly addressed location in the data memory. The entire instruction set is detailed in Table 3.

Table 3. Instruction Set

Instruction	Code	Operation
ld	000	Load contents of addressed data memory location into the accumulator
st	001	Store contents of the accumulator into the addressed data memory location
fadd	010	Add contents of the addressed data memory location to the accumulator
fmult	011	Multiply contents of the addressed data memory location with the acc.
cp,<	101	Skip 2 instr. if contents of acc. < cont. of addressed data memory loc.
cp,>	110	Skip 2 instr. if contents of acc. > cont. of addressed data memory loc.

By stating a corresponding assembly language program in the last section, i.e. in a constructive way, it is shown that the above mentioned instruction set is sufficient to implement the earlier stated observer algorithm. The latter is cyclic, which requires to branch back to the beginning of the program after it has been executed once. Instead of providing a special instruction for this purpose, the program counter is realised as a modulo 116 counter. Thus, upon overflow of the counter, program control is automatically returned to the beginning of the routine. The floating point numbers can be represented in any standard format like the IEEE or the IBM format. It should be selected in order to be compatible with the one used in the supervising process control system.

Hardware Aspects

We want to complete the description of this simple chip architecture with a discussion of its hardware aspects. From the programming model it is obvious, that the chip consists of the functional units

CPU, which includes the accumulator and the program address counter, data RAM and program ROM, bidirectional UART, analogue-to-digital converter, and a timer. The latter is derived from the system clock and only used internally for clocking the transmission of the UART and to provide a time cycle for the execution of the program.

Before commencing its cyclic model building operation, the processor's data storage needs to be initialised. In order to keep the instruction set small, this initialisation procedure is implemented in hardware in form of a finite state machine. The latter contains 4 states, which are described together with the appropriate transitions as follows.

1. After power is attached to the chip, in this state the arrival of data from the supervisory process control system at the UART is expected.

2. When the UART has received 8 characters and has stored their low order 4 bits each in its memory mapped output register, this register is read out and the contents is transferred to RAM location 0. This process is repeated until all 43 RAM locations have been filled. Thus, constants, calculation parameters, and initial values for the model are entered into the chip.

3. Once the UART has received a further string of 8 arbitrary characters, the program counter is set to zero, the analogue-to-digital converter is enabled and its counter is reset, and the timer is started. Now, the impulses generated by the voltage-to-frequency converter are counted until the timer marks the end of the first cycle.

4. The contents of the analogue-to-digital converter's counter is latched and, then, the counter is reset and the program execution is finally started. Owing to the different pathes through the program caused by the compare-instructions, the program execution time may vary from cycle to cycle. Therefore, after having executed the last instruction, the program is suspended until the timer signals the completion of the present cycle. Now it is checked whether the UART has received another string of 8 control characters. If so, a transition to state number 1 is performed. Otherwise, the activities of state 4 are repeated. By synchronising the program execution with the timing signals and placing the analogue-to-digital converter read-out at the program's very beginning, exactly timed cyclic measuring instants are realised.

In order to realise a dynamic range of 1000000, 20 bits are provided in the counter of the ADC and, hence, also in the output latch. The remaining 12 high order bits of the converter's memory mapped output register are hard-wired to a constant, which depends upon the selected floating point format. As easily verified, thus, the conversion of the straight binary (positive) output number of the ADC to an equivalent floating point number can be performed in the form of just one floating point subtraction. This constant is called *adcconst* in the program listed in the last section.

Since the observer algorithm reads in a converted analogue value within every of its execution cycles, the integration time selected for analogue-to-digital conversion may not exceed this cycle time. Therefore, the integration time is chosen to be equal to the execution cycle's length. With this selection the integration can yield the optimum smoothing and noise suppressing effect and, at the same time, the obtained values very well approximate the sampled analogue time function. This last observation is due to the fact, that a short cycle time is made possible by the high speed of the model building process.

In order to provide a very simple communication protocol, straight binary data are transmitted between the chip's half duplex UART and the supervisory process control system in portions of four bits each. Upon input, the upper three bits of the arriving ASCII code words and the parity bits are discarded before bringing the remaining four bits into the input register. For output, each group of four bits contained in the output register is expanded, by the UART logic, into eight bit long ASCII code words by setting the three most significant bits to 011 and adding the parity bit, i.e. the transmitted characters are the digits 0...9, and the special characters ":", ";", "<", "=", ">", and "?". The UART commences a serial output operation when a data word has been written from the accumulator into its memory mapped input register by a store instruction. This is performed under program control. Inputs, on the other hand, are only handled by the above described state-machine logic. Once the UART has received 8 characters and filled the corresponding bit patterns into its memory mapped output register, a flag is set which is appropriately interpreted in the different states.

Since the bidirectional asynchronous serial transmission as outlined above is the only communication facility required by a single chip processor implementing the model building algorithm, it is sufficient to bring an appropriately selected subset of the standard RS-232-C data and control lines to the pins of the chip. Further pins are then only necessary to hook up the analogue input signal, to apply the supply voltage and its common, and to connect the system clock and a reset signal. Thus, the chip's total pin count is between 10 and 22 depending upon the selected subset of provided RS-232-C lines.

Owing to its purpose of continuous process modeling, the processor must be able to continue operation also in the presence of a power failure. Therefore, it is to be equipped with a back-up battery. The processor has been conceived and designed to be implemented as a single chip device. This is easily possible, because only 1376 bits of RAM and 1071 bits of ROM need to be accommodated. It can, for example, be realised on the basis of a gate array with several thousand gates. Such chips are available in 2 micrometer CMOS technology featuring low power consumption and high reliability in rugged environments. For many application areas like control of chemical processes, the operating speed requirements are rather modest. Therefore, the CPU can be implemented as a serial one requiring only a few hundred gates.

Algorithm and Data

The observer algorithm's variables and constants are allocated to the RAM locations 0...42 in the following order: adcconst, Tm, Tml, Tmh, dT, x1,..., x5, x1l,..., x5l, x1h,..., x5h, k1,..., k5, y1,..., y4, t11,..., t15, t22,..., t25, t33, t34, t35, t44, and t45. Then, the algorithm can be represented by the following assembly language program:

```
Loc.  Instr.  Oper.

input from V/F-converter
000   ld      adc

Tm:=-float(adc)
001   fadd    adcconst
002   st      Tm

matrix mult., 1st row
003   ld      t11
004   fmult   x1
005   st      y1
006   ld      t12
007   fmult   x2
008   fadd    y1
009   st      y1
010   ld      t13
011   fmult   x3
012   fadd    y1
013   st      y1
014   ld      t14
015   fmult   x4
016   fadd    y1
017   st      y1
018   ld      t15
019   fmult   x5
020   fadd    y1
021   st      y1

dT:=y1-Tm
022   fadd    Tm
023   st      dT

matrix mult., 2nd row
024   ld      t22
025   fmult   x2
026   st      y2
027   ld      t23
028   fmult   x3
029   fadd    y2
```

```
Loc.  Instr.  Oper.

030   st      y2
031   ld      t24
032   fmult   x4
033   fadd    y2
034   st      y2
035   ld      t25
036   fmult   x5
037   fadd    y2
038   st      y2

matrix mult., 3rd row
039   ld      t33
040   fmult   x3
041   st      y3
042   ld      t34
043   fmult   x4
044   fadd    y3
045   st      y3
046   ld      t35
047   fmult   x5
048   fadd    y3
049   st      y3

matrix mult., 4th row
050   ld      t44
051   fmult   x4
052   st      y4
053   ld      t45
054   fmult   x5
055   fadd    y4
056   st      y4

if Tm<Tml or Tm>Tmh
then dT:=0
057   ld      Tm
058   cp,>    Tml
059   ld      Zero
060   st      dT
```

```
Loc.  Instr.  Oper.

061   ld      Tm
062   cp,<    Tmh
063   ld      Zero
064   st      dT

x5:=x5+k5·dT
if x5<x5l then x5:=x5l
if x5>x5h then x5:=x5h
065   ld      k5
066   fmult   dT
067   fadd    x5
068   st      x5
069   cp,>    x5l
070   ld      x5l
071   st      x5
072   cp,<    x5h
073   ld      x5h
074   st      x5

output of x5 to UART
075   st      uart

076 ... 105: same processing
for x4, x3, x2 as for x1 below

x1:=x1+k1·dT
if x1<x1l then x1:=x1l
if x1>x1h then x1:=x1h
106   ld      k1
107   fmult   dT
108   fadd    y1
109   st      x1
110   cp,>    x1l
111   ld      x1l
112   st      x1
113   cp,<    x1h
114   ld      x1h
115   st      x1
```


Reference

1. Halang, W. A.: A Voltage-to-Frequency Converter Design Without Inherent Linearity Error Suitable for Bipolar Operation. Computer Standards & Interfaces 6, 221-224 (1987).

MODULARES SYSTEM FÜR DIE FERTIGUNGSAUTOMATISATION MIT VERTEILTER INTELLIGENZ

66

K. Barbier
F. Schiestl

KEBA Automationselektronik A-4040 Linz
STIWA Fertigungstechnik A-4800 Attnang-Puchheim

ZUSAMMENFASSUNG

Für die Fertigungsautomatisation werden häufig Systeme benötigt, die Werkstücke an mehreren Bearbeitungsstationen vorbeibewegen und positionieren.
Hier wird ein System beschrieben, das aus Modulen wie ein Bausteinsystem zusammengefügt wird. Jedes Modul hat eigene Intelligenz und es gibt keinen übergeordneten Leitrechner. Weiters verwaltet das System noch selbsttätig für jedes Werkstück ein Datenpaket.
Die Realisierung und die daraus entstehenden Vorteile werden besprochen.

1. Ausgangssituation

Für die automatische Fertigung von Kleinteilen wie Motorschutzschaltern, Möbelscharniere, KFZ-Teile etc. werden sehr oft Anlagen benötigt, die ein Werkstück an einer Vielzahl von Bearbeitungsstationen vorbeifördern. Meist werden diese Anlagen in Form einer umlaufenden Kette realisiert, die sich mit einem fixen Takt bewegt. Jede Bearbeitungsstation hat eine eigene Steuerung (SPS) und alles wird von einem übergeordneten Rechner überwacht. Es gibt auch Anlagen ohne solch eine "starre" Verkettung, auch sie haben aber praktisch immer einen übergeordneten Leitrechner.

Daraus ergeben sich folgende Nachteile:

Fixe Taktzeit für alle Stationen, kein mehrfaches Positionieren in einer Station, Werkstückträger (WT) können sich nicht überholen, bei einer Störung stoppt die ganze Anlage, jede Erweiterung bedingt große mechanische Umbauten und Programmänderungen im Leitrechner, das Programm des

Leitrechners ist für jede Anlage neu zu erstellen, nur einfache Kreisläufe möglich, hoher Verkabelungsaufwand.
Davon ausgehend begann die Suche nach einer Lösung, die all diese Nachteile und Einschränkungen vermeidet.

2. Grundkonzept der modularen Steuerung

Das Konzept und die Idee stammen von der Fa. STIWA in Attnang-Puchheim, die sehr viel Erfahrung auf dem Gebiet der Fertigungsautomatisation besitzt. Die Elektronik wurde von der Firma KEBA aus Linz maßgeschneidert, ebenso die Software. Das gesamte Projekt wurde in weniger als einem Jahr bis zur Serienreife realisiert.

Das neue Konzept besteht aus folgenden Bausteinen:

- Transportmodul TM (Weitertransport und Puffern von WTs)
- Knotenmodul KM (Umlenkfunktion, Weichenfunktion)
- Automatikmodul AM (genaues, freies Positionieren des WTs im Zusammenspiel mit der SPS einer Bearbeitungsstation

Jedes Modul besitzt auf seiner Oberseite Führungsrollen für den WT sowie einen Antrieb in Form eines Zahnriemens plus Schrittmotor, weiters einen Steuerprozessor komplett mit Stromversorgung und Bus-Verbindung zu Vormodul, Nachmodul (bzw. zu 4 Nachbarmodulen beim Knoten) und zu einer SPS zur Steuerung des jeweiligen Bearbeitungsvorganges.
Alle Module einer Type besitzen genau die gleiche Software und sind untereinander beliebig kombinierbar.
Der WT ist ein einfacher und preisgünstiger Wagen mit 4 Laufrädern und einer Zahnstange auf seiner Unterseite, in welche der Antriebsriemen eingreifen kann.
Aus diesen Modulen können nun von einfachen Kreisläufen bis zu beliebig komplexen Strukturen jede Anlage aufgebaut werden. Es ist kein Leitrechner und keine anlagenspezifische Software

nötig, da sich die Module durch ihre lokale Intelligenz selbst organisieren.

3. Kommunikation der Module

Wie verständigen sich nun die Module untereinander bzw. woher weiß ein Knoten, wohin er den WT weiterschicken soll?

Die Verbindung der Module erfolgt als "Daisy Chain", es gibt also keinen durchgehenden Bus, auf dem alle Module einer Anlage hängen. Jeder hat nur Verbindung zu seinen Nachbarn. Diese Verbindung erfolgt über 2 Handshake-Leitungen, die aus Gründen der Störsicherheit mit 24V arbeiten.

Hat ein Modul einen WT, so signalisiert es seinem Nachfolger "WT da". Sobald dieser frei ist, signalisiert er "frei", beide schalten ihre Antriebe ein und der WT läuft von Modul 1 zu 2. Zugleich mit dem Start des WTs wird über die Handshake-Leitungen ein DATENPAKET übertragen. Dieses enthält Informationen, die fix diesem WT zugeordnet sind.
Beispiel: Bearbeitungszustand, Anzahl der Schlecht-Teile, Art der Teile, nächste Zielposition.

Ist der WT am Modul 2 angekommen, wird "besetzt" signalisiert und Modul 1 schaltet seinen Motor ab oder holt gleich von seinem Vorgänger den nächsten WT samt Datensatz nach.

Über einen Richtungseingang, der normalerweise von Modul zu Modul durchverbunden ist, kann die Transportrichtung jederzeit, auch mitten im Betrieb, geändert werden. Vor- und Nachmodul tauschen dann ihre Bedeutung.

Ein <u>Transportmodul</u> kann damit also WTs ohne STOP weiterbefördern oder auch zwischenpuffern, z. B. vor einer langsameren Station. Es gibt auch die Möglichkeit, den WT für

Handarbeiten zu stoppen, seine Daten anzuzeigen und ihn nach erfolgter Arbeit (z. B. händisches Einlegen eines Teiles) wieder weiterzuschicken.

Ein Automatikmodul bremst den WT immer bis zum Stillstand, sendet seine Daten zu der Bearbeitungssteuerung, empfängt von dieser eine Sollposition und positioniert den WT auf ±0,1mm. Es sind beliebig viele Positionen möglich, dazwischen kann auch neu referenziert werden. Wird eine größere Positionierstrecke benötigt, so gibt es doppelt lange AM. Diese sind in der Lage, einen zweiten WT nachzuholen, sobald sich der erste in einer entsprechenden Position befindet (Taktzeitoptimierung). Ein solches doppeltes Modul besitzt 2 voneinander unabhängige Motoren und 2 Zahnriemen.

Ist der Bearbeitungsvorgang beendet, so sendet die SPS die aktualisierten Daten zur Modulsteuerung, diese meldet sich beim Nachmodul mit "WT da" und falls "frei", werden WT und Daten zum Nachmodul geschickt.

Das Knotenmodul benötigt normalerweise keine Information über Transportrichtung. Sobald es frei ist, fragt es ständig alle seine Nachbarn ab und ist bereit, aus jeder Richtung einen WT zu empfangen. Nach dem Einlaufen eines WT wird dieser mittig auf dem Modul gestoppt und nun gibt es mehrere Möglichkeiten, seine Auslaufrichtung zu bestimmen:

1. fix vorgegeben
2. von außen vorgegeben, z. B. durch eine angeschlossene SPS
3. Richtungsinformation im WT-Datenpaket.

Bei üblichen Anlagen sind alle diese Varianten kombiniert und ergeben so eine große Flexibilität.
Das Modul dreht dann den WT in die gefundene Richtung und schickt ihn weiter.

4. Antriebstechnik

Der Antrieb der Werkstückträger (WT) erfolgt wie bereits erwähnt über je einen Schrittmotor und Zahnriemen pro Modul. Das Knotenmodul besitzt einen Drehteller, der ebenfalls von einem Schrittmotor angetrieben wird.

Der Schrittmotor erlaubt genaues Positionieren, variable Geschwindigkeiten und saubere Brems- und Beschleunigungsrampen. Da die Schrittimpulse per Software erzeugt werden, ergibt sich eine hohe Flexibilität in der Geschwindigkeitsauswahl, Geschwindigkeitsumschaltung und Anpassung an verschiedene Antriebsmotoren.
So kann z. B. ein Knotenmodul 4 Nachbarmodule mit 4 verschiedenen Geschwindigkeiten haben.

5. Fehlerbehandlung

Jeder Anlagenstillstand verursacht hohe Kosten und muß daher so kurz als möglich gehalten werden.

Um die Fehlersuche zu unterstützen, erkennt die Steuerung über 50 verschiedene Fehlerursachen und zeigt sie in Form eines Fehlercodes an. Dieser Code wird auch an eine ev. angeschlossene SPS weitergeleitet. Aus diesen Codes erkennt der Bediener, was zu tun ist, behebt den Fehler falls ein Eingriff nötig ist und quittiert die Störung. In den meisten Fällen genügt ein Quittieren ohne jeden Eingriff, da die Module selbst entsprechende Maßnahmen setzen (nur Referenzieren der Werkstückträger, nochmaliges Senden zerstörter Daten etc.). Besteht die Möglichkeit, daß am WT etwas beschädigt wurde oder wurde ein WT von Hand manipuliert, so wird dies in seinem Datenpaket vermerkt.
Es wird auch in jedem Zustand der Anlage registriert, ob ein WT entfernt oder eingefügt wurde und wiederum sein Datensatz entsprechend gekennzeichnet bzw. gelöscht.

6. Hardwarestruktur

Das System besteht aus 8085-CPU mit 3fach-Timer für die Zählaufgaben und Schritterzeugung, 32k ROM, 8k RAM mit Batteriepufferung sowie den digitalen Ein/Ausgängen zur Kommunikation mit den Nachbarsystemen (16 Ausgänge, 22 Eingänge).

Die gesamte Kommunikation erfolgt mit 24V-Signalen. Auf Robustheit und Störsicherheit wurde großer Wert gelegt.

Die Schrittmotorendstufen sind in SIPMOS ausgeführt, um die Verlustwärme möglichst gering zu halten. Durch die verhältnismäßig hohe Motorspannung von 42V wird ein schneller Stromanstieg und damit hohe Stepraten ohne Momentenverlust ermöglicht. Maximalstrom 4A.

Die Endstufen befinden sich auf einem eigenen Print, um eine Anpassung an neue Motoren zu erleichtern. Über den Prozessor können weiters verschiedene Stromwerte vorgegeben werden (Anlauf, Fahrt, Haltebetrieb etc.).
Beim Hardware-Entwurf waren sehr hohe Anforderungen bezüglich geringem Platzbedarf und niedrigen Stückkosten zu berücksichtigen (daher auch die Entscheidung für ein 8085-System).

7. Softwarestruktur

Die Software ist aus Geschwindigkeitsgründen zur Gänze in Assembler geschrieben. Kern ist ein selbst entworfenes Multitasking-Betriebssystem mit Echtzeitfähigkeit, welches genau für diese Anwendung "maßgeschneidert" wurde.
So ist es z. B. erforderlich, gleichzeitig Daten vom Vormodul zu empfangen, andere an das Nachmodul zu senden und zwei Motoren mit verschiedenen Stepraten zu versorgen.

Um das Schreiben der Anwenderprogramme zu erleichtern, wurde über Macros eine Art einfache SPS-Sprache realisiert. Dadurch sind die Programme sehr sauber strukturierbar und trotz der Größe von ca. 28kByte je Modul noch gut zu warten.

8. Betriebserfahrungen, Ausblicke

Es sind bereits mehrere Anlagen mit diesem neuen System in Betrieb, eine davon besteht aus über 100 Modulen. Es wurden sehr interessante Lösungen möglich wie z. B. ein Montage-Roboter, der 3 Transportbahnen übergreift. Auf eine kommen die Einzelteile an bzw. werden die fertig montierten Teile abtransportiert. Alleine auf dieser Bahn gibt es bereits 5 verschiedene Arten von Werkstückträgern, die in verschiedener Reihenfolge eintreffen. Auf der 2. Bahn werden verschiedene Werkzeuge für die einzelnen Montagevorgänge bereitgestellt und auf einer 3. Bahn gibt es einen besonderen WT mit sehr hoher Positioniergenauigkeit, auf welchem die Montage stattfindet.

Es zeigt sich auch, daß ein Umstellen der Anlage auf einen anderen Produktionsablauf recht einfach möglich ist, da in die Software der Transportmodule nicht eingegriffen werden muß.

Das Konzept der verteilten Intelligenz hat sich also hier voll bewährt, eröffnet sehr große Freiheiten und trägt durch die Standardisierung der Module zur Senkung der Anlagekosten bei.

GLASFASERVERNETZUNG IM CIM-ANWENDERFELD

A. Krenn, H. Fleischmann

KRONE Fiber Optic Kommunikationstechnik Ges.m.b.H., Trumau/NÖ

ZUSAMMENFASSUNG

Die CIM-Integration scheitert heute technisch und kommerziell an den von den Maschinenherstellern benutzten Hardware- und Software-Schnittstellen bzw. deren nötige Adaption. Das Szenario des Computerhackings (ISO-Modell) im CIM-Anwenderfeld bereitet den Anwendern ein erhebliches Unsicherheitspotential. Der folgende Bericht beschreibt ein Verkabelungssystem, bei dem Daten verschiedener Geräte, herstellerunabhängig, über EIN Glasfaserkabel übertragen werden.

1. Analyse

Die Datenstrom-Analyse liefert wertvolle Information, die zur Entscheidung für ein bestimmtes System benötigt werden. Nicht nur das Mengengerüst der anzuschließenden Komponenten muß bekannt sein, sondern auch Standards, die Netzwerke betreffen, müssen bei der Entscheidungsfindung berücksichtigt werden. Von Standards der physikalischen Ebene über die Verbindungs-, Netzwerk- und Transportebene bis zu den anwendungsorientierten Ebenen müssen die, für das jeweilige Unternehmen notwendigen Verfahren, festgelegt werden.

Der Versuch einer Vereinheitlichung durch die MAP/TOP-Aktivitäten scheiterte bisher an den unterschiedlichsten technischen, zeitlichen und kommerziellen Kundenanforderungen.

Datenschutz

In zunehmendem Maße wird dem Datenschutz höchste Priorität zugeordnet. Seit dem Eindringen von "Hackern" in Großrechner-Systeme müssen sich Anwender und Betreiber von Netzwerken immer öfters mit dieser Frage auseinander setzen. Der Schutz eines vom öffentlichen Netz (z.B.: Datex-P) zugänglichen Rechners durch Software (Username, Password) alleine bietet keine Garantie gegen unerlaubten, unbeabsichtigten Zugriff. Enkryption ist sehr aufwands- und kostenintensiv. Produktionsdaten und Verkaufsstatistiken müssen durch geeignete Vorkehrungen geschützt werden.

Die Vielfalt der Standards bei den transport- und anwendungsorientierten Ebenen sowie die erhöhten Anforderungen an den Datenschutz führten zur Entwicklung eines Verkabelungssystemes, welches bereits heute den zukünftigen Anforderungen entspricht. Diese Anforderungen werden von KRONE TOP-NET vollständig erfüllt.

2. KRONE TOP-NET

KRONE TOP-NET ist ein programmierbares Verkabelungssystem, vergleichbar einem dezentralisiertem Switch mit LAN-Features. Als Übertragungsmedium wird Glasfaser verwendet. Standardschnittstellen (asynchron, synchron und parallel) ermöglichen den Anschluß von Geräten verschiedener Hersteller. Die Gesamtringlänge beträgt beim Doppelring bis zu 40 km (Einfachring 80 km). Ein protokollunabhängiges Vermittlungssystem erlaubt die gleichzeitge Übertragung verschiedener, anwendungsspezifischer Daten. Durch das verwendete Zeitmultiplex-Verfahren steht jeder Verbindung (max.488) ein eigener Kanal ständig zur Verfügung. Daraus resultieren KONSTANTE Antwortzeiten - eine Grundvorraussetzung für den Einsatz in der Prozeßtechnik.

Die Funktion des Verbindungsauf- und abbaus wurde von der Datenübertragung ausgelagert und in den Grundfunktionen von TOP-NET implementiert. Es werden dem Benutzer "Leitungen" zur

Verfügung gestellt, die unabhängig von der Art und Wirkungswiese der angeschlossenen Geräte elektronisch geschaltet werden können (programmierbar).

Daraus ergibt sich die Bezeichnung LACN (Local Area Cabling Network). Der Unterschied zu LAN (Local Areal Network) besteht darin, daß bei LAN's aufbauend auf dem Übertragungsmedium (physikalische Schicht) Protokolle definiert werden, bei denen die Information über den Verbindungsauf- und -abbau in den zu übertragenden Daten vorhanden ist.

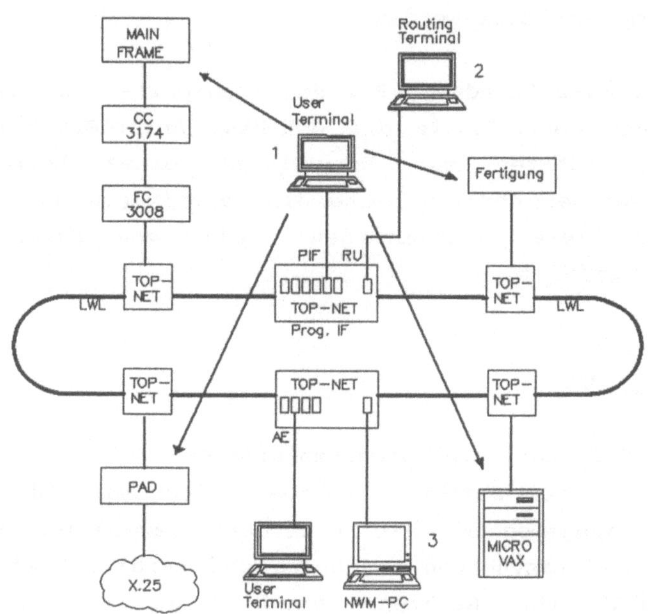

Bild 1: Verbindungsumschaltung - Aktive Anschlüsse

Die Protokolltransparenz von TOP-NET verdeutlicht ein Vergleich mit dem Telefon-Netz. Die Informationsübertragung erfolgt bei beiden unabhängig von der Art der Daten. Beim Telefon-Netz ist es egal ob man deutsch, englisch oder französisch spricht, bei TOP-NET ist es ebenso egal, welche Daten übertragen werden. Wesentlich ist nur, daß die an der Verbindung beteiligten Teilnehmer dieselbe Sprache (= dasselbe Protokoll) verstehen.

Zugriffsschutz

Durch die Zuordnung von passiven Anschlüssen ist der Zugriff auf Resourcen, die den Verbindungsauf- und -abbau betreffen, blockiert. Datenschutz wird somit durch Software und Hardware realisiert. Verbindungsänderungen können nur durch Benutzer oder Systembetreuer, denen aktive Anschlüsse zugeordnet sind, durchgeführt werden.

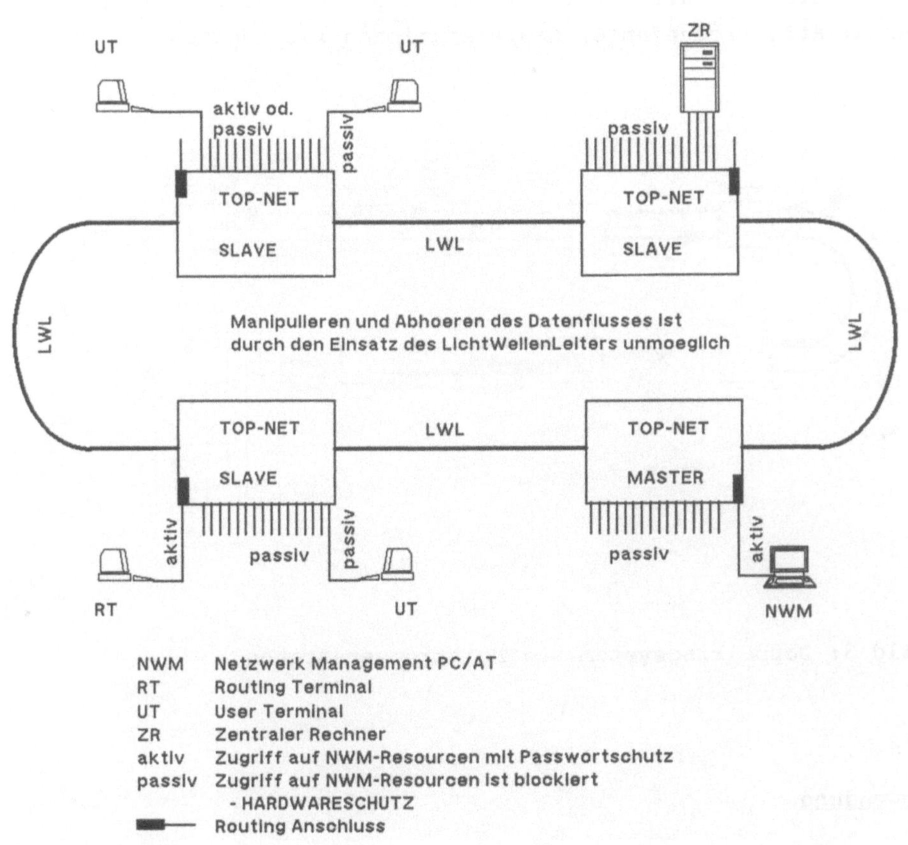

Bild 2: Netzwerkzugriff - Datenschutz per Software und Hardware

Sicherheit

Durch die Verwendung des Lichtwellenleiters als Übertragungsmedium ist die Sicherheit vor elektrischen und magnetischen Einstreuungen gegeben. Spannungsspitzen, verursacht durch Gleichstromanbrieb, Schweißroboter und dgl. bleiben unwirksam. Die physikalische Eigenschaft des Lichtwellenleiters machen ein Abhören und Verändern der Daten praktisch unmöglich.

Der Einsatz eins Doppelringsystemes gewährleistet bei Leitungsunterbrechung oder Ausfall der Versorgungsspannung einer Station die Aufrechterhaltung der Ringfunktion. Die Installation redundanter Masterstationen ist möglich.

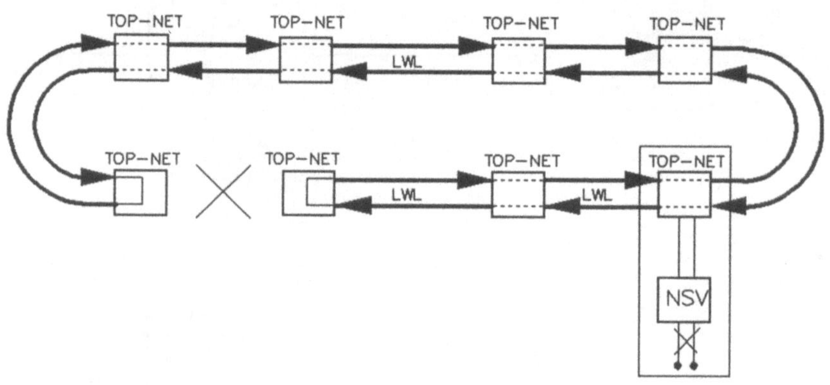

Bild 3: Doppelringsystem und Notstromversorgung

Anwendung

KRONE TOP-NET ist zur Vernetzung von Geräten verschiedener Hersteller, speziell im CIM-Bereich, geeignet. Der Nutzen des Anwenders besteht darin, daß für mehrere unterschiedliche Applikationen nur EIN Verkabelungssystem installiert werden muß.

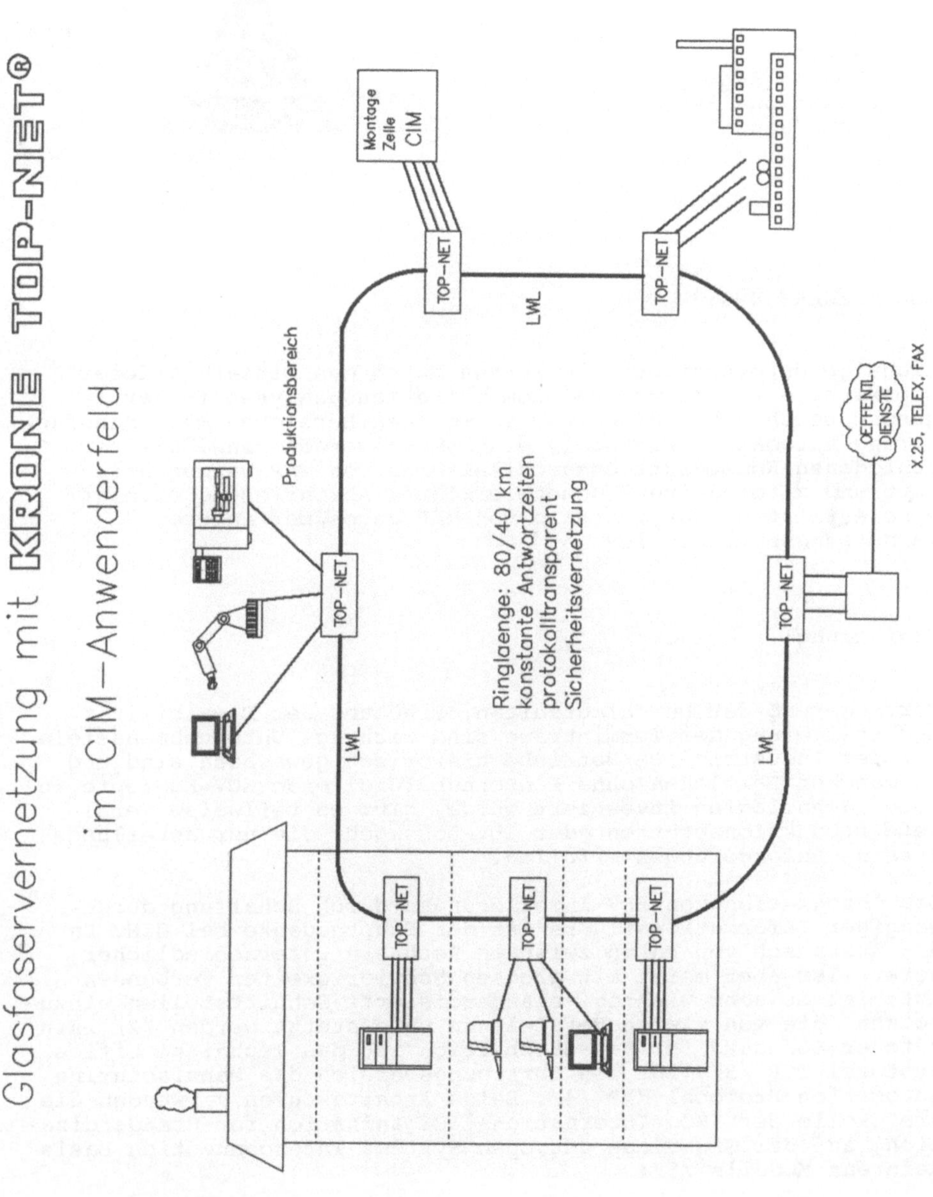

Bild 4: Glasfaservernetzung

MAP - DER WEG ZU CIM

R. Schlager

Ing. Ronald Schlager
Communications Services,
St. Aegyd/Neuwald

ZUSAMMENFASSUNG:

Wichtige Unternehmensziele können durch den Einsatz offener Netzwerke erreicht werden. Kommunikationsanalysen im Fertigungsbereich geben Hinweise, in welchen Bereichen MAP (Manufacturing Automation Protocol) eingesetzt werden kann. Die verschiedenen Kommunikationsarchitekturen von MAP werden erläutert und alternative Konzepte erklärt. Abschließend erfolgt eine Auflistung der Vorteile von MAP gegenüber anderen Vernetzungsphilosophien.

Einführung:

Verringerung der Durchlaufzeiten, Erhöhung der Flexibilität und Steigerung der Termintreue sind wichtige Unternehmensziele /1/ der Industrie. Da Betriebe historisch gewachsen sind und in manchen Bereichen ohne konzernübergreifende EDV-Konzepte in neue Technologien investiert wurde, gibt es teilweise veraltete Produktionsstätten oder EDV-Lösungen, die nur abteilungsinterne Anforderungen erfüllen.

Die Integration von EDV-Insellösungen durch Schaffung durchgängiger Informationsflüsse ist der Hauptgedanke bei CIM. Da der Austausch von Daten zwischen Rechnern unterschiedlicher Hersteller aber meist mit grossen Schwierigkeiten verbunden ist, ist es sehr wichtig, standardisierte Schnittstellen einzusetzen, die von vielen Herstellern unterstützt werden /2/. Ein offener Standard für den Bürobereich ist das Technical Office Protocol TOP /3/, für den Fertigungsbereich das Manufacturing Automation Protocol MAP /4/. Beide Architekturen verwenden die Protokolle der ISO (International Organisation for Standardization) auf der Grundlage des Open Systems Interconnection Basis Referenz Modells /5/.

Kommunikationsanforderungen in der Fertigung:

Mit Hilfe eines systemtechnischen Ansatzes können im Fertigungsbereich je nach Branche bis zu 5 verschiedene Hauptebenen mit bestimmten Aufgaben und Kommunikationsanforderungen definiert werden:

Ebene 1: Prozess-, Steuerungs-, Feldebene

Anforderungen an Reaktionszeiten: teilweise unter 5 ms bis zu 20 ms.

Ebene 2: Gruppenleit- (Zellen-) ebene

Anforderungen an Reaktionszeiten: typisch zw. 20 ms und 250 ms.

Ebene 3: Prozessleit- (Anlagen-) ebene

Anforderungen an Reaktionszeiten: typisch zw. 100 ms und 1 sec.

Ebene 4: Produktions- (Fertigungs-) leitebene

Ebene 5: Unternehmensleitebene

Anforderungen an Reaktionszeiten der Ebenen 4 und 5: ab 1 sec.

Aus den abgeleiteten Kommunikationsanforderungen lassen sich die Einsatzbereiche von MAP und anderer Kommunikationssysteme wie folgt definieren:

Da die Ebene 1 die Echtzeitverarbeitung wichtig ist, wird hier eine spezielle MAP-Protokollarchitektur eingesetzt, auf die später noch näher eingegangen wird. Neben dieser gibt es eine Reihe von Feldbussystemen, die von Herstellern entwickelt bzw. von Normungsgremien definiert wurden.

Ab der Ebene 2 bis zur Ebene 5 kann MAP mit der vollen Architektur eingesetzt werden. In der Unternehmensleitebene gibt es eine Koexistenz mit TOP (bei reinen ISO-Netzen) oder anderen Netzwerken (siehe Kapitel "Alternativen zu MAP 3.0).

Protokollarchitektur:

Die Spezifikation von MAP 3.0 /4/ basiert auf einer Auswahl von ISO-Protokollen. Sie wurde im Juni 1988 von den Mitgliedern der weltweit tätigen MAP/TOP Users Group verabschiedet. Die Mitglieder vereinbarten, diesen Standard für 6 Jahre einzufrieren. Dadurch erhalten Hersteller die Möglichkeit, MAP-Schnittstellen zu implementieren. Investitionen der Anwender werden auf lange Zeit gesichert. Neue Versionen von MAP werden kompatibel zu MAP 3.0 gestaltet, damit der Aufwand für den Übergang (Migration) von MAP 3.0 auf neue MAP-Versionen gering bleibt.

Folgende ISO-Protokolle wurden für MAP 3.0 gewählt:

Schicht 7: ISO ACSE, FTAM, MMS, DS
Schicht 6: ISO Presentation Kernel
Schicht 5: ISO Session Kernel
Schicht 4: ISO Transport Class 4
Schicht 3: ISO Connectionless Network Protocol
Schicht 2: ISO 8802/2 Class 1 / Class 3
Schicht 1: ISO 8802/4 Broadband oder
ISO 8802/4 Phase Coherent Carrierband

Die Schicht 7 (Application Layer) enthält das speziell für den Fertigungsbereich definierte generelle Message Service MMS (Manufacturing Message Specification). Es unterstützt die Kommunikation unterschiedlicher Systeme wie SPS, Roboter, Leitrechner, usw.

Echtzeitverarbeitung ist mit der vollen MAP-Protokollarchitektur nicht realisierbar. Daher wurde für zeitkritische Anwendungen die Enhanced Performance Architecture (EPA) geschaffen. Hier greift der Application Layer direkt auf die Schnittstelle (Service Access Point) zur Schicht 2 (durch Umgehen der Schichten 3 bis 6) zu und verringert damit die Reaktionszeit des Kommunikationssystems.

Für sehr einfache Endgeräte mit beschränkter Funktionalität wurde die Mini-MAP Architektur geschaffen. Sie besteht generell nur aus den unteren beiden Schichten und einer minimalen Schicht-7-Funktionalität mit Schnittstelle zur Anwendung.

Viele Computer- und Steuerungshersteller bieten bereits Produkte mit MAP 3.0 Schnittstelle an bzw. haben diese angekündigt /7/. Einige spezialisierte Softwarefirmen bieten Source-Code (in Programmiersprache "C") für ISO-Protokolle an.

Alternativen zu MAP 3.0:

Über alternative Verkabelungstechniken für MAP (wie Basisband-Coax, Twisted Pair oder Glasfaser), die im Standard MAP 3.0 nicht spezifiziert sind, wird in den MAP/TOP User Group Kommittees diskutiert.

Hersteller favorisieren teilweise unterschiedliche Verkabelungskonzepte. So gibt es Buskonzepte, die andere Kabeltypen mit z.B. unterschiedlichem Wellenwiderstand spezifiziert haben. Es gibt auch andere Medienzugriffsverfahren wie z.B. Carrier Sense Multiple Access with Collision Detect (CSMA/CD) nach ISO 8802/3 bei Bussystemen oder Token Ring nach ISO 8802/5 bei Ringnetzwerken.

Da die Kommunikationsanforderungen in einfachen Endgeräten der Feldebene teilweise nicht durch die speziellen MAP-Architekturen abgedeckte werden können, wurde für die Feldebene in Europa ein einfacheres Kommunikationssystem definiert. Es trägt den speziellen Anforderungen dieser Ebene Rechnung und wird unter dem Namen "Profibus" /6/ von der DIN genormt.

Alternativen zu den herstellerunabhängigen ISO-Protokollen sind die TCP/IP-Protokolle (Transmission Control Protocol / Internet Protocol) des Department of Defence (DoD). Durch die breite Unterstützung vieler Hersteller sind die Kosten pro Kommunikationsport sehr niedrig. Das DoD hat allerdings seine offizielle Unterstützung für TCP/IP seit 1987 eingestellt und unterstützt seit diesem Zeitpunkt nur mehr ISO-Protokolle. Es wird daher nur eine Frage der Zeit sein, bis TCP/IP-Netze von ISO-Netzen abgelöst werden.

Nahezu jeder große Computerhersteller bietet sein eigenes Netzwerkkonzept an. Jede homogene Vernetzung bietet den Vorteil, das für Computer eines Herstellers optimal abgestimmte Kommunikationssystem einsetzen zu können. Für den Datenaustausch innerhalb solcher "Inseln" sind diese Systeme bestens geeignet. Diese Netze können je nach Konzept in bestimmten Ebenen der Fertigung eingesetzt werden.

Die Auswahl der richtigen Verkabelungstechnik und Übertragungsprotokolle ist eine schwierige Aufgabe. Fehlentscheidungen können durch Beratung von herstellerunabhängigen Kommunikationsspezialisten vermieden werden.

Vorteile von MAP:

Abschließend möchte ich die wesentlichen Vorteile einer Vernetzung mit MAP aufzählen, die ich im Verlaufe von herstellerunabhängigen Beratungsgesprächen mit Kunden immer betone:

- MAP ist der einzige Kommunikationsstandard, der den gesamten Unternehmensbereich von einfachen Endgeräten der Feld- und Gruppenleitebene bis zu komplexen Großrechnern der Produktions- und Unternehmensleitebene einschließt.
- MAP basiert auf ISO-Protokollen, die international anerkannt und von vielen Herstellern unterstützt werden.
- MAP-Vernetzungen sind durch das zugrundeliegende Konzept von Beginn an flexibel, sodaß jederzeit Anpassungen und Erweiterungen des Netzes an neue Anforderungen möglich sind.
- MAP definiert als Standard nicht nur, wie Rechner kommunizieren, sondern legt auch fest, welche Anwendungsdienste den Programmen zur Nutzung zur Verfügung stehen.
- MAP beschreibt detailiert, wie der Datenaustausch an der Schnittstelle zwischen Anwendung und Kommunikationssystem (Stichwort: Application Program Interface API) erfolgen muß. Dadurch kann Software entwickelt werden, die unabhängig vom Rechnertyp ist und daher auf verschiedene Systeme portierbar wird. Dieser Vorteil ist von besonderer Bedeutung bei der Entwicklung von Standardprogrammpaketen.
- MAP-Netze werden einheitlich verwaltet. Es ist somit nicht für jede Netzwerkinstallation ein eigenes Verwaltungszentrum oder zumindest ein Netzwerkbetreuer notwendig.
- MAP-fähige Produkte werden immer mehr am Markt angeboten. Nicht nur große Computer- und Steuerungshersteller sind mit MAP-Produkten am Markt vertreten, sondern auch kleinere Firmen bieten interessante MAP-Komponenten an.
- MAP-Schnittstellenkosten sinken durch den härteren Konkurrenzkampf und den größeren Bedarf an MAP-Netze. Schon heute werden MAP-Schnittstellenkarten für PCs angeboten, die den Preisen von TCP/IP-Karten nahekommen /7/. Somit steht einem breiten Einsatz von MAP nichts mehr im Wege.

Quellenhinweise:

/1/ Bundesministerium für Wissenschaft und Forschung: J. Brößner, Endbericht "CIM-Planungshilfen".

/2/ Weck M.: Datenaustausch als Voraussetzung für die Integration. Internationaler Kongreß "Mit LAN über MAP zu integrierten Produktionssystemen." Deutsche Messe- und Ausstellungs-AG, Hannover, 1987

/3/ MAP/TOP Users Group: Technical and Office Protocol Specification Version 3.0, August 31, 1988. Herausgeber: Information Technology Requirements Council, Ann Arbor, MI 48106

/4/ GM: Manufacturing Automation Protocol Version 3.0, General Motors Corp., Warren, MI 48090-9040

/5/ ISO 7498, Open Systems Interconnection Basic Reference Model, May 1983

/6/ N.N.: Profibus. Hard and Soft, Aug./Sept. '88

/7/ Schlager R.: MAP - Der Weg zu CIM. Seminar

Zum Autor:

Ronald Schlager, Jahrgang 1960, Absolvent der HTL St. Pölten, ist seit 1980 als Entwickler von Datenkommunikationssystemen und als Berater tätig.

Das EDV-Dienstleistungsunternehmen Ing. Ronald Schlager Communications Services unterstützt Firmen herstellerunabhängig bei der Planung und Realisierung von Netzwerken. Kunden, die selbst Netzwerke implementieren, erhalten umfangreiche Informationen und Beratungen über relevante Normen, Standards, Produkte, usw. Die Firma ist Mitglied der MAP/TOP Users Group und anderer Vereinigungen.

Firmenspezifische Seminare ermöglichen den Aufbau firmeninternen Know-Hows. Öffentliche Seminare über ausgewählte Themen der Datenkommunikation runden das Angebot an herstellerunabhängigen Dienstleistungen der Firma Schlager Communications Services ab.

Der Token Ring in der automatisierten Fertigung

L. Sturm

Universität-Gesamthochschule Paderborn, Fachgebiet Datentechnik
Warburger Straße 100, D - 4790 Paderborn

Zusammenfassung

Kommunikationssysteme für verteilte Automatisierungssysteme, insbesondere die Vernetzung von flexiblen Fertigungszellen bestimmen u.a. die Diskussion um die Schaffung einer optimalen Informationsstruktur in der '**Fabrik 2000**'. Echtzeitverhalten bei einer offenen Systemstruktur und ein hohes Maß an Zuverlässigkeit und Sicherheit charakterisieren diesen Anwendungsbereich der Rechnervernetzung. Experimentelle Untersuchungen, die in diesem Beitrag vorgestellt werden, wurden mit dem Ziele durchgeführt, die Eignung des Token Rings bzw. des Chipsets TMS 380 von Texas Instruments für den Produktionsbereich zu verifizieren. Es werden die Methodik und Vorgehensweise bei den Untersuchungen (Monitoring und mathematische Analysen) am Token Ring erläutert und einige Ergebnisse sowie eine Bewertung zu dessen Echtzeitverhalten vorgestellt.

1. Motivation, Zielsetzung und Festlegung der Untersuchung

Im Fachgebiet Datentechnik an der Universität-Gesamthochschule Paderborn wird an einem Vorhaben gearbeitet, das sich mit verteilten Rechnerarchitekturen für die automatisierte Fertigung befaßt. Ein Projektschwerpunkt liegt bei der Konzeption eines geeigneten Kommunikationssystems für den Verbund von Fertigungszellen bzw. Automatisierungskomponenten. Eine zentrale Rolle bei diesen Kommunikationssystemen spielt das zugrundeliegende Verbindungsnetzwerk (Topologie, Zugangsverfahren etc.), wobei vermehrt die Anwendung von lokalen Netzwerken zur Kopplung flexibler Fertigungszellen diskutiert wird. So wurde dafür im MAP-Projekt der Token Bus (IEEE 802.4) favorisiert, während von anderen Firmen (z. B. Fa. Siemens) das Ethernet für Teilbereiche angeboten wird.

Kommunikationssysteme im Fertigungsbereich müssen einigen speziellen Anforderungen genügen:

- Es wird Echtzeitverhalten gefordert,
- es sind mittlere bis hohe Übertragungsleistungen notwendig,
- das Kommunikationssystem muß 'offen' sein für den Anschluß unterschiedlicher Rechner- bzw. Prozessorsysteme,
- den Austausch der Information unterliegt in der Regel speziellen Anforderungen bezüglich Störsicherheit und Zuverlässigkeit.

Im obengenannten Projekt wurde für diese Aufgabe der Token Ring nach IEEE 802.5 ausgewählt, für den es seit 1985 ein Controller -Chipset (TMS 380) der Fa. Texas auf dem Markt gibt.

Die Motivation für Messungen am Token Ring war der Wunsch nach gesicherten Daten über das Zeitverhalten eines realen Netzwerkes mit Einsatz eines marktgängigen Token Ring Controllers /1/.

Für den Einsatz in der automatisierten Fertigung ist das Echtzeitverhalten die vorrangige Bewertungsgröße. Dies ist nur gewährleistet, wenn die Kommunikation zwischen räumlich verteilten Prozessen schnell genug ist, wobei die Zeitschranke für die Übermittlung einer Botschaft von Prozeß zu Prozeß allgemein mit 20 ms angegeben wird (vgl. /2/ und /4/).

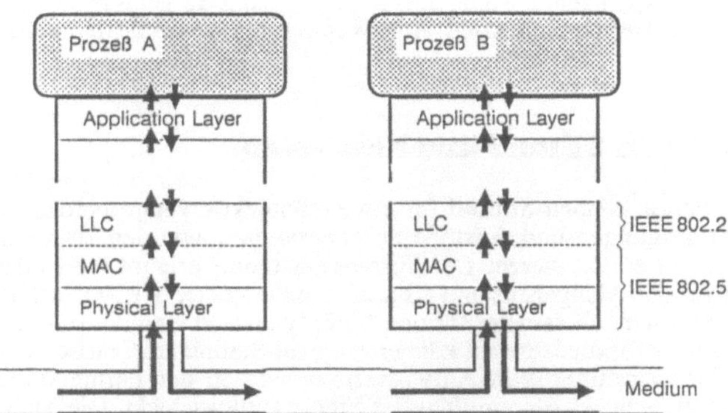

Bild 1: Interprozeß-Kommunikation über den Token Ring

Es wird vorausgesetzt, daß die Interprozeß-Kommunikation zukünftig verbindungslos und botschaftenorientiert konzipiert sein wird. Somit ist nur ein einziges Kommunikationsergebnis zu betrachten: Ausgelöst durch ein Ereignis im Prozeß A soll an Prozeß B eine Botschaft übertragen werden (siehe Bild 1). Zusätzlich wird angenommen, daß viele Konzepte unter Auslassung der Protokollschichten 3 bis 6 direkt von der Anwendung auf den Data Link Layer (DLL gemäß ISO-OSI-Referenzmodell /6/) aufsetzen werden, z.B. MINIMAP, um so die problematischen Laufzeiten in diesen Protokollschichten zu umgehen /3/. Unter diesen Voraussetzungen heißt die Hauptfrage: Wie lange dauert es, bis vom Anwenderprozeß die Abwicklung des Auftrages durch DLL- und Physical-Layer (ISO-OSI-Modell) angenommen werden kann?

2. Messungen der Laufzeiten

Als spezielles Problem erweist sich die Ermittlung der Verzögerung in Empfangsrichtung, da die Meßeinrichtung nicht an der Leitungsseite des Controllers adaptiert und Ereignisse direkt nur in der Station erfaßt werden können. Die Verkettung von zwei identischen Aufträgen zwischen Station A und B mit den Richtungen A --- B und B --- A läßt an der Station A eine Auswertung zu. Der Vergleich mit der einfachen Messung der Übertragungszeit für zwei Aufträge ergibt den zusätzlichen Zeitbedarf für das Empfangen. Gleichzeitig erlaubt diese Messung eine direkte Erfassung der Antwort.

2. 1 Meßmethode und Meßwerkzeuge

Die Ergebnisse werden mittels Software-Monitoring gewonnen. Dazu wurde ein Meßprogramm erstellt, welches in der Lage ist,

- Zeitinformationen zu den gewünschten Zeitpunkten festzuhalten,
- die benötigten Stimuli für den Token Ring -Adapter zu erzeugen,
- eine Echostation für die Ermittlung der Antwortzeiten zu realisieren,

- die Einstellung der Parameter vorzunehmen,
- die system- und meßspezifische Voreinstellung durchzuführen,
- die Ergebnisse statistisch auszuwerten, und die Meßergebnisse für eine grafische Darstellung (Bildschirm und Drucker) aufzubereiten.

Das implementierte Meßprogramm setzt auf dem DLL-Layer bzw. auf dem MAC-Layer auf. Als unabhängige Zeitbasis wurde eine Einsteckplatine (IBM AT) mit drei 16-Bit Zählern aufgebaut, die mit den Frequenzen 1 MHz, 100 kHz und 10 kHz getaktet werden, um Zeitinformationen mit den entsprechenden Auflösungen als 16-.Bit-Binärzahlen zur Verfügung zu haben.

2.2 Erzeugung von Stimuli und Netzlasten

Von dem Software-Monitor können Stimuli für ein Meßobjekt erzeugt werden, um die benötigten Betriebsbedingungen und Anstöße zu generieren sowie den zu messenden Prozeß zu installieren und zu aktivieren. Der Software-Monitor erlaubt die Einstellung sowohl der Parameter für den Meßgegenstand als auch die Parameter der Netzlast, die von anderen Stationen erzeugt wird. Parameter für den Meßgegenstand sind die Infofeldlänge und die Priorität, Parameter für die Netzlast können an jeder Station am Traffic-Generator eingestellt werden. Zur Ermittlung von Antwortzeiten wird in der Partnerstation ein Echo-Programm gestartet, welches das empfangene Frame zurückschickt. Die Meßstation wartet in diesem Fall auf die Antwort und wertet diese aus.
Der Traffic-Generator bietet eine Einstellung in 3 Parametergruppen: Framelänge, Priorität und Verzögerung. Die Framelänge ist konstant bzw. gleich- und normalverteilt variierbar; eine bimodale Verteilung ist ebenfalls wählbar. Die Priorität kann konstant oder gleichverteilt vorgegeben werden. In der Gruppe Verzögerung wird die Zwischenankunftszeit (inter frame arrival time) festgelegt. Dabei kann ein Poisson-Prozeß als Standardlast nachgebildet werden, aber ebenso die intervallgesteuerte Aussendung von Einzelframes. Weiterhin wird die Vollast erzeugt, wenn die Aufträge ohne Verzögerung in die Warteschlange gesetzt werden. Aus der Kombination dieser drei Gruppen lassen sich nahezu beliebige Lastprofile zusammenstellen.
Nach dem TG-Lauf steht eine Auswertung der Laufdaten zur Verfügung:

- Anzahl der gesendeten Frames,
- Anzahl der fehlerhaften Frames,
- benötigte Sendezeit,
- Anzahl der gesendeten Info-Bits,
- und die Netto-Übertragungsrate (Info-Bits/Sendezeit).

2.3 Auswertung

Während der Messung werden die Meßwerte sowie deren Minimum und Maximum unter den Meßwerten festgehalten. Die Ausreißer werden in einer speziellen Klasse gezählt und können zur Ermittlung von Häufungspunkten und Mittelwerten ausgeblendet werden. Die Ergebnisse können auch in Kombination aus mehreren Meßläufen in Form von Grafiken angezeigt werden. Bis zu 99 Frames können mit diesem Netzmonitor vom Ring kopiert und am Bildschirm dargestellt werden.

Dabei ermöglicht ein Filter eine Auswahl, so daß auch nur Anwenderpakete oder nur MAC-Frames erfaßt werden können. Beim MAC-Frames wird zusätzlich die inhaltliche Bedeutung der Protokollframes decodiert und explizit angezeigt. Die physikalische Konfiguration (Leitungslänge, Anzahl der Stationen) hat keine Bedeutung für die angestrebten Meßgrößen. Da nur eine geringe Anzahl von Adaptern zur Verfügung stand, konnte der Einfluß von vielen Stationen im Rahmen dieser Experimente nicht ausgemessen werden.

3. Durchführung der Experimente und deren Ergebnisse

Zunächst wurde in einigen Experimenten die Meßsoftware geeicht, d.h.: Eigenzeitverbräuche (z.B. Routine für den Zugriff auf die Zeitzähler) wurden gemessen und für die Messung am Objekt rechnerisch eliminiert. Es wurde nachgewiesen, daß die Softwarepfade für die zu den Adapteraktivitäten parallelen Teile des Meßprogramms vor Eintreten der Ende-Bedingung abgeschlossen sind, daß sie also durch die Ergebnisse nicht beeinflußt werden.

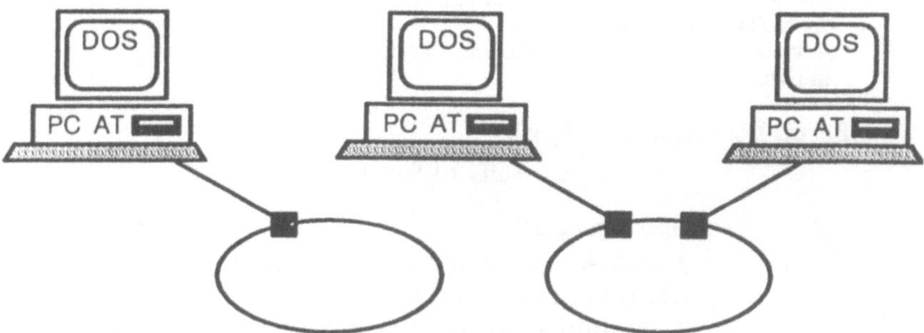

Bild 2: Netzkonfigurationen für die Messung von Übertragungszeiten (1) bzw. Antwortzeiten (r)

Die Messungen am Objekt beschäftigen sich mit elementaren Effekten, die unter dem Einfluß der lokalen Parameter stehen. Es liegt nahe, zum Zwecke der Isolation den Einfluß der externen Parameter auszuschalten. Deshalb wurden Minimalkonfigurationen mit nur einer bzw. zwei Stationen am Ring gewählt (siehe Bild 2).
Der Einfluß von Konfigurierung der Adapterpuffer auf die Übertragungszeit wurde durch Messungen mit einer einzelnen Station ermittelt. Im Beispiel in Bild 3 sind für die Konfigurationen:

B1: 40 Puffer a 112 Bytes, Datenbereich gesamt: 4160 Byte und
B2: 6 Puffer a 1024 Bytes, Datenbereich gesamt: 6096 Byte

erhebliche Unterschiede zu erkennen. B1 und B2 unterscheiden sich in der Organisation, beide können ein Frame von maximaler Länge (4048 Byte) halten. Der Adapter benötigt jedoch erheblich mehr Zeit, wenn er mit fein unterteilten Puffern arbeiten muß. Im Diagrammen ist zusätzlich eine Vergleichsgerade eingetragen, die dem Kehrwert der physikalisch möglichen Übertragungsrate (4 Mbit/s = 2 µs/Byte) entspricht /5/. Offset und Steigung der Meßkurven sind in diesem Vergleich deutlich bewertbar.

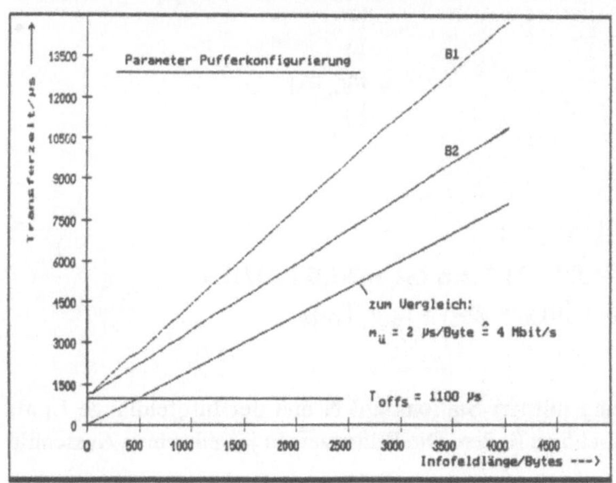

Bild 3: Einfluß der Pufferkonfiguration auf die Übertragung

4. Ein analytisches Modell für die Übertragungszeit (worst case)

Es soll eine Transferzeit T_{Trans} für den "worst case" berechnet werden. Dazu werden folgende Annahmen gemacht:

- Alle Frames der Interprozeß-Kommunikation sollen die gleiche Länge haben.
- Die Betrachtung wird für die Verhältnisse innerhalb einer Prioritätsebene gemacht.
- Jeweils eine "priority state machine / 5 / befindet sich im aktiven Zustand

Für die Übertragungszeit $T_ü$ gilt:

$$T_ü = T_{offs} + (m_ü + m_d) * L_I \text{ mit}$$

$T_ü$:	Übertragungszeit
T_{offs}:	Anlaufzeit der Adapter-Software (konstanter Anteil)
L_I:	Länge der Info-Felder in Bytes /
$m_ü$:	2.000 /us/Byte konstant (für 4 Mbit/s Übertragungsrate)
m_d	0,3838 /us/Byte abhängig von DMA/Pufferung

Die Transferzeit:

$$(T_{Trans}) = T_ü + T_w$$

T_w: Wartezeit auf eine freies Token

Mit den Parametern

"Bandbreite", besser Übertragungsrate:	B = 4 Mbit/s = 500 kByte/s
Signalausbreitungsgeschwindigkeit:	c_L = 200000 km/s
Länge des "Frame-Overheads":	L_{Fo} = 21 Byte
Pfadlänge Anlauf des Ü-Kommandos (s.o.):	T_{offs} = 1100 /us (gemessen)
Stationszahl:	N
Leistungslänge:	L_L
Steigungen (siehe oben):	$m_ü$, m_d
Infofeldlänge:	L_I

erhält man für die Transferzeit:

$$T_{Trans} = (N - 1) * (L/c_L + ((N - 1) * 2{,}5 \text{ bit} + 36{,}5 \text{ bit})/B + m_ü * (L_I + L_{Fo}) + (m_ü + m_d) * L_I + T_{offs}$$

Die Auswertung dieser Gleichung mit der Stationszahl N und der Infofeldlänge L_I als Variablen sind in den Bildern 4 und 5 zu finden. Die Bilder zeigen jeweils einen Ausschnitt im Nahbereich.

Die Echtzeitbedingungen (20 ms) sind dort eingezeichnet. Man sieht, daß zu deren Einhaltung nur aus einer beschränkten Kombination von Stationen und Infofeldlängen gewählt werden kann.

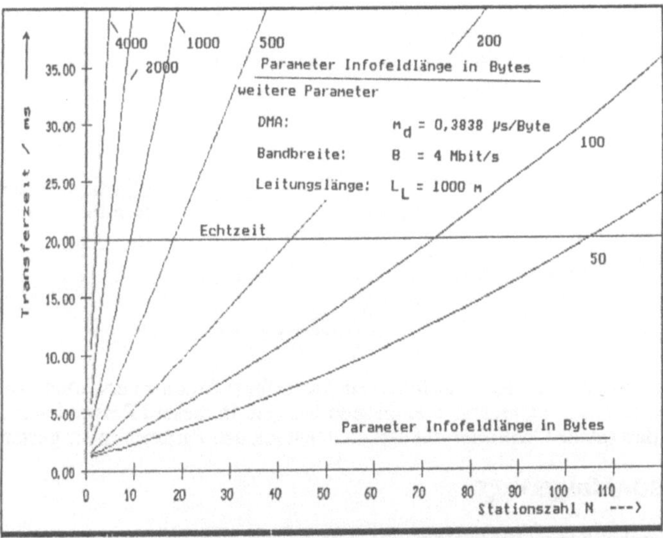

Bild 4: Transferzeit über Anzahl der Stationen (Ausschnitt mit Echtzeitbedingen)

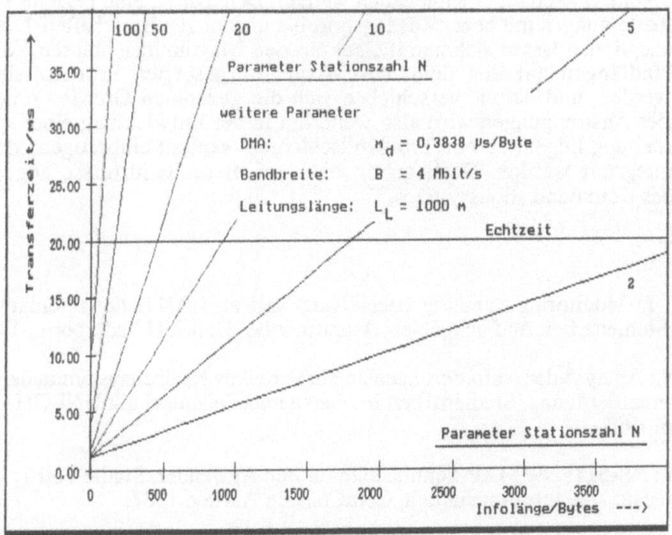

Bild 5: Transferzeit über Infofeldlänge (Ausschnitt mit Echtzeitbedingungen)

Die Umstellung der Gleichung (T_{Trans}) mit Einsetzen der Echtzeitbedingungen $T_{ü}$ = 20 ms ergibt unmittelbar eine Funktion $L_I(N)$. Der Einfluß der "Bandbreite " ist im Diagramm (Bild 6) dargestellt.

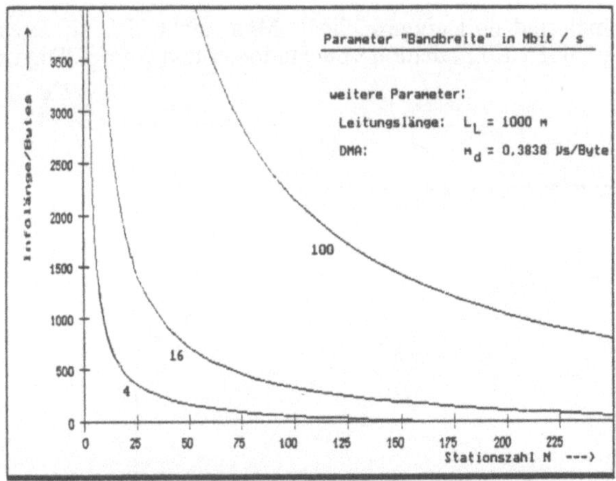

Bild 6: Einfluß der Bandbreite auf $L_I(N)$ für Echtzeit

Die größten Verbesserungen der Transferzeiten sind offensichtlich zu erwarten, wenn Token Ringe mit höheren Übertragungsraten eingesetzt werden. In diesem Beispiel war allerdings vorausgesetzt, daß solche Controller mit den gleichen lokalen Parametern ausgestattet sind.

5. Schlußfolgerung

Mit den bisher erhältlichen Technologien (Chipset TMS 380) ist eine Eignung des Token Rings als Verbindungsnetzwerk für Fertigungsinseln festzustellen. Eine echte Interprozeß-Kommunikation unter Echtzeitbedingungen (20 ms) ist möglich, wenn bestimmte Grenzen für die Konfigurierung (Stationszahl) und die eingesetzten Anwenderprotokolle (Paketlänge) eingehalten werden. Denkbar ist eine gezielte Belegung zeitkritscher Übertragungen mit hoher Zugangspriorität und kurzen Botschaften. Die Regeln für solche Konzeptionen lassen sich unmittelbar aus den Diagrammen ablesen. Allerdings müssen die Pfadlängen auf den dem MAC-Layer aufgesetzten Protokollelementen einkalkuliert werden, und damit verschieben sich die genannten Grenzen erneut. Der Schwerpunkt der Anstrengungen wird also weiterhin in der Entwicklung einer schnellen Protokollverarbeitung liegen, ob nun Protokollschichten explizit einbezogen oder in die Anwendung integriert werden. Dazu gehört eine auf diese Bedürfnisse abgestimmte Architektur eines Kommunikationssystems.

Literatur

/1/ Kröger, K.-J.: Monitoring an einem Token Ring-Netz als LAN in der automatisierten Fertigung.Studienarbeit im Fachgebiet Datentechnik, UNI-GH Paderborn , 1987.

/2/ Schäper, N.: Analyse der Anforderungen an ein verteiltes Realzeitsystem in der automatisiertenFertigung. Studienarbeit im Fachgebiet Datentechnik UNI-GH - Paderborn, 1987.

/3/ Simon, Th.: RS-511: Die MAP-Schnittstelle für den Anwender. Studie Teil 1: RS-511-Dienste und ihre Nutzbarkeit. ComConsult, Aachen 1987.

/4/ Suppan-Borowka, J., Simon, Th.: MAP. Datenkommunikation in der automatisierten Fertigung, DATACOM Buchverlag, Pulheim 1986.

/5/ TMS380 Adapter Chipset User's Guide, Texas Instruments Incorporated, 1986.

/6/ IEEE Technical Report 8509. Information Processing Systems - Open Systems Interconnection Service Conventions.

EIN NEUES SIGNALPROZESSOR-PERIPHERIESYSTEM VERBINDET KOMFORT UND HOHE LEISTUNGSFÄHIGKEIT BEI DER STEUERUNG TECHNISCHER PROZESSE

70

M. Schrödl, A. Lechner

Institut für Elektrische Maschinen und Antriebe
Technische Universität Wien

ZUSAMMENFASSUNG

Es wird ein Meß- und Regelsystem auf Signalprozessorbasis vorgestellt, das hohe Leistungsfähigkeit mit dem Komfort einer Hochsprachen-Entwicklungsumgebung verbindet. Dadurch können bei sehr kurzer Entwicklungszeit komplexe Steuerungen und Meßalgorithmen realisiert werden.
Als Anwendungsbeispiel wird die dynamisch hochwertige Drehzahlregelung eines Drehstrommotors vorgestellt.

1. Einleitung

Die Mikrorechnertechnologie eröffnet in Verbindung mit leistungsfähigen Peripherieelementen völlig neue Dimensionen in der Meß-, Steuerungs- und Regelungstechnik. Durch Software ist es möglich, auch komplexeste Algorithmen zu realisieren.
Bei Prozessen, wo es auf höchste Signalverarbeitungsgeschwindigkeit ankommt, können aber solche Systeme rasch an ihre Grenzen stoßen, da die Standard-CPUs nicht für mathematisch aufwendige Operationen optimiert sind. Auch der Einsatz von Arithmetik-Coprozessoren erhöht die Rechengeschwindigkeit nur in begrenztem Rahmen.
Im folgenden wird ein System vorgestellt, welches besondere Leistungsfähigkeit bei zeitkritischen Meß-, Steuer- und Regelvorgängen mit komfortabler Erstellung und Bedienerführung verbindet.

2. Systemkonzept

2.1. Hardware

Grundgedanke ist eine Gliederung der Hardware in 3 Funktionseinheiten:

-Der PC übernimmt die Kommunikation mit dem Benutzer und die Programmerstellung. Gegebenenfalls kann er unter Verwendung seiner Massenspeicher als

Dokumentationssystem eingesetzt werden.
-Ein intelligentes, leistungsfähiges Datenein- und -ausgabesystem, modular aufgebaut in 19"-Einschubtechnik, dient als Schnittstelle zum Prozeß.
-Die On-line-Verarbeitung der anfallenden Daten übernimmt ein autonomes Signalprozessorsystem, welches als PC-Einschubkarte realisiert ist /1/.

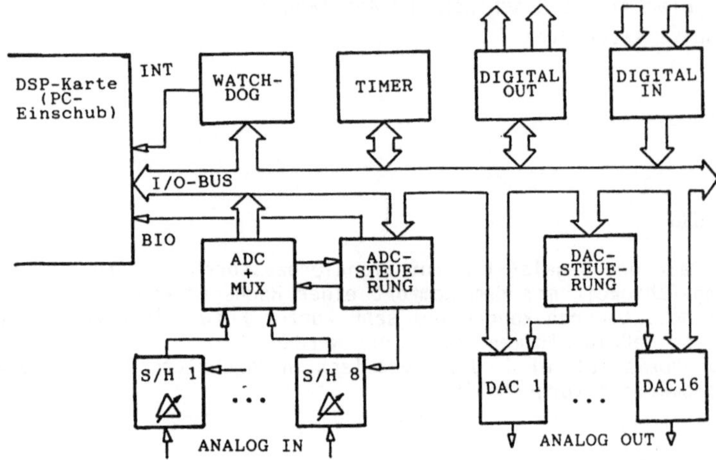

Abb.1: Hardware-Grundkonzept des Steuerungssystems

2.2. Software

Eine der Stärken des Systems ist seine Programmierbarkeit in der speziell entwickelten Echtzeit-Hochsprache HANSL ("Hochsprache für anspruchsvolle numerische System-Lösungen"), welche so strukturiert ist, daß im Vergleich mit einer Assemblerprogrammierung kaum eine Geschwindigkeitseinbuße auftritt. Die Sprache stellt alle wesentlichen für den Entwurf des Steuer-, Überwachungs-, Regelungs- oder Meßproblems notwendigen Elemente zur Verfügung.
Zur Bedienerführung bietet HANSL Funktionen wie Speicheroszilloskop-Betrieb, On-line-Parameterveränderung, Tabellenverarbeitung usw /1/. Sollten andere Funktionen erforderlich sein, kann unter Verwendung einer Standard-Hochsprache, wie etwa PASCAL oder BASIC, das gewünschte Programm erstellt werden. Der Signalprozessor läuft, wenn sein Programm einmal gestartet ist, unabhängig vom PC-Prozessor.

3. Aufbau des Meßsystems

3.1. Grundsätzliches

Das Meßsystem ist über einen systemspezifischen Bus mit der Signalprozessor-Einschubkarte verbunden. Das System selbst ist modular in 19"-Einschubtechnik (Einfach-Europakarten) aufgebaut. Die einzelnen Module sind über

den Meßsystembus verbunden. Dadurch kann die Ausbaustufe der Problemstellung angepaßt werden.
Folgende Peripheriemodule stehen zur Verfügung:

-Verstärker/Abschwächer, 4 Kanäle, Verstärkung von 1/128 ... 128
-Analog/Digitalwandler, 12 bit, 8 Kanäle,
-Digital/Analogwandler, 12 bit, 4 Kanäle pro Karte
-Digitalein- und -ausgabe, je 16 bit
-Timer/Watchdog

3.2. Die Verstärker/Abschwächer-Einheit

Die analogen Eingangssignale weisen im allgemeinen sehr verschiedene Spannungspegel auf. Um sie in einen verwertbaren Bereich zu transformieren, können mit den Verstärker/Abschwächereinheiten Faktoren im Bereich von 1/128 bis 128 eingestellt werden.

3.3. Die Analog/Digital-Konverter-Einheit

Für das hier vorgestellte Hochgeschwindigkeits-Steuerungssystem ist es oft notwendig, die Eingangsgrößen simultan abzutasten, um definierte Zeitbeziehungen der einzelnen Signale zu bekommen. Dies wird durch Verwendung von je einem Sample/Hold-Baustein pro Analogeingang, welche von einem gemeinsamen Impuls gesteuert werden, erzielt (vgl. Abb. 1).
Die 8 Analogeingänge werden anschließend einem Multiplexer (MUX) zugeführt, der die Signalauswahl durchführt. Dabei wird gleichzeitig mit dem Haltebefehl der Multiplexer auf Kanal 1 geschaltet und nach einer angemessenen Zeitspanne zum Einschwingen des Analogsignals der ADC gestartet. Dieser liefert nach etwa 1.5 usec einen 12 bit-Digitalwert und signalisiert dies über eine Interruptleitung (BIO) dem Signalprozessor. Gleichzeitig wird der Multiplexer auf Kanal 2 weitergeschaltet. Sobald der Signalprozessor das konvertierte Datenwort abholt, wird - sofern der MUX bereits eingeschwungen ist, die Konversion des nächsten Analogkanales gestartet.
Dieser Vorgang wiederholt sich bis zum Kanal 8, soferne nicht zuvor ein neuer Daten-Haltebefehl eintrifft, welcher erneut den Kanal 1 anwählt.

Dieses Analogsignalerfassungssystem ermöglicht Einlesegeschwindigkeiten von etwa 2 bis 3 Mikrosekunden pro Kanal, liefert also bis zu 400.000 Messungen pro Sekunde.

3.4. Die Digital/Analogkonverter-Einheit

Jede Karte besitzt 4 12 bit-Digital/Analogwandler. Es können bis zu 4 Karten eingesetzt werden. Als Zahlenformat wird - ebenso wie bei der Analog/Digitalwandlerplatine - die Zweierkomplementdarstellung verwendet. Diese Darstellung kann unmittelbar vom Signalprozessor ohne Umwandlung weiterverarbeitet werden.

3.5. Die Digitalein- und -ausgabe

Es stehen je 2x16 gepufferte, mit Latch versehene Ein- und Ausgangskanäle zur Verfügung.

3.6. Die Timer- und Watchdogeinheit

Zur zeitlichen Koordination der Signalverarbeitung dient ein 16-bit Timer. Wird ein Programm unter HANSL erstellt, so liefert der Compiler einen (worst case -) Vorschlag für die Zykluszeit, der bestätigt oder überschrieben werden kann. HANSL sorgt dann dafür, daß der Timer mit dem nötigen Code geladen wird.

Zur Systemüberwachung steht eine Watchdogschaltung zur Verfügung. Sie wird im allgemeinen dazu verwendet, einen Systemabsturz zu detektieren und entsprechende Maßnahmen einzuleiten. Zu diesem Zweck ist der Ausgang des Watchdogs mit der Interruptleitung des Signalprozessors verbunden. Die Watchdogschaltung sollte mit einer Zeitkonstanten geladen werden, welche etwas über jener des Timers liegt, sodaß im Normalfall kein Ansprechen erfolgt. HANSL lädt automatisch den Watchdog mit einem sinnvollen Wert.

4. Einsatzbeispiel: Dynamisch hochwertige Regelung eines Drehstrommotors

Im folgenden wird die Realisierung einer Regelung mit dem vorgestellten Signalprozessorsystem unter Verwendung der Hochsprache HANSL gezeigt.

4.1. Grundsätzliches zur Regelung

Es soll eine dynamisch hochwertige Drehzahlregelung mit einem Elektromotor aufgebaut werden. Dabei soll aber keine konventionelle Gleichstrommotorregelung, sondern eine "High Tech" - Lösung mit einer Drehstrommaschine und einem Frequenzumrichter zum Einsatz kommen. Die Drehstrommaschine, im konkreten Fall eine dauermagneterregte Synchronmaschine, weist gegenüber dem Gleichstrommotor eine wesentlich kompliziertere regelungstechnische Struktur auf (vgl. Abb. 2), die nur mit entsprechendem mathematischen Aufwand realisiert werden kann.

4.2. Struktur der Maschinenregelung

Will man eine Drehstrommaschine dynamisch hochwertig regeln, so muß sie nach dem Konzept der Feldorientierung /2/ betrieben werden. Grundgedanke ist dabei, den "Stromraumzeiger" /3/ (er charakterisiert - grob gesagt -

die Stromverteilung in der Maschine) ständig, also auch während dynamischer Beanspruchung, senkrecht auf den "Flußraumzeiger" (er symbolisiert die Verteilung der magnetischen Flußdichte) zu stellen. Dadurch wird eine optimale Drehmomentausbeute erzielt. Die Information über die Position des Flußraumzeigers wird vom Lagegeber abgeleitet. Er korrespondiert im gegebenen Fall mit dem elektrischen Winkel 0 Grad.

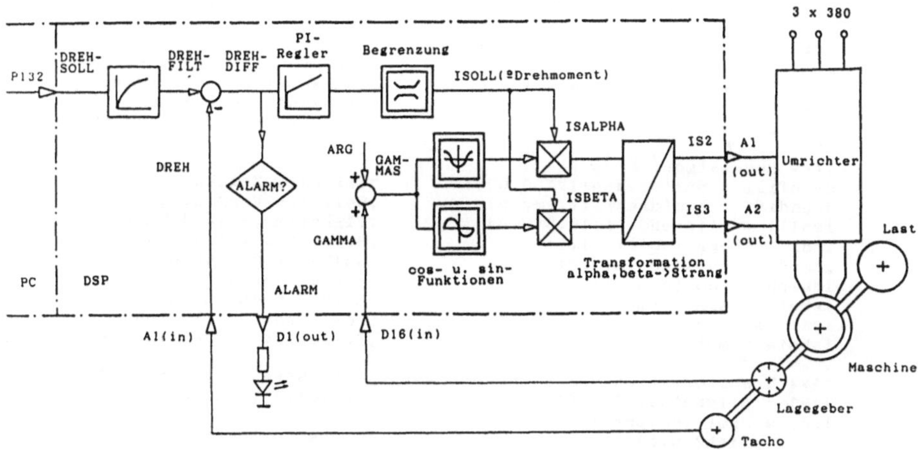

Abb. 2: Struktur der Drehzahlregelung

Vom PC wird über den gemeinsamen Speicher die Solldrehzahl vorgegeben. Durch Vergleich mit der Istdrehzahl gibt der Drehzahlregler ein Sollmoment vor, welches aber entsprechend den obigen Aussagen proportional zur Strom-Normalkomponente ist. Aus dieser Stromvorgabe werden dann unter Berücksichtigung des momentanen Drehwinkels die Strangstrom-Sollwerte berechnet und an die Analog-Ausgänge gelegt. Diese werden von externen Hardware-Stromreglern mittels des Umrichters eingestellt. Als Meldung über die erreichte Drehzahl wird ein Digitalsignal generiert, das anzeigt, wann die Drehzahl innerhalb einer vorgegebenen Schranke ist.

4.3. Umsetzung der Reglerstruktur in einen HANSL-Algorithmus

Den Leitungen im regelungstechnischen Blockschaltbild werden mnemotechnisch sinnvolle Namen zugeordnet, um die Lesbarkeit des Programms zu erleichtern. (Vgl. Abb. 2). Sodann werden die Verknüpfungsbeziehungen angegeben (Vgl. Abb. 3).
Der HANSL-Compiler erzeugt daraus ein Signalprozessor-Assemblerprogramm, welches mit dem Cross-Assembler entweder weiterbearbeitet oder sofort übersetzt werden kann. Der Compiler berechnet während der Übersetzung die Mindest-Abtastzeit (in unserem Beispiel etwa 0.1 Millisekunden), welche vom Programmierer auch modifiziert werden kann und berechnet damit Timer- und Watchdogparameter sowie die zeitabhängigen Variablen.
Der vom Crossassembler erzeugte Maschinencode wird anschließend in den

Programmspeicher des Signalprozessors geladen und der Prozessor vom PC gestartet.

```
;Programm zur hochdynamischen PSM-Regelung

;*** Konstantendefinition ***
arg = konst(4)                          ;entspricht pi/2
drei = konst(3)
lsb = konst(1h)                         ;0001
abwmax = konst(0.05)                    ;max.zul. Drehz.abweichg.

;*** Peripheriewerte einlesen ***
winkel = in(d16)                        ;Drehwinkel (dig) der PSM
winkel = multf(winkel,drei)             ;mechan.Wink.->elektr.W.
dreh = in(a1)                           ;Drehzahl (analog) ein
drehsoll = in(p,132)                    ;Sollwert vom PC einlesen

;*** Regelalgorithmus ***
drehfilt = pt1(drehsoll,1,0.002)        ;Verzög., Zeitkonst. 2ms
drehdiff = sum(drehfilt,-dreh)          ;Soll-Ist-Vergleich
isoll1 = pi(drehdiff,15.8,0.06)         ;PI-Regler,K=15.8,Tn=60ms
isoll = begr(isoll1,-1,1)               ;Begrenz auf +/-Nennstrom
gammas = sumw(gamma,arg)                ;Soll-Stromrichtung
isalph1 = cos(gammas)                   ;alpha-Kompon.(normiert)
isbet1 = sin(gammas)                    ;beta-Komponente(normiert)
isalpha = multf(isoll,isalph1)          ;Sollstrom in alpha-Richt.
isbeta = multf(isoll,isbet1)            ;Sollstrom in beta-Richt.

;*** Transformation vom alpha-beta-System in Strangsollwerte ***
ish1 = p(isbeta,1.73205)                ;Wurzel(3)*isbeta
ish2 = sum(-isalpha,ish1)
is2 = p(ish2,0.5)                       ;Strom-Sollwert Strang 2
ish3 = sum(-isalpha,-ish1)
is3 = p(ish3,0.5)                       ;Strom-Sollwert Strang 3

;*** Stromsollwerte an Umrichter ausgeben ***
is2 = out(a1)                           ;Ausgabe an Analogkanal 1
is3 = out(a2)                           ;Ausgabe an Analogkanal 2

;*** Alarm bei zu großer Drehzahlabweichung ***
abw = abs(drehdiff)                     ;Betrag der Abweichung
if abw > abwmax
  alarm = lsb                           ;Alarm setzen
else
  alarm = null                          ;"null" ist vordefiniert
endif
alarm = out(d1)                         ;Alarm digital ausgeben
```

Abb. 3: Formulierung der Drehzahlregelung in HANSL

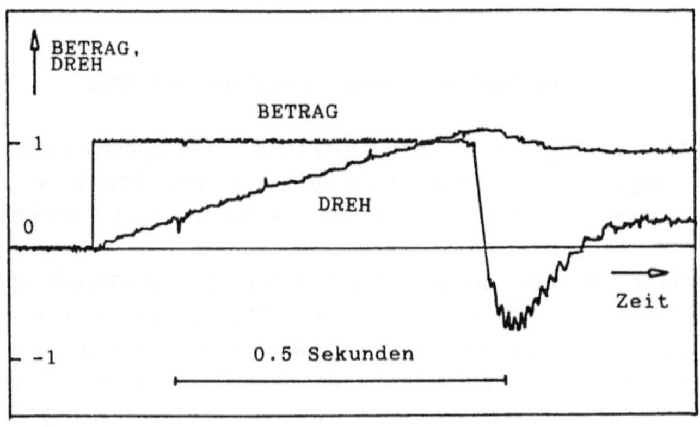

Abb. 4: Sprungantwort des drehzahlgeregelten Strecke

In Abb. 4 ist die Reaktion des Systems auf einen Drehzahl-Sollwertsprung angegeben. Man erkennt, daß der Strombetrag entsprechend begrenzt wird. Die Reglerparameter wurden nach dem Symmetrischen Optimum ausgelegt. Angemerkt sei, daß während der Entwicklungsphase sämtliche internen Variablen unter HANSL studiert und die diversen Parameter on-line verstellt werden können. Dies erlaubt eine höchst komfortable Optimierung des Systemverhaltens.

5. Anwendungsmöglichkeiten für das System

Wie das Anwendungsbeispiel gezeigt hat, ist das Signalprozessorsystem äußerst flexibel und einfach einzusetzen. Es zeigt seine Stärken bei relativ komplexen, rechenintensiven Steuerungsabläufen und bei zeitkritischen Meß-, Überwachungs- und Regelvorgängen. Ganz besonders geeignet ist das System für Entwicklungslabors zum raschen Test von Versuchsaufbauten. Durch Auswahl einer geeigneten Abtastzeit können Systeme, die in der Serie mit wesentlich leistungsschwächeren Prozessoren und meist mit aufwendiger Assemblerprogrammierung realisiert werden, äußerst rasch und komfortabel an der tatsächlichen Strecke "realisiert" und optimiert werden, um Aufschlüsse über das zu erwartende Betriebsverhalten zu erhalten.

Als Einsatzbeispiele seien genannt:

- schnelle Steuerungen und Regelungen jeglicher Art
- adaptive Systeme (Anpassung und Veränderung von Parametern)
- flexible Automatisierung von Prozeßabläufen
- gleichzeitiges Erfassen von zusammengehörigen Meßwerten
- schnelle Meßwerterfassung und Protokollierung
- schnelle Berechnung von aussagekräftigen Kennwerten
- Datenkonzentration
- Überwachung und Fehlererkennung
- Aufzeichnung der Vorgeschichte eines Vorganges, Fehlerdiagnose
- komfortable Entwicklung von Meß-, Steuer- und Regelsystemen

In der Praxis konnte mit dem System eine drastische Reduktion der Entwicklungszeit erzielt werden.

LITERATUR

/1/ LECHNER, A., SCHRÖDL, M.: Ein Signalprozessorsystem mit Hochsprachenunterstützung. Tagungsband zur Fachtagung "Mikroelektronik" im Rahmen der IE '89, Wien, 1989.

/2/ BLASCHKE, F.: Das Prinzip der Feldorientierung, die Grundlage für die TRANSVEKTOR-Regelung von Drehfeldmaschinen. Siemens Zeitschrift 45 (1971), S. 757-760.

/3/ KOVACS, K.P.; RACZ, I.: Transiente Vorgänge in Wechselstrommaschinen. Verein der Ungarischen Akademie der Wissenschaften, Budapest, 1959.

EINSATZ DES EXPERTENSYSTEMS ARTEX IN DER ENDKONTROLLE

71

J.Retti+, S.Rohringer+, H.Schreiner+, G.Fleischanderl++, W.Höllinger++

+ Siemens AG Österreich, Wien
++ Institut für Angewandte Informatik und Systemanalyse, Technische Universität Wien

ZUSAMMENFASSUNG:

ARTEX realisiert mit Methoden der Artificial Intelligence ein System zur Unterstützung des automatischen Ablaufs der Endkontrolle komplexer Audio-Durchschaltesysteme. Auftretende Fehler werden mithilfe der im Anlagenmodell abgebildeten Aufbautechnik und des im Diagnosemodell festgehaltenen Wissens über Fehlverhalten und Kurzschlußausbreitung auf der Ebene tauschbarer Einheiten diagnostiziert.

1. Einleitung

Die Endkontrolle softwaregesteuerter Tondurchschaltesysteme hat das Ziel, die Qualität einer spezifisch projektierten Anlage durch Tests sicherzustellen. Während dies bei früheren Systemen händisch ausgeführt wurde, stellen die Integrationsdichte und die Vielfalt der Leistungsmerkmale bei gleichzeitig verkürzten Durchlaufzeiten in der Fertigung neue Anforderungen. Ein typisches Tondurchschaltesystem CROSSMATIC D /5/ besteht aus etwa 30 Baugruppentypen, die mit 200 - 2500 Komponenten eine sowohl vom Aufbau (Verkabelung) als auch von der Steuerung her individuelle Anlage darstellen.

Zur Unterstützung der komplexen Testaufgabe "Endkontrolle" wurde mit Methoden der Artificial Intelligence das Expertensystem ARTEX (Automated Router Test EXpert System) erstellt, das den Ablauf der Endkontrolle automatisiert, die Durchführung unterstützt und im Fehlerfall eine automatische Eingrenzung des Fehlers auf tauschbare Einheiten vornimmt. Nach der Fehlereingrenzung gibt ARTEX eine Tauschempfehlung, die nach Sicherheit der Aussage als auch nach Komplexität und Kosten der Austauschoperation gereiht ist.

2. Systemaufbau

Das Diagnosewissen der Experten bezüglich Messungen, Meßpunkte und resultierende Schlüsse wurde anhand einer abstrakten Systemvorstellung des Signalflusses, Kontrollflusses und Versorgungsflusses regelbasiert abgebildet /1/, wobei sich bereits beim ARTEX-Prototyp 1986/87 zeigte /3/, daß für elektronische Systeme, die aufgrund ihres Aufbaues hochgradig konfigurierbar sind, eine rein abstrahierte Abbildung auf Regelbasis zwar zu Demonstrationszwecken und zur Darstellung der Funktionsweise eines regelbasierten Systems sehr gut, jedoch zur Diagnose einer realen Anlage kaum ge-eignet ist, da die Funktion von Baugruppen ohne Kenntnis der Aufbautechnik nicht beschrieben werden kann.

2.1 Aufbautechnik

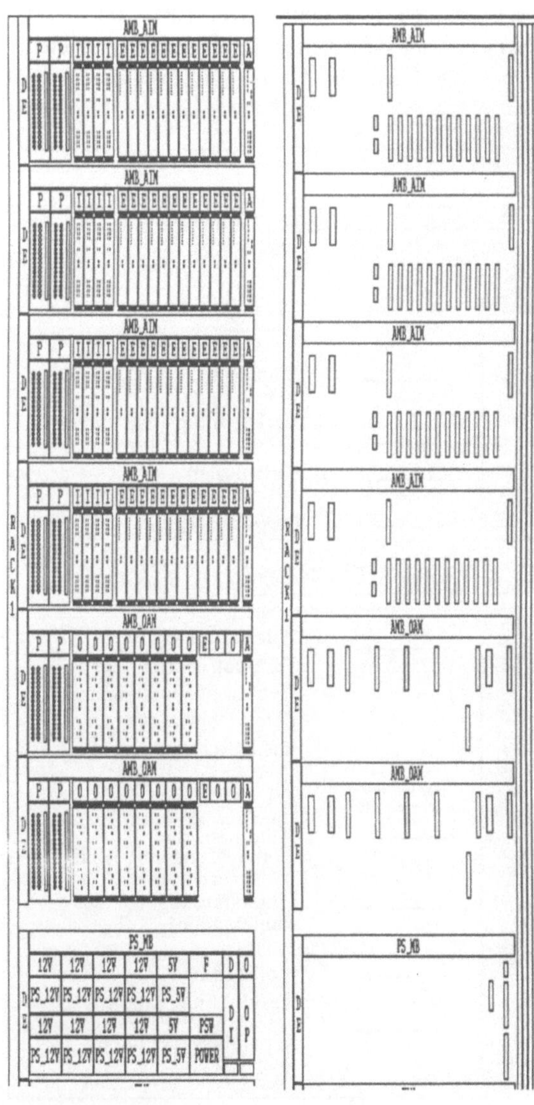

Abb. 1: Graphische Darstellung der Aufbautechnik

Die Abbildung der Aufbautechnik übernimmt in ARTEX das Anlagenmodell, aus dessen Konfiguration sich alle Systemkomponenten und die Parametrisierung der Steuersoftware des Tonvermittlungssystems ergeben. Das Anlagenmodell ist objektorientiert aufgebaut und stellt logischen Konzepten (z.B. Verbindung) ihre instanzierte physikalische Realisierung gegenüber (z.B. 96-poliges Kabel mit 4 Steckern an ...). Die Projektierung einer Kundenanlage entspricht einer Instantierung des generisch vorhandenen Wissens über die Aufbautechnik. Abb. 1 zeigt die automatisch generierte Vorder- und Rückansicht eines 19"-Schrankes des Durchschaltesystems. Alle Elemente sind für den Bediener am Bildschirm maussensitiv und die hinterlegte Information über die Konfiguration wird angezeigt (z.B. bei einer Baugruppe: Identifikation, Datum, Monteur, Sachnummer, Seriennummer, Steckplatz, Verkabelung, verbundene Baugruppen, Schaltzustand, getestete und fehlerhafte Segmente). Die Vorderansicht zeigt alle Wannen, Steckplätze und konfigurierte

Baugruppen. Auf der Rückansicht sind alle Stecker, gesteckte Stecker und die Stromversorgung der Motherboards dargestellt.

2.2 Diagnosewissen

Basis des Diagnosewissens in ARTEX ist eine abstrakte Darstellung der möglichen

Tonsignalwege

Ansteuerungen

Versorgungswege.

Zu jedem geschaltenen Weg werden die beteiligten Baugruppen identifiziert und im Anschluß die Wege pro Baugruppe in Segmente zur detaillierten Untersuchung aufgeteilt. Segmentgrenzen werden durch

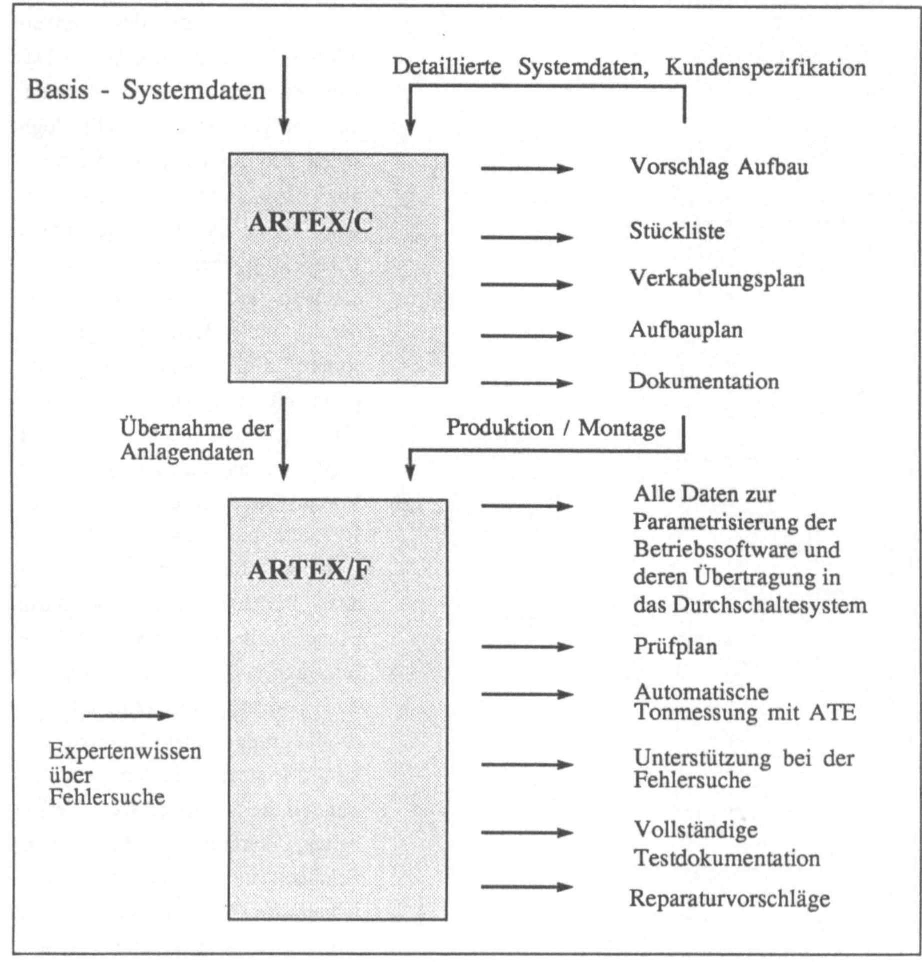

Abbildung 2: Primäre Leistungsmerkmale der ARTEX - Familie

- Baugruppengrenzen
- Verzweigungspunkte (z.B. entsprechend Verkabelung)
- Kurzschlußhemmer (z.B. Übertrager)
- Schalter

gebildet. Ein typischer Tonweg geht über 10 Baugruppen mit 80 Segmenten.

Die Diagnose selbst kombiniert traditionelle Konzepte, wie "first-stage" (Identifikation eines fehlerhaften Kanals) und "divide-and-conquer" (Aufteilung des fehlerhaften Kanals anhand der verfügbaren Information über die Aufbautechnik aus dem Anlagenmodell in Segmente; Fehlersuche (z.b. Kurzschluß) anhand der dem Segmenttyp zugeordneten Information) mit der Nebenbedingung zu geringsten Kosten den nächsten aussagekräftigsten Meßpunkt zu erreichen.

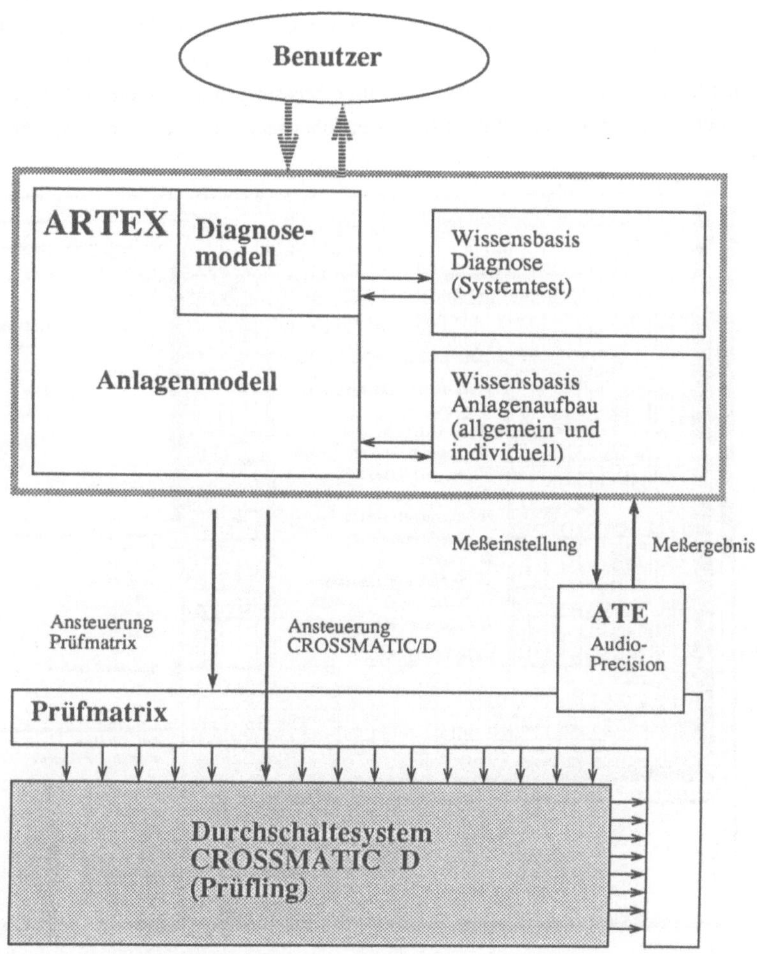

Abbildung 3: Konfiguration ARTEX/F

3. Einbindung/Datendurchgängigkeit

Wie erwähnt, ist die automatische Diagnose in der Endkontrolle ohne Kenntnis der Aufbautechnik nicht möglich. Da die Anzahl der Systemdaten im Zuge einer Anlagenprojektierung von etwa 100 Basis-Systemdaten auf ca. 10.000 Daten für die Softwareparametrisierung anwächst, wurde für die Konfiguration ARTEX/C realisiert. ARTEX/C bildet die für Projektierung und Steuerung notwendige Information ab, liefert die für die Endkontrolle erforderlichen Anlagendaten und generiert das notwendige Anlagenmodell für ARTEX/F (Abb. 2). ARTEX/F übernimmt die Ansteuerung von Prüfmatrix, Prüfling und Audio-Meßgerät. Dem Benutzer werden die für die kundenspezifische Anlage erforderlichen Messungen vorgeschlagen, wobei ARTEX/F Fehler protokolliert und dabei einen jederzeitigen Ein-/Ausstieg erlaubt, um eine händische Nachmessung/Korrektur zu ermöglichen. Fehlerhafte Tonwege werden für spätere Nachmessungen markiert. Folgende Messungen werden automatisch durchgeführt: Überprüfung der Verkabelung, Durchgang, Einpegeln, Frequenzgang, Klirrfaktor und Fremdspannung. ARTEX/F unterstützt weiters manuelle Messungen. Nach Abschluß aller Messungen liegt eine vollständige Dokumentation über die Anlage vor, die als Basis der Inbetriebnahme am Kundenstandort dient.

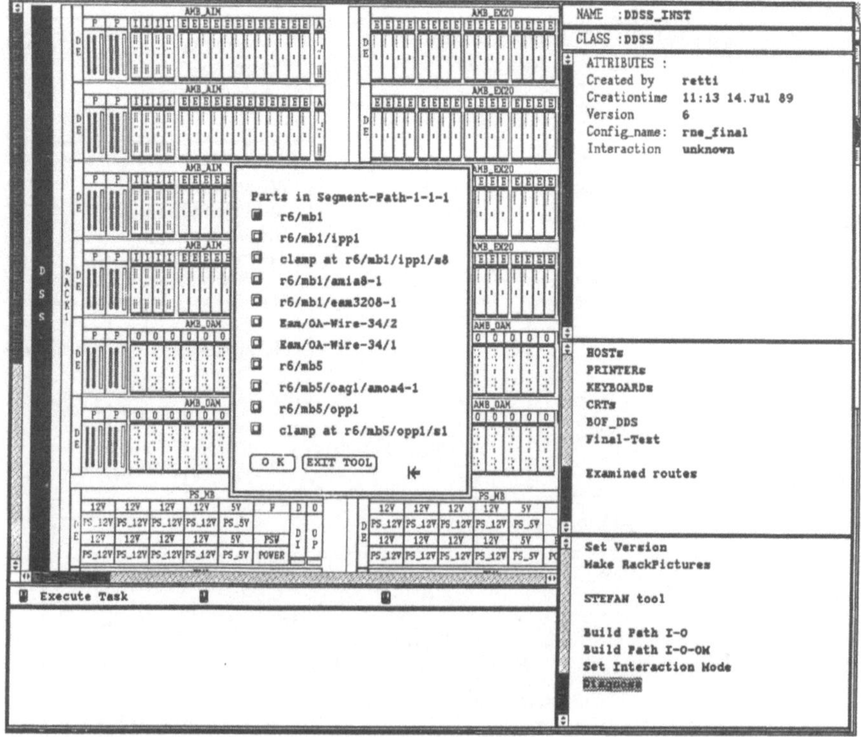

Abbildung 4: Diagnose - Darstellung beteiligter Baugruppen / Bedienoberfläche ARTEX

Tritt während der Messung ein Fehler auf, liefert die Diagnose in ARTEX/F eine Liste aller beteiligten tauschbaren Einheiten (Abb. 4). Anschließend werden zur Fehlereingrenzung interne Tests in CROSSMATIC D angestoßen, ausgewertet und weitere Tonwege geschalten. Aus den gewonnenen Meßprotokollen wird auf fehlerhafte Segmente geschlossen, die wiederum Baugruppen zugeordnet und dabei mit von Experten vorgegebenen a priori Fehlersicherheiten verknüpft werden. Als Resultat liefert ARTEX eine Liste der beteiligten Baugruppen (inklusive derer, die über Kurzschluß auf die Signalqualität einen Einfluß nehmen können), die nach Sicherheit der Fehleridentifikation und Kosten der Austauschoperation gereiht ist.

4. Resultate

Der Ersteinsatz im Juni 1989 (CROSSMATIC D System für RNE Madrid, mit 11 19"-Schränken, über 130.000 Koppelpunkte) zeigte vor allem die Vorteile, die durch die automatische Parametrisierung der Steuersoftware und die Automatisierung des Endtests gegeben sind. Die Kombination der realisierten Datendurchgängigkeit (siehe Abb. 2) mit der neu entwickelten Methode der Fehlersuche /2/ und einer graphischen Bedienung (siehe auch /4/) erlaubt auch einem ungeübten Benutzer eine rasche und vollständige Endkontrolle auszuführen.

Das Projekt ARTEX wurde parallel zur Produktentwicklung CROSSMATIC D ausgeführt und steht somit direkt bei der Produkteinführung zur Verfügung. Die Anwendbarkeit regelbasierter Programmierung wurde in einem Prototyp demonstriert, der 1986/87 entwickelt wurde.

Die Implementierung des Prototyps erfolgte in PCPlus, des Einsatzprogramms auf Arbeitsplatzrechnern in C und PROLOG. Der Codeumfang beträgt 100.000 LOC, der dynamische Speicherbedarf je nach Größe des CROSSMATC-D Systems 8-16 MByte.

Literatur

1. Fleischanderl G., Friedrich G., Retti J.: ARTEX - Configuration-driven Diagnosis for Routing Systems, 5. Österreichische Artificial-Intelligence Tagung, in Retti J., Leidlmeir K. (Hrsg.): Proceedings 5. Österreichische Artificial-Intelligence-Tagung, Innsbruck 1989, Informatik Fachberichte 208, Springer-Verlag, 1989.

2 Fleischanderl G., Friedrich G., Nejdl W., Retti J.: Integrating Logic, Object-Oriented and Procedural Paradigms in a Fault Diagnosis and Monitoring System, 2nd International Conference in Industrial and Engineering Applications of Artificial Intelligence and Expert Systems, ACM Press, Tullahoma, Tenessee, June 1989.

3. Friedrich G., Nejdl W., Retti J.: Wissensbasierte Fehlererkennung und Fehlerbehebung mit Hilfe eines objektorientierten Modells in ARTEX, in Buchberger E., Retti J. (Hrsg.): 3. Österreichische Artificial-Intelligence-Tagung, Wien 1987, Informatik Fachberichte 151, Springer-Verlag, 1987.

4. Friedrich G., Höllinger W., Stary C., Stumptner M.: ObjView: A Task-Oriented, Graphics-Based Tool for Object Visualization and Arrangement, European Conference on Object Oriented Programming, Nottingham, 1989.

5. Siemens AG, Beschreibung Tonduchschaltesystem CROSSMATIC D, Bestell-Nr. L98000-Y9203-W-3-7400,1989.

SIMULATION VON MONTAGEAUTOMATISIERUNG

R. Fasching

Technische Universität Wien
Institut für Flexible Automation

ZUSAMMENFASSUNG
Neue Methoden zur Unterstützung der Planung und des Betriebes von Einrichtungen zur Montageautomatisierung rücken immer mehr in den Mittelpunkt des Interesses. Der folgende Beitrag stellt eine computergestützte Programmier- und Simulationsumgebung (SMART - Simulation of Manufacturing and Robot Tasks) für diese Aufgabe vor.

1. Einleitung

Die Forderung nach kürzeren Durchlaufzeiten und mehr Flexibilität in der Montage verlangt auch einen höheren Grad an Flexibilisierung und Automatisierung. Die Investitionen in diesen Bereich werden dadurch kostenintensiver und die Planung zeitaufwendiger und risikoreicher. Zusätzlich nimmt der Aufwand, der für den effizienten Einsatz einer solchen flexiblen Montageeinrichtung notwendig ist zu.

Ein wesentliches Werkzeug, das nicht von spezifischen Produktionseinrichtungen abhängig ist, vielfältig einsetzbar ist und noch dazu den laufenden Produktionsprozeß nicht beeinträchtigt, ist die computerunterstützte graphische Simulation. Durch sie wird es möglich, Probleme, die bei der Handhabung, Bearbeitung oder Montage durch Werkzeugmaschinen bzw. Industrieroboter auftreten in der Planungsphase frühzeitig zu erkennen und ihnen durch geeignete Maßnahmen entgegenzutreten.

2. Das Simulationspaket SMART

Das Simulationspaket SMART wurde von der Firma AIS in Linz in Kooperation mit dem Institut für Flexible Automation entwickelt. Die Besonderheiten dieses Systems sind Vielseitigkeit, Modularität und Offenheit. Die wichtigsten Fähigkeiten:

- Problemorientierte Programmiersprache zur Beschreibung des Ablaufes (ROBLAN)
- Modellbildung für die Komponenten einer Montagezelle
- Postprozessoren für die Übertragung der offline erstellten Programme zur Robotersteuerung
- Graphische Simulation und Animation des Montageablaufes mit realistisch dargestellten 3D - Volumsobjekten (Das Paket ist zur Zeit auf Graphikworkstations der Firma Tektronix lauffähig)
- Multitasking (gleichzeitig mehrere Roboter in einer Montagezelle
- visuelle Kollisionsüberprüfung

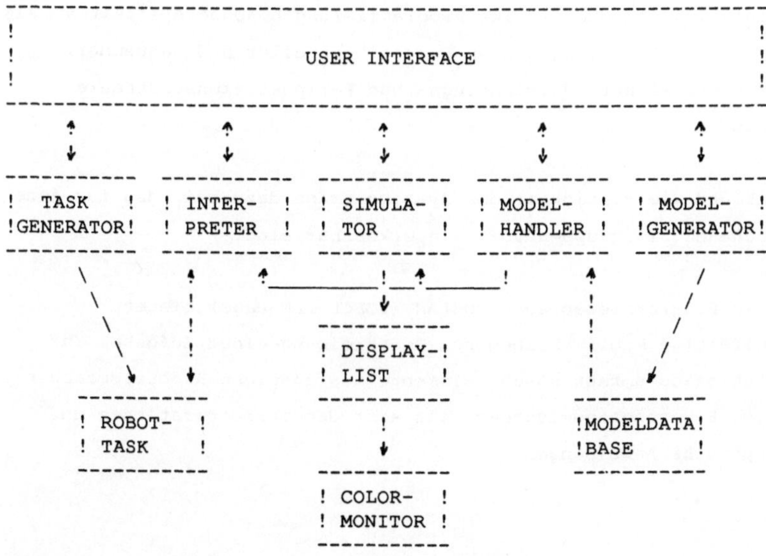

FIG. 1 Daten- und Informationsfluß in SMART

Diese Fähigkeiten können den Anwender bei folgenden Aufgaben effizient unterstützen:

- Planung des Arbeitsablaufes in einer Montagezelle
- Auswahl geeigneter zellkomponenten für einen bestimmten Einsatz
- Synchronisation verschiedener Komponenten untereinander
- Erstellung und Optimierung des Lay-Out von Montagezellen
- Offline Programmierung

3. Einsatzbereiche

Generell kann SMART überall dort eingesetzt werden, wo programmierbare flexible Einrichtungen (z.B. Roboter oder Pneumatikeinheiten) für die Produktion eingesetzt werden oder deren Einsatz geplant und vor dem tatsächlichen Einsatz simuliert werden soll.

Wegen der vielseitigen Einsatzmöglichkeiten und des großen Bewegungsumfanges von Industrierobotern ist der Einsatz von SMART für die Bewegungssimulation und die offline Programmierung besonders effektiv. Als Zielgruppen für die Anwendung können Roboterhersteller und -anwender, Zellprogrammierer, Planer, Vorrichtungs- und Peripheriekonstrukteure angesehen werden.

Die Offenheit und Vielseitigkeit des Systems trägt dazu bei, daß für jede der angesprochenen Zielgruppen Vorteile erkennbar sind.

- Die Programmiersprache ROBLAN (ROBot LANguage) bietet vielfältige Möglichkeiten zur Beschreibung einer Aufgabe. Ihr Befehlssatz umfaßt sowohl Elemente aus gängigen Robotersprachen (z.B. Bewegungsanweisungen) als auch Geometrieoperationen und Graphische Anweisungen

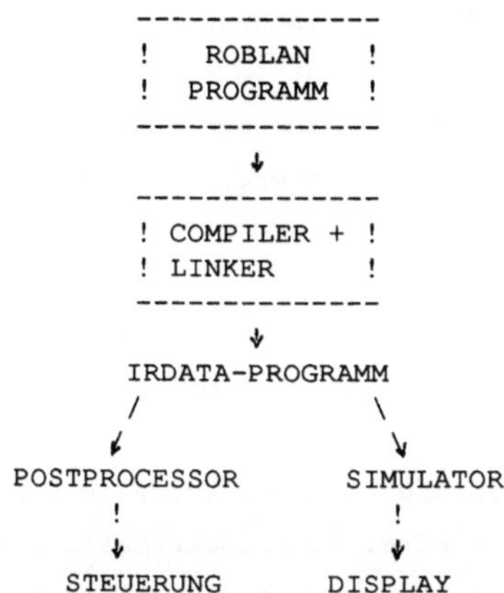

FIG. 2 Ablauf der Zellprogrammierung

- Die Modellbildung erfolgt auf einem vom Simulationssystem unabhängigen CAD-System. Die Übernahme der Geometriedaten kann über eine speziell definierte Schnittstelle von einem beliebigen CAD-System erfolgen.

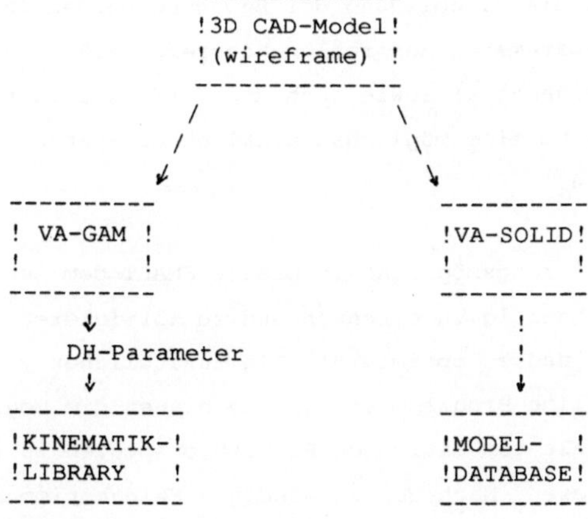

FIG. 3 Erstellung der Modelldatenbasis

- Der Einsatz von Postprozessoren für verschiedene Roboter ermöglicht die Übertragung eines am Simulationssystem erstellten Ablaufprogrammes direkt zur Robotersteuerung.

- Die Möglichkeit einer realitätsnahen graphischen Darstellung der Montagezelle und die Animation ermöglichen dem Planer bereits in einem sehr frühen Stadium Aussagen über wesentliche Planungsaspekte (z.B. Taktzeiten, Robotereinsatzmöglichkeiten, LayOut der Zelle, Kollisionen).

- Die Entscheidungsfindung für den Schritt in Richtung flexible Automation wird dadurch wesentlich erleichtert.

Die für die Darstellung verwendeten Geometriemodelle werden auf einem CAD-System erstellt und zentral in einer Modelldatenbasis zusammen mit den kinematischen Parametern (Denavit-Hartenberg-Parameter) des Roboters abgelegt. Die mit SMART daraus erzeugte Ansicht der Montagezelle kann sowohl im Drahtmodell als auch im schattierten Volumsmodell dargestellt und vom Benutzer interaktiv manipuliert werden. Nach der geometrischen Modellierung erfolgt die Beschreibung des Arbeitsablaufes in ROBLAN, wobei die Bewegung des simulierten Roboters entweder Point to Point, auch über Zwischenpunkte im Gelenksraum oder linear und zirkular im kartesischen Raum erfolgen kann. Für die Nachbildung der Bewegung werden in SMART verschiedene Steuerungsparameter des realen Roboters (z.B. Geschwindigkeitsprofile, inverse Kinematik) sowie auch die Verfahrbereiche der Gelenke berücksichtigt, um eine möglichst wirklichkeitsgetreue Darstellung der Bewegung zu erhalten.

Durch die gute Visualisierungsmöglichkeit bietet SMART dem Benutzer die Möglichkeit, Fehler frühzeitig zu erkennen und zu korrigieren und Taktzeiten zu ermitteln und zu optimieren. Ein zusätzlicher vorteil ist die Möglichkeit der offline Programmierung. Sie bietet die Möglichkeit, Ablaufprogramme entkoppelt vom laufenden Produktionsprozeß zu erstellen, zu testen und zu optimieren. Nach der notwendigen Feinabstimmung zwischen realer und simulierter Arbeitszelle können die Programme dann meist ohne größere Korrekturen zur Robotersteuerung geladen werden, d.h. die effektive Einsatzzeit des Roboters wird wesentlich verlängert.

NEUE WEGE IN DER SIMULATION

G. Stonawski

IMPULS Computer-Systeme, Wien

ZUSAMMENFASSUNG

Durch Verwendung von neuen parallelen Computerarchitekturen in Verbindung mit einer leistungsfähigen Graphik und entsprechend organisierten Simulationspaketen stehen leistungsfähige Systeme mit einem besonders günstigen Preis-Leistungsverhältnis für die Simulation und Darstellung der Simulationsergebnisse zur Verfügung.

Einleitung

Die Simulation von Abläufen im Bereich der Entwicklung und im industriellen Einsatz nimmt in letzter Zeit stark zu.

Dies ergibt sich aus der Problematik, da einerseits die Problemstellungen immer komplexer werden und die Prüfung der tatsächlichen Abläufe anhand der Wirklichkeit oft undurchführbar sind bzw. teure Prototypen und Testaufbauten benötigen. Man denke nur an die Schulung von Piloten in Extremsituationen, die ohne Flugsimulatoren nicht durchführbar wäre. Auch bei vielen Abläufen kennt man nur die Auswertung, nicht aber die sehr komplexen Korrelationen der Einzelkomponenten.

Mit Hilfe von Simulationsmodellen können diese Korrelationen transparent gemacht werden und eine Optimierung des Problems erzielt werden.
Die Realisierung und Berechnung komplexer Simulationsmodelle erfordert aber große Rechnerleistung und in sehr vielen Fällen auch eine graphische Darstellung der einzelnen Simulationsmodelle, um den Techniker in die Lage zu versetzen, die Ergebnisse entsprechend beurteilen zu können.
Da der Einsatz von Supercomputern aus Kostengründen in vielen Fällen nicht möglich ist, ist der Bedarf nach einer leistungsfähigen Alternative gegeben.

Im Folgenden wird eine Darstellung einer entsprechenden Computerarchitektur, die die erwähnten Leistungsmerkmale besitzt, gegeben.

Hardware

Folgende Anforderungen an die Hardware sind wesentlich für die Realisierung komplexer Simulationsmodelle.
Die erste Anforderung ist, daß das System in verschiedenen Bereichen bis in den höchsten Leistungsbereich steigerbar wäre.

Diese Bereiche sind:

1) Verarbeitungsleistung, sowohl graphisch als auch nicht graphisch
2) Sichtbare Auflösung
3) Virtuelle Auflösung, die gleich ist mit der Größe des Bildspeichers
4) Farbtiefe, das ist die Anzahl der Bits pro Bild.

Weitere Anforderungen sind:

- möglichst Hardwareunabhängige Programmierung
- modulares Design, um damit Konfigurierbarkeit zu gewährleisten
- und eine Vielfalt der Peripherie, sowohl im Bereich der Massenspeicher, wie Bänder und Platten, als auch

im Bereich der Ein/Ausgabegeräte, die von Netzwerkanschlüßen bis zu Bild-Ein/Ausgabegeräten und Scannern gehen.

Einzelprozessorlösungen, die diesen hohen Anforderungen entsprechen, sind nur für Spezialbereiche leistungsfähig genug und vor allem widersprechen sie der Forderung, daß das System modular erweiterbar sein soll.
Aus diesem Grund erschien es sinnvoll, dieses System als ein Multiprozessorsystem auszubilden.
Bei einem Multiprozessorsystem müßen wir folgende Anforderungen an die Einzelprozessoren stellen:

a) Unterstützung der Prozessor / Prozessor-Kommunikation von der Hardware her und auch von der Software her
b) Programmierung dieses Prozessors in einer Hochsprache, wobei auch die Features der Prozessor / Prozessor-Kommunikation unterstützt werden müßen und
c) bereits eine hohe Leistung der Einzelprozessoren, um die Größe des Prozessornetzwerks in Grenzen zu halten.

Ein Prozessor, der diese Anforderungen in nahezu optimaler Weise erfüllt, ist der Transputer von INMOS.
Durch seine vier Links - das sind sehr schnelle serielle Interfaces, ist er mit seinen Nachbarprozessoren verbunden - diese Verbindungen sind über Möglichkeiten der Software sehr gut programmierbar.
Mit einem Netz solcher Transputer sind somit die Anforderungen, die wir an die Rechnerleistung gestellt haben, zu erfüllen.

Um die Anforderungen an die Graphik erfüllen zu können, müßten wir eine hohe Bandbreite des Bildspeicherzugriffs fordern. Das heißt, daß die Lese-Schreibgeschwindigkeit vom Prozessor in den Bildspeicher sehr hoch sein soll und vor allem mit steigernder Prozessoranzahl proportional zunehmen muß, um nicht bei steigernder Rechnerleistung Einbußen in der Graphikleistung hinnehmen zu müßen.
Hier bot sich die Lösung an, daß der Bildspeicher auf die einzelnen Prozessoren aufgeteilt ist, da damit die Möglichkeit besteht, jedem Prozessor seinen Teil des Bild-

speichers zuzuordnen und damit bei steigernder Prozessoranzahl auch entsprechend mehr Bildspeicher zu haben und damit auch schnelleren Zugriff auf den Bildspeicher.

Die Organisation der Aufteilung des Bildspeichers wurde spaltenweise realisiert.
Diese Aufteilung hat den Vorteil, daß bei lokalen Problemen alle Prozessoren gleichmäßig mit der Bearbeitung ausgelastet sind.

Der Aufbau des Systems 2400

Im folgenden werden die einzelnen Teile des Systems 2400 besprochen.
Der erste Teil, der in jedem System 2400 genau einmal vorhanden ist, ist der sogenannte Controller.
Er dient

1) der Kommunikation mit dem Host-Rechner
2) der Steuerung des Bildschirm-Controllers, wobei hier das Setzen des sichtbaren Ausschnitts und der Vergrößerungsstufe seine Aufgaben sind
3) der Steuerung der Look-Up Table, die Zuordnung der internen Bildspeicherwerte zu Farben steuert.

Der Controller besteht aus einem Transputer, entweder mit oder ohne Floatingboardeinrichtung, mit einem oder zwei MB Memory und der entsprechenden Videocontroller-Logik.
Der zweite Teil in diesem System sind die sogenannten Look-Up-Tables. In diesen Tabellen wird jedem numerischen Wert, der im Bildspeicher steht, die Intensitäten der jeweiligen rot-grün-blauen Farbanteile zugeordnet.

Das eigentliche Kernstück des Systems 2400 ist der sogenannte Prozessor. Beim Prozessor handelt es sich um eine Platine, die aus einem Transputer, ein- oder zwei MB normalen Speicher und einem halben MB Videospeicher besteht. Der Videospeicher ist ein sogenanntes Dual-Ported RAM, d.h. es kann einerseits vom Prozessor dieser Speicher beschrieben werden wie ein normaler Speicher und ist daher von der Programmierung identisch wie ein normales RAM

anzusehen und andererseits von dem Videosystem die Daten aus diesem Speicher ausgelesen und am Bildschirm dargestellt werden, ohne daß sich diese beide Systeme gegenseitig stören.
Eine Fähigkeit des Transputers - er kann sehr schnell große Datenblöcke kopieren - ermöglicht es, den gesamten normalen Speicher als virtuellen Bildspeicher zu verwenden, d.h. die Ergebnisse, die später im Bildspeicher dargestellt werden sollen, im Speicher zu halten und erst zum Zeitpunkt, wo sie dargestellt werden, mit diesem schnellen Speicherkopierfunktionen in den eigentlichen Bildspeicher zu kopieren und so die Zeit des eigentlichen Bildaufbaues vom Benutzer fernzuhalten.

Da es die Größe des Bildspeichers und damit die virtuelle Auflösung in jedem Fall erlaubt, mindestens zwei sichtbare Bilder unabhängig voneinander im Bildspeicher zu halten, ergibt sich die Möglichkeit eines sogenannten Doppelbuffer-Betriebs.
Damit kann in einem Teil des Bildspeichers das Bild aufgebaut werden, während das fertige Bild im jeweils anderen Bereich dem Benutzer flackerfrei dargestellt wird.

Bei entsprechend höheren Ausbaustufen ist natürlich dieser Doppelbuffer-Betrieb als Mehrfachbuffer-Betrieb dann noch in weiteren Varianten ausführbar.
Über die Funktionen des Hardware-Zoomen kann der sichtbare Bereich beliebig im virtuellen Bereich positioniert werden und mit einer beliebigen Vergrößerungsstufe dargestellt werden.

Software und Anwendungen

Bei der Erstellung von Software für Parallelprozessorsysteme muß bei der Implementierung der Algorithmen auf die Struktur der Prozessoren Rücksicht genommen werden. Dies erfordert ein Abgehen von der rein sequentiellen Entwicklung von Programmen hin zu einer Lösung mit parallelen Methoden.

Derzeit wurde und werden auf den beschriebenen Systemen folgende Simulationen realisiert.

Modell im Bereich Umweltschutz:

Aufgrund von Meßstationen werden örtlich die Immissionen bestimmt. Um eine Aussage, wer für die Belastung verantwortlich ist, treffen zu können, müßen die Daten aller Emittenten in Verbindung mit Windrichtung und anderen meteorologischen Daten in ein Modell eingebracht werden. Durch die nachträgliche Simulation kann der verantwortliche Emittent bestimmt werden.

Modellierung von Abläufen in der Fertigungstechnik:

Durch Vorgabe der Bewegungsabläufe und graphischen Definitionen der Fertigungselemente kann auf dem Bildschirm eine Fertigungszelle in real Time dargestellt werden.
Durch die Simulation ist eine Optimierung und Fehlerüberprüfung vor der Realisierung der Fertigungszelle möglich.

Weitere Anwendungen sind bei verschiedenen Firmen auf Transputerbasis in Entwicklung.

Planung von Montageanlagen mit AI-Hilfsmitteln
Unterstützung beim Erreichen der Montagegerechten Konstruktion

74

H. Huber, J. Jaeger, H. Stadlbauer, R. Weissgärber

TU-Wien, Institut für Flexible Automation,
1040, Wien, Gußhausstraße 27-29

Zusammenfassung:
Bereits in der Entwurfsphase eines Produktes muß die benötigte Montageanlage mit dem entsprechendem Montageablauf berücksichtigt werden. Die Simulation von Montagevorgängen hilft, die Verfügbarkeit bestehender und fiktiver Anlagen zu überprüfen.

Ein Expertensystem soll den Konstrukteur bei der Entwicklung montagegerechter Produkte unterstützen. Ausgehend von der Zusammenstellungszeichnung erstellt das Expertensystem einen Vorschlag für eine Montageanlage mit zugehörigem Montageablauf, simuliert diese Anlage und verbessert diese dann wissensbasiert.

EINLEITUNG

Durch die Automatisierung von Fertigungsvorgängen konnten bereits in vielen Sparten monotone Fließbandarbeiten und Arbeiten in gesundheitsgefährlichen Umgebungen automatisiert und humanisiert werden. Da aber der Mensch in seiner Flexibilität noch von keiner Maschine übertroffen werden konnte, ist mit steigender Automatisierung auch ein Umdenken des Konstrukteurs in Richtung "produktionsgerechte Konstruktion" erforderlich. Vor allem in der Montage kann durch geschickte Planung des Produktes und der dazugehörigen Montageanlagen viel Geld und Zeit gespart werden. Damit lastet auf dem Konstrukteur, der nun viel mehr als nur Funktionalität realisieren muß, wie auch auf der Planungsabteilung eine unvergleichlich größere Verantwortung. Simulation als Hilfsmittel in der Bestimmung und Auslegung von Puffergrößen usw. hat bereits seit einiger Zeit ihre Anwendung als Verifikation und zur Verbesserung von bereits geplanten oder sogar bereits erstellten Montageanlagen gefunden ([JäRa 88]).

Um den Menschen aber bereits in der Planungsphase zu unterstützen, wurden in jüngster Zeit Ansätze zur wissensbasierten Montageplanung ([Moritz 88], [Buch 88], [ChaTer 87], [HerSca 87], [MellWa 87]) untersucht und entwickelt. Auch das Arbeitsgebiet der montagegerechten Konstruktion wird neuerdings erforscht, um mit wissensbasierten Tools diese Tätigkeit zu erleichtern ([SenTa 86], [JaPa 86]).

In diesem Bericht wird ein Überblick über die Arbeiten auf dem Gebiet der Montageplanung am Institut für Flexible Automation gegeben, insbesondere wird der Ansatz vorgestellt, bei gegebenem Produktstrukturgraphen wissensbasiert das Layout einer Montageanlage und darauf basierend den Montageablauf zu erstellen. Sowohl Layout als auch Montageablauf werden automatisch in ein Simulationsmodell übergeführt und dieses durch ein eigenerstelltes Fabriksimulationspaket simuliert.
Aufgrund der rückgekoppelten Simulationsergebnisse wird eine Verbesserung der Montageplanung oder aber eine Abänderung der Konstruktion hinsichtlich "Montagegerechtheit" durch den Konstrukteur bewerkstelligt.
Das Expertensystem für die Montageplanung wird mit Hilfe des Softwarepakets KEE (Knowledge Engineering Environment, Firma Intellicorp Kalifornien) entwickelt. Das Fabriksimulationspaket wurde - ausgelegt für die speziellen Anforderungen der Montagesimulation - in der Sprache SIMSCRIPT (Firma CACI, Kalifornien) realisiert und existiert als Prototyp am Institut.

KRITERIEN FÜR DIE MONTAGEPLANUNG

Die Planung von Montageanlagen und Montagevorgängen ist ein Vorgang, der von vielen Faktoren beeinflußt wird. Letztlich bestimmt die Planungsqualität nicht nur den Kostengrad der Anlage sondern auch die Kosten der davon abhängigen Produktion und ist daher an Erfolg oder Mißerfolg des Produktes mitbeteiligt.
Was sind nun wesentliche Kriterien in der Montageplanung? Zuallererst muß die geplante Montage die geplante Funktionalität erfüllen, d.h. das Produkt muß wirklich auf der entworfenen Anlage mit dem entworfenen Ablauf montierbar sein. Da eine Montageanlage, die die angestrebte Funktionalität erfüllt, aus Moduln besteht, die oft unterschiedliche Maximaltaktzeiten haben, müssen diese Module aufeinander abgestimmt werden, damit ihre reibungslose Zusammenarbeit gewährleistet. Im Einzelfall muß dabei ein Modul durch ein schnelleres ausgetauscht oder die Taktzeit eines Modules reduziert werden.
Weiters müssen die Verkettungssysteme so gewählt werden, daß kurzfristige Ausfälle von Moduln durch Verklemmen von Teilen oder ähnlichem von der Anlage abgefangen werden können. Wurden alle diese Faktoren berücksichtigt, bleiben noch immer die Kosten der Anlage und die zu erreichende Qualität des Produktes zu beachten.

SIMULATION ALS PLANUNGSHILFSMITTEL

Analytische Methoden zur Verifikation geplanter Montagevorgänge werden bald sehr komplex und durch die Vernachlässigung von Randbedingungen auch sehr oft ungenau. Speziell in produktionstechnischen Belangen können sich zeitabhängige Randbedingungen aufschaukeln und später den eigentlichen Engpaß darstellen. Um diese Probleme zu umgehen, setzt man Methoden der Simulation zur Verifikation ein.
In der Produktionstechnik dient aber die Simulation nicht nur zur Verifikation bereits detailliert geplanter Anlagen und Abläufe sondern auch zur Optimierung von Parametern, wie Puffergrößen.
Am Institut für Flexible Automation entstand ein Simulationspaket für Montagevorgänge in der Sprache SIMSCRIPT, das ausgehend von einer datenmäßigen Beschreibung der geplanten Montage ein SIMSCRIPT-Modell erstellt und dieses abarbeitet. Dabei existieren parametrisierbare Montageelemente wie Roboter, Pneumatik, Transportband, Verzweiger und Zusammenführer.
Mittels Lesen des Datenfiles, der die Elemente der Montageanlage beschreibt, werden neue Ausprägungen des entsprechenden Elementes erzeugt und mit den Daten belegt. Die Struktur des Files ist wie folgt:

- Bezeichnung des Montagemoduls;
- Typ (z.B. Roboter, Pneumatik, Verzweiger);
- Störungsanfälligkeit;
- Dauer der Störungsbehebung;
- Ausfallsrate (d.h. Prozentsatz an Baugruppen, die fehlerhaft das Montagemodul verlassen), (bei einem Transportband die Kapazität).

Nun können aber auf ein und derselben Montageanlage viele mögliche Montagen durchgeführt werden. Für die Simulation einer spezifischen Montage steht ein zweites Datenfile zur Verfügung, das den Montageablauf auf der Montageanlage enthält. Dieser Ablauf wird intern als Graph gespeichert.
Dies veranschaulicht die Struktur des Files:

- Bezeichnung des Montagemoduls;
- Typ des Moduls (wie oben);
- Zeit für einen Arbeitsschritt (Taktzeit);
- nachfolgendes Modul (eventuell ein zweites nachfolgendes Modul bei einem Verzweiger).

Welche Daten werden nun für die Simulation der Montage benötigt?
Für jedes Montagemodul werden die Störungsanfälligkeit, die Dauer der Behebung der Störung, die Ausfallsrate und die Taktzeit benötigt. Die Auslastungen der Module und die Pufferlängen der Transportbänder werden als Ergebnisse ausgewertet.

WISSENSBASIERTE MODELLERSTELLUNG

Gerade in letzter Zeit wurden erstmals Versuche unternommen, bereits den Entwurf der Montageschritte mittels Computer zu unterstützen und damit automatisch ein Simulationsmodell zu generieren ([Buch 88]).
Dieser Abschnitt stellt ein Expertensystem vor, das die Planung des Montageablaufes zusammen mit der Planung der Montageanlage vornimmt. Dabei stehen dem Expertensystem ein Pool von möglichen Montagemoduln und der Produktstrukturgraph des Produktes zur Verfügung. Bei dem Produktstrukturgraphen handelt es sich um eine hierarchische Strukturierung der Zusammenstellungszeichnung in Baugruppen und Unterbaugruppen unter Berücksichtigung zwingender Montagereihenfolgen
Weiters sind im Produktstrukturgraphen bereits teilweise die Montagemittel (darunter wird alles das verstanden, was eine Verbindung zwischen zwei oder mehreren Teilen einer Baugruppe herstellen kann, also Schrauben, Klebstoffe etc.) eingetragen. Im Pool von Montagemoduln sind alle zur Verfügung stehenden Montagemodule in Form der objektorientierten Datenstrukturen "Frames" abgespeichert die in sogenannten "Slots" Daten als auch Funktionen beinhalten können.

Die Teile des Produktstrukturgraphen sind ebenfalls als Frames abgespeichert.
Algorithmisches Wissen über die Montagemodule steht lokal in Slots der Frames, wie in folgendem Beispiel gezeigt wird, wo aufgrund der Länge eines Transportbandabschnittes ausgerechnet wird, wieviele Werkstückträger darauf Platz haben (Maximal mögliche Anzahl der Paletten ist Länge des Transportbandabschnittes dividiert durch die Länge der Paletten).

```
(LAMBDA (PALETTE) (/(GET.VALUE SELF LENGTH)
                    (GET.VALUE PALETTE LENGTH)))
```

(Wert im Slot MAX_NUM_TRANS_EL
der Unit TRANSPORT-BELT-LINE)

Das Expertensystem verwendet generalisiertes Montagewissen als Regeln zur Ableitung des Montageplanes. Ein Beispiel für eine solche Regel wäre:

```
IF (THE CONNECTION.MEANS OF ?WHAT IS 'WELDING)
THEN (THE ENDEFFECTOR OF ?WHAT IS 'WELDING-PISTOL)
```

Als Montageplan wird folgendes abgeleitet:

* der Montageanlagenplan und
* der Montageablaufplan.

Da pro zu montierende Baugruppe die Anzahl der möglichen Montagemodule durch die verwendeten Montagemittel eingeschränkt ist, ist die Vorgangsweise des Expertensystems für die Ableitung des Montageplanes in folgende Schritte unterteilt:

* Ableitung der grundsätzlich verwendbaren Montagemodule pro Baugruppe;
* Ableitung einer ersten möglichen Montageanlage mit zugehörigem Ablaufplan.

Der Plan der Montageanlage und des Montageablaufs wird mit den relevanten Informationen versehen auf zwei Files geschrieben und die Simulation angestoßen.

DER REGELKREIS EXPERTENSYSTEM - SIMULATION

Da es für eine konkrete Montage mehrere mögliche Anlagen und auch Ablaufmöglichkeiten gibt, die zumindest zum Teil vom Expertensystem gefunden werden, stellt die Simulation ein wichtiges Hilfsmittel zur Bestimmung einer günstigen Lösung dar.
Wie bereits oben erwähnt, dient die Simulation auch zur Determination der Engpässe eines Systems. Bei unserer Aufgabenstellung können diese Engpässe durch Ersetzen einer Maschine durch eine leistungsfähigere oder durch Variation von Parametern, wie z.B. Transportbandlängen, beseitigt werden.
Gerade diese Tatsachen sind durch das Expertensystem ohne Simulation nur sehr schwer zu bestimmen.
Wie verarbeitet nun unser System die Simulationsergebnisse?
Die Simulationsergebnisse werden vom Expertensystem eingelesen und in die entsprechenden Slots der Frames des Montageplanes geschrieben. Das Expertensystem wertet diese Ergebnisse aus und bewerkstelligt eine Umverteilung der Arbeit auf zu gering ausgelastete Maschinen unter Berücksichtigung der zwingenden Reihenfolge mancher einzelner Montageschritte.
Ein wesentliches Kriterium der Optimierung mit Hilfe der Simulation ist ebenfalls die Bestimmung optimaler Transportbandlängen.
In einem nächsten Simulationslauf kann eine verbesserte Konfiguration wiederum auf ihre Tauglichkeit überprüft werden.

LITERATUR

[Adel 85] Adelsberger, H.H., Mayer, R., Shannon, R.E., *Expert systems and simulation* Simulation, 44/6, 1985, pp.275-284.

[Buch 88] Buchberger, D., Weule, H., Wieser, R., *Wissensbasierte Konfigurierung und Optimierung von Fertigungsanlagen* Technische Rundschau 16, 1988, pp.138-143.

[ChaTer 87] Chang, T.-C., Terwilliger, J.P.,Jr., *Rule based approach for printed wiring assembly process planning* Proc. 8th Int. Conf. Assembly Automation, 1987, pp.99-110.

[HerSca 87] Hernani, J.T., Scarr, A.J., *An Expert System Approach to the Choice of Design Rules for Automated Assembly* Proc. 8th Int. Conf. Assembly Automation, 1987, pp.129-140.

[JaPa 86] Jakiela, M.J., Papalambros, P.Y., *A design for assembly optimal suggestion expert system* Proc. 7th Int. Conf. Assembly Automation, 1986.

[JäRa 88] Jäger, J., Raab, M., *Fabriksimulation in SIMSCRIPT* Programm, TU Wien, 1988.

[MellWa 87] Mellichamp, J.M., Wahab, A.F.A., *An Expert System for FMS Design* Simulation, 48/5, 1987, pp.201-208.

[Moritz 88] Moritzen, K., *MARIA: Montageanalyse und rechnerintegrierte Arbeitsplanerstellung* Siemens Erlangen, Internal Report, 1988.

[SenTa 86] Senba, K., Takahashi, K., *Design for automatic assembly* Proc. 7th Int. Conf. Assembly Automation, 1986.

ZUVERLÄSSIGKEITSASPEKTE DYNAMISCHER SPEICHER IN SUB-MICRON CMOS TECHNOLOGIE

W. Reczek, H. Terletzki*

Siemens AG, Bereich Halbleiter, Geschäftszweig Speicher,
*Siemens AG, Zentrale Forschung und Entwicklung,
Otto-Hahn-Ring 6, D-8000 München 83, BRD

ZUSAMMENFASSUNG

Ausreichende Zuverlässigkeit von dynamischen Speichern kann nur erreicht werden, wenn die Bausteine ESD fest, Latch-up sicher und Noise unempfindlich sind. Die ESD Festigkeit wird deutlich verbessert, wenn im Kontaktlochbereich der Schutzstruktur eine Wanne als Unterlage verwendet wird. Mit Hilfe von Wannen-Guardringen und einer Power-on Schutzschaltung wird das Auftreten von Latch-up gänzlich vermieden. Architektur, optimierte Plazierung von Schaltungsteilen und Auswahl geeigneter Schaltungen tragen weiter zur Verringerung der Noise Empfindlichkeit bei.

1. Einleitung

Eines der Ziele bei der Entwicklung von CMOS Schaltungen in Sub-micron CMOS Technologie ist, das Endprodukt (z.B. 4M DRAM) unempfindlich gegen elektrische Störungen aller Art zu machen. Besonders zu beachten sind dabei die Themenschwerpunkte ESD, Latch-up und Noise. Dem Anwender soll damit einerseits die Handhabung des Bausteins erleichtert und andererseits die Zuverlässigkeit und der Funktionsbereich des Bausteins erhöht werden.

2. ESD

Für Handling und Montage, muß die Empfindlichkeit des Bausteins gegen elektrostatische Entladung (ESD = Electro Static Discharge) reduziert werden [1]. Durch Einbau von ESD Schutzstrukturen wird die Schaltung vor Zerstörung geschützt. Abb.1a zeigt eine typische NMOS ESD Eingangsschutzstruktur [2, 3]. Der Feldoxidtransistor FOX arbeitet bei ESD Belastung als ein im Lawinendurchbruch betriebener parasitärer NPN Bipolartransistor (Abb.1b) und führt die Energie des Pulses ab [4]. Der Null-Volt Transistor ZVT arbeitet als feldgesteuerte Diode und begrenzt die Spannung am Ausgang auf einen Wert, der unterhalb der Durchbruchspannung des nachfolgenden Gateoxids liegt. Der Widerstand R_{dif} dient zur Strombegrenzung der feldgesteuerten Diode. Typische Schäden durch ESD Belastung sind Gateoxiddurchbrüche, Leiterbahnunterbrechungen und leckende pn-Übergänge. Durch die fortlaufende Strukturverkleinerung (z.B. Gateoxiddicke, Junctiontiefe) und Erhöhung der Packungsdichte kommt es zunehmend vor, daß die ESD Struktur selbst durch thermische Überlastung zerstört wird. Die höchste Temperatur entsteht bei positiver ESD Spannung an dem in Sperrichtung gepolten drainseitigen pn-Übergang des Feldoxidtransistors. Wird die eutektische Temperatur der Aluminium-Silizium Schicht (577 ^{o}C) erreicht, legiert Silizium

im Bereich der Kontaktlöcher ins Aluminium. Gleichzeitig wandert Aluminium ins Substrat (Spiking) [2, 5, 6, 7] und verursacht einen Kurzschluß (Abb.2). Das Unterlegen des Kontaktlochbereichs mit einer n-Wanne (Abb.3a) wirkt als Puffer und verhindert den frühzeitigen Ausfall des Bausteins. Eine weitere Möglichkeit, Spiking zu verhindern, ist das Einfügen einer Trennschicht aus Wolfram, Titan oder Poly Silizium. Die Variante mit Poly Silizium ist in Abb.3b dargestellt. Vergleichstests nach dem Human Body Model [8] zeigen deutlich den Vorteil der Variante mit einer n-Wanne als Unterlage. Die ESD Ausfallspannung ist größer als 2500V (Abb.4a). Ausfallursache ist ein Oxidschaden. Die Variante mit Poly Silizium Zwischenschicht zeigt hingegen Ausfälle durch einen Anstieg des Sperrstromes (Degradation des drainseitigen pn-Überganges) schon ab 100V ESD Belastung (Abb.4b).
Bei Datenausgängen liegt die ESD Schutzschaltung im Gegensatz zu Dateneingängen parallel zum Ausgangstreiber. Durch die oft zu lange Ansprechzeit der ESD Schutzschaltung und die unzureichende Ansteuerung des Ausgangstransistors durch die geringe kapazitive Kopplung zwischen Gate und Drain kann Spiking hier im Kontaktlochbereich ebenfalls auftreten. Als Abhilfemaßnahme hat sich die Einführung eines verteilten Serienwiderstandes des Ausgangstreibers durch Ausblenden der n+ Implantation der Source/Draingebiete (nur bei LDD Technik möglich) und der Kontaktierung über eine Poly Silizium Zwischenschicht bewährt.

3. Latch-up

Wichtig ist auch, daß die Schaltung unempfindlich ist z.B. gegen steile Spannungsrampen beim Einschalten der Versorgungsspannung, gegen Über- und Unterschwinger an den Ein- und Ausgängen und gegen Überspannungen im Betrieb. Der Baustein muß daher eine hohe Latch-up Festigkeit aufweisen.
Eine Erhöhung der statischen Latch-up Festigkeit des Bausteins gegen positive Überspannungen ($V_{Trig} > VCC$) an den Ein/Ausgängen kann z.B. durch die Verwendung von NMOS Ausgangstreibern erreicht werden (Abb.5c, 5d) [9, 10]. Eine Verbesserung des Latch-up Verhaltens gegen Unterspannungen ($V_{Trig} < VSS$) wird durch die Verwendung eines Substratvorspannungsgenerators (negative Substratvorspannung VBB) erreicht (Abb.5d) [9, 10]. Die Anzahl und Dimensionierung der Ein/Ausgänge muß bei der Auslegung des VBB Generators mit berücksichtigt werden. CMOS Buffer sind dann vollkommen Latch-up frei, wenn anstelle der ohmschen Wannen- und Substratkontakte nichtlineare Elemente (Abb.5e) eingesetzt werden [10, 11]. Abb.6a zeigt die transiente Latch-up Empfindlichkeit [9, 12] einer konventionellen CMOS Schaltung unter Verwendung minimaler Designregeln. Selbst ein nur 10ns breiter 2V "Unterschwinger" kann Latch-up auslösen. Dies zeigt deutlich, daß CMOS Schaltungsteile mit konventionellen (ohmschen) Wannen- und Substratkontakten, die direkt mit der Außenwelt (z.B. Gehäuseanschlüsse) in Verbindung stehen, zusätzliche Schutzmaßnahmen wie die Verwendung von Guardringen und größere n+p+ Abstände erfordern.
Die Erhöhung der Latch-up Festigkeit gegen steile Spannungsrampen beim Einschalten kann nur durch Verwendung spezieller Schutzschaltungen erreicht werden [9, 13]. Abb.6b zeigt den Zusammenhang zwischen Spannungsrampe (Anstieg von VCC/s) und Koppelkapazität (Kapazität der Zellplatte eines DRAMs). Sogar auf Boardlevel leicht erreichbare Spannungsrampen von einigen Volt pro Microsekunde reichen aus, um z.B. bei 1M DRAMs ohne Schutzmaßnahmen (siehe auch Tab.1) Latch-up auszulösen. Power-on Latch-up Meßergebnisse unter Worst Case Bedingungen [9, 14, 15] von im Handel erhältlichen 1M DRAMs sind in Tab.1 dargestellt. Produkt 1 ist nicht ausreichend Latch-up fest. Bei Produkt 3 wird die

spezifizierte Latch-up Festigkeit bei weitem übertroffen und ist somit als absolut Latch-up frei zu bezeichnen.

4. Noise

Eine weitere Erhöhung der Zuverlässigkeit des Bausteins kann erreicht werden, indem sowohl On-Chip Noise als auch die Noise Empfindlichkeit des Bausteins verringert werden [16, 17]. Die Optimierung von Gehäusebauformen, Architektur und Positionierung kritischer Schaltungsteile (z.B. Adreßbuffer, Dekoder, Leseverstärker, Ausgangstreiber) ist notwendig. Bei Verwendung von On-Chip Generatoren (z.B. VBB Generator, Booster) ist der Einsatz von Spannungserkennungsschaltungen sinnvoll. Die Noise Empfindlichkeit kann verringert werden, wenn z.B. Schmitt Trigger Eingangsbuffer zur Verhinderung von Mehrfachtriggerung verwendet werden. Eine Bewertung der einzelnen Maßnahmen (Abb.7) im Entwicklungsstadium ist nur dann möglich, wenn ein geeignetes Simulationsmodell/Werkzeug [16] zur Verfügung steht (siehe auch Abb.8a). Das Ergebnis ist ein Noise optimiertes DRAM mit sehr gutem Sicherheitsabstand bei TTL Input HIGH und TTL OUTPUT LOW Pegeln (Abb.8b).

5. Zusammenfassung

Zur Sicherstellung der Zuverlässigkeit dynamischer Speicher gegen elektrische Störungen aller Art muß die ESD Festigkeit durch Verwenden einer Wannen als Unterlage im Kontaktlochbereich von ESD Strukturen und bei Ausgangsbuffern durch das Einfügen einer Poly Silizium Zwischenschicht erhöht werden. Der Einsatz von speziellen Schutzschaltungen ist ein geeignetes Mittel, um Latch-up freie Schaltungen zu verwirklichen. Weitere Optimierungskriterien verringern die Noise Empfindlichkeit des Produkts.

Das diesem Bericht zugrundeliegende Vorhaben wurde mit Mitteln des Bundesministers für Forschung und Technologie unter dem Förderkennzeichen NT 2696 gefördert. Die Autoren sind verantwortlich für den Inhalt.

Literatur

[1] A. J. Pyatt, "A Manufacturer's View of ESD Control", IOP Short Meet. Ser. No.8 Proc., 1987, pp. 67-72.

[2] J. K. Keller, "Protection of MOS Integrated Circuits from Destruction by Electrostatic Discharge", EOS/ESD Symp. Proc. EOS-3, 1981, pp. 73-79.

[3] C. Duvvury, "A Summary of the Most Effective Electrostatic Protection Circuits for MOS Memories and Their Observed Failure Modes", EOS/ESD Symp. Proc. EOS-5, 1983, pp. 181-184.

[4] T. Toyabe, "A Numerical Model of Avalanche Breakdown in MOSFETs", Trans. ED, Vol. ED-25, No.7, 1978, pp. 825-832.

[5] L. F. Dechiaro, "Electro-Thermomigration in NMOS LSI Devices", IRPS Proc., 1981, pp.223-229.

[6] M. C. Jon, "The Metallurgical Study of ESD Damage in 256k DRAM Devices", EOS/ESD Symp. Proc. EOS-9, 1987, pp. 78-87.

[7] Duvvury, "ESD Protection Reliability in 1 m CMOS Technologies", IRPS, 1986, pp. 199-205.

[8] "Electrostatic Discharge Sensitive Classification", DOD HDBK 263, MIL STD 883C Notice 7, Method 3015.6, 1988.

[9] W. Reczek, "Untersuchung der dynamischen Zündmechanismen in CMOS Strukturen", Dissertation, TU München, Jan. 1988.

[10] W. Pribyl et al.,"CMOS Output Buffers for Megabit DRAMs", IEEE JSSC, Vol.23, No.3, June 1988, pp. 816-819.

[11] W. Reczek et al., "Latch-up Free CMOS Using Buried Poly Silicon Diodes", ESSDERC'89,

West Berlin, Sept.89, zur Veröffentlichung vorgesehen.

[12] W. Reczek et al., "Critical Charge Model for Transient Latch-up in VLSI CMOS", IEEE Proc. ICMTS'89, Edinburgh, pp. 215-254.

[13] W. Reczek et al., "Guidelines For Latch-up Free VLSI CMOS Circuits Considering Power-on Transients", IEEE Proc. ESSDERC'89, Montpellier, pp. 49-52.

[14] W. Reczek et al., "Guidelines For Latch-up Characterization Techniques", IEEE Proc. ICMTS'88, Long Beach, pp. 120-125.

[15] W. Reczek et al.,"Latch-up Charakterisierung dynamischer Speicher", Proc. ITG'88, Darmstadt, pp. 299-310.

[16] B. Murphy et al.,"Modellierung und Gesamtsimulation eines 4Mbit dynamischen Speichers", Proc. ITG'88, Darmstadt, 1988, pp. 269-276.

[17] B. Murphy et al., "Noise Considerations on High Density DRAMs: Problems and Solutions", ESSCIRC'89, Wien, Sept. 89, zur Veröffentlichung vorgesehen.

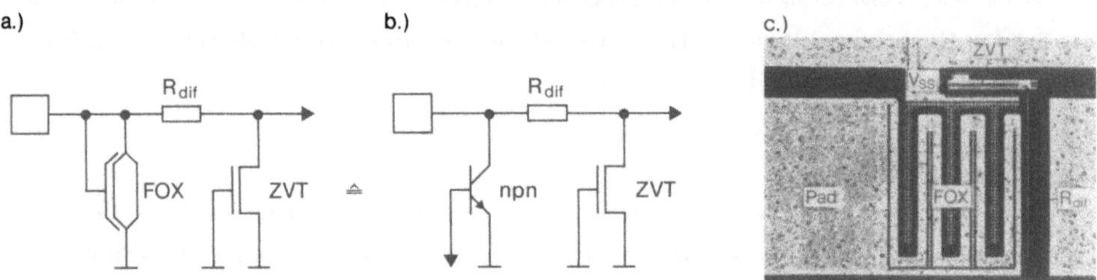

Abb.1: NMOS ESD Eingangsschutzstruktur für DRAMs. FOX...Feldoxidtransistor, ZVT...Null Volt Transistor, R_{dif}...Diffusionswiderstand. a.) Schaltbild, b.)Ersatzschaltbild, c.) Layout.

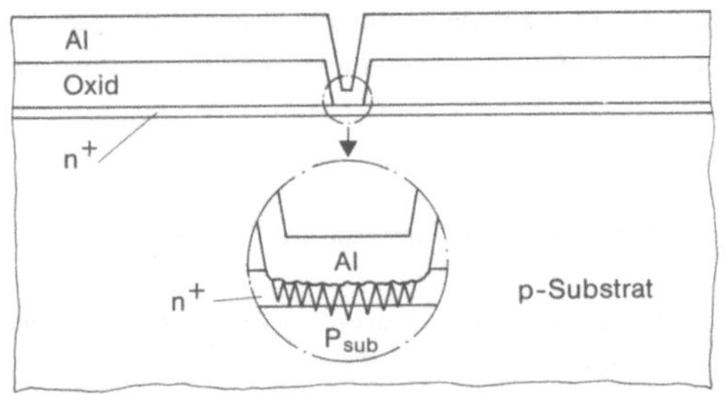

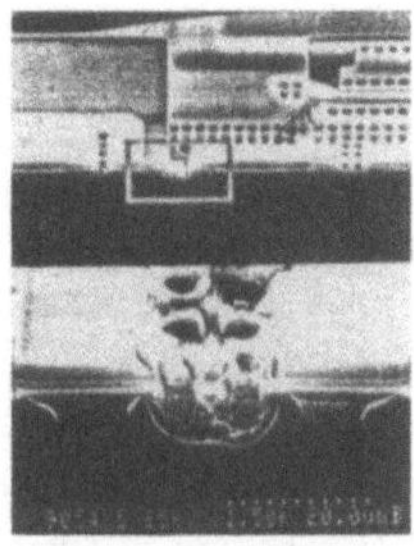

Abb.2: Aluminiumspiking im Bereich des Kontaktlochs der ESD Struktur.
a.) Schematischer Querschnitt, b.) REM Aufnahme.

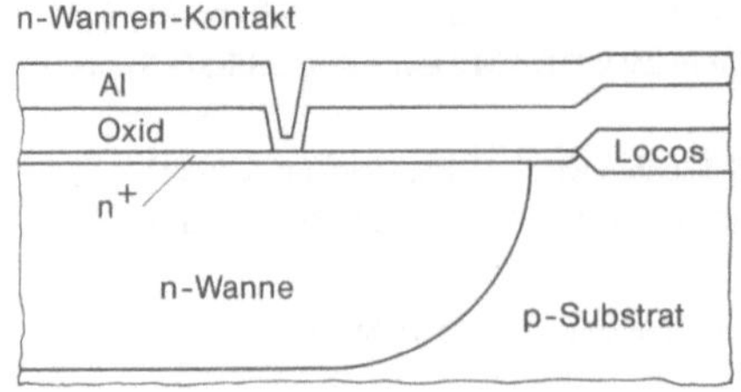

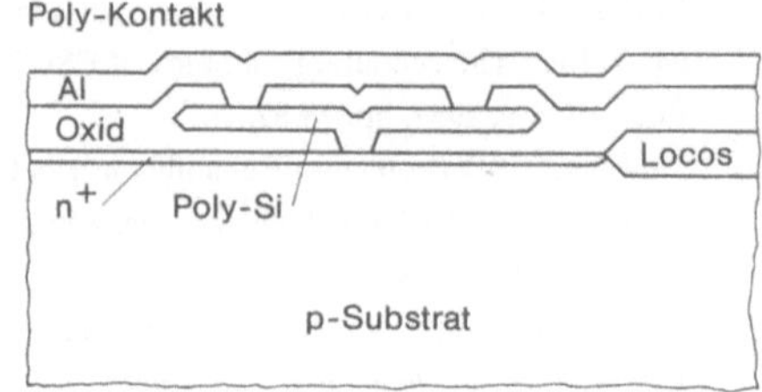

Abb.3: Maßnahmen gegen Aluminiumspiking im Kontaktlochbereich der ESD Struktur.
a.) Querschnitt mit einer n-Wanne unter dem Kontaktloch,
b.) Querschnitt mit einer Poly Silizium Zwischenschicht.

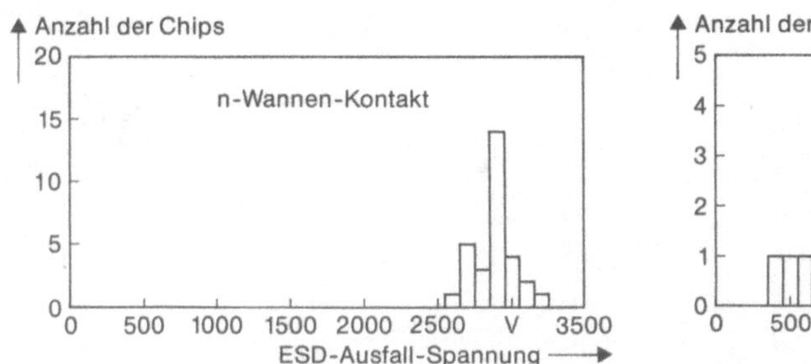

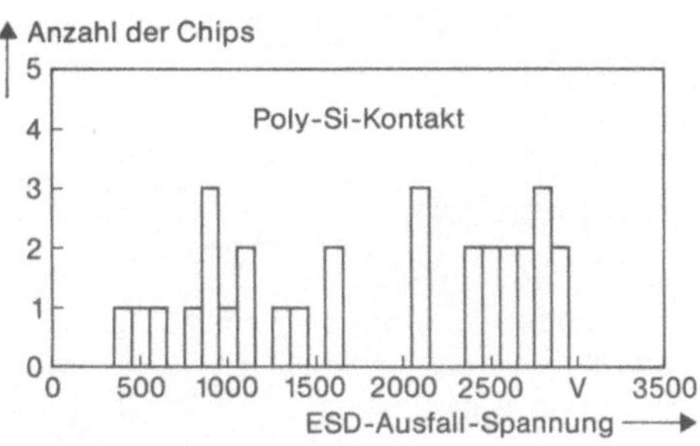

Abb.4: Ausfallverteilung für Eingangsschutzschaltungen nach ESD Belastung für a.) Wannenkontakt, b.) Poly Siliziumkontakt.

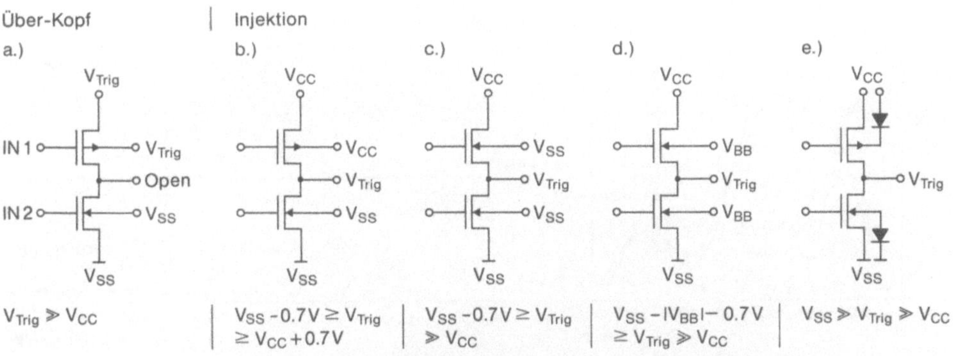

Abb.5: Latch-up Triggerbedingungen und Triggerspannungen für verschiedene Ausgangstreiber. Über-Kopf-Zünden: a.) CMOS, Injektion: b.) CMOS, c.) NMOS, d.) NMOS mit Substrat vorspannung (VBB) Generator, e.) CMOS mit nicht linearem Wannen- und Substratkontakt.

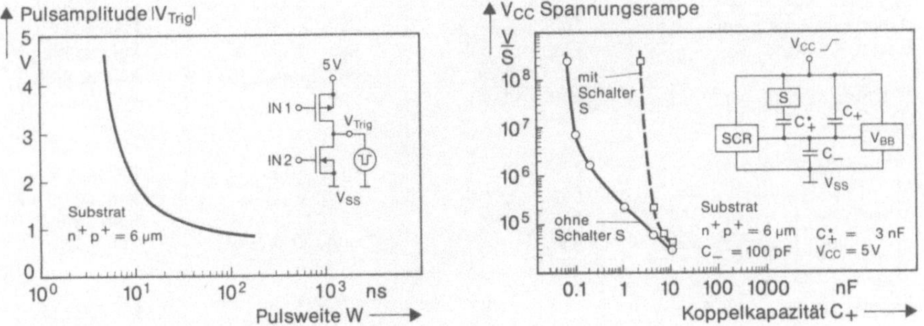

Abb.6: Dynamische Latch-up Effekte. a.) Transientes Latch-up Verhalten, b.) Power-on Latch-up, SCR...Latch-up Pfad, VBB...On-Chip VBB-Generator, S...Schaltelement, C_+...Koppelkapazität (Zellplatte), C_-...Pufferkapazität.

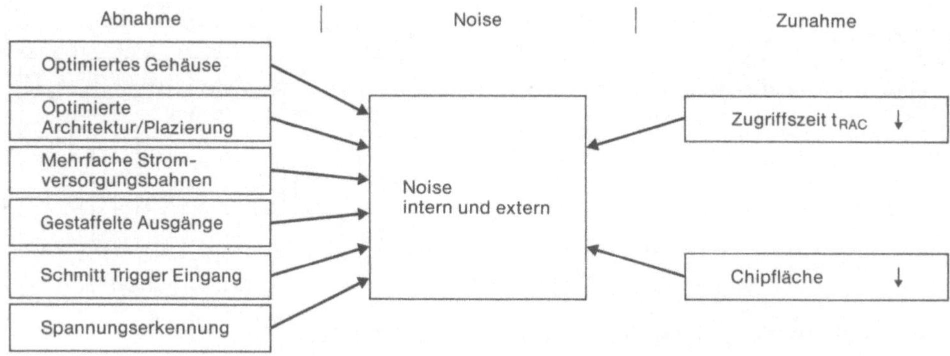

Abb.7: Einflußgrößen und Möglichkeiten zur Reduktion der Noise Empfindlichkeit und Möglichkeiten zur Verringerung von On-Chip erzeugter Noise.

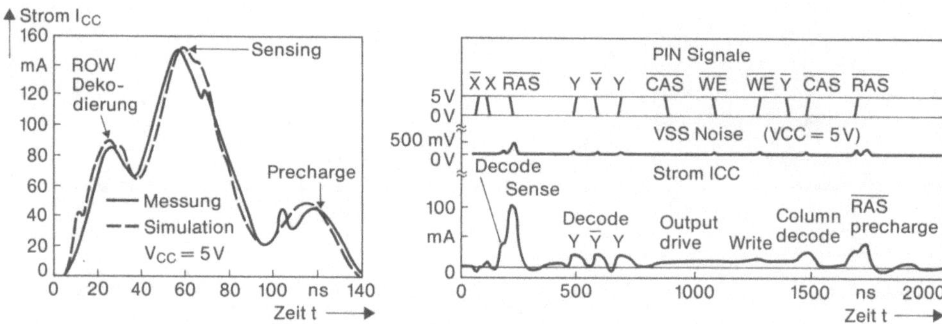

Abb.8: a.) Stromverlauf ICC - Vergleich Messung und Simulation am Beispiel eines DRAMs ohne Maßnahmen gegen On-Chip erzeugte Noise und Noise Empfindlichkeit. b.) VSS Noise und Stromverlauf ICC eines bezüglich Noise optimierten 4Mbit DRAMs.

Meßschaltung	1M-DRAM		
	Produkt 1	Produkt 2	Produkt 3
Meßaufbau 2 mit 4 Pins max. 10 V/2 nsec V_{SS} V_{CC} 0 V ÷ 5 V $\overline{RAS}$ −1 bis 7 V V_{pin} * $\overline{CAS}$, $\overline{WE}$, DI, DO, A0 – A9, 14 Pins nicht angeschlossen	$\overline{RAS}$ = 5 V Latch-up bei 9,5 V/2 nsec kein Einfluß von V_{pin}	$\overline{RAS}$ = 5 V kein Latch-up kein Einfluß von V_{pin}	$\overline{RAS}$ = 5 V kein Latch-up kein Einfluß von V_{pin}
	$\overline{RAS}$ = 0 V Latch-up bei 5 V/0,6 µsec 5 V/1,0 µsec und CAS < 1 V	$\overline{RAS}$ = 0 V Latch-up bei 10 V/2 nsec und DO < −1 V	$\overline{RAS}$ = 0 V kein Latch-up kein Einfluß von V_{pin}

Tab.1: Latch-up Empfindlichkeit von im Handel erhältlichen 1M DRAMs in 26(20) Pin SOJ Gehäusen. Maximale Spannungsrampe 10V/2ns. Strombegrenzung der Gleichspannungsquelle = 100mA.

ÜBER DIE ZUVERLÄSSIGKEIT DER LITHIUM-THYONILCHLORID-BATTERIEN

Titu I. Bajenescu

13, Chemin de Riant-Coin
CH-1093 La Conversion / Schweiz

ZUSAMMENFASSUNG

Man macht sich einige Gedanken über die Ausfalldefinition, Ausfallursachen, Zuverlässigkeitsprüfungen, ein kompletter Qualifikationstest, Designtest und Endkontrolle.

Einleitung

Klare, gut definierte und strenge Zuverlässigkeits- und Qualitätssicherungsmassnahmen während der Herstellung sind Vorbedingung, um den immer höher geschraubten Ansprüchen, die an Lithium-Batterien gestellt sind, zu genügen (Bild 1). Die Zuverlässigkeit der Lithium-Batterien ist durch **Material, Konstruktion und Herstellung** gegeben. Sie ist auch stark davon abhängig, unter welchen **Betriebsbedingungen** eine Batterie eingesetzt wird, so dass nicht nur der Batteriehersteller, sondern **auch der Geräte-Entwickler** einen wesentlichen Anteil an der Erhöhung der Zuverlässigkeit des Gerätes zu übernehmen hat.

Mögliche Ausfallursachen, resp. Herstellungsfehler; Qualitäts- und Zuverlässigkeitssicherungsbetrachtungen

Als denkbare Ausfallursachen kann man folgende Herstellungsfehler nennen:

a) **Mechanische Kurzschlüsse** zwischen Anode und Kathode;
b) **Kleinere Zellenkapazitäten**, da unvollständig hergestellt [Füllmengen fehlen, fehlerhafte Bauteile, Dichtheitsfehler und/oder Leck-Ströme (Lithium-Diffusion durch Isolationssystem)]
c) **Batterie wird leck**
d) **Fehler im Isolationssystem**
   d1 - von Anfang an
   d2 - mit Verzögerung eintretend
e) **Batterie erschöpft, entladen.**

Diese können zu schlechteren Zuverlässigkeits- und Sicherheitseigenschaften der Lithium-Batterie führen.

Es empfiehlt sich darum, folgende Qualitäts- und Zuverlässigkeitstests, zuerst im Labor, mit Versuchsmuster, dann - nach Bestätigung der Vermutungen - während der Herstellung durchzuführen:

1) Hochtemperaturlagerung 24 Stunden bei +72°C; nachher Wiegen der Zelle;
2) Hochtemperaturlagerung 72 Stunden bei +72°C; nachher Wiegen der Zelle und Berechnung (in %) der Elektrolytverluste;
3) Raumtemperaturlagerung (min. 336 Stunden bei +20°C); nachher visuelle Prüfung und Kontrolle der Abmessungen; Messung der "open circuit" Spannung, der Verzögerungsspannung und der Spannung an Last (der Verbraucher soll durch einen Widerstand von 1 MOhm simuliert werden);
4) Vibrationsprüfung (5...5000 Hz; 5 g Spitzenbeschleunigung);
5a) Hochtemperaturlagerung 2 Stunden bei +72°C; Kühlung bis +20°C; Kontrolle der Deformierung und der Leckage; beschleunigte Entladungsprüfung;
5b) Kapazitätsmessung; Raumtemperaturlagerung (min. 504 Stunden bei +20°C); beschleunigte Entladungsprüfung bis zu < 0,5 V;
5c) Kurzschlussprüfung;
6) Spannungsverzögerungsprüfung in Abhängigkeit der Lagerzeit, bei +20°C und +45°C;
7) Gut/Schlecht-Prüfung für die Zellen die nach 5a, 5b und 5c getestet worden sind in bezug auf Deformierung, Venting, Leckage.
8) Burn-in-Prüfung (min. 21 Tage/1 MOhm/+45°C)

Zu bemerken ist, dass die Prüfungen 5a, 5b und 5c für je 1/3 der Losgrösse durchzuführen sind; alle anderen Prüfungen gelten für das ganze Los (falls es um neue Fabrikationserfahrungen geht) oder für 15% bis 30% der Losgrösse, je nach Stabilisierungsgrad der Batterieherstellung.

Da ein Zuverlässigkeitsprogramm schon in der Konzeptionsphase der Entwicklung einer neuen Zelle beginnt, sollte man ein genaues und detailliertes Charakterisierungs- und Qualifikationsprogramm vorbereiten und dieses dann stufenweise in der Batterienherstellung einführen, um die tatsächlichen Eigenschaften, Leistungen, Sicherheit und Zuverlässigkeit bestimmen zu können. Der Herstellungsprozess soll mit häufigen Prüfungen und/oder Kontrollen gut beherrscht sein und die Losgeschichte (für alle Bauteile und durchgeführten Operationen) sollte jederzeit zurückverfolgt werden können. Ein Lebensdauertestprogramm soll alle die notwendigen Zuverlässigkeitsinformationen liefern und Losvergleiche ermöglichen. Die entsprechenden Rückkopplungen sollten leicht ersichtlich sein und ohne Schwierigkeiten durchführbar. Jede neue Zellenbauweise oder Baugrösse muss nur dann in die Serienproduktion übergehen, wenn alle in dem Zuverlässigkeitsprogramm [1] vorgesehenen

---

1 Das Zuverlässigkeitsprogramm sieht eine Reihe von Schock-, Vibrations-, Hochtemperatur- und Hochdruckprüfungen vor und schreibt auch die zugelassenen Grenzen vor.

Schritte mit sehr guten Ergebnissen erfüllt worden sind. Ein Zwei- bis Drei-Jahres-Programm für Entwicklung und Charakterisierung (inklusive chemische Charakterisierung) muss, mit guten Ergebnissen, erfüllt werden, um die notwendige Batteriequalifikation erreichen zu können.

Kompletter Qualifikationstest

Dieser Test sollte
a) bei dem Beginn der Lebensdauer
b) für halb-entladene Batterien
c) für komplett-entladene Batterien
durchgeführt werden.

Die wichtigsten Prüfungen sind:
- Entladung [fällt für (c) aus]
- Schockprüfung mit 1000 g
- Vibrationsprüfung (5 bis 5000 Hz, 5 g Spitzenbeschleunigung)
- 5..10 Thermische Zyklen (-40°C/+72°C), 1 Minute Transitzeit
- Hochtemperaturlagerung (72°C/24h;W;72°C/72h;W)
- Hochdrucklagerung (90 und 120 PSI)
- Gezwungene Ueberentladung bis zu 1/10 der Zellenkapazität [fällt für (c) aus]
- Gezwungene Ueberentladung einer entladenen Zelle über eine "frische" Zelle
- Kurzschlussprüfung (Raumtemperatur und +45°C)
- "Crush"-Prüfung
- Selbstentladungsprüfung für mehrere "Current Drains", vor und nach der Lagerung.
- Helium-Leck-Prüfung (100%ig; nach dem Konstruktionsprozess und als Endprüfung)

Nach jeder Prüfung sind alle Zellen visuell kontrolliert, gemessen (Aenderung der Abmessungen), mit Röntgen-Strahlungen untersucht und dann mit Entladungsströmen (impulsförmig) getestet.

Einige Gedanken über die Zuverlässigkeitsprüfungen der Thyonilchlorid-Lithium-Batterien

Unter **Bauelementezuverlässigkeit** versteht man die Fähigkeit eines Bauelementes, den durch den Verwendungszweck bedingten Anforderungen zu genügen, die an das Verhalten seiner Eigenschaften während einer gegebenen Zeitdauer gestellt sind. Im Fall einer Lithium-Batterie könnte man die Zuverlässigkeit definieren als die Wahrscheinlichkeit, dass gewisse Ereignisse nicht eintreten werden. Die Zuverlässigkeitsprinzipien basieren auf diejenigen der Wahrscheinlichkeitsrechnung und der Systemanalyse. Die Zuverlässigkeit einer Lithium-Batterie ist durch das angewandte elektro-mechanische System, Batterie-Design, -Material und -Herstellungsmethoden, Herstellungsausrüstung, Automationsniveau, Produkt- und Prozesstoleranzen usw. gegeben. Viele andere Einflussfaktoren können mehr oder weniger unter Kontrolle behalten werden, um eine bestimmte Batterie-Zuverlässigkeit erreichen zu können.

Für eine bestimmte Lithium-Batterie, mit einer charakteristischen Zuverlässigkeit, kann man die Systemzuverlässigkeit mit Hilfe der Redundanz, der Batterie-Unterlast und der Kontrolle der Lagerungs- und Betriebsbedingungen erhöhen. Die optimale Zuverlässigkeit, die in eine Batterie eingebaut werden soll-von der Konzeption und Herstellung her - scheint uns viel mehr eine Frage der Kosten und Gewinn zu sein. Die Evaluation durch konventionelle Zuverlässigkeitsmethoden enthält die Stichprobenprüfung und die Tests der Produktionslose von Batterien ("Los-zu-Los-Abweichungen"), unter spezifizierten Bedingungen. Die Stichprobenniveaus sind in Abhängigkeit von der erwünschten Zuverlässigkeitsgenauigkeit zu bestimmen.

Standardisierte statistische Methoden sind normalerweise angewandt, um die entsprechenden Stichproben-/Testniveaus bestimmen zu können.

Die nicht-zerstörenden Zuverlässigkeitsmethoden erlauben die Auswahl derjenigen Batterien, die eine höhere Zuverlässigkeit haben; die relevanten Methoden basieren auf die Voraussetzung, dass die Leistungen und die Zuverlässigkeit einer bestimmten Batterie sich regelmässig verschlechtern infolge spontanen Prozessen, die in der Batterie stattfinden.

Das normale Verhalten eines Loses von Batterien ist durch die Veränderungsrate der Batteriekapazität bei einer spezifizierten "Cutoff"-Spannung und durch die Veränderungsrate der Streuung der einzelnen Batteriekapazitäten gegeben. Beide erwähnten quantitativen Elemente sind notwendig, um die Zuverlässigkeit eines Loses definieren zu können.

Für gegebenes Batteriedesign und Herstellungssysteme ist die Varianz der Zellenleistungen innerhalb eines bestimmten Loses den zufälligen Zellenunterschieden, den aleatorischen Koeffizienten der Verteilungsrate für diejenigen Prozesse, die zur Zellendegradation führen können und der Varianz der Lagerungsbedingungen vor der Anwendung zuzuschreiben. Diese Effekte führen zu formalen Beschreibungen in Form aleatorischen Differenzialgleichungen, die die Korrelation zwischen Frequenzverteilung der normal veralteten Zellen und der "frischen" Zellen bestimmen; diese liefern ein nützliches Instrument für die Beschreibung der Zeitabhängigkeit der Zuverlässigkeit für ein bestimmten Zellenlos.

Betreffend die individuellen Zellen, hat man empfindliche kalorimetrische und elektrochemische Techniken verwendet mit dem Zweck, die Raten zu bestimmen, bei denen die Eigenschaften der individuellen Zellen mit der Zeit und in Abhängigkeit der Lagerungs-/Anwendungsbedingungen ändern.

In Zusammenhang mit der Fehlerbaumanalyse erscheinen diese Methoden als nützlich, wenn man eine Abschätzung der wahrscheinlichen langzeitlichen Eigenschaften (inklusive Zuverlässigkeit) schnell haben will.

Nach Rossi [2] sieht durchschnittlich die Fehlerverteilung der Lithium-Batterien so aus:

Intermittierende Fehler	6%
Ritze, Bruch	6%
Kurzschlüsse	13%
Degradation	31%
Ausserhalb Spezifikationen	44%

Wie definiert man einen Ausfall?

Eine Zelle ist als "nicht ausgefallen" zu betrachten, wenn ihr Kapazitätsverlust innerhalb eines Grenzgebietes von 10% der normalen Mittelwerte des Loses sich befindet. Liefert die Zelle weniger als 90% der zu erwartenden Kapazität, spricht man von einer frühzeitigen Erschöpfung (Outlier). Stellt man hingegen eine plötzliche Kapazitätsverminderung fest, spricht man von einem Ausfall [z. B. wenn die Spannung herunter von Nominalspannung bis zu 0,5 V fällt, innerhalb einiger weniger Tage; dies deutet auf einen internen Fehler hin (Kurzschluss, Unterbrechung einer internen Verbindung) und muss als Fehler [3] betrachtet werden].

Eine plastische Analogie ist durch ein Benzinreservoir dargestellt: stellt man ein ziemlich leeres Reservoir fest (als Folge eines normalen Benzinverbrauchs), ist dies kein Fehler, auch wenn einige Reservoirs weniger Benzin als anderen Reservois enthalten. Stellt man hingegen ein Reservoir-Leck oder -Bruch fest, sagt man, dass das Reservoir **ausgefallen** ist.

Design- und Zuverlässigkeitstests

Die Entladungseigenschaften und die Zuverlässigkeit eines gegebenen Batterie-Designs basieren auf Belastungstests unter "Real-Time"-Anwendungen, um die Langzeit-Ueberlebensraten bestimmen zu können. Diese Tests tragen bedeutend dazu bei, die Zuverlässigkeit eines gegebenen Batterie-Designs nachzuweisen.

Endkontrolle

Dazu werden die offene und die Last-Spannung verwendet. Eine anormale offene Spannung deutet auf eine interne Kontamination der Zelle hin und ist erst zwei Wochen nach der Herstellung anzuwenden; damit ist es jeder Potential-Konatmination erlaubt sich zu installieren und - falls vorhanden - eine Aenderung der Batterie-Spannung zu beobachten.

Bei dem Lastspannungstest wird der interne Widerstand gemessen

---

2 Rossi, M. J.: "Nonelectronic Parts Reliability Data" Fall 1985, Reliability Analysis Center, NPRD-3

3 auch wenn dies bei 97% der eingeschätzten Batteriekapazität stattfindet. Ebenfalls, jede Zelle die einen mechanischen Fehler entwickelt (wegen schlechten Schweissens z. B.), muss als Ausfall betrachtet werden.

und dann Vergleiche mit Ergebnissen anderer Zellen (und mit der internen Norm) gemacht. Höhere Widerstandswerte deuten auf Polarisationseffekte und auf Anode-Passivierung hin. Wenn die Batterie zum ersten Mal belastet wird, wird die Anstiegszeit bis zur vollen Spannung als Anzeige der Anode-Passivierungsprobleme verwendet und nach Spannungsverzögerungen gemessen (Bild 2).

Wichtige Bemerkung

Trotz den relativ kleinen Selbstentladungsraten, kann nicht automatisch auf eine Lebensdauer von 10 Jahren (und mehr!) geschlossen werden. Es spielen noch andere Einflüsse eine sehr wichtige Rolle: Durch die Plastikdichtung der Zelle findet eine unvermeidliche Diffusion statt, die zu einem langsamen - aber stetigen - "Austrocknen" der Zelle führen kann. Sind aber der Elektrolyt und die darin enthaltenen Leitsalze ausgetrocknet, kann keine weitere Entladung der Zelle mehr erfolgen. Das Gleiche gilt auch bei einer hohen Umgebungsfeuchtigkeit: die ins Innere der Zelle diffundierende Feuchtigkeit kann mit dem Lithium reagieren, d. h. Teile des Anodenmaterials können ebenfalls nicht mehr zur Entladung benützt werden.

Darum vermutet man, dass bei den gekapselten Zellen diese Einflusse wesentlich reduziert werden können (inklusive Kriechströme infolge Staubablagerung auf der Batterieoberfläche).

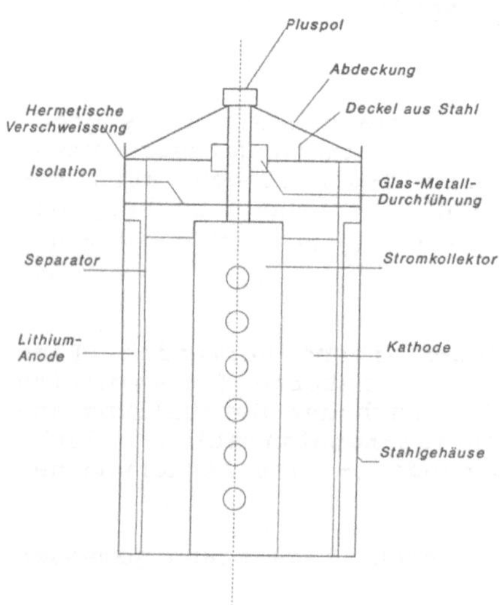

Bild 1 - Längsschnitt durch eine Lithium-Thyonilchlorid-Batterie (schematisch)

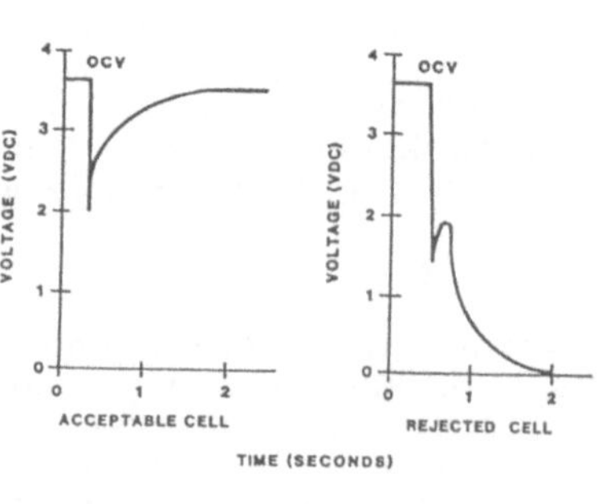

Bild 2 - Eine gute (links) und eine schlechte (rechts) Lithium-Thyonilchlorid-Zelle

FAIL-SAFE-CONTROL-SYSTEM

J. Kohl

Pepperl + Fuchs GmbH, 6800 Mannheim, Königsberger Allee 87

ZUSAMMENFASSUNG:

Im folgenden wird das nach TÜV-Richtlinien entwickelte FSC-System erläutert. Bislang wurden für Prozesse, die den TÜV-Richtlinien unterliegen, Standard SPS eingesetzt, um die eine baumustergeprüfte Hardware geschaltet wurde.
Das FSC-System ist ein Sicherheitssystem mit integriertem Selbsttest.
Der Beitrag beinhaltet:
- Entwicklungskriterien
- Konfigurationen nach Sicherheit und Verfügbarkeit
- Redundante Systeme
- Systembeschreibung

Einleitung

Ein Sicherheitssystem hat die Aufgabe, den Prozeß in einen vorher als "sicher definierten Zustand" zu schalten. Basierend auf langjähriger Erfahrung mit Steuerungs- und Sicherheitssystemen wurde in Übereinstimmung mit den Richtlinien des TÜV's das FAIL-SAFE-CONTROL-System entwickelt. Da bei Einsatz von Sicherheitssystemen statistisch gesehen die Verfügbarkeit einer Anlage kleiner wird, wurde das FSC-System nicht nur nach Sicherheitsaspekten entwickelt, sondern auch nach dem Aspekt der erhöhten Verfügbarkeit.

Entwicklungskriterien

Das Handbuch "Mikrocomputer in der Sicherheitstechnik" gilt als Basis für Entwickler und Hersteller von sicherheitsrelevanten Geräten und Systemen. Es enthält einen Katalog von System-Strukturen und Sicherheitsmaßnahmen für Mikrorechner-Steuerungen und zeigt den Weg, Maßnahmen auszuwählen, mit denen die Forderungen der geltenden Vorschriften dem Sinne nach erfüllt werden.
Aus diesen und weitergehenden, uns selbst auferlegten Randbedingungen ist das Fail-Safe-Control System entwickelt worden, wobei der Tatsache Rechnung getragen wurde, daß bei sicherheitsrelevanten Systemen neben der "Sicherheit" eines Systems auch die "Verfügbarkeit" und die "Zuverlässigkeit" ein wesentliches Kriterium sind.

Alle die vorgenannten Kriterien fließen ebenfalls in die Qualitätssicherung und in die Fertigungskontrolle ein. Nur so ist ein hohes Maß an Zuverlässigkeit zu erreichen. Schon während der Entwurfsphasen wird eine Selektion betriebsbewährter Bauteile getroffen, die darüber hinaus bei der Produktion durch Burn-in künstlich gealtert werden.
Die für sicherheitstechnische Systeme geforderten Maßnahmenbündel sind unter den TÜV-Klassifizierungen (1 - 5) festgelegt. Sie beziehen sich sowohl auf Hardware als auch auf Software. Für mikrorechnergesteuerte Systeme werden diese "historisch gewachsenen Regelwerke" angewandt. Die Bedingungen für ein System mit "integrierter Selbstprüfung" für Applikationen in TÜV-Klasse 2 - 5 sind die Entwicklungsbasis des FSC-Systems.

Die Selbstprüfungen unterliegen folgenden Kriterien:
- Prüfung jedes einzelnen Eingangs
- Prüfung jedes einzelnen Ausgangs
- Prüfung und Erfüllung aller Zeitbedingungen bezüglich Fehlererkennung, etc. unter Berücksichtigung einer bestimmten Fehlertoleranzzeit eines Prozesses
- Prüfung aller Speicherelemente (EPROM, Anwenderspeicher)
- Prüfung aller internen Bussysteme
- Prüfung aller Kommunikationsmöglichkeiten
- Hochwertiger CPU-Test, d. h. Prüfung des Zentralprozessors

Mit Hilfe dieser hochwertigen Prüfungen werden alle Fehlerquellen dedektiert. Dadurch wird ein korrekter und sicherer Betrieb garantiert. Dies ermöglicht ebenfalls, daß beim Erkennen von Fehlern Korrekturen vorgenommen werden können, um gefährliche Situationen zu vermeiden. Für sicherheitsrelevante Applikationen bedeutet dies das Abschalten des Prozesses. Diese Tests ermöglichen außerdem eine maximale Selbstdiagnose und somit eine minimale Reparaturzeit, was wiederum eine hohe Verfügbarkeit garantiert. Durch den Einsatz redundanter Hardware, einer Standardoption des FSC, erreicht die Verfügbarkeit nahezu den Wert eines Non-Stop-Systems.

Konfigurationen nach Sicherheit und Verfügbarkeit

Die wichtigsten Konfigurationsvorschriften für ein Sicherheitssystem sind:

- Das Sicherheitssystem muß in der Lage sein, einen kompletten Selbsttest durchzuführen und nicht selbstmeldende Fehler zu erkennen.
- Beim Erkennen eines Fehlers muß das Sicherheitssystem in der Lage sein, den Fehler zu melden und/oder korrigierende Maßnahmen einzuleiten.
- Das System muß in der Lage sein, beide Funktionen innerhalb der Prozeßsicherheitszeit auszuführen.
- Zusätzlich zu den Selbsttestfunktionen muß auch noch das komplette Applikationsprogramm innerhalb der Sicherheitszeit des Prozesses bearbeitet werden.

Das FSC-System ist in erster Linie für Sicherheitsanwendungen konzipiert worden. Als Konsequenz hieraus verfügt dieses System über Eigenschaften, die für eine SPS einzigartig sind. Die integrierten Selbsttests machen das FSC-System zu einem flexiblen und vielseitig einsetzbaren System. Die verfügbaren Hardware- und Software-Komponenten ermöglichen den Einsatz des FSC-Systems vom kleinen, nicht redundanten, sicherheitsgerichteten System bis hin zum großen 2 von 3 System, welches ein Maximum an Sicherheit und Verfügbarkeit bietet.

Alle möglichen Systemkonfigurationen der FSC-Familie werden aus identischen Software- und Hardware-Modulen zusammengestellt. Durch Kombination der verfügbaren Konfigurationen können Systeme für die unterschiedlichsten Anwendungsfälle aufgebaut werden. Die Systembeschreibungen geben Aufschluß über die möglichen Konfigurationen des FSC-Systems.

FSC 101

Die "fehlersichere" speicherprogrammierbare Steuerung ist in der Konfiguration FSC 101 als einkanaliges System aufgebaut. Es sind alle ergänzenden Testfunktionen, die standardmäßig die FSC-Familie charakterisieren, integriert.
In dieser Konfiguration kann die maximale Anzahl der E/A's digital, analog, fehlersicher und nicht fehlersicher realisiert werden.

Eine Spezial-Konstellation der FSC 101 ist das FSC 100. Das FSC 100 System ist in einem 19"-Baugruppenträger integriert. Die Anzahl der Steckplätze der "fehlersicheren" speicherprogrammierbaren Steuerung ist auf 168 E/A begrenzt. Diese Konfiguration deckt die häufigsten Applikationen der TÜV-Sicherheitsklassen 3, 4 und 5 ab.

FSC 102

Zu den ergänzenden Testfunktionen, Standard aller Konfigurationen des Systems, ist das FSC 102 mit einem doppelten Zentralteil ausgerüstet. In dieser Konfiguration wird das Anwenderprogramm in den Zentralteilen parallel abgearbeitet. Über Hochgeschwindigkeitskommunikationsschnittstellen werden die Zentralteile synchronisiert. Erkennt einer der Zentralteile einen Fehler, so schaltet er sich ab. Diese Abschaltung wird vom verbleibenden Zentralteil gemeldet. Tritt ein Fehler in der Ein/Ausgabe-Ebene auf, wird ein Alarm generiert.
Für sicherheitsgerichtete Anwendungen kann bei Auftritt eines E/A-Fehlers ein bestimmter E/A-Bereich programmiert werden, der definiert abschaltet oder ein Komplett-Anlagen-Aus kann generiert werden. Das FSC 102 ist für Anwendungen der TÜV-Sicherheitsklasse 3 ausgelegt.

FSC 202

Diese Steuerungskonfiguration ist für rein sicherheitsrelevante Anwendungen einzusetzen. Die Hardware, d. h. die E/A-Ebene und der Zentralteil ist redundant ausgeführt. Ausgangsseitig werden die Module in einer 2 von 2 Schaltung verdrahtet. Prinzipiell wird bei einem Fehler die komplette Anlage abgeschaltet. Das FSC 202 ist für Anwendungen der TÜV-Sicherheitsklasse 2 ausgelegt.

FSC 203

Für Anwendungen mit höheren Forderungen in punkto Sicherheit und Verfügbarkeit steht ein 3-kanaliges System zur Verfügung. Die Hardware ist komplett 3-kanalig ausgelegt und wird vollständig von der System-Software geprüft. Die Ausgänge des Systems werden in einer 2 von 3 Schaltung fest verdrahtet. Dadurch wird der erste auftretende Fehler toleriert. Beim Erkennen eines Fehlers in einem der Zentralbereiche wird dieser Systempart vom Prozeß isoliert. Die verbleibenden 2 Steuerungskanäle erlauben es, die Steuerung als 2 von 2 Sicherheitssystem weiterzufahren. Beim Auftreten eines weiteren Fehlers wird die komplette Anlage abgeschaltet.

Systembeschreibung

Das FSC-System ist ein modulares System. Der Aufbau erfolgt mit Standardbaugruppenträgern in 19"-Format. Die Baugruppen sind als Europakarten aufgebaut. Das FSC 100 benötigt einen 19"-Baugruppenträger für Zentralteil und E/A-Bestückung. Die umfassenderen Konfigurationen benötigen 1 - 3 Stück Baugruppenträger für den Zentralteil sowie mehrere Baugruppenträger für die E/A-Module entsprechend der Ausbaustufe.
Das FSC-System hat ein verteilendes Bus-System, welches einen direkten und schnellen Zugriff zu allen E/A-Modulen gewährleistet.
Alle internen und externen Stromkreise sind galvanisch getrennt.
Durch die interne Spannungsversorgung über die rückseitigen Stecker ist es möglich, die E/A-Karten während des Betriebes zu tauschen.
Hierzu ist vorweg das Flachbandkabel vom Bus zu trennen.
Neben der sicherheitsrelevanten Ein- und Ausgangssignalverarbeitung stehen dem Anwender auch normale Baugruppen zur Verfügung. Durch ein Konfigurationsprogramm werden die normalen und fehlersicheren Baugruppen in einer Systemkonfiguration unterschieden.

Mittels des Entwicklungspaketes FSCad, lauffähig auf IBM/AT oder kompatiblen PCs, steht dem Anwender unter MS DOS 3.X ein Paket zur Verfügung, das zur Konfigurierung, Parametrierung und Programmierung bei gleichzeitiger vollständiger Dokumentation dient. Der Funktionsplan, eine für den Anwender transparente Programmiermethode, läßt eine optimale, übersichtliche Strukturierung der Anwenderfunktion zu.
Das FSC-System bietet Selbstprüfung und Redundanz, d. h. Sicherheit und Verfügbarkeit.

Literatur:

TÜV Arbeitsgemeinschaft Rechnersicherheit
Mikrocomputer in der Sicherheitstechnik, H. Hölscher/J. Rader

Redundante Systeme

Beim Einsatz redundanter Hardware bedeutet die größere Anzahl von Hardwarekomponenten eine Erhöhung der Fehlerrate. Redundante Hardware sollte nur dann eingesetzt werden, wenn gewährleistet ist, daß diese Hardware fehlersicher ist.

Diese Überlegungen waren ein grundlegendes Entwicklungsziel des FSC-Systems. Das Resultat hieraus ist eine Kombination von redundanter und selbsttestender, fehlersicherer Hardware, ein Optimum in bezug auf Sicherheit und Verfügbarkeit.

Tabelle möglicher FSC-Konfigurationen

R = redundant

VERFÜGBARKEIT \ SICHERHEIT	TÜV KLASSE 2	TÜV KLASSE 3
NORMALE	FSC-202	FSC-100 FSC-101
ERHÖHTE		FSC-102
HOHE	FSC-203	FSC-100R FSC-101R

SOFTWARE-VERLÄSSLICHKEIT
Ein neuer Systemansatz im Bereich kritischer Echtzeit-Software Anwendungen

E. Schoitsch

Österreichisches Forschungzentrum Seibersdorf Ges.m.b.H.
A-2444 Seibersdorf

ZUSAMMENFASSUNG:

Der zunehmende Einsatz von Software in sicherheitsrelevanten und hochzuverlässigen Anwendungen (Verkehr, Industrie, Raumfahrt, Automation) macht ein Überdenken der Software-Qualitätsbegriffe in Bezug auf Sicherheit und Zuverlässigkeit notwendig. Vor allem der Gedanke der Einbettung der Software in ein Gesamtsystem (Architektur) wird zum tragenden Element neuerer Standards (EWICS, IEC SC65A WG9 ("Safe SW"), IEC SC65A WG10 (Functional Safety), ESA Software Engineering Standards). Hier kam Österreich eine Vorreiterrolle in der IEC zu, wobei praktische Anwendungen in Projekten ein wesentlicher Faktor zur Neuausrichtung der relevanten Standards war. Als umfassendes Konzept kommt das der "Dependability" (Verlässlichkeit) in Frage, seine Auswirkungen auf den Lebenszyklus werden kurz skizziert.

1. Einleitung

An Software werden heute dieselben Forderungen wie an jedes andere technische Produkt gestellt, was Gebrauchsqualität, Sicherheitsansprüche und Wartbarkeit betrifft.

Immer mehr kritische und sicherheitsrelevante Anwendungen werden an software-kontrollierte Systeme übertragen. Diesen begegnen wir jetzt auch schon im täglichen Gebrauch, wodurch sich die allgemein beobachtbare Sensibilisierung der Öffentlichkeit gegenüber technischen Systemen auch auf die Informationstechnologie (nicht nur in bezug auf die populäre "Hacker"-Problematik) überträgt.

Dadurch ergibt sich zusätzlich zum klassischen Software-Engineering, welches im wesentlichen nur die Software an sich betrachtet, eine völlig neue Dimension der Betrachtungsweise durch

Einbeziehung des gesamten Systems: die Systemarchitektur wird zum entscheidenden Faktor für die "Verläßlichkeit" des Systems.

Dieser Bewußtseinswandel findet auch in der aktuellen Normungsarbeit ihren Niederschlag - spezifisch für sicherheitsrelevante Systeme werden Standards in Ergänzung zu den klassischen Software Engineering Standards geschaffen (IEC, SC 65A, WG 9 "Software for Computers in the Application of Industrial Safety-related Systems", IEC SC 65A WG 10 "Functional Safety of Programmable Electronic Systems", Vornorm DIN V 19251, EWICS TC7 (European Workshop on Industrial Computer Systems) Guidelines).

2. Software-Qualitätssicherung, klassisches Software-Engineering

Softwarequalität ist nicht einfach **eine** Eigenschaft, sondern besteht aus einer **Gesamtheit** von Eigenschaften mit zum Teil widersprechenden Zielsetzungen (Vorgabe der Qualitätsziele in der Entwurfsphase). **Grobe Qualitätsmerkmale** sind:

Effektivität	effectiveness
Effizienz	efficiency
Robustheit	robustness
Zuverlässigkeit	reliability
Benutzerfreundlichkeit (Akzeptanz)	acceptability
Wartungsfreundlichkeit	maintainability
Anpassungsfähigkeit	adaptability
Maschinenunabhängigkeit	portability

Daraus lassen sich eine Unzahl von Feinmerkmalen ableiten. Die genannten Merkmale (Ziele) sind eng miteinander verflochten und beeinflussen sich gegenseitig.

Wie dabei auffällt, werden nur Fragen der Software als Produkt an sich betrachtet, Aspekte der Sicherheit des durch die Software (mit)bestimmten Systems, ihre Verläßlichkeit, ihre Mängel und deren Auswirkungen (Realisierung) im einbettenden System, werden nicht als eigene Kategorie behandelt.

Qualitätssicherung (Quality Assurance) umfaßt

alle Maßnahmen, Techniken und Hilfsmittel, die sicherstellen, daß ein Produkt bestimmte vorher definierte Anforderungen (Standards) während des gesamten Lebenszyklus erfüllt bzw. das industriell (kommerziell) erforderliche und anerkannte Qualitätsniveau erreicht.

Die Kontrolle der Erfüllung dieser Qualitätsanforderungen wird in allen Standards über den Lebenszyklus der Software gesehen und in jeder Entwicklungsphase durchgeführt. Die Qualitätssicherung übernimmt dabei in den frühen Phasen die Validierung (Kernfrage: "Machen wir das richtige Produkt") bzw. in den späten Phasen die Verifizierung (Kernfrage: "Machen wir das Produkt richtig"). Das Ergebnis ist jeweils ein Dokument, welches Annahme oder Zurückweisung des Phasenergebnisses beinhaltet (kurze Kontrollspanne durch Rückwirkung jeder Phase auf die Vorphase).

Durch **Software-Qualitätssicherung** wird in erster Linie das Ziel der **Fehlervermeidung** zu erreichen versucht.

Großangelegte Versuche mit "Perfektem Programmieren" (Nacy Levenson, "Gold Program") in den USA haben die Unhaltbarkeit dieses Ansatzes gezeigt. Es muß einfach mit Restfehlern gerechnet werden, Korrektheit wird nur **wahrscheinlicher.**

Im ESA (European Space Agency) Software Engineerimg Standard werden die Aspekte "Früherkennung von Fehlern" und "Systemarchitektur" bereits durch eine Änderung des klassischen "Wasserfall-Lebenszyklus-Modells" berücksichtigt. Dies trägt der Erkenntnis Rechnung, daß die teuersten Fehler in der Spezifikationsphase oder bei der Entscheidung, ob ein solches System überhaupt realisiert werden kann, gemacht werden. Zusätzlich gewinnt der Aspekt der "Systemarchitektur" an Bedeutung - dies ist eine eigene Phase geworden. Die klassische "Entwicklung" ist in der Phase des "Detailed Design, Production and Verification" zusammengefaßt, was der heutigen Gewichtung bei großen, anspruchsvollen und sicherheitskritischen Software-und Systementwicklungen entspricht.

3. Software- und Systemsicherheit

Software Sicherheit widmet sich der Frage SYSTEMSICHERHEIT durch Anwendung zusätzlicher Maßnahmen zur klassischen Qualitätssicherung. Da offensichtlich Restfehler nicht zu vermeiden sind, geht es darum, wie in ein System **Fehlertoleranz** eingebracht werden kann.

Es wird manchmal irrtümlich angenommen, daß ein zuverlässiges System auch automatisch ein sicheres System sei. Genauere Überlegungen zeigen allerdings, daß dem nicht so ist.

Zuverlässigkeit ist ausgerichtet auf die Funktionalität des Systems, daß heißt inwieweit ein System die verlangten Aufgaben erfüllen kann. Zuverlässigkeit hängt eng mit der Bereitstellung der Dienstleistungen des Systems zusammen.

Sicherheit berücksichtigt in erster Linie die Folgen von Systemaktionen und möglichen Fehlern. Die Sicherheitsbedingungen befassen sich vor allem damit, ein System frei von gefährlichen Fehlern, Ereignissen zu halten. Die Hauptaufgabe der Sicherheitsmaßnahmen ist es also, zu garantieren, daß das System keinen gefährlichen oder unsicheren Zustand erreicht, in dem ein Ereignis einen Unfall, insbesondere mit Personenschaden, verursachen kann. Zusätzlich muß es von den Sicherheitsanforderungen her klar sein, was im Falle auch eventuelle nichtvorhergesehener Ereignisse in der Systemumgebung zu einem unsicheren Zustand führen kann.

Vom Standpunkt der Sicherheit ist es gleichgültig, ob das System seine erwarteten Funktionen auch erfüllt, solange nur die Sicherheitsanforderungen nicht verletzt werden (Beispiel aus der Eisenbahnsicherungstechnik: im Falle einer falschen Weichenstellung wird einfach das grüne Licht nicht gesetzt sodaß der Zug stehen bleiben muß. Das heißt, die Funktion der Eisenbahn, Personen und Güter zu transportieren, wird in diesem Falle offensichtlich nicht mehr erfüllt (Zuverlässigkeitsproblem), die Sicherheit der Passagiere dagegen ist hingegen im Falle des stehenden Zuges nicht gefährdet).

Ebenso kann das System **hochzuverlässig** sein, aber auch **unsicher:** Ein System mit formal verifizierter Software (Korrektheitsbeweis!) kann durchaus ihre spezifizierte Funktion erfüllen, aber trotzdem zu unsicheren und gefährlichen Zuständen führen, wenn eine sicherheitskritische Situation zu spezifizieren vergessen wurde.

4. Verläßlichkeit (Dependability) als umfassendes Konzept:

Neben den bekannten klassischen softwarebezogenen Begriffen aus der Softwarequalitätssicherung wie Zuverlässigkeit, Verfügbarkeit und Wartbarkeit treten jetzt als weitere systembezogene Begriffe aus der Sicherheitsbetrachtung hinzu: System-Sicherheit (Safety, Security).

Diese fünf Begriffe werden unter dem Oberbegriff "Verläßlichkeit" (Dependability) zusammengefaßt. Gemeinsam ist ihnen, daß der Benutzer eines Systems **gerechtfertigtes Vertrauen** (confidence) in dessen **Verläßlichkeit** (reliance) in bezug auf die **geforderte Dienstleistungen** (Service) haben muß. Das ist nichts anderes als die "Dependability" nach Avizienis und Lapries (1986). Fünf wesentliche Attribute machen "Verläßlichkeit" aus und müssen am konkreten System jeweils überprüft werden:

- Zuverlässigkeit: Funktionstreue des Service (Dienstleistung).
- Wartbarkeit: Erhaltung/Weiterentwicklung des Service.
- Verfügbarkeit: Kontinuität der Dienstleistung (Service).
- Sicherheit: Nicht-Eintreten gefährlicher Systemzustände
- Security: Vermeidung von/Toleranz gegen bewußt herbeigeführte Fehlfunktion.

Beeinträchtigungen der Verläßlichkeit können sich auf verschiedenen Ebenen ergeben (die deutsche Sprache hat mit dem Wort "Fehler" Probleme, im Englischen gibt es in diesem Zusammenhang drei Begriffe !):

Eine **Fehlfunktion (Failure)** des Systems ist eine Abweichung seiner Dienstleistung von der Spezifikation; es ist der nach außen hin sichtbare Effekt eines Fehlzustandes (Errors) des Systems.

Dies geschieht, weil das System fehlerhaft (erroneaous) ist. Ein **Fehler (Error)** ist ein Systemzustand, welcher zur Fehlfunktion führen kann (aber nicht unbedingt muß: Fehlertoleranz !).

Die phänomenologischen Ursache eines Fehlers ist ein **Mangel (Defekt; Fault)** einer Komponente des Systems.

Die Fehlfunktion einer Systemkomponente wiederum ist ein Defekt (Fault) der übergeordneten Systemebene.

Diese hierarchische Betrachtungsweise ist wesentlich für den Systemgedanken; die Hierarchie lautet

..... {Fault ---> Error ---> Failure} ---> Error ---> Failure ...

Ein Fehlerzustand (Error) kann mehrere Arten von Defekten als Ursache haben, ebenso kann ein bestimmter Defekt (Fault) je nach Systemzustand zu verschiedenen Fehlern (Errors) führen.

Es war sehr mühsam, diese neuere mehr systemorientierte Definitionswelt im Bereich der IEC, wo alle Normen bisher von hardwareorientierten Denkweisen dominiert waren, einzuführen (Beharrungseffekt !), und die österreichische Gruppe im ÖVE hat sich sehr verdient darum gemacht (im WG9 und WG 10 Draft wurden vorläufig diese Begriffe verankert).

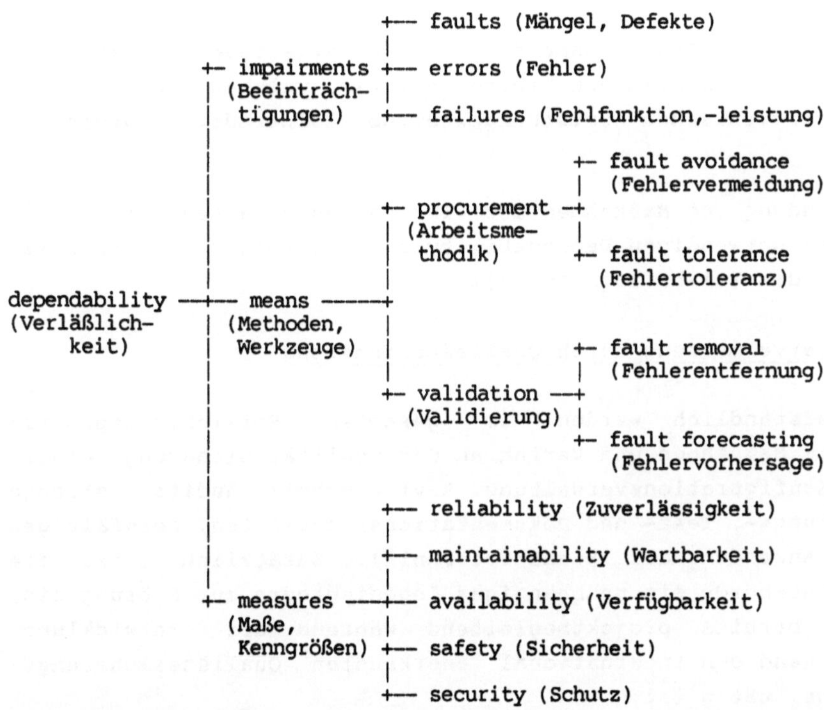

Abb. 1: Dependability (Verläßlichkeit) von computerkontrollierten Systemen.

<u>Verläßlichkeit</u> kann nur durch eine adäquate Kombination von Methoden erreicht werden:

- **Fehlervermeidung:** Konstruktive Maßnahmen, Qualitätssicherung.
- **Fehlertoleranz:** Service trotz Vorhandensein von Defekten sichern (Redundanz, Diversität)
- **Fehlerentfernung:** Defektanzahl durch Verifizierung vermindern.
- **Fehlervorhersage:** Durch Berechnungen das Vorhandensein, die Entstehung und die Folgen von Defekten abschätzen.

Gerade in Echtzeitanwendungen ist diese kombinierte Vorgangsweise wegen der prinzipiellen Unzulänglichkeit formaler Verifikation entscheidend. Abb. 1. zeigt die Zusammenhänge in graphischer Form.

5. Das elektronische Eisenbahnstellwerk "ELEKTRA" als Beispiel

ELEKTRA ist der Projektname für das rechnergesteuerte elektronische Stellwerk-System von **Alcatel Austria**, welches gemeinsam mit dem **Österreichischen Forschungszentrum Seibersdorf** entwickelt wurde.

Die Anwendung von Maßnahmen der vier Methodenklassen zur Erreichung der notwendigen Dependability soll im folgenden kurz skizziert werden (siehe auch Abb.2):

5.1 Fehlervermeidung durch Qualitätssicherung

Selbstverständlich werden im gesamten Entwicklungsprozess strengste Maßnahmen und Verfahren der Qualitätssicherung eingesetzt (Konfigurationsverwaltung, Reviewtechnik, Audits, strenge Entwicklungs-, Test- und Dokumentationsrichtlinien, sorgfältiges Design, Anwendung der Szenariotechnik). Zusätzlich setzt die Aufsichtsbehörde ein unabhängiges Ingenieurbüro zur Prüfung ein, welches bereits projektbegleitend während der Entwicklung, entsprechend den international anerkannten Qualiätssicherungsstandards, tätig ist.

5.2. Verfahren der Fehlertoleranz: Diversität und Redundanz

5.2.1 Sicherheit durch Zweikanaligkeit (Diversität)

Zur Erzielung der Sicherheit wurde Diversität eingesetzt: Ein zweikanaliges Verfahren sieht vor, daß zwei Rechnersysteme eine Aufgabe, z.B. das Stellen einer Fahrstraße, gleichzeitig, aber nach unterschiedlichen Methoden abwickeln.

Die beide Computersysteme arbeiten mit verschiedenen Programmkonzepten: Einer verwendet herkömmliche Software (CHILL-Echtzeitsystem), der zweite, als "Safety Bag" bezeichnet, ein "Expertensystem" (PAMELA), das im wesentlichen das Fahrdienstleiter-Wissen zur Anwendung der Betriebsvorschriften nach Methoden der "künstlichen Intelligenz" (Eingabe als "Regeln", nicht als "Programme" im herkömmlichen Sinn) verarbeitet. Hiefür wurde im Forschungszentrum Alcatel Austria-Elin die Programmiersprache "PAMELA" (Pattern Matching Expert System Language) entwickelt.

Der "Safety-Bag"-Rechner prüft den konventionellen Rechner daraufhin, ob beide Kanäle das gleiche Resultat geliefert haben. Nur wenn beide Kanäle übereinstimmen, kann ein Stellbefehl weitergegeben werden, ansonsten wird das System in den "sicheren" Zustand (Signal "rot", also Halt, das System "Eisenbahn" wird daher auch als "failsafe" bezeichnet) geführt.

Diversität wird auf sehr hohem Niveau realisiert: Verschiedene Teams, deren Angehörige aus zwei Firmen (ALCATEL Austria und das Forschungszentrum Seibersdorf) mit unterschiedlichem Ausbildungs- und Erfahrungshintergrund stammen (Teamdiversität), völlig verschiedene Denkansätze und Softwaresysteme bei der Realisierung (konventionelles Echtzeitprogrammieren in CHILL, regelbasierend mit Expertensystem), zwei Testlabors an verschiedenen Standorten. Lediglich Hardwarediversität (Prozessoren verschiedener Hersteller und unterschiedlicher Befehlsstruktur) wurde nicht realisiert, da der Nutzen bei hohen Kosten zu gering ist im Verhältnis zu anderen Maßnahmen.

5.2.2. Zuverlässigkeit durch Dreifach-Redundanz

Hardware-Fehler (Defekte an Bauteilen) lassen sich nicht gänzlich ausschließen. Diese treten auch während des Betriebes auf ("Alterung" oder durch äußere Einflüsse) und würden auch bei korrekten Daten und Programmen zu keiner Übereinstimmung der beiden Kanäle führen. Daher wird jeder Kanal dreifach ausgeführt. Fällt eine der drei Komponenten aus und liefert daher ein abweichendes Resultat, kann dieser Fehler noch immer durch Abstimmung ("Zwei-aus-Drei") maskiert werden. Nach Behebung des Defektes muß sich das reparierte System wieder ohne Unterbrechung eingliedern.

Dadurch wird die notwendige Zuverlässigkeit erreicht. Das Abstimmungsverfahren selbst darf aber nicht fehleranfällig sein, der Ausfall einer Abstimmeinheit darf nicht zu Fehlern oder Systemausfall führen. Bei "VOTRICS" (Voting Triple Modular Computing System, ein Software-Abstimmverfahren) arbeiten die beiden Kontrollprozessoren jedes Kanals mit jeweils drei voneinander unabhängigen Rechnern, die ihre Ergebnisse ständig miteinander vergleichen.

5.3 Testen (Fehlerentfernung)

Testen ist in sicherheitsrelevanten und hochzuverlässigen Anwendungen mindestens so aufwendig und anspruchsvoll wie die eigentliche Entwicklung.

Die Tests erfolgen auf mehreren Ebenen: Modultests (mit Simulation des Environments), Funktionstests (Subsystem- und Systemtest, letzterer beim Anlagentest von der Bedienebene aus) und Sicherheitstest (mit Generierung aller peripheren Interface-Bitkombinationen, dazu Tests des Verhaltens der beiden Kanäle ILP und SBP gegeneinander (Zweikanaligkeit ist wesentliches Sicherheitselement !)).

5.4 Fehleranalyse im Rahmen des Sicherheitsnachweises

Im Rahmen des Sicherheitsnachweises werden vorgelegt und analysiert:

- eine funktionale Beschreibung des Systems
- eine Failur Modes and Effect Analysis (FMEA) für alle Hardwareelemente
- eine Beschreibung der Selfchecking Mechanismen.

Die Anwendung aller drei Verfahren erweitert die FMEA auf das Gesamtsystem, da zwischen den Hardware-Elementen und den Selfchecking-Mechanismen, die sowohl Hardware- als auch Softwaredefekte aufdecken, eine starke Wechselwirkung besteht. Die Analyse aller drei Komponenten des Sicherheitsnachweises ergibt eine umfassende Fehlerabschätzung im Sinne der Dependability-Betrachtung.

6. Ein verteiltes Sicherheits- und Alarmsystem

Für die Österreichische PHILIPS-Industrie AG wird im Forschungszentrum Seibersdorf das Leitsystem für ein komplexes, verteiltes, frei konfigurierbares und skalierbares (an verschieden Systemgrößen und Systemarchitekturen anpaßbares) Sicherheits- und Alarmsystem entwickelt. Die Anpassung an verteilte Konfigurationen erfolgt sowohl nach funktionellen, topologischen, kapazitätsmäßigen als auch nach Verläßlichkeitskriterien (Redundanz, eventuell Diversität). Ein weiteres Kriterium stellt die "sichere" (Verfügbarkeit, Ergonomie) Ausführung der Bedienoberfläche dar.

Trotz der Skalierbarkeit (Generierbarkeit für verschiedene Rechnergrößen und Netztopologien) müssen die hohen Zuverlässigkeits-, Verfügbarkeits-und Sicherheitsanforderungen erfüllt werden, dazu kommen die Wartungs- und Erweiterungsprobleme, die bei redundanten und verteilten Systemen besonderes Augenmerk verdienen. Die Wartung und Erweiterbarkeit muß von Anfang an mit hineinentwickelt werden.

Die Richtlinien zur Entwicklung werden den ESA-Software Engineering Standards entnommen, die der Wartungs- und Modifikationsphase den EWICS TC7 Guidelines (Position Paper 7), die beide auf den Systemgedanken (Systemarchitektur) besondere Rücksicht nehmen. Dennoch sind noch Anpassungen im Falle verteilter Systeme, von Redundanz und eventuell Diversität notwendig (Wie ziehe ich Änderungen "diversitär" nach?).

Auf Grund der Erfahrungen aus solchen Projekten werden auch die Standards weiterentwickelt, weshalb die enge Kopplung Entwicklung/Standardisierungsarbeit enorm wichtig erscheint.

7. Schlußbemerkung

Es wurde die Entwicklung auf dem Gebiet der Normung skizziert, mit tendenziell neuer Ausrichtung im Umfeld der Normung, sowie in Übereinstimmung mit den Trends auf dem Gebiet des Software-Engineerings. Neue Entwicklungen in bezug auf das Verständnis der Problematik von Sicherheit und Zuverlässigkeit von softwarekontrollierten Systemen wurden dargestellt mit dem Ziel, grundlegend das Bewußtsein zu wecken, daß in diesem Zusammenhang reine software-orientierte Betrachtungsweisen nicht ausreichen, sondern der Systemaspekt vorherrschend wird.

Dies wiederum stellt neue Anforderungen an Entwicklung (Fehlervermeidung, Fehlerentfernung), Wartung und Lizensierung. Insbesondere ist eine Anpassung der Normen (Vorschriften) an Architekturen wie Redundanz, Diversität und verteilte Systeme, notwendig, welche z.B. im Rahmen von EWICS derzeit forciert wird.

8. Literaturhinweise

A. Avizienis, J.-C. Laprie, "Dependable Computing: From Concepts to Design Diversity" Proc. of the IEEE, Vol. 74, Nr. 5, May 1986, p. 629-638

F. Barachini, PAMELA - A rule-based AI-Language for process-Control Applications. ACM 1988.

Bishop, P.G., Pullen, F.D., STEM-Software test and evaluation methods. A study of failure dependency in diverse software, Central Electricity Generating Board, Research Report, Feb. 1988.

Boehm, B., Software Engineering Economics. Prentice Hall, N.J., 1982.

Erb, A., Safety Measures of the Electronic Interlocking System "ELEKTRA". SAFECOMP '89, Vienna, IFAC Proceedings Series, Pergamon Press.

ESA Software Engineering Standards, January 1987

EWICS TC7, Reliability, Safety and Security, "Guidelines for the Maintenance and Modification of Safety Related Computer Systems", Position Paper 7, 1989.

IEC "Software for Computers in the Application of Industrial Safety-Related Computer Systems", Standard Draft, June 1989.

Laprie J.-C., DEPENDABILITY: A unifying Concept for Reliable Computing and Fault Tolerance. LAAS Report No. 86.357, Dec. 1986. (to be Published in "Resiliet Computing Systems", Collins and Wiley, Ed. T. Anderson).

J.-C. Laprie, "The Dependability Approach to Critical Systems". Proc. SAFECOMP '86, October 1986, Sarlat, France.

N. G. Leveson, An Outline of a Program to enhance Software Safety. IFAC SAFECOMP'86, Sarlat, France, 1986

M. Mulazzani "Reliability Versus Safety" Safecomp'85, 1985

Draft ÖVE-AG R65AC.1/IEC SC65A, WG9, Architecture of Safety-Critical Software-Systems. March 1988.

F.J. Redmill (Ed.), Dependability of Critical Computer Systems, Vol. 1, Elsevier Applied Science, London, New York, 1988.

E. Schoitsch, Software Safety and Software Quality Assurance in Real-Time Applications.
Part 1: Software Quality Assurance and Software Safety (Concepts and Standardization Efforts). CPC 50, (1988), 169-188
Part 2: Real-Time Structures and Languages. Computer Physics Communications, 50 (1988), 189-211 North Holland, 1988.

E. Schoitsch, The Impact of Standardization on Software Quality, Systems Safety and Reliability, in: Hardware and Software for Real-Time Process Control, Proceedings of the IFAC/IFIP Conference Warsaw, p. 175-186, North-Holland 1989.

N. Theuretzbacher, VOTRICS: Voting Triple Modular Redundancy Computer Systems. IEEE 1986.

N. Theuretzbacher, Using AI-Methods to improve Software Safety IFAC SAFECOMP'86, Sarlat, France, 1986

U. Voges, Fehlertoleranz gegenüber Entwurfsfehlern. Informationstechnik it 30 (1988), Nr. 3, S. 180-185. R. Oldenbourg, 1988.

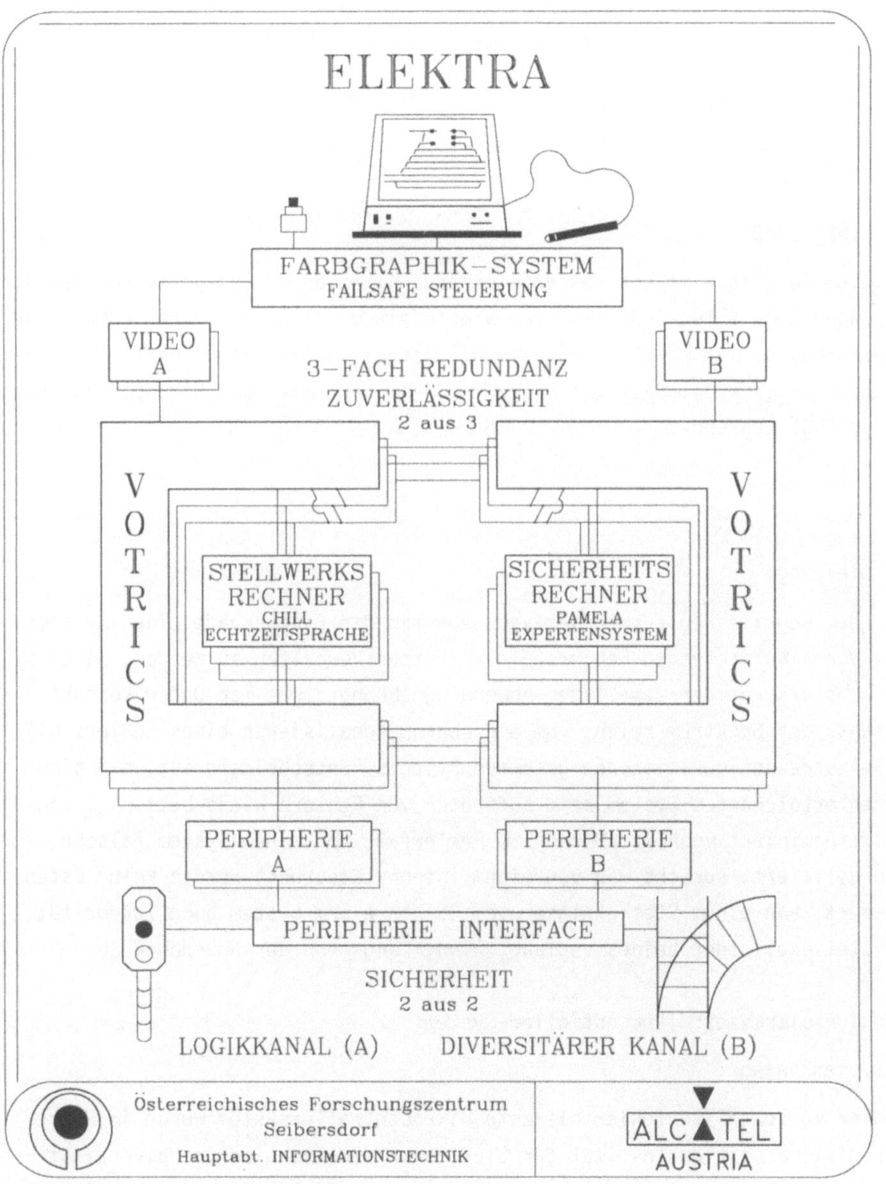

Abb.2.: Systemarchitektur des elektron. Stellwerkes ELEKTRA

FEHLERTOLERANTES MIKROCONTROLLER-SYSTEM

G. Stöckler, F. Immitzer

Institut für Elektronik, Technische Universität Graz

ZUSAMMENFASSUNG:

In diesem Beitrag wird ein fehlertolerantes Mikrocontrollersystem vorgestellt, das sowohl hohe Integrität als auch Stetigkeit besitzt. Die dafür notwendige Systemredundanz ist weitgehend applikationsfrei, sodaß ein universeller Einsatz möglich ist. Dem System liegt ein DCD-Konzept mit zwei Mikrocontrollern vom Typ 8031 zugrunde.

1. Einleitung:

Unter dem Begriff Fehlertoleranz versteht man die Eigenschaft eines Systems, trotz eines auftretenden Fehlers ein korrektes Verhalten zu zeigen, wobei es sehr stark von der jeweiligen Anwendung abhängt, was man unter korrekt versteht. Das Spektrum reicht vom einfachen Signalisieren eines Fehlers bis zur Selbstrekonfiguration des gesamten Systems. Entscheidend ist, daß sich ein fehlertolerantes System beim Auftreten von Fehlern nicht beliebig, sondern determiniert verhält. Werden im Fehlerfall von einem System falsche Daten geliefert, spricht man von einem Integritätsbruch; werden keine Daten geliefert, von einem Stetigkeitsbruch. Ob von einem System hohe Integrität, hohe Stetigkeit oder beides verlangt wird, hängt von der Anwendung ab.

2. Fehlertolerantes Mikrocontroller-System:

2.1 Systemkonzept:

Das hier vorgestellte fehlertolerante Mikrocontrollersystem wurde im Rahmen einer Diplomarbeit am Institut für Elektronik der Technischen Universität Graz entwickelt und aufgebaut. Das Ziel war ein universelles System mit hoher Integrität und Stetigkeit und einem möglichst geringen Einfluß der Systemredundanz auf die Applikation. Als einfachste und wirtschaftlichste Lösung ergab sich ein DCD-Konzept (Duplication Comparison Diagnostics) mit zwei völlig synchron laufenden Mikrocontrollern vom Typ 8031 und einem zusätzlich eingebauten Retry-Mechanismus zur Erhöhung der Stetigkeit. Weiters wird das Vorhandensein eines sicheren Zustandes angenommen. Für Anwendungsfälle ohne sicheren Zustand muß geprüft werden, ob die Strecke Integritäts- bzw. Stetigkeitsbrüche für die Dauer der Diagnose tolerieren kann. Abb. 1 zeigt ein Blockschaltbild des gesamten Systems.

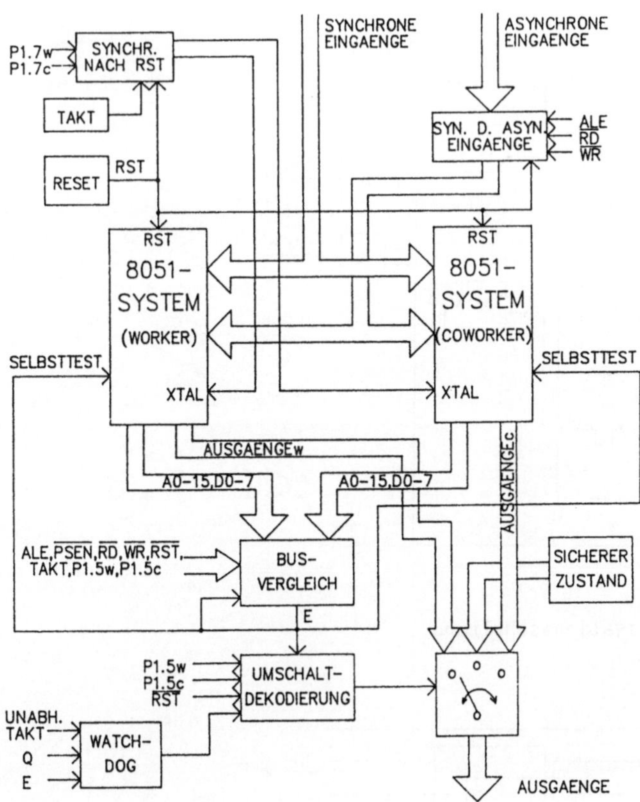

Abb. 1. DCD-Controller, Blockschaltbild

2.2 Synchronisation der Controller:

Das Hauptmerkmal eines stark gekoppelten Workby-Controllers ist die völlige Synchronität, d.h. die Übereinstimmung der beiden Controller in jedem Oszillatortakt. Dadurch wird eine effiziente Fehlererkennung durch bitweisen Vergleich der Bussysteme ermöglicht. Beide Controller werden von einem gemeinsamen Taktgenerator und einer gemeinsamen Resetlogik versorgt. Trotzdem kann es beim Einschalten des Systems zu einem zeitlichen Versatz der Buszyklen von 0 bis 12 Taktperioden kommen, da die internen Taktzähler der Controller beim Anlegen der Versorgungsspannung einen zufälligen Wert annehmen. Zur Korrektur dieser Asynchronität wird die Schaltung in Abb. 2 verwendet. Dabei wird erkannt, welcher der beiden Controller vorauseilt und für diesen dann die entsprechende Anzahl von Takten unterdrückt. Ein Zeitdiagramm für eine Differenz von zwei Takten ist in Abb. 3 dargestellt.

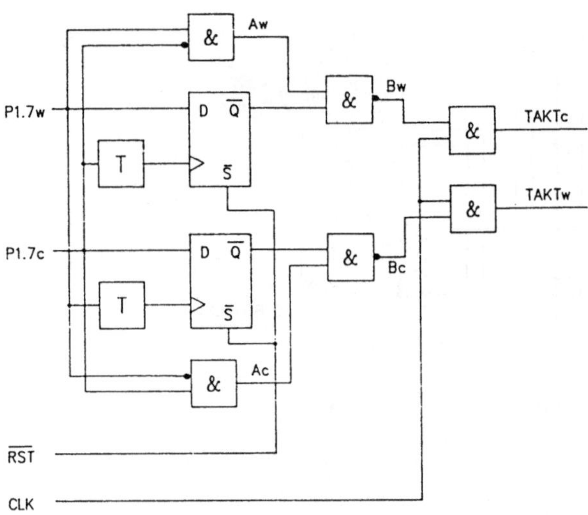

Abb. 2. Synchronisationsschaltung

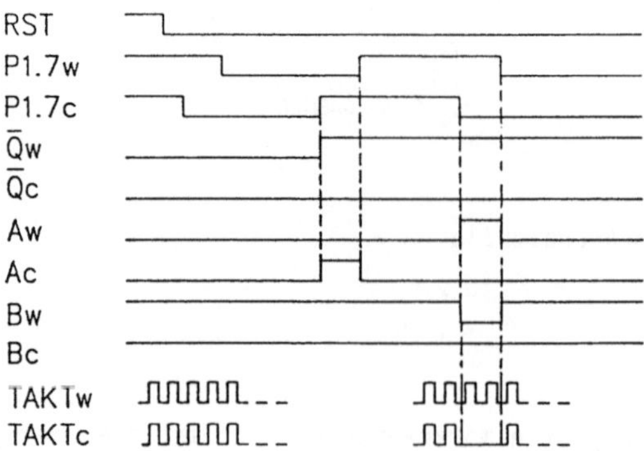

Abb. 3. Zeitdiagramm zur Synchronisation

2.3 Synchronisation der Eingangssignale:

Bestimmte Eingangssignale wie z.B. externe Unterbrechungsanforderungen oder Taktimpulse für die integrierten Zähler dürfen nicht zu jedem beliebigen Zeitpunkt an die Controller gelangen, da es zu einem bestimmten Zeitpunkt innerhalb eines Maschinenzyklus unsicher ist, ob das Ereignis in diesem oder erst im nächsten Zyklus erkannt wird. Reagieren die beiden Controller auf dasselbe Ereignis zu verschiedenen Zeitpunkten, geht ihre Synchronität verloren und von der Busvergleichslogik wird ein vermeintlicher Fehler erkannt. Zur Vermeidung dieser Asynchronität wird das Schaltungsdetail in Abb. 4 verwendet.

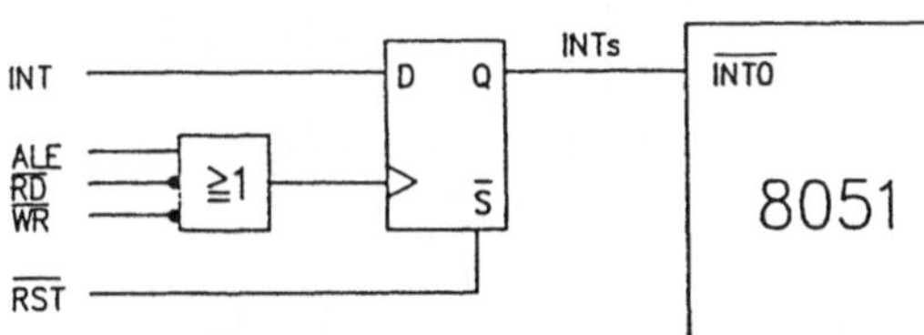

Abb. 4. Synchronisation externer Signale

2.4 Fehlererkennung:

Die Fehlererkennung wird durch einen bitweisen Vergleich von Adress- und Datenbus realisiert. Die Schaltung ist in Abb. 5 gezeigt. Bei Auftreten eines Fehlers wird ein Signal erzeugt, das einerseits über die Umschaltlogik (Abb.6) die Strecke in einen sicheren Zustand versetzt und andererseits über eine Unterbrechungsanforderung in beiden Controllern eine Diagnoseroutine anstößt. Während der Laufzeit dieser Routine ist der Busvergleich ausgeschaltet. Zur Überprüfung der Fehlererkennungslogik soll in gewissen Zeitabständen eine dafür vorgesehene Routine ablaufen, die ein fehlerhaftes Verhalten am Bus vortäuscht. Diese Routine ist ebenso wie die Diagnoseroutine Teil der redundanten Software und muß in das Applikationsprogramm eingebunden werden.

2.5 Fehlerbehandlung:

Prinzipiell wird zwischen transienten und permanenten Fehlern unterschieden. Transiente Fehler treten bei einer Wiederholung der gestörten Aktion unter gleichen Anfangsbedingungen mit sehr großer Wahrscheinlichkeit nicht mehr auf und ihre Ursache ist daher mit einem Diagnoseprogramm nicht zu detektieren (z.B. Störung von Logikpegeln durch elektromagnetische Beeinflussung von außen). Im Falle eines transienten Fehlers kann die gestörte Systemkomponente

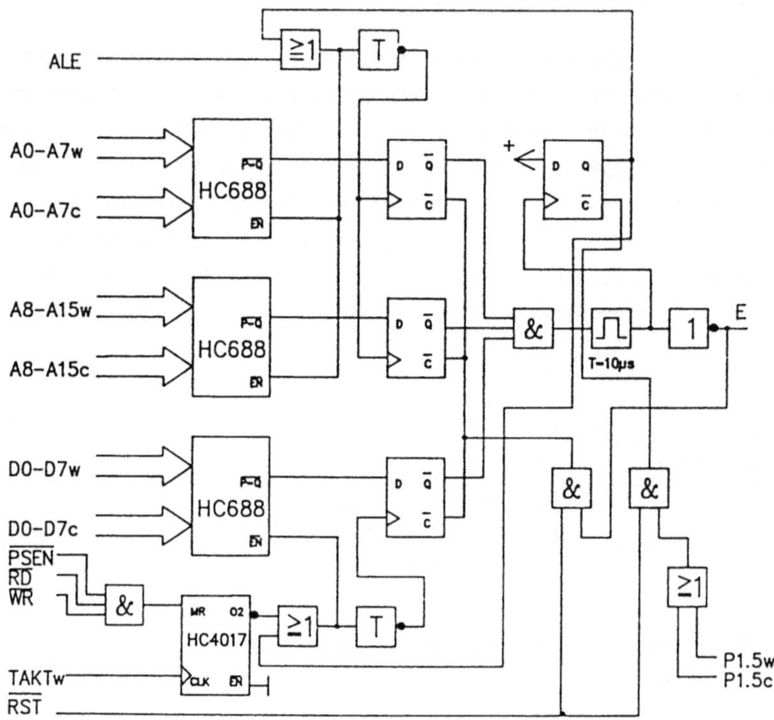

Abb. 5. Fehlererkennungslogik

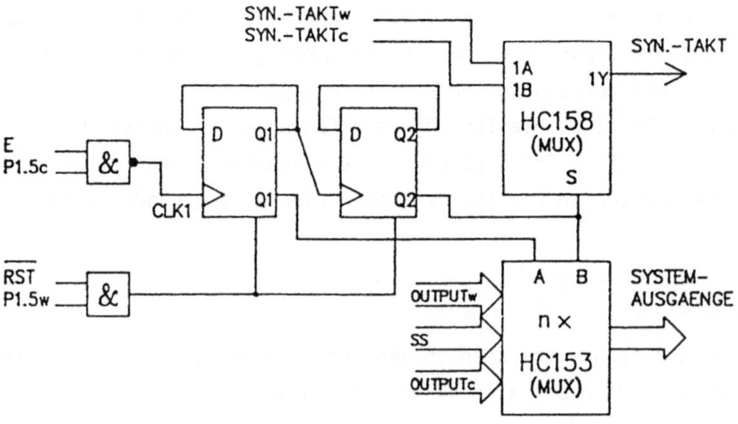

Abb. 6. Umschaltlogik

weiter verwendet werden und das Applikationsprogramm wird fortgesetzt, nachdem eventuelle Auswirkungen des Fehlers auf Register- und Speicherinhalte beseitigt wurden. Zu diesem Zweck werden beim Programmlauf in gewissen Abständen (applikationsspezifisch) Marken (Checkpoints) gesetzt, bei denen alle relevanten Informationen auf einen Stapel gerettet werden. Nach einem transienten Fehler wird das Applikationsprogramm nach Restaurierung der entsprechenden Register- und Speicherinhalte an der letzten gültigen Marke fortgesetzt (Retry). Permanente Fehler treten unter den gleichen Voraussetzungen immer wieder auf. Beispiele sind dauernd schadhafte Speicherzellen, Kurzschlüsse von Busleitungen etc. Da aus Erfahrung über 90 % aller Fehler transient sind, liegt es nahe, bei Auftreten eines Fehlers diesen als transient anzunehmen und den Retry-Mechanismus in Gang zu setzen. Erst bei nochmaligem Auftreten desselben Fehlers wird ein permanenter Fehler angenommen und die Diagnoseroutine gestartet. Da während der Fehlerbehandlung ein Stetigkeitsbruch gegeben ist, beschränkt sich die Diagnoseroutine im gegenständlichen System auf die Überprüfung der Speicher. Wird ein Teilsystem als dauernd fehlerhaft erkannt und das andere nicht, wird auf das vermeintlich fehlerfreie umgeschaltet und das System kann - allerdings nicht mehr fehlertolerant - weiterarbeiten. Kann in beiden Teilsystemen kein Fehler gefunden werden oder werden beide als fehlerhaft erkannt, bleibt die Umschaltlogik im sicheren Zustand und ein Alarmsignal wird generiert.

2.6 Redundante Software:

Die redundante Software dient der Synchronisation der beiden Teilsysteme, der Überprüfung der Fehlererkennung, dem Retry-Mechanismus und der Diagnose im Falle eines permanenten Fehlers. Sie ist in modularer Form erstellt und ihre OBJ-Dateien müssen ins Applikationsprogramm eingebunden werden.

<u>Literatur:</u>

Immitzer, F.: Fehlertoleranz in Mikrocontrollersystemen.
Diplomarbeit am Institut für Elektronik TU Graz, 1989.

VERBESSERTE DATENSICHERUNGSMÖGLICHKEITEN MITTELS PARITÄTSCODES

80

W. Kasatschinskij, R. Eier

Institut für Datenverarbeitung, Technische Universität Wien
Institut für Informationsverarbeitung, Technische Hochschule Odessa

ZUSAMMENFASSUNG

Betrachtet werden Codewörter in einer n x m Struktur bestehend aus (n-1) Informationswörtern und 1 Paritätswort (Zeilen) zu je m Bits (Spalten). Die Kontrollbits werden durch mod-2 Addition von je 1 Spalten- und 1 Diagonalparität ermittelt; um jede Codewortstelle genau in 2 Kontrollbits zu berücksichtigen, muß die Zeilenzahl pro Codewort auf $n \leq \frac{1}{2}.(m-1)$ beschränkt werden. Der beschriebene Code hat den Hammingabstand 4; außerdem werden alle Fehlerbündel, die zur Gänze in 1 einzigen Codewortzeile liegen, grundsätzlich erkannt. Die Effizienz der Sicherung entspricht jener eines Produktcodes, obwohl pro Codewort nur 1 Kontrollzelle verwendet wird.

1. Einleitung

Das beschriebene Datensicherungsverfahren ist eine mögliche Antwort auf die Herausforderungen der modernen Audio-, Video-, Daten-, Übertragungs- und Speichertechnik. Die zukünftigen Technologien auf diesen Gebieten sind durch die folgenden allgemeinen Aufgabenstellungen gekennzeichnet:

a) schnelle digitale Datenübertragung,
b) Verarbeitung in Echtzeit,
c) hohe Fehlersicherheit,
d) geringe Kosten;

sie sollten alle möglichst gleichzeitig optimal erfüllt werden. Diesen Anforderungen können nur Verfahren mit maximaler Leistungsfähigkeit und minimalem Aufwand wirtschaftlich gerecht werden.
Aus der allgemeinen Aufgabenstellung heraus sind die Rahmenbedingungen für die Realisierung eines Verfahrens abgeleitet worden. Ein solches Verfahren muß daher folgende Eigenschaften besitzen:

1) byte- bzw. wort-orientiert (wegen d)
2) kurze Codewortlängen (wegen b)
3) möglichst fehlerunempfindlich (wegen c)
4) selbsttaktend (wegen a).

2. Beschreibung des Codierverfahrens

2.1 Aufbau der Codewörter

Es werden Informationswörter der Länge m angenommen; (n-1) solcher Informationswörter werden zu einem Block zusammengefaßt und mit 1 Paritätswort mit m Stellen (Paritätsbits) gesichert. Die so zusammengestellten Codewörter werden in einer 2-dimensionalen Anordnung bestehend aus n Zeilen und m Spalten betrachtet (Bild 1). Zur Identifikation der einzelnen Codewortstellen wird ein kartesisches Koordinatensystem verwendet.

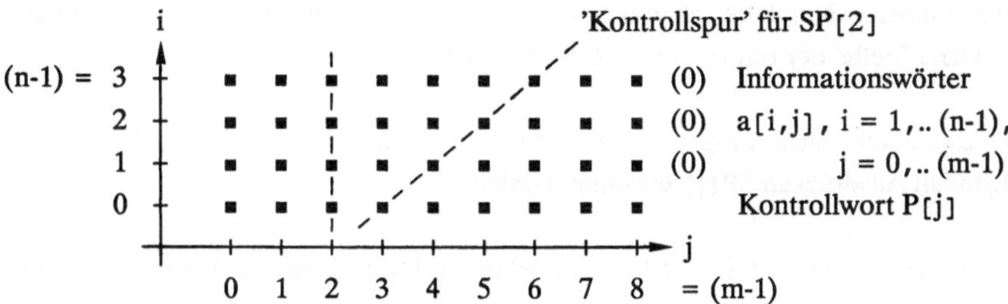

Bild 1 : Aufbau der Codewörter mit Beispiel einer 'Kontrollspur'

Die Sicherungsstrategie wird darauf aufgebaut, daß sich jede Codewortstelle auf (höchstens) 2 Kontrollbits auswirkt. Da insgesamt m Kontrollstellen vorhanden sind, ergibt sich daraus die folgende Beschränkung für die Anzahl n der Codewortzeilen:

$$\tfrac{1}{2}.\mathrm{m}.(\mathrm{m}-1)\ (>) = \mathrm{m}.\mathrm{n} \quad \text{bzw.} \quad \mathrm{n}\ (<) = \tfrac{1}{2}.(\mathrm{m}-1) \qquad (1)$$

Bei den folgenden Überlegungen wird m als ungeradzahlig angenommen, um mit dem Gleichheitszeichen in (1) ein ganzzahliges n zu erhalten. In der Praxis kann dieser Bedingung formell immer dadurch entsprochen werden, daß man die Informationswörter, die gegebenenfalls eine gerade Wortlänge haben sollten, scheinbar um eine zusätzliche Stelle verlängert, diese Stelle aber durchwegs mit einem festen Wert, z.B. also mit '0', belegt.

Die Parameter m = 9 und n = 4 ergeben z.B. Codewörter von 4 x 9 Bits, mit 3 Informationswörtern zu je 9 (8) Stellen und 1 Kontrollwort zu 9 Stellen. Oder m = 17 und n = 8 entsprechen Codewörtern von 8 x 17 Bits, mit 7 Informationswörtern à 17 (16) Stellen und 1 Kontrollwort zu 17 Stellen.

2.2 Bestimmung der Kontrollstellen

Zur Berechnung der Kontrollbits werden die 'Spaltenparitäten' S[j] und die 'Diagonalparitäten' D[j] des Informationsblocks herangezogen, die sich in folgender Weise darstellen lassen :

$$S[j] = \Sigma_i\, a[i,j]\,, \qquad \{ i = 1, \ldots (n-1) \}\,, \tag{2}$$

$$D[j] = \Sigma_i\, a[i, (i+j) \bmod m]\,, \qquad \{ i = 1, \ldots (n-1) \}\,. \tag{3}$$

(Bei den Diagonalsummen wird 'virtuell' eine Wiederholung des Informationsblocks angenommen, wenn in den Summen der Bitindex '(i+j)' den Wert (m-1) übersteigt, der die 'letzte Stelle' der Informationswörter bezeichnet.)

Die eigentliche Sicherungsstrategie besteht darin, daß die Paritätsbits P[j] aus den folgenden Ausdrücken SP[j] ermittelt werden,

$$SP[j] = S[j] + P[j] + P[(j+1) \bmod m] + D[(j+1) \bmod m] = 0\,, \tag{4}$$

die für $j = 0, 1, \ldots (m-1)$ insgesamt ein 'homogenes' Gleichungssystem mit den Unbekannten 'P[j]' ergeben. Dieses Gleichungssystem ist mit Vorbedacht so aufgestellt, daß darin jede Codewortstelle genau 2mal vertreten ist.
P[0] ist als 'Anfangswert' ϵ {0,1} noch frei wählbar; die übrigen Kontrollbits 'P[1],...P[m-1]' ergeben sich dann nach folgender Rekursion:

$$P[j+1] := P[j] + S[j] + D[j+1] \quad \text{für } j = 0, \ldots (m-2)\,. \tag{5}$$

Die Verbindungslinie der Codewortstellen, die jeweils in 1 Ausdruck nach (4) aufsummiert werden, wird als 'Kontrollspur' von SP[j] bezeichnet; die Spur von SP[2] ist z.B. in Bild 1 eingezeichnet. Die Kontrollspuren sind hier prinzipiell dadurch ausgezeichnet, daß jede Spur jeweils genau 2 Bits einer jeden Codewortzeile enthält und daß 2 verschiedene Spuren jeweils nur 1 Codewortstelle als Schnittpunkt gemeinsam haben. Im Prinzip drücken die Ausdrücke nach (4) Paritätsbedingungen aus, die für die Codewortstellen auf den verschiedenen Kontrollspuren sichergestellt werden und 'am Ende' zur Erkennung von Fehlern überprüfbar sind.

Der Aufwand zur Ermittlung der Paritätsbits nach (5) besteht in erster Linie in den Einrichtungen zur Bestimmung der Spalten- und Diagonalparitäten. Beide können bei einer wort-orientierten Verarbeitung der Informationswörter effizient implementiert werden. Wenn man in Anlehnung an übliche Assemblersprachen die mod-2 Summe von Datenwörtern mit 'XOR' und zyklische Links- bzw. Rechtsverschiebungen ('Rotationen') mit 'RL' bzw. 'RR' bezeichnet und mit dem Index '*' die bit-parallele Verarbeitung für j = 0,... (m-1) zum Ausdruck bringt, dann ergeben sich die Wörter der Spalten- und Diagonalparitäten z.B. aus folgenden Iterationen (alle 'Anfangswerte':= 0, i = 1,... (n-1)) :

$$S[*] := S[*] \ \mathbf{XOR} \ a[i,*] \,, \tag{6}$$
$$D'[*] := \mathbf{RL}\{ D'[*] \} \ \mathbf{XOR} \ a[i,*] \quad \text{und} \quad D[*] := \mathbf{RR}^{(n-1)}\{ D'[*] \}$$

Codierverfahren, bei denen die Kontrollstellen nicht nur aus Spaltenparitäten, sondern auch aus Diagonalparitäten ermittelt werden, sind auch schon von anderen Autoren (z.B. /1/, /2/) vorgeschlagen worden, werden aber dort unter etwas anderen Umständen und Zielsetzungen betrachtet. Ein derartiges Sicherungsverfahren wird beispielsweise in den IBM 3420 Bandeinheiten standardmäßig eingesetzt /3/.

2.3 Fehlererkennungs- und Korrekturmöglichkeiten

Die Fehlerfälle, in denen nur 1 einzelne Codewortstelle gestört ist ('Einzelfehler'), sind daran erkennbar, daß die Paritätsbedingungen (4) für genau 2 Kontrollspuren ungleich 0 sind, und zwar sind dies konkret jene Spuren, in deren Schnittpunkt die Störstelle liegt. Die Auswertung von (4) für j = 0,... (m-1) liefert als 'Syndrome' im Falle eines Einzelfehlers immer 2 Indexnummern j_1 und j_2 (> j_1), deren Kontrollspuren SP[j] den Fehlerort durch ihren Schnittpunkt eindeutig lokalisieren. Auf Grund der Geometrie der Codewörter (Bild 1) sind die Schnittpunktskoordinaten zweier Spuren gegeben durch:

$$\text{für } (j_2\text{-}j_1) =: \delta \in \{1,\dots n\} \qquad : \ [\, (\delta\text{-}1) \; ; \; j_2 \,] \,, \tag{7}$$
$$\text{für } (j_2\text{-}j_1) =: \delta \in \{(n+1),\dots (m\text{-}1)\} \qquad : \ [\, (m\text{-}\delta\text{-}1) \, ; j_1 \,] \,.$$

Auf diese Weise kann also bei Einzelfehlern aus den Syndromen $\{j_1, j_2\}$ der Fehlerort immer eindeutig ermittelt und bei Bedarf dann auch eine 'automatische Korrektur' vorgenommen werden.

Aus der grundsätzlichen Korrekturmöglichkeit für sämtliche Einzelfehler folgt, daß der Hammingabstand des vorliegenden Codes mindestens 3 bit beträgt. Wenn schließlich noch verfügt wird, daß der Anfangswert P[0] für die Berechnung der Kontrollbits nicht mit einem Festwert '0' oder '1', sondern im besonderen mit dem Paritätsbit über alle Informationsstellen belegt wird,

$$P[0] := \Sigma_{i,j}\ a[i,j] = \Sigma_j\ S[j]\ , \tag{8}$$

ergibt sich resultierend der Hammingabstand mit 4 bit: Mit diesem Code sind jedenfalls bis zu 3 Fehlerstellen erkennbar; bei Bedarf kann z.B. 1 Fehlerstelle automatisch korrigiert und eine 2. Fehlerstelle immer noch sicher erkannt werden. Darüberhinaus läßt sich zeigen, daß mit diesem Verfahren alle Fehlerbündel, die zur Gänze in 1 einzigen Codewortzeile liegen, grundsätzlich erkannt werden und daß bei Bedarf alle Doppelfehler innerhalb 1 Zeile und Fehlerbündel dann, wenn die 'Position' der gestörten Zeile bekannt ist, eindeutig korrigierbar sind. Die Effizienz dieses Sicherungsverfahrens ist vergleichbar mit der Sicherheit eines 'Produktcodes' /4/, der aber auf einer 2-dimensionalen Paritätsprüfung basiert und daher mehr Kontrollstellen benötigt.

3. Resümee

Der beschriebene Code ist als verbesserte Alternative zu einem 'einfachen' Paritätscode entworfen. Jener verwendet als Paritätswort bekanntlich nur Spalten- bzw. Zeilenparitäten (z.B. P[j] := S[j] in der Notation der vorliegenden Arbeit). Bei der gleichen Strukturierung der Codewörter wie in Bild 1 können die Informationswortlänge m einerseits und die Anzahl n der gesicherten Codewortzeilen andererseits unabhängig voneinander festgelegt werden. Der Hammingabstand eines solchen Codes beträgt bekanntlich nur 2 bit und ist daher denkbar gering.

Der verbesserte Paritätscode verwendet gleichfalls nur 1 Codewortzeile für das Paritätswort; in den Kontrollbits werden hier allerdings nicht nur Spaltenparitäten, sondern auch Diagonalparitäten berücksichtigt (vgl.(5, 8)). Durch die Beschränkung der Zeilenzahl in den Codewörtern (vgl.(1)) erreicht man schließlich einen Hammingabstand von 4 bit. Mit der gleichen Anzahl von Kontrollstellen wie bei einem gleichdimensionierten 'gewöhnlichen' Paritätscode ergibt sich hier also ein doppelt so großer Hammingabstand; dieser Gewinn an Sicherheit wird erkauft durch einen etwas größeren Aufwand in den Codier- und Fehlererkennungseinrichtungen, vor allem aber auch durch die Beschränkung der Anzahl der Informationswörter pro Codewort, die sich für manche Anwendungen zweifellos nachteilig auswirken kann.

Beim unabhängigen Entwurf eines neuen Systems, bei dem nicht unbedingt auf Kompatibilität mit bereits implementierten Systemen Rücksicht genommen werden muß, steht das vorgeschlagene Codierverfahren in Konkurrenz mit anderen bekannten Verfahren mit gleichem Hammingabstand 4, wie etwa mit einem 'Produktcode' (2-dimensionalen Paritätscode) oder einem (zyklischen) 'Abramson-Code' /4/. Die Auswahl eines Verfahrens könnte z.B. anhand folgender Kriterien vorgenommen werden: Anzahl der codierten Informationswörter pro Codewort, eingesetzte Kontrollstellen, Aufwand zur Ermittlung der Kontrollbits, 'Einsichtigkeit' (Akzeptanz) der Sicherungsstrategie, erreichbare 'Restfehlerwahrscheinlichkeit' etc..

Bei einem derartigen Vergleich erweist sich der verbesserte Paritätscode als ein sehr günstiges Sicherungsverfahren, das mit wenigen Kontrollstellen eine sehr kleine Restfehlerwahrscheinlichkeit gewährleistet, sofern die Beschränkung in der Anzahl der Informationswörter pro Codewort akzeptiert werden kann. Unabhängig davon steht aber das beschriebene Verfahren jederzeit auch dafür zur Verfügung, um gegebenenfalls bei bereits implementierten 'gewöhnlichen' Paritätscodes nachträglich den Hammingabstand von 2 auf 4 bit zu erhöhen .

Literatur

/1/ E. Scott and D. Goetschel:
'One Checkbit per Word can correct Multibit Erros',
Electronics, May 5, 1981, pp.130-134.

/2/ A.M. Patel and S.J. Hong,
'Optimal Rectangular Code for High Density Magnetic Tapes',
IBM J.Res.Dev., 18, November 1974, pp. 579-588.

/3/ A.M. Patel,
'Error Recovery Scheme for the IBM 3850 Mass Storage System',
IBM J.Res.Dev., 24(1), January 1980, pp.32-42.

/4/ T. Grams,
'Codierungsverfahren', (BI Hochschultaschenbücher Bd.625)
Bibliographisches Institut, Mannheim, 1986, pp. 69, 86.

ZUVERLÄSSIGKEITSBERECHNUNG AM BEISPIEL EINES EPROM'S FÜR EIN AUTOMATISCHES STEUERSYSTEM

R. Neumann

Bundesversuchs- und Forschungsanstalt Arsenal
Elektrotechnisches Institut, Abt. EE; 1030 Wien

ZUSAMMENFASSUNG:

Es werden zwei Methoden angeführt, die während des Betriebes eines automatischen Steuersystems (z.B. bei Zugsteuerungen) zur Prüfung des Inhalts eines EPROM's verwendet werden können. Die Vor- bzw. Nachteile beider Methoden werden erörtert, woraus sich die jeweiligen Einsatzgebiete ergeben.

Automatische Steuersysteme, die durch ein Programm gesteuert werden, benötigen Speicherbausteine, in denen Programmbefehle und Daten gespeichert sind. Eine Art von Speicherbausteinen, die diese Aufgabe erfüllen können, sind EPROM's. In ihnen können jene Daten gespeichert werden, die nicht veränderlich sind (Programmcode, fixe Daten). Für den richtigen und bei sicherheitsrelevanten Aufgaben - wie z.B. in verkehrstechnischen Anwendungen - äußerst wichtigen sicheren Ablauf eines Steuervorgangs ist es notwendig, daß die Inhalte der EPROM's korrekt sind. Aus diesem Grund werden die EPROM's wie auch andere Bauelemente, während des Betriebs eines automatischen Steuersystems durch Selbsttestprogramme getestet. Diese Selbsttestprogramme laufen periodisch ab und sollen möglichst jeden Fehler in den Bauelementen erkennen. Ein weiteres Kriterium für die Selbsttestprogramme ist, daß die Programmausführungszeit nicht zu groß ist, da sonst Fehler unter Umständen zu spät erkannt werden und dadurch Schäden oder Sicherheitsgefährdungen entstehen können. Es ist also bei der Wahl von Selbsttestprogrammen sowohl darauf zu achten eine möglichst vollständige, als auch eine möglichst rasche Fehlererkennung zu erreichen. Diese Gesichtspunkte zu veranschaulichen ist Zweck dieses Kurzvortrages.

Es wird nun eine Methode zur Prüfung eines EPROM's durch einen Code vorgestellt, der eine Prüfsumme aus dem Inhalt des EPROM's errechnet. Wie in der Literatur ausführlich dargestellt /1/, /2/, dient zur Codierung ein rückgekoppeltes Schieberegister (Abb. 1.)

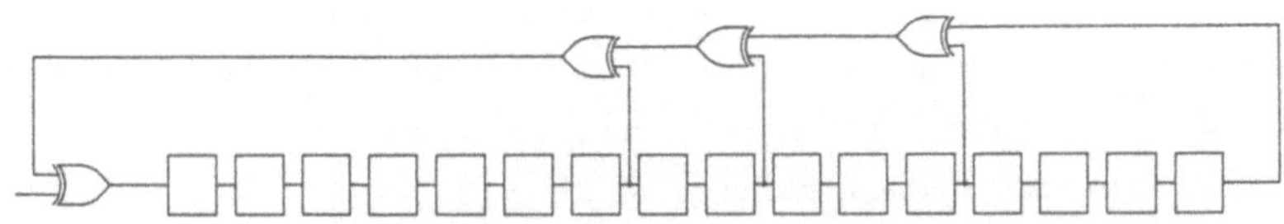

Abb. 1: 16 Bit Codierer für das Generatorpolynom
$x^{16} + x^9 + x^7 + x^4 + 1$ /1/

Die maximale Stellenlänge des Codes ergibt sich bei einem Schieberegister mit einer Länge von n Bit zu

maximale Stellenlänge = $2^n - 1$. (1)

Der Endstand, der sich nach dem Einlesen aller Daten im Schieberegister befindet, ist die entstandene Prüfsumme, die mit dem Sollwert verglichen wird. Die Bildung der Prüfsumme durch den Codierer entspricht einer Division des eingelesenen Bitstroms durch das Generatorpolynom des Codes. Der erzeugte Endstand im Schieberegister entspricht dabei dem bei der Division entstandenen Rest /2/. Für die Bildung dieses Rests gilt die Gleichung

$R(X + Y) = R(X) + R(Y)$ (2)

wobei

$R(X + Y)$: Endstand im Schieberegister, wenn die Summe des Bitstroms X und des Bitstroms Y eingelesen wird.

$R(X)$, $R(Y)$: Endstand im Schieberegister, wenn der Bitstrom X bzw. Y eingelesen wird.

Stellt nun X den Bitstrom der Solldaten und Y den Bitstrom der Fehlerbits des EPROM's dar, so wird ein fehlerhaftes EPROM erkannt, solange die Ungleichung

$R(Y) <> 0$ (3)

gilt. Andernfalls ergibt sich aus Gl. (2)

$R(X + Y) = R(X)$. (4)

Dies bedeutet, daß der Endstand im Schieberegister gleich dem

Sollwert ist, obwohl die Daten im EPROM nicht korrekt sind. Eine Fehlerverteilung dieser Art wird also durch den Code nicht erkannt.

Die Wahrscheinlichkeit, daß Fehler im EPROM nicht erkannt werden, ergibt sich zu dem Quotienten

$$W\ (\text{Fehler unerkannt}) = \frac{\text{Anzahl der unentdeckbaren Fehler}}{\text{Anzahl der möglichen Fehler}} \cdot \quad (5)$$

Hat der Bitstrom, der in das Schieberegister eingelesen wird, eine Länge von m Bit, so ergibt sich für die

$$\text{Anzahl der möglichen Fehler} = 2^m - 1. \quad (6)$$

Bei einer Schieberegisterlänge von n Bit sind 2^n unterschiedliche Endstände möglich. Da es für den Eingangsbitstrom genau 2^m Varianten gibt, kommt jeder Endstand im Schieberegister $2^{(m - n)}$ mal vor, sodaß sich für die

$$\text{Anzahl der unentdeckbaren Fehler} = 2^{(m - n)} - 1 \quad (7)$$

ergibt.

Aus diesen Werten errechnet sich die Wahrscheinlichkeit, daß Fehler im EPROM nicht erkannt werden (Restfehlerwahrscheinlichkeit) zu

$$W\ (\text{Fehler unerkannt}) = \frac{2^{(m - n)} - 1}{2^m - 1} . \quad (8)$$

Ist die Bitstromlänge m viel größer als die Schieberegisterlänge n, so erhält man näherungsweise

$$W\ (\text{Fehler unerkannt}) = 1/2^n. \quad (9)$$

Es ist zu erkennen, daß die Restfehlerwahrscheinlichkeit für großes m unabhängig von m ist. Wird ein Schieberegister mit der Länge von 16 Bit gewählt, so errechnet sich die Restfehlerwahrscheinlichkeit zu

$$W\ (\text{Fehler unerkannt, } n = 16\ \text{Bit}) = 15{,}3\ .\ 10^{-6}. \quad (10)$$

Diese Restfehlerwahrscheinlichkeit stellt ein Maß für die Zuverlässigkeit dar, mit der der Code Fehler im Inhalt des EPROM's erkennt. Dem Nachteil dieser Restfehlerwahrscheinlichkeit stehen die Vorteile der Schnelligkeit, mit der ein solcher Selbsttest abläuft, sowie der einfachen Implementierung gegenüber, da die Realisierung des rückgekoppelten Schieberegisters sehr einfach durch geeignete Programmierung ohne zusätzlichen Hardwareaufwand durchgeführt werden kann (reine Softwarelösung).

Als Alternative zur Prüfung eines EPROM's durch einen Code kann der Vergleich Byte für Byte zwischen zwei EPROM's mit gleichem Inhalt angewandt werden. Dies hat den Vorteil, daß keine Restfehlerwahrscheinlichkeit auftritt. Dafür muß zumindest das EPROM doppelt vorhanden sein, was einen zusätzlichen Hardwareaufwand erfordert. Bei vielen automatischen Steuersystemen wird jedoch ein redundanter Hardwareaufbau verwendet. Dies bedeutet, daß z.B. bei einem 2 aus 2 System identische Schaltungen parallel arbeiten. Tritt in den Ausgaben der parallelen Schaltungen eine Differenz auf, so müssen geeignete Maßnahmen getroffen werden (z.B. System in den sicheren Zustand bringen). Da in einem solchen System die Hardware doppelt und auch ein Vergleicher vorhanden ist, erfordert es in diesem Fall keinen zusätzlichen Aufwand, wenn ein Vergleich zwischen zwei EPROM's durchgeführt wird. Dafür ist die erforderliche Zeit zur Durchführung des Selbsttests größer, da der Inhalt sämtlicher Bytes des EPROM's zwischen den parallel arbeitenden Systemen ausgetauscht und auf Übereinstimmung geprüft werden muß. In vielen Fällen ist bei jedem Austausch eines Bytes eine Synchronisation der beiden Systeme notwendig. Dies deshalb, da die beiden Systeme aus Sicherheitsgründen so unabhängig wie nur möglich arbeiten sollen und somit in den meisten Fällen nicht synchronisiert sind.

Welche der beiden Methoden eingesetzt wird, hängt davon ab, welcher der jeweiligen Nachteile akzeptiert werden kann. Für Sicherheitsaufgaben ist der Vergleich zwischen zwei EPROM's in parallel arbeitenden Systemen anzuraten, wobei aber auf möglichst kurze Selbsttestzeit geachtet werden muß. Bei Systemen, die nicht höchsten Sicherheitsansprüchen gerecht werden müssen, kann hingegen die Verwendung eines Codes akzeptiert werden, insbesondere, wenn kein doppelter Aufbau des Systems gegeben ist, da die Verwendung eines zweiten EPROM's in diesem Fall einen zusätzlichen Hardwareaufwand erfordern würde.

Literatur:

/1/ Robert A. Frohwerk: Signature Analysis: A New Digital Field Service Method, Hewlett-Packard Journal, May 1977

/2/ Joachim Swoboda: Codierung zur Fehlerkorrektur und Fehlererkennung, R. Oldenbourg Verlag München Wien.

Themenkreis 4

SENSOREN UND INTERFACES

Sitzungsleitung und Rapporteure:

Univ. Prof. Dr. H. Leopold

Univ. Prof. Dipl. Ing. Dr. H. Thim

Einzelbeiträge No 91 bis 114

MESSUNG ELEKTRISCHER GLEICHFELDER IN LUFT

F. Buschbeck

Österreichisches Forschungszentrum Seibersdorf Ges.m.b.H.

ZUSAMMENFASSUNG:

Es werden die wichtigsten Verfahren zur Messung elektrostatischer Gleichfelder dargestellt und bezüglich wesentlicher Eigenschaften verglichen. Die erreichbare Empfindlichkeitsgrenze ergibt sich u.A. aus Unsicherheiten, die durch allmähliche Verschmutzung des Meßgerätes verursacht werden. Eine schützende Abdeckung der Meßsonde ist aus physikalischen Gründen nicht möglich.

Einleitung:

Elektrostatische Aufladungen sind häufig Ursache für die Entstehung von Entladungsfunken, die unter anderem zu Explosionen und anderen Zerstörungen (z.B. Lagerschäden beim Einschlag in Flugzeugpropeller, Zerstörung von Halbleitern, Beschädigung von Filmmaterial u.s.w.) führen können.
Die Industrie bietet Meßgeräte an, deren Meßbereich von etwa der Durchschlagsfeldstärke (ca.$3x10^6$ V/m) bis in den Bereich von ca.100 V/m liegt.

1. MESSVERFAHREN FÜR DIE ELEKTRISCHE GLEICHFELD-STÄRKE

1.1 Messung der Veränderung optischer Eigenschaften (z.B. von Brechungsindex oder Polarisation) gewisser Substanzen im elektrischen Feld. Diese Verfahren setzen eine bekannte Richtung des Feldstärkevektors voraus und werden bei hohen Feldstärken, insbesondere in kleinräumigen Anordnungen eingesetzt.

1.2 Messung der Ablenkung von Elektronenstrahlen z.B. kollimierter Beta-Strahlen.
Es ist bei diesem Verfahren schwierig, die Meßanordnung so zu gestalten, daß die Form des Feldes durch sie selbst nicht unzulässig gestört wird.

1.3 Modulation der Ladung auf einer Meßelektrode durch mechanische (meist periodische) Maßnahmen.

1.3.1 Abdeckungsfeldmühle (Abb.1).
Durch coulombsche Kräfte werden vom zu messenden Feld freie Ladungen auf einer Sensorelektrode induziert. Mittels einer rotierenden, mit dem Bezugspotential verbundenen flügelförmigen Elektrode wird die Sensorelektrode periodisch abgeschattet oder freigegeben. Dadurch entsteht ein periodischer Zu- und Abfluß von Ladungsträgern, der als Wechselstrom gemessen werden kann.

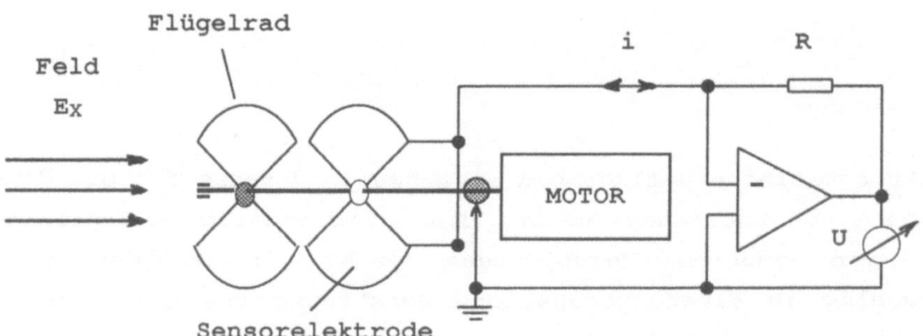

Abb.1 Abdeckungsfeldmühle

1.3.2 Zylinderfeldmühle (Abb. 2) - auch als Langmuirdipol bezeichnet. Die Oberfläche eines Zylinders wird elektrisch in zwei gegenüberliegende Teile geteilt und dem zu messenden Feld ausgesetzt. Bei der Rotation des Zylinders wandert die Ladung in Form eines meßbaren Stromes zwischen den Zylinderhälften hin und her. Mit dieser Anordnung konnten bisher die höchsten Empfindlichkeitswerte erreicht werden, da die Verschmutzung der Oberfläche nur einen geringen Einfluß auf den gemessenen Wert hat.
Zur Übertragung des Meßstromes vom rotierenden Teil zum ortsfesten Meßverstärker kommen in der Regel Schleifkontakte zur Anwendung. Leider werden auch in den besten bekannten

Schleifkontakten während des Betriebes, z.T. phasenstarr mit der Rotation, Ladungen freigesetzt, die sich dem Meßstrom überlagern und dadurch einer Empfindlichkeitssteigerung Grenzen setzen.
Gute Resultate mit Unsicherheiten < 1V/m konnten mit einer kapazitiven Meßstromübertragung (Zylinderkondensator im Inneren des Meßzylinders) erzielt werden. Eine weitere Empfindlichkeitssteigerung macht eine Signalvorverarbeitung im rotierenden Teil erforderlich.

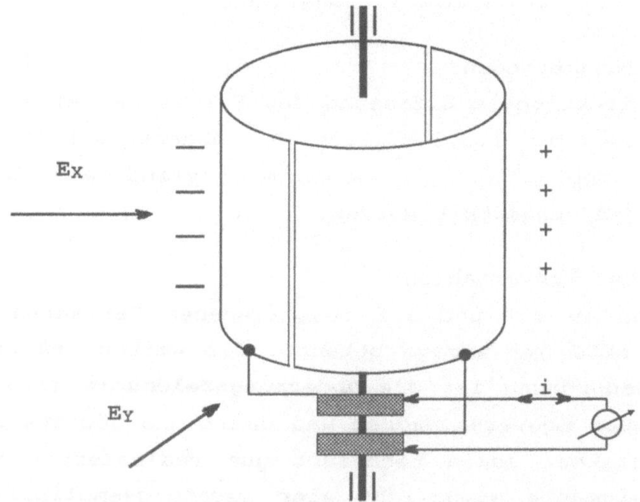

Abb.2 Zylinderfeldmühle

1.3.3 Schwingkondensator (Abb. 3).
Eine Sensorelektrode wird in der Richtung des Feldes hin und herbewegt. Dadurch ändert sich ihre Kapazität gegenüber der Feldquelle.

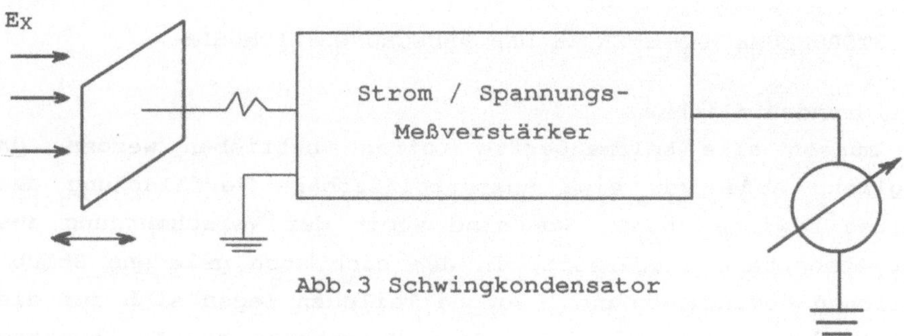

Abb.3 Schwingkondensator

1.3.3.1 Da das Potential der Feldquelle als konstant angenommen werden kann, ändert sich periodisch die Ladung sobald die schwingende Elektrode leitend mit dem Bezugspotential verbunden ist. Diese Ladungsänderung ist als Strom in der Sensorelektrode meßbar.

1.3.3.2 Ist die schwingende Elektrode nur mit einem Meßverstärker mit unendlich hoher Eingangsimpedanz belastet, so müßte näherungsweise eine Spannung auftreten, die proportional zur "Feldstärke mal Hubamplitude" ist.

1.3.4 Kombinationsmethoden.
Für die multidirektionale Erfassung des Feldes ist eine Kombination aus 1.3.1 mit 1.3.2 möglich. Die Abdeckungsfeldmühle kann auch als Kombination aus ebenen mit zylindrisch abdekkenden Elektroden ausgeführt werden.

1.4 Vergleich der Meßverfahren.
Anwendungen der in 1.1 und 1.2 beschriebenen Verfahren aus jüngerer Zeit sind nur wenige bekannt. Die weitaus häufigst verwendete Meßanordnung ist die **Abdeckungsfeldmühle** (1.3.1), da sie den besten Konversionsgrad und damit die höchste Empfindlichkeit bietet, sowie technisch gut realisierbar ist. Die **Zylinderfeldmühle** ermöglicht eine richtungsempfindliche Messung in einer Ebene, erfordert jedoch eine Informationsübertragung vom rotierenden Teil zum Meßgerät. Schleifringe eignen sich nur bei großen Signalen. Der **Schwingkondensator** (1.3.3) ist wegen des sehr niedrigen Konversionsgrades nur für die Messung hoher Feldstärken (z.B. für Warngeräte vor Überschlag) geeignet, hat jedoch Vorteile bei der Verwendung im Dauerbetrieb, da er keine rotierenden Teile besitzt.

2. STÖRUNGSMECHANISMEN IN DER ABDECKUNGSFELDMÜHLE

2.1 Grundsätzliches.
Es müssen alle Feldmeßgeräte "offen" betrieben werden, da jegliche Abdeckung eine unkontrollierbare Verfälschung des Feldes bewirken kann. Sie sind somit der Verschmutzung aus der Atmosphäre ausgesetzt, in der sich auch geladene Staubteilchen befinden können. Solche Teilchen legen sich auf die Meßelektrode und können zu einer Versetzung des Nullpunktes des Meßgerätes führen (typisch bis zu einigen 100 V/m). Durch

diese Meßunsicherheit wird die erreichbare Meßempfindlichkeit limitiert. Auch eine schlechte Kontaktierung am Schleifkontakt des Flügelrades kann zu erheblichen Störungen führen.

2.2 Ersatzschaldbild der Wirkung von Störladungen (Abb. 4).
Die Spannung U1 zwischen Sensorelektrode und Flügelrad wird durch den Strommeßverstärker auf 0 Volt gehalten. Ist der Abstand zwischen der Ladung q3 auf dem Staubteilchen und der Sensorelektrode klein gegenüber dem Abstand d zwischen ihr und dem Flügelrad, so ist C3 » C2.
Die Ladung liegt somit auf einem Potential von U3 gegenüber der Sensorelektrode und dem Flügelrad. Die Größe von C2 schwankt jedoch stark als Funktion der Stellung des Flügelrades, was eine schwankende Ladung q2 = C2 * U3 zur Folge hat, die zu einem Strom i2 = dq2/dt führt, der sich dem Nutzsignal überlagert.
Dieselbe Überlegung gilt auch für alle Arten von Oberflächenladungen (z.B. auf schlecht leitenden Oxyden) auf dem Flügelrad sowie der Sensorelektrode. Als Oberflächenmaterial für das Flügelrad sowie die Sensorelektrode haben sich Reinstgold sowie Grafit bewährt. Auf ähnliche Weise läßt sich zeigen, daß auch eine Offset Spannung des Meßverstärkers zu einem additiven Störsignal führt.

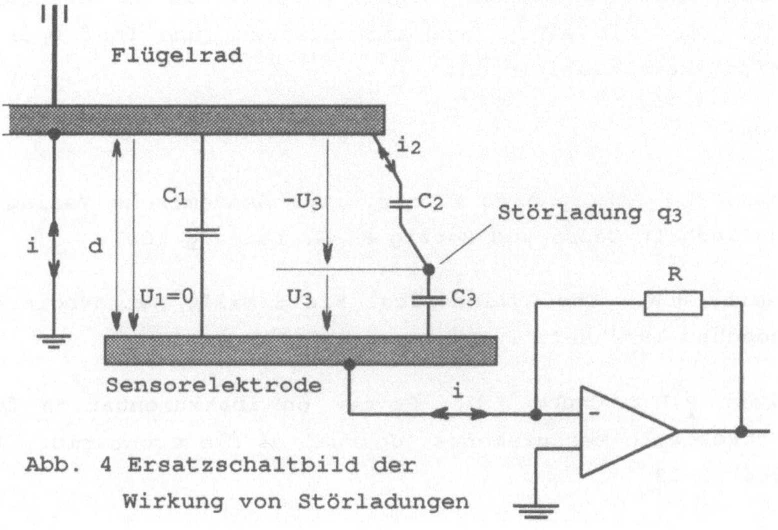

Abb. 4 Ersatzschaltbild der Wirkung von Störladungen

3. DIE "VARIABLE GAP" FELDMÜHLE

3.1 Grundsätzliches.

Diese Feldmühle ermöglicht auch bei anliegendem Feld die Überprüfung und Korrektur des wirklichen Geräte-"Nullpunktes". Dadurch läßt sich die bisher übliche Meßunsicherheit um mehrere Zehnerpotenzen reduzieren. Messungen im Bereich einzelner V/m sind damit möglich.

3.2 Wirkungsweise.

Wie in 2.2 gezeigt wurde, ist der durch Störladungen erzeugte Strom eine Funktion von C2 (Abb. 4). Der Wert von C2 hängt außer von der Flügelradstellung auch vom Abstand d zwischen dem Flügelrad und der Sensorelektrode ab. Dieser Abstand d ist frei wählbar. Baut man eine Feldmühle derart auf, daß d wahlweise zwei feste Werte d1 und d2 annehmen kann, so wird die Störladung q3 in den beiden Stellungen verschiedene Störströme bewirken. Kennt man aufgrund einer Kalibration die Empfindlichkeitswerte des Gerätes in beiden Stellungen, so kann man aufgrund eines Vergleiches der gemessenen Stromwerte in beiden Elektrodenabständen d1 und d2 die Störgröße berechnen und laufend vom Meßresultat subtrahieren.
Das Verfahren setzt voraus, daß die Größe der Staubpartikel klein ist im Vergleich zu den geometrischen Abmessungen der Fehldmühle, insbesondere im Vergleich zu d. Die Rechenschaltung läßt sich mit einem Programmschaltwerk und fünf Operationsverstärkern realisieren.

LITERATUR:

1. Israël, H.: Atmospheric Electricity. Akademische Verlagsgesellschaft Geest und Portig K.-G. Leipzig 1957

2. Kasemir, H.W.: The Cylinderical Field Mill. Meteorogische Rundschau 1972 Heft 2

3. Secker, P.E.; Chubb J.N.: Review on instrumentation for electrostatic measurements. Journal of Electrostatics, 16 (1984) 1-19

4. Rockitansky, W.: Automatische Nullpunktskorrektur für die Feldmühle. Diplomarbeit TU Wien Oktober 1986

ELEKTROOPTISCHER POLARISATIONSMODULATOR ALS FELDSTÄRKESENSOR

92

E. Riedl-Bratengeyer, D. Hornbachner, G. Güttler

Institut für Nachrichtentechnik und Hochfrequenztechnik
Technische Universität Wien

ZUSAMMENFASSUNG

Es wird ein Meßsystem zur Erfassung der Kenngrößen elektromagnetischer Strahlung vorgestellt. Das Meßsystem beruht auf einem Sensor, der von einem Lichtwellenleiter-Modulator in integriert- optischer Technologie gebildet wird, und der mittels Glasfasern mit dem Basisgerät verbunden ist. Wir beschreiben die Funktionsweise dieses elektrooptischen Modulators und berichten über Messungen des Modulationsverhaltens.

1. Einleitung

Zur Messung der elektrischen Feldstärke eines hochfrequenten elektromagnetischen Feldes mittels eines konventionellen Feldstärkemeßgerätes werden im wesentlichen folgende Bestandteile benötigt: Meßsonde, Detektor, Übertragungsleitung und Anzeigegerät /1/. Die wesentlichen Anforderungen, die an die einzelnen Elemente gestellt werden müssen, sind folgende:

* das zu messende Feld darf durch Sonde und Übertragungsleitung nicht verzerrt werden,
* die Übertragungsleitung darf insbesondere nicht selbst als Antenne wirken,
* eine hohe räumliche Auflösung von nur wenigen cm soll ermöglicht sein.

Herkömmliche Feldstärkemeßgeräte erfüllen die genannten Anforderungen oft nicht in ausreichender Weise, da die Meßsonde bzw. der Detektor und die elektrische Zuleitung die Messung empfindlich stören können, indem leitende Teile lokale Feldverzerrungen bewirken.

Eine entscheidende Verbesserung des Meßsystems kann vorgenommen werden, wenn das einzige elektrische leitende Element, das dem E-Feld ausgesetzt ist, allein die Antenne ist. Ein derartiges Meßsystem wurde konzipiert mittels einer Sonde, die von einem elektrooptischen Modulator gebildet wird und mittels Glasfasern, die als Übertragungsleitung dienen.

2. Meßsystem

Der schematische Aufbau des elektrooptischen Meßsystems ist in Abbildung 1 dargestellt. Das von der Antenne empfangene elektromagnetische Signal tritt über den elektrooptischen Effekt /2/ in Wechselwirkung mit einer in einem elektrooptischen Kristall geführten Lichtwelle. Dazu wird Licht eines Halbleiterlasers über eine Glasfaser in den Wellenleiter eingekoppelt, vom HF-Signal moduliert, wieder ausgekoppelt und von einem Detektor aufgenommen.

In dieser Meßanordnung befindet sich weder die Laserdiode noch der Detektor, die elektrische Energieversorgung benötigen, am Ort der Messung. Die Sonde, also der Modulator einschließlich der Antenne, benötigen rein optische (Energie)versorgung mit unmoduliertem Licht geringer Intensität.

3. Elektrooptischer Modulator

Das Schlüsselelement des Meßsystems bildet der elektrooptische Wellenleiter-Modulator. In Lithiumniobat wurden durch Eindiffusion von Titan ein Wellenleiter hergestellt, der für $\lambda = 0.83\ \mu m$ Monomodebedingungen aufweist /3/. Seitlich des Wellenleiters wurden koplanare Elektroden aufgedampft und mit einer Dipolantenne versehen (vgl. Abb.2). Die Elektrodenlänge L (Wechselwirkstrecke) beträgt 15 mm, der Elektrodenabastand ist etwa gleich dem glasfaserkompatiblen Wellenleiterdurchmesser und beträgt ca. $5\ \mu m$. Die optische Einfügungsdämpfung eines mit Glasfasern versehenen Wellenleiter betrug typisch 6 dB.

4. Modulation

Im doppelbrechenden Lichtwellenleiter wird i.a. elliptisch polarisiertes Licht geführt. Eine Änderung der Doppelbrechung führt zu einer Änderung des Polarisationszustandes der Lichtwelle, die in Verbindung mit einem Polarisationsfilter in eine Intensitätsmodulation, wie in Abbildung 2 erläutert wird, umgewandelt werden kann.

Die Abhängigkeit der detektierten Lichtintensität I vom Polarisationszustand, d.h. von der am Wellenleiterausgang vorliegenden relativen Phasenverschiebung $\Delta\Phi$ der orthogonalen Teilwellen (TE-Welle // z-Richtung, TM-Welle // y-Richtung) der im Wellenleiter propagierenden Lichtwelle, ist gegeben durch

$$I = I_{max} \cos^2 \frac{\Delta\Phi}{2} \quad . \tag{1}$$

Die Phasenverschiebung kann nun inklusive eines intrinsischen Anteils Φ' wie folgt angeschrieben werden

$$\Delta\Phi = \Delta\Phi_{wl} + \Delta\Phi_{gf} + \Phi' \ . \tag{2}$$

Dabei gilt für den im Wellenleiter durch eine modulierende Feldstärke E, zufolge des elektrooptischen Effektes auftretenden Anteils $\Delta\Phi_{wl}$

$$\Delta\Phi_{wl} = E \frac{\pi L}{\lambda} \left(n_e^3 r_{33} - n_o^3 r_{13}\right), \tag{3}$$

wobei n_o und n_e den ordentlichen bzw. außerordentlichen Brechungsindex und r_{13} und r_{33} die zugehörigen elektrooptischen Koeffizienten bezeichnen. $\Delta\Phi_{gf}$ rührt von der Lichtausbreitung in der Glasfaser her. Die Messungen zur Erzielung einer Phasenverschiebung von $\Delta\Phi_{wl} = 180^\circ$ ergaben eine erforderliche Amplitude der Modulationsspannung von $U_{ss} = 2.9$ V. Das Auslöschungsverhältnis (Verhältnis von maximaler zu minimaler transmittierter Lichtleistung) betrug 9 dB.

Zufolge des elastooptischen Effektes kommt es in der Glasfaser zu einer Änderung des Polarisationszustandes gemäß

$$\Delta\Phi_{gf} \propto \frac{1}{R^2} \tag{4}$$

mit R als dem Biegeradius der Glasfaser. Durch kontrollierte Krümmung der Faser mittels eines eigens entwickelten Polarisationsreglers wurde $\Delta\Phi_{gf}$ variiert. Durch den Polarisationsregler kann also eine Arbeitspunkteinstellung, die zur Erzielung eines maximalen Auslöschungsverhältnisses und für näherungsweise lineare Aussteuerung erforderlich ist, vorgenommen werden, ohne daß der Sonde elektrische Energie zugeführt werden muß. Ohne Einwirken einer modulierenden Feldstärke E ($\Delta\Phi_{Wl} = 0$) muß gelten:

$$\Delta\Phi_{gf} - \Phi' = k\ \pi/2 \qquad \text{mit } k = 1,3,5,\ldots \tag{5}$$

Bei Kleinsignalaussteuerung im optimalen Arbeitspunkt kann bei einer Dipollänge von 100 mm eine Empfindlichkeit von mindestens 10 V/m abgeschätzt werden. Hinsichtlich der Bandbreite werden zur Zeit Messungen im Frequenzbereich von etwa 10 Hz bis etwa 1 GHz durchgeführt.

Danksagung

Wir danken dem Fonds zur Förderung der Wissenschaftlichen Forschung für seine Unterstützung.

Literatur

/1/ BASSEN, H.I., SMITH, G.S., "Electric field probes-A review", IEEE Trans. on Antennas and Propagation, AP-31,No.5, 710-718, 1983

/2/ ALFERNESS, R.C., "Waveguide Electrooptic Modulators", IEEE Trans. on Microwave Theory and Techniques, MTT-30, No.8, 1121-1137, 1982

/3/ BRATENGEYER, E., GÜTTLER, G., JUSUFI, M., "0,83 μm traveling-wave phase modulator in Ti:$LiNbO_3$", IOCE V, M.A.Mentzer, Editor, Proc. SPIE 835, 138-141, 1988

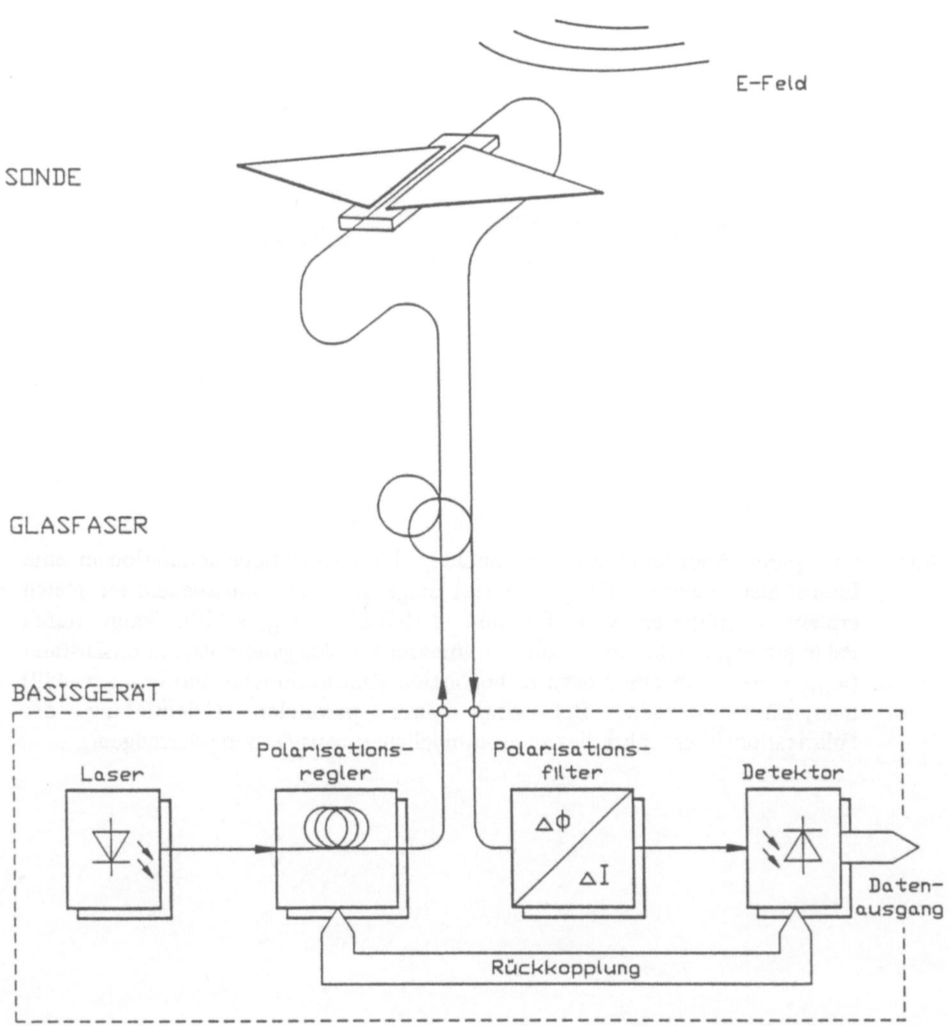

Abb.1: Schematische Darstellung des elektrooptischen Feldstärke Meßsystems.

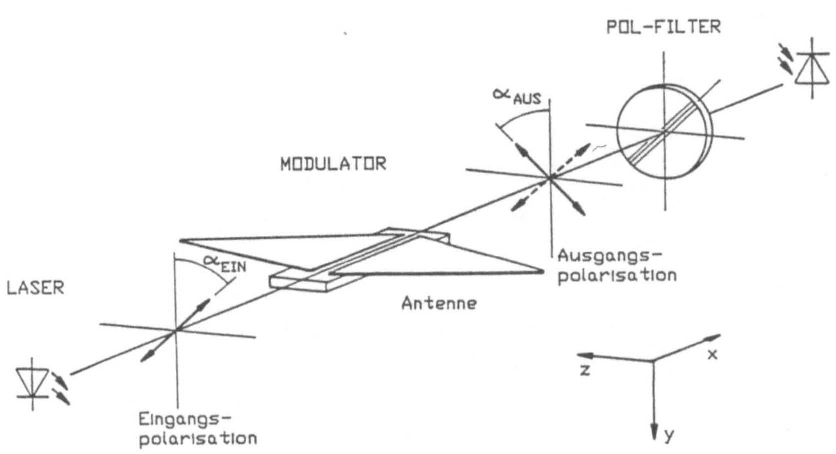

Abb.2: Prinzipielle Anordnung zur Umwandlung der Polarisationsmodulation in eine Intensitätsmodulation. Bei gegebenem Eingangspolarisationszustand mit gleich großen Amplituden von TE- und TM-Welle ($\alpha_{ein} = 45^o$), kann durch Polarisationsmodulation ein linearer Ausgangspolarisationszustand ($\alpha_{aus} = +45^o$) in einen dazu orthogonalen Polarisationszustand ($\alpha_{aus} = -45^o$) übergeführt werden. Bei einer dazu parallelen Orientierung des Polarisationsfilters führt dies zu größtmöglichem Auslöschungsvermögen.

Computergestütztes Strahlenspüren im Flug

C. Schmitzer
W. Klösch

Österreichisches Forschungszentrum Seibersdorf Ges.m.b.H.
Institut für Strahlenschutz / Elektronik, 2444 Seibersdorf

ZUSAMMENFASSUNG:
Der im Forschungszentrum Seibersdorf entwickelte Gerätesatz zum computergestützten Strahlenspüren im Flug besteht aus

- Strahlenschutzmeßgerät SSM-1
- hochempfindliche Luftprospektionssonde LPS/2
- tragbarer PC

und stellt eine bedeutende Weiterentwicklung und Verbesserung gegenüber bisher in Verwendung befindlichen Systemen dar. Dies konnte bei zahlreichen Übungen und praktischen Einsätzen mit Exekutive und Bundesheer nachgewiesen werden.

Einleitung

Die computergestützte Strahlenerkundung aus der Luft erlaubt die rasche Erfassung großer Flächenabschnitte für zahlreiche Einsatzfälle. Dies ermöglicht eine schnellere Beurteilung der Gesamtlage im Gegensatz zur 'klassischen' Vorgangsweise der Verstrahlungserfassung mit Fußtrupps oder motorisierten Spürtrupps. Verschiedene Anwendungsfälle sind denkbar, wie

- Erfassung von Geländeverstrahlungen durch radioaktive Stoffe (*Fallout*) nach Schadensfällen in kerntechnischen Anlagen
- Lokalisierung von Strahlenquellen nach Verlust oder Unfall (*z.B. Absturz atomar betriebener Satelliten*)
- Messung radioaktiver Wolken in der Luft

- Erfassung von großräumigen Verstrahlungsdaten im Krisenfall nach Einsatz nuklearer Waffen

Die prinzipielle Vorgangsweise des Verfahrens zeigt Abb. 1.

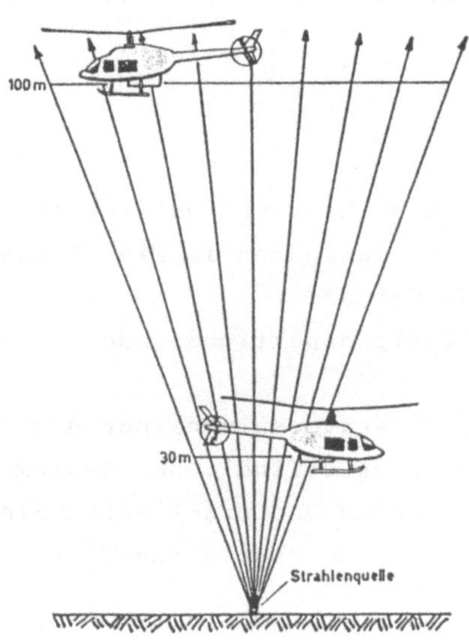

Abb. 1: Spürflüge in verschiedenen Höhen

Grundlagen

Die Intensität der gemessenen Gamma-Strahlung unterliegt dem quadratischen Abstandsgesetz und einer schwachen Absorption durch die Luft selbst gemäß der Formel

$$DL = \Gamma \cdot e^{-\mu r} \cdot A / r^2 + LW$$

DL ... Dosisleistung am Meßort (Sv/h)
Γ ... Dosisleistungskonstante (Sv/h + Bq/m^2)
μ ... atmosphärische Abschwächung (1/m)
A ... Quellstärke (Bq)
r ... Entfernung (m)
LW ... Leerwert bzw. Hintergrundstrahlung (Sv/h)

Alpha- bzw. Beta-Strahlung wird durch die Luft über kurze Distanzen bereits völlig absorbiert und ist mit diesem Verfahren nicht nachweisbar. Daraus folgt unmittelbar, daß nur geringe Flughöhen und hochempfindliche Geräte Anwendung finden können. Das Anforderungsprofil an den Strahlungsdetektor läßt sich wie folgt umreißen:

- hochempfindliches Nachweissystem
- robuste, schwingungsfreie Ausführung
- kompakte Bauweise
- netzunabhängige Versorgung
- unempfindlich bei Luftdruck- und Temperaturschwankungen
- einfache Bedienung und Einbau in den Hubschrauber

Systemkonzept

Aufgrund der langjährigen Erfahrungen des Forschungszentrums Seibersdorf auf dem Gebiet des Nachweises von radiokativer Strahlung stellte die Berücksichtigung des technischen Anforderungsprofils für ein Luftfahrt-taugliches, hochempfindliches Meßsystem kein großes Problem bei der Entwicklung dar. Auf der Basis zahlreicher praktischer Erfahrungen bedurfte indessen die Frage der Bedienungsfreundlichkeit und Ergonomie weit größere Beachtung.

Herkömmliche Meßgeräte stellen den ermittelten Meßwert zumeist als digital und/oder analog angezeigtes Ergebnis dar. Bei der Strahlenerkundung im Flug bei realen Einsätzen hat sich jedoch gezeigt, daß das Spürpersonal durch anderweitige Aufgaben wie etwa Bodenbeobachtung, Navigation, Dokumentation und Kommunikation nicht unausgesetzt die Meßwertanzeige verfolgen kann. Daraus ergab sich die Notwendigkeit nach einer Vorverarbeitung (Filterung) und entsprechender graphischer Darstellung der Daten, um ein ergonomisches Systemkonzept verwirklichen zu können.

Das im Forschungszentrum Seibersdorf entwickelte Strahlenschutzmeßgerät *SSM-1* kommt diesem Anwendungszweck durch die standardmäßig eingebaute serielle Datenschnittstelle (*RS-232C*) entgegen. Eine spezielle Außensonde fungiert als hochempfindlicher Detektor durch Parallelschaltung mehrerer Geiger-Müller-Zählrohre. Über die Verbindung zu einem tragbaren Computer (Industriestandard) können die Daten dort erfaßt und graphisch aufbereitet werden (Abb. 2). Die Darstellung erfolgt dabei als Intensitätsprofil über der zurückgelegten Wegstrecke.

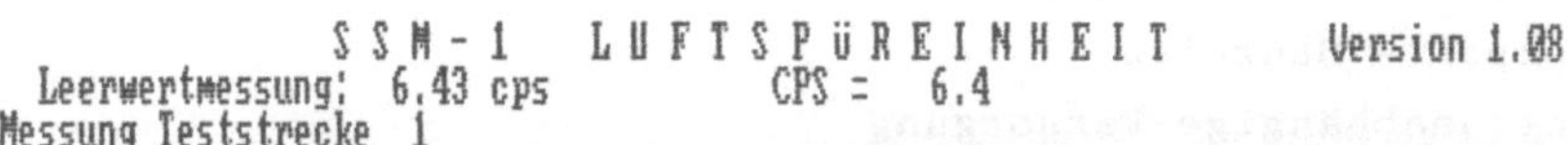

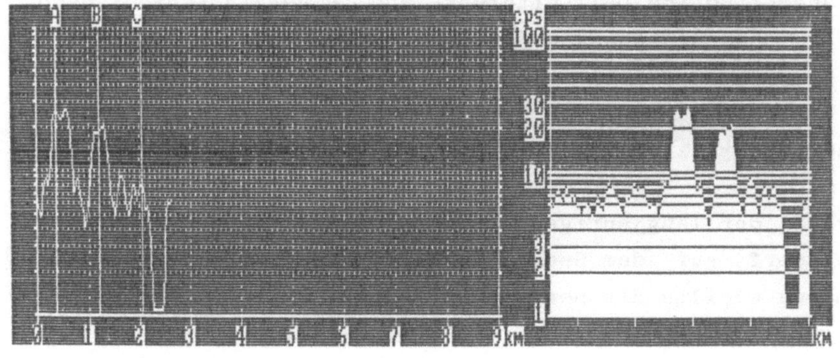

Abb. 2: Anzeige während des Meßflugs

Diese kontinuierlich erfaßten Meßwerte dienen einerseits zur Information des Spürtrupps (eventuell Meldung über Funk je nach Einsatzplan), werden aber auch im Computer für eine spätere Auswertung abgelegt. Weiters werden im Rechner zusätzliche Informationen wie etwa Position, Flughöhe oder spezielle Markierungspunkte gespeichert. In der derzeit implementierten Version werden die Flugdaten, insbesondere Flughöhe und -geschwindigkeit, mit dem Piloten vor Durchführung des Spürauftrags abgesprochen und als Parameterwerte eingegeben. (In weiterer Folge ist ein Ausbau des Systems mit Radarhöhenmesser bzw. automatischen Navigationssystem in Planung.) Durch die Erfassung und Speicherung der

Flugparameter und Meßwerte ist die Dokumentation des Meßauftrags sichergestellt und die detaillierte Auswertung in der Einsatzstelle möglich (Abb. 3).

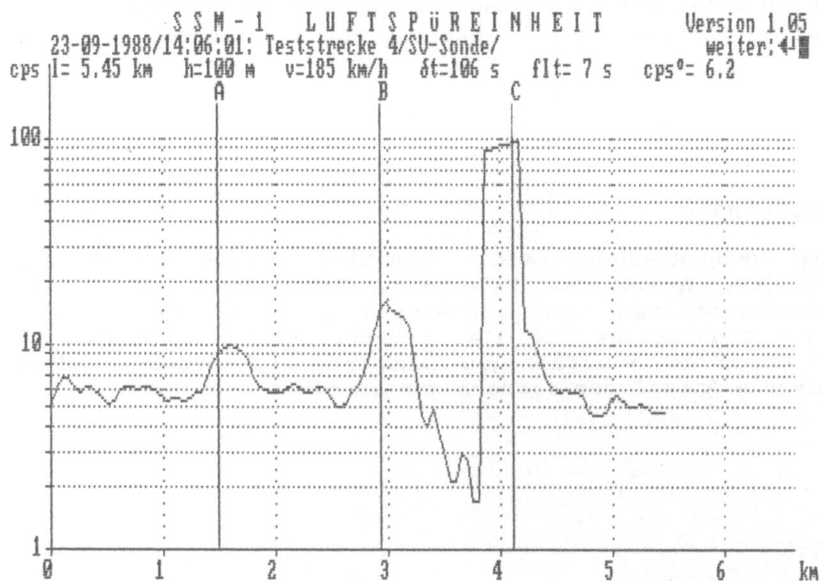

Abb. 3: Auswertung eines Meßflugs

Systemerweiterungen

Eine weitere Möglichkeit besteht in der automatischen Datenübertragung über Funkmodem vom Hubschrauber zur Einsatzstelle. Der Einsatz von Funkmodems erlaubt die Benutzung eines üblicherweise verfügbaren Sprechfunkkanals und sichert durch Verwendung eines fehlerkorrigierenden Protokolls die Übertragung auch bei gestörter Funkverbindung - eine Problematik, die bei der für Österreich typischen Topographie häufig auftritt.

Die Verbindung mit den bereits oben erwähnten Hilfssystemen zur Höhen- und Positionsbestimmung stellt eine weitere Ausbaumöglichkeit dar.

TRAGBARES STRAHLENMESSGERÄT SSM-2

W.Klösch
C.Schmitzer

Österreichisches Forschungszentrum Seibersdorf Ges.m.b.H.
Institut für Elektronik und Institut für Strahlenschutz

ZUSAMMENFASSUNG:

Wie die Vergangenheit zeigt, benötigen viele öffentliche Stellen (zB. Exekutive, Feuerwehr, Bundesheer und Zivilschutzorganisationen) Strahlenmeßgeräte, welche in der Lage sind, die Bedürfnisse all dieser Institutionen zu erfüllen. Bedingt durch den vielfältigen Einsatzbereich dieser Geräte, ist auch die Anzahl der Forderungen an diese sehr hoch.

Überblick

Das in Seibersdorf entwickelte und serienreife Strahlenmeßgerät SSM-1 erfüllt alle diese gestellten Anforderungen. Auf Grund von konkretem Interesse aus dem Ausland, wurde das Stahlenmeßgerät SSM-1 in Zusammenarbeit mit der Firma Dipl.Ing. Hans Schiebel, Wien, nach Kundenwünschen zu dem großserienreifen Strahlenmeßgerät SSM-2 weiterentwickelt. Dieses Gerät brachte bei ausländischen Kunden auch unter härtesten Prüfbedingungen Ergebnisse, die voll den Anforderungen entsprachen und diese teilweise auch übertrafen. Ein Strahlenmeßgerät für den mobilen Einsatz muß unter extremen Bedingungen, wie z.B. Nässe, Kälte, Hitze, Dunkelheit und einer hohen radioaktiven Strahlenbelastung einfach und sicher zu bedienen sein. Daher wurde auf die Art der Bedienung großes Augenmerk gelegt.

Zusammenfassung der Spezifikationen

Meßgrößen:

Äquivalentdosisleistung in microSv/h, milliSv/h, Sv/h
Zählrate pro Sekunde

Meßbereich:

Dosisleistungssonde: 0,1 microSv/h bis 10 Sv/h
Kontaminationssonde: 0 bis 9999 Impulse pro Sekunde

Energieabhängigkeit:

20 % des Meßwertes von 50keV bis 1,3MeV

Richtungsabhängigkeit:

20 % des Meßwertes in einem Einstrahlungswinkel von 45 Grad

Betriebstemperaturbereich:

-30 Grad C bis +50 Grad C

Lagertemperaturbereich:

-30 Grad C bis +70 Grad C

Stromversorgung:

Die Stomversorgung erfolgt durch zwei Mignonzellen (1,5V)

Wasserdichtheit:

Die Dichtheit ist bis zu einer Eintauchtiefe von 50cm gewährleistet.

Stoß- und Schwingungsfestigkeit:

3 g in den drei Hauptachsen, bei einer Frequenz von 50 Hz.

Freifallfestigkeit:

1 m Fallhöhe auf eine 50 mm dicke Hartholzplatte in alle Fallrichtungen.

Technische Beschreibung

Um eine einfache Handhabung zu gewährleisten, wurde das Gerät möglichst klein gebaut. Das Gehäuse des Gerätes besteht aus einem Nylon verstärkten Kunststoff. Durch dessen große mechanische Festigkeit wird es möglich, trotz geringer Wandstärken und dadurch sehr geringem Gewicht die geforderten mechanischen Eigenschaften zu erreichen. Um eine einfache Bedienung zu ermöglichen, wurde das Gerät mit einer automatischen Meßbereichsumschaltung ausgestattet. Der Benutzer ist daher in der Lage, nach Einschalten des Gerätes Messungen innerhalb des Meßbereiches von 0,1 microSv/h bis 10 Sv/h durchzuführen, ohne einen weiteren Bedienungsschritt vornehmen zu müssen. Das Meßergebnis wird auf einer beleuchteten, gut ablesbaren Flüssigkristall-Anzeige (LCD) angezeigt. Die Anzeige erfolgt alphanummerisch mit einer zusätzlichen Analoganzeige (Balken) zur Trenderkennung. Das tragbare Strahlenmeßgerät SSM-2 erfüllt die Anforderungen der ÖNORM zur Messung von ionisierender Strahlung mit Geiger-Müller Zählrohren.

Mit dem Gerät können Dosisleistungsmessungen von Röntgen- und Gammastrahlung ab dem Bereich der natürlichen Umgebungsstrahlung bis zu sehr hohen Intensiäten sowie Kontaminationsmessungen von Beta- und Gammastrahlen gemacht werden. Die Meßsonden zur Dosis= Leistungsmessung und zur Kontaminationsmessung sind im Gerät eingebaut. Dies bedeutet, daß der Benutzer kein Zubehör benötigt um im Einsatzfall die wichtigsten Messungen durchführen zu können. Auf Grund des flexiblen Konzepts dieses Gerätes ist es auch möglich unter einer Fülle von Optionen auszuwählen (zB. verschiedene externe Sonden oder frei wählbare Geräteeigenschaften).

Elektronischer Aufbau

Zur Steuerung des Meßablaufes, der Meßwertberechnung und der internen Funktionskontrollen dient ein kundenspezifischer integrierter Schaltkreis. Dieser Schaltkreis beinhaltet einen Mikroprozessor, programmierbare Timer-Counter, serielle Schnittstellen, programmierbare Parallelinterfaces, einen Interruptkontroller und die benötigte Adressdekodierlogik. Alle Daten-, Adress- und Steuerleitungen des Mikroprozessors sind ausgeführt, um externe Speicher verwenden zu können. Weiters benötigt wird noch eine Watchdog-Schaltung, eine Sleep-Kontollschaltung, ein RAM, ein EEPROM und die Treiber für die statische Flüssigkristallanzeige. Ein EEPROM wird verwendet um eine automatische Kalibrierung des Strahlenmeßgerätes zu ermöglichen. Während dieses Vorganges werden die neuen Parameter ins Gerät von außen eingespielt, und im Speicherbereich des EEPROM abgelegt. Auch die statische Flüssigkristallanzeige ist eine kundenspezifische Entwicklung. Die Anzeige ist in einem großen Winkel gut ablesbar, und kann bei Dunkelheit beleuchtet werden. Da die Beleuchtung sehr viel Strom verbraucht, ist diese mit einer Abschaltautomatik ausgestattet, welche das Licht nach zwei Minuten abschaltet. Wird jedoch in dieser Zeit die Taste für das Licht kurz gedrückt, wird die Einschaltzeit um zwei weitere Minuten verlängert. Eine Hochspannung mit geringen Stromverbrauch und guten Wirkungsgrad, sowie mehrere Hochspannungsschalter werden benötigt um die einzelnen Meßsonden mit der benötigten Hochspannung zu versorgen. Der Einsatz von Hochspannungsschaltern wurde notwendig, da nicht benötigte, oder überlastete Zählrohre abgeschaltet werden. Diese Maßnahme erhöht die Lebensdauer der Zählrohre und schont auf Grund des geringeren Stromverbrauchs die Batterien. Die von den Zählrohren gelieferten Impulse werden in einer Schmitt-Trigger-Schaltung verarbeitet und dann der Auswertung zugeführt. Dadurch ergibt sich ein rein digitaler Aufbau des Gerätes. Ein geschaltetes Netzgerät mit extrem hohen Wirkungsgrad erzeugt von der Batteriespannung, welche zwischen 2V und 3,2V schwanken kann, eine stabilisierte Versorgungspannung für die Elektronik. Das Strahlenmeßgerät SSM-2 ist in SMD Technologie aufgebaut.

Die angezeigten Meßwerte sind immer Mittelwerte, die über ein bestimmtes Integrationsintervall gebildet werden. Wegen der statistischen Schwankungen der registrierten Ereignisse, die zur Meßwertberechnung herangezogen werden, muß das Integrationsintervall, um eine gleichbleibende Genauigkeit zu erreichen, an die Anzahl der Ereignisse angepaßt werden. Bei kleiner Dosisleistung wird ein größeres Intgrationsintervall benötigt als bei höherer Dosisleistung. Das vom Gerät errechnete dosisleistungsabhängige Integrationsintervall ermöglicht es, sehr stabile Meßwertanzeigen zu erzielen, wobei jedoch

Änderungen der Dosisleistung durch einen speziellen patentierten Algorithmus sofort erkannt werden.

Die Software übernimmt nicht nur die Berechnung des Meßwertes. Sie übernimmt auch die Steuerung der Hochspannung, kontrolliert die Batteriespannung, überprüft ob es zu keiner Überlastung der ählrohre kommt und führt auch nach dem Einschalten des Gerätes einen Selbsttest durch.

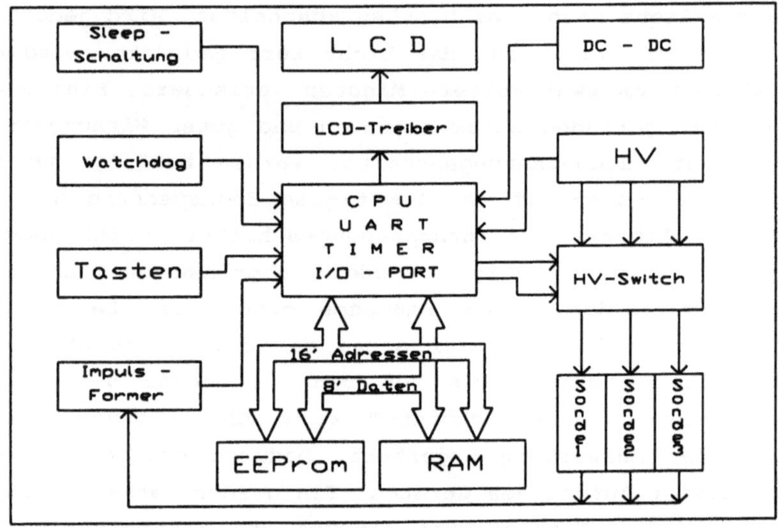

STRAHLENFELDMESSUNG MIT MEHRDIODENSYSTEM

A. Nedelik, L.Prager, E.Schöberl

Österreichisches Forschungszentrum Seibersdorf Ges.m.b.H.
Institut für Reaktor, Institut für Elektronik

ZUSAMMENFASSUNG:

Zur einfachen Überprüfung der Homogenität eines Bestrahlungsfeldes an verschiedenen Strahlentherapiegeräten wurde ein Meßsystem entwickelt, das im Detektorteil matrixförmig angeordnete PIN- Dioden enthält, deren verstärkte Signalströme einer mikroprozessorgesteuerten Auswerte-Einheit zugeführt werden. Die automatisch leerwertkorrigierten Daten werden auf einem Drucker ausgegeben und zeigen am Meßprotokoll lagerichtig die Relativwerte der Dosisleistungen an verschiedenen Punkten des Bestrahlungsfeldes an.

1. Einleitung:

Die Entwicklung des Meßgerätes ergab sich aufgrund folgender Problemstellung: An klinischen Strahlentherapiegeräten (z. B. Mevatron, Betatron ...) besteht die Notwendigkeit der Überprüfung des Bestrahlungsfeldes (z. B. 20 x 20 cm) nicht nur hinsichtlich des Absolutwertes der Dosisleistung, sondern auch der Homogenität innerhalb des Feldes, bzw. der Abgrenzung des Feldes in den Randzonen.

Diese Überprüfung soll rasch, unkompliziert und mit möglichst geringen Fehlermöglichkeiten erfolgen.

Der Detektor soll die Dosis möglichst gewebeäquivalent messen, zumindest aber keine Verfälschung durch Metallteile im Feld (Sekundärelektronen) bewirken.

Während die Genauigkeit der einzelnen Meßpunkte zueinander im Ein-Prozent-Bereich liegen soll, ist andererseits nur eine Relativ-Messung, z. B. bezogen auf den Meßwert des zentralen Punktes im Bestrahlungsfeld, gefordert.

Die zu erwartende Dosisleistungswerte liegen im Bereich von ca. 1 - 2 Gy/min.

2. Meßsystem

Als Detektor bot sich für die gestellte Aufgabe eine matrixförmige Anordnung von PIN-Siliziumdioden an.

Die kleinen, fast punktförmigen Detektoren erlauben eine gleichzeitige Messung an vielen Punkten des Bestrahlungsfeldes. Mit Ausnahme der Signalleitungen sind keine metallischen Konstruktionsteile im Strahlenfeld erforderlich, womit die Forderung nach annähernd gewebeähnlichen Aufbau des Detektors erfüllt werden kann.

Bei hohen Dosisleistungswerten können die Dioden als Gleichstromdetektoren betrieben werden, sie wirken infolge ihrer PIN- Struktur als Festkörper-Ionisationskammer.

Zur Auswahl einer geeigneten Diodentype wurden eine Reihe handelsüblicher PIN-Dioden auf Eignung als Strahlungsdetektor bei hohen Dosisleistungen getestet. Darunter befanden sich Strahlendetektordioden, Mikrowellendioden, Fotodioden u. a. Als geeigneteste Type wurde schließlich eine (abgedunkelte) Fotodiode in Plastikgehäuse ausgewählt und mit mehreren Exemplaren einem Dauerbestrahlungstest mit einer ^{60}Co-Quelle unterworfen.

Abb. 1 zeigt zunächst, daß der Signalstrom der Diode der Dosisleistung proportional ist.

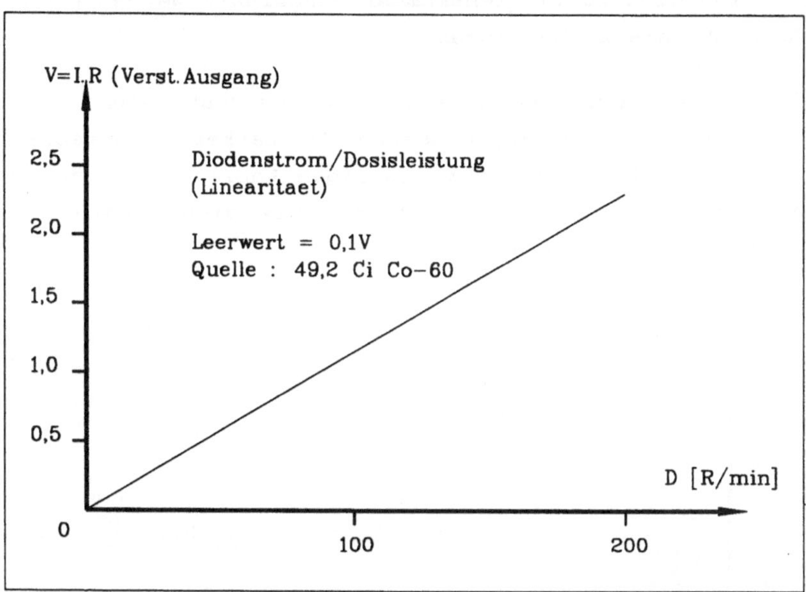

Abb. 1 Abhängigkeit Diodenstrom / Dosisleistung

Aus Abb. 2 erkennt man, daß mit steigender Dosis die Empfindlichkeit der Diode abnimmt, während gleichzeitig der Dunkelstrom (Leckstrom der unbestrahlten Diode) wächst. Dargestellt ist der Mittelpunkt von 5 gleichzeitig bestrahlten Exemplaren, die sich - relativ zueinander - gleichartig verhalten, lediglich der Absolutwert der individuellen Ströme wies bei gleicher Dosisleistung von rd. 90 Gy/h eine Streuung von ±1 nA (oder etwa 5 %) auf.

Man erkennt, daß selbst bei einer Dosis von 70 kGy (oder 7 Mrad) die Dioden noch brauchbar sind, vorausgesetzt, der Leerwert wird korrigiert (Eine Dosis von 70 kGy entspricht einer durchschnittlichen Betriebszeit des Gerätes von ca. 20 Jahren).

Wegen der langsam absinkenden Empfindlichkeit der Dioden (die allerdings alle Dioden der Matrix betrifft) ist eine Neubestimmung des Kalibrierfaktors in periodischen Zeitabständen angebracht.

Die Dioden sind in einer Meßplatte aus Plexiglas matrixförmig angeordnet. Die Platte weist eine seitliche Bohrung auf, in welche eine Eich-Ionisationskammer eingeführt werden kann, um die Absolutdosis zu bestimmen.

Im gleichen Gehäuse, jedoch außerhalb des Bestrahlungsfeldes, sind die jeder Diode zugeordneten Verstärker untergebracht. Über einen Stecker und ein vieladriges Kabel werden die Meßsignale der Steuereinheit zugeführt, die sich außerhalb des Bestrahlungsraumes befindet.

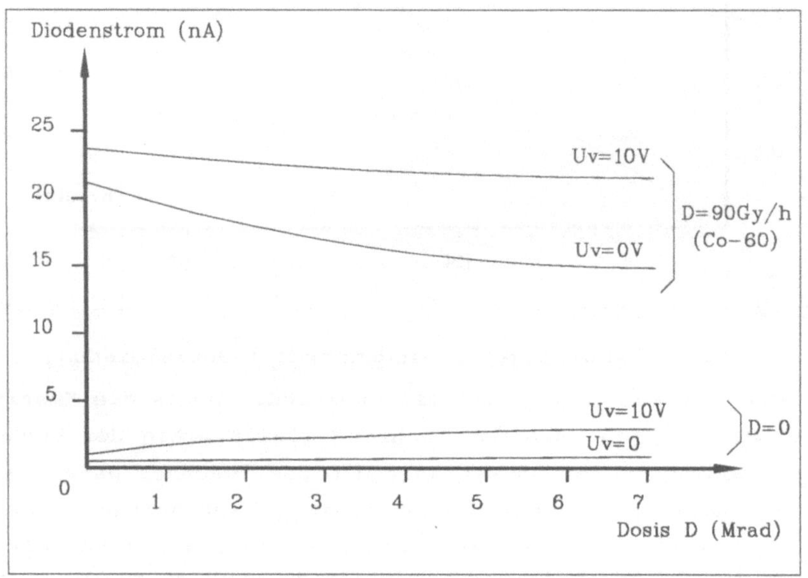

Abb. 2 Abnahme des Signalstromes und Zunahme des Dunkelstromes in Abhängigkeit von der γ - Dosis

Die Steuereinheit SMG 8084 enthält einen Multiplexer, einen Analog-Digital-Konverter sowie eine Mikroprozessor-Einheit mit zugehöriger Spannungsversorgung (Abb. 3).

Als Ausgabegerät dient ein Drucker, der die aufbereiteten Meßwerte auf ein entsprechend formatiertes Formular (Meßprotokoll) ausgibt.

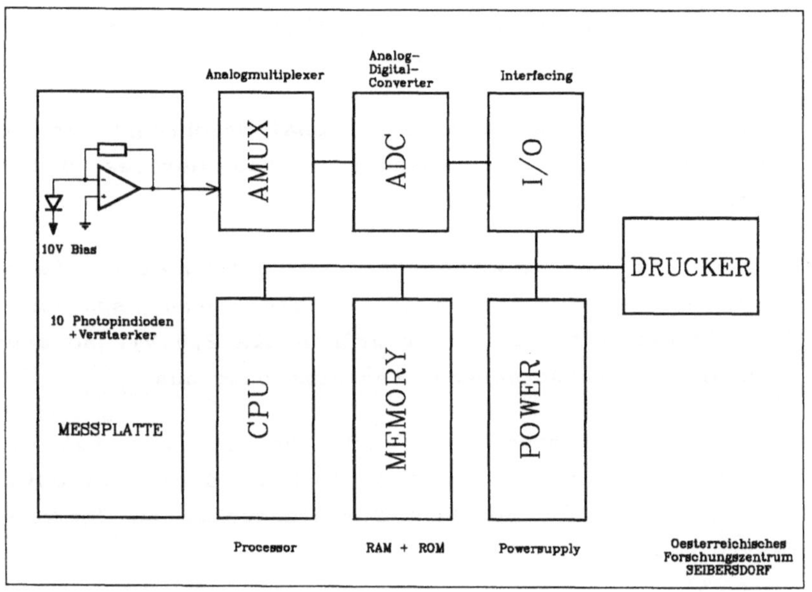

Abb. 3 Blockschaltbild: Steuergerät SMG 8084

3. Meßmethode

Vor dem eigentlichen Meßbeginn, d. h. vor dem Einschalten der Strahlenquelle, wird die Diodenplatte im Bestrahlungsfeld positioniert und das Steuergerät eingeschaltet. Es wird damit automatisch der Dunkelstrom jeder Diode ermittelt und als aktueller Leerwert abgespeichert.

Nach Einschalten der Strahlenquelle startet automatisch der Meßvorgang. Allerdings wird dabei eine Verzögerungszeit von 10 s abgewartet, um eventuelle Schalttransienten abklingen zu lassen.

Die Meßströme der einzelnen Dioden werden vom Multiplexer abgefragt und in digitaler Form gespeichert (Dabei wird jede Messung fünfmal wiederholt und der Mittelwert gebildet).

Diese Werte werden nun individuell mit dem zugehörigen Leerwert korrigiert, mit ihrem Kalibrierfaktor multipliziert und auf die Anzeige der Zentraldiode ("100 %") normiert. Anschließend wird das Resultat in Matrixanordnung auf dem Meßprotokoll ausgedruckt.

Die Bedienung durch das Anwenderpersonal beschränkt sich also auf das Aufstellen und Einschalten des Gerätes und des Druckers.

Liegen Meßwerte (mit Ausnahme des Leerwertsignals) außerhalb des Bereiches des Meßsystems (d. h. die Eingangsspannung am ADC ist kleiner als 0,3 V oder größer als 2,0 V), so druckt der Printer eine entsprechende Fehlermeldung aus.

Während also der Leerwert vor jeder Messung bestimmt wird, ist die Empfindlichkeit der Diodenmatrix durch periodische Überprüfung mit einer Konstant-Strahlenquelle zu überprüfen und festzulegen.

Zu diesem Zweck wird jede Diode mit einer Kalibrierquelle beaufschlagt und der so erhaltene, leerwertkorrigierte Meßwert zur Berechnung des neuen "Kalibrierfaktors" der jeweiligen Diode abgespeichert.

Die Kalibrierung kann nur nach Betätigen eines Schlüsselschalters geändert werden, so daß ein unbeabsichtigtes Löschen oder Verändern der Faktoren nicht möglich ist.

Durch die Verwendung einer Mikroprozessor-Steuerung kann natürlich das Meßprotokoll den Wünschen des Anwenders entsprechend gestaltet werden.

4. Erfahrungen

Erste Erfahrungen mit dem Gerät SMG 8084 liegen vor und sind positiv.

Nachträglich wurde noch folgende Verbesserung vorgenommen:

Da Siliziumdioden bei abnehmender Bestrahlungsenergie empfindlicher werden , trat bei Verwendung im "Röntgen"-Bereich eine Übersteuerung des ADC auf.

Durch eine Meßbereichserweiterung mittels Umschalter (1:3) ist nun das Gerät sowohl im Bereich "Röntgen" als auch "Hoch-Energie" verwendbar.

Die erste Nachkalibrierung der Dioden nach siebenmonatiger Verwendung ergab neue Kalibrierfaktoren, die durchschnittlich um 2,5 % gegenüber der Erstkalibrierung verändert waren.

Literatur:

1.) H. Büker, Theorie und Praxis der Halbleiterdetektoren für Kernstrahlung, Berlin 1971

2.) L. Simoncsics et al., Use of p-i-n structured silicon detectors for gamma radiation measurement, XI. Regional Congress of IRPA, Vienna, Sept. 20 - 24, 1983

3.) R. Nowotny, W. L. Reiter, The use of silicon PIN-Photodiodes as a low-energy photonspectrometer, Nucl. Instr. and Meth. 147 (1977)

4.) Div. Firmenunterlagen, z. B. UNITRODE, PIN-Radiation Detector UM9441; AME, Photo-PIN-Detector LRD-20; ENERTEC, Nuclear Spectroscopy at room temperature; BURR-BROWN, Product data book, 1984; u. a.

ELEKTRONENSTRAHL-MITTENPOSITIONSGEBER

96

E. Schmidt, M. Gröschl, E. Benes
Institut für Allgemeine Physik, TU Wien

H. Siegmund, G. Thorn
Leybold AG, Hanau / BRD

ZUSAMMENFASSUNG:

Es wird ein Sensor zur Detektion der Auftreffstelle eines Elektronenstrahls auf einem Target vorgestellt, der sich insbesondere für den Einsatz in Elektronenstrahl-Verdampfungsanlagen mit niedriger Leistung (ab ca. 100 W) eignet. Hiebei wird die vom Auftreffort der Elektronen ausgehende Röntgenstrahlung über eine Blende auf einen positionsempfindlichen Strahlungsdetektor abgebildet, dessen elektrische Ausgangssignale zur Stabilisierung der Auftreffposition des Elektronenstrahls auf die Targetmitte genützt werden. Damit ist u.a. eine automatische Kompensation der thermischen Drift der Strahlablenkung möglich.

1. Einleitung

In Elektronenstrahl-Aufdampf- und -Schmelzanlagen wird das Targetmaterial durch einen Elektronenstrahl erhitzt; die hohe Energiedichte dieses Strahls gestattet auch die Verdampfung von hochschmelzenden Materialien. Während des Verdampfungsvorgangs muß daher stets darauf geachtet werden, daß die Auftreffstelle des Elektronenstrahls im Bereich der Targetoberfläche verbleibt, da eine Fehlpositionierung zu einer Zerstörung von Teilen der Anlage führen kann. Der Elektronenstrahl wird durch geeignete elektrische und/oder magnetische Felder abgelenkt. Durch Variation der hiezu benötigten Spannungen bzw. Ströme läßt sich der Auftreffpunkt des Elektronenstrahls verschieben. Allerdings sind Genauigkeit und Reproduzierbarkeit der Positionierung durch mehrere Faktoren limitiert; hiefür sind vor allem die begrenzte Stabilität der Beschleunigungsspannung sowie Drift und Hysterese der Ablenkeinheit maßgeblich. Versucht man, den Auftreffpunkt des Elektronenstrahls, welcher bisher nur über den visuellen Eindruck abgeschätzt bzw. justiert werden konnte, mittels eines Sensors zu erfassen, so stellt sich heraus, daß dies über sichtbares Licht wegen des geringen Kontrasts praktisch nicht realisierbar ist; dies gilt auch für IR- und UV-Strahlung.

Die durch die Abbremsung der Elektronen erzeugte Röntgenstrahlung entsteht jedoch nur im unmittelbaren Auftreffbereich des Elektronenstrahls. Sowohl für die Intensität (Leistung) der kontinuierlichen Bremsstrahlung als auch für jene der charakteristischen Strahlung gilt bei fester Elektronenenergie die Proportionalität zum Elektronenstrom; somit ist die gesamte Röntgen-Strahlungsleistung ein Maß für die zeitliche Energiedeposition (Heizleistung) am jeweiligen Ort der Targetoberfläche. Die entstehende Röntgenstrahlung kann nun nach dem *Lochkameraprinzip* auf einen oder mehrere positionsempfindliche Detektoren abgebildet werden; auf diese Weise läßt sich die Position der auf das Target auftreffenden Elektronen ermitteln, wobei für die hier beschriebene Anwendung lediglich die Lage des *Schwerpunkts* der Elektronen-Stromdichteverteilung relevant ist. Zur Detektion der Koordinaten dieses Schwerpunkts wurde bereits früher ein nach dem oben beschriebenen Prinzip arbeitender Sensor /1/ entwickelt. Dieser sogenannte *Elektronenstrahl-Istpositionsgeber* ist für den Einsatz in Hochleistungs-Elektronenstrahl-Aufdampfanlagen konzipiert und liefert mittels einer speziellen Auswerte-Elektronik /2/ positionsproportionale Spannungen, welche im gesamten Targetbereich die Koordinaten des Elektronenstrahl-Schwerpunkts exakt angeben. In einer Reihe von Anwendungen, insbesondere bei kleinen Aufdampfanlagen, ist jedoch lediglich die Stabilisierung der Auftreffstelle auf die *Targetmitte* von Interesse. Dies ist vor allem dann der Fall, wenn Targetoberfläche und Querschnittsfläche des Elektronenstrahls (diese kann auch durch Anlegen eines Wechselfeldes "verwischt" bzw. vergrößert werden) in vergleichbarer Größe liegen. Für diese Anwendungen wurde nun der *Elektronenstrahl-Mittenpositionsgeber* (EPG) entwickelt, welcher sich gegenüber dem *Istpositionsgeber* vor allem durch wesentlich höhere Empfindlichkeit und kostengünstigere Detektoren (zwei speziell optimierte Photodioden pro überwachter Koordinate) auszeichnet. Allerdings ist das Positionssignal des *Mittenpositionsgebers* nicht-linear. Weiters besteht beim EPG eine i.a. nicht vernachlässigbare Abhängigkeit des Positionssignals von der Füllstandshöhe des Schmelztiegels. Bei geeigneter Anordnung der Detektoren verschwindet aber dieser Einfluß für eine bestimmte Auftreffposition (z.B. in der Targetmitte). Mit Hilfe einer entsprechenden Auswerte-Elektronik kann der Elektronenstrahl auf diese ausgezeichnete Position stabilisiert werden. Darüberhinaus ist bei kleinen Anlagen eine Überwachung und Regelung der Strahlposition oftmals nur entlang einer Achsenrichtung notwendig, da aus konstruktiven Gründen maßgebliche Positionierungs-Unsicherheiten nur in einer bestimmten Richtung auftreten.

2. Aufbau und Funktionsweise des Elektronenstrahl-Mittenpositionsgebers

Der Sensorkopf des Elektronenstrahl-Mittenpositionsgebers besteht im wesentlichen aus einer Blende, zwei symmetrisch angeordneten Photodioden und einer Schutzfolie, welche nur im interessierenden Röntgen-Spektralbereich transparent ist. Wie in Abb. 1 veranschaulicht, bildet die am Auftreffort des Elektronenstrahls (hier vereinfacht punktförmig dargestellt) erzeugte Röntgenstrahlung einen Strahlungskegel, welcher durch die Blendenränder begrenzt wird. Beide Photodioden werden mit einer der Position des Elektronenstrahls entsprechenden Röntgen-Teilausleuchtung beaufschlagt und erzeugen somit zwei Ausgangsströme (I_1 und I_2), deren *Verhältnis* ein *von der Strahlungsintensität unabhängiges* Maß für die Koordinate (X) des Auftreffpunkts darstellt. Mittels eines speziellen integrierten Bausteins[1] kann nun eine Spannung erzeugt werden, welche proportional zu $log(I_1/I_2)$ ist. Diese Spannung (welche natürlich auf ein Intervall zwischen positiver und negativer Sättigungsspannung des Verstärkers begrenzt ist) weist über einen weiten Auftreffbereich einen monotonen Verlauf auf. Im Bereich um die Mittenposition (Nulldurchgang des Positionssignals) ist sogar näherungsweise Linearität gegeben. Ein auf diese besonders einfache Weise erzeugtes Positionssignal ist somit zur Stabilisierung des Elektronenstrahl-Auftreffpunkts auf die Targetmitte geeignet. Die hiezu benötigte Auswerte-Elektronik (siehe Abb. 2) generiert aus

1 z.B. LOG 100 von Burr Brown

diesem Positionssignal mit Hilfe eines PI-Reglers ein Korrektursignal, welches in die Leistungsendstufe der Ablenkeinheit eingespeist und dem von Hand eingstellten Ablenkstrom

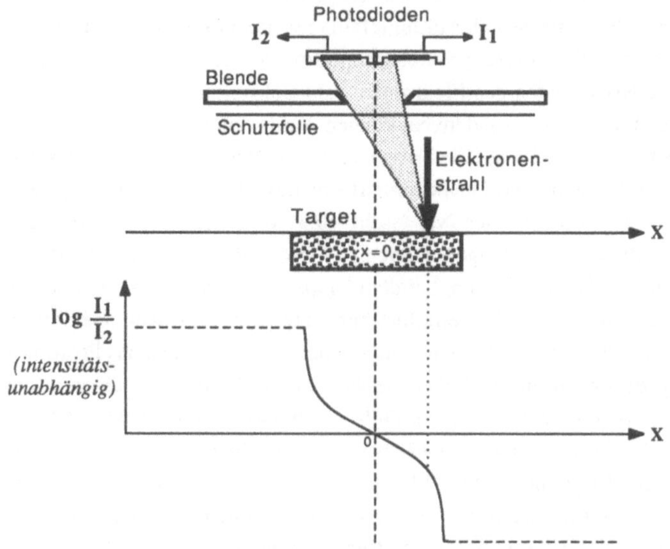

Abb. 1. Prinzipielle Wirkungsweise der eindimensionalen Positionsauflösung mittels eines Photodiodenpaars sowie Abhängigkeit des Positionssignals $log(I_1/I_2)$ von der X-Koordinate des Auftreffpunkts eines Elektronenstrahls

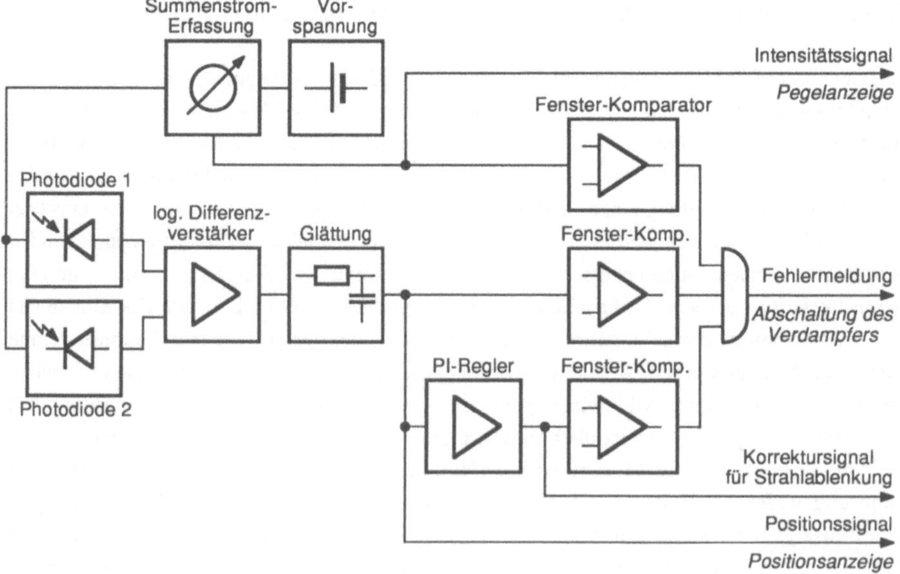

Abb. 2. Blockschaltbild der Auswerte-Elektronik des Elektronenstrahl-Mittenpositionsgebers (unidirektionale Positionsauflösung mittels eines Photodiodenpaars)

überlagert wird. Somit wird eine eventuelle Drift der Auftreffstelle des Elektronenstrahls stets durch eine entsprechende Korrektur der statischen Strahlablenkung kompensiert. Zur Erkennung eines Störfalls oder einer unzulässigen Betriebsbedingung werden Positions-, Korrektur- und Intensitätssignal (letztgenanntes ist proportional zu I_1+I_2) mit geeigneten Sollbereichen verglichen; im Störfall wird eine Fehlermeldung ausgelöst, die zur Abschaltung des Elektronenstrahl-Verdampfers führt.

Durch den Einsatz großflächiger Photodioden können bei entsprechender Wahl der geometrischen Abmessungen (Abstand, Blendenöffnung) auch bei sehr geringer Röntgenstrahlungsleistung ausreichend hohe Detektorströme erzielt werden. Somit ist dieser Sensor besonders für die Anwendung in Verdampfungsanlagen niedriger Leistung (ab ca. 100 W) geeignet. Mit Hilfe rauscharmer Photodioden und mit entsprechend empfindlicher Elektronik können Detektorströme bis 10^{-10} A verarbeitet werden. Allerdings kann bei derart niedrigen Röntgenstrahlungsleistungen wegen der hohen RC-Zeitkonstante (bis etwa 1 sec) des Sensors nur ein "träges" bzw. zeitlich gemitteltes Positionssignal gewonnen werden. Für die hier beschriebene Anwendung, nämlich die Regelung der statischen Strahlablenkung entlang einer bestimmten Achse (X-Achse), ist dieser Sensor jedoch hervorragend geeignet. In Abb. 3 ist der Regelkreis des Elektronenstrahl-Mittenpositionsgebers schematisch dargestellt.

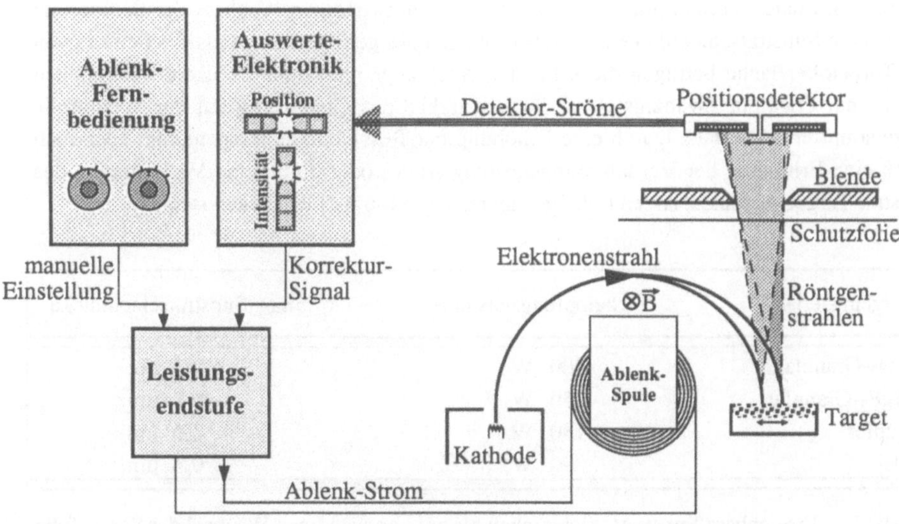

Abb. 3. Regelkreis zur automatischen Stabilisierung des Elektronenstrahls auf die Targetmitte (schematisch)

Die geometrischen Abmessungen des Sensorkopfs müssen unter Berücksichtigung der Größe des Targetbereichs und der Photodioden ermittelt werden; hiebei ist allerdings auch auf Kompaktheit Wert zu legen, um einerseits die thermische Belastung des Sensorkopfs gering zu halten und andererseits den vom Target ausgehenden nutzbaren Dampfkegel nicht abzuschatten. Aus dem zuletzt genannten Grund wird der Sensorkopf nicht direkt über dem Target angebracht, sondern unter einem bestimmten Neigungswinkel montiert (siehe Abb. 4).

3. Ergebnisse und Diskussion

Abb. 5 zeigt den gemessenen zeitlichen Verlauf des Positionssignals des EPG bei manueller Verstellung des Elektronenstrahl-Ablenkstroms, welcher bei ausgeschalteter Positionsregelung (Kurve 1) eine Verschiebung des Auftreffpunkts von der Targetmitte (Positionssignal = 0 V) an den Rand des Schmelztiegels (Auslenkung ca. 10 mm) bewirkt. Bei geschlossener Positionsregelschleife (Kurve 2) resultiert aus derselben Ablenkstromänderung lediglich eine kurzfristige, durch die Zeitkonstante des Sensors bedingte, geringfügige Auslenkung aus der Mittenposition um ca. 2 mm, welche jedoch automatisch ausgeregelt wird.

Da die Schutzfolie des Sensorkopfs während des Verdampfungsprozesses ebenfalls mit dem Targetmaterial bedampft wird, nimmt die Intensität der auf die Detektoren treffenden Röntgenstrahlung wegen der in dieser Schicht auftretenden Transmissionsverluste kontinuierlich ab. Dies kann toleriert werden, solange die Ansprechschwelle des Sensors nicht unterschritten wird. Da die Dynamik der Detektoren und der Auswerte-Elektronik außerordentlich hoch ist ($1 : 10^6$), ist bei den meisten Anwendungen ein Austausch der Schutzfolie jeweils bei Wechsel der Substrate bzw. Nachfüllung des Tiegels ausreichend. Für einige in dieser Hinsicht besonders ungünstige Materialien (Targetmaterialien mit niedriger Röntgenausbeute oder mit besonders hoher Röntgenabsorption) ist in der folgenden Tabelle die bei minimaler Verdampfungsleistung bis zum notwendigen Wechsel der Schutzfolie erreichbare Substratschichtdicke angegeben. Wegen des geringen Abstands des Sensors von der Targetoberfläche betragen diese für den Anwender relevanten Substratschichtdicken jeweils nur etwa ein Zwanzigstel der Schichtstärken des gleichzeitig auf der Schutzfolie aufgedampften Materials. Durch eine Erhöhung der Beschleunigungsspannung, aber auch durch eine Erhöhung der Verdampfungsleistung (Rate) oder durch eine Verringerung des Substrat-Target-Abstands, lassen sich die maximalen Substratschichtdicken steigern.

Targetmaterial	Verdampfungsleistung	max. Substratschichtdicke
SiO_2-Granulat	300 W	2,5 µm
MgF_2-Granulat	150 W	6 µm
Kupfer	180 W	3,5 µm
Blei	90 W	0,4 µm

Tabelle 1. Erreichbare Substratschichtdicken bis zum notwendigen Wechsel der Schutzfolie des EPG für einige Aufdampfmaterialien; die Werte gelten für eine Beschleunigungsspannung von 6 kV und einen Substrat-Target-Abstand von ca. 36 cm.

Der *Elektronenstrahl-Mittenpositionsgeber* gestattet somit erstmals auch in Verdampfungsanlagen mit niedriger Leistung eine automatische Kompensation der beispielsweise durch Temperatur- oder Spannungsschwankungen erzeugten Drift des Elektronenstrahl-Auftreffpunkts und bietet eine wesentliche Erhöhung des Automatisierungsgrades von Elektronenstrahl-Aufdampfanlagen sowie gesteigerten Bedienungskomfort und erhöhte Betriebssicherheit.

Abb. 4. Sensorkopf des EPG montiert an einem Elektronenstrahl-Verdampfer ESV 6 (Leybold AG); Durchmesser des Sensorkopfs = 45 mm; (X-Achse ⊥ Vorderkante)

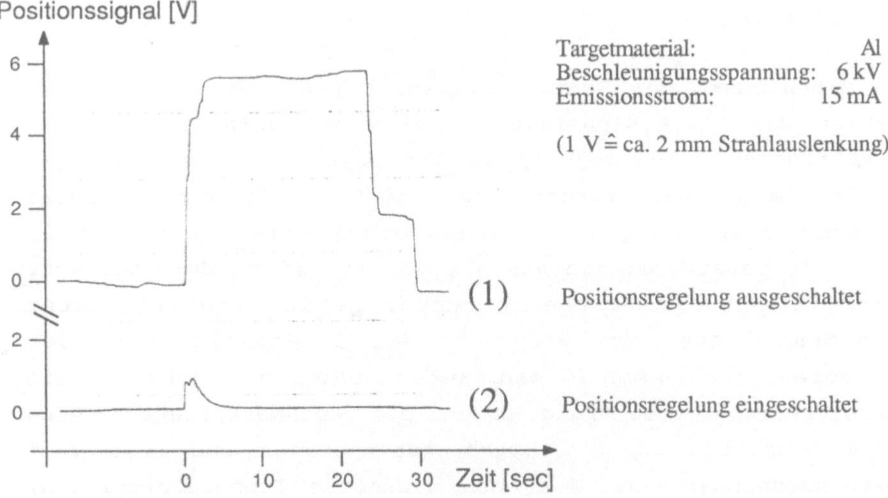

Abb. 5. Zeitlicher Verlauf des Positionssignals bei manueller Verstellung des Ablenkstroms

Literatur

/1/ Benes, E., Gröschl, M., Lübke, K., Gurker, N., Thomas, F.W., Thorn, G., Ranke, H.: *Elektronenstrahl-Istpositionsgeber*, Mikroelektronik in Österreich, 278; Springer (1985).

/2/ Gröschl, M., Pfersmann, G.: *Circuit Arrangement for a Position-Sensitive Radiation Detector*, United States Patent No.: 4,769,533 (1988).

DIGITAL KORRIGIERTE DRUCKSENSOREN

G.F. Nowack

Lehrstuhl für Datenverarbeitung, Ruhr-Universität Bochum

ZUSAMMENFASSUNG:

Gering spezifizierte Drucksensoren werden mit Hilfe einer rechnerischen Korrektur zu gut spezifizierten Sensoren, soweit sie in einer langzeitstabilen Technologie hergestellt werden und somit die im Rechnerteil gespeicherten Korrekturfunktionen auf Dauer Gültigkeit besitzen. Die Korrekturfunktionen ergeben sich aus rechnergesteuerten Prüffeldmessungen, die für jeden Sensor einzeln durchgeführt werden. Die angestrebte Genauigkeitssteigerung beträgt ca. eine Größenordnung (0,1%). Der Preisvorteil beträgt ca. 1000,-DM.

1.Einleitung:

Im Mittelpunkt der Rechnerkorrektur steht der Linearitätsfehler des Konversionsfaktors, also des Verhältnisses der elektrischen Ausgangsgröße zu der physikalischen Eingangsgröße. Da der Linearitätsfehler bei Drucksensoren besonders temperaturabhängig ist, wurden die Prüffeldmessungen in einem Temperaturbereich von -25 oC bis +25 oC durchgeführt. Die Grenzen der Rechnerkorrektur gering spezifizierter Sensoren liegen vor allem in der Langzeitkonstanz der Sensoren. Läßt man diese außer acht, so beträgt die erreichbare Verbesserung durch die Rechnerkorrektur etwa eine Größenordnung bei Umgebungstemperatur und etwa zwei Größenordnungen über dem oben genannten Temperaturbereich, d.h. sie liegen letztlich in etwa bei 0.1%. Für die Prüffeldmessungen und zur Erstellung der Korrekturfunktionen wurde ein PC mit IEEE-488 Interface, sowie entsprechende Meß- und Steuergeräte eingesetzt.

2. Sensoren

2.1 Referenz-Drucksensoren

Hoch spezifizierte Drucksensoren enthalten eine innere Meßzelle, auf deren Membran Widerstandsbahnen in Form einer Brückenschaltung aufgebracht sind. Durch die Verformung der Membran wird die Brücke verstimmt, und es entsteht eine Ausgangsspannung, wenn die Brücke mit einer Konstantspannungs- bzw. Konstantstromquelle gespeist wird. Die Dünnfilmdrucksensoren der Fa. Transamerica Instruments sind mit der Kathodenzerstäubungs-Technologie /1/ hergestellt worden. Hierbei handelt es sich um eine kontrolliert ablaufende Glimmentladung, bei der aus der Kathode Atome herausgeschlagen werden, die dann nach einer starken elektrischen Beschleunigung auf dem Trägerelement 'kondensieren'. Die im Vergleich zur Aufdampftechnik 10 mal größere Auftreffenergie führt zu einer festen, langzeitstabilen Verbindung der beiden Materialien. Weiterhin sind Abgleichmöglichkeiten für die Symmetrie , die Empfindlichkeit und die Temperaturkompensation erforderlich /2/.
Die technischen Daten der zur Verfügung stehenden Referenz-Drucksensoren zeigt Tabelle I.

2.2. Standard-Drucksensoren

Als Standard-Drucksensoren (gering spezifiziert) werden Drucksensoren in Siliziumplanartechnik betrachtet. Sie haben den Vorteil, recht empfindlich zu sein. Die Membran besteht aus Silizium, deren gewünschte Dicke durch Dünnätzung erreicht wird. Durch Ionenimplantation werden Widerstandsbahnen realisiert, die wiederum in Brückenform angeordnet werden. Das Hauptproblem dieser Sensoren ist die Langzeitstabilität, über die keine Spezifikationen vorliegen. Die Halbleitertechnologie ist prinzipiell sehr wohl in der Lage, Drucksensoren mit ausreichender Langzeitkonstanz zu realisieren, wie man an den Driftwerten von integrierten Spannungsreferenzen erkennen kann, die ca. eine Größenordnung über der der Referenzsensoren liegen /3/.
(s.Tabelle II: Standard-Drucksensoren)

Tabelle I: Referenz-Drucksensoren (calibration records)

(25oC, 10V)	Absolutdrucksensor	Differenzdrucksensor
Bezeichnung	BHL - 4201 - 00	BHL - 4238 - 00
Seriennummer	324009	322175
Druckbereich	0 - 10 bar, abs.	0 - 10 bar, diff.
Spanne	29.97 mV	29.88 mV
Nichtlinearität und Hysterese	+- 0,1 % d.Spanne	+- 0,08 % d.Spanne
Temperaturabhängigkeit (für den Bereich: -54 oC bis 120 oC)		
Nullpunktspannung	- 0,005 % Spanne/oC	+ 0,004 % Spanne/oC
Empfindlichkeit	- 0,002 % Spanne/oC	- 0,002 % Spanne/oC

Weitere Daten, entsprechend der Typ-Spezifikationen:

Überlastbarkeit	2 * Nenndruck
Ansprechzeit	< 1 ms für 90 % Nenndruck
max. Brückenspannung	15 V
Brückenwiderstand	typisch 1000 Ohm bei 25 oC
Reproduzierbarkeit	< +- 0,05 % der Spanne
Langzeitstabilität	< +- 0,1 % der Spanne für mind. 1,5 Jahre bei 25 oC (!)
Isolationswiderstand	> 500 MOhm gegen Gehäuse
statische Beschleunigung	< 0,05 % der Spanne/g(bis 100g)
sinusförmige Beschleunigung	< 0,05 % der Spanne/g
Schockbelastung	1000 g/ms, halbsinusförmig, ohne Zerstörung des Sensors

Tabelle II: Standard-Drucksensoren

1. Differenzdrucksensor: KPZ 21 G (Valvo)(<100,-DM):

Druckbereich:	P,rel = -1 ... 10 bar
Brückenspannung:	U,B = 7,5 V
Temperaturbereich:	-40 ... 125 oC
Empfindlichkeit:	2,5 ... 4,5 mV/bar (7,5V)
TK,E	- 0,15 %/K
Offsetspannung:	< +- 37,5 mV
TK,Uos	+- 0,05 % FS/K
Linearitätsfehler	+- 0,3 % FS
Hysterese	+- 0,2 % FS

Referenzseite: trockene Gase

2. Absolutdrucksensor KPY 14 (Siemens)(<100,-DM):

Druckbereich:	P,abs = 0 ... 10 bar
Brückenspannung:	U,B = 5 V
Temperaturbereich:	-40 ... 125 oC
Empfindlichkeit:	14 ... 26 mV/bar (5V)
TK,E	- 0,15 %/K

Offsetspannung:	< +- 25 mV
TK,Uos	+- 0,015 % FS/K
Linearitätsfehler	+- 0,3 % FS
Hysterese	+- 0,2 % FS

3. Absolutdrucksensor PAA 10 (Keller)(<300,-DM):

Druckbereich:	P,abs = 0 ... 10 bar
Brückenstrom:	I,B = 4 mA
Temperaturbereich:	-55 ... 150 oC
Empfindlichkeit:	100 .. 1000,gemessen: 314,8 mV/bar; 4mA
Temp.einfluß:	0,6 % FS (-10 bis 80 oC)
Offsetspannung:	-74,8 mV, gemessen
TK,Uos	nicht angegeben
Linearitätsfehler	+- 0,2 % FS, typisch; +- 0,6 % FS, maxim
Hysterese	nicht meßbar

Komplettes Gehäuse mit Außenmembran und Ölfüllung.

3.Prüffeldmessungen

3.1. Meßanordnung

Die Prüffeldmessung wurde rechnergesteuert durchgeführt, um die notwendigen Wartezeiten nach einer festen Vorschrift durch den Rechner selbst bestimmen zu lassen.

Folgende Meßwertaufnahmeprogramme wurden entwickelt:

1. Messung der Füllgas-Temperaturänderung aufgrund von Kompression und Expansion
2. Messung der Nullpunktspannung (Brückenrestverstimmung) der Referenzsensoren über der Temperatur (Beim Absolutdrucksensor wurde gegen Vacuum gemessen.)
3. Kalibriermessung der gering spezifierten Drucksensoren bei variablem Druck und variabler Temperatur

3.2. Meßergebnisse

Die Ergebnisse der Nullspannungsmessung des Differenz-Referenzsensors lassen sich durch die Funktion beschreiben:

U,off/uV = -130.167 +0,9419445 *(T/oC) -5,58162E-3 *(T/oC)^2

Für den Absolut-Referenzdrucksensor gilt:

U,off/uV= -41,05575 -0,16944771*(T/oC)-1,9586314E-2*(T/oC)^2

Die Formel für die exakte Druckbestimmung lautet:

p/bar = (U,m - U,off) / Empf., (z.B.Empf.= 29.88 mV, s.Tab.)

Bild 1 zeigt die Kalibriermeßergebnisse, dargestellt als Abweichung gegenüber einer Referenzgeraden (definiert durch 2 Punkte bei minimalem und maximalem Druck).

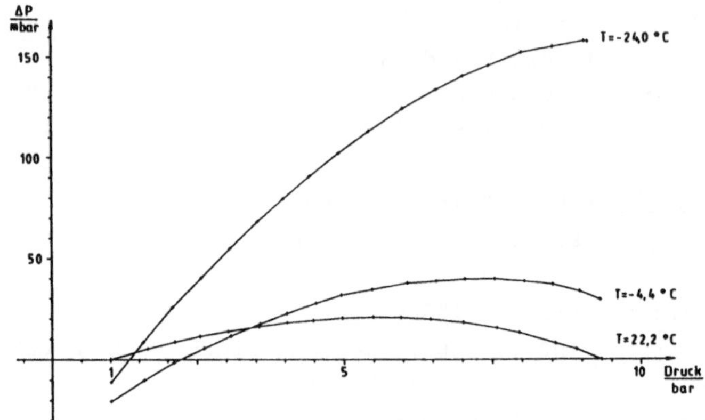

Bild 1: Druckabweichungen, dargestellt gegen Referenzgerade
Drucksensor: Fa. Keller

4.Digitale Korrektur

Für die algorithmische Korrektur werden die Meßwerte durch folgende 2-fach quadratische Funktion approximiert:

P,n = C,0 + C,1 * U,n + C,2 * U,n^2

mit:

P,n = p/bar , U,n = U,m/U,ref und T,n = T/oC

C,0 = a + b * T,n + c * T,n^2

C,1 = d + e * T,n + f * T,n^2

C,2 = g + h * T,n + i * T,n^2

Mit Hilfe der multiplen Regression können folgende Werte für die Koeffizienten bestimmt werden:

	Valvo	Siemens	Keller
a	-4,75E-1	-4,86E-2	-6,50E-1
b	2,06E-4	-2,80E-4	-1,22E-3
c	-2,02E-6	-3,50E-6	-8,94E-6
d	2,75E+2	1,72E+2	3,31E+1
e	4,44E-1	3,87E-1	1,98E-2
f	1,25E-3	-2,45E-4	-3,49E-4
g	-1,48E+2	2,28E+2	1,70E+0
h	-2,37E+0	5,73E-1	-1,59E-2
i	-4,38E-2	2,67E-4	-8,32E-6

Bild 2 zeigt den verbleibenden Restfehler.

Die Ergebnisse der digitalen Korrektur (gegenüber der analogen Korrektur mit Offset- und Scaling-Kalibrierung) zeigt Tabelle III.

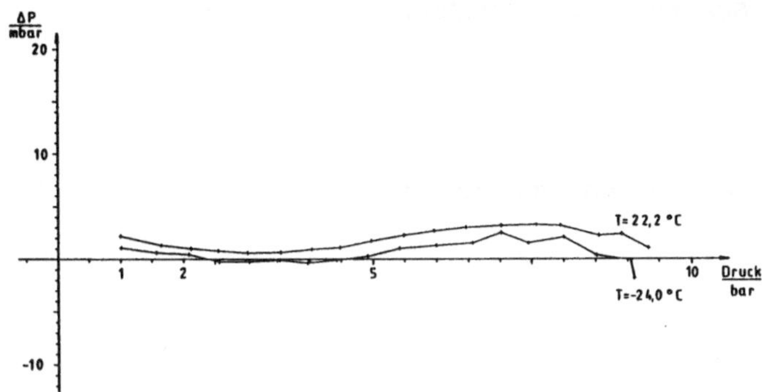

Bild 2: Restfehler nach Korrektur (Sensor der Fa.Keller)

Tabelle III:

	Genauigkeit		
	analoge Korrektur		dig.Korrektur
	Umgebungstemp.	gesamter Temperaturbereich	
Valvo	0,46 %	6,0 %	0,15 %
Siemens	1,5 %	10,0 %	0,15 %
Keller	0,21 %	1,6 %	0,035 %

5.Bewertung:

1. Die Billigsensoren von Valvo und Siemens sind als Drucksensoren (gesamter Temperaturbereich) ungeeignet. Prozentgenauigkeit (1,6 %) läßt sich mit dem Sensor der Fa. Keller erreichen. Durch den gewählten Korrekturalgorithmus läßt sich die Genauigkeit deutlich unter 0,1 % (0,035 %) steigern. Das anstrebte Ziel wurde damit erreicht.

6.Danksagung

Ich danke Herrn Bernd Kruse für seinen Anteil an den experimentellen Arbeiten.Die Firmen Transamerica und Keller haben meine Arbeiten mit Interesse unterstützt.

7. Literatur

1. Tschulena, G., Selders,M.: Schlüsseltechnologien zur Sensorherstellung, Technisches Messen (Sonderheft: Sensoren) R.Oldenburg Verlag, München 1983

2. Weißler, G.: Handbuch der Druckmeßtechnik, 2.Aufl.1987, Transamerica Instruments, Grüner Weg 8, 6360 Friedberg, BRD

3. PMI: Analog-IC-Databook, 1988, S. 10-32

VERSUCHE AN ISOLIERTEN GLATTMUSKULÄREN ORGANEN

E. Schauer

Österreichisches Forschungszentrum Seibersdorf Ges.m.b.H.

ZUSAMMENFASSUNG:

Um die Wirksamkeit einer bestimmten chemischen Substanz auf den lebenden Organismus zu bestimmen, bedient man sich unter anderem eines sogenannten Organbades. In einem Organbad wird das ausgewählte isolierte glattmuskuläre Organ unter standardisierten Bedingungen am Leben erhalten. Der Einsatz der Elektronik hat diese Systeme für den Anwender benützerfreundlich gemacht.

1. EINLEITUNG:

Physikalisch-Chemische Vorgänge sind durch deterministische Gesetze charakterisiert. Zwischen der Ursache und der Wirkung bestehen funktionale Zusammenhänge. Bei biologischen Versuchen liegen jedoch andere Bedingungen vor, da neben den standardisierten Versuchsbedingungen zusätzlich zufällig auftretende Einflüsse, z.B. spontane Reaktionen des zu untersuchenden Organes, eine entscheidende Rolle spielen. Man kann aber mit einer gewissen Wahrscheinlichkeit, aus von Stichproben genommenen Daten, auf die Wirksamkeit einer bestimmten chemischen Substanz auf das in der Versuchsreihe verwendete Organ (Muskel) schließen. Würde man eine Substanz an einem intakten Organismus, d.h. an einem Labortier oder an einem Probanten, testen, so würde man auf große Schwierigkeiten stoßen, da verschiedene Regelmechanismen des Organismus betroffen wären.
Um eine annähernd representative Aussage treffen zu können, verwendet man isolierte perfundierte Organe bei der Untersu-

chung der Wirksamkeit von chemischen Substanzen.
Diese Organe werden außerhalb des Organismus in einer Nährlösung unter kontrollierten, standardisierten Bedingungen am Leben erhalten. Da die einzelnen Parameter, wie Temperatur, Konzentration, Begasung heute elektronisch leicht überwacht werden, können die Fehlerquellen bezüglich der Meßwerte aus der Sicht der erwähnten Parameter relativ gut kontrolliert werden.
Die Zielsetzung der Entwicklung eines anwenderfreundlichen Organbades waren einerseits die Reproduzierbarkeit der gewonnen Daten, und anderseits die Fehler der Versuchsserien so weit wie möglich in engen Grenzen zu halten. Zusätzlich sollten die gewonnen Daten, gespeichert und wenn erforderlich die gewonnen Meßkurven in einer Dosis-Wirkungs-Kurve, auf einem Plotter ausgegeben werden, um rasch die Wirksamkeit einer Substanz (z.b. CA-Antagonist) erkennen zu können.

2. MESS-METHODEN DER ORGAN-REAKTION (KONTRAKTION):

Grundsätzlich stehen drei Meßmethoden zur Erfassung der Muskelkontraktion zur Verfügung:

- isometrische Methode
- isotonische Methode
- auxotonische Methode

Die Festlegung nach welcher Methode die Kontraktion gemessen wird, ist für die Sensorik wichtig. Diese drei Methoden können durch einen einfachen Vergleich erklärt werden.

Isometrische Methode

Die Kraftänderung bei gleichbleibender Muskellänge wird Isometrische-Methode genannt. Vergleichbar mit zwei Personen die beim Seilziehen (Tauziehen) ihre Kräfte messen.

Isotonische Methode

Bei gleichbleibender Kraft ändert sich die Muskellänge, sie wird die Isotonische-Methode genannt. Vergleichbar mit einem Gewichtheber, der das Gewicht vom Boden hebt und hochstemmt.

Auxotonische Methode

Es erfolgt gleichzeitig eine Längen- und Kraftänderung, sie wird die Auxotonische-Methode genannt. Vergleichbar mit einem Body-Builder der einen Expander zieht.

3. FUNKTIONSWEISE:

Die in diesem Beitrag beschriebene Methode beschränkt sich auf die isotonische Kontraktion.
Folgende Regelkreise für die angeführten Parameter des Organbades werden vom Personal Computer (PC) gesteuert:

- Temperatur
- Gasdurchfluß
- Nährlösungsmenge
- Substanzmenge
- Reiz-Impulse
- Reaktionssignal der Sensoren

Ein Organ z.B.(Uterus v. Ratten.) Fig.1 (4) wird an der Unterseite Fig.1 (3) im Organgefäß Fig.1 (1) befestigt. Das andere Ende des Organes, wird an der Oberseite Fig. 1(5) an einen Kraft/Weg-Sensor Fig.1 (6) befestigt. Bei verschiedenen Organgrößen ist auch die Vor-Last Fig.1 (8) zu berücksichtigen, da diese für die Relaxion des Organs von Wichtigkeit ist. Der Sensor Fig.1 (7) wird über einen Vorverstärker an den ADC Fig.1 (9) angekoppelt. Die digitalisierten Daten werden per Software in das Programm eingebunden. Ein Filter dämpft Spontanreaktionen der Organe.
Der PC Fig.1 (10) überwacht die von der Hardware gelieferten Signale und steuert dann das Nachregeln der Temperatur, Gasmenge und die Applikation der Testsubstanz.
Zu diesem Zweck werden die Daten in einer ADC/DAC Stufe Fig.1 (11) umgewandelt, um einerseits das Regelsignal zu gewinnen und anderseits daß rückgemeldete Signal zu überprüfen und wenn erforderlich der Regelkreise neue Signale zu liefern.

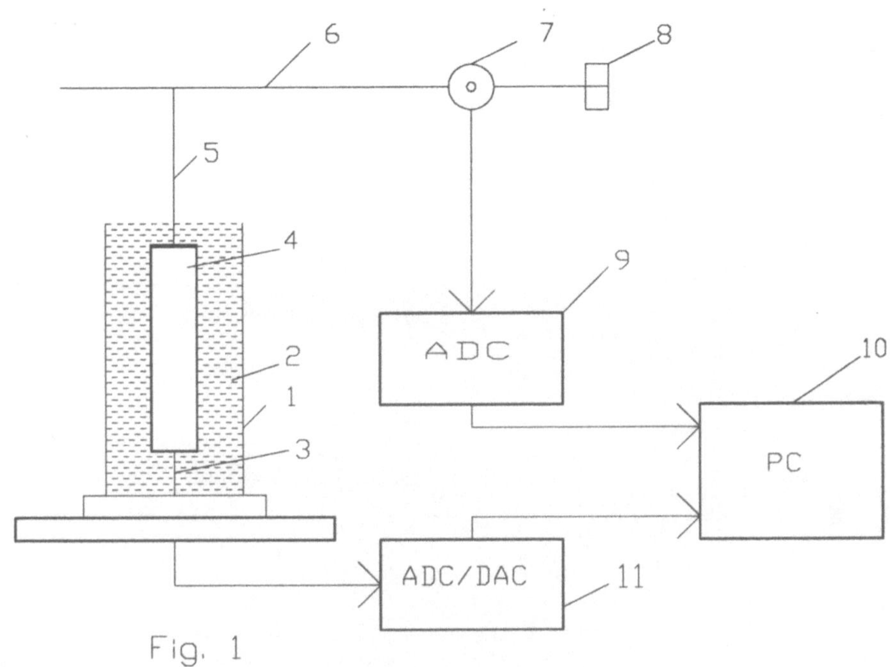

Fig. 1

Die Software verwaltet die gelieferten Signale der Sensoren und bereitet sie zur Ausgabe auf einem Plotter vor.

In Fig.2 sind Dosis-Wirkungs-Kurven abgebildet,die für einen Kalzium-Antagonisten (CA-Antagonisten) charakteristisch sind. Auf der Ordinate ist die Kontraktion (Tonus in %) zu sehen. Die Abszisse representiert die Zeitskala. Am Startpunkt Null ist das Organ entspannt. Nach der Applizierung von KCL erfolgt eine Kontraktion des Organes. Nach einer kurzen Einwirkdauer wird die zu untersuchende Substanz (CA-Antagonist) appliziert. Nun beginnt sich das Organ, je nachdem wie gut die Substanz wirkt, zu entspannen. Nach einer Einwirkdauer von ca. 20 Minuten wird CACL appliziert und das Organ beginnt sich wieder zu verkrampfen. Je wirksamer die applizierte Substanz (CA-Antagonist) ist, desto geringer die Verkrampfung des Organs. Durch die Verwendung eines Personal Computer wird für das Labor-Personal die Arbeit vereinfacht. Ferner erlaubt die Software eine große Vielfalt der Interpretation der gewonnen Daten, die jederzeit mit einer Standard-Substanz verglichen werden können.

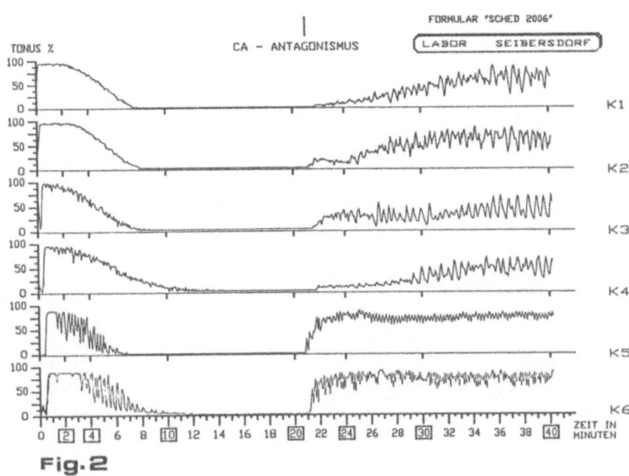

Fig.2

Von der technischen Seite (Einsatz von Mikroelektronikkomponenten) sind zu erwähnen.

- Regelung der Temperatur der Nährlösung (Meßfühler PT 100 und Thermoelement ± 0.5 °C - PDI Regler)
- Kontrolle des Gasdruckflusses (Carbogen, in dieser Ausbaustufe optische Kontrolle, Regelbereich 0 bis 1ml pro Minute)
- Regelung der Nährlösungsmenge (50 ml ± 1ml, Zweipunktregelung)
- Reaktionssignal der Sensoren (Kraft- Weg- Sensoren (Hall Sensoren), Auflösung 1mV/mm bei einer Gesamtweglänge von 20mm)

Zum Einsatz kommt ein PC, Copam 10MHz, 640k Speicher (Byte), 20 MB Festplatte, Interface: Burr Brown (PCI 20000 M-2)
Die Software wurde in "C" geschrieben, Umfang etwa 80 Kbyte.

MIKROMINIATURISIERTE BIOSENSOREN

G.Urban, F.Kohl, H.Kuttner, A.Jachimowicz, F.Olcaytug, O.Tilado, G.Jobst, [+]F.Pittner, [+]E.Mann-Buxbaum, [+]T.Schalkhammer

Institut für Allgemeine Elektrotechnik und Elektronik und Ludwig Boltzmann Institut für Biomedizinische Mikrotechnik, Technische Universität Wien
[+]Institut für Allgemeine Biochemie, Universität Wien
Ludwig Boltzmann Forschungsstelle für Biochemie

ZUSAMMENFASSUNG

Biosensoren sind Sensoren, die entweder mittels biologischer Substanzen spezifische Meßgrößen erfassen können oder in biologischen Medien messen. Die Dünnschichttechnologie ermöglicht die Herstellung von Biosensoren, die beide Definitionen erfüllen.
Mikrominiaturisierte Temperatursensoren wurden für kontinuierliches Erfassen von Gewebetemperatur und -Durchblutung verwendet.
Weiters wurden Miniatur-Glukosesensoren, auf der Basis von immobilisierten Enzymen entwickelt.

1. Einleitung

Moderne Fertigungstechnologien, wie die Halbleiter- und Dünnschichttechnik, ermöglichen die Realisierung einer Reihe von Sensoren die für die Messung biologisch relevanter Parameter eingesetzt werden können /1,2/.
Eigenentwickelte zylinderförmige stereotaktische Dünnschichtinstrumente sind schon mit Erfolg während neurochirurgischen Operationen zur Messung ereignisbezogener elektrischer Potentiale eingesetzt worden /3/.
In den letzten Jahren wurden Biosensoren, die in der Lage sind, mittels biologischer Substanzen hochspezifische Messungen durchzuführen, verstärkt erforscht. Allerdings ist die Kopplung von biologischen Substanzen mit mikrotechnologisch hergestellten Strukturen noch problematisch und die Miniaturisierung noch nicht sehr weit fortgeschritten /4/. Dies wäre aber in der Medizin sowohl für den in-vivo Einsatz oder für Sofortmessung bei Akutfällen, als auch für die kostengünstige und reproduzierbare Produktion von Einwegsensoren ein großer Vorteil.

2. Temperatursensoren

Die Forschung im Bereich von integrierten, hochminiaturisierten Widerstandstemperaturfühlern hat einen hochempfindlichen und hochauflösenden Temperatursensor, basierend auf amorphen Germaniumschichten, hervorgebracht /5/. Eine Temperaturauflösung von 0.1mK mit einer Ansprechzeit im Millisekundenbereich bei einer örtlichen Auflösung von 0.1mm ist mit diesen Sensoren realisierbar.
Mittels spezieller Temperatursensorarrays sind Temperaturgradienten sofort bestimmbar. Der dazu verwendete Sensor besteht aus sechs Germanium-Widerstandsthermometern, die in einem Abstand von je 0.4 mm, auf einem 0.1 mm dicken planaren Glasträger aufgedampft worden sind (Abb. 1).
Die Germaniumsensoren weisen einen Gleichlauf von 0.2% pro Produktionscharge von 1000 Stück und eine Langzeitstabilität von 0.25K/Jahr auf.

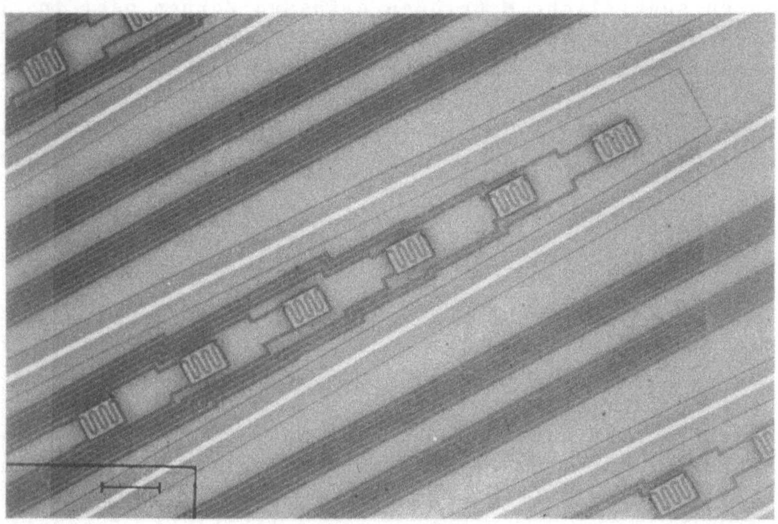

Abb. 1 zeigt Temperatursensorarrays mit sechs einzelnen Temperatursensoren die mittels Leiterbahnen elektrisch kontaktiert werden. Der Meßbalken repräsentiert 0.2 mm.

Um das Array in biologisches Gewebe einstechen zu können, wird der Glasträger nadelförmig zugesägt und die 0.001mm dünne Spitze thermisch gezogen, um die Verletzungen gering zu halten.
Heat Clearence Bestimmungen können mit diesem Multi-Temperatursensorarray ebenfalls leicht durchgeführt werden. Bei dieser Meßmethode wird ein Temperatursensor auf konstanter Übertemperatur von 1K, gegenüber einem zweiten, auf der

gleichen Sensornadel befindlichen ungeheizten Temperatursensor gehalten. Die Heizleistung ist dann ein Maß für den Wärmeabtransport und dieser ist wiederum ein indirektes Maß für die Durchblutung.
Mit den Mehrfachtemperatursensoren waren Temperaturverteilungs-, Gradienten- und Durchblutungs-messungen im Kortex von Kaninchen unter Normalbedingungen und während Atemgas- und Narkosegasänderungen (Halothan) durchführbar /5/ (Abb. 2).

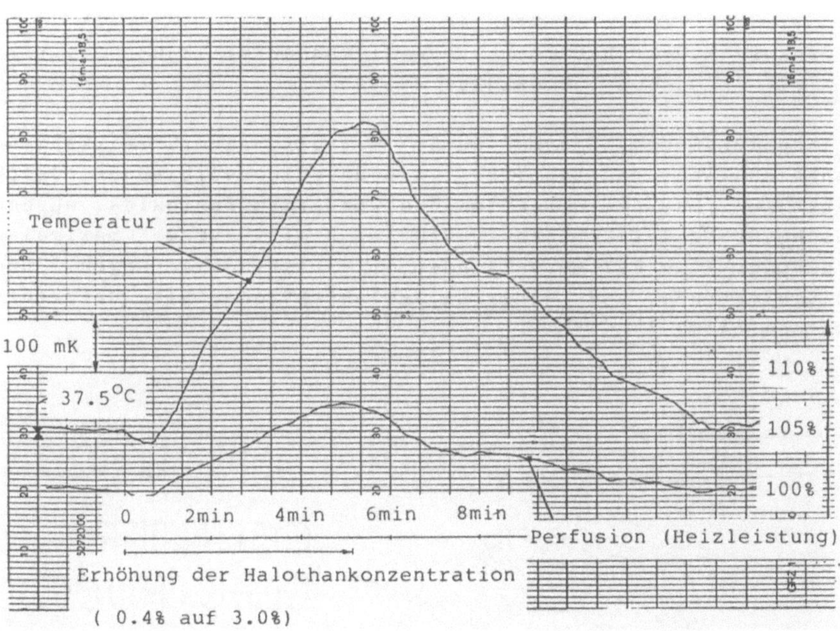

Abb. 2 zeigt die Messung von Temperatur und Durchblutung während Änderungen der Narkosegasänderungen.

2. Glukosessensoren

Die Dünnschichttechnologie ermöglicht nicht nur die Miniaturisierung und Integration von Temperatursensoren, sondern durch reproduzierbare, hochreine und definiert erzeugte Metallstrukturen kleinster Fläche, in Verbindung mit biochemischen Verfahrensschritten, die Herstellung großer Stückzahlen von Glukosesensoren mit reproduzierbaren Eigenschaften.
Für Diabetiker aber auch für den intraoperativen Einsatz ist die Kenntnis der Glukosekonzentration im Vollblut äußerst

wichtig. In beiden Fällen muß der Sensor klein sein und ein schnelles Ansprechverhalten aufweisen.
Um das bekannte Prinzip des Enzymsensors /4/ mittels moderner Miniaturisierungstechnologie zu realisieren mußte das Problem der Enzymkopplung an einer festen Phase gelöst werden.
Als Meßprinzip wurde die Detektion von Wasserstoffperoxid, welches bei der Glukose/Enzym-Reaktion entsteht, gewählt. Als Enzym wurde Glukoseoxidase eingesetzt. Nach Reaktionsgleichung (1) wird aus Glukose und Sauerstoff in Anwesenheit des Enzyms Glukoseoxidase Wasserstoffperoxid und Glukonsäure gebildet.

$$\text{Glukose} + O_2 + H_2O \xrightarrow[\text{oxidase}]{\text{Glukose}} \text{Glukonsäure} + H_2O_2 \quad (1)$$

Die Kopplung des Enzyms wurde mittels einer leitfähigen bifunktionellen redoxaktiven 1,4-Benzochinonverbindung durch geführt /6/. Für die Detektion des Wasserstoffperoxids wurden Dünnschicht-Dreielektrodenstrukturen, mit einem maximalen Durchmesser von 0.2 mm verwendet, mit Platin als Gegen- und Arbeitselektrode und einer Ag/AgCl-Elektrode als Referenzelektrode (Abb. 3).

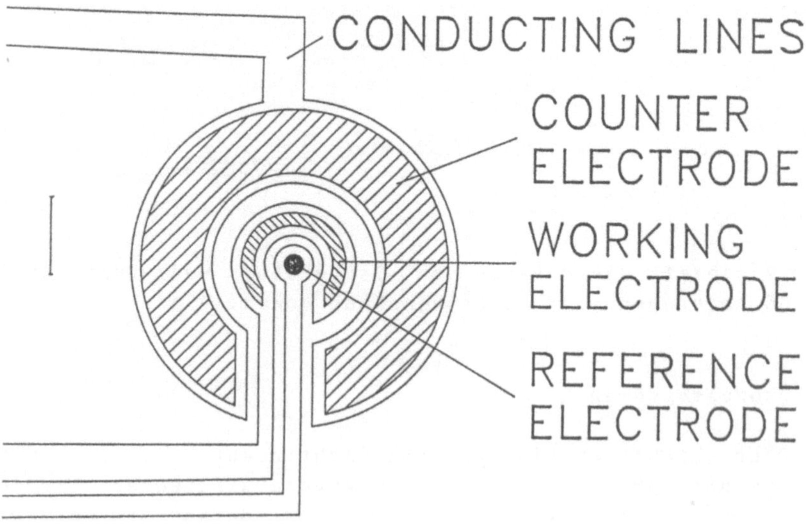

Abb. 3 zeigt schematisch eine Dreielektrodenanordnung für die elektrochemische Bestimmung von Glukose. Der Meßbalken = 50 Mikrometer.

Um das Enzym kovalent an die Platinarbeitselektrode zu binden wurde die Platinschicht elektrochemisch oxidiert und danach in einer 10% Aminopropyl-triäthoxysilanlösung siliiert. Auf diese modifizierte Platinoberfläche wurde das bifunktionelle p-chloranil aufgebracht und danach die solcherart aktivierte Oberfläche mit Glukoseoxidase beschichtet.
Mittels dieser Beschichtungsmethode ist eine monomolekulare Enzymschicht auf einer Platin-Dünnschichtelektrode fertigbar und damit eine ideale Kopplung biochemischer und dünnschichttechnologischer Verfahren ereicht worden.
Die Pt-Arbeitselektrode wird auf einem Potential von +0.5V gegen AgCl gehalten. Der gemessene Strom ist ein Maß für die Wasserstoffperoxidproduktion und indirekt für die Glukosekonzentration.
Durch die äußerst aktive Enzymschicht ist ein lineares Ansprechverhalten bis zu 12 mmol/l Glukosekonzentration erzielbar. Wird die Enzymschicht mit einer Polymermembran durch Tauchbeschichtung abgedeckt, kann der lineare Bereich bis zu 50 mmol/l erweitert werden (Abb. 4). Als Polymerschicht wurde ein Fluor-Kohlenwasserstoffpolymer verwendet (Nafion).

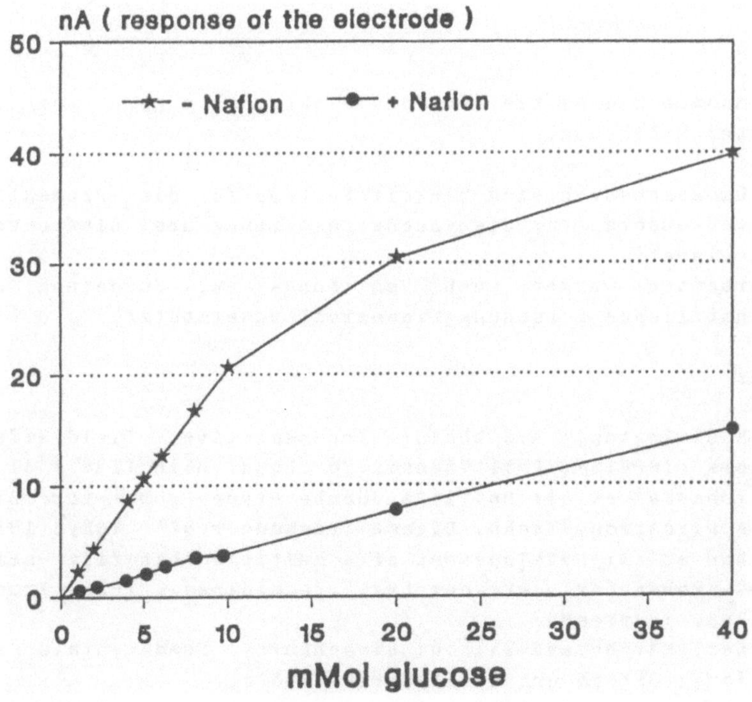

Abb. 4 Kalibrationskurve der Enzymelektrode: -Nafion = Unbeschichtet; +Nafion = Polymerschutzmembran über der Enzymelektrode

Durch die kleine Elektrodenfläche von nur 0.6mm^2 und der monomolekularen Enzymschicht wird ein äußerst schnelles Ansprechverhalten von ca 30 sec. erreicht (Abb. 5).

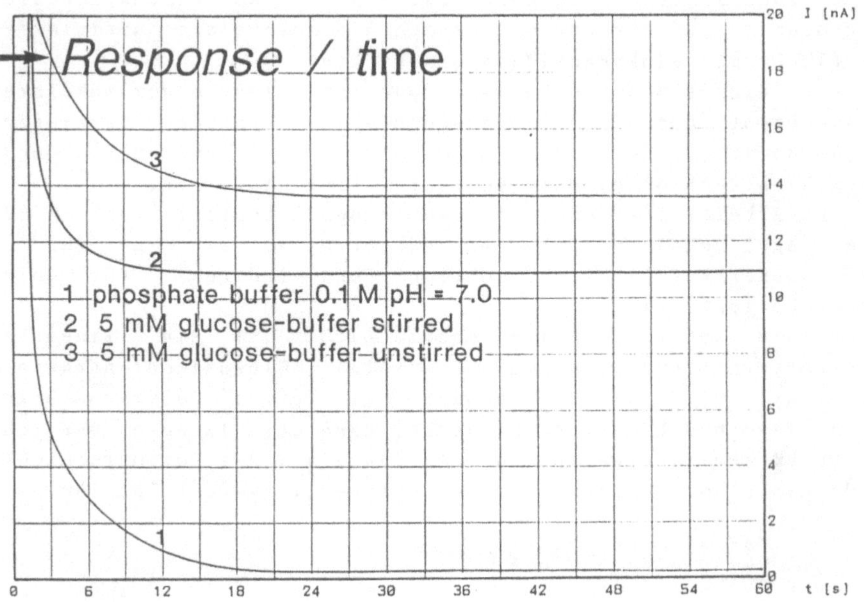

Abb 5. Ansprechverhalten der Enzymelektrode in gerührter und ungerührter Meßlösung.

Diese Glukosesensoren sind hiermit bestens für die Produktion von Einwegsensoren für die rasche Bestimmung des Blutzuckerwertes geeignet.

Diese Arbeiten wurden auch vom Fonds zur Förderung der wissenschaftlichen Forschung finanziell unterstützt.

Literatur

/1/ A.K.Covington, A.Sibbald: Ion-selective field-effect transistors (ISFETS). Phil.Trans.R.Soc.Lond. B316 (1987) 31

/2/ O.Prohaska et al: Multiple CHamber-type Probe for Biomedical Application. Techn. Digest Transducer 87', Tokyo 1987.

/3/ G.Urban et al: Developement of a multiple thin film semimicro DC-probe for intracerebral recordings. IEEE Trans. Biomed. Eng. in press.

/4/ Turner, Karube and Wilson: Biosensors, Fundamentals and application. (Oxford university press 1987).

/5/ G.Urban et al: High resolution multi-temperature sensors for biomedical application. Abstractbook Transducer `89, S.205

/6/ T.Schalkhammer, G.Urban, E.Buxbaum, F.Pittner: Patentanmeldung C12N AT 786/89

MONOLITHISCH INTEGRIERBARER MILLIMETERWELLEN-OSZILLATOR FÜR ABSTANDSMESSUNGEN

100

K. Lübke, H. Scheiber, C. Diskus und H. Thim
Institut für Mikroelektronik
Universität Linz

ZUSAMMENFASSUNG:

Aus dem Halbleitermaterial Gallium-Arsenid wurden monolithisch integrierbare Millimeterwellenoszillatoren für den Frequenzbereich zwischen 30 und 40 GHz hergestellt. Die erzielten Ausgangsleistungen liegen um 55 mW, die Konversionswirkungsgrade um 5 %. Da dieses als "FECTED" bezeichnete Bauelement nicht der Laufzeitbegrenzung unterliegt, gilt es auch als aussichtsreicher Kandidat für den mittleren Millimeterwellenbereich (50 - 150 GHz).

1. Einleitung

Monolithisch integrierte Millimeterwellen-Schaltkreise ("MMICs") gewinnen für den Aufbau kostengünstiger Subsysteme für Anwendungen in der Prozeßmeßtechnik (Abstands- und Geschwindigkeitsmessung) und für die Breitband-Kommunikationstechnik in zunehmendem Maße an Bedeutung. Ein zentrales Problem ist die Herstellung einer empfindlichen Empfängerschaltung (Sensorik), für die sich die Integration von rauscharmen Feldeffekttransistoren, Mischerdioden und spannungsgesteuerten Oszillatoren ("LOs") auf einem semi-isolierenden GaAs Chip als günstigste Lösung anbietet. Während die monolithische Integration einer Mischerdiode mit einem als Zwischenfrequenzverstärker arbeitenden Schottky-Feldeffekttransistor erfolgreich durchgeführt wurde[1], ist die Herstellung eines integrierten Oszillators noch nicht zufriedenstellend gelöst. Die dafür in Frage kommenden Bauelemente sind der Feldeffekttransistor[2], die planare Gunn-Diode[3] und die Gunn-Diode mit Feldeffekttransistor-Kathode[4]. Da letztere im Gegensatz zu allen anderen Bauelementen nicht der Laufzeitbegrenzung unterliegt, gilt sie als aussichtsreicher Kandidat für den 100 Gigahertz-Bereich.

In den folgenden Abschnitten werden Struktur, Wirkungsweise und die neuesten mit diesem Bauelement erzielten Ergebnisse beschrieben.

2. Bauelemente-Struktur und -Schaltung

Abbildung 1 zeigt schematisch den Aufbau des Bauelementes. Es besteht aus einer 400 µm breiten, 0.9 µm dicken n-dotierten Gallium-Arsenid-Schicht (Donatordichte: 5 . $10^{16}cm^{-3}$), die mit Hilfe einer metallorganischen Gasphasenepitaxieanlage (MOVPE) auf semiisolierendem Substrat aufgewachsen wurde.

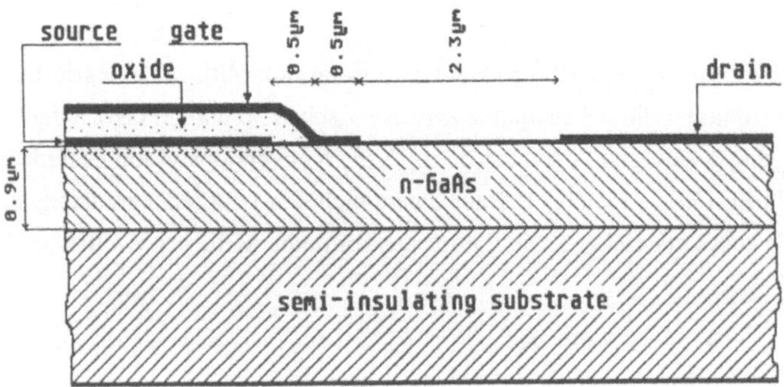

Abb. 1 Schematischer Aufbau des FECTED

Auf ihrer Oberfläche wurde eine Schottky-Feldeffekttransistorstruktur mit 3 Kontakten (Source, Gate und Drain) aufgebracht. Diese unterscheidet sich vom klassischen Schottky-Gate-Feldeffekttransistor durch eine großflächige Gateüberlappung mit einer 500 nm dicken SiO_2-Zwischenschicht, die das Gate wechselstrommäßig (kapazitiv, C = 10 pF) mit Source verbindet. Das Gate wird nur zur Begrenzung des Injektionsgleichstromes verwendet. Das Bauelement besitzt wechselstrommäßig daher nur zwei Pole, an denen aufgrund des Elektronentransfers in höhere schwachgekrümmte Leitungsbandminima ein negativer differentieller Widerstand auftritt. Dieser wird zur Verstärkung oder zur Erzeugung von höchstfrequenten Signalen herangezogen. Die durch die negative Gate-Vorspannung hervorgerufene Injektionsbegrenzung verhindert die Injektion von Raumladungsdomänen und damit die Ausbildung von Laufzeitschwingungen, so daß das Bauelement nicht mehr der Laufzeitbegrenzung ($1/f^2$-Abhängigkeit) unterliegt und somit bei höheren, oberhalb der Laufzeitfrequenz liegenden Frequenzen betrieben werden kann.

Aufgrund der feldeffekttransistorähnlichen Struktur wurde das Bauelement als "FECTED" (field effect controlled transferred electron device) bezeichnet[5].

Abbildung 2 zeigt eine Testschaltung für das Ka-Band (26 - 40 GHz) in Mikrostreifenleitungstechnik.

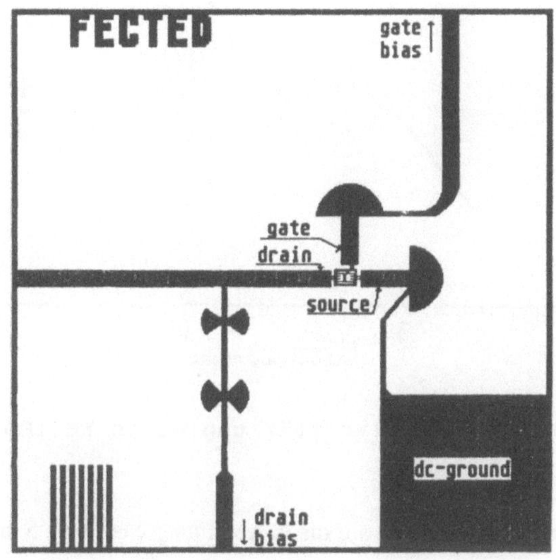

Abb. 2 FECTED - Verstärkerschaltung in Mikrostreifenleitungstechnik

Der Drain-Kontakt des Bauelementes ist mit dem Ende einer 50 Ω-Leitung mittels Goldbonddrähten verbunden, Source und Gate liegen an zwei identischen Stichleitungen, deren Länge so gewählt wurde, daß sie die parasitären Induktivitäten etwa in Bandmitte (35 GHz) durch kapazitive Wirkung kompensieren.

3. Experimentelle Ergebnisse

Messung des Reflexionsfaktors ergab Breitbandverstärkung über 10 GHz mit einem Verstärkungsmaximum bei etwa 37 GHz.

Abbildung 3 zeigt die gemessene Ausgangsleistung bei einer Eingangsleistung von etwa 1 mW. Einfallende und reflektierte Wellen wurden mit Hilfe eines Zirkulators getrennt.

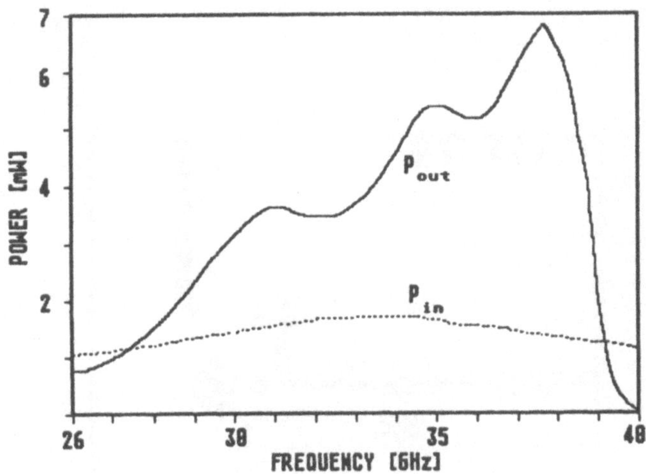

Abb. 3 Großsignalverstärkung eines FECTED

Zur Schwingungserzeugung wurde auf die in Abbildung 2 gezeigte Schaltung ein dielektrischer Resonator, und zwar zwischen Drain und Gate, gelegt. Die erzielten Ergebnisse sind in der untenstehenden Tabelle zusammengefaßt.

Drain Bias Pulse Width	V_{DS}(V)	V_{GS}(V)	I(A)	eff. %	P(mW)	f(GHz)
1 µs	7.0	-5.0	0.15	5.3	56	28.4
1 µs	6.1	-7.9	0.13	4.9	39	37.4
60 µs	6.7	-8.35	0.15	2.9	29.5	29.8
60 µs	5.4	-9.1	0.144	3.8	29.8	37.3

Die mit 60 µs langen Drainimpulsen erzielten Ergebnisse entsprechen dem Dauerstrichbetrieb, in dem infolge der hohen Betriebstemperatur nur 60 % der im Pulsbetrieb erzielten Ausgangsleistungen erzeugt werden können. Diese Reduktion rührt von den bei höheren Temperaturen vermehrt auftretenden Elektronenstreuprozessen her, die zu einer Verkleinerung der negativen differentiellen Beweglichkeit ("peak to valley ratio") der Elektronen führen.

Die mit dem FECTED im Ka-Band erzielten Ausgangsleistungen sind die höchsten bis jetzt mit planaren Bauelementen (Feldeffekttransistoren und planaren Gunn-Elementen) im Ka-Band erzeugten Werte.

Ein weiterer Vorteil besteht in der Möglichkeit, durch Änderung der Gatespannung die Oszillatorfrequenz abzustimmen. Durch den Einfluß der Gatespannung auf den Arbeitspunkt konnte ohne Leistungsabfall jedoch nur eine Abstimmung über 200 MHz, mit reduzierter Leistung aber über 500 MHz erzielt werden. Während dieser Frequenzhub für PLL-Anwendungen sicherlich ausreicht, muß für den Einsatz in Abstandsmeßgeräten für den dort benötigten Frequenzhub von 1 GHz ein zusätzlicher Varaktorkreis verwendet werden.

Abb. 4 zeigt das Spektrum eines im Dauerstrich schwingenden FECTED-Oszillators, in dem deutlich das für Gunn-Dioden typische niedrige 1/f-Rauschen zu erkennen ist.

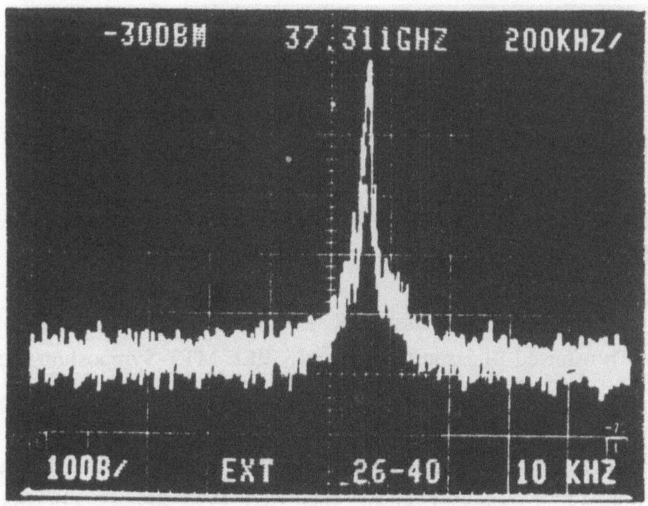

Abb.4 Dauerstrich-Spektrum eines FECTED-Oszillators

4. Zusammenfassung

Es wurde experimentell nachgewiesen, daß das vorgestellte Bauelement "FECTED" den für Anwendungen in der Kommunikationstechnik und für Abstands- und Geschwindigkeitsmessungen gestellten Anforderungen (Integrierbarkeit, kostengünstige Herstellung und spannungsgesteuerte Frequenzabstimmbarkeit) weitgehend gerecht wird. Im Oszillatorbetrieb wurden die bisher mit Feldeffekttransistoren und planaren Gunn-Dioden erzielten Leistungen im Ka-Band zum Teil weit übertroffen. Wegen der Laufzeitunabhängigkeit (keine $1/f^2$-Abhängigkeit) gilt dieses Bauelement für noch höhere Frequenzen besonders aussichtsreich. Eine monolithische Version, in der die gesamte Beschaltung (HF und DC) auf einem einzigen Gallium-Arsenid-Substrat (Fläche: 5 mm x 5 mm) mitintegriert wurde, wird derzeit getestet.

Danksagung

Die Autoren danken dem Fonds zur Förderung der wissenschaftlichen Forschung (P5332) und der Firma CIFEG Linz für die finanzielle Unterstützung dieser Arbeit.

Literatur

1. Colquhonn, A., Adelseck, B.: "A Monolithic Integrated 35 GHz Receiver Employing a Schottky Diode Mixer and a MESFET IF Amplifier", Digest of the IEEE GaAs IC Symposium, p. 151, 1987

2. Tserng, H. Q., Kim, B.: "Q-Band GaAs MESFET Oscillator with 30 % Efficiency", Electr. Letters 24, 83, 1988

3. Binari, S. C., Neidert, R. E., Meissner, K. E.: "Monolithic and Discrete MM-Wave InP Lateral Transferred Electron Oscillators", IEEE MTT-Symposium Digest, 683, 1988

4. Kuch, R., Lübke, K., Lindner, G. and Thim, H.: "A Planar Gunn Diode with an Injection-Limited FET Cathode Contact", Inst. Phys. Conf. Ser. 63, 293, 1981

5. Scheiber, H., Lübke, K., Diskus, C. and Thim, H.: "IC-Compatible 45 mW Ka-Band GaAs Transferred-Electron Oscillators", Electr. Letters 25, 223, 1989

GRAY-CODE MIT FEHLERERKENNUNG-
NEUE MÖGLICHKEITEN DER RÜCKMELDERCODIERUNG

M. Heiss

Voest Alpine Automotive, Wien

ZUSAMMENFASSUNG:

Um Positionen unabhängig von der Vorgeschichte eindeutig identifizieren zu können, müssen Gray-Codes (einschrittige Codes) zur Codierung der Rückmeldercodescheibe verwendet werden. Für diese war bisher keine Fehlererkennungsmöglichkeit bekannt. Sensorausfälle, Verschmutzungen, elektromagnetische Störungen usw. führten zu einer völlig falschen Positionsangabe.
Ein redundanzbehafteter Gray-Code wird vorgestellt, bei dem solche Fehler erkannt werden können, eine Tabelle mit der erreichbaren Codewortanzahl wird angegeben, und die besonderen Vorteile für das Hardware-Konzept werden besprochen.

1. Einleitung:

Unter Gray-Codes [1 bis 4] versteht man Codes, bei denen sich von einem Codewort zum nächsten Codewort immer nur ein Bit ändert, wie dies zum Beispiel bei Codescheiben für Winkel- oder Weggeber erforderlich ist, die unabhängig von der Vorgeschichte die Position eindeutig identifizieren sollen [5]. Die Abtastsensoren können an der Codierscheibe nie so exakt übereinander justiert werden, daß beim Übergang von einem Codewort zum nächsten Codewort alle Sensoren gleichzeitig umschalten.

Im Dualcode müßten z.B. beim Wechsel vom Zustand 3 (011) zum Zustand 4 (100) drei Bits gleichzeitig umschalten; der Zwischenzustand 1 (001) könnte fälschlicher Weise erkannt werden, wenn der mittlere Sensor zu früh umschaltet (Bild 1). Es ist daher notwendig, den Codewörtern die Zustände derartig zuzuordnen, daß von einem Zustand zu den benachbarten Zuständen jeweils nur ein Bit umspringt. Für eine Winkelscheibe mit 4 Bit Auflösung könnte die Zuordnung entsprechend Tabelle 1a lauten. In diesem Fall ergibt sich auch beim Übergang von 3 auf 4 kein Zwischenzustand, da nur das 2. Bit von 0 auf 1 umspringt.

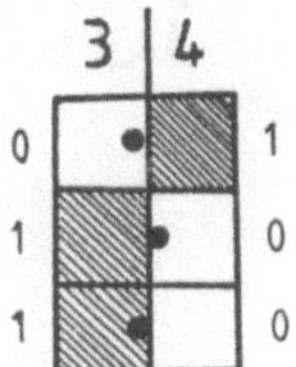

Bild 1. Bleibt die dual codierte Codescheibe zwischen den Positionen 3 und 4 stehen, kann bei schlechter Justierung der Sensoren (•) fälschlich die Position 1 detektiert werden.

Eine Übersichtliche Darstellungsmöglichkeit, die sich auch für den Entwurf derartiger Codes eignet, ist das Karnaugh-Diagramm [1 bis 4] (Bild 2a). Es ist so aufgebaut, daß sich benachbarte Felder immer nur um ein Bit unterscheiden. In dieser Darstellung sind Gray-Codes daran zu erkennen, daß sie eine durchgehende "Codeschlange" bilden (Bild 2a). Bei Winkelgebern ist es zusätzlich notwendig, daß der höchste Wert neben dem niedrigsten Wert liegt. Es ist daher für solche Fälle eine "geschlossene Codeschlange" im Karnaugh-Diagramm erforderlich. Man beachte, daß im Karnaugh-Diagramm der Wert 1000 "neben" 0000 liegt.

Ganz konträr ist die Zielsetzung für Codes mit Fehlererkennung, wie z. B. bei der bekannten Paritätskontrolle. Ein Codewort, bei dem ein Bit verfälscht wird (Sensorausfall, Übertragungsfehler), soll als falsches Codewort erkannt werden. Da im Störungsfall leicht alle Bits 0 oder alle Bits 1 sein können, sollen die beiden Codewörter 0000 und 1111 nicht zulässig sein. Dementsprechend wird das Paritätsbit so bestimmt, daß die Anzahl der Einsen ungerade ist (odd parity). Für 3+1 Bit erhält man die Zuordnung nach Tabelle 1b. Im Karnaugh-Diagramm (Bild 2b) sind fehlererkennende Codes dadurch gekennzeichnet, daß sich die einzelnen Codewörter nicht entlang ihrer Längsseiten berühren und daher keinesfalls eine "Codeschlange" bilden.

2. Gray-Code mit Fehlererkennung:

Es wäre natürlich sinnlos, bei einem Gray-Code eine Paritätskontrolle einzuführen, da er dadurch seine Eigenschaft als Gray-Code verlieren würde. Eine Möglichkeit, einen Gray-Code mit einer Fehlererkennung zu kombinieren ist aus Bild 2c am Beispiel eines 3+1 Bit-Codes zu erkennen (entspricht Tabelle 1c) [6].

a)		b)		c)	
0000	:= 0	0000	:= Fehler	0100	:= 0
0001	:= 1	0001	:= 0	0101	:= 1
0011	:= 2	0010	:= 1	1101	:= 2
0010	:= 3	0011	:= Fehler	1001	:= 3
0110	:= 4	0100	:= 2	1011	:= 4
0111	:= 5	0101	:= Fehler	1010	:= 5
0101	:= 6	0110	:= Fehler	1110	:= 6
0100	:= 7	0111	:= 3	0110	:= 7
1100	:= 8	1000	:= 4	0000	:= Fehler
1101	:= 9	1001	:= Fehler	0001	:= Fehler
1111	:= 10	1010	:= Fehler	0011	:= Fehler
1110	:= 11	1011	:= 5	0010	:= Fehler
1010	:= 12	1100	:= Fehler	0111	:= Fehler
1011	:= 13	1101	:= 6	1100	:= Fehler
1001	:= 14	1110	:= 7	1111	:= Fehler
1000	:= 15	1111	:= Fehler	1000	:= Fehler

Tabelle 1. Zuordnung der Codewörter und Positionswerte:
a) Gray-Code, b) odd parity, c) fehlergesicherter Gray-Code

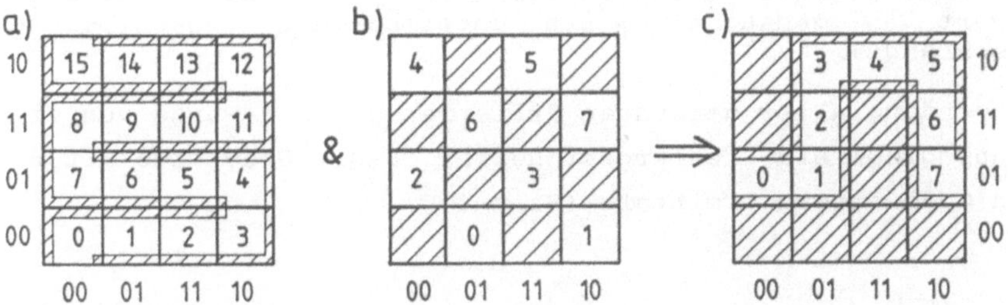

Bild 2. Entwicklung eines 4-Bit Gray-Codes mit Fehlersicherung im Karnaugh-Diagramm:
a) Klassischer Gray-Code: Die Codewörter bilden eine Codeschlange (benachbarte Codewörter unterscheiden sich in genau einem Bit).
b) Klassische Fehlererkennung (odd parity): Die Codewörter berühren sich nicht (Codewörter unterscheiden sich in mindestens 2 Bits).
c) Gray-Code mit Fehlererkennung: Die Codewörter bilden eine Codeschlange, die sich nirgends berührt (benachbarte Codewörter unterscheiden sich in genau einem Bit, nicht benachbarte in mindestens 2 Bits).

Die Codewörter sind so den Zuständen zugeordnet, daß sich eine "geschlossene Codeschlange" bildet, die sich nirgends "berührt". Tritt bei diesem Code ein falsches Bit auf, wird es entweder sofort erkannt oder schlechtestenfalls wird dadurch ein Codewort entstehen, das dem benachbarten Zahlenwert entspricht. Der dabei entstehende Fehler kann daher maximal eine Einheit sein. Weiters sind die Codewörter 0000 und 1111 nicht zugelassen. Somit werden die Vorteile des Gray-Codes mit den Vorteilen einer Fehlererkennung kombiniert.

Will man einen entsprechenden Code für mehr als 4 Bit ermitteln, kann man sich dies als Suche nach einer "geschlossenen Codeschlange, die sich nirgends berührt" und nicht durch 0000... und 1111... geht, in einem mehrdimensionalen Karnaugh-Diagramm vorstellen. Bekanntlich fällt es dem menschlichen Geist recht schwer, sich mehr als drei Dimensionen räumlich vorzustellen, sodaß die Eigenschaften computergerecht formuliert wurden:

a) benachbarte Codewörter unterscheiden sich in genau einem Bit (Codeschlange),
b) nicht benachbarte Codewörter unterscheiden sich in mindestens zwei Bits (sich nirgends berührend),
c) Nullwort (0000...) und Einswort (1111...) sollen ungültige Codewörter sein,

und für geschlossene Codes:

d) das höchstwertigste Codewort soll sich vom niederwertigsten Codewort in genau einem Bit unterscheiden (geschlossene Codeschlange).

Unter Anwendung aller genannten Kriterien a bis d wurde von einem Suchprogramm ein fehlergesichertes 8-Bit-Gray-Code mit 82 gültigen Codewörtern ermittelt (Bild 3).

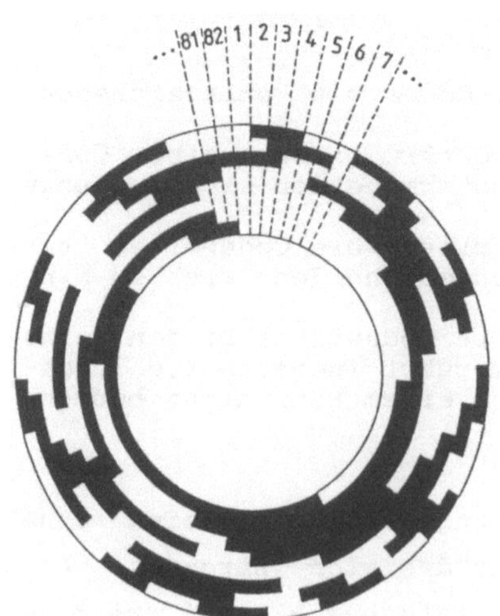

Bild 3. Gray-Code mit Fehlererkennung, 8 Bit, 82 Positionen.
Eigenschaften:
a) benachbarte Positionen unterscheiden sich in genau einem Bit (Gray-Code),
b) nicht benachbarte Codewörter unterscheiden sich in mindestens zwei Bits (Fehlererkennung),
c) 00000000 und 11111111 sind ungültige Codewörter,
d) Position 82 unterscheidet sich von Position 1 in einem Bit.

3. Maximale Codewortanzahl n_{MAX} bei vorgegebener Bitanzahl k

Tabelle 2 gibt einen Überblick über die bisher gefundenen Codes. Offene Codes, die bei Lineargebern Anwendung finden können, sind wesentlich leichter zu finden als geschlossene Codes, die bei Winkelgebern erforderlich sind. Bei einer Wortlänge größer 6 Bit konnten nicht mehr alle Möglichkeiten abgesucht werden. Es ist anzunehmen, daß die theoretische maximale Wortanzahl deutlich höher liegt. Es wird vermutet, daß sich die maximale Codewortanzahl mit

$$n_{MAX} = 3.\,2^{k-3} + 2 \qquad (1)$$

angeben läßt.

Die Redundanz [4] $R = k - {}^{2}\log(n_{MAX})$ ist ein Maß für die zur Fehlererkennung benötigten zusätzlichen Spuren der Codescheibe. Will man z.B. einen Kreis in 82 Winkelpositionen auflösen, würde man im Standard-Gray-Code ohne Fehlersicherung 7 Spuren (Bits), beim Gray-Code mit Fehlererkennung 8 Spuren benötigen (Tabelle 2, Bild 3).

Bitanzahl k	geschlossene Codes		offene Codes		$3.\,2^{k-3}+2$	
	n_{MAX} Worte	R Bit	n_{MAX} Worte	R Bit	Worte	R Bit
4	8	1	8	1	8	1
5	14	1,19	14	1,19	14	1,19
6	26	1,30	26	1,30	26	1,30
7	46	1,48	49	1,39	50	1,36
8	82	1,64	85	1,59	98	1,38
9	106	2,27	144	1,83	194	1,40
10	190	2,43	245	2,06	386	1,41
11	366	2,48	400	2,36	770	1,41

Tabelle 2. Maximal gefundene Wortanzahl n_{MAX} und Redundanz R für geschlossene Codes, offene Codes und nach Gl. (1).
Die Rechenzeit wurde auf 3 CPU-Tage einer µVAX II beschränkt.

4. Vorteile für das Hardware-Konzept

Die Vorteile der Fehlererkennungsmöglichkeit liegen auf der Hand:

a) Billigeres Sensorsystem verwendbar:

Es können Überlegungen angestellt werden, von der teuren optischen Codeabtastung [5] zu technologisch einfacheren und von der Lebensdauer zuverlässigeren Abtastungen überzugehen [7].

b) Räumliche Trennung von Codescheibe und Decodiereinheit möglich:

Die Decodierung des fehlergesicherten Gray-Codes ist im Zeitalter der Mikrocomputer (µC) kein Problem mehr. Über eine Tabelle im ROM des µC kann ohne zusätzliche Kosten die Decodierung erfolgen. Gray-Codes ohne Fehlersicherung könnte man hingegen nur bei sehr kurzen Übertragungsleitungen zwischen Sensor und µC auf diese Weise decodieren, da Störungen auf der Übertragungsstrecke das Ergebnis verfälschen würden (Bild 4).

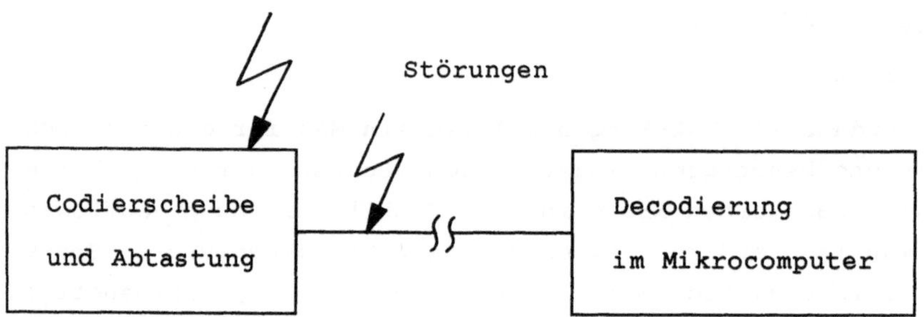

Bild 4. Räumliche Trennung von Codescheibe und Decodiereinheit.

5. Ausblick

Zur Optimierung der fehlergesicherten Gray-Codes sollten

* schnellere Suchalgorithmen,
* eine geschlossene mathematische Darstellung des Codes und
* eine exakte Berechnung der maximalen Codewortanzahl

gefunden werden.

Literatur

[1] Tietze, U., Schenk, Ch.: Halbleiter-Schaltungstechnik, 5. Auflage. Berlin-Heidelberg-New York: Springer. 1980.
[2] Heuser, H., Wolf, H.: Algebra, Funktionenanalysis und Codierung. Stuttgart: B.G. Teubner. 1986.
[3] Hamming, R.W.: Coding and Information Theory, 2. Auflage. New Jersy : Prentice-Hall. 1986.
[4] Dokter, F., Steinhauer J.: Digitale Elektronik in der Meßtechnik und Datenverarbeitung, Band I, 4. Auflage. Hamburg: Philips Fachbücher. 1972.
[5] JEE: Demand for Rotary Encoders Grows Along With Sophistication of Products. Journal of Electronic Engineering, November 1988.
[6] Heiss M.: Positionsgeber. Deutsche Patentanmeldung DE 3829545 vom 31.7.1988.
[7] Heiss M.: Positionsgeber. Deutsches Patent DE 3832929 vom 29.9.1988.

CCD-ZEILENSENSOR ALS LICHTSCHRANKE FÜR ZEITMESSUNGEN

102

R. Röhrer, G. Spath

Institut für Elektronik, Technische Universität Graz

ZUSAMMENFASSUNG:

In der Sportzeitmessung ergeben sich durch die linienförmige Abtastung des Zielbereiches mit einer Reflexionslichtschranke Probleme. Diese Schwierigkeiten werden durch eine zeilenförmige Auflösung des Bereiches mit einem 256 Pixel Zeilensensor gelöst. Zur Ansteuerung des Sensors und Auswertung des analog-digital umgesetzten Signals werden EPLD's verwendet. Die Auslöseentscheidung wird in einem Mikrocontroller 80C31 getroffen.

1. Aufbau und Funktion von CCD-Zeilensensoren

In CCD-Zeilensensoren werden definierte Ladungspakete erzeugt und mit geeigneten Taktsignalen von einem Ort zum nächsten bewegt. Das Prinzip nutzt den photoelektrischen Effekt des Siliziums aus, der freie Elektronen in dem Bereich des Siliziums generiert, der mit Photonen bestrahlt wird. Dieser Effekt tritt im Bereich von 400 nm bis 1200 nm Wellenlänge auf. Die erzeugte elektrische Ladung entspricht der Menge der Photonen.

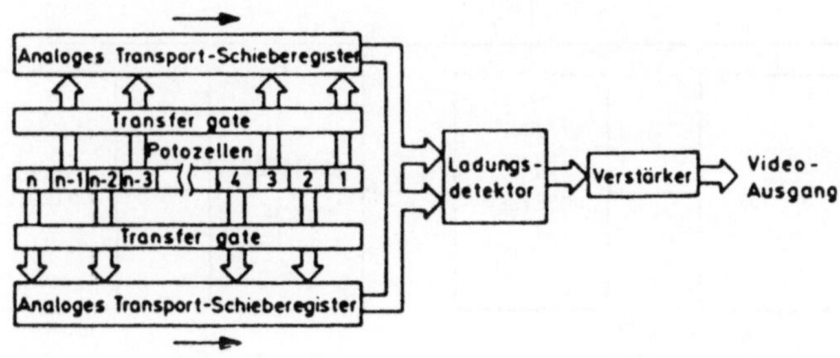

Abb. 1. Aufbau eines CCD-Zeilensensors

In den lichtempfindlichen Zellen werden die Elektronen generiert und gesammelt. Über ein Transfergate wandern diese Elektronen in die analogen Schieberegister. Die geradzahligen und ungeradzahligen Zellen werden in verschiedene Register eingelesen. Die Ladungspakete werden abwechselnd einem Ladungsdetektor zugeführt, der die Ladung in eine analoge Spannung umwandelt.

2. Allgemeines über EPLD's

Dies sind programmierbare und löschbare Logikbausteine in CMOS-Technik, die mit Hilfe einer speziellen Software auf Personal-Computern entworfen werden können. Die innere Architektur basiert auf einer je nach EPLD-Type verschieden großen Anzahl von Makrozellen. Jede dieser Zellen besteht aus einer PLA-Struktur und einem programmierbaren I/O-Block. Dieser enthält je nach Type Register, Puffer, Latches und Flip-Flops, die individuell programmiert werden können. Sie arbeiten mit einer 5 V Versorgungsspannung, sind TTL-kompatibel und haben 3-State-Ein-/Ausgänge. EPLD's eignen sich durch ihre Ausgangsstruktur sehr gut zum Aufbau von Zählern, Schieberegistern und ähnlicher sequentieller Logik, aber auch für kombinatorische Logik. Als Eingabemöglichkeiten stehen die diskrete Eingabe mit einem Texteditor und die Eingabe über Zustandsdiagramme zur Verfügung. Die in dieser Arbeit verwendeten zwei EPLD's verfügen über je 48 Makrozellen mit einem Gatteräquivalent von 1800 Gattern.

3. Schaltungsentwurf der CCD-Lichtschranke

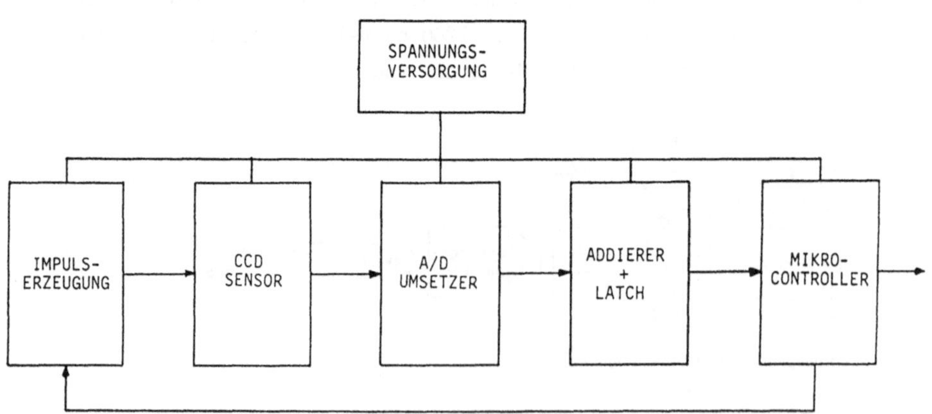

Abb. 2. Blockschaltbild der CCD-Lichtschranke

Der Betrieb des Sensors CCD 111 A erfordert vier verschiedene Taktsignale

und vier konstante Versorgungsspannungen. Die Taktsignale werden in einem EPLD 5C180 aus dem Systemtakt durch Zähler und logische Verknüpfungen gewonnen. Durch Teilung des Systemtaktes sind mit dem Zeilensensor Belichtungszeiten zwischen 0.5 ms und 32 ms möglich.
Eine schnelle Analog-Digital-Umsetzung des Videosignales wird in einem 4 Bit Flash Converter erreicht. Der Parallelumsetzer ist aus 15 Komparatoren, einer Referenzspannungsquelle und Widerstandsarrays am Print aufgebaut. Ein Prioritätsdekoder ordnet den Komparatorzuständen eine Dualzahl zu. Um die Geschwindigkeit des Datenflusses für die Weiterverarbeitung zu verlangsamen, wird dem Prioritätsdekoder eine arithmetische Auswertungsstufe nachgeschaltet. In der Addierstufe werden 16 aufeinanderfolgende Pixelwerte addiert, die die 256 Bildpunkte des Sensors in 16 gleich große Abschnitte unterteilen. An die Addierstufe sind acht D Flip-Flops als Übergabespeicher an den Mikrocontroller angefügt. Durch diese Signalvorbehandlung wird die Datenrate so reduziert, daß die weitere Auswertung mit dem Mikrocontroller durchgeführt werden kann.

Der Prioritätsdekoder, die Addierschaltung und die Speicherelemente finden in einem zweiten EPLD 5C180 Platz. Als Mikrocontroller findet ein 80C31 mit einem EPROM 27C64 Verwendung, der mit einer Frequenz von 12 MHz getaktet wird. Der Sensor ist in einen Photoapparat eingebaut, der durch seine Wechseloptik eine gute Alternative zu einer speziell hergestellten Optik darstellt.

4. Anwendungsmöglichkeiten

Die Verwendung von EPLD's und eines Mikrocontrollers ermöglicht es, durch Adaption der Software, die Lichtschranke für verschiedene Anwendungen einzusetzen.

4. 1 Lichtschranke für Zeitmessung

Die heute in der Sportzeitmessung eingesetzte Reflexionslichtschranke liefert durch ihren eingeschränkten Abtastbereich (Lichtstrahl zwischen Sender-Reflektor-Empfänger) nur geringe Information über den Zieleinlauf.
Bei Reflexionslichtschranken befinden sich Sender und Empfänger im gleichen Gehäuse. Der vom Sender ausgesandte Lichtstrahl wird von einem Reflektor zum Empfänger rückgeleitet.

In Abbildung 3 ist der Unterschied im Abtastbereich zwischen einer Reflexionslichtschranke und einer CCD-Lichtschranke dargestellt. Bei der Verwendung als Ziellichtschranke wird der Sensor in senkrechte Stellung gebracht. Mit dem CCD-Lichtschranken wird ein System aufgebaut, das nicht nur einen Punkt abtastet, sondern in der Lage ist, eine senkrecht gestellte Zeile abzutasten. Es wird über den Zielbereich ein Vorhang aufgespannt, welcher durchschritten werden muß.

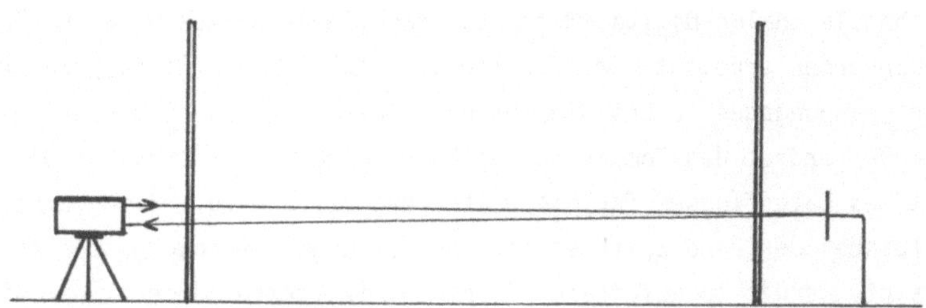

a.) Reflexionslichtschranke

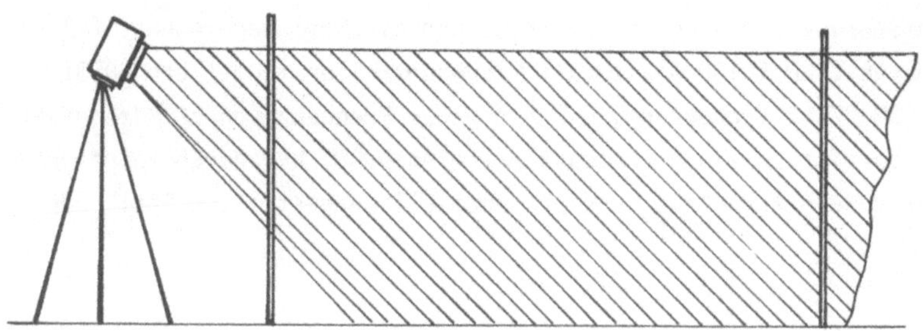

b.) CCD-Lichtschranke

Abb. 3. Lichtschrankensysteme

Durch ein optisches System kann der Zielbereich scharf auf dem in der Bildebene liegenden Sensor abgebildet werden.
Bestimmte Änderungen im Abtastbereich (z.B. die Ziellinie wird durchlaufen oder durchfahren) bewirken einen Auslöseimpuls. Zur Auswertung für die Zeitmessung werden 2 verschiedene Verfahren verwendet.

a.) Addition der einzelnen Pixelwerte über den gesamten Sensorbereich und Vergleich der Ergebnisse hintereinanderliegender Ausleseperioden.

b.) Die 256 Pixel werden in 16 Bereiche geteilt und gleiche Bereiche hintereinanderliegender Ausleseperioden verglichen.

Bei Verwendung der Methode b.) kann mit einer entsprechenden Anzeige der auslösende Sensorbereich ermittelt werden. Finden im Abtastbereich keine Bewegungsabläufe statt, ist der Unterschied des Digitalwertes zweier aufeinander folgender Ausleseperioden sehr gering; übersteigt der Unterschied eines Vergleiches jedoch eine bestimmte Schwelle, wird ein Auslöseimpuls erzeugt.

4.2 Geschwindigkeitsmessung

Bei der Geschwindigkeitsmessung wird der Sensor in waagrechte Lage gebracht und der abgetastete Bereich der Länge nach durchlaufen oder durchfahren. Tritt ein Fahrzeug in den vom Sensor abgetasteten Bereich ein, wird während jeder Ausleseperiode eine bestimmte Anzahl von Pixeln durchfahren. Die Zeit zwischen den Abtastungen ist bekannt und die Geschwindigkeit kann aus der Anzahl der pro Abtastung durchfahrenen Pixel ermittelt werden.
Mit diesem System ist die Geschwindigkeitsmessung in sehr kurzen Meßstrecken möglich.

Literatur

CCD The Solid State Imaging Technology, Fairchild. A. Schlumberger Company.

Stronski, W.: Über 185000 Bildpunkte - Aufbau und Funktion von CCD-Bildwandlern. Elektrotechnik, 67., S. 26-29 (24. September 1985).

MONOLITHISCHE INTEGRIERTE STEUERSCHALTUNG FÜR A/D-UMSETZER

H. Leopold, M. Pacher, R. Röhrer, G. Winkler

Institut für Elektronik, Technische Universität Graz

ZUSAMMENFASSUNG:

Im Rahmen von UNICHIP wurde ein 3 μ HCMOS (single metal) Gate Array für den digitalen Teil eines 20 bit A/D-Umsetzers entworfen. Die Funktion des Umsetzers und der digitalen Steuerschaltung werden beschrieben, die Anwendbarkeit der Entwurfswerkzeuge und die Testbarkeit der Schaltung in Hinblick auf den Einsatz in einem Sensorinterface erörtert.

Der Analog/Digital-Umsetzer besteht aus einem Differenzintegrator und einem Rechteckgenerator mit referenzgenauer Amplitude und fester Periode, dessen Tastverhältnis in diskreten Schritten von einer Steuerspannung eingestellt werden kann (Abb. 1).

Der Rechteckgenerator wird durch einen Sägezahngenerator, einen Komparator, ein Schalterpaar (S_1, S_2) und einen Teil der monolithischen Steuerschaltung gebildet. Der Kondensator C_3 wird in periodischen Zeitabständen T entladen. $T = n \cdot \tau$ (τ= Taktperiode). Die dadurch entstehende Sägezahnspannung mit der Periode T wird vom Komparator mit der Steuerspannung U_s verglichen. Solange die Sägezahnspannung kleiner als die Steuerspannung U_s ist, bleibt der Schalter S_1 geschlossen und der Schalter S_2 geöffnet ($U_r = V_{ref}$). Wird die Sägezahnspannung größer als die Steuerspannung so schaltet der Komparator und die Schalter S_1 und S_2 werden durch die Steuerschaltung beim nächsten durch den Takt bestimmten diskreten Zeitpunkt umgeschaltet (S_1 geöffnet, S_2 geschlossen, U_r = 0 V). Das Tastverhältnis d der Ausgangsspannung U_r des Rechteckgenerators ist daher von der Größe der Steuerspannung abhängig (Abb. 2).

Der Differenzintegrator bildet die Differenz der Zeitintegrale der Meßspannung U_m und der Rechteckspannung U_r. Die Ausgangsspannung des Integrators

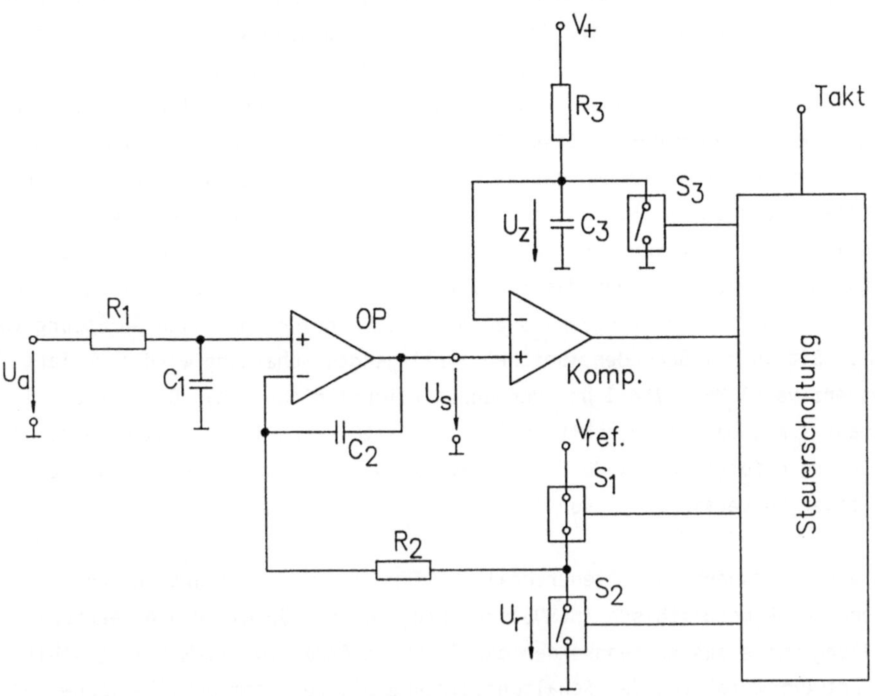

Abb. 1. Blockschaltbild des A/D-Umsetzers

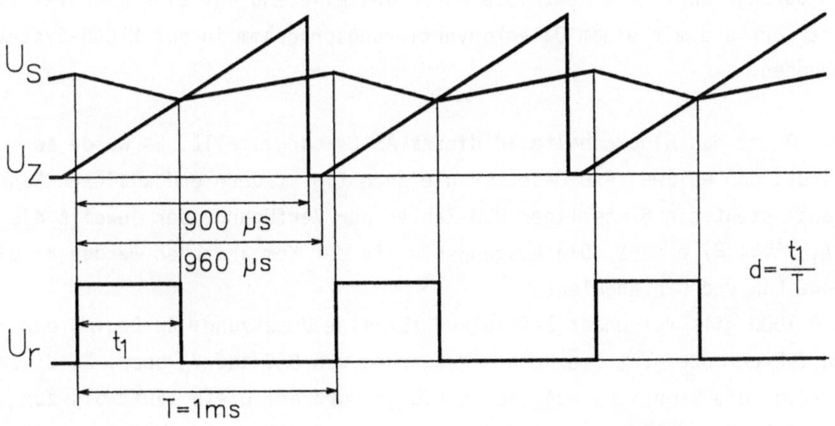

Abb. 2. Funktionsweise der Steuerung des Tastverhältnisses

ist zugleich die Steuerspannung für das Tastverhältnis der Rechteckspannung. Dadurch wird eine Regelschleife gebildet; die Ausgangsspannung des Integrators stellt sich so ein, daß die zeitlichen Mittelwerte der Meßspannung und der Rechteckspannung übereinstimmen. Da die Meßspannung kontinuierlich, das Tastverhältnis aber nur in diskreten Schritten einstellbar ist, kann eine vollkommene Übereinstimmung der beiden Mittelwerte innerhalb einer Periode (Einzelkonversion) nicht erreicht werden. Der entstandene Fehler wird jedoch im Integrationskondensator gespeichert und in der nächsten Periode berücksichtigt. Wenn man nun das Tastverhältnis in jeder Einzelkonversion auszählt und über m Einzelkonversionen mittelt, erreicht man eine Auflösung von ld m.n Bit in m.T Sekunden. Bei der vorliegenden Schaltung wird eine Taktfrequenz von 1 MHz (τ = 1 μs) verwendet (Signalleitung CK). Die Periode T beträgt 1 ms, das Tastverhältnis ist in n = 1000 Schritten einstellbar. Die Mittelung erfolgt über 1000 Einzelkonversionen. Die Auflösung beträgt 20 bit bei einer Konversionszeit von 1 s.

Nun wurde versucht, die Steuerschaltung für die Umsetzerfunktion und die Datenausgabe monolithisch (HCMOS) zu integrieren. Für die Prototypenherstellung wurde aus Kostengründen das 3 μ Gate Array von MIKRON ausgewählt. Der Entwurf wurde von der Schaltungseingabe bis zu einem physikalischen Layout (Metallisierungsebene) durchgeführt. Es handelt sich dabei um ein Gate Array, das Schaltungsentwürfe bis zu einer Größe von etwa 2100 Gatteräquivalenten ermöglicht. Da eine 100 prozentige Ausnützung nicht erreicht werden kann, sollte der gesamte Schaltkreis nicht mehr als ca. 1800 Gatteräquivalente aufweisen. Die schematische Eingabe dieser Schaltung erfolgte auf einem PC mit Hilfe von SCEPTRE. Die Logiksimulation wurde ebenfalls auf dem PC durchgeführt. Die Netzliste wurde anschließend auf eine MicroVAX II/GPX transferiert und mit einem Datenkonvertierungsprogramm in das MICAD-System eingebunden.

In Abb. 3 ist das Blockschaltbild dieses ASICs dargestellt. Es wurde so ausgelegt, daß es zwei A/D-Umsetzer gleichzeitig steuern und auslesen kann. Pro Kanal steht ein 6-stelliger BCD-Zähler zur Verfügung, der jeweils die Zeit t_1 (Abb. 2) erfaßt. Die Ausgangssignale der Komparatoren werden an die Eingänge C1B und C2B angelegt.
Für n = 1000 gilt folgender Zeitablauf für eine Umsetzung. Zu Beginn der ersten Taktperiode geht die Rechteckspannung von 0 V auf V_r über. Zu dieser Zeit steigt die Rampenspannung bereits ungestört an. Diese läuft bis zur 900sten Taktperiode, danach wird der Kondensator C_3 entladen (Abb. 1). Das Tastverhältnis kann daher nicht größer als 0,9 werden. Im Normalbetrieb geht die Rechteckspannung von V_r auf 0 V über genau zeitgleich mit der auf die

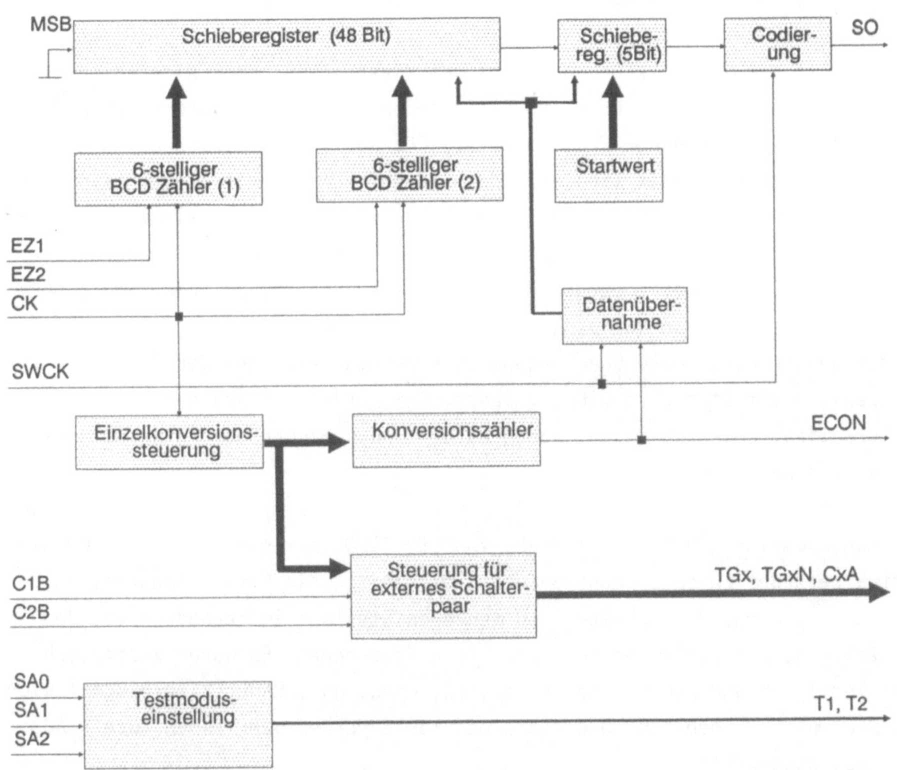

Abb. 3. ASIC-Blockschaltbild

Komparatorflanke folgende Taktzeitgrenze. Im Falle einer Bereichsüberschreitung (keine Komparatorflanke vor dem 900sten Taktschlag) schaltet das Steuerwerk die Rechteckspannung ab dem 900sten Taktschlag auf 0 V. Die Ansteuerung der Schalter S_1 und S_2 erfolgt im Gegentakt. Nach der 960sten Taktperiode öffnet der Schalter S_3, sodaß die Störungen, bedingt durch die Betätigung des Schalters bis zum Beginn der nächsten Konversion abgeklungen sind.

Die Analogschalter konnten aus mehreren Gründen nicht mitintegriert werden. Eine Wahlmöglichkeit wurde vorgesehen, die die Ansteuerung der Schalter sowohl über interne als auch über externe D-FlipFlops gestattet. Diese Auswahl erfolgt durch ein 3 bit Codewort (SA0 SA1 SA2).
Nach m = 1000 Einzelkonversionen wird ein Impuls (ECON) ausgelöst, der die Datenübernahme der beiden BCD-Zählerstände in ein 48 bit Schieberegister veranlaßt und gleichzeitig ein 5 bit Startwort in das nachfolgende Schieberegister lädt. Danach erfolgt das Rücksetzen der Zähler. Der Schieberegister-

inhalt wird seriell ausgeschoben und kann z.B. von einem Mikroprozessor weiterverarbeitet werden.
In einer speziellen praktischen Anwendung dieses ASICs soll eine weitere Information, nämlich die Frequenz eines mechanischen Oszillators zur Bestimmung der Dichte einer Flüssigkeit (SWCK) auf der seriellen Leitung (SO) übertragen werden. Daher wird auch das Schieberegister mit diesem asynchronen Takt ausgeschoben. Die Frequenz des Dichteschwingers kann maximal 1 kHz betragen. Dadurch kann der Zählerstand mittels Pulsdauermodulation übertragen werden. Eine logische "1" ergibt eine Pulsdauer von 200 µs, eine logische "0" eine Pulsdauer von 100 µs.
Um den Beginn einer Datenübertragung zu erkennen, wird bei der Übernahme aus den Zählern ein Startwert (1FH) geladen. Der serielle Eingang des Schieberegisters liegt immer an Masse, sodaß es beim Ausschieben der Daten automatisch mit Nullen beschrieben wird.

Die Logikschaltung hat einen Umfang von ca. 1100 Gatteräquivalenten. Um die Testbarkeit des Chips zu erhöhen und gleichzeitig die Simulationszeit zu verringern, wurde die Schaltung an mehreren Stellen, insbesonders bei den BCD-Zählern, mit Hilfe von Multiplexern aufgebrochen. Es wurde zusätzlich eine Testlogik und zwei Testpins (T1, T2) eingefügt. Dadurch verringert sich das Prüfmuster erheblich. Die einzelnen Tests werden über einen Code (SA0 SA1 SA2) ausgewählt.
Das Prüfmuster beinhaltet den Eingangs-Pegeltest (Padtest) und den funktionalen Test. Dieses besteht aus folgenden Teilen: Überprüfung

der BCD-Zähler,
des Schieberegisters,
der Einzelkonversionssteuerung,
der Datenübernahme,
der Codierung und
der Ansteuerlogik.

Die Überprüfung des Simulationsergebnisses erfolgte sowohl in graphischer als auch in Pattern-Form. Das symbolische Plazieren und Verdrahten konnte auf einer MicroVAX II/GPX durchgeführt werden. Sie erfolgte in symbolischer Form, wobei die Möglichkeit besteht, interaktiv einzugreifen. Ohne diese ist es schwer möglich, einen Chip mit einem hohen Ausnutzungsgrad durch den eingebauten Plazierungs- und Verdrahtungsalgorithmus vollständig zu verdrahten. Nur durch das geschickte Plazieren einzelner Zellbausteine konnten sogenannte unverdrahtete Netze vermieden werden. Dadurch war es möglich, Zahlenwerte für die Laufzeiten durch die einzelnen Netze dem Layout zu ent-

nehmen. Anschließend erfolgte die Nachsimulation (Backannotation) unter worst-case-Bedingungen bei 50 pF Ausgangslast. Das physikalische Layout der Metallisierungsebene steht damit zur Verfügung.
Der Chip steht unmittelbar vor der Produktionsfreigabe. Er soll in ein 28-poliges DIL-Gehäuse eingesetzt werden.

Die gesamte Schaltungsentwicklung wurde im Rahmen des Projektes UNICHIP durchgeführt. Anhand der verfügbaren Entwicklungswerkzeuge wurden verschiedene Entwürfe dieser Schaltung (Gate Arrays und Standardzellen) mit unterschiedlichen Prozessen (2 µ, 3 µ) gemacht. Dies in erster Linie, um die einzelnen CAE-Systeme kennenzulernen und deren praktische Anwendbarkeit zu überprüfen. Es handelt sich um die Entwurfswerkzeuge der Firmen AMS ("SCEPTRE"), SIEMENS ("Venus") sowie MIKRON ("MICAD"). Auch die unterschiedlichen charakteristischen Eigenschaften der Zellen für die jeweiligen Prozesse sollten aufgezeigt werden.

VERIFIKATION DER GENAUIGKEIT EINER ANALOGSCHALTUNG IM PPM-BEREICH 104

H. Leopold, K. Schröcker, M. Holzer

Institut für Elektronik, Technische Universität Graz
Institut für Sensorik der Forschungsgesellschaft Joanneum Ges.m.b.H. Graz

ZUSAMMENFASSUNG:

Ein in der Stromdomäne arbeitender integrierender 23 bit ADU kodiert die von einem Widerstandsthermometer (Pt100) aufgenommene Temperatur im Bereich von -200°C bis 800°C mit 0,001°C Auflösung. In der vorliegenden Arbeit wird eine Methode beschrieben, die es gestattet, die Funktion der analogen Interfaceschaltung zwischen Temperatursensor und ADU aber auch die des ADU auf ihre Genauigkeit im ppm-Bereich zu prüfen.

Die analoge Interfaceschaltung (Abb. 1) enthält zwei Referenzstromquellen (I_p, I_n), Meßstellenumschalter (1 bis 3) und einen Spannung/Stromwandler mit Differenzeingang. Die Interfaceschaltung bildet die Werte des unbekannten Widerstands R_x und des Referenzwiderstands R_o, jeweils vom positiven (I_p) und negativen Meßstrom (I_n) durchflossen, linear in Strom ab. Dieser Strom ist die Eingangsgröße des ADU. Die numerischen Ergebnisse (D) der vier Einzelmessungen werden zum Endresultat verrechnet:

$$R_x/R_o = (D(R_x.I_p) - D(R_x.I_n)) \,/\, (D(R_o.I_p) - D(R_o.I_n))$$

Durch diese Maßnahme werden die Fehler nullter (Offset) und erster Ordnung (Steigung) beseitigt.

Die Überprüfung der Linearität der Übertragungsfunktion des Meßgerätes (tatsächlicher R_x / Anzeigewert von R_x) ist im geforderten Genauigkeitsbereich mangels ausreichend genauer Normalwiderstände nicht möglich. Nützt man jedoch die automatische Nullpunkts- und Steigungskorrektur der Meßeinrichtung, dann läßt sich eine Überprüfung der Linearität verhältnismäßig einfach und automatisierbar realisieren:

Man ersetzt den Meßwiderstand R_x durch einen konstanten Hilfswiderstand R_h

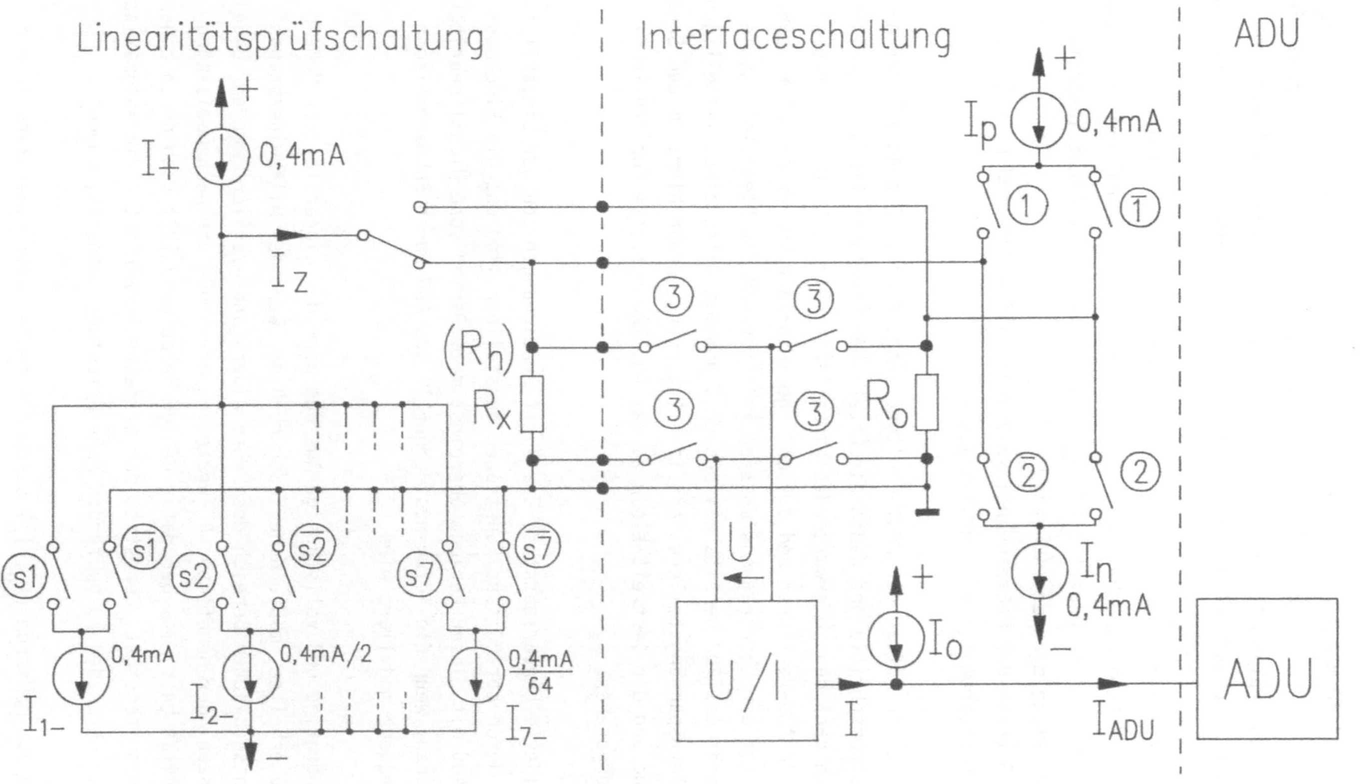

Abb. 1. Blockschaltbild des analogen Interface und der Prüfschaltung

und addiert zum Meßstrom (I_p bzw. I_n) durch den Hilfswiderstand R_h einen für beide Meßstromrichtungen identischen Prüfstrom I_z. Dann muß aber die Spannung über R_h bei beiden Meßstromrichtungen um den selben Spannungsbetrag ($R_h . I_z$) zu bzw. abnehmen. Eine symmetrische Verschiebung der ADU-Eingangsgrößen wird jedoch durch das ratiometrische Meßprinzip korrigiert. Daher muß man bei linearer Übertragungsfunktion einen von der Größe des Prüfstroms I_z unabhängigen Anzeigewert für R_h erhalten.
Variiert man durch Änderung von I_z die Spannung über R_h in den Grenzen des tatsächlichen Meßspannungsbereiches bei der Temperaturmessung und tritt dabei eine Änderung des Anzeigewertes für R_h auf, so liegt eine Nichtlinearität des analogen Interface oder des ADU vor.
(Beispiel: Grenzen der Meßspannung: +/-0,16V; Hilfswiderstand R_h = 200 Ohm;
Prüfstrom I_z: -0,4 mA bis +0,4 mA)

Den prinzipiellen Aufbau der Prüfschaltung zeigt Abb. 1. Die Anzahl der nötigen Prüfstromschritte und damit die Anzahl der negativen Prüfstromquellen richtet sich nach den zu erwartenden Linearitätsfehlern. Da das verwendete inkrementelle ADU-Verfahren und das analoge Interface vom Prinzip her keine Unstetigkeiten der Übertragungsfunktion zulassen und die Stetigkeit sowie die Linearität des ADU bereits als besser 1 ppm mit Hilfe eines 7-stelligen Kelvin-Varley-Spannungsteilers verifiziert wurden, werden hier, um den Schaltungsaufwand und die Testzeit klein zu halten, 128 Schritte für den Prüfstrom I_z vorgesehen.

Der geschilderte Linearitätstest übersieht Abweichungen von der Linearität, wenn diese durch periodische Funktionen darstellbar sind und die Eingangsgröße des ADU mit dieser Periode übereinstimmt. Periodische Nichtlinearität kann entstehen, wenn die Referenzstromquelle des ADU durch Subharmonische der Taktfrequenz moduliert wird.

Um eine eindeutige und vollständige Aussage über die Linearität der Meßeinrichtung zu erhalten, müßte daher auch noch der Wert des Hilfswiderstands über den tatsächlichen Bereich des Sensorwiderstands variiert werden. Dabei wird die Anzahl der benötigten R_h-Werte von der Größe der nachzuweisenden Nichtlinearität bestimmt. Der dafür nötige Meßaufwand läßt sich durch einen zweiten Linearitätstest, der statt der Offsetfehlerkorrektur die automatische Steigungskorrektur der zu prüfenden Meßeinrichtung ausnützt, umgehen:

Addiert man zum Meßstrom (I_p, I_n) durch den festen Hilfswiderstand R_h und zum Meßstrom (I_p, I_n) durch den konstanten Referenzwiderstand R_o einen identischen Strom I_z, der aber für die beiden Meßstromrichtungen unterschiedliche

Größe hat, dann wird ein Steigungsfehler erzeugt. Dieser wird aber durch das ratiometrische Meßverfahren:

$$R_h/R_o = (D(R_h\cdot(I_p+I_{zp}))-D(R_h\cdot(I_n+I_{zn})))/(D(R_o\cdot(I_p+I_{zp}))-D(R_o\cdot(I_n+I_{zn})))$$

wieder korrigiert. Variiert man daher, durch für R_h und R_o simultane Änderung der Prüfströme I_{zp} bzw. I_{zn}, die Spannung über R_h bzw. R_o in den Grenzen der tatsächlichen Meßspannungen und tritt dabei eine Änderung des Anzeigewertes R_h/R_o auf, so liegt eine Nichtlinearität der Meßeinrichtung vor. Wählt man geeignete Werte für R_h bzw. R_o und macht die I_{zp}- bzw. I_{zn}-Schritte hinreichend klein, so sind die beim anderen Prüfverfahren nicht zu erkennenden periodischen Nichtlinearitäten nachweisbar.
(Beispiel: Grenzen der Meßspannung: +/- 0,16 V; Hilfswiderstand R_h = 100 Ohm;
Referenzwiderstand R_o = 200 Ohm;
Testströme: I_{zp} = 0 mA bis 0,4 mA; I_{zn} = 0 mA
bzw. I_{zp} = 0 mA; I_{zn} = 0 mA bis 0,4 mA)

Dieser Prüfalgorithmus läßt sich ebenfalls mit der in Abb. 1 angeführten Testschaltung realisieren. Lediglich die Ansteuerung der Prüfstromquellenschalter muß verändert werden (I_{zp}, I_{zn}) und ein zusätzlicher Umschalter (U) ist nötig, um die Prüfströme I_{zp} bzw. I_{zn} wahlweise durch R_h oder R_o leiten zu können.

Die Vorteile des bei der Temperaturmessung verwendeten Verfahrens (Nullpunkts- und Steigungskorrektur sowie Thermospannungskompensation) bleiben bei den Linearitätsprüfungen erhalten, daher sind die Anforderungen an die Prüfschaltung gering. Die Prüfstromquellen müssen nur während einer Messung (R_h/R_o), also ca. 0,5 s, hinreichend konstant sein. Der genaue Wert des Hilfswiderstands R_h ist ohne Bedeutung, er muß nur während einer vollständigen Linearitätsprüfung, die etwa 65 s dauert, ausreichend konstant sein. Dies ist mit einem guten Widerstand (1 ppm/^{o}K) und entsprechender thermischer Abschirmung relativ leicht erfüllbar.
Das Verfahren ist leicht automatisierbar und die Auswertung der Linearitätsmessungen ist einfach, da nur untersucht werden muß, ob die Endresultate R_h/R_o unzulässig vom Prüfstrom I_z bzw. von den Prüfströmen I_{zp} oder I_{zn} abhängen.

Meßergebnisse:

Mit der angegebenen Schaltungsanordnung konnte nachgewiesen werden, daß das analoge Interface und der ADU im Bereich des Sensorwiderstands 0 bis 400 Ohm (-200°C bis 800°C) auf besser 1 ppm genau ist. Diese Angabe umfaßt Nullpunkts-

Steigungs- und Linearitätsfehler. Sie ist unabhängig von der Verfügbarkeit anderer Meßmittel, weil die Nullpunkts- und Steigungskorrektur in Echtzeit bei jeder Umsetzung numerisch mit ausreichender Genauigkeit erfolgt.
Die Meßergebnisse einer nach der ersten Methode durchgeführten Linearitätsprüfung zeigt Abb. 2. Dabei blieb die Abweichung aller 128 Meßwerte von ihrem Mittelwert kleiner als +/- 0,5 ppm, wobei diese Angabe auch das Eigenrauschen des Prüflings beinhaltet, welches etwa in dieser Größenordnung liegt.

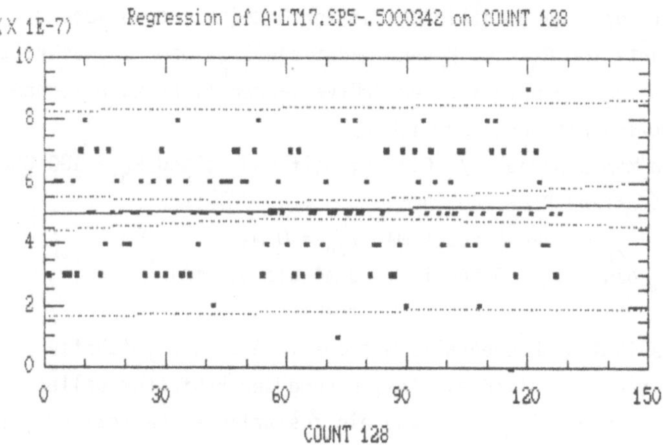

Abb. 2. Meßergebnisse eines Linearitätstests

Metering System
COMMUNICATION
Tariff
Memory
Meter-reading
(Encode)
Control
(Decode)
Wire Bus
Fibre-Glass
Mains
Radio
Handheld Unit
Tel. Dial Line
Data over Voice
ISDN
Memory Card
Central processing unit
Distribution
Concentration
Data-processing
Billing
Statistics
LANDIS & GYR

TESTSYSTEM ZUR BEURTEILUNG DES DYNAMISCHEN VERHALTENS SCHNELLER, HOCHAUFLÖSENDER ANALOG-DIGITAL-UMSETZER

H.Fürst, J.Baier, P.Löw

Institut für Elektrische Meßtechnik, Technische Universität Wien

ZUSAMMENFASSUNG

Im Zusammenhang mit laufenden Forschungsarbeiten an schnellen Analog-Digital-Umsetzern hoher Auflösung wurde ein automatisches Testsystem zur Erfassung und Beurteilung charakteristischer Eigenschaften solcher Einrichtungen entwickelt.
Das System arbeitet in Echtzeit (Abtastraten bis 100 MS/s bei Wortbreiten bis 12 Bit), ein Standard Personal Computer dient zur Durchführung der Berechnungen und graphischen Präsentation dynamischer Tests, wie Histogramm Test, Beat Frequency Test, FFT Test und Curve Fitting Test.
Aus diesen können charakteristische Kenngrößen des Umsetzers wie Offsetfehler, Verstärkungsfehler, Integrale Nichtlinearität, Differentielle Nichtlinearität, "Effektive Bits" etc. und Verlauf derselben über den Signalfrequenzbereich unmittelbar entnommen werden.

1. Einleitung

Analog-Digital-Umsetzer dienen zur Umsetzung von Analogwerten, welche charakteristischerweise durch Messungen in der 'realen' Welt gewonnen werden, in digitale Größen, die in der Informations-verarbeitung, von Rechenanlagen, bei der Datenübertragung, in Steuer- und Regelungssystemen etc.

verarbeitet werden können. Durch diese Umsetzung wird eine bereichsweise Zuordnung der Analoggröße zu entsprechenden Digitalwerten vorgenommen.
Naturgemäß wird diese Umsetzung nicht fehlerfrei sein, wie bei jedem Meßsystem ist die Erfassung und entsprechende Beschreibung dieser Fehler von Bedeutung.
Man bedient sich auch hier in der Meßtechnik bewährter Begriffe, wie Nullfehler, Verstärkungsfehler und integrale beziehungsweise differentielle Linearität.
Für abtastende Analog-Digital-Umsetzer, also solcher Typen, wie sie in Transientenrecordern, Digitaloszilloskopen und entsprechenden Systemen eingesetzt werden, ergibt sich sie Problematik, daß die genannten Fehlergrößen sich im dynamischen Betrieb als abhängig von der Signaländerung, von der Abtastrate und anderem mehr erweisen. Dieses Verhalten ist natürlich für die Darstellungs- und Reproduktionstreue zeitlich veränderlicher Größen von großer Bedeutung.
Um die dynamische 'performance' solcher Syteme zu beschreiben wurden eine Reihe entsprechender Testmethoden entwickelt, die sich fast durchwegs eines sinusförmigen Eigangssignals bedienen und mit Hilfe entsprechender Auswertemethoden die Abweichungen vom 'idealen' Umsetzverhalten ermitteln.
Im Rahmen laufender Forschungsarbeiten an schnellen Analog-Digital-Umsetzern ergab sich die Notwendigkeit solche Tests schnell, einfach und wiederholbar durchführen zu können. Dazu wurde ein automatisches Testsystem zur Erfassung und Beurteilung der charakteristischen Eigenschaften für schnelle Umsetzer hoher Auflösung entwickelt.

2. Testverfahren

Von den implementierten Tests sind der sogenannte Histogrammtest und der Fast Fourier Transform Test von besonderer Bedeutung und werden daher beispielhaft beschrieben.
Beim Histogrammtest wird eine Sinusspannung einer bestimmten Frequenz an den zu testenden Analog-Digital-Umsetzer gelegt, wobei darauf zu achten ist, daß diese Frequenz nicht kohärent zur Abtastfrequenz ist. Die Amplitude dieses Signals wird meist etwas größer als der Eingangsbereich des Umsetzers gewählt. Es

wird eine hinreichend große Zahl von Abtastwerten aufgenommen, um statistische Signifikanz zu gewährleisten und die Summe aller aufgetretenen Werte eines jeden Ausgangscodes graphisch über diesem dargestellt.
Für einen idealen Analog-Digital-Umsetzer müßte sich eine typische Muldenverteilung dieser Wahrscheinlichkeitsdichtefunktion ergeben, Abweichungen davon können zur Beschreibung der Fehler herangezogen werden.
Wenn eine bestimmtes Codeelement häufiger auftritt, als der Muldenverteilung entspricht, so ist offensichtlich die Umsetzstufe des Analog-Digital-Umsetzers breiter, als beim idealen Umsetzer. Die differentielle Linearität des Umsetzers kann so sehr einfach überprüft werden. Dies ist vor allem mit steigender Abtastrate und Signalfrequenz von Bedeutung.
Auch Nullfehler und Verstärkungfehler können mit Hilfe des Histogrammtests ermittelt werden. Für eine nullsymmetrische Sinusspannung sollte auch die Muldenverteilung symmetrisch um den Mittenwert sein, die Abweichung davon gibt unmittelbar den Nullfehler. Verstärkungsfehler können aus der Breite des Histogramms abgelesen werden. Abbildung 1. zeigt den Ausdruck eines Histogrammtest der an einem industrieüblichen Umsetzer mit einer Auflösung von 8 bit und einer maximalen Umsetzrate von 100MS/s mit Hilfe des entwickelten Systems durchgeführt wurde. Man erkennt unschwer die grundsätzlich erwartete Muldenverteilung und typische stärkere differentielle Nichtlinearitäten, vor allem beim Codewert 192. Die Grenzen der zu überprüfenden zulässigen differentiellen Nicht-linearität können vom Benutzer des Systems gewählt werden.
Der <u>Fast Fourier Transform</u> oder <u>FFT Test</u> bedient sich der diskreten Fourier Transformation. Dieser Test erweist sich als äußerst nützlich zur Beurteilung des dynamischen Verhaltens von Analog-Digital-Umsetzern. Eine zeitbegrenzte Aufnahme eines Sinussignals hoher spektraler Reinheit wird in den Frequenzbereich transformiert und hauptsächlich zur Beurteilung der integralen Linearität des Analog-Digital-Umsetzers herangezogen. Harmonische der Sinusschwingung, die durch die integrale Nichtlinearität entstehen, sind in das Spektrum gespiegelt und können einfach identifiziert werden. Daher muß die Frequenz des Eingangssignals so gewählt werden, daß die Harmonischen nicht mit der Grundwelle zusammenfallen.
Ist das Verhältnis der Amplitude der Grundwelle zur größten

Amplitude einer Harmonischen eines n-bit Umsetzers größer als 6*n dB, dann ist der Fehler durch die integrale Nichtlinearität prinzipiell vernachlässigbar, da diese Amplitude kleiner als die Stufenbreite des Umsetzers ist.

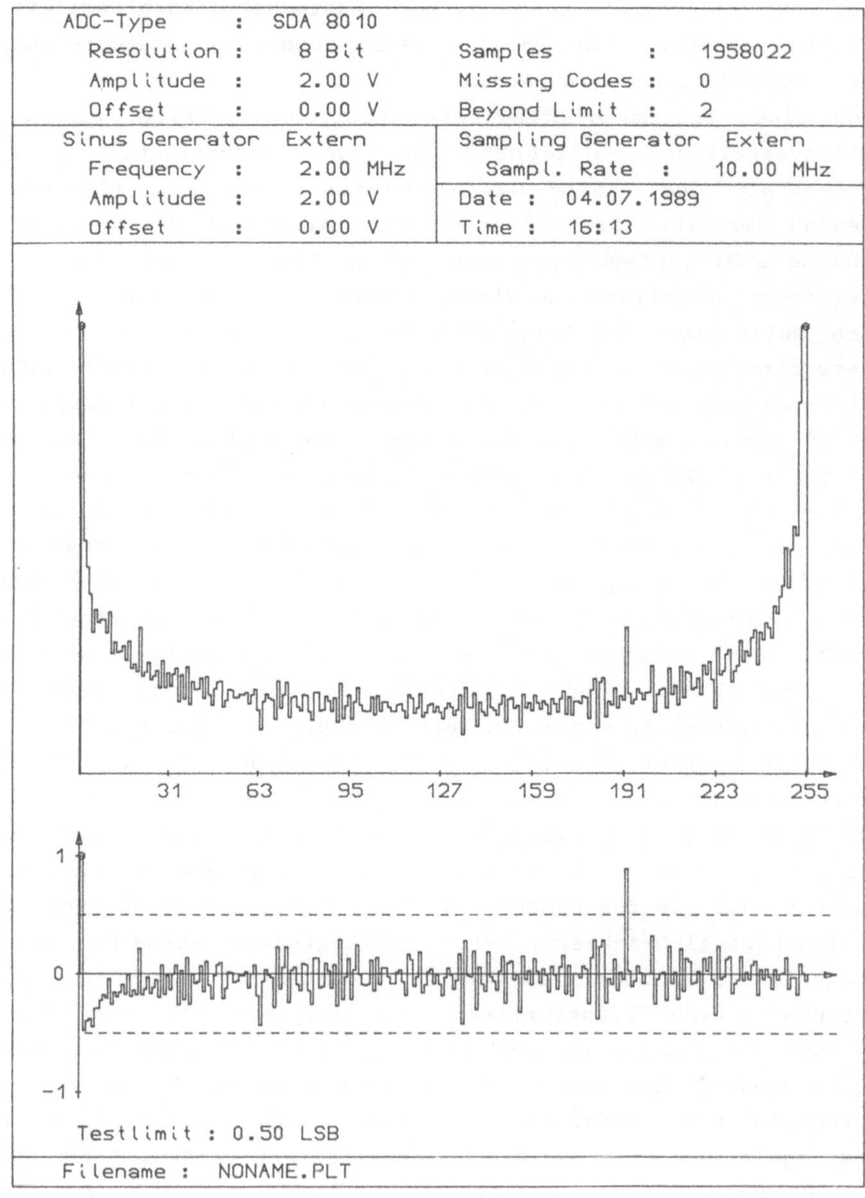

Abb. 1 Histogrammtest

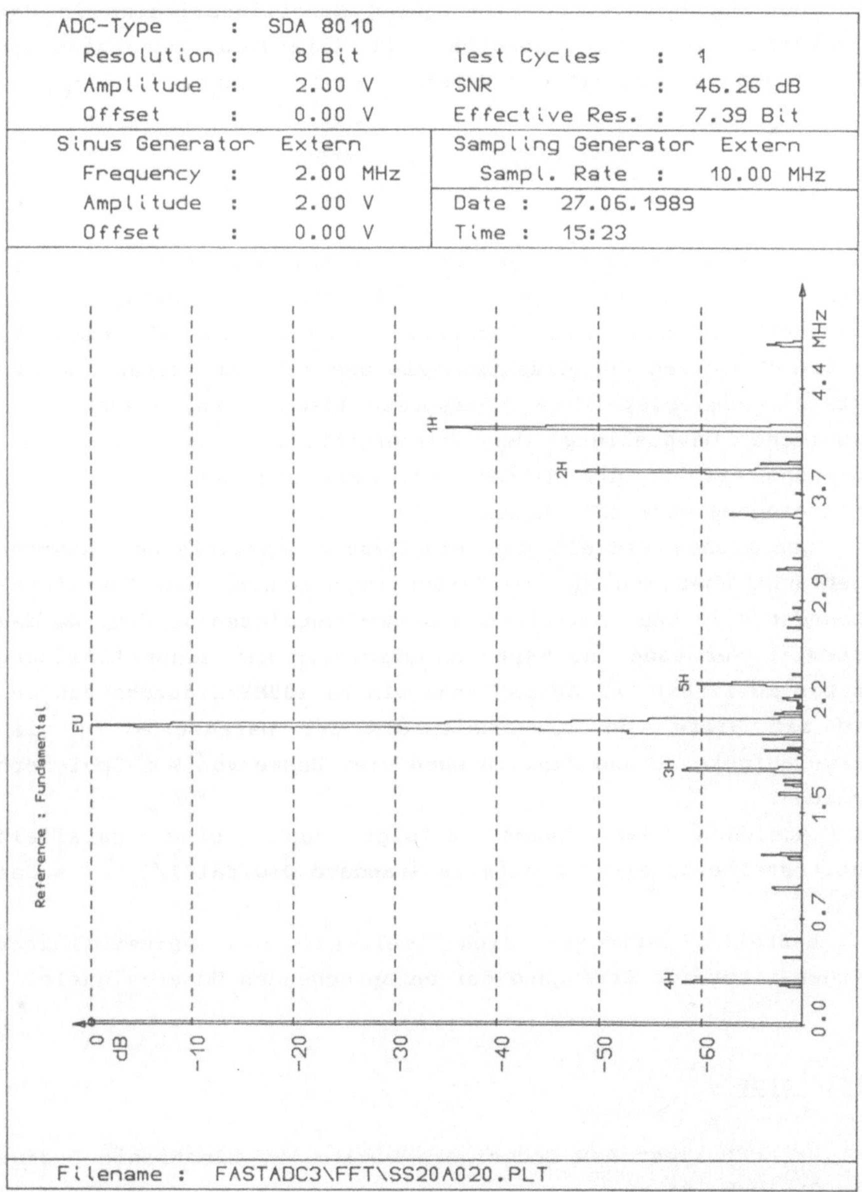

Abb.2 FFT-Test

Abbildung 2. zeigt das Ergebnis eines FFT Tests an einem Umsetzer einer Auflösung von 8 bit, die Abtastrate ist fünf mal so hoch wie die Signalfrequenz gewählt. Die Verzerrungen entstehen durch entsprechende starke Nichtlinearitäten in der Transferfunktion, im gezeigten Fall allerdings hauptsächlich durch einen vorgeschaltenen Verstärker verursacht.

3.Testsystem

Das Testsystem besteht aus der eigentlichen Meßeinrichtung, einem externen, über einen IEEE 488 Bus einstellbaren Sinusgenerator und einem Industriestandard Personal Computer, der die Steuerung des Gesamtsystems besorgt, die Daten aus dem Meßteil ausliest, die entsprechenden Berechnungen und graphische Darstellung der Testergebnisse durchführt. Die Bedienung erfolgt mit Hilfe einer Maus und der Tastatur zur Zahleneingabe über eine Menüstruktur.

Am eigentlichen Meßteil ist ein Umsetzerspezifischer Adapter angebracht über den er mit Versorgungsspannung und Taktsignal verbunden wird und über den die Daten ausgelesen werden. Da das System in der Lage ist Tests an Umsetzern mit einer Auflösung von bis zu 12 bit bei Abtastraten bis zu 100MS/s durchzuführen, wird mit Hilfe von ECL-Schaltungen der Datenstrom in vier Zweige aufgeteilt und dann in eben vier Bänke von MOS-Speichern abgelegt.

Das Auslesen der Daten erfolgt über eine parallele Schnittstelle zu einer ebenfalls Standard Digital I/O-Karte des PC.

Im Meßteil befindet sich weiters ein einstellbarer Taktgenerator zur Erzeugung der entsprechenden Umsetzsignale.

4.Literatur

1. Pratt B.:Test A/D Converters Digitally. Electronic Design 25 1975, 86-88
2. Pretzl G.:Dynamic Testing of High-speed A/D-converters. IEEE Journal SC 13, 1978, 368-371
3. Burr Brown Application Note : Dynamic Tests for A/D Converter Performance, 1985
4. Peetz B. et al.: Measuring Waveform Recorder Performance. Hewlett Packard Journal, November 1982

DER POLYNOMGENERATOR ALS GLÄTTUNGSFILTER BEI DER DA-WANDLUNG

106

G. Graber, W. Eder

Institut für Nachrichtentechnik und Wellenausbreitung
Technische Universität Graz

ZUSAMMENFASSUNG:

Vorgestellt wird ein Verfahren, das zur Regeneration des Analogsignals in DA-Wandlersystemen anstelle eines Tiefpaßfilters die Approximation durch ein Polynom verwendet. Nach der Herleitung eines allgemeinen Blockschaltbildes für den Polynomgenerator wird ein Polynom dritten Grades hardwaremäßig realisiert und mit einem Besselfilter vierter Ordnung in bezug auf Amplitudengang, Verzerrungen und Gruppenlaufzeitverhalten verglichen.

1. Einleitung

Ein digitales Signal hat die Eigenschaft, daß sich sein Spektrum um die Vielfachen der Taktfrequenz gefaltet wiederholt. Eine wesentliche Aufgabe bei der Digital-Analogwandlung ist deshalb die Unterdrückung der gefalteten Spektralanteile durch Tiefpaßfilter. Dabei ist für die digitale Audiotechnik ein steiler Übergang vom Durchlaß- in den Sperrbereich sowie konstante Gruppenlaufzeit erforderlich. Diese beiden Bedingungen schließen einander aus und machen bei Filtern mit steilem Dämpfungsverlauf komplexe phasendrehende Netzwerke notwendig. Betrachtet man das Problem der Regeneration des Analogsignals im Zeitbereich, so kann man es folgendermaßen zusammenfassen: Es muß jener Signalverlauf gefunden werden, der die einzelnen digitalen Abtastwerte in optimaler Weise miteinander verbindet. Ein geeignetes Verfahren dafür ist die Approximation der Abtastwerte durch ein Polynom.

2. Theoretische Grundlagen

2.1. Approximationspolynom

Eine Funktion, die durch diskrete Werte zu den Zeitpunkten nT_S gegeben ist, kann im Intervall $nT_S \leq t < (n+1)T_S$ durch ein Polynom der Form $z_n(t) = \sum_\nu a_{n\nu}(t - nT_S)^\nu$ approximiert werden. Die Gesamtfunktion $z(t)$ ist die Summe der einzelnen Polynomstücke $z_n(t)$. Unter Verwendung der Sprungfunktion $\sigma(t)$ kann man schreiben:

$$z(t) = \sum_{n=0}^{\infty} z_n(t)\{\sigma[t - nT_S] - \sigma[t - (n+1)T_S]\} \qquad \text{für} \quad t \geq 0 \tag{1}$$

Ein Polynom der Ordnung m besitzt $m + 1$ Freiheitsgrade, man kann also für die Bestimmung der Koeffizienten a_{n0} bis a_{nm} $m + 1$ Bedingungen wählen, die in zwei Gruppen formuliert werden:

(A) Das Polynom $z_n(t)$ soll nicht nur an den Intervallgrenzen mit den Abtastwerten $y_a(t)$ übereinstimmen, sondern ebenso zu r vorhergehenden und $\bar{r}$ nachfolgenden Abtastzeitpunkten: $z_n[(n+\nu)T_S] = y_a[(n+\nu)T_S]$ für $-r \leq \nu \leq \bar{r} + 1$, mit $\nu, r, \bar{r}$ ganzzahlig und $r, \bar{r} \geq 0$.

(B) Die Ableitungen $d^{(\nu)}z/dt^{(\nu)}$ sollen bei $t = nT_S$ für $\nu = 0, 1...k$ stetig sein.

Der Grad des Approximationspolynoms $z_n(t)$ ist demnach $m = (r + \bar{r} + 1) + k$. Zur Berechnung der Koeffizienten $a_{n\nu}$ des Polynomstücks $z_n(t)$ bzw. des vorhergehenden $z_{n-1}(t)$ ist ein Gleichungssystem zu lösen, bei dem sich von einem Approximationsintervall zum nächsten nur ein Abtastwert ändert. Anstatt nun jeweils das Gleichungssystem für alle Koeffizienten zu lösen, kann man nach einem Differenzpolynom suchen, das die Unterschiede zwischen $z_n(t)$ und $z_{n-1}(t)$ ausgleicht.

2.2. Ausgleichspolynom

Das Polynomstück $z_n(t)$ soll durch den rekursiven Ansatz

$$z_n(t) = z_{n-1}(t) + \Delta_n(t) \tag{2}$$

berechnet werden, wobei $\Delta(t)$ als Ausgleichspolynom definiert wird. Aufgrund der Bedingung (A) sind $z_n(t)$ und $z_{n-1}(t)$ vom Zeitpunkt $(n-r)T_S$ bis $(n+\bar{r})T_S$ bereits identisch. Folglich muß zu diesen Zeitpunkten das Ausgleichspolynom $\Delta_n(t)$ Nullstellen besitzen. Das heißt: $\Delta_n[(n+\nu)T_S] = 0$ für $-r \leq \nu \leq \bar{r}$. Ein Ausgleichspolynom $\tilde{\Delta}_n(t)$, das diese Forderung erfüllt, besitzt die Form

$$\tilde{\Delta}_n(t) = c_n * \prod_{\mu=-r}^{\bar{r}} (t - nT_S - \mu T_S) \tag{3}$$

Mit der Forderung (B), daß die k-te Ableitung von $z(t)$ noch stetig sein muß, daß also $z_n^{(k)}(nT_S) = z_{n-1}^{(k)}(nT_S)$ gilt, ergibt sich die Bedingung: $\Delta_n^{(\nu)}(nT_S) = 0$ für $\nu = 0, 1, ...k$. Das Ausgleichspolynom $\Delta_n(nT_S)$ benötigt also bei $t = nT_S$ eine Nullstelle der Ordnung $k+1$. Dies erreicht man durch Multiplikation mit der k-ten Potenz von $(t - nT_S)$, womit der endgültige Ansatz lautet:

$$\Delta_n(t) = c_n * (t - nT_S)^k \prod_{\mu=-r}^{\bar{r}} (t - nT_S - \mu T_S) \tag{4}$$

Zur Berechnung der Konstanten c_n betrachtet man den Zeitpunkt $(n + \bar{r} + 1)T_S$. Nach Bedingung (A) muß $z_n[(n+\bar{r}+1)T_S] = y_a[(n+\bar{r}+1)T_S]$ gelten. Das Ausgleichspolynom für diesen Zeitpunkt lautet:

$$\Delta_n[(n + \bar{r} + 1)nT_S] = c_n * [(\bar{r}+1)T_S]^k \prod_{\mu=-r}^{\bar{r}} (\bar{r} + 1 - \mu)T_S \tag{5}$$

Unter Berücksichtigung, daß der Produktterm $\prod_{\mu=-r}^{\bar{r}}(\bar{r}+1-\mu)T_S = (\bar{r}+r+1)!T_S^{r+\bar{r}+1}$ ist, folgt für die Konstante c_n:

$$c_n = \frac{y_a[(n+\bar{r}+1)T_S] - z_{n-1}[(n+\bar{r}+1)T_S]}{(\bar{r}+1)^k(\bar{r}+r+1)!T_S^m} \tag{6}$$

Mit c_n ist das Ausgleichspolynom $\Delta_n(t)$ und damit das Approximationspolynom $z_n(t)$ bekannt. Es muß also ein Schaltungsprinzip gesucht werden, das diese Aufgabe erfüllt.

2.3. Schaltungsprinzip

Durch Umformen von Gl. 1 zu $z(t) = \sum_{n=0}^{\infty}[z_n(t) - z_{n-1}(t)]\sigma(t - nT_S)$ und Verwendung von Gl. 2, erhält man $z(t) = \sum_{n=0}^{\infty}\Delta_n(t)\sigma(t - nT_S)$. Weiters kann das Ausgleichspolynom aus Gl. 4 umgeschrieben werden in $\Delta_n(t) = c_n g(t - nT_S)$ mit $g(t) = t^k \prod_{\mu=-r}^{\bar{r}}(t - \mu T_S)$. Damit erhält man

$$z(t) = \sum_{n=0}^{\infty} c_n g(t - nT_S)\sigma(t - nT_S). \tag{7}$$

Legt man an ein System mit der Übertragungsfunktion $G(p)$ bzw. der Impulsantwort $g(t)$ das Eingangssignal $e^*(t) = \sum_{n=0}^{\infty} c_n\delta(t - nT_S)$ – eine Reihe von gewichteten Deltapulsen, so erhält man als Antwort genau die in Gl. 7 angeführte Funktion $z(t)$. Zur Berechnung der Konstanten c_n wird Gl. 6 herangezogen. Die "zukünftigen" Werte bis $y_a[(n+\bar{r}+1)T_S]$ können bei DA-Wandlersystemen als bekannt betrachtet werden. Der Wert $z_{n-1}[(n+\bar{r}+1)T_S]$ steht zum Zeitpunkt $t = nT_S$ zwar nicht direkt zur Verfügung, kann aber mittels Taylorreihe entwickelt werden. Das ergibt unter Berücksichtigung

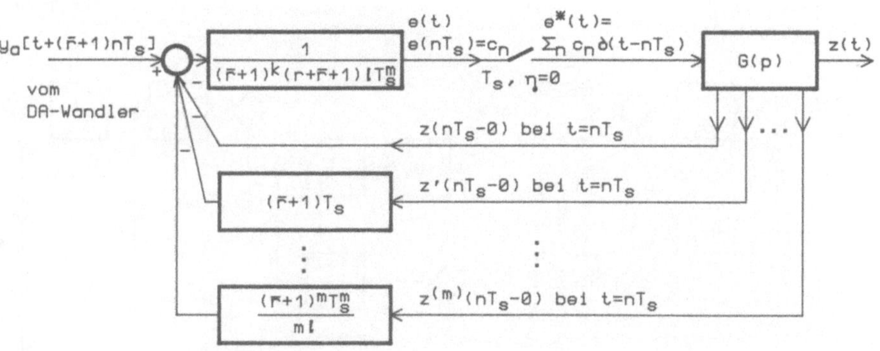

Bild 1: Prinzipschaltbild des Polynomgenerators

von Bedingung (B)

$$z_{n-1}[(n+\bar{r}+1)T_S] = \sum_{\nu=0}^{m} \frac{(\bar{r}+1)^\nu T_S^\nu}{\nu!} z^{(\nu)}(nT_S - 0). \tag{8}$$

Damit läßt sich das Prinzipschaltbild des Polynomgenerators wie in Bild 1 festlegen. Im Summationspunkt wird die Differenz aus dem Abtastwert $y_a[t + (\bar{r}+1)T_S]$ und dem Approximationspolynom $z_{n-1}[(n+\bar{r}+1)T_S]$ gebildet, das durch die Taylorreihenentwicklung dargestellt ist. Diese Differenz mit dem Nenner aus Gl. 6 gewichtet ergibt die Funktion $e(t)$, die zum Zeitpunkt $t = nT_S$ dem Koeffizienten c_n entspricht.

Durch Abtasten erhält man die Deltapulsfolge $e^*(t)$, die am Ausgang des durch $G(p)$ festgelegten Übertragungssystems die gesuchte Approximationsfunktion $z(t)$ liefert.

3. Realisierung des Polynomgenerators 3011

Für die Realisierung des Polynomgenerators wurde ein Polynom 3.ten Grades gewählt, für das an den Intervallgrenzen und einem zukünftigen Abtastwert Übereinstimmung gefordert wird und bei dem die erste Ableitung stetig ist, also $mr\bar{r}k = 3011$. Damit ergibt sich für die Zeitfunktion $g(t)$ des Ausgleichspolynoms $\Delta(t)$

$$g(t) = t^2(t - T_S) \quad \text{bzw.} \quad G(p) = \frac{T_S^3}{p}\left[\frac{6}{pT_S} - 2\right]\left[\frac{1}{pT_S}\right]\left[\frac{1}{pT_S}\right] \tag{9}$$

Führt man die Übertragungsfunktion $G(p)$ in das Prinzipschaltbild 1 ein, so sieht man, daß man einen Delta-Abtaster mit nachgeschaltetem Integrator zu realisieren hat. Bild 2 zeigt zwei äquivalente Schaltbilder, wovon der Ausgang des lin-

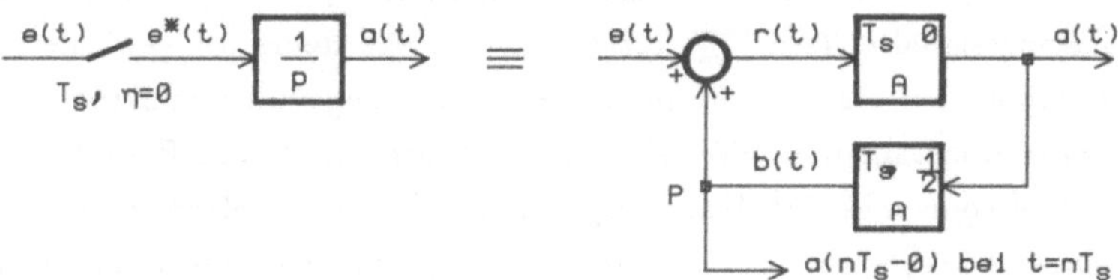

Bild 2: Äquivalentes Schaltbild zu einem Delta Abtaster mit Integrator

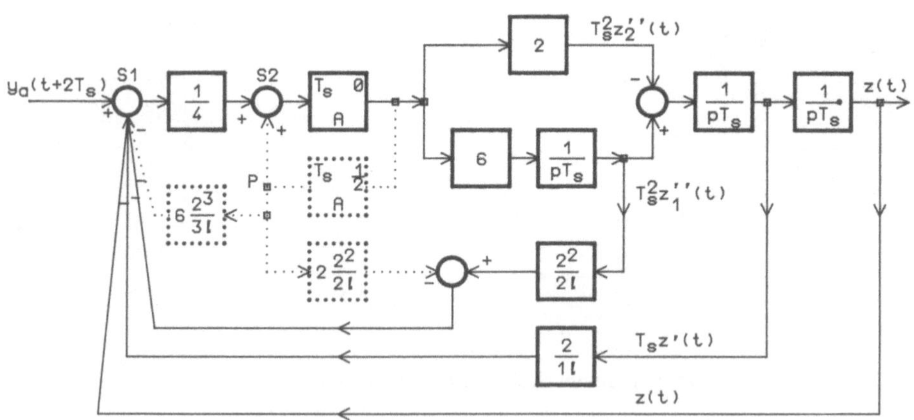

Bild 3: Polynomgenerator $mr\bar{r}k = 3011$

ken $a(t) = \sum_{n=0}^{\infty} e(nT_S)\sigma(t - nT_S)$ ist. Für das rechte Schaltbild ergibt sich die rekursive Formel $r(nT_S) = a(nT_S) = e(nT_S) + a[(n-1)T_S]$, die ebenso als $a(t) = \sum_{n=0}^{\infty} e(nT_S)\sigma(t - nT_S)$ geschrieben werden kann. Die Taylorreihe für z_{n-1} benötigt drei Ableitungen von $z_n(t)$. $z'(t)$ und der stetige Teil der zweiten Ableitung $T_S^2 z_1''(t)$ stehen im Übertragungsnetzwerk $G(p)$ zur Verfügung. Der unstetige Anteil $T_S^2 z_2''(t)$

liegt am Punkt P in Bild 3 mit dem Faktor 1/2 gewichtet an. Aus Gl. 7 erhält man $z'''(t) = 6\sum_{n=0}^{\infty} c_n\sigma(t-nT_S) = 6a(t)$, was ebenso am Punkt P abgenommen werden kann. Damit ergibt sich das in Bild 3 gezeigte Blockschaltbild, in dem sich der punktiert gezeichnete Teil am Summationspunkt $S2$ aufhebt und deshalb weggelassen werden kann. Wegen der treppenförmigen Eingangsspannung $y_a(t+2T_S)$ kann die Sample-Holde Stufe vor den Summationspunkt $S1$ gelegt werden. Weiters werden aufgrund von Aussteuerungsüberlegungen Faktoren verschoben, wodurch sich das in Bild 4 gezeigte endgültige Blockschaltbild ergibt.

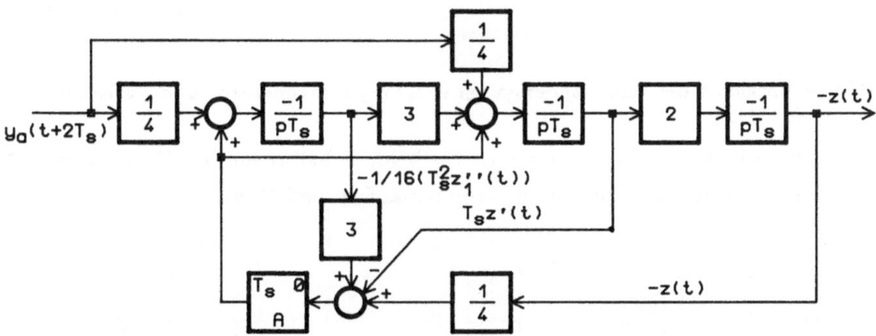

Bild 4: Blockschaltbild für die Realisierung des Polynomgenerators 3011

4. Vergleich Polynomgenerator – Besselfilter

Der für $T_S = 20\mu s$ realisierte Polynomgenerator wurde in seinem Übertragungsverhalten mit einem Besselfilter 4.ter Ordnung mit der Grenzfrequenz von 25 kHz verglichen. Wegen des treppenförmigen DA-Wandlersignals ist dem Amplitudenverlauf des Besselfilters zusätzlich die $\sin(x)/x$-Dämpfung zu überlagern. Die Messung des Amplitudengangs des mit der Treppenfunktion beaufschlagten Besselfilters stimmt mit den berechneten Werten überein und ist in Bild 5 gezeigt. Bereits bei 6 kHz tritt eine Dämpfung von 0.5 dB auf. Der Polynomgenerator zeigt hingegen bis 12 kHz lineares Übertragungsverhalten und erreicht erst bei 16 kHz die Dämpfung von 0.5 dB; er arbeitet also wie ein Filter mit integrierter $\sin(x)/x$-Entzerrug. Der Übergang in den Sperrbereich verläuft beim Polynomgenerator wesentlich steiler. Berücksichtigt man die Amplitudenstatistik von Audiosignalen, die Tiefpaßcharakter mit einer Grenzfrequenz von ca. 4 kHz aufweist, so ist bei 50 kHz Taktfrequenz der gefaltete Frequenzbereich von 46 bis 54 kHz besonders gut zu dämpfen. Genau in diesem Bereich arbeitet der Polynomgenerator wesentlich besser als das Besselfilter.

Die unzureichende Dämpfung der gefalteten Frequenzanteile tritt im DA-gewandelten Signal als Verzerrung auf. Daraus folgt unmittelbar, daß der Polynomgenerator in bezug auf Verzerrungen wesentlich besser ist als das Besselfilter. Der Vergleich ist in

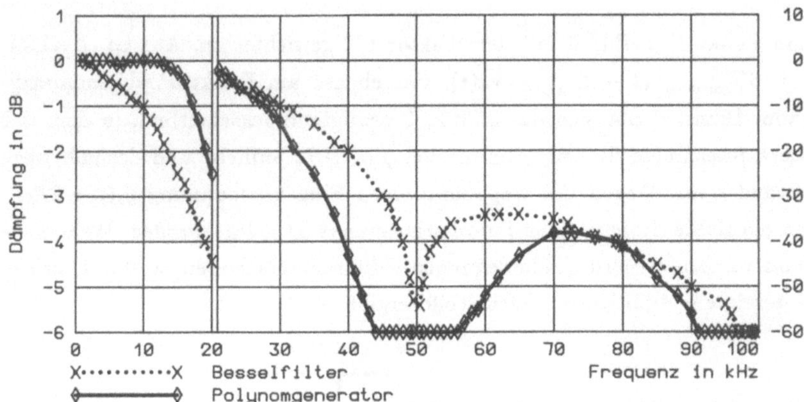

Bild 5: Vergleich des Amplitudengangs von Polynomgenerator und Besselfilter

Bild 6 dargestellt. Die Phasendrehung ist für beide Schaltungen bis 20 kHz konstant, womit die Forderung nach konstanter Gruppenlaufzeit erfüllt ist.

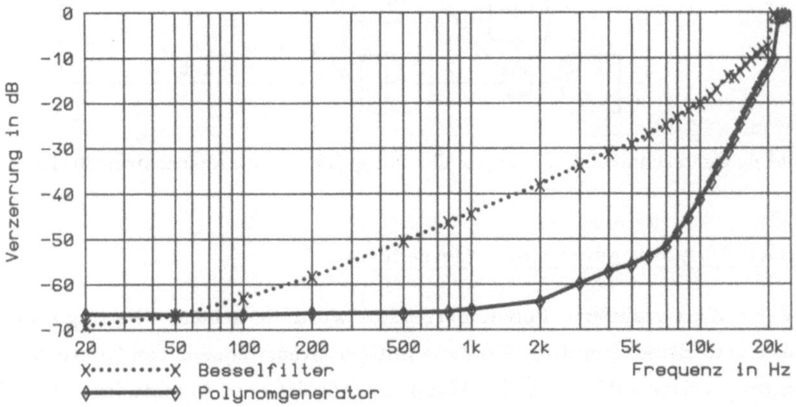

Bild 6: Vergleich der Verzerrungen von Polynomgenerator und Besselfilter

Literatur

1. Schneider G.: *On the Development of Linear Difference Equation Units.* Aus "Automatic and Remote Control" Seite 997 ff, Proceedings of the First International Congress of the International Federation of Automatic Control, Verlag Butterworths Scientific Publications, Moskau 1960
2. Eder W., Graber G.: *A/D-, D/A-Wandlerplatine und Glättungsfilter für 16-bit Audiosystem.* Diplomarbeit am Instut für Nachrichtentechnik und Wellenausbreitung der Technischen Universtät Graz, 1987
3. Graber G.: *Universelles digitales Analyse- und Bearbeitungssystem für Audiosignale.* Dissertation am Instut für Nachrichtentechnik und Wellenausbreitung der Technischen Universität Graz, 1988

MUPID BELEGDRUCKER UND WERTKARTEN INTERFACES

W.Marschik
E.Schöberl

Österreichisches Forschungszentrum Seibersdorf Ges.m.b.H
Institut für Elektronik

ZUSAMMENFASSUNG:

Um BTX im öffentlichen Bereich einsetzen zu können ist es erforderlich Belege oder Bildschirmseiten auszudrucken und mit dem Benutzer zu verrechnen. Dazu wurde ein Interface zwischen Mupid (Mehrzweck Universell Programmierbarer Intelligenter Decoder) und einem Thermodrucker entwickelt, mit dessen Hilfe ein am Farbmonitor dargestelltes Bild auf ein schwarz/weiß Bild umgerechnet und ausgedruckt wird. Weiters wurde ein Interface zwischen Mupid und einem Wertkarten-Lesegerät BSK30 der Fa. Landis & Gyr entwickelt, mit dessen Hilfe die Vergebührung des Mupidbetriebes über die Wertkarte erfolgen kann.

1. Einleitung

Diese Entwicklungen wurden von der Fa. ALCATEL in Auftrag gegeben. Sie bestehen für den Drucker aus einem Doppelprozessorsystem, aufgebaut auf einer Doppel-EUROPA-Karte, passend in ein Mupid-Gerät, und einer Druckeransteuerplatine die an die Druckerbaugruppe angepaßt werden mußte, und für die Wertkarteneinheit aus einem Prozessorsystem aufgebaut auf einer Doppel-EUROPA-Karte, passend in ein Mupid-Gerät. Die Kummunikation mit der Wertkarteneinheit erfolgt über eine serielle Schnittstelle. Die Parameter für die Verrechnung sind definierbar und werden vom Benutzer vorgegeben. Die Verrechnung von Zeiteinheiten erfolgt alle Sekunden. Die Abbuchung einer Einheit von der Wertkarte für die Zeitverrechnung erfolgt im Vorraus. Fixe Gebühren können sofort abgebucht werden bzw. können auch noch storniert werden.

2. MUPID-BELEGDRUCKER-INTERFACE

Das Mupid Beleginterface ist eine österreichische Entwicklung um den Inhalt eines Fernsehbildes ausdrucken zu können. Die dafür notwendigen Bilddaten werden vom Mupid über eine 250 kBaud asynchrone Datenleitung in das Doppelprozessorsystem des Belegdruckerintefaces eingeschrieben, auf ein schwarz/weiß Bild mit sechzehn Graustufen umgerechnet und auf ein Thermopapier gedruckt. Diese Art der Bilddatenverarbeitung läßt jede Art der Bildmanipulation zu, z.B. Hintergrund soll weiß sein, Schrift soll schwarz sein.

Diese Art von Bildmanipulation wäre bei einer Bilddatenerfassung über das RGB-Signal des Farbmonitors nicht möglich.

2.1. Beschreibung des Thermodruckers

Von der Fa. ALCATEL wurde ein Fujitsu Mini-Thermal Printer vom Typ FTP-040MC für diese Anwendung ausgewählt. Dieser Drucker kann mit Hilfe der "line-dot printing method" ein 110mm breites Thermopapier beschreiben, wobei pro Linie 280 Heizelemente angesteuert werden müssen. Das Diodenarray ist so aufgebaut, daß 20 Gruppen zu je 14 Dioden angesteuert werden können.Siehe Abb.:1

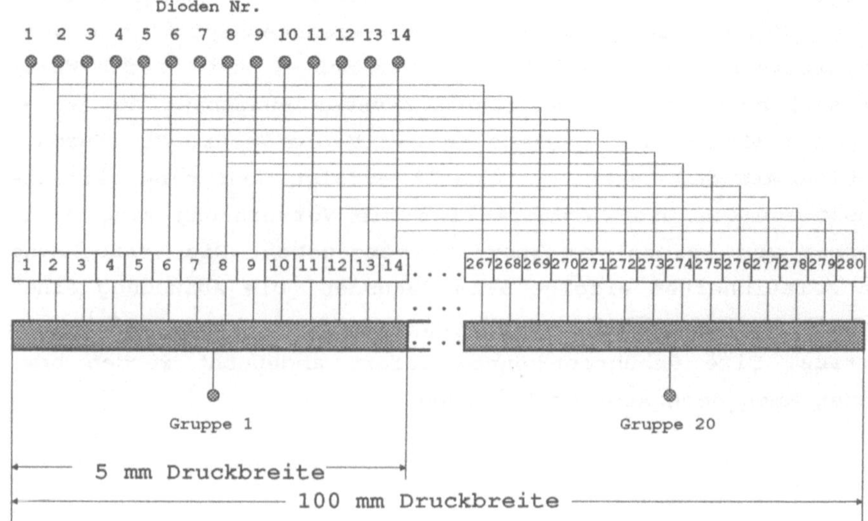

Abb.:1 Ansteuerung der 280 Heizelemente des Thermodruckers (20 Gruppen zu je 14 Elemente)

Während eines Ausdruckvorganges wird unter dem Thermokopf das Thermopapier kontinuierlich fortbewegt. Der Antrieb der Gummiwalze erfolgt mit einem Gleichstrommotor an dessen Antriebswelle ein sechsteiliger Flügel angebracht ist, so daß mit Hilfe einer Reflexionslichtschranke eine Impulsfolge für Steuerungsaufgaben erzeugt wird, siehe Abb.:2.

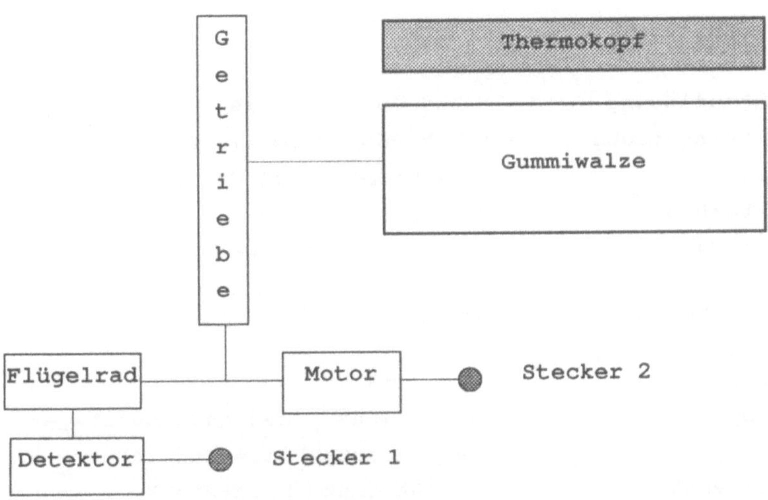

Abb.:2 Schematische Darstellung der Druckermechanik des FUJITSU Thermal Printers.

Die Impulsfolge gibt Auskunft über die Motordrehzahl und über die zurückgelegte Strecke des Thermopapieres, wobei eine Umdrehung des Antriebmotors eine Weiterbewegung des Thermopapieres um ca. eine Diodenstrichbreite bewirkt. Um das Thermopapier zu schwärzen muß durch ein Heizelement für die Zeit von 2ms Strom fließen um die erforderliche Temperatur zu erreichen, d.h. es kann das Thermopapier auf eine Breite von 5mm (14 Dioden nebeneinander) in der Zeit von 2ms geschwärzt werden, falls eine durchgehende Linie erwünscht wird. Um eine Zeile (100mm) zu Drucken werden 40ms benötigt. Der Schwärzungsgrad des Thermopapieres ist von der Temperatur der Heizelemente abhängig. Die Aufheizung der Heizelemente kann über die Ansteuerzeit beeinflußt werden. Wählt man eine Abstufung von 16 Schwärzungsgraden so kann man prinzipiell die Aussage treffen, daß man bei einer Unterteilung der Ansteuerzeit (2ms) auf 2/16ms unterschiedliche Grauwerte erreichen kann. Da jedoch die Empfindlichkeit des Thermopapieres bei den einzelnen Graustufen nichtlinear zur Temperatur der Heizelemente ist, und die Temperatur der Heizelemente nichtlinear zur Ansteuerzeit ist, ergeben sich unterschiedliche Ansteuerzeiten bezüglich der gewünschten Graustufen. Diese unterschiedlichen Ansteuerzeiten wurden experimentell ermittelt.

2.2 Technische Daten FUJITSU FTP-040MC

2.2.1 Druckkopf

Punktauflösung	:	280 Punkte/Zeile
Punkteinteilung	:	2.8 Punkte/mm (70 Punkte/inch)
Matrix	:	14 Dioden x 20 Gruppen
Punktgröße	:	0.33 x 0.44 mm
Lebensdauer	:	20 Millionen Zeilen

2.2.2 Thermokopfansteuerung

Spannung	:	22 ±5% V
Strom	:	2.5A (max., bei gleichzeitiger Ansteuerung alle Punkte)
Strom/Punkt	:	0.18A (max. Grenzwert)
Zeit/Punkt	:	2 msec (max. Grenzwert)

2.2.3 Papiervorschub

Das Papier wird durch Reibung zwischen der Gummiwalze und dem Thermokopf transportiert, wobei die relative Papierposition über das Flügelrad erfaßt wird, siehe Abb.:2.

2.2.3.1 Motor

Type	:	Gleichstrommotor
Spannung	:	2-4 V
Strom	:	300 mA (max.)

2.2.3.2 Vorschub

Anzahl der Flügelblätter der Kodierscheibe: 6
Vorschub: 0.06 mm pro Flügelblatt

2.2.4 Detektor für die Erkennung des Papierendes

(Reflexionslichtschranke)
Der Detektor ist fix in der FUJITSU Mechanik untergebracht und erkennt ob Papier vorhanden ist.

2.2.5 Einlegen des Papieres

Um Papier einzulegen kann mit Hilfe eines Hebels der Thermokopf abgehoben werden. An diesem Hebel ist ein Mikroschalter angebracht. Dieser erkennt ob der Thermokopf am Papier anliegt.

2.3. Beschreibung der Hardware

Der prinzipielle Hardwareaufbau ist im Blockdiagramm Mupid-Video-Druckerinterface Abb.:3 dargestellt. Es werden zwei Prozessorsysteme eingesetzt welche die vorher erwähnten Aufgabenstellungen lösen.

2.3.1 Arbeitsweise der Mikroprozessoren

Über den seriellen internen Systembus wird vom Mupid die Kommunikation mit dem Printerprozessor durchgeführt. Der Printerprozessor kommuniziert mit dem Bildprozessor über den FIFO-Baustein (First in First out Memory). Bei einem Druckauftrag wird über den FIFO-Baustein dem Bildprozessor mitgeteilt, daß über die serielle Bilddatenleitung eine Bilddatenübertragung durchgeführt wird. Diese Bilddatenübertragung erfolgt immer mit dem gleichen Format. Sind nach ca. 2 sec. die Bilddaten vollständig übertragen, so wird über den FIFO-Baustein und über den Printerprozessor die Meldung über die Vollständigkeit der Bilddatenübertragung an das Mupidgerät abgesetzt. Gleichzeitig beginnt der Bildprozessor auf Grund der übermittelten Bilddaten aus dem Farbbild ein Schwarzweißbild zu errechnen (ca 5,5 sec.). Ist dieses Bild im Speicher abgelegt, beginnt der Bildprozessor 14 Bilddaten in 2x15 Bytes umzurechnen. Diese Daten werden verschachtelt in den FIFO-Baustein eingeschrieben. Sind diese Daten im FIFO-Baustein abgelegt, beginnt nun der Bildprozessor die nächsten 14 Bilddaten umzurechnen, während gleichzeitig der Printprozessor alle 2/16 ms zwei dieser Datenbyte aus dem FIFO-Baustein ausliest und an die Druckeransteuerung weitergibt. Am Ende der Gruppenanwahl werden die nächsten 2x15 Bytes vom Bildprozessor in den FIFO-Baustein eingeschrieben. Auf diese Weise wird das gesamte Bild Gruppe für Gruppe und Zeile für Zeile ausgedruckt.

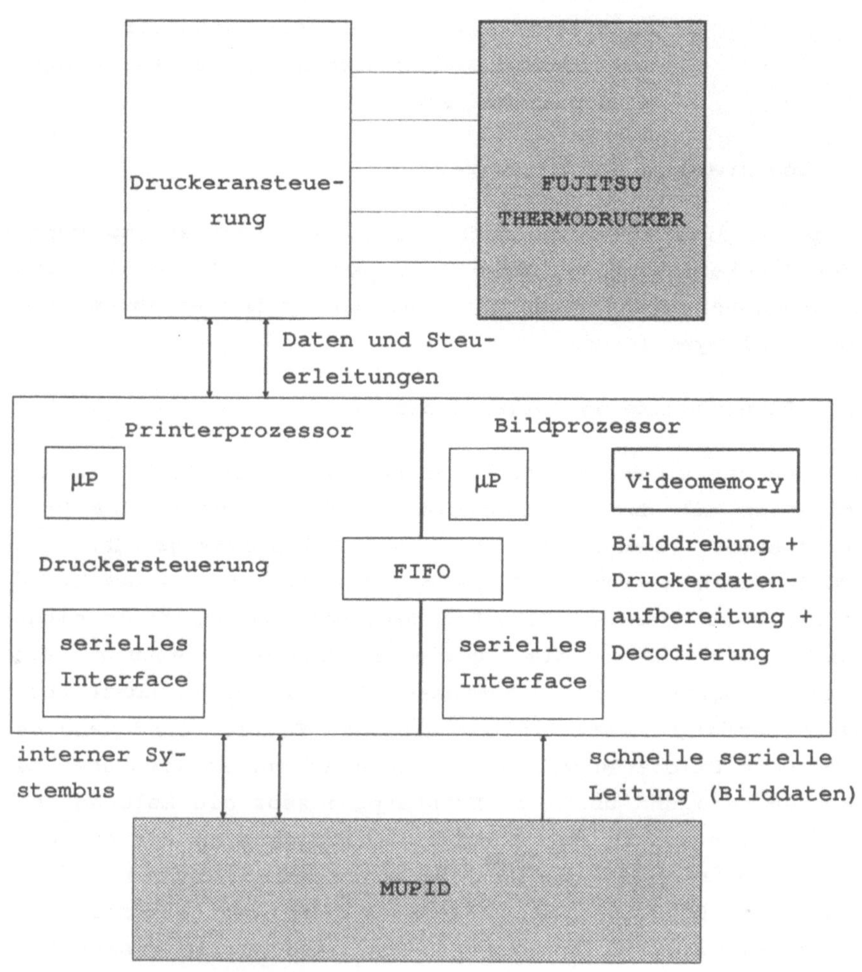

Abb.: 3 Blockdiagramm MUPID - BELEGDRUCKER - INTERFACE

3. WERTKARTEN INTERFACE

3.1. Allgemeines

Das Wertkarteninterface dient zur Steuerung der Wertkarteneinheit und zur Kommunikation mit der Steuereinheit.
Die gesamte Kassier-Einheit besteht aus zwei Modulen:

-Interface
-Wertkarteneinheit

Als Option ist die Wertkarteneiheit ein Teil des Btx-Terminals, die auch nachträglich eingebaut werden kann.

Die Interface-Hardware ist auf einer Leiterplatte im Doppeleuropaformat aufgebaut. Diese Leiterplatine wird im Elektronikrahmen untergebracht. Die Verbindung zur Steuereinheit erfolgt über das Backpanel, zur Wertkarteneinheit über ein entsprechendes Kabel (siehe Abb.: 4).

3.2. Übertragungsmerkmale

Der Kartenleser ist für den Betrieb mit 20mA und 2400 Baud vorgesehen.

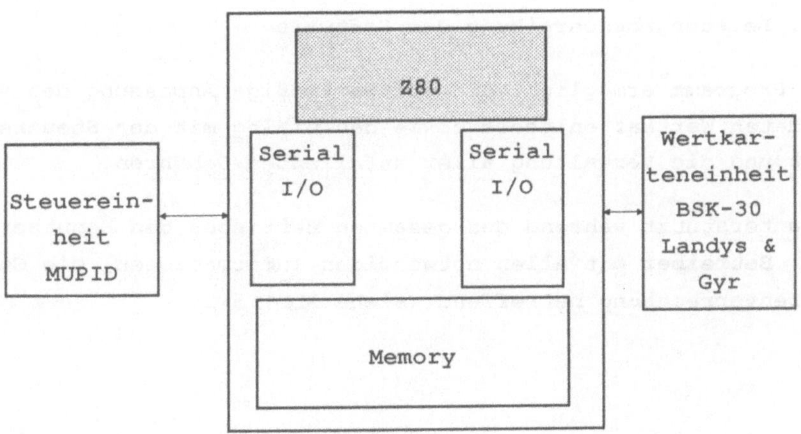

Abb.: 4 Blockschaltbild Wertkarteninterface

3.3. Wertkarte als Datenträger

Durch ein quasi - Holographieverfahren (HOLOGYR [c]) sind alle Daten auf einem thermosensiblen Träger (auf der Karte) gespeichert. Die HOLOGYR [c] - Technik schließt Fälschungen der Wertkarte bzw. Manipulationen des Datenbestandes praktisch aus, darüberhinaus sind die Daten gegen elektromagnetische Felder unempfindlich.

3.4. Lesevorgang

Die durch HOLOGYR [c] - Technik veränderte Oberflächenstruktur bewirkt beim Lesen (mittels einer im schrägen Winkel zur Kantenoberfläche geführten Lichtquelle) unterschiedliche Reflexionswinkel, welche das Erkennen der relevanten Daten ermöglicht. Die maximale Lesegeschwindigkeit beträgt 20 Bit/s.

3.5. Löschvorgang

Die abgearbeiteten "Werteinheiten" werden durch kurzzeitige Erhitzung zerstört, die Oberflächenstruktur wird dabei irreversibel verändert. Die vollständig gelöschte Wertkarte enthält danach lediglich Basisdaten, die zur Erkennung der Wertkarte - als zulässige zwar, jedoch ohne Werteinheiten - dienen. Der Löschvorgang unterliegt einer speziellen Kontrolle um Manipulationen vorzubeugen.

3.6. Leistungsbeschreibung der Software

Das Programm ermöglicht die softwaremäßige Anpassung des verwendeten Wertkartenlesers sowie den Dialog mit der Steuereinheit und die Verwaltung aller anfallenden Gebühren.

Es unterstützt während des gesamten Betriebes den Benutzer bzw. Betreiber mit allen notwendigen Informationen, die Gebührenverrechnung betreffend (siehe Abb.:5).

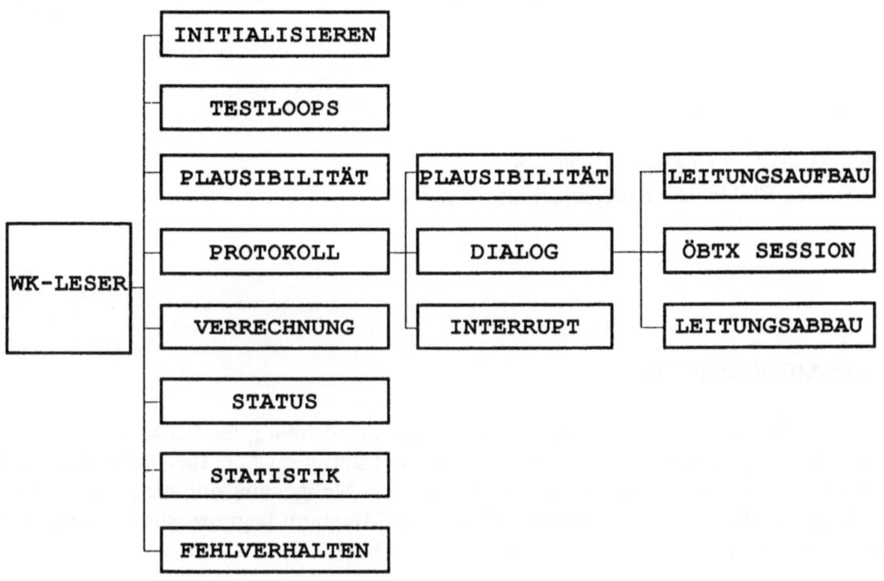

Abb.: 5 Funktionsbaum

INNOVATION DURCH DEN EINSATZ VON MIKROELEKTRONIK BEI DER ENERGIEVERRECHNUNG IN HAUSHALT UND GEWERBE

108

K. Geis

Fachhochschule für Technik Esslingen
Fachbereich Elektrische Energietechnik, Esslingen

ZUSAMMENFASSUNG

Der Beitrag beschreibt ein neues Meßverfahren zur Verrechnung der aus dem Niederspannungsnetz bezogenen elektrischen Energie. Das Verfahren zeichnet sich dadurch aus, daß die Offsetspannungen der aktiven Bauelemente die Meßgenauigkeit nicht beeinflussen und Abgleicharbeiten bei der Fertigung auf ein Minimum begrenzt sind. Als weiteres Kennzeichen ist die preiswerte Ausführung zu erwähnen.

1. Einleitung

An Energiemeßgeräte zur Verrechnung der aus dem Niederspannungsnetz bezogenen elektrischen Energie werden hohe Anforderungen insbesondere an die Meßgenauigkeit und an die Zuverlässigkeit gestellt. Für diese Anwendungen werden in der Bundesrepublik Deutschland seit mehr als einem halben Jahrhundert Ferraris-Zähler eingesetzt.

Eine Weiterentwicklung der Energiemeßgeräte ist überfällig. Für den Einsatz einer elektronischen Meßeinrichtung sprechen Vorteile wie einfache Kalibrierung, Unempfindlichkeit gegen Erschütterungen, Unabhängigkeit der Messung von der Installation sowie vernachlässigbare Energiemeßfehler bei verzerrten Eingangsströmen. Mittels einer digitalen Auswerteeinheit können zusätzliche Funktionen wie beispielsweise Datenfernübertragung von Zählerständen oder eine komplexe Last- und Tarifsteuerung verwirklicht werden (Bild 1).

Während für Leistungsmessung, Datenfernübertragung, Last- und Tarifsteuerung bereits elektronische Komponenten eingesetzt werden /1-3/, stagnierte die Technik der Haushaltszähler über mehrere Jahrzehnte. Für die Akzeptanz eines neuen Zählers ist dabei entscheidend, daß bei verbesserten technischen Eigenschaften im Vergleich zum Ferraris-Zähler eine kostengünstigere Lösung entsteht.

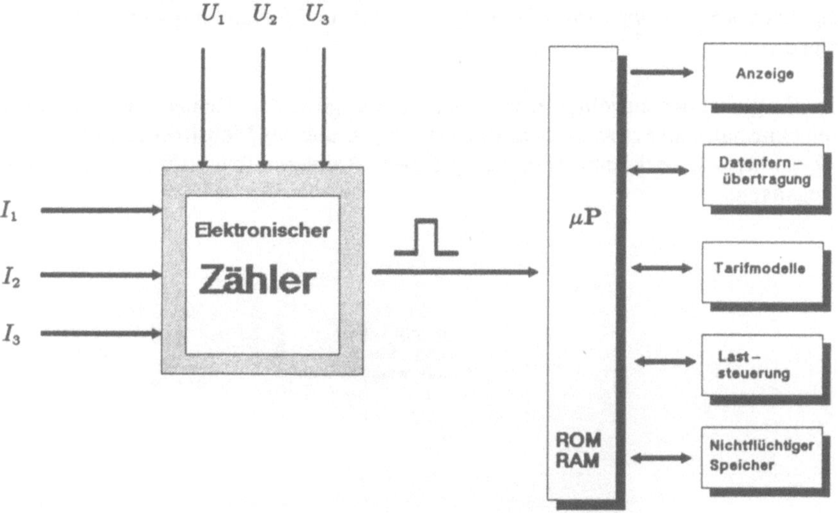

Bild 1: Neue Möglichkeiten durch den Einsatz von Mikroelektronik in Haushalt und Gewerbe

2. Elektronische Leistungs- und Energiemeßverfahren

Um den Anforderungen in Haushalt und Gewerbe gerecht zu werden, wird ein dreiphasiger Zähler benötigt, der die nach VDE 0418 /4/ geforderte Meßgenauigkeit von ±2% (vom Meßwert) im Meßbereich von 0,5A bis zum Grenzstrom von 60A erfüllt. Im folgenden werden die Komponenten eines elektronischen Zählers beschrieben (Bild 2).

Die Eingangsgrößen $i_m(t)$ und $u_m(t)$ sind für eine direkte Speisung der Elektronik nicht geeignet und müssen zunächst in Signalgrößen umgewandelt werden. Bei der nachfolgenden Verarbeitung des Prozesses wird aus den angepaßten Meßgrößen der Energiemeßwert ermittelt. Dieser wird zur Anzeige gebracht.

Bei der analogen Signalverarbeitung werden die angepaßten Meßgrößen einem analogen Multiplizierer zugeführt. Das Produktsignal wird anschließend quantisiert und zur Anzeige gebracht. Die kritische Komponente der zahlreich bekannten analogen Signalverarbeitungen ist der Multiplizierer, von dem eine gute Linearität und Langzeitstabilität gefordert werden muß. Geeignete Varianten sind beispielsweise der Time-Division Multiplizierer /5/, thermische Verfahren /6/ und der Hallgenerator /7,8/.

Die digitale Signalverarbeitung /9/ unterscheidet sich von der analogen dadurch, daß die Signalgrößen zunächst digitalisiert und anschließend in einem Mikroprozessor oder einer festverdrahteten Digitalschaltung weiterverarbeitet werden.

Bei der stochastischen Energiemessung /10/ werden die angepaßten Meßgrößen in die Erwartungswerte zweier Zufallssignale abgebildet. Das Produkt der beiden Erwartungswerte ergibt bei statistisch unabhängigen Eingangssignalen den Erwartungswert der Leistung. Dieses Signal wird anschließend decodiert und fortlaufend zum Energiemeßwert addiert.

Beim Vergleich der einzelnen Komponenten bezüglich der Realisierung von elektronischen Haushaltszählern zeigt sich, daß die Anpassung des Meßstromes an die Elektronik als besonders kritisch anzusehen ist. Auf diese Problematik wird im folgenden Kapitel eingegangen.

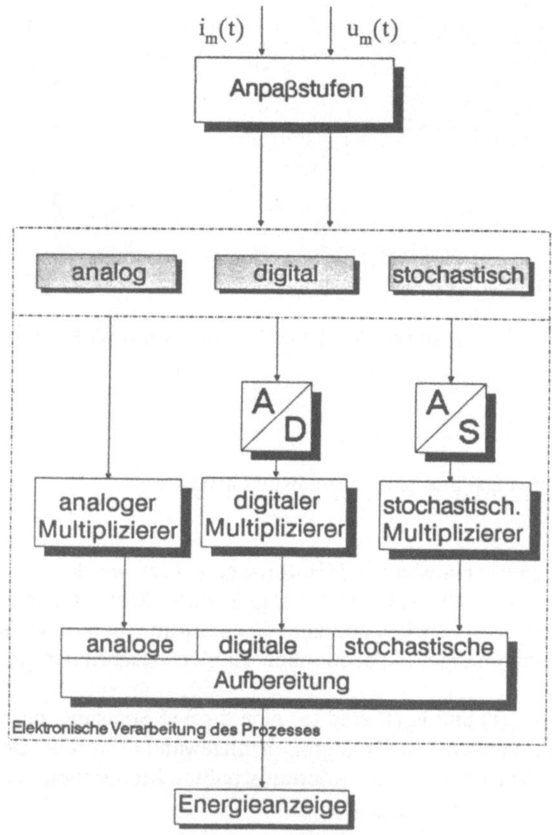

Bild 2: Komponenten elektronischer Energiemeßverfahren

3. Anpassung des Meßstromes an die Elektronik

Die Problematik bei der Verwendung von Shunt, Stromwandler bzw. magnetischer Kreis wird im folgenden diskutiert.

Für dreiphasige Zähler ist die Verwendung eines Shunts ungünstig, da die zu jeder Phase gehörende Elektronik auf einem anderen Potential liegt. Die in diesem Fall notwendige Isolation zwischen der Elektronik der jeweiligen Phase und gegen Erde , macht einen integrierten Aufbau unmöglich. Eine Entkopplung der Shunt-Signale mit Isolierverstärkern ist wegen des zusätzlichen Aufwandes und der dabei entstehenden Linearitäts- und Winkelfehler aufwendig.

Bei der Verwendung von Stromwandlern ergeben sich bereits bei relativ kleinen Gleichstromvormagnetisierungen verzerrte Ausgangssignale und dementsprechend große negative Energiemeßfehler. Tests an ausgeführten Energiemeßgeräten mit Stromwandler und numerische Simulationen ergaben, daß Gleichstromvormagnetisierungen größer als 1AWdg. große Energiemeßfehler verursachen. Derartige Betriebszustände ergeben sich durch Leistungssteuerungen mit Einwegschaltungen. Mit kostengünstigen Dioden ist somit eine Manipulation der Energiekostenverrechnung möglich.

Bei der Umwandlung des Meßstromes in ein proportionales magnetisches Feld entfallen die zuvor geschilderten Probleme. Eine Entkopplung der Elektronik vom Netz ist vorhanden und Gleichanteile im Meßstrom beeinflussen die Messung nicht.

Für die Realisierung eines elektronischen Haushaltszählers eignet sich somit ein magnetischer Kreis zur Anpassung des Meßstromes an die Elektronik. Für die anschließende Signalverarbeitung müssen magnetfeldabhängige Komponenten (Hallgenerator, Feldplatte) eingesetzt werden. Aufgrund der einfachen und kostengünstigen Ausführung bieten sich Meßverfahren mit Hallgenerator an.

4. Leistungs- und Energiemessung mit Hallgenerator

4.1 Meßprinzip

Bild 3 zeigt das Prinzip der Leistungs- und Energiemessung mit Hallgenerator. Der Meßstrom $i_m(t)$ durchfließt eine auf dem magnetischen Kreis gewickelte Spule und erzeugt einen magnetischen Fluß der Dichte B(t), der den Hallgenerator durchdringt. Die Meßspannung $u_m(t)$ treibt über den Vorwiderstand R_V den Steuerstrom $i_S(t)$. Das Ausgangssignal $u_H(t)$ des Hallgenerators ist proportional zum Momentanwert der Leistung. Die Hallspannung wird anschließend verstärkt, gefiltert und mittels Spannungs-Frequenz- (u/f-) Umsetzer in eine proportionale Impulsrate umgeformt. Die Ermittlung der Leistung bzw. Energie erfolgt im anschließenden Prozessor.

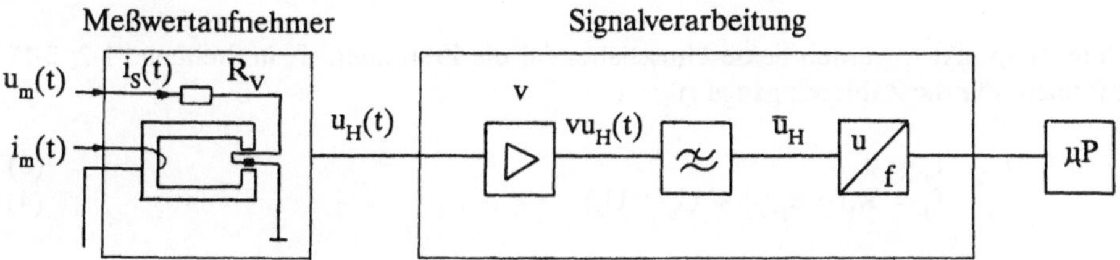

Bild 3: Prinzip der Leistungs- und Energiemessung mit Hallgenerator

Von Zählern für Haushalt und Gewerbe wird die Einhaltung der Meßgenauigkeit über einen großen Leistungsbereich gefordert. Vorgeschrieben ist weiterhin, daß bei offenen Strompfaden und angeschlossener Meßspannung keine Veränderung des Energiemeßwertes erfolgt. Diese Anforderung an die Nullpunktstabilität und die Einhaltung der Meßgenauigkeit im Kleinlastbereich, sind mit dem zuvor beschriebenen Meßverfahren nicht realisierbar. Das liegt daran, daß die vom Hallgenerator im kleinsten Meßbereich gelieferte Spannung in der gleichen Größenordnung wie die Offsetspannungen der aktiven Bauelemente liegt.

4.2 Neues Meßverfahren

Bild 4 zeigt den prinzipiellen Unterschied zwischen bekannter und neuer Meßwertverarbeitung. Während bei dem bekannten Verfahren die dem Leistungsmeßwert proportionale Spannung auf einen durch die Offsetspannungen veränderlichen Referenzpunkt bezogen ist, wird bei der im folgenden beschriebenen Variante auf eine Differenzmessung übergegangen.

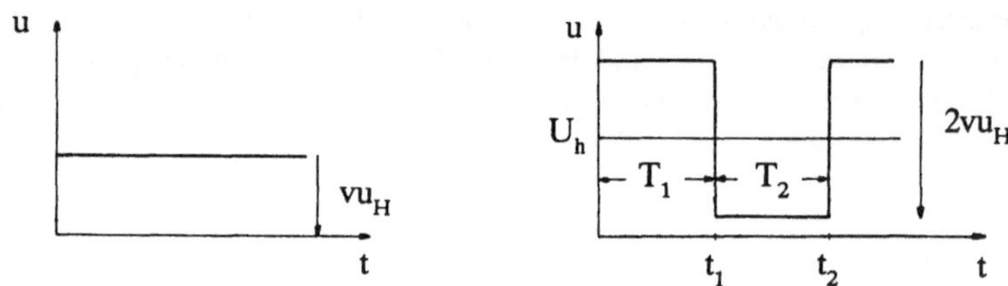

Bild 4: Vergleich zwischen bekannter (a) und neuer (b) Meßwertverarbeitung

Bild 5 zeigt das einphasige Blockschaltbild des Meßgerätes. Dabei entfällt das Filter in der Signalverarbeitung. Die notwendige Integration des verstärkten Hallsignals erfolgt im u/f-Umsetzer, dessen Ausgangsimpulse Energiequanten entsprechen. Die Hallspannung $u_H(t)$ wird zunächst in einem Differenzverstärker verstärkt. Anschließend wird die konstante Hilfsspannung U_h addiert, so daß die Eingangsspannung des u/f-Umsetzers nicht negativ wird und dementsprechend handelsübliche, integrierte Schaltkreise verwendet werden können. Die Kompensation der Offsetspannung U_o wird durch die beiden Umschalter S1 und S2 erreicht. Sind für die Zeitdauer T_1 beide Umschalter in Stellung "1-1;2-2", so gilt für die Impulsraten an den Zählereingängen (K_1: Konstante):

$$0 \leq t \leq t_1 \quad f_u = K_1(v\, u_H(t) + U_h + U_o) \tag{1}$$

$$f_d = 0\,. \tag{2}$$

Zum Zeitpunkt t_1 werden beide Umschalter für die Zeitdauer T_2 in Stellung "1-2; 2-1" gebracht. Für die Zählereingänge gilt:

$$t_1 < t \leq t_2 \quad f_u = 0 \tag{3}$$

$$f_d = K_1(-v\, u_H(t) + U_h + U_o). \tag{4}$$

Unter der Voraussetzung, daß beide Schalter synchron angesteuert werden und das Taktverhältnis $T_1/T_2 = 1$ ist, hat die Offsetspannung U_o keinen Einfluß auf die Messung. Nach einer Umschaltperiode gilt für den Energiemeßwert (K_2: Konstante)

$$W_m = 2\,K_2\,v \int_0^{t_2} u_H(t)\,dt. \tag{5}$$

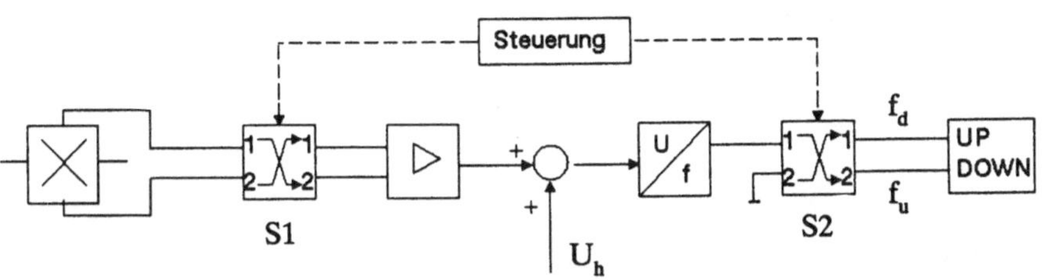

Bild 5: Blockschaltbild des einphasigen Meßgerätes

Bei dem ausgeführten dreiphasigen Gerät wurden die Meßwertaufnehmer, Umschalter S1 und Differenzverstärker für jede Meßphase separat aufgebaut. Die Addition der 3 Meßwerte und der Hilfsspannung erfolgen vor dem u/f-Umsetzer.

Die Meßgenauigkeit des Zählers liegt im Bereich von ±1 % für symmetrische und einseitige Belastung. Mittels einer digitalen Auswerteeinheit werden Leistung und Energie ermittelt. Bei Netzausfall werden die Daten automatisch gesichert.

Literatur

1. Grimm, L.: Zählerfernablesung - jetzt möglich durch Temex. Elektrizitätswirtschaft 84 (1985) H.9, S. 338-340.
2. Bericht über den Informationsaustausch in der Unipede-Expertengruppe "Statische Zähler". Elektrizitätswirtschaft 84 (1985) H.9, S. 336-346.
3. Neue Tarifgeneration. Elektrizitätswirtschaft 84 (1985) H.9, S. 344-346.
4. VDE 0418 Teil 1/07.82: Elektrizitätszähler, Wechselstrom-Wirkverbrauchszähler Klasse 2 für direkten Anschluß. Berlin: Beuth.
5. Filipski, P.: The Systematic Errors of a Time-Division Power Converter under Sinusoidal and Nonsinusoidal Conditions. IEEE Transactions on Power Delivery PWRD-1 (1986), S. 61-67.
6. Germer, H.: Präzisionsmessung elektrischer Leistung und Energie durch direkte Zeitverschlüsselung mit Hilfe Therm. Umformer. Dissertation Braunschweig, 1972.
7. Geis, K.; Voß, J.: Neues Leistungs- und Energiemeßverfahren mit Hall-Generator. etzArchiv 10 (1988) H.5, S. 165-167.
8. Bitzer, B.; Geis, K.; Voß, J.: Vorrichtung und Schaltungsanordnung zum Messen von elektrischer Leistung und deren Zeitintegral. Deutsche Offenlegungsschrift DE 36 42 478 A1, 1988.
9. Brückner, M.: Der Einzug der Elektronik auf dem Gebiet der Haushaltselektrizitätszähler. Elektrizitätswirtschaft 87 (1988) H.19, S. 889-893.
10. Kusche, P.: Ein Beitrag zur digitalen Leistungs- und Energiemessung mit Hilfe eines nichtlinearen stochastischen Meßverfahrens. Dissertation TU Berlin, 1981.

EIN SCHNELLER MAGNETISCHER KOPPLER FÜR ZWEIWERTIGE SIGNALE

H. Leopold, G. Winkler

Institut für Elektronik, Technische Universität Graz

ZUSAMMENFASSUNG:

Es werden die Motive für die Entwicklung eines magnetischen Kopplers erörtert, der dem Optokoppler in Datenrate, Zeitsymmetrie und Störfestigkeit überlegen ist. Der Aufbau des Kopplers wird beschrieben. Die in der Serienproduktion erreichten Daten werden angegeben.

Die sichere Funktion elektrischer Informationssysteme in elektromagnetisch gestörter Umgebung erfordert die elektrische Trennung der äußeren Signalleitungen vom inneren Kern des Systems. Ein Koppler übernimmt hiebei die Aufgabe, den Stromkreis durch galvanische Trennung für Störsignale zu unterbrechen, jedoch Nutzsignale möglichst unverfälscht zu übertragen. Bei der Übertragung zweiwertiger Signale tritt ein Bitfehler auf, wenn das Ausgangssignal des Kopplers aufgrund einer Störung die Schwelle zwischen Low- und High-Pegel überschreitet. Bei der Übertragung von Analogsignalen durch Pulsbreitenmodulation wird die zu übertragende Information auch dann verfälscht, wenn durch zeitliche Unsymmetrie bei der Übertragung der steigenden und fallenden Flanke die Breite der Pulse verändert wird.

Der Optokoppler verwendet elektromagnetische Strahlung (Licht) als Übertragungsmedium. Beim magnetischen Koppler erfolgt die Übertragung der Information durch zwei Spulen, die von einem gemeinsamen magnetischen Fluß durchsetzt sind. Aufgrund des Induktionsgesetzes wird das übertragene Signal nach der Zeit differenziert. Auf der Sekundärseite des magnetischen Kopplers ist daher ein Speicher (Flip-Flop) notwendig, um den statischen Zustand des zu übertragenden Signals wieder herzustellen.

Kriterien für die Auswahl eines Kopplers sind die Verfügbarkeit, die zu übertragende Datenrate, die Isolationsspannung, die Störunterdrückung, der Stromverbrauch, die zeitliche Unsymmetrie, der Schaltungsaufwand für die Logikkompatibilität, die Baugröße und nicht zuletzt der Preis. Aus Gründen der Verfügbarkeit wird heute in erster Linie der Optokoppler zur Übertragung zweiwertiger Signale verwendet.

Die Grenzen des Optokopplers als Bauelement liegen in der übertragbaren Datenrate, der zulässigen Änderungsgeschwindigkeit der Gleichtaktspannung zwischen der Primär- und Sekundärseite sowie in der zeitlichen Unsymmetrie bei der Übertragung der Vor- und Rückflanke eines zweiwertigen Signals. Nachteile des Optokopplers sind der auch bei kleinen Datenraten unveränderlich große Stromverbrauch, die zeitliche Instabilität des Übertragungsmaßes und der Schaltungsaufwand für Logikkompatibilität.

Als alternativer Weg zur Übertragung zweiwertiger Signale wurde ein magnetischer Koppler entwickelt, der bei möglichst einfachem Aufbau eine höhere Störunterdrückung (gegen Gleichtaktsignale) und bessere Zeitsymmetrie im Vergleich zum Optokoppler aufweist. Das Prinzipschaltbild ist in Abb. 1 dargestellt. Das Eingangssignal liegt am Eingang I der Primärseite an, das übertragene Signal kann am Ausgang O auf der Sekundärseite abgegriffen werden. Die Änderung des Zustands des Eingangssignals auf der Primärseite wird mittels Impulstransformator auf die Sekundärseite übertragen. Die Erzeugung der in ihrer Polarität der Richtung der Änderung des Eingangssignals entsprechenden Spannungsimpulse geschieht auf einfache Weise durch Ausnutzung der Laufzeit des Eingangssignals durch den Verstärker 2. Während dieser Zeit liegen die beiden Anschlüsse der Primärwicklung auf unterschiedlichen Potentialen. Die in der Sekundärwicklung induzierten Spannungsimpulse beinhalten als Information den Zeitpunkt und die Richtung der Zustandsänderung des Eingangssignals. Um den statischen Zustand wieder herzustellen, wird ein Speicherelement (Flip-Flop) durch die Spannungsimpulse in den jeweils dem Eingangssignal entsprechenden Zustand gebracht. Das Flip-Flop wird auf einfachste Weise durch die Mitkopplung des Verstärkers 3 über die Sekundärwicklung des Impulstransformators gebildet. Ist die Zeitdauer der übertragenen Impulse größer als die Laufzeit durch den Verstärker 3, so wird das erwähnte Flip-Flop sicher gesetzt bzw. rückgesetzt. Je kürzer die Laufzeit durch den Verstärker 3 ist, desto schneller kann der Verstärker 2 ausgelegt werden. Auch die Induktivität der Primärwicklung kann bei kurzen Impulsen sehr klein gemacht werden.

Unmittelbar nach dem Einschalten vor der Übertragung der ersten Zustandsänderung des Eingangssignals ist der Zustand des Flip-Flops unbestimmt (High oder Low). Daher wurde zusätzlich die Möglichkeit vorgesehen, das Flip-Flop durch einen Eingang auf der Sekundärseite in den Zustand Low zu bringen. Dies ist vor allem für Anwendungen wichtig, die beim Einschalten einen definierten Anfangszustand aufweisen müssen (Power on reset). Das Ausgangssignal wird über den Verstärker 4 im Interesse einer möglichst kurzen Gesamtlaufzeit am Eingang des Flip-Flops (Verstärker 3) abgegriffen.

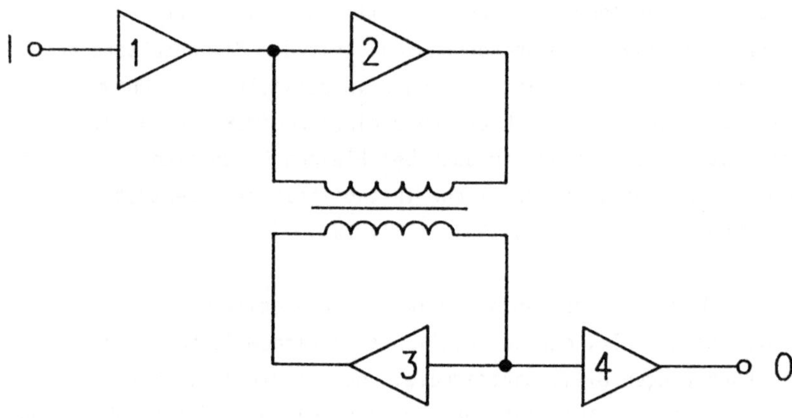

Abb. 1. Prinzipschaltung des magnetischen Kopplers

Im Unterschied zum Optokoppler ist die Laufzeit für beide Signalübergangsrichtungen gleich groß, da der Impulstransformator und die Verstärker für beide Signalübergangsrichtungen gleiche Laufzeiten aufweisen. Beim Optokoppler ist die Einschaltzeit und die Ausschaltzeit des Phototransistors auf der Sekundärseite aus physikalischen Gründen verschieden lang.

Bei jedem realen Koppler wird ein durch die Konstruktion (z.B. Streukapazität) der Koppler bestimmter Anteil der Spannung zwischen der Primär- und der Sekundärseite (Gleichtaktstörspannung) in den Signalweg eingekoppelt. Dies kann direkt in den Sekundärkreis oder über den Umweg des Primärkreises und die Koppelstrecke geschehen. Da die Störkoppelung induktiv, kapazitiv oder als elektromagnetische Strahlung erfolgt, ist das Ausmaß der Störung der zeitlichen Änderung der Gleichtaktspannung dU_{gl}/dt proportional. Während beim Optokoppler die Störung flüchtig ist, kann im magnetischen Koppler eine Störung nach ihrem Abklingen gespeichert bleiben, wenn sie in der Lage war, das eingebaute Flip-Flop in den falschen Zustand zu setzen. Daher ist es für die Anwendung des magnetischen Kopplers besonders wichtig, die Grenzwerte der Störspannung, die noch zu keinem Bitfehler führen, genau zu spezifizieren.

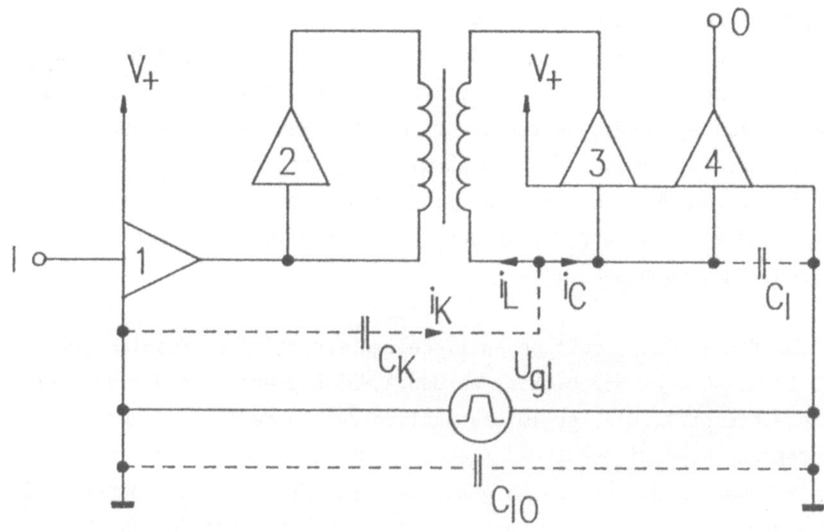

Abb. 2. Ersatzschaltbild für die Streukapazitäten des magnetischen Kopplers

Die Ersatzschaltung für die Streukapazitäten des magnetischen Kopplers ist in Abb. 2 dargestellt. Ändert sich die Spannung zwischen der Primär- und der Sekundärseite, so fließt ein der Änderungsgeschwindigkeit proportionaler Strom durch die Streukapazitäten. Die Kapazität C_{IO} zwischen den Massen der Primär- und Sekundärseite hat keinen Einfluß auf das Störverhalten des Kopplers. Der durch diese Kapazität fließende Strom kann jedoch in der mit der Sekundärseite verbundenen Schaltung störend sein. Der Strom durch die wirksame Koppelkapazität C_K teilt sich in den Strom i_L durch die Sekundärwicklung und den Strom i_C in die Eingangskapazität der Verstärker 3 und 4 auf. Ist das Flip-Flop zum Beispiel gerade im Zustand Low und die Gleichtaktspannung ändert sich so, daß die Eingangskapazität C_I aufgeladen wird, so wird das Flip-Flop bei genügender Dauer und Größe des Störstromes kippen und einen falschen Zustand (High) einnehmen.

Unter einer bestimmten Änderungsgeschwindigkeit der Gleichtaktspannung tritt unabhängig vom Ausmaß der Spannungsänderung (also Höhe bzw. Dauer des Störsignals) keine Störung auf, weil die Eingangskapazität C_I gleichzeitig durch die Sekundärwicklung entladen wird und die logische Schwelle am Eingang des Verstärkers 3 nicht überschritten wird. Bei einer sprungartigen Änderung

($dU_{gl}/dt \longrightarrow \infty$) der Gleichtaktspannung tritt unter einer bestimmten Höhe des Spannungssprungs ebenfalls keine Störung mehr auf, da der kapazitive Spannungsteiler gebildet durch C_K und C_I den Spannungssprung entsprechend dem Verhältnis der Kapazitäten teilt. Die Störunterdrückung des magnetischen Kopplers kann also entscheidend verbessert werden, wenn die wirksame Koppelkapazität C_K durch Schirmung der Sekundärwicklung verkleinert wird. Durch diese Maßnahme wurde erreicht, daß bei einer Änderungsgeschwindigkeit von 200 000 V/μs und einer Höhe des Spannungssprungs von 1000 V kein Bitfehler auftritt (Schaltung nach Abb. 1).

Für einen für die Serienproduktion entwickelten magnetischen Koppler (DAU Ges.m.b.H. & Co. KG., A-8563 Ligist) wurden ACMOS Elemente für die Verstärker 1 bis 4 eingesetzt. Dies ergibt zusätzlich den Vorteil einer geringen von der Datenrate abhängigen Stromaufnahme (1 mA bei 1 MBd); statisch fließen nur Leckströme. Die Ein- und Ausgänge sind automatisch logikkompatibel, die Verzögerungszeit für beide Signalübergangsrichtungen beträgt ca. 8 ns, der Unterschied ist <1 ns. Die maximale Datenrate wird mit 50 MBd garantiert. Die Isolationsspannung beträgt 4000 $V_=$ (Abb. 3).

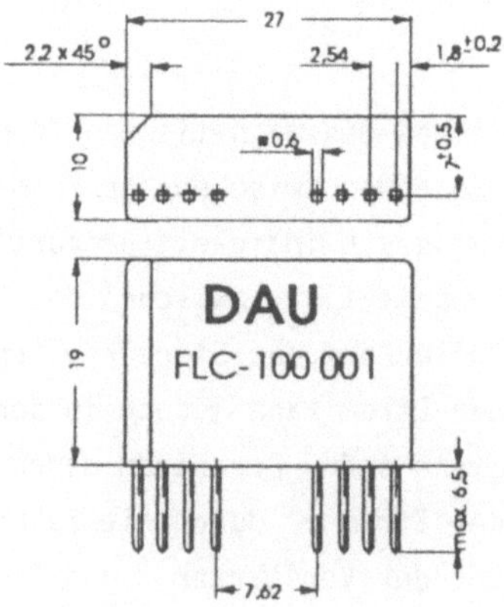

Abb. 3. Gehäusebauform des magnetischen Kopplers
(Abmessungen in mm)

Im Vergleich dazu sei auf einen nach Gesichtspunkten der Störsicherheit selektierten schnellen Optokoppler hingewiesen, der eine Datenrate von 20 MBd und keinen Bitfehler bei einer Gleichtaktspannungsänderung <5000 V/μs über 300 V garantiert.

MIKROPROZESSORGEREGELTE ANÄSTHESIE

J. Newald, M. Thurnher, G. Schlag

Ludwig Boltzmann Institut für experimentelle und klinische Traumatologie; Wien

ZUSAMMENFASSUNG:

Die Kontrolle von Blutdruck, Herzfrequenz und Herzzeitvolumen in Narkose bei extremen Kreislaufzuständen wie Schock oder starkem Blutverlust stellt hohe Ansprüche an die richtige Dosierung der Anästhesie. Es wird ein Gerät vorgestellt, das die Infusionsrate von Infusionsanästhetika mit Hilfe von aus dem Elektroenzephalogramm (EEG) abgeleiteten Parametern in einer geschlossenen Regelschleife standardisiert.

1. Einleitung

Schon 1954 schlug Bellville /1/, /2/ einen automatischen Servomechanismus zur Regelung der Cyclopropan-Anästhesie vor. Seither haben viele Untersuchungen die dabei bestehenden Probleme aufgezeigt. Elektronische Signalverarbeitung ermöglicht eine leistungsfähige Analyse des Elektroenzephalogramms (EEG), adaptive Regelkreise sind Stand der Technik und eine große Auswahl an Narkotika steht speziell für experimentelle Anwendung zur Verfügung.

2. Problemstellung

Normalerweise werden hämodynamische Parameter wie Herzrate oder Blutdruck zur Feststellung der Tiefe der Anästhesie herangezogen, falls wir aber hochempfindliche Messungen zum Beispiel der Kontraktilität des Herzens vornehmen wollen, müssen wir vom Kreislaufsystem unabhängige Größen messen, die eine Bestimmung von Analgesie und Anästhesie erlauben. Das EEG erfüllt diese Kriterien.

Natriumpentobarbital ermöglicht im Tierversuch an Pavianen eine Anästhesie sogar bei Spontanatmung und erlaubt die genaue Feststellung der Narkosetiefe durch das Phänomen der "burst suppression".

3. Untersuchungsziel

Eine einfache Langzeitanästhesie bei spontanatmenden Pavianen soll für eine Zeitdauer von sechs bis acht Stunden auch in Phasen starker Kreislaufbeanspruchung (Schock) stabil gehalten werden, ohne Atmung oder Hämodynamik zu beeinträchtigen. Die Ausgangslage wird durch ein Herzzeitvolumen von 120..150 ml/kg definiert. Die EEG-Aktivität dieser Phase wird gemessen und durch die geregelte Infusion von Pentobarbital auf konstantem Niveau gehalten.

4. Material und Methoden

Eine spezielle intracraniale EEG-Elektrode wurde an der Dura mater im frontalen Bereich implantiert und eine extracraniale Nadelelektrode in der occipitalen Schädelregion plaziert. Als Anästhetikum wurde Nembutal in Ringerlösung mittels einer Perfusionspumpe (Braun Perfusor Secura) intravenös in die Vena cava superior infundiert. Ein Swan-Ganz Thermodilutionskatheter diente zur Bestimmung des Herzzeitvolumens und die normale Kreislaufüberwachung (arterieller Blutdruck, pulmonal-arterieller Druck, Elektrokardiogramm, etc.) wurde über die gesamte Versuchdauer durchgeführt.
Das EEG wurde in Epochen zu je 2 Sekunden mit einer Abtastrate von 1 ms (oversampling) erfaßt, die endexspiratorische CO_2 Konzentration wurde automatisch alle 10 Sekunden gemessen. Das EEG-Signal wurde in einem Tiefpaß gefiltert (IIR 64 Hz Bessel, 6. Ordnung), alle Gleichspannungsanteile entfernt, die Fensterfunktion (Hanning) wurde angewandt und eine Fast Fourier Transformation (FFT, 2048 Punkte Gleitkomma) durchgeführt. Das Leistungsspektrum wurde errechnet und das erste Moment der spektralen Leistung im Bereich von 2..8 Hz (delta) als Parameter zur Beurteilung der Narkosetiefe eingesetzt.

Dieser Wert wurde als Index im Bereich von 0..1000 skaliert, wobei höhere Werte eine höhere elektrische Aktivität bedeuten. Die Infusionsrate von Natriumpentothal durch die Perfusionspumpe wurde vom Mikroprozessor über eine RS-232 Schnittstelle gesteuert. Falls das endexspiratorische CO_2 über 55 torr stieg, wurde die Infusion sofort gestoppt. Wir verwendeten einen einfachen Proportional-Integral Algorithmus für die Servoregelung, wobei von einem normalen Narkosezustand, definiert durch einen Cardiac Output von 120..150 ml/kg ausgegangen wurde. Die Einstellung der Sollwertes der EEG-Aktivität wurde vom Anästhesisten auf diesen Wert eingestellt und für die Dauer des Experiments so belassen. Aus Sicherheitsgründen wurde die Infusionsrate auf ein Maximum von 8 mg/kg/h und ein Minimum von 0.2 mg/kg/h begrenzt.

Vier Einstellungen stehen dem Anwender auf der Frontplatte des Reglers zur Verfügung:

Körpergewicht (kg)
Konzentration des Anästhetikums (mg/ml)
Sollwert (Index)
maximaler endexspiratorischer CO_2 Partialdruck (torr)

Alle Größen werden kontinuierlich auf einem Schwarz/Weiß-Bildschirm angezeigt:

Einstellungen der Frontplattenregler
aktueller EEG-Wert
EEG-Signal im Zeitbereich
EEG-Leistungsspektrum 0..32 Hz
Infusionsrate (mg/kg/h und ml/h)
Compressed Spectral Array (CSA)
Alarmmeldungen

Die Regelung besteht aus einem EEG-Vorverstärker (Burr Brown INA 101) mit extrem hoher Gleichtaktunterdrückung und hoher Eingangsimpedanz, einem Analog/Digital-Wandler(Burr Brown SDM 854 AG), einem Einplatinencomputer (Motorola 68000) und einem lose gekoppelten Vektorgraphiksystem (GDP 9366). Das gesamte System ist in einem Gehäuse mit der halben Breite eines 19

Zoll Einschubs in 3 Höheneinheiten aufgebaut. Als Bildschirm dient ein normaler Monitor, wie er auch für Personalcomputer eingesetzt wird. Alle relevanten Daten werden im internen CMOS-RAM gespeichert und können nach dem Versuch über eine serielle Schnittstelle auf einen PC überspielt und dort gespeichert, ausgedruckt oder mit Tabellenkalkulationsprogrammen weiterverarbeitet werden. Aus den einzelnen Frequenzbändern lassen sich noch weitere Narkosetiefenparameter errechnen, insbesondere werden auch die relativen Leistungen Alpha/Delta und Alpha/Theta, die Mittenfrequenz und obere und untere Grenzfrequenz angezeigt.

5. Ergebnisse

Bis jetzt wurden 2 Geräte erfolgreich im Tierversuch 31mal eingesetzt, Narkose und Analgesie konnten über einen Zeitraum von 6,9 ± 1,4 Stunden geregelt werden. Der mittlere EEG-Index betrug 346 ± 74, der Verbrauch an Nembutal wurde auf 3,2 ± 2,2 mg/kg/h minimiert.

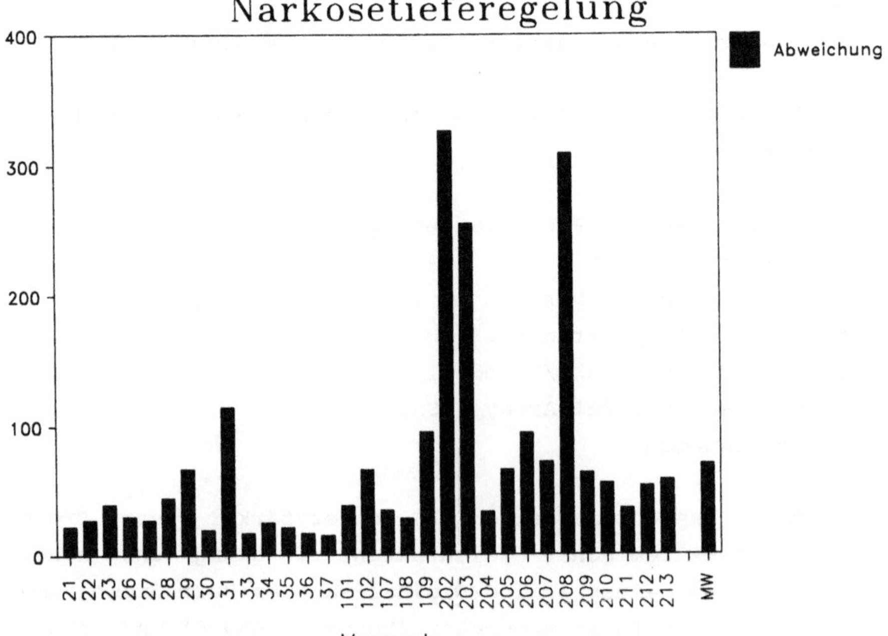

Abb. 1. Güte der Regelung dargestellt anhand der mittleren quadratischen Abweichung des aktuellen EEG vom Sollwert.

Die Güte der Servoregelung läßt sich an der mittleren quadratischen Abweichung des aktuellen EEG vom Sollwert beurteilen (Abb. 1). Bei höherer EEG-Aktivität war eine größere Menge an Anästhesie notwendig, um die gleiche Narkosetiefe zu erzielen. Es gibt kein generelles Kriterium für die Grundeinstellung; die interindividuellen Streuungen in der EEG-Aktivität der einzelnen Experimente waren hoch (Abb. 2).

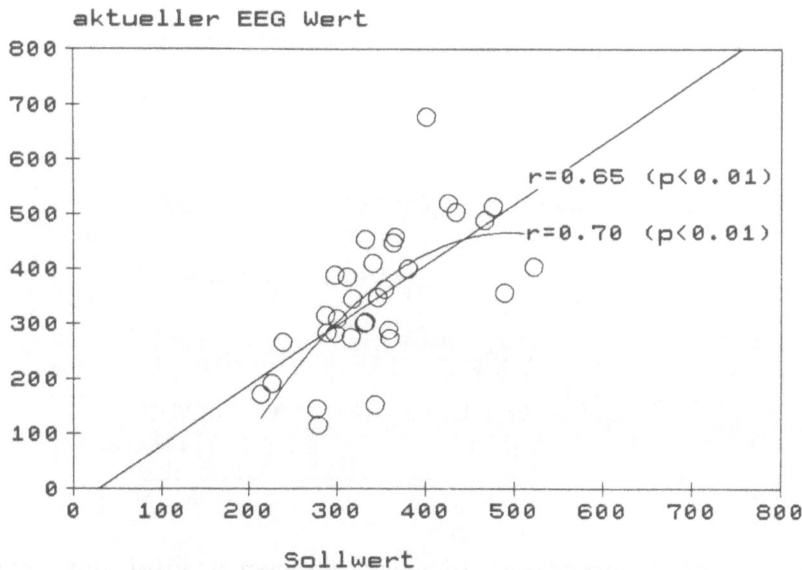

Abb. 2. Sollwert und aktuelles EEG zeigen nur in Extrembereichen Abweichungen.

6. Diskussion

Die starken Streuungen des Sollwertes zwischen den einzelnen Individuen könnten durch die Variation in der Plazierung der Elektroden oder in einem unterschiedlichen Kontakt begründet sein, andere Untersuchungen haben jedoch ebenfalls starke Unterschiede in der Aktivität des Cortex verschiedener Individuen gezeigt. Unser Servomechanismus braucht die Steuerung durch den Anästhesisten in der Einleitungsphase des Experiments. Sobald ein stabiler Cardiac Output im Bereich leichter Anästhesie erreicht wurde, ist keine weitere Interaktion mehr erforderlich. Das Phänomen der Burst Supression (Abb. 3) ist mit bloßem Auge erst in Stadien tiefer Anästhesie wahrnehmbar, bei leichter Narkose läßt sich mit den Mitteln der elektronischen Signalverarbeitung die Narkosetiefe beim spontanatmenden Primaten detektieren.

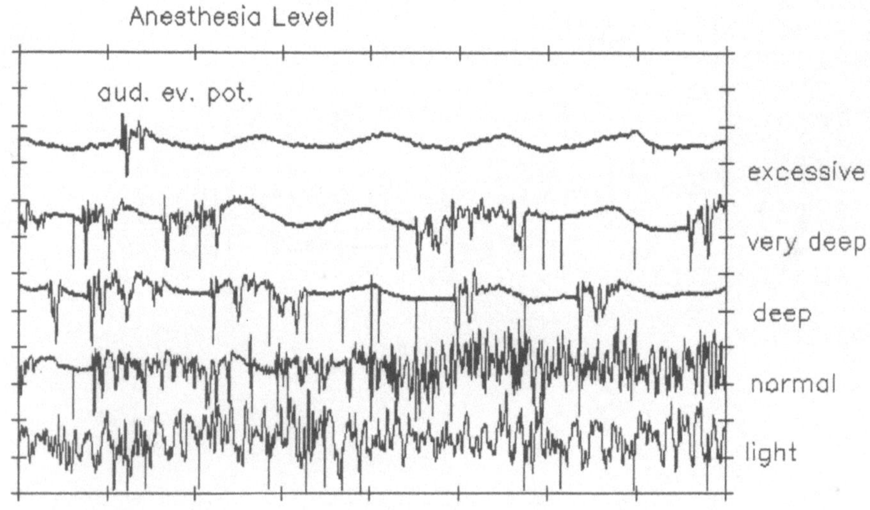

Abb. 3. "Burst Suppression" in verschiedenen Stadien der Narkosetiefe.

7. Literatur

1. Bellville J.W., Attura G.M.: Servo control of general anaesthesia. Science, 126, 827-830, 1957
2. Bellville J.W., Artusio J.F., Bulmer M.W.: Continuous servo motor integration of the electrical activity of the brain and its application to the control of cyclopropane anaesthesia. EG Clin. Neurophysiol. 6, 317-320, 1954

VOLLAUTOMATISCHE EMV-PRÜFVERFAHREN IN ABSORBERHALLEN

H. Garn, P. Megner, Ch. Wenner

EMV-Prüfzentrum Seibersdorf
Österreichisches Forschungszentrum Seibersdorf Ges.m.b.H.,
A-2444 Seibersdorf

ZUSAMMENFASSUNG

Im EMV-Prüfzentrum Seibersdorf wurden vollautomatische Meßverfahren zur Prüfung der elektromagnetischen Verträglichkeit von Produkten der Elektro- und Elektronikindustrie entwickelt. Computergesteuerte Meßwerterfassung und -auswertung ermöglichen zeitsparende, rationelle Testvorgänge. Durch Softwaresteuerung werden Meßfehler ausgeschlossen, die Einhaltung der Prüfnormen wird garantiert und damit die Qualität der EMV-Prüfung gesichert.

1. Einleitung

"Elektromagnetisch verträglich" zu sein, ist heute ein primäres Qualitätsmerkmalvon Produkten der Elektro- und Elektronikindustrie.
Um die geforderte Qualität zu prüfen, müssen aktives Störvermögen (unerwünschte Emission elektromagnetischer Wellen) und Störfestigkeit (Beeinflußbarkeit durch Immission elektromagnetischer Wellen) getestet werden. Für Messungen mit Feldern (Störfeldstärkemessungen, Störfestigkeitsprüfungen mit Feldern) bringt die Verwendung elektromagnetisch geschirmter Absorberhallen große Vorteile:
Durch einen Faradayschen Käfig werden einerseits Fremdfelder von der Messung ferngehalten, andererseits im Rauminneren erzeugte Prüffelder nicht in die Umwelt abgestrahlt. Eine Absorberauskleidung ermöglicht in weiten Frequenzbereichen reflexionsfreie Meßbedingungen. Die Durchführung der Prüfungen erfolgt witterungsunabhängig bei Laborklima. Durch die Schirmung der Meßstrecke ist in Absorberhallen im Gegensatz zum Freigelände

eine vollständige Automatisierung von Störfeldstärkemessungen und Einstrahlungstests möglich.

2. Störfestigkeitsprüfungen mit Feldern (sinusförmige Störgrößen)

Es kommen zwei unterschiedliche Verfahren zur Anwendung: Bei der Substitutionsmethode ("Methode mit indirekter Regelung") wird die von der Norm vorgeschriebene Prüffeldstärke mit Hilfe einer Feldsonde zunächst ohne Anwesenheit des Prüflings am vorgesehenen Aufstellungsort eingestellt. Dann wird der Prüfling anstelle der Feldsonde aufgestellt und dem Feld ausgesetzt. Bei der Methode nach IEC 801-3 ("Methode mit direkter Regelung") ist die Feldstärke bei Anwesenheit des Prüflings unmittelbar an dessen Gehäuse zu messen und dann auf den geforderten Wert einzustellen. Die beiden Methoden können bei gleicher nomineller Prüffeldstärke unterschiedliche Prüfbedingungen für den Prüfling ergeben.

Im EMV-Prüfzentrum Seibersdorf wurde ein rechnergesteuertes Meßverfahren entwickelt, mit dem beide Prüfmethoden vollautomatisch und normgerecht durchgeführt werden können.

Bild 1 zeigt den Meßaufbau. Signalgenerator, Leistungsverstärker, Leistungsmeßgerät und Feldstärkemeßeinrichtung sind über IEC-Bus und andere Schnittstellen mit dem Steuerrechner verbunden.
Die vom Generator erzeugte, verstärkte, gefilterte und an die Sendeantenne gelieferte Hochfrequenzleistung wird über einen Richtkoppler gemessen. In der Absorberhalle befindet sich eine Feldstärkemeßeinrichtung mit kalibrierter, isotroper Feldsonde am Meßpunkt.

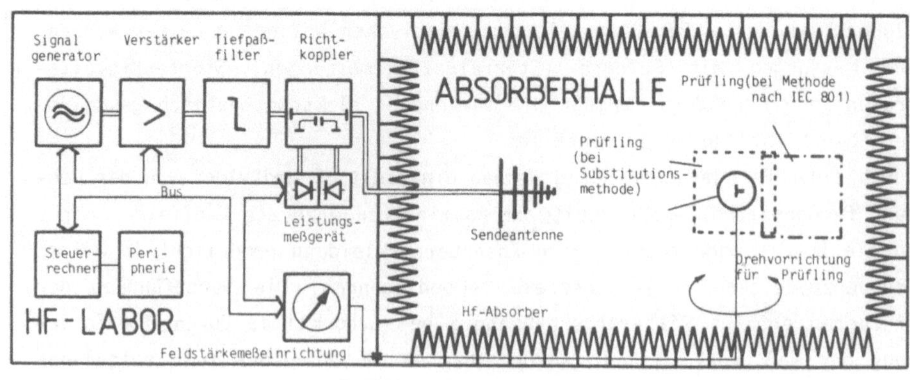

Bild 1: Meßaufbau für vollautomatische Störfestigkeitsprüfungen mit Feldern in der Absorberhalle

Bild 2 zeigt das Flußdiagramm der Ablaufsteuerung für Einstrahlungstests. Im ersten Programmschritt kann vollautomatisch eine Vorkalibrierung des Prüffeldes durchgeführt werden, vgl. Bild 2a.

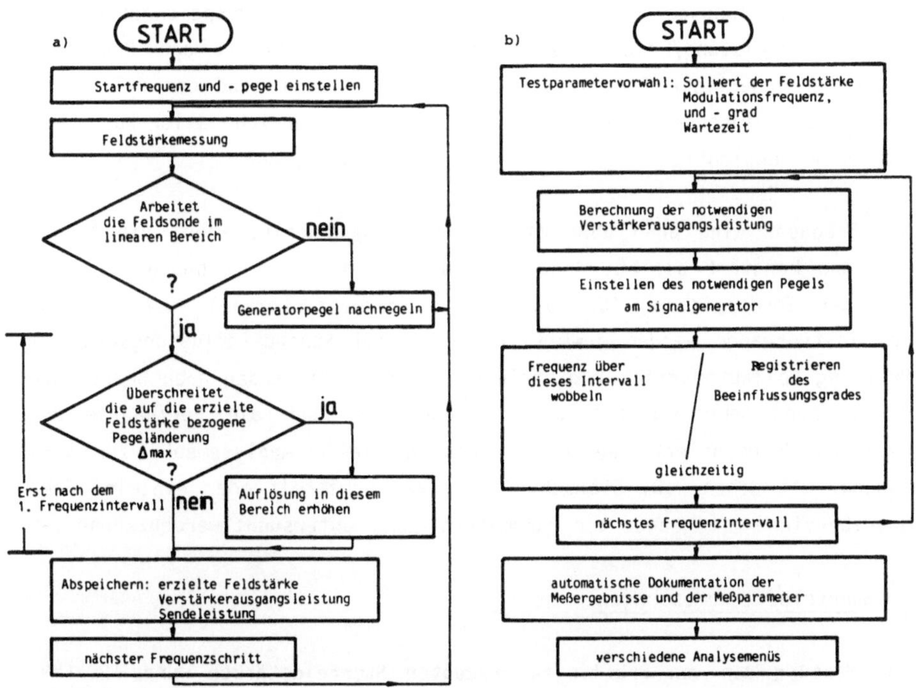

Bild 2: Flußdiagramm der Ablaufsteuerung bei Störfestigkeitsprüfungen mit Feldern
a) Vorkalibrierung des Prüffeldes
b) Einstrahlungstest

Der Generatorpegel wird zunächst so eingestellt, daß optimale Anzeigegenauigkeit an der Feldstärkemeßeinrichtung erzielt wird. Generatorleistung, Sendeleistung und Feldstärke am Meßpunkt werden registriert. Dann wird die Frequenz erhöht (Schrittweiten im Bereich von 1 bis 10 %) und der Meßvorgang wiederholt. Die Sendeleistung P_{rel}, die nötig ist, um die gewünschte Feldstärke zu erzielen, ist aufgrund der Antennenfaktoren stark frequenzabhängig. Sollte zwischen zwei benachbarten Frequenzpunkten eine zu große Differenz Δ zwischen den Sendeleistungen P_{rel} auftreten, so wird automatisch in diesem Frequenzintervall die Auflösung erhöht und die

Messung wiederholt. Durch derartige Erhöhung der Frequenzauflösung kann eine beliebige kleine Fehlergrenze Δ_{max} bei dem anschließenden Einstrahlungstest erzielt werden (typisch +1/-0 dB bezogen auf den Sollwert der Feldstärke). Eine engere Fehlertoleranz bedingt größeren Zeitaufwand für den Testablauf.

Beim Einstrahlungstest (vgl. Bild 2b) wird aus den gespeicherten Frequenz/Sendeleistung/Feldstärke-Werten die zur Erzeugung der Prüffeldstärke erforderliche Sendeleistung berechnet. Dabei sind der Kalibrierfaktor des Feldsensors und die zulässigen Arbeitsbereiche aller Komponenten zu berücksichtigen.

Die Frequenz wird dann über ein Intervall gewobbelt, wobei die Sendeleistung konstant bleibt. Anschließend erfolgt die Berechnung der notwendigen Sendeleistung für das nächste Frequenzintervall, usw. Während des Testvorgangs werden jeweils Frequenz und Störbeeinflussungsgrad am Prüfling vollautomatisch registriert. Diese Daten werden nach Beendigung der Messung gemeinsam mit den Meßparametern über die Peripherie des Rechners dokumentiert. Weiters stehen spezielle Analysemenüs zur Verfügung, mit denen z.B. Störschwellen exakt ermittelt oder einzelne Frequenzbereiche mit geänderten Parametern näher untersucht werden können.

3. Störfeldstärkemessungen

Zur Messung der von Prüflingen erzeugten Störfeldstärken wurde im EMV-Prüfzentrum Seibersdorf ein vollautomatisches Meßsystem entwickelt.
Bild 3 zeigt den Meßaufbau in der Absorberhalle. Der Prüfling wird auf einem Drehtisch aufgestellt. Die kalibrierte Meßantenne ist mit dem Meßempfänger bzw. Spektrumanalysator verbunden. Drehtischsteuerung und Meßgeräte werden vom Rechner aus über IEC-Bus und andere Interfaces ferngesteuert.

Die Ablaufsteuerung für die Störfeldstärkemessung arbeitet nach folgendem Prinzip: Zuerst erfolgt die Detektion der Emissionen des Prüflings und anschließend ihre normgerechte, quantitative Messung.
Demzufolge wird im ersten Programmschritt eine spektrale Überblicksmessung durchgeführt. Diese Messung erfolgt meist in zwei bis drei um 180° bzw. 120° versetzten Abstrahlungsrichtungen des Prüflings. Aus dem gemessenen Emissionsspektrum werden automatisch die relevanten Frequenzen ("Peaks") ermittelt. Beurteilungskriterium sind die in der jeweils anzuwendenden Norm gegebenen Feldstärkegrenzwerte.

Bild 3: Störfeldstärkemessung in der geschirmten Absorberhalle im EMV-Prüfzentrum Seibersdorf

Im zweiten Programmschritt werden diese relevanten Frequenzen genau bestimmt. Die zugehörigen Emissionspegel werden mit Hilfe des ferngesteuerten Drehtisches in Abhängigkeit der Abstrahlungsrichtung des Prüflings gemessen. Damit wird das maximale Störvermögen des Prüflings gemäß den Forderungen der VDE 0877 Teil 2 sicher erfaßt.

Die in Bild 4 gezeigte Menüführung gestattet komfortable Bedienung des Systems und gleichzeitig flexible Gestaltung des Meßablaufes.
In der BIBLIOTHEK sind alle erforderlichen Daten wie z.B. Antennenfaktoren, Kabeldämpfungen, Kalibrierfaktoren, Meßparameter, Geräteeinstellungen oder Grenzwerte abgelegt. Sie können für den aktuellen Meßvorgang im Block geladen und erforderlichenfalls geändert werden (SETUP).
Der Menüteil MESSUNG gestattet einfaches oder mehrfaches Wobbeln über einen oder mehrere Frequenzbereiche. Der Prüfling kann jederzeit programmgesteuert oder über ein Menü für beliebige Abstrahlrichtungen positioniert werden. Die Meßwerte können einzeln oder gesammelt gespeichert werden, eine Maximalwertbildung über mehrere Messungen ist möglich.
Im ANALYSE-Menü können z.B. einzelne Spektrallinien ("Peaks") herausgegriffen werden. Ihre Frequenzen werden genau bestimmt, anschließend werden die Pegel in Abhängigkeit der Abstrahlrichtung des Prüflings gemessen und programmgesteuert die jeweiligen Maxima bestimmt. Herausgreifen und genaues Untersuchen eines bestimmten Frequenzbereiches, z.B. mit Quasi-Spitzen-Messung, kann ebenfalls aufgewählt werden.

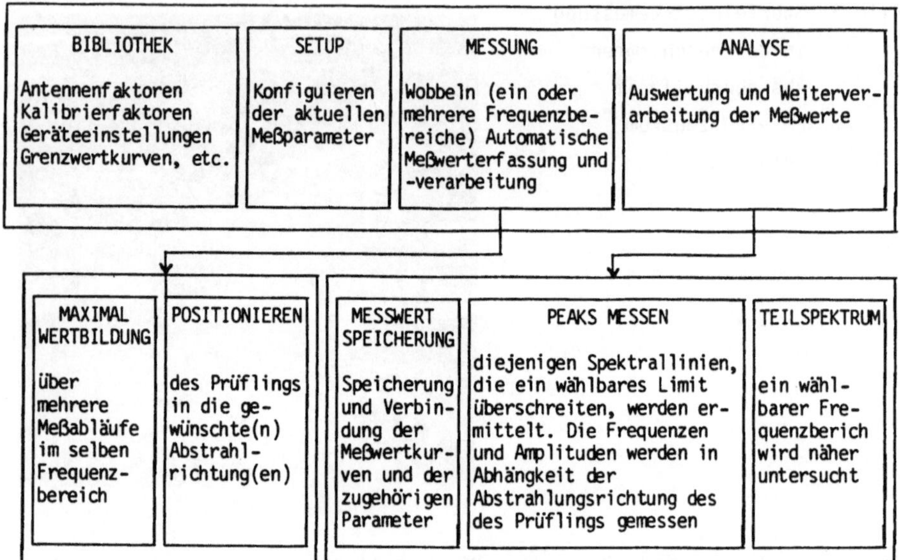

Bild 4: Menü-Übersicht im Meßsystem für Störfeldstärkemessungen im EMV-Prüfzentrum Seibersdorf

4. Diskussion

Die bisherige, im EMV-Prüfzentrum Seibersdorf gewonnene Erfahrung bei der Anwendung der beschriebenen Systeme hat gezeigt, daß automatische EMV-Meßverfahren zwei große Vorteile gegenüber manuellen Meßverfahren bringen:

1) Computergesteuerte Meßwerterfassung und -auswertung ermöglichen zeitsparende, rationelle Testvorgänge.
   Der EMV-Ingenieur muß nur mehr einen geringen Teil seiner Zeit für die Durchführung der Messung aufwenden. Er kann bereits während der Prüfung Auswertungen durchführen, Änderungen veranlassen oder weitere Schritte planen. Damit kann im Vergleich zu manuellen oder halbautomatischen Prüfungen bei weitaus größerer gewonnener Datenmenge über das EMV-Verhalten des Prüflings eine erhebliche Verkürzung der Gesamtprüfzeit erreicht werden.
2) Durch die Softwaresteuerung werden Meßfehler ausgeschlossen, die Einhaltung der jeweiligen Prüfnorm wird garantiert und damit die Qualität der EMV-Prüfung gesichert.

Automatisierte Meßabläufe in Absorberhallen stellen daher die derzeit rationellste Testmethode für Störfeldstärkemessungen und Störfestigkeitsprüfungen mit Feldern dar.

INTEGRATION DER ON-CHIP TESTBARKEIT VON ASICS

G. Hetzendorf

Österr. Philips Bauelemente; Wien

ZUSAMMENFASSUNG:

Im folgenden Aufsatz sollen einige Teststrategien und Testwerkzeuge vorgestellt werden, die den Test von ASICs ermöglichen und erleichtern und den Aufwand für die Testpatterngenerierung verringern. Folgende Werkzeuge werden skizziert:

* Automatische Testpatterngenerierung mit AMSAL
* Build-In Self Test
* Boundary Scan nach JTAG

1. Einleitung

Der Test von Baugruppen im Zuge von Elektronikfertigungen stellt die dafür Verantwortlichen vor immer neue Probleme. Ein wesentlicher Punkt in der Eskalation der Schwierigkeiten ist die stets voranschreitende Miniaturisierung und die höhere Integrationsdichte der einzelnen Platinen. Sind bei den konventionellen Platinen Tests mit Nadeladaptern noch möglich und Stand der Technik, so läßt sich dieses Konzept bei der Einführung von neuen Verbindungs- und Aufbautechniken wie Surface Mount Technology (SMT) nur mehr schwer adaptieren und wird vollends undurchführbar, wenn man ASICs entwickelt, bei denen der Aufbau von "Baugruppen" auf Silizium selbst erfolgt [1].

Weiters fällt durch die höhere Integrationsdichte auch ein anderes Problem stärker ins Gewicht. Der benötigte Aufwand, komplexe Testdaten manuell zu ermitteln, wird immer höher und die Zeit, die hierfür zur Verfügung steht, immer knapper. In diesem Aufsatz sollen mögliche Teststrategien aufgezeigt und die Werkzeuge für die Umsetzung dieser Strategien skizziert werden [2].

2. Teststrategien

Die Lösung dieser Probleme liegt in der Erstellung neuer Teststrategien, und zwar schon beim Planen der Testmöglichkeiten in der Systementwicklung, wobei eine Standardisierung der Testmöglichkeiten anzustreben ist. Dies soll zu einer weitgehenden Automatisierung der Testdatenerstellung und damit zu wesentlich reduziertem Testentwicklungsaufwand führen.

Die Teststrategien, die hier angesprochen werden, sind im besonderen für den Bereich der logischen Schaltungen auf Silizium entwickelt. In diesem Bereich kommt mit der Möglichkeit ASICs (Application Specific Integrated Circuits) zu entwickeln der Nachfrage nach leicht und schnell zu erstellenden Testprogrammen eine besondere Bedeutung zu. Die gleichen Teststrategien lassen sich aber auch auf Baugruppen und auf Systemebene anwenden.

Ein wesentlicher Gedanke bei der Entwicklung von Teststrategien ist die Einführung eines Testmodes. Der Einsatz eines Testmodes erlaubt, verschiedene Ansatzmöglichkeiten für Testwekzeuge zu schaffen.

* Trennung von kombinatorischer Logik und Speicherelementen
* Build In Self Test (BIST)
* Boundary Scan-Test

Die Trennung der kombinatorischen Logik von Speicherelementen ermöglicht den Ansatz automatischer Testpatterngenerierung. Es konnte gezeigt werden, daß für rein kombinatorische Logik Algorithmen existieren, die komlpette Testpattern generieren können [3]. Build In Self Test (BIST) bedeutet, daß in der Baugruppe bei entsprechender Abfrage ein interner Test ablaufen kann, der einen Fehlerstatus meldet. Die Boundary Scan Architektur geht von der Bildung von Schieberegistern aus, über die Daten an der gewünschten Stelle in die Schaltung ein- und ausgelesen werden können [4].

3. Testwerkzeuge

3.1. Automatische Testpatterngenerierung

3.1.1. Voraussetzungen

Um Testpattern automatisch generieren zu können, ist es notwendig, eine Schaltung mit Speicherelementen wie Flip-Flops scantestfähig zu entwerfen. Dies erreicht man durch die Verwendung von Scan-Flip-Flops. Diese Scan-FF haben drei Eingänge: Einen normalen Dateneingang, einen Testdateneingang sowie einen zusätzlichen Eingang, der in den Testmode umschaltet (Bild 1) [5].

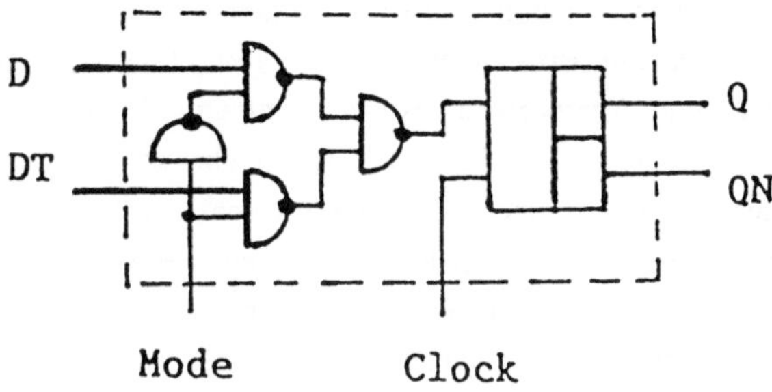

Bild 1. Scan-Flip-Flop

Jeder Ausgang dieses FF ist mit dem Testeingang eines weiteren FF derart verbunden, daß alle FF im Testmode ein Schieberegister bilden. Über den Eingang des ersten FF dieser Kette können Testpattern in die FF-Kette eingelesen werden (Bild 2).

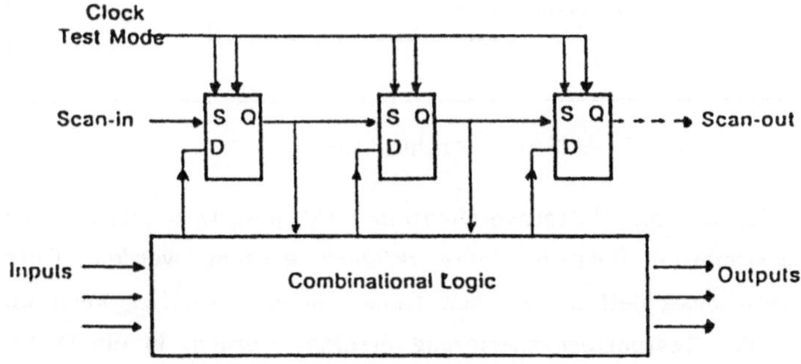

Bild 2. Idealisierte Scan-Chain

Im Testmode werden die Eingänge mit dem Testpattern belegt. In der kombinatorischen Logik pflanzen sich diese definierten Signale solange fort, bis sie entweder einen FF-Eingang oder einen Ausgang der Schaltung erreichen. Damit kann das Ergebnis des Testpatterns über die Kette und an den Ausgängen abgelesen werden.

3.1.2. AMSAL (Automatic Multi restartable Scantestpattern And Localisation of faults)

AMSAL ist ein Programmpaket zur Generierung und Verifikation von Testpattern logischer Schaltungen mit Scantest-Charakteristik [5]. Es ist in die PHILIPS-ASIC-Design- und Testumgebung eingebunden. Es benutzt das für die Fehlersimulation weitverbreitete "Stuck at 0/1"- Fehlermodell und kann Netzwerke mit 100.000 Gattern in akzeptabler Laufzeit bearbeiten.

Die Generierung der Testpattern erfolgt iterativ. Ausgehend vom Netzlistenfile und einem Controllfile wird ein Programmdurchlauf gestartet. Der Anwender kann für die Erstellung der Testpattern zwischen einem Random-Generator und einem algorithmischen Generator wählen. Die Erfahrung zeigt, daß mit dem Zufallsgenerator bis zu 80% Fehlerabdeckung erreicht wird. Der algorithmische Patterngenerator errechnet für jeden möglichen Netzwerkfehler entsprechende Testpattern. So kann in einem ersten Lauf mit der Zufallsermittlung ein großer Teil der möglichen Fehler durch entspechende Pattern abgedeckt werden. Eine bessere Fehlerabdeckung kann durch gezielten Ansatz des zeitaufwendigeren Algorithmus in einem Iterationsschritt erreicht werden (Bild 3).

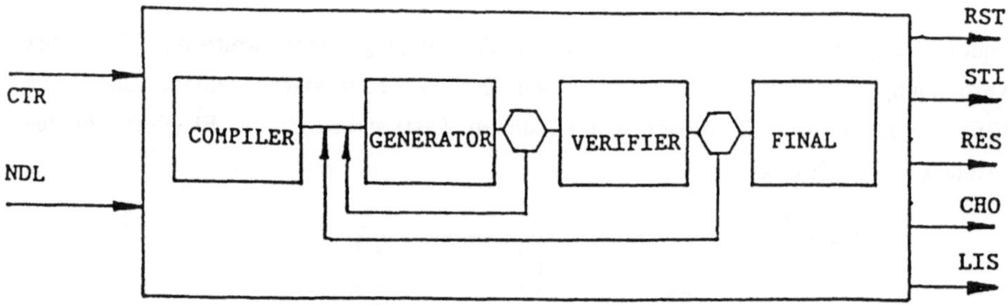

Bild 3. AMSAL - Architektur

Im folgenden Schritt der Patternverifikation wird jeweils überprüft, inwieweit mit einem bestimmten Pattern Netzwerkfehler erkannt werden. Durch den Einbau von Iterationsschleifen zwischen Generator und Verifier kann ein effizienter Ablauf der Testpatterngenerierung erreicht werden. In einem Finalisierungsprozeß wird die Zahl der Pattern minimiert. Dies geschieht durch Variation der Reihenfolge der Pattern und nachfolgendem Ausscheiden solcher, die zu keiner neuen Fehlererkennung führen.

3.2. BIST (Build-In Self Test)

Bei "Baugruppen", die regelmäßig strukturiert sind, wie z.B. ROMs und RAMs, ist das Know-how über Testgenerierung sehr weit entwickelt. Zahlreiche Entwicklungen haben für optimale Testpattern von Standardbauelementen dieser Art gesorgt [6]. Die Generierung dieser Testpattern und der Test in der Schaltung erfolgt auf Silizium.

Ein Testpatterngenerator, der in Abhängigkeit von der jeweiligen Struktur der Felder aufgebaut ist, erzeugt optimierte Teststimuli. Der Algorithmus zur Patternerstellung deckt Fehler ab, die über die klassischen Stuck-at-Fehlermodelle hinausgehen, es werden außerdem Brückenfehler und musterabhängige Fehler berücksichtigt.

Bei der Generierung von RAMs mit Silicon-Compilern werden die jeweiligen BIST-Module automatisch mitgeneriert. Die BIST-Logik erzeugt Testsequenzen, von denen gezeigt werden konnte, daß mit ihnen ein sehr hoher Fehlerabdeckungsgrad erzielt werden kann. Der Preis für dieses komfortable Testwerkzeug liegt in einer etwas größeren Fläche am Silizium.

Die BIST-Architektur (Bild 4) verlangt vom Entwickler die Einhaltung folgender Designregeln:

* Alle Eingangssignale müssen durch die BIST-Struktur geführt werden.
* Die Funktionssignale müssen während des Testmodes von außen erreichbar sein.
* Die Scan-Chain-Signale zur Initialisierung und zum Auslesen des Resultats müssen im Testmode erreichbar sein.

Die Signale für diese Testlogik können mit normalen Ein- und Ausgängen gemultiplext sein.

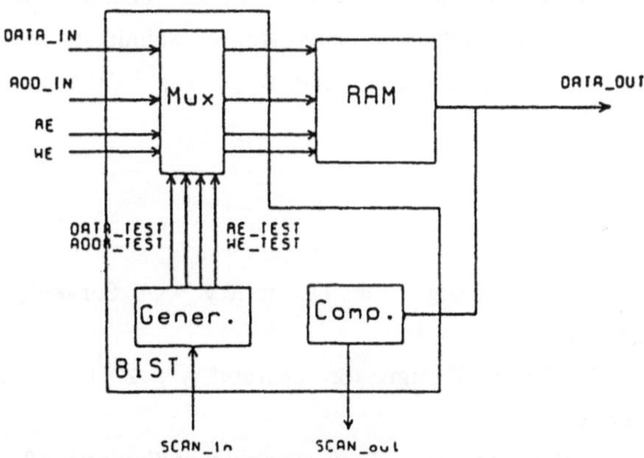

Bild 4. RAM - BIST Struktur [7]

Die Anwendung dieser Architektur ist besonders benutzerfreundlich. Im Testmode generiert der BIST-Modul die Testpattern und überprüft das Ergebnis. An die Außenwelt wird der erfolgreiche Abschluß des Tests gemeldet.

3.3. JTAG Boundary Scan Architecture

Die von der Joint Test Action Group (JTAG) vorgeschlagene herstellerunabhängige Testarchitektur wird von den Entwicklern mit großem Interesse aufgenommen [8]. Dies hat auch zum Vorschlag dieser Testvorrichtung als IEEE-Industriestandard geführt [9].

Dieses Testwerkzeug setzt zwei mögliche Moden für den Betrieb des ASICs voraus. Im Testmode sind die Ein- und Ausgänge des Bausteinkerns über die boundary scan chain zugänglich. Damit ist es möglich, die Eingänge mit einem bestimmten Testpattern zu laden und die Ausgänge auszulesen. Die Steuerung dieser Testlogik erfolgt über die Schnittstelle Test Access Port (TAP). Dazu sind vier zusätzliche Anschlüsse notwendig:

* Test Data Input (TDI): dieser Eingang wird zum Einlesen der Testmuster benützt.
* Test Data Output (TDO): Dieser Ausgang wird zum Auslesen der Testantwort benützt.
* Test Mode Select (TMS): Über diesen Eingang werden seriell die Protokolldaten für die Ablaufsteuerung eingegeben.
* Test Clock (TCK): Der zentrale Test-Takt wird zum Synchronisieren des Testablaufs verwendet.

Ziel dieser Architektur ist es, den Baustein oder die Baugruppe sowohl in der Testphase des Subsystems als auch im Betrieb beobachtbar zu machen. Die Möglichkeit, über eine jederzeit zugreifbare Schnittstelle Informationen über den Zustand zu erhalten, eröffnet neue Wege zur Realisierung fehlerfreier Systeme.

Literatur

1) T.W. Williams et. al., "Design for Testability - A Survey", Proc. of the IEEE, 1983, p.98-112
2) D. Braune et. al., "ASIC Design for Testability", 2nd IEEE ASIC Seminar, wird veröffentlicht.
3) E.J. McCluskey, "Build-in Self Test Techniques/Structures", IEEE Design & Test, 1985, p.21 - 36
4) Philips CFT, "Boundary Scan Test", Broschüre, 1988
5) H. Schönemann, "AMSAL, ein Softwaretool zur Generierung von Testpattern für scantestfähige VLSI-Schaltungen", in ITG Fachberichte 98, Berlin, VDE, 1987
6) R. Dekker et. al., "Fault Modeling and Test Algorithm Developement for SRAMs", Proc. of ITC, 1988, p.343 - 352
7) Philips Components, "ASIC RAM Block AFS Kit", System Block Library Spec., 1988
8) Joint Test Action Group Proposal, Version 2.0., 1988
9) J. Maierhofer et. al., "Der JTAG Boundary-Scan", Elektronik 9, 1988

G. Stehno, D. Donhoffer

Österreichisches Forschungszentrum Seibersdorf Ges.m.b.H.

ZUSAMMENFASSUNG

Zur Überprüfung von Lebensmitteln auf radioaktive Kontamination wurde ein tragbares Meßgerät geschaffen. Die zu untersuchenden Energiebereiche und der maximal gewünschte Meßfehler sind vorwählbar. Die Anzeige ist zwischen Bequerel/l und Curie/l umschaltbar. Zur Funktionskontrolle ist eine Peakeinstellung mit Intensitätsüberprüfung und Halbwertszeitkorrektur vorgesehen.

Das Umweltbewußtsein der Bevölkerung ist in den letzten Jahren ständig gestiegen. Vom Gesetzgeber wurden Vorschriften zur Einhaltung von Grenzwerten für radioaktive Substanzen bei Lebensmitteln festgelegt. Für die rasche, einfache und genaue Messung der Aktivitätswerte gammastrahlender Radionuklide in Lebensmitteln und anderen Proben wurde im Forschungszentrum Seibersdorf die Lebensmittelsonde LMS-1 entwickelt und gebaut.

Aufbau:

Die Lebensmittelsonde besteht aus einem allseitig mit Blei abgeschirmten Meßvolumen, in das der Szintillationsdetektor (50 mm x 50 mm Natriumjodid-Kristall) hineinragt. Hochspannungserzeugung, Verstärker, Einkanal, Mikroprozessorsteuerung und Spannungsversorgung sind im Fußteil untergebracht. Ein zweizeiliges LC-Display mit 2 x 20 Zeichen, integriert in eine sechstastige Folientastatur, stellt die Benutzerschnittstelle dar. Zur Dokumentation ist ein serieller Druckerausgang vorhanden.

Messung:

Um stabile Betriebsverhältnisse, nach Transport des Gerätes, zu erhalten, ist eine 30-minutige Einlaufzeit (abbrechbar) vorgesehen. Danach erfolgt die Aufforderung, mittels eines Prüfkörpers - mit Cäsium-137-Standard unter der Freigrenze - die Kalibrierung vorzunehmen. In dieser 2-minutigen Messung wird die Peakposition des Standards festgestellt und die Energiebereiche der einzelnen Nuklide in Bezug auf das tatsächliche Eingangssignal errechnet. Ein halbwertszeitkorrigierter Zählratenvergleich schließt die Funktionskontrolle des Gerätes ab. Damit ist ein Erfordernis der in Hinkunft existierenden Eichpflicht für Strahlenschutzmeßgeräte bereits vorweg erfüllt.

Vom Vorgabewert des Cs-Nuklids ausgehend sind mittels Tastendruckes aus der Nuklidbibliothek weitere Nuklidbereiche wählbar. Standardmäßig sind dies Cs-137/134, Tellur-132, Jod-131, Kalium-40, Ruthenium-103 und Gesamtbereich mit den entsprechenden Kalibrierfaktoren. Genauso sind Fehlergrenzen einstellbar, z.B. 1 %, 3 %, 5 %, 10 % und 20 %, wobei 3 % als automatisch eingestellter Vorgabewert fungiert.

Für jeden Energiebereich ist ein Leerwert (destilliertes Wasser) zu messen. Die Messung wird nach Unterschreiten des Fehlergrenzwertes oder nach 1000 s oder nach Betätigen der Stoptaste beendet. Zählrate und Meßzeit und damit der Meßfehler werden abgespeichert.

Jetzt können die Proben gemessen werden. Der Leerwert wird automatisch vom Meßwert abgezogen. Die Meßfehler von Probenmessung Leerwertmessung ergeben den Gesamtmeßfehler. Die Messung wird durch Unterschreiten des Gesamtmeßfehlers abgebrochen. Wird der Meßfehler nicht unterschritten, so kann händisch jederzeit oder automatisch nach 1000 s abgebrochen werden.

Während der Probenmessung und der Leerwertmessung zeigt die Anzeige im Abstand von 2 s jeweils den letzten Stand, anzeigend die bis zum jeweiligen Zeitpunkt gemittelte Zählrate in Impulsen/s, den Fehler in % des Meßwertes und die berechnete Aktitität in Bequerel/l oder Curie/l. Neben der Anzeige auf dem Display kann ein Protokollausdruck für die Meßwerte über eine serielle Schnittstelle erfolgen.

Ausführung:

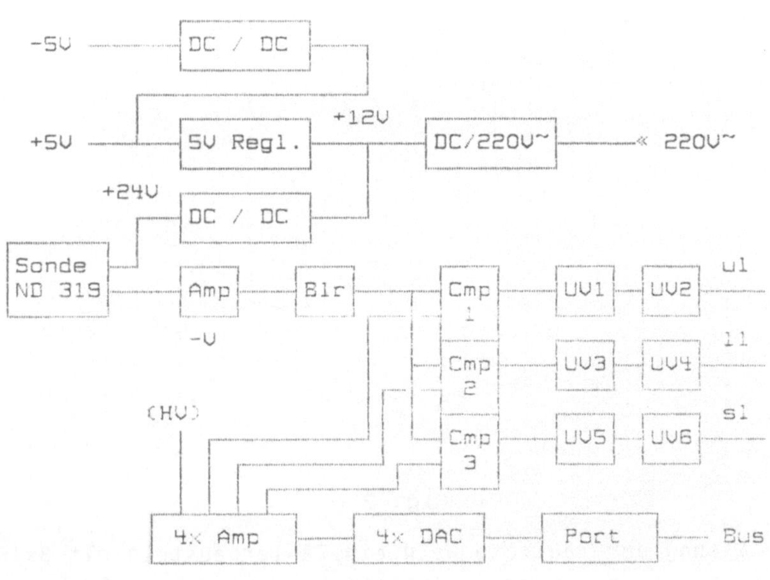

Fig. 1

Fig. 1 zeigt die Blockschaltung des Analogteiles, der auf einer der beiden Europakarten aufgebaut ist. In der Sonde sind Szintillator, Fotomultiplier, Hochspannungserzeugung und Sondenstabilisierung lokalisiert. Dem Verstärker, der als Filterverstärker ausgeführt ist, sind die durch den 4-fach-DAC angesteuerten Impulskomperatoren nachgeschaltet. Sie übergeben geformte Digitalsignale an die Zähler des Digitalteiles.

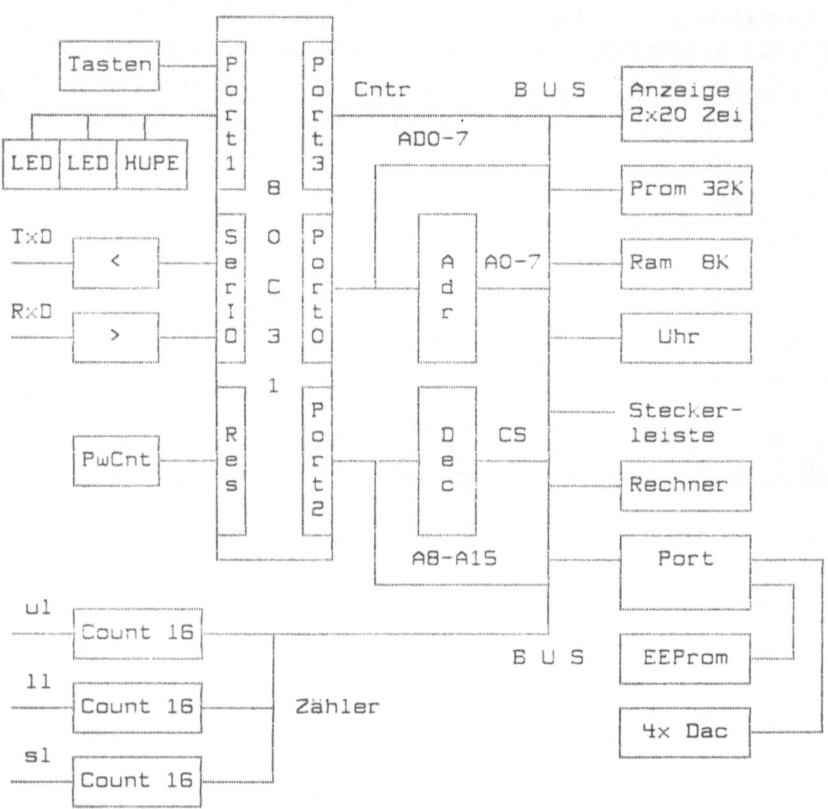

Fig. 2

Zur Erfassung der Zählrate wird ein Zählerbaustein mit 3x16 Bit eingesetzt. Die Hardwareuhr ist gleichzeitig Batterie-RAM. Über einen Portbaustein erfolgt die Ansteuerung der Schwellen-DACs und eines kleinen EEPROMs. Das Programm ist in einem 32 KByte EPROM und als RAM ist eine Version mit 8 KByte im Einsatz. Das 2-zeilige LC-Display hat 20 Zeichen je Zeile. Für die Tastenabfrage und die serielle Schnittstelle werden interne Mikroprozessorfunktionen des CMOS Types 80C31 benützt. Zur Berechnung der mathematischen Gleichungen untersützt ein Co-Prozessor das System. Das Blockschaltbild zeigt Fig. 2.

Die ganze Software ist, in diversen Modulen, in PLM51 geschrieben, wobei jeder Funktion ein Modul zugeordnet ist.

PRÜFSTÄNDE FÜR OBSTBAUMSPRITZANLAGEN - TECHNIK UND EINSATZMÖGLICHKEITEN

W. PRIBYL, H. SCHUSTER, K. LIND*)

Institut für elektronische Systementwicklung
Forschungsgesellschaft Joanneum Ges.m.b.H. Graz

*) Obstbaufachschule, Arbeitsgruppe Maschinen und Geräte, 8200 Gleisdorf

ZUSAMMENFASSUNG:

Seit mehr als 10 Jahren werden in der Steiermark Gebläsespritzen überprüft. Diese Überprüfungen sollen eine optimale Einstellung der Spritzen und somit eine sichere Wirkung bei minimalem Verbrauch von Spritzmitteln sicherstellen. Um den geänderten Gegebenheiten im Obstbau Rechnung zu tragen (langsam wachsende, niedrigere Bäume als früher), wurde eine neue Anlage mit modernen Meßverfahren entwickelt, die an der Obstbaufachschule in Gleisdorf im Einsatz ist.

I. Einleitung

Die Prüfeinrichtung besteht aus mehreren Komponenten:

a) **Traktor-Rollen-Prüfstand** zur Berechnung der Brüheausstoßmenge

b) **Einzeldüsenprüfstand** zur Feststellung des Düsenausstoßes

c) **Vertikal-Prüfstand** zur Ermittlung der Brüheverteilung

d) **EDV-Auswertung** zur Protokollierung und Speicherung der Daten

II. Blockschaltbild der Meßanlage

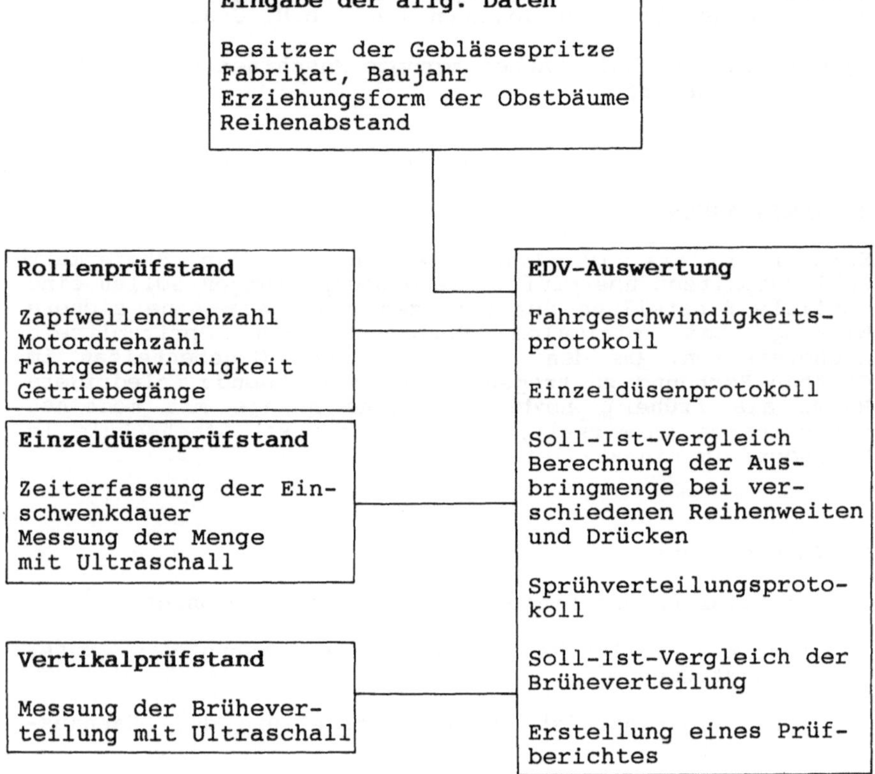

Abb. 1: Blockschaltbild der Meßanlage

Die Überprüfung einer Gebläsespritze beginnt mit der Aufnahme der allgemeinen Daten und den traktorspezifischen Daten wie Motordrehzahl, Fahrgeschwindigkeit und Zapfwellendrehzahl. Nach der Eingabe dieser Daten wird die Spritze am Einzeldüsenprüfstand angekoppelt. Die Meßergebnisse dieser Prüfung werden in den PC übertragen. Die vertikale Sprühverteilung wird am Lamellenprüfstand ermittelt.

III. Traktor Rollenprüfstand

Mit diesem Prüfstand wird die Traktorfahrgeschwindigkeit für mehrere Getriebegänge bei vorhandenen Reifendimensionen sowie verschiedener Motordrehzahl und Zapfwellendrehzahl gemessen.

Abb. 2: Rollenprüfstand

Motordrehzahl und Zapfwellendrehzahl werden mit Hilfe von Reflexlichtschranken und Markierungspunkten an der Zapfwelle bzw. an der Steuerwelle erfaßt. Die Fahrgeschwindigkeit wird mit der Umdrehungszahl einer Stahlwelle gemessen. Die Auswerteelektronik gibt die Meßwerte auf einer Anzeige aus. Diese Werte werden anschließend mit den entsprechenden Gängen in einen PC eingegeben.

Kontrolle der Fahrgeschwindigkeit am Rollenprüfstand

Gang	Motordrehzahl <U/min>	ZW-Drehzahl <U/min>	Fahrgeschwindigkeit <km/h>
4 LVN	1600	540	4.90
3 LVN	1600	750	2.90
1 SVS	1900	540	5.50
3 LVN	2000	540	3.20

Abb. 3: Fahrgeschwindigkeitsprotokoll

Die Meßergebnisse werden für die Vorgabe der Fahrgeschwindigkeit in der Obstanlage und zur Berechnung der Brüheausstoßmenge bei verschiedenen Fahrgeschwindigkeiten und unterschiedlichen Drücken verwendet.

IV. Einzeldüsenprüfstand

Dieser Prüfstand dient zur Feststellung der Düsenausstoßmenge. Es wird zuerst eine Istverteilung der Düsen gemessen und anschließend die Düsenplättchen an die Sollvorgabe angepaßt. Darüber hinaus wird die Ausbringmenge bei verschiedenen Drücken gemessen.

Abb. 4: Einzeldüsenprüfstand

An diesem Prüfstand wird die Zeit gemessen, während der die Meßgläser in den Ausstoßstrahl eingeschwenkt sind, gleichzeitig wird die Identifikation des verwendeten Magazines vorgenommen. Im eigentlichen Meßcomputer, der sich bei der Ultraschallmeßeinrichtung befindet, werden die Einschwenkzeit und die Magazinnummer abgespeichert. Es können maximal 15 Magazine verwendet werden, wobei im Magazinhalter für die Ultraschallauswertung 3 Magazine gleichzeitig Platz finden. Die Erfassung der Füllhöhe der Meßgläser erfolgt mit Hilfe von Laufzeitmessungen der Ultraschallstoßwelle. Auf einem Meßwagen befinden sich die Schallköpfe, dieser wird mit konstanter Fahrgeschwindigkeit über die Meßgläser gezogen. Vor der eigentlichen Messung werden die Schallköpfe über zwei Meßgläser mit fest eingestelltem Niveau geführt, um sie zu kalibrieren. Dies ist auf Grund der Temperaturabhängigkeit der Schallgeschwindigkeit erforderlich. Die Steuerung für die jeweilige Messung erfolgt mit Hilfe eines Kodierlineales am Meßtisch. Da die Störeinflüsse bei der Messung sehr groß sind, mußte ein spezieller Ultraschallkopf entwickelt werden. Weiters wird zur Minimierung von Reflexionsstörungen als Sendesignal nur ein einzelner Impuls verwendet. Durch die verschieden hoch angefüllten Meßrohre entstehen starke Ausgangspegelunterschiede. Um diese Unterschiede auszugleichen, mußte die Eingangsschaltung der Ultraschallempfänger sehr empfindlich und selektiv aufgebaut werden. Der Meßcomputer überprüft die Meßwerte auf Plausibilität und wiederholt gegebenenfalls die Messung automatisch und überträgt sie zum PC.

Kontrolle der Düsenausbringmenge

Offene Düsen	Soll-Verteilung (%)	Vor der Einstellung (%)		Nach der Einstellung (%)	
5 : J	23	20	18	23	23
4 : J	22	21	17	22	22
3 : J	19	19	16	18	20
2 : J	18	15	18	19	18
1 : J	18	10	19	17	18

	Vor der Einstellung			Nach der Einstellung		
Gesamt-Brühemenge <ml> :	1102	2413	1312	1536	3070	1534
Differenz <%> :		58.2			4.9	
Meßdauer <sek> :		25			30	
Druck <bar> :		6			6	
Zapfwellen-Drehzahl <U/min> :		1500			1500	
Gesamt-Ausbringmenge <l/min> :		5.8			6.1	

Düsenausbringmengen bei versch. Drücken

Druckstufe <bar>	Ausbringmenge <l/min>
6.0	5.2
8.0	6.4
10.0	7.3

Abb. 5: Düsenausbringprotokoll

Die Ergebnisse dieser Messung werden mit den Ergebnissen des Rollenprüfstandes verknüpft und dienen als Grundlage für die Berechnung der Ausbringmenge pro Hektar Obstanlage.

Ausliterung der Gebläsespritze

Feinsprühen mit 5 offenen Düse(n)

Gang	Mo-Dz <U/min>	Zw-Dz <U/min>	Geschw <km/h>	6.0 bar <l/ha>	8.0 bar <l/ha>	10.0 bar <l/ha>
Reihenweite : 4.0 <m>						
4 LVN	1600	540	4.90	158	196	222
3 LVN	1600	750	2.90	266	331	376
1 SVS	1900	540	5.50	140	174	198
3 LVN	2000	540	3.20	241	300	340
Reihenweite : 4.5 <m>						
4 LVN	1600	540	4.90	140	174	198
3 LVN	1600	750	2.90	237	294	334
1 SVS	1900	540	5.50	125	155	176
3 LVN	2000	540	3.20	215	266	303

Gang	Mo-Dz <U/min>	Zw-Dz <U/min>	Geschw <km/h>	6.0 bar <l/ha>	8.0 bar <l/ha>	10.0 bar <l/ha>
Reihenweite : 7.0 <m>						
4 LVN	1600	540	4.90	90	112	127
3 LVN	1600	750	2.90	152	189	215
1 SVS	1900	540	5.50	80	100	113
3 LVN	2000	540	3.20	138	171	195

Abb. 6: Ausliterungsprotokoll

V. Vertikalprüfstand

Der Vertikalprüfstand besteht aus einer Wand von Tropfenabscheide-Lamellen zur Trennung von Luft und Wasser. Die Wassermenge wird höhenspezifisch in insgesamt 65 Meßgläsern gesammelt. Die Niveaumessung erfolgt mit Ultraschall. Um die Abmessungen des Magazins klein zu halten, wurden Meßgläser mit kleinem Durchmesser verwendet. Die Höhe der Meßgläser ergibt sich aus dem Meßbereich. Das Verhältnis Durchmesser zu Höhe beträgt bei diesen Gläsern 1 zu 10. Dieser Umstand führt zu noch empfindlicheren Meßwertaufnehmern. Diese sind am selben Meßwagen wie die beiden Ausliterungsmeßköpfe des Einzeldüsenprüfstandes montiert.

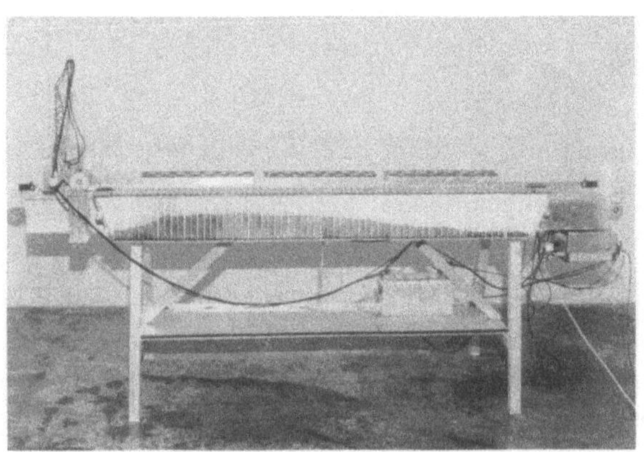

Abb. 7: Ultraschallmeßanlage

Abb. 8: Vertikalprüfstand

Die Ergebnisse werden vom Meßcomputer auf den PC übertragen und graphisch ausgewertet. Bei Bedarf werden die Luftleitbleche an der Spritze verstellt um eine bessere Sprühverteilung zu erhalten.

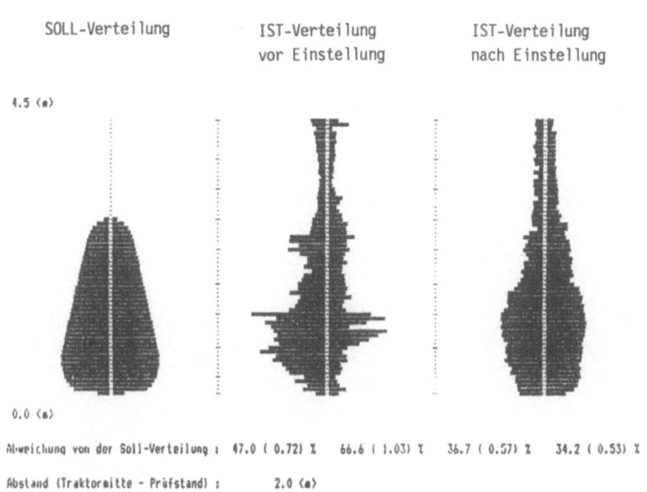

Abb. 9: Vertikalverteilungsprotokoll

VI. EDV-Auswertung

Sämtliche Ergebnisse der drei Prüfstände werden in einem PC gespeichert. Die Protokollausgabe erfolgt direkt nach der Erfassung der Meßwerte auf dem Bildschirm und kann somit vom Bedienpersonal jederzeit zum Einstellen der Spritzen verwendet werden. Der Vergleich von Zustand vor und nach der Einstellung führt den Anwender die Effizienz der Überprüfung vor Augen. Die gesammelten Daten sämtlicher Spritzen werden nach Abschluß jeder Überprüfungsaktion statistisch ausgewertet und einem Vergleich zum Vorjahr unterzogen.

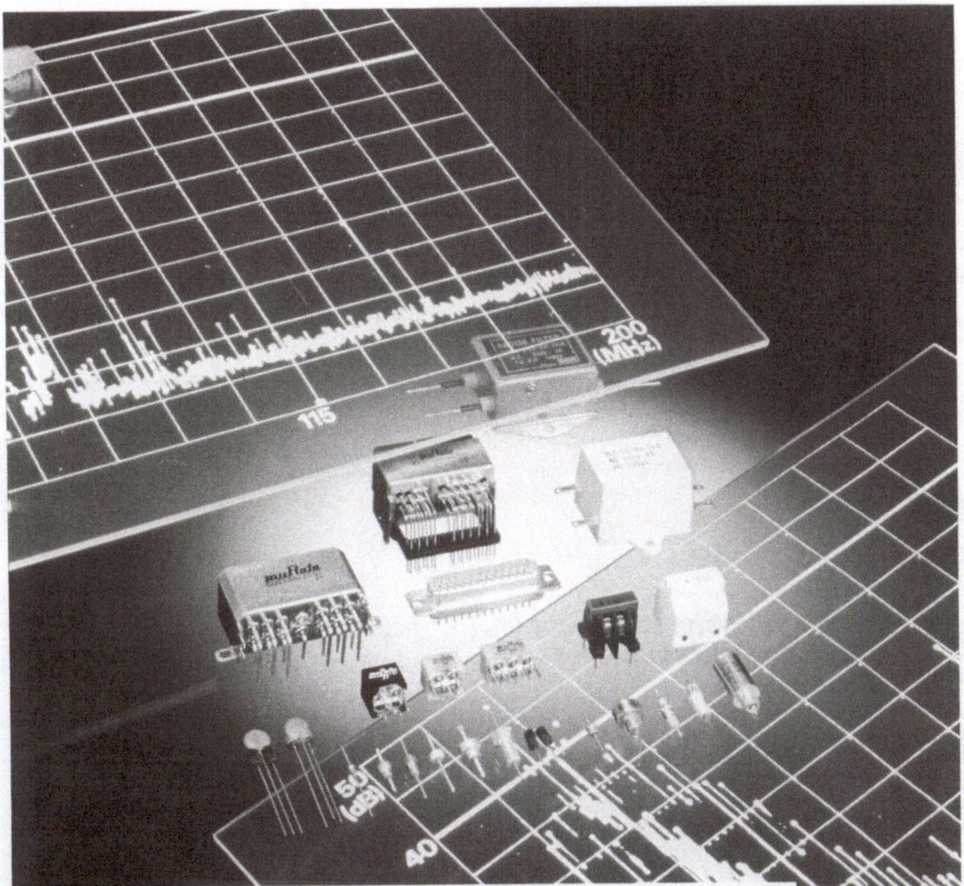